VW Sharan und Seat Alhambra mit Benzin- und Dieselmotoren

1.8-Liter-Motor, 20V, 150 PS
1.9-Liter-Dieselmotor, 90, 116 und 130 PS, Einspritzung Pumpe/Düse
2.0-Liter-Motor, 8V, 115 PS
2.8-Liter-V6-Motor, 24V, 204 PS

ab Baujahr 2001

AF903924

1 Allgemeines

1.1 Einleitung in die Modellbaureihe

Hinter den Modellen von VW Sharan und Seat Alhambra versteckt sich allgemein gesehen ein und dasselbe Auto, das unter der Führung von VW entwickelt wurde. Tatsächlich gehört staatsübergreifende Zusammenarbeit zwischen Autokonzernen mittlerweile zum guten Ton unter Konkurrenten: In Frankreich und Italien arbeiten Citroën/Peugeot mit Fiat/Lancia zusammen und bieten einen gemeinsamen Van an, in Deutschland/Spanien sind es, abgesehen von Ford, dem Hersteller des verwandten Galaxys, VW und die spanische VW-Tochter Seat, die gemeinsam einen Van produzieren. Egal welches Markenlogo der Van auf dem Kühlergrill trägt – unter der Haube oder unter dem Karosserieblech sieht es beim Sharan und beim Alhambra ähnlich aus, mit dem Unterschied, dass die in dieser Anleitung behandelten Fahrzeuge nicht mit allen in Frage kommenden Motoren ausgerüstet sind. Das Fahrzeug verknüpft die Fahreigenschaften und das Temperament eines Personenwagens mit der Geräumigkeit und dem Nutzwert eines Lieferwagens, und es bietet die Ausstattung und die Ausstrahlung einer Limousine.

Die Modelle von Sharan und Alhambra
Die Fahrzeuge wurden Ende des Jahres 2000 als Neuauflage vorgestellt, jedoch kann man Neuauflage nur als nüchtern bezeichnen, da abgesehen von einigen Motoren das Fahrzeug in allen anderen Aspekten fast neu konstruiert wurde, wenn man vielleicht von der Hinterachse und Hinterradaufhängung absieht. Darin inbegriffen ist z. B. auch das Sechsganggetriebe.
Der Seat Alhambra ist nichts anderes als ein Sharan mit anderer Polsterung. Auch die meisten der genannten Motoren sind in der Baureihe erhältlich.
Bei allen Fahrzeugen werden die Vorderräder durch ein von VW hergestelltes Sechsganggetriebe bzw. durch eine von VW hergestellte Getriebeautomatik angetrieben (nur mit bestimmten Motoren).
Die Einzelradaufhängung hat ihren Ursprung in gewisser Hinsicht ebenfalls bei anderen Volkswagen-Modellen. Vorder- und Hinterradaufhängung sind an Nebenrahmen montiert, die mit speziellen Gummilagerungen mit dem Aufbau verschraubt sind, um Geräuschübertragungen zum Innenraum praktisch auszuschalten.
In den Vorderradaufhängungen werden untere Dreiecksquerlenker und Federbeine verwendet, Letztere mit langhübigen Schraubenfedern und gasdruckgefüllten Teleskopstoßdämpfern. Ein Kurvenstabilisator von großem Durchmesser vervollständigt die Vorderradaufhängung.
Die Hinterradaufhängung setzt sich aus Schräglenkern, Schraubenfedern und Gasdruckstoßdämpfern zusammen. Wiederum vervollständigt ein Kurvenstabilisator großen Durchmessers die Radaufhängung.
Die Bremsen haben natürlich Servounterstützung. Alle in dieser Reparaturanleitung behandelten Ausführungen haben belüftete Bremsscheiben an den Vorderrädern und sind serienmäßig mit ABS versehen. Auch an den Hinterrädern sind Scheibenbremsen eingebaut.
Die eingebaute Zahnstangenlenkung ist serienmäßig mit Servounterstützung eingebaut, mit Verstellung des Lenkrades.
Wir haben versucht, die meisten Baugruppen der verschiedenen Motoren so gut wie möglich zu behandeln, sind aber nicht in der Lage auf alle technischen Einzelheiten aller Motoren einzugehen.

1.2 Fahrzeugerkennung

Das Typenschild ist an der Unterseite des Türpfostens auf der linken Seite des Fahrzeuges angebracht und kann nach Öffnen der Tür an der in Bild 1 gezeigten Stelle gesehen werden und gibt die Nummer der allgemeinen Betriebserlaubnis, die Fahrgestellnummer, das zulässige Gesamtgewicht, das zulässige Gesamtgewicht mit Anhänger, die zulässige Achsenlast vorn und die zulässige Achsenlast hinten an. Falls man jedoch nur die Seriennummer des Fahrzeuges braucht, kann diese durch die Windschutzscheibe an der in Bild 2 gezeigten Stelle abgelesen werden. Wenn Sie jedoch bei geöffneter Motorhaube die Fahrgestellnummer brauchen, wird man eine eingeschlagene Nummer an der Stirnwand des Motorraums finden.

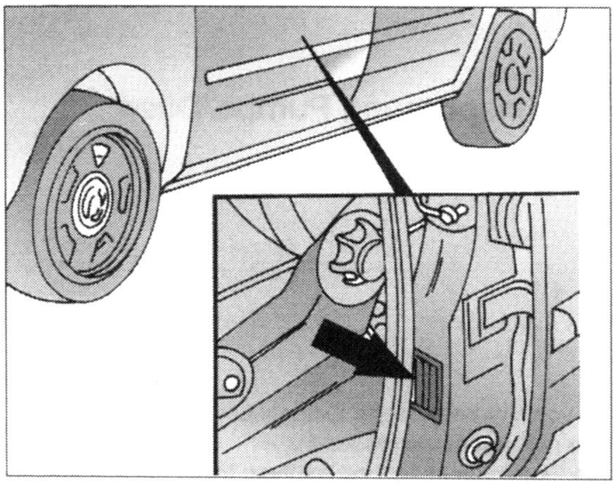

Bild 1
Das Typenschild des Fahrzeuges kann nach Öffnen der Tür an der Türsäule unterhalb des Türschlosses gefunden werden.

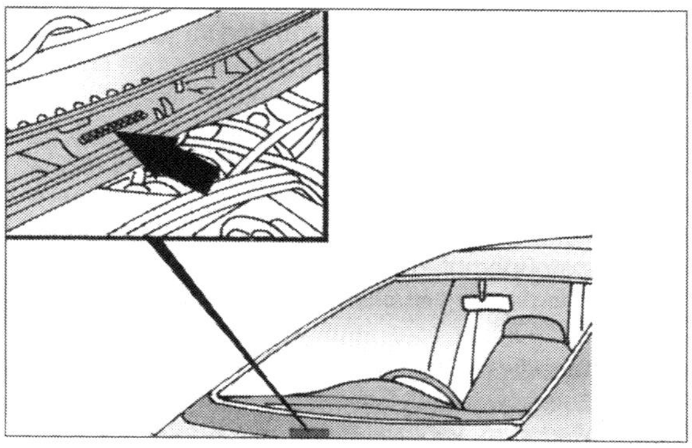

Bild 2
Die in die Stirnwand eingeschlagene Fahrgestellnummer kann an der gezeigten Stelle von außen durch die Windschutzscheibe gesehen werden.

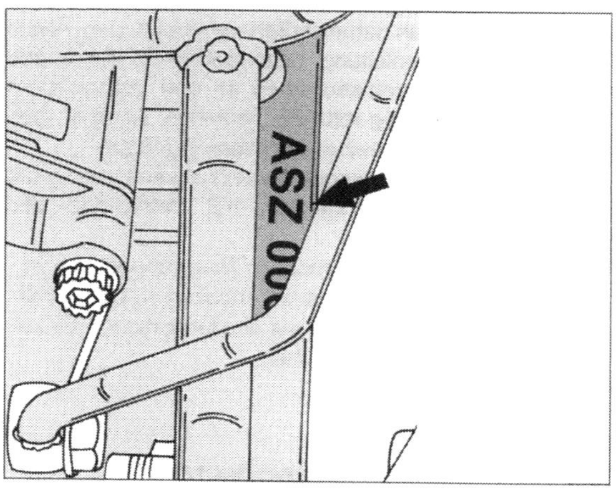

Bild 3
Der Pfeil zeigt, wo man die Motornummer beim Dieselmotor finden kann.

Die Motornummer ist in den Zylinderblock eingeschlagen, jedoch ist sie je nach Motor an unterschiedlichen Stellen angeordnet, auf welche kurz eingegangen werden soll:

1.9-Liter-Dieselmotor mit Pumpe/Düse: Die Motornummer (Motorkennbuchstaben und Seriennummer) ist an der in Bild 3 gezeigten Stelle an der Verbindung zwischen Motor und Getriebe eingeschlagen. Außerdem ist ein Aufkleber auf dem Zahnriemenschutzdeckel angebracht, welcher die Kennbuchstaben und Seriennummer nochmals zeigt. Die Motorkennbuchstaben sind nochmals im Typenschild angegeben. Der 90-PS-Motor trägt die Bezeichnung ANU, der 115-PS-Motor die Bezeichnung AUY, der 130-PS-Motor die Bezeichnung ASZ.

1.8-Liter-Motor: Die Motornummer (Motorkennbuchstaben und Seriennummer) ist an der in der linken Ansicht von Bild 4 gezeigten Stelle an der Vorderseite an der Trennfuge zwischen Motor und Getriebe eingeschlagen. Außerdem ist ein Aufkleber auf dem Zahnriemenschutzdeckel angebracht, welcher die Kennbuchstaben und Seriennummer nochmals zeigt. Die Motorkennbuchstaben sind nochmals im Typenschild angegeben. Der Motor war im Vorgänger unter der Bezeichnung AHJ geführt. Bei den in dieser Anleitung behandelten Motoren lautet die Kennzeichnung AWC. Die Leistung ist gleich geblieben, jedoch wurden viele Änderungen an diesem für Baujahr 2001 vorgesehenen Motor vorgenommen, welche erwähnt werden, wenn sie wichtig sind.

VR6-Motor mit 24 Ventilen: Die Motornummer (Motorkennbuchstaben und Seriennummer) ist an der in Bild 4 (Mitte) gezeigten Stelle neben dem Schwingungsdämpfer in den Zylinderblock eingeschlagen. Außerdem ist ein Aufkleber auf dem Zahnriemenschutzdeckel angebracht, welcher die Kennbuchstaben und Seriennummer nochmals zeigt. Die Motorkennbuchstaben sind nochmals im Typenschild angegeben. Der Motor trägt die Bezeichnung AYL.

2.0-Liter-Motor mit 8 Ventilen: Die Motorkennbuchstaben (ADY oder ATM) und die Seriennummer sind in die linke Seite des Zylinderblocks über dem Ölfilter eingeschlagen, wie es rechts in Bild 4 gezeigt ist. Die Motorkennzeichnung kann ebenfalls auf einem Aufkleber auf der Oberseite des Zahnriemenschutzdeckels gesehen werden und wird ebenfalls im Typenschild des Fahrzeuges erwähnt.

Das Getriebe ist ebenfalls mit einer Nummer versehen,

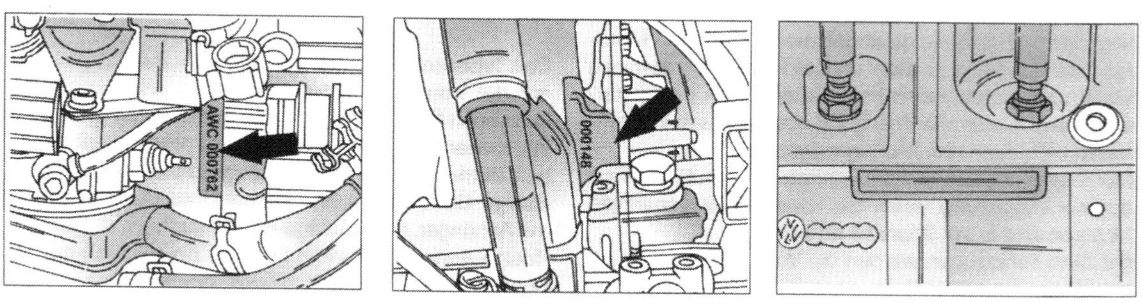

Bild 4

auf welche später im Abschnitt „Schaltgetriebe" eingegangen wird.
Diese Nummern sind beim Bestellen von Ersatzteilen oder Austauschteilen unbedingt anzugeben. Der Fahrzeughersteller versucht jederzeit, die Fahrzeugmodelle zu verbessern. Nur durch Angabe der besagten Nummern und/oder Buchstaben ist Ihr Ersatzteillieferant in der Lage, Ihnen die vorgeschriebenen Teile für die betreffende Ausführung Ihres Fahrzeuges zu verkaufen.

1.3 Allgemeine Anweisungen bei Reparaturen

Die Beschreibungen in dieser Reparaturanleitung sind in einfacher Weise und allgemein verständlich gehalten. Wenn dem Text und den Abbildungen bei der Arbeit Schritt für Schritt gefolgt wird, dürften keine Schwierigkeiten auftreten.
Die Maß- und Einstelltabelle am Ende des Buches ist hierbei ein wichtiger Teil und muss bei allen Reparaturarbeiten am Fahrzeug hinzugezogen werden. Innerhalb der einzelnen Anleitungen werden die notwendigen Maßangaben oder Einstellwerte nicht immer angeführt, weshalb in der genannten Tabelle nachzuschlagen ist. Es sei besonders darauf hingewiesen, dass man unter dem in Frage kommenden Modell nachlesen muss, um jegliche Fehler zu vermeiden. Dies bezieht sich besonders auf den Motor, da man hier die meisten Unterschiede innerhalb der in der Ausgabe behandelten Baureihe finden wird.
Einfache Handgriffe, wie z. B. „Motorhaube öffnen" vor Arbeiten im Motorraum, oder „Radmuttern lösen" vor Arbeiten an den Radbremsen, werden nicht immer erwähnt, da diese als selbstverständlich vorausgesetzt werden. Falls es also „Räder abschrauben" heißt, bedeutet dies, dass das Fahrzeug bereits auf Unterstellböcken steht.
Dagegen befasst sich der Text ausführlich mit schwierigen Arbeiten, die in allen Einzelheiten so gut wie möglich beschrieben sind. Eine Reihe wichtiger Hinweise, die bei jeder Reparaturarbeit beachtet werden sollten, werden im folgenden Text angegeben:

- Schrauben und Muttern sind in sauberem Zustand und leicht eingeölt zu verwenden. Mutternflächen und Gewindegänge immer auf Beschädigung untersuchen und vorhandene Grate entfernen. Im Zweifelsfall neue Schrauben oder Muttern verwenden. Einmal gelöste, selbstsichernde Muttern sollten immer erneuert werden. Unter diese Kategorie fallen ebenfalls alle im Winkelanzug anzuziehende Schrauben, da diese sich in den meisten Fällen gestreckt und damit ihre Sicherungsfähigkeit verloren haben. Auf keinen Fall dürfen Muttern und Schrauben entfettet werden.
- Stets die in der Anzugsdrehmoment-Tabelle oder im Verlauf der Arbeitsbeschreibungen angeführten Anzugsdrehmomente beachten. Diese Werte sind nahezu in den gleichen Gruppen zusammengefasst, die auch die Kapitel dieser Reparaturanleitung bilden und lassen sich somit leicht auffinden.
- Alle Dichtscheiben, Dichtungen, Sicherungsbleche, Sicherungsscheiben, Splinte und O-Dichtringe (Rundschnurringe) sind beim Zusammenbau zu erneuern. Öldichtringe (Radialdichtringe, Simmerringe) sollten ebenfalls erneuert werden, sofern die Welle aus dem Dichtring genommen wurde. Die Lippe eines Dichtringes ist vor dem Zusammenbau mit Fett einzuschmieren. Man muss darauf achten, dass sie beim Einbau in die Richtung weist, aus welcher Öl oder Fett austreten kann.
- Bei Hinweisen auf die linke oder rechte Seite des Fahrzeuges wird angenommen, dass man aus der Fahrtrichtung bei Vorwärtsfahrt die Seitenbezeichnung ableiten kann, analog der Begriffe „vorn" und „hinten". Im Zweifelsfall wird im Text nochmals eine Erläuterung gegeben.
- Ganz besonders ist darauf zu achten, dass zu Arbeiten an den Bremsen, an der Radaufhängung oder allgemein an der Unterseite des Fahrzeuges für eine sichere Abstützung des hochgebockten Wagens gesorgt ist.
- Der dem Fahrzeug beiliegende Wagenheber ist nur zum Radwechsel für unterwegs vorgesehen. Falls er dennoch bei Reparaturen zur Hilfe genommen wird, ist lediglich der Wagen damit anzuheben und dann auf geeignete Montageböcke abzulassen. Derartige, dreibeinige Unterstellböcke, wie sie in Bild 5 (links) gezeigt sind, sollen zur Sicherheit auch unter dem Fahrzeug platziert werden, wenn ein Garagenwagenheber zur Verfügung steht. Ziegelsteine sollten zum Unterbauen nicht verwendet werden, allenfalls Hohlblocksteine wegen ihren größeren Auflageflächen, doch sind dann zwischen Fahrzeug und Steine noch genügend starke Holzbretter zu legen. Das Anheben des Fahrzeuges wird getrennt weiter hinten in diesem Abschnitt beschrieben.
- Fette, Öle, Unterbodenschutz und alle mineralischen Substanzen wirken auf die Gummiteile des Fahrwerks und der Bremsanlage aggressiv. Besonders von Teilen der hydraulischen Anlage sind solche Mittel, zu denen auch Kraftstoff gehört, fern zu halten. Für Reinigungsarbeiten an der Bremsanlage soll nur Bremsflüssigkeit oder Spiritus verwendet werden. Hierbei sei aber darauf verwiesen, dass Bremsflüssigkeit giftig ist und z. B. auf lackierte Flächen ätzend wirkt, d. h. Lackschäden könnten die Folge sein.
- Zur Erzielung der besten Reparaturergebnisse ist die Verwendung von Original-Ersatzteilen Voraussetzung. Um späteren Schwierigkeiten aus dem Wege zu gehen, muss der Einbau irgendwelcher Fremdprodukte unterbleiben. Ausnahmen sind nur bei Teilen der elektrischen Anlage gegeben oder falls das Herstellerwerk entsprechende Freigaben macht.
- Beim Bestellen von Ersatz- und Austauschteilen müssen die genaue Modellbezeichnung mit Fahrgestellnummer, gegebenenfalls die Motornummer und das Baujahr angegeben werden. Hier sei besonders wieder der Motor erwähnt, vor allem, da die Bezeichnung einiger Motoren während der Bauzeit abgeändert wurde. Damit beschleunigt man die Bestellung und das Beziehen von falschen Teilen wird verhindert.
- Alle Arbeiten am Fahrzeug, besonders solche an der Bremsanlage und an der Lenkung sowie Radaufhängung, sind mit Sorgfalt und Umsicht durchzuführen. Die Verkehrssicherheit des Fahrzeuges muss nach jeder Reparatur gewährleistet sein. Keine Arbeiten durchführen, wenn man mit der Baugruppe nicht vollkommen vertraut ist.

1.4 Arbeitsbedingungen und Werkzeuge

Um Reparaturarbeiten durchzuführen, benötigt man einen sauberen, gut beleuchteten Arbeitsplatz, der mit einer Werkbank und Schraubstock versehen ist. Es soll auch genügend Raum vorhanden sein, um die verschiedenen Teile auszulegen und zu ordnen, ohne dass man sie immer wieder wegräumen muss. In einer gut ausgerüsteten Werkstatt lässt sich gemütlich und ohne Hast arbeiten, die Maschine kann in einer sauberen Umgebung zerlegt und wieder zusammengebaut werden. Leider verfügt aber nicht jeder über einen solchen idealen Arbeitsplatz und dementsprechend muss auch da und dort improvisiert werden. Um diesen Nachteil auszugleichen, muss besonders viel Zeit und Sorgfalt aufgewendet werden.

Als Weiteres benötigt man unbedingt einen möglichst vollständigen Satz Qualitätswerkzeuge. Qualität ist hier oberstes Gebot, da billiges Werkzeug auf lange Sicht teuer werden kann, falls man damit abrutscht oder es zerbricht und dabei teuren Schrott baut. Ein gutes Qualitätswerkzeug wird sich lange verwenden lassen und rechtfertigt in jedem Falle die Anschaffungskosten. Die Grundlage des Werkzeugsatzes ist ein Satz Gabelschlüssel, die sich an jedem gut zugänglichen Teil des Fahrzeuges ansetzen lassen. Ein Satz Ringgabelschlüssel stellt einen wünschenswerten Zusatz dar, die sich besonders bei festsitzenden Schrauben und Muttern verwenden lassen, oder wo die Platzverhältnisse ungünstig sind.

Um die Kosten tief zu halten, kann man sich auch mit einem Satz kombinierter Ringgabelschlüssel behelfen, diese tragen an einem Ende eine Gabelöffnung und am anderen einen Ring von der gleichen Weite. Bild 5 (Mitte) zeigt derartige Schlüssel zusammen mit den bereits genannten Gabelschlüsseln, auch Maulschlüssel genannt. Stecknüsse (-einsätze) stellen ebenfalls eine lobenswerte Investition dar. Vorausgesetzt, dass der Außendurchmesser der Nüsse nicht allzu groß ist, können auch sehr versteckt oder in Vertiefungen sitzende Muttern und Schrauben gelöst werden.

Weitere benötigte Werkzeuge sind ein Satz Kreuzschlitzschraubendreher, Zangen und ein Hammer. Im Automobilbau werden mehr und mehr Schrauben mit so genannten Torx-Köpfen verwenden. Falls Ihnen der Name Torx kein Begriff ist, können Sie anhand der rechten Ansicht in Bild 5 erkennen, wie die Köpfe dieser Schrauben aussehen. Zum Lösen derartiger Schrauben wird ein spezieller Stecknusssatz benutzt, der wie normale Sechskant-Stecknusssätze Einsätze verschiedener Größe hat, die vor der Größenangabe den Buchstaben „T" haben (z. B. T30).

Zusätzlich zur Grundausrüstung kann man sich noch ein paar speziellere Werkzeuge beschaffen, die sich meistens als unschätzbare Hilfe erweisen, besonders wenn man gewisse Reparaturen immer wieder durchführen muss. Damit lässt sich also recht viel Zeit ersparen. Als Beispiel sei hier einmal der Schlagschraubendreher erwähnt, ohne den sich die maschinell angezogenen Kreuzschlitzschrauben kaum lösen lassen, ohne dass man sie dabei beschädigt. Selbstverständlich kann er auch zum Anziehen verwendet werden, um einen gasdichten Sitz zu gewährleisten. Ebenfalls oft benötigt werden Seegerringzangen, da Getrieberäder, Wellen und ähnliche Teile meist durch Sicherungsringe gehalten werden, die sich mit einem Schraubenzieher nur schwer entfernen lassen. Es sind zwei Typen von Seegerringzangen erhältlich, einer für die Außensicherungsringe, welche mit der in Bild 6 gezeigten Zange geöffnet werden, und einer für Innensicherungsringe (linkes Bild). Sie sind mit geraden oder abgewinkelten Klauen erhältlich. Abgesehen von diesen Zangen, schaffen Sie sich Zangen der in der Mitte der Bildreihe gezeigten Ausführungen an. Dies sind ein Seitenschneider (1), eine Kombizange (2) sowie eine Wasserpumpenzange (3).

Eines der nützlichsten Werkzeuge ist der Drehmomentschlüssel, eigentlich eine Art Schraubenschlüssel, der so eingestellt werden kann, dass er durchrutscht, wenn ein gewisses Anzugsdrehmoment einer Schraube oder Mutter erreicht ist. Derartige Schlüssel sind ebenfalls mit einem Zeiger erhältlich, welcher das erreichte Drehmo-

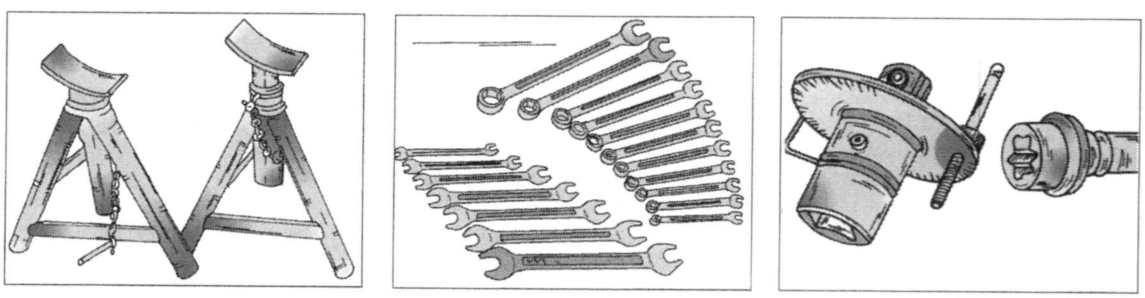

Bild 5

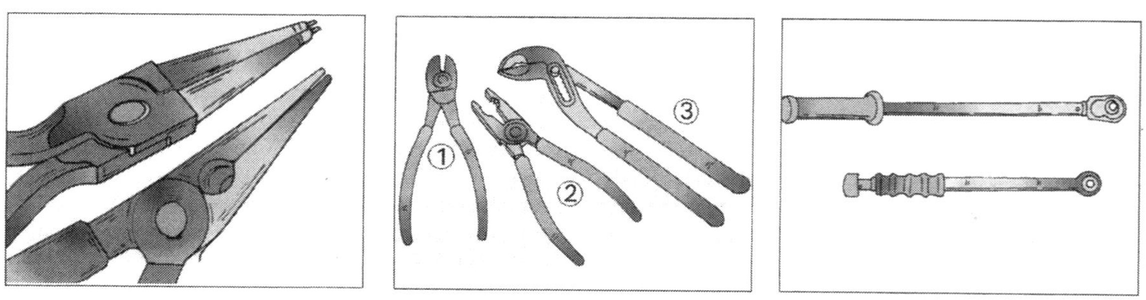

Bild 6

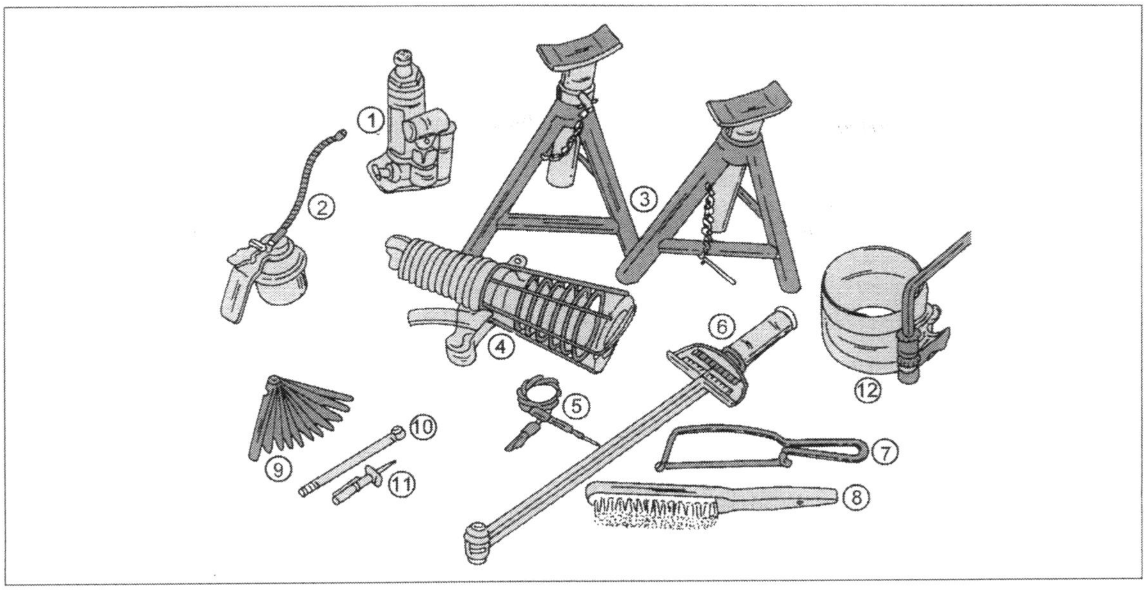

Bild 7
Vorgeschlagene Werkzeuge und Hilfswerkzeuge zur Pflege und Reparatur Ihres Fahrzeuges.
1 Hydraulischer Heber
2 Ölkanne
3 Unterstellböcke
4 Elektrische Handlampe
5 Prüflampe (12 Volt)
6 Drehmomentschlüssel
7 Minisäge
8 Drahtbürste
9 Blattfühlerlehren
10 Reifendruckprüfer
11 Reifenprofilmesser
12 Kolbenringspannband

ment anzeigt. Falls Sie sich einen Drehmomentschlüssel anschaffen, schlagen wir vor, dass ein Schlüssel mit automatischer Auslösung beim Erreichen des Anzugsdrehmoments in Betracht gezogen wird. Die Schlüssel haben in den meisten Fällen die in Bild 6 (rechts) gezeigte Form. Anzugsdrehmomente werden in jedem modernen Werkstatthandbuch oder jeder Reparaturanleitung aufgeführt, sodass auch besonders komplexe Baugruppen oder Komponenten, wie z. B. ein Zylinderkopf, angezogen werden können, ohne dass man Beschädigungen oder Lecks infolge Verzugs befürchten muss.

In diesem Zusammenhang soll auch eine Gradscheibe erwähnt werden. Eine solche hat das in Bild 5 auf der rechten Seite gezeigte Aussehen. Viele Schrauben und Muttern müssen um einen bestimmten Winkel nachgezogen werden (man spricht von einem Winkelanzug). Um den genauen Winkel zu erhalten, eignet sich eine Gradscheibe am besten.

Je höher entwickelt ein Automodell ist, desto mehr Werkzeuge benötigt man, um es im Do-it-yourself-Verfahren immer im bestmöglichen Zustand zu halten. Leider lassen sich aber einige ganz spezielle Arbeiten nicht ohne die richtige Ausrüstung durchführen, für die man meist tief in die Tasche greifen muss. Hier ist auch eine gewisse Vorsicht am Platz: Es gibt nun einfach verschiedene Arbeiten, die man am besten einem Fachmann überlässt. Obwohl ein Vielfachmessgerät zum Aufspüren von elektrischen Schäden eine große Hilfe darstellt, kann es in ungeübten Händen enormen Schaden anrichten.

Obschon in dieser Reparaturanleitung gezeigt wird, wie sich verschiedene Komponenten auch ohne Spezialwerkzeuge aus- und wieder einbauen lassen (falls nicht unbedingt nötig), empfiehlt es sich, die Anschaffung der gebräuchlichsten Spezialwerkzeuge in Betracht zu ziehen. Dies wird sich besonders dann lohnen, wenn man das Auto über längere Zeit behalten will. In Bild 7 sind einige der gebräuchlichsten Werkzeuge und Hilfswerkzeuge gezeigt, die man immer wieder brauchen wird. Man sollte sich diese im Laufe der Zeit anschaffen, wenn man die Absicht hat sein Auto selbst zu pflegen.

Auch mit den vorgeschlagenen, improvisierten Methoden und Werkzeugen lassen sich verschiedene Teile ohne Gefahr von Beschädigung aus- und einbauen. In jedem Fall lässt sich mit den Spezialwerkzeugen, die vom Hersteller produziert und verkauft werden, eine Menge Zeit (und Ärger) sparen.

Ehe man irgendwelche Arbeiten an einem Fahrzeug durchführt, raten wir Ihnen, die folgenden Hinweise gründlichst durchzulesen und einzuprägen, damit Sie vor allen Verletzungen, gleich welcher Art, bewahrt werden:

- Auf einen einzelnen Wagenheber kann man sich nie hundertprozentig verlassen. Immer zusätzliche Böcke unterstellen. Zwei übereinander gelegte, abgeschraubte Räder kann man z. B. auf der Seite der Reparatur entweder vorn oder hinten unterlegen, falls keine Böcke zur Verfügung stehen. Ein abrutschender Wagen wird dann wenigstens auf den Rädern landen.
- Niemals die Räder oder Achsmuttern anziehen, wenn das Fahrzeug aufgebockt ist.
- Niemals den Verschluss der Kühlanlage bei heißem Motor öffnen. Falls es unumgänglich ist, einen dicken Lappen um den Deckel legen und diesen bis zur ersten Raste lösen, damit der Dampf entweichen kann.
- Niemals das Motoröl ablassen, wenn das Fahrzeug bis zum letzten Moment gefahren wurde. Motoröl nur entsprechend den geltenden Vorschriften entsorgen, auf keinen Fall wegschütten.
- Keine Bremsflüssigkeit oder Frostschutzmittel auf Lackstellen tropfen lassen. Die hinterlassenen Flecke lassen sich nur schwer oder nicht entfernen.
- Keinen Bremsstaub einatmen. Obwohl Beläge und Bremsklotzmaterial jetzt asbestfrei hergestellt sind, schadet dies trotzdem Ihrer Gesundheit. Falls Sie Pressluft zum Ausblasen von Bremsen benutzen, den Kopf von der Staubstelle wegdrehen. Erkundigen Sie sich über die Erhältlichkeit von Sprays, mit denen man die Bremsteile absprüht, um die Staubentwicklung zu vermeiden (Autozubehörgeschäft oder Werkstatt).
- Öl- oder Fettreste sofort vom Boden abwischen, ehe Sie selbst oder andere Leute darauf ausrutschen.
- Keine Schlüssel falscher Schlüsselweite oder ausgeweitete Schlüssel zum Lösen von festsitzenden Muttern oder Schrauben benutzen. Ein Abrutschen bedeutet in

den meisten Fällen eine Verletzung. Offene Wunden auf jeden Fall „verpflastern" lassen, ehe Schmutz oder Öl usw. eindringen kann.

- Krawatten haben bei Arbeiten am Auto keinen Platz. Ebenfalls lange Hemdsärmel oder andere lose Kleidungsstücke fern von sich bewegenden Teilen halten. Lange Haare während der Arbeit festbinden. Fingerringe und Armbanduhren am besten abziehen. Abgesehen davon, dass man daran hängen bleiben kann, bieten sie auch einen Leiter für die elektrische Anlage.
- Den Arbeitsplatz von unnötigen Teilen befreien. Ein Stolpern wird dadurch offensichtlich weitgehend verringert.
- Falls es möglich ist, arbeiten Sie niemals allein an einem Fahrzeug. Familie, Freunde oder Bekannte können öfters mal kurz nachschauen, ob alles in Ordnung ist.
- Niemals versuchen eine Arbeit überhastet zu Ende zu führen. Viele Radmuttern wurden lose gelassen, um das Fahrzeug wieder schnell zum Fahren zu bringen.
- Niemals in der Nähe des Fahrzeuges rauchen oder andere rauchende Personen in die Nähe lassen. Man sollte die Batterie abklemmen, wenn Kraftstoffleitungen abgeschlossen werden. Mit Metallgegenständen hergestellte Kurzschlüsse könnten zu Funkenbildung führen. Sicherheitshalber sollten Sie einen Handfeuerlöscher bereithaben.
- Eine Handlampe niemals auf den Motor auflegen, um besser zu sehen. Bestimmte Handlampen entwickeln große Wärme und könnten Teile am Motor verbrennen, obwohl man annimmt, dass sie durch den Drahtkäfig geschützt werden. Am besten ist es, wenn man eine Handlampe bei Arbeiten im Motorraum an der geöffneten Motorhaube „anhängt".

Falls Sie die angeführten Hinweise sorgfältig beachten, sollten bei den im Buch beschriebenen Arbeiten keine Verletzung Ihrer Person oder Beschädigung des Fahrzeuges auftreten.

Achtung: Schlechte Werkzeuge führen in den meisten Fällen zu Verletzungen oder Beschädigung von Muttern, Schrauben usw. – unbedingt vermeiden. Die Anschaffung einer hochwertigen Werkzeugausrüstung ist ein guter Anfang zur Selbstpflege des Autos.

Falls Sie sich die unten genannten Werkzeuge und/oder Hilfswerkzeuge besorgen, werden Sie bald zum Profi:

- Ein Sortiment Schraubendreher mit rutschfestem Griff für Schlitz-, Kreuzschlitz- und Torxschrauben.
- Innensechskantschlüssel (Inbusschlüssel) am Ring in den Größen 2–8 Millimeter. Wir möchten darauf hinweisen, dass sich diese Schlüssel gern an den Kanten abnutzen. Wenn der Schlüssel mehr als einmal abrutschen sollte, ohne dass er seinen Zweck verrichtet, wird es Zeit, dass man sich einen neuen Satz anschafft.
- Mit einem Radkreuzschlüssel für Pkw lösen Sie auch fest sitzende Radschrauben. Andernfalls muss der im Bordwerkzeugsatz beigefügte Radschraubenschlüssel reichen.
- Kombizange, Wasserpumpenzange (Länge mindestens 240 mm) und Seitenschneider biegen, halten, drehen und trennen so ziemlich alle Materialien an Ihrem Fahrzeug.
- Der Schlosserhammer (empfohlenes Gewicht ca. 300 g) wird als Schlagwerkzeug benutzt, um beispielsweise mit einem Durchschlag festsitzende Bolzen aus Verbindungen zu lösen. Empfindliche Bauteile wie Lager, gegossene oder gehärtete Teile sollten dagegen nur mit einem Kunststoff- oder Gummihammer bearbeitet werden. Bei Richtarbeiten an der Blechstruktur hilft ein Ausbeulhammer.
- Ein Körner hilft bei Bohrarbeiten an Metallen. Bringen Sie die gehärtete Spitze exakt an die gewünschte Bohrstelle. Mit einem leichten Hammerschlag auf den Schaft des Körners erzeugen Sie an der Oberfläche eine kleine Vertiefung, an der Sie den Metallbohrer ansetzen.
- Ein Durchschlag (Durchmesser 3 und 6 mm) ist bei Montage- und Demontagearbeiten an Fahrwerk, Motor und Bremsen universell einsetzbar. Wenn Sie damit Haltebolzen entfernen: Achten Sie darauf, dass die Auflagefläche des Durchschlags etwa der Größe der Bolzen entspricht, da diese sich sonst verformen. In Bild 8 geben wir Ihnen weitere Beispiele von Teilen, die im Werkzeugsatz unerlässlich sind. Hier ein **Wort der Warnung:** Nach mehrmaliger Benutzung eines Durchschlags bilden sich durch das Aufschlagen mit dem Hammer Grate, welche wie Ausfransungen aussehen. Ohne Vorwarnung kann es also passieren, dass sich ein Stück des breit geschlagenen Materials löst und in die Augen springt. Arbeiten Sie also nur mit Durchschlägen, welche auf der Aufschlagseite noch einwandfrei aussehen. Als Abhilfe kann man einen solchen Dorn kurz nachschleifen lassen, damit er wieder „unfallsicher" aussieht.
- Mit einem Flachmeißel (gehärtete Schneide) werden Sie zur Not auch mit deformierten oder festgerosteten Schraubverbindungen fertig, indem Sie die Mutter mitsamt dem Gewindebolzen abmeißeln. An „weichen" Stellen sollten Sie jedoch von einem Helfer einen Hammer an der Schlagstelle unterhalten lassen, damit es keine Verbiegungen gibt. Lassen Sie keine Grate an der Aufschlagstelle „wachsen", da Splitter in die Augen springen können.
- Für Arbeiten im Motorraum und unter dem Fahrzeug empfiehlt sich die Anschaffung eines Steckschlüsselsatzes mit den Einsätzen 10–32 Millimetern und einer Umschaltknarre mit 1/2-Zoll-Antrieb. Ein komplettes Set ist billiger als der Kauf der jeweils benötigten Einzeleinsätze. Hier gehören auch die bereits genannten Sets der Torx-Einsätze dazu.
- Für Arbeiten im Innenraum ist ebenfalls ein Steckschlüsselsatz sinnvoll, allerdings mit kleinerem 1/4-Zoll-Antrieb. Neben Kreuz-, Torx-, Schlitzschrauben und Kunststoffclips verbauen die Hersteller hier oft Schrauben mit SW 6 bis 13 Millimeter.
- Für Arbeiten an der Elektrik sind zu empfehlen: eine isolierte Kombizange, eine Quetschzange für Steckeran-

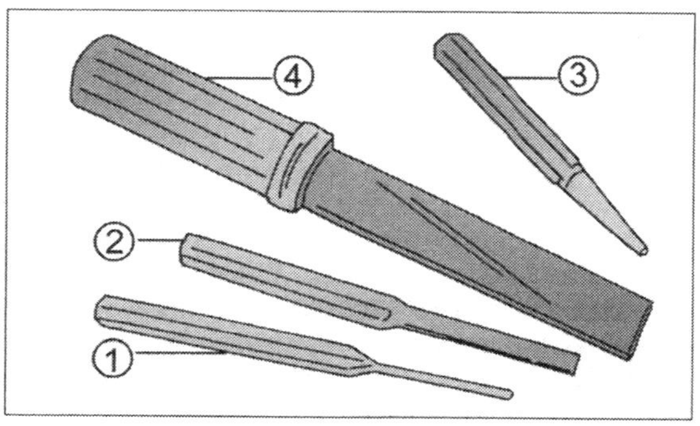

Bild 8
Zum Schlagen, Ausschlagen und Abschlagen gehören diese Werkzeuge in den Kasten.
1 Durchschlag (vorgeschlagen ca. 3 mm)
2 Durchschlag (vorgeschlagen ca. 6 mm)
3 Körner für Bohrungsarbeiten
4 Flachmeißel mit gehärteter Schneide

schlüsse und Kabelverbindungen, ein isolierter Schraubendreher und eine Phasenprüflampe mit Nadelspitze und separatem Massekabel.

Hinweis: Überprüfen Sie Ihr Bordwerkzeug. Die beste Grundausstattung in der Garage nützt nichts, wenn Ihnen bei einer Panne unterwegs die Hilfsmittel fehlen. Sind Wagenheber, Radkreuz und Schraubendreher an Bord? Bei einem Wackelkontakt oder einer gelösten Kabelverbindung helfen Elektrokombizange, ein paar Drähte und Isolierband. Ebenfalls sinnvoll: ein Lampenset und Ersatzsicherungen, Abschleppseil, Starthilfekabel und Taschenlampe. Und vergessen Sie nicht, dass man bei Reparaturen schmutzige Hände bekommt. Papierhandtücher sollten immer einen Platz im Kofferraum haben, falls Sie eine Reise antreten (sie eignen sich auch immer wieder bei der Kontrolle des Ölstands im Motor, Flüssigkeitsbehälter der Servolenkung, usw.).

Hinweis: Nachdem die Motorhaube geöffnet ist, könnten einige der im Motorraum befindlichen Teile sehr heiß sein. Wenn der Motor läuft oder der Zündschlüssel in Stellung 2 steht, besteht Gefahr von den drehenden Teilen des Motors oder hohen elektrischen Spannungen von Teilen der elektrischen Anlage.

Abklemmen der Batterie

Bei allen mit der elektrischen Anlage verbundenen Arbeiten muss man die Batterie abklemmen. Im modernen Automobilbau ist dies jedoch mit einigen Vorsichtsmaßnahmen verbunden, um elektronische Bauteile nicht zu stören. Bei jeglichen Arbeiten ist deshalb zu beachten:

- Die Plus- und Minusleitung der Batterie kann man trotz der unterschiedlichen Größe der Kabelklemmen leicht verwechseln. Im Zweifelsfall die Polarität bis zur Batterie verfolgen und die Leitung kennzeichnen.
- Als Erstes das Minuskabel der Batterie abschrauben.
- Falls ein Autoradio mit Diebstahl-Code eingebaut ist, sollten Sie den Code zur Hand haben, ehe die Batterie abgeklemmt wird. Der zum Betrieb des Radios wichtige Code wird durch das Abklemmen der Batterie gelöscht und muss neu eingegeben werden. Denken Sie ebenfalls daran, dass gespeicherte Sender nach Wiederanschließen der Batterie neu abgespeichert werden müssen.
- Bestimmte Alarmeinrichtungen ertönen beim Abklemmen der Batterie. Aus diesem Grund sollten Sie wissen, wie man den Alarm neutralisieren kann, ehe man bei irgendwelchen Arbeiten die Batterie aus dem Stromkreis nimmt.
- Das elektronische Steuergerät der Einspritzmotoren muss nach Wiederanschließen der Batterie neu „lernen“. Dies geschieht, nachdem der Motor eine Weile läuft.
- Eine eingebaute elektrische Zeituhr verliert ihre Daten.

1.5 Aufbocken des Fahrzeuges

Der Wagenheber befindet befindet sich zusammen mit den Bordwerkzeugen hinter der rechten Seitenverkleidung im Kofferraum.

Als Erstes vergewissert man sich, dass sich der Wagenheber zwischen den untersten Teilen des Fahrzeuges und dem Boden einschieben lässt. Aufgrund der Konstruktion darf ein Wagenheber, einschließlich eines Rollwagenhebers, nur unter der Seite der Karosserie angesetzt werden.

- Zum Aufbocken der Vorderseite den Wagenheber unter der längs verlaufenden Verstärkung des Wagenbodens an der in Bild 9 gezeigten Stelle ansetzen. An den Pfeilstellen wird man Markierungen sehen, die die genauen Ansatzstellen angeben. Wie dies in der Praxis aussieht, können Sie Bild 10 entnehmen. Die Ansatzstelle muss in der bestmöglichen Weise geschützt werden, um keine Lackschäden anzurichten. Die Handbremse anziehen und zur Sicherheit einen Ziegelstein auf der gegenüberliegenden Seite unter das Hinterrad und das Vorderrad unterlegen.
- Zum Aufbocken der Rückseite den Wagenheber nur unter der Ansatzstelle für den Bordwagenheber ansetzen (siehe Bild 11), die Ihnen auch aus Ihrer Betriebsanleitung bekannt sein wird). Darauf achten, dass der Wagenheber nicht unter die Befestigung des Lenkerarms untergesetzt wird, da man andernfalls die Radaufhängung verziehen kann.

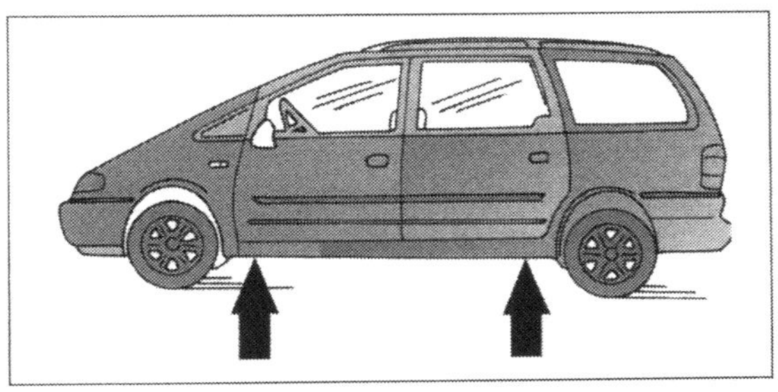

Bild 9
Die Ansatzstellen für den Wagenheber an den Seiten des Fahrzeuges. Den Wagenheberkopf nur an den markierten Stellen (Pfeile) ansetzen.

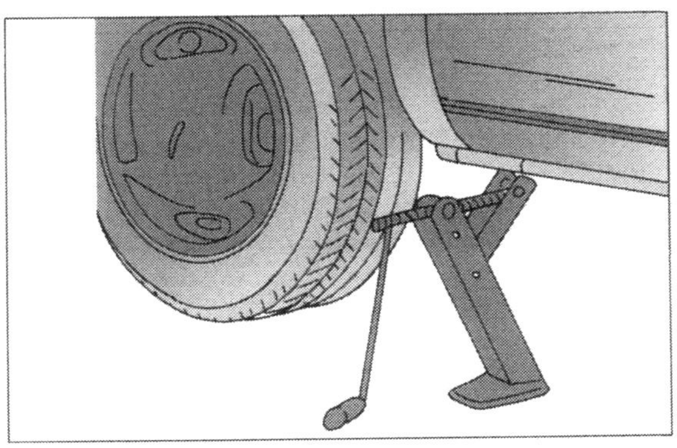

Bild 10
Angesetzter Bordwagenheber an der Vorderseite des Fahrzeuges. Hier kann auch ein Rollwagenheber vorsichtig mit der notwendigen Abpolsterung angesetzt werden.

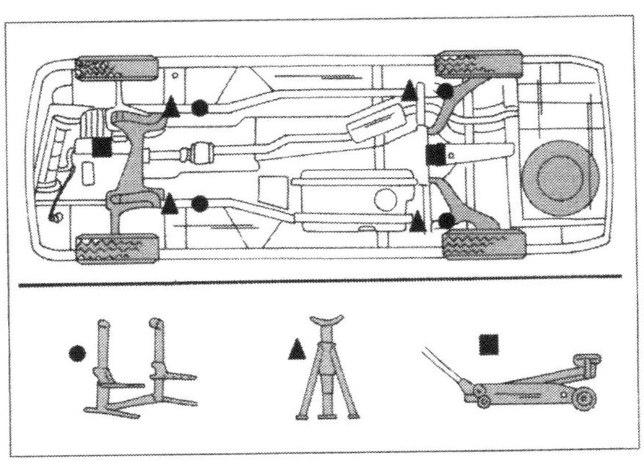

Bild 11
Ansicht der Unterseite des Fahrzeuges mit Angabe der verschiedenen Ansatzstellen eines Wagenhebers und der Unterstellböcke. Die mit den runden Symbolen gezeigten Stellen eignen sich auch zum Ansetzen eines Rollwagenhebers.

Achtung: Unter keinen Umständen einen Wagenheber unter die Ölwanne, das Getriebe, unter den Hilfsrahmen oder die Hinterachse untersetzen, wenn das Fahrzeug aufgebockt werden soll. Nur ein leichtes Anheben ist unter den genannten Teilen zulässig (ohne dass die Gesamtlast des Fahrzeuges auf dem Wagenheber ruht).

- Unbedingt darauf achten, dass die Bodenfläche, auf welcher das Fahrzeug aufgebockt werden soll, nicht zu weich ist, damit der Wagenheber oder die Böcke nicht in den Boden einsinken können. Ein breites Stück Holz, unter die Räder eines Rollwagenhebers (Rangierwagenhebers) untergelegt, wird diese Gefahr weitgehend verringern. Das Gleiche trifft auf den Bordwagenheber zu. Manchmal sieht der Boden fest aus, bis man feststellt, dass die Räder des Wagenhebers langsam einsinken.
- Unterstellböcke können nur unter die Seite der Karosserie untergesetzt werden, jedoch sind diese entsprechend zu schützen, damit sie die Karosserie nicht beschädigen können. Ein Stück alter Autoreifen eignet sich vortrefflich zum Einlegen zwischen Unterstellbock und Karosserie. Zu verwenden sind dreibeinige Unterstellböcke, wie sie bereits gezeigt wurden. Dabei darauf achten, dass der Verstellbolzen zur Höheneinstellung die genügende Festigkeit hat. Keine beliebigen Schrauben einstecken, falls sich der ursprüngliche Bolzen von der Kette gelöst hat.
- Auffahrrampen sind die besten Auffahrmöglichkeiten für ein Fahrzeug, da man sich einen Wagenheber ersparen kann. Beim Auffahren natürlich darauf achten, dass man die Rampen genau vor die Räder stellt, um die genaue Richtungstreuigkeit zu erhalten. Zur zusätzlichen Sicherheit sollten die Rampen eine Mulde für die Räder in der Standfläche haben. In Bild 12 kann man sehen, wie ein Rad auf einer derartigen Auffahrrampe aufsitzen muss. Denken Sie immer daran, dass die in diesem Buch behandelten Fahrzeuge höher sind, als ein normaler Pkw. Je nach Radseite die Handbremse anziehen oder einen Gang einlegen.

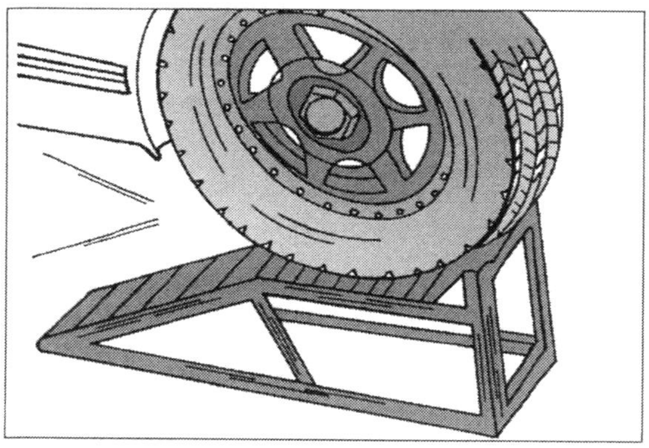

Bild 12
Die Räder können auf Auffahrrampen gefahren werden, um an Teile unter dem Fahrzeug heranzukommen.

Um noch einmal zusammenzufassen:
Ein Wagenheber ist jedoch – wie der Name schon sagt – nur dazu da, das Fahrzeug anzuheben. Er ist keinesfalls eine ausreichende Abstützung bei Arbeiten an der Wagenunterseite. Lassen Sie es daher auch in der größten Eile nie an der Abstützung des aufgebockten Fahrzeugs fehlen. Sonst kann die eigenhändige Reparatur das Leben kosten. Auf Nummer Sicher gehen Sie mit Unterstellböcken, die der Zubehörhandel in verschiedenen Größen und Ausführungen anbietet. Ein Paar reicht für die meisten Reparaturen völlig aus. Besonders praktisch sind Dreibeinböcke mit klappbaren Füßen. Beachten Sie beim Kauf, dass die Unterstellböcke keine zu kleine Standfläche haben. Bild 11 zeigt eine Ansicht des Fahrzeuges von der Unterseite, die Ihnen außerdem die Ansatzstellen für einen Rangierwagenheber angibt.

Noch ein Tipp zu Ihrer Sicherheit: Falls beide Räder einer Achse abgeschraubt werden, kann man sie übereinander legen und unter das Fahrzeug schieben. Sollte dieses trotz Vorsichtsmaßnahmen von den Böcken abrutschen, landet es auf den Rädern.

Anzugsdrehmomente

Die Anzugsdrehmomente werden für die Schrauben und Muttern der wichtigsten Teile angegeben. Um die Anzugsdrehmomente einzuhalten, muss man eine Stecknuss der passenden Schlüsselweite sowie einen Drehmomentschlüssel, manchmal mit einer Verlängerung, benutzen. In vielen Fällen ist es aber einfach nicht möglich an eine Schraube oder Mutter heranzukommen, um einen Drehmomentschlüssel anzusetzen oder das Drehmoment ist zu klein, um es am Drehmomentschlüssel abzulesen. Hier heißt es, das Drehmoment zu schätzen. Unter Berücksichtigung des Gewindedurchmessers der Schraubenverbindung heißt dies in der Mechanikersprache „gut anziehen“, wobei Gefühl eine wichtige Rolle spielt, besonders bei Gewindedurchmessern von 6 oder 7 mm.

2A Der TDI-Turbodieselmotor (mit Einspritzung Pumpe/Düse)

Der 1.9-Liter-TDI-Motor mit der genannten Einspritzanlage, einer Leistung von 66 kW (90 PS) und der Bezeichnung ANU wurde bereits für Modelljahr 2000 eingeführt und dann durch einen Motor mit der Bezeichnung AUY und einer Leistung von 85 kW/115 PS) ersetzt. Ab Oktober 2002 wurde die Leistung des Motors auf 96 kW (130 PS) erhöht. Dieser Motor trägt die Bezeichnung ASZ. Während die beiden erstgenannten Motoren der Abgasnorm „D3" entsprechen, erfüllt der letztgenannte Motor die Norm „EU3".

Der Zylinderblock ist auf dem bereits bei einigen anderen Fahrzeugen eingebauten Dieselmotor aufgebaut, d. h. die Ölpumpe wird durch eine getrennte Kette angetrieben, die Wasserpumpe durch den Zahnriemen, jedoch sieht es am Zylinderkopf anders aus, da anstelle der Einspritzdüsen so genannte Einspritzeinheiten eingebaut sind, welche aus der Pumpe mit der eingebauten Düse bestehen. Anstelle der bei den anderen Dieselmotoren verwendeten Unterdruckpumpe wird bei diesen Motoren eine Tandempumpe verwendet, welche den Unterdruck herstellt und gleichzeitig die Kraftstoffzufuhr zu den Einspritzeinheiten übernimmt.

Der Zylinderkopf wurde abgeändert, um die Einspritzeinheit, den Betätigungsmechanismus und die Kraftstoffversorgung aufzunehmen. Jeder einzelne Zylinder ist mit einer solchen Einspritzeinheit versehen, welcher den hohen Einspritzdruck herstellt, um den Kraftstoff in die Verbrennungskammern einzuspritzen. Wie eine Einspritzeinheit eingebaut ist, kann man Bild 13 entnehmen. Die Einspritzeinheiten sind im rechten Winkel senkrecht in den Kopf eingeschraubt und werden durch ein Klemmstück gehalten.

Die Einspritzeinheiten werden direkt durch die Nockenwelle angetrieben. Aus diesem Grund hat die Welle vier zusätzliche Nocken, welche die Einspritzeinheiten betätigen. Die Betätigung erfolgt über Rollenschwinghebel.

Um kurz auf die Arbeitsweise einzugehen, kann man sich Bild 14 ansehen. Der Einspritznocken hat eine steile Vorlaufflanke (4) und eine flache Nachlaufflanke (3). Durch die steile Vorlaufflanke wird der Pumpenkolben (2) mit hoher Geschwindigkeit nach unten gedrückt und stellt dabei den hohen Einspritzdruck schnell her. Die flache Nachlaufflanke dagegen lässt den Kolben langsam in die Ausgangsstellung zurückkehren. Dadurch kann der Kraftstoff in die Hochdruckkammer zurücklaufen, ohne dabei Blasen zu bilden.

Bestimmte Motoren sind zusätzlich mit einem Wärmeaustauscher für das Abgasrückführungssystem ausgerüstet. Dieser ist zwischen dem Gehäuse der Ansaugrohrklappe und dem Auspuffkrümmer eingesetzt. Da die zurückgeführten Abgase gekühlt werden, verringern sich die Verbrennungstemperaturen und der Ausstoß der Stickstoffe wird dadurch vermindert. Die Wärme wird durch wabenartige Kanäle im Wärmeaustauscher dem Kühlmittel zugeführt. Im Kapitel „Dieseleinspritzanlage" werden Sie weitere Einzelheiten über diese Anlage finden.

Achtung: Um eine Beschädigung des Steuergeräts für die Motorelektronik zu vermeiden, darf man die Batterie nur bei ausgeschalteter Zündung abklemmen. Dabei ist zusätzlich zu beachten, dass man nach Ausschalten der Zündung noch mindestens 20 Sekunden warten muss, ehe das Minuskabel der Batterie abgeklemmt wird.

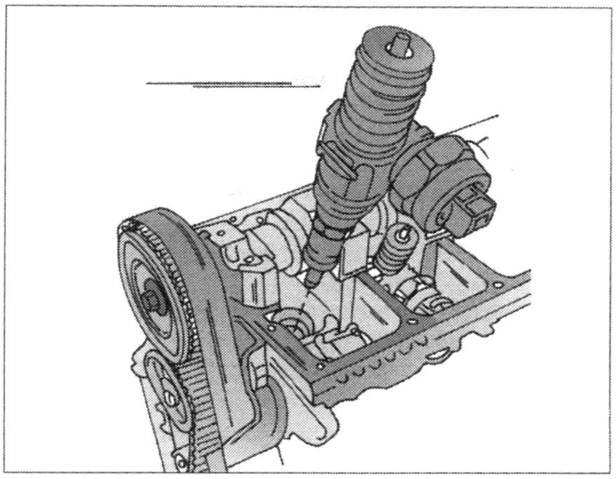

Bild 13
Die Einheit Pumpe/Düse ist an der gezeigten Stelle (hier beim Zylinder neben dem Zahnriemen gezeigt) in den Zylinderkopf eingeschraubt.

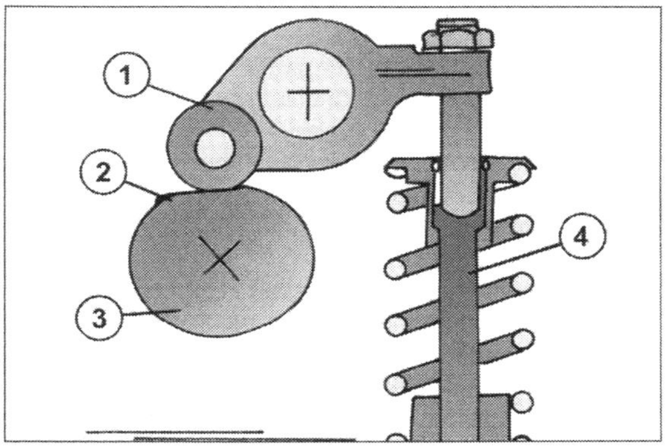

Bild 14
Diagramm des Antriebs der Einheit Pumpe/Düse. Der Nocken dreht sich in Pfeilrichtung.

1 Rollenschwinghebel
2 Pumpenkolben
3 Einspritznocken, flache Seite, nachlaufende Flanke
4 Einspritznocken, steile Seite, vorlaufende Flanke

2A.1 Aus- und Einbau des Motors

Der Motor wird zusammen mit dem Getriebe ausgebaut, d. h. das Triebwerk wird auf einem Untersatz aufsitzend nach unten abgesenkt. Das Fahrzeug entsprechend auf den Rädern lassen oder aufbocken, um die einzelnen Arbeiten durchzuführen. Die Arbeiten werden nur in Stichwortform beschrieben.

Ehe man sich an die Arbeit herantraut, sollte man die allgemeinen Anweisungen durchlesen:

- Ein kräftiges Hebezeug ist eine Voraussetzung zum Herausheben des Motors.
- Falls ein Radio mit Diebstahlsicherheits-Code eingebaut ist, muss man den Code zur Hand haben, um das Radio nach Wiederanklemmen der Batterie in Gang zu setzen.
- Beim Ausbau des Triebwerks müssen verschiedene Kabelbinder gelöst oder zerschnitten werden. Machen Sie sich einen Vermerk, wo die Kabelbinder gesessen haben. Zerschnittene Kabelbinder müssen natürlich erneuert werden.
- Massekabel der Batterie abklemmen und die Batterie ausbauen.
- Abdeckung des Motors und die Einfassung der Batterie ausbauen.

- Das Luftfiltergehäuse und den Ansaugkrümmer ausbauen.
- Kraftstoffzufuhrleitung und Rücklaufleitung am Kraftstofffilter abschließen. Die Enden der Leitungen in geeigneter Weise verschließen, um Eindringen von Schmutz zu vermeiden. Der Kraftstoff steht unter Druck – Leitungen langsam abschließen.
- Flüssigkeitsschlauch vom Kupplungsnehmerzylinder am Getriebe abschließen (nur bei Fahrzeugen mit Schaltgetriebe, siehe Abschnitt „Kupplung“).
- Bei Schaltgetriebe das Schaltseil vom Getriebe abschließen (siehe Abschnitt „Getriebe“).
- Bei Fahrzeugen mit Vierradantrieb die vordere Gelenkwelle vom Getriebe abflanschen.
- Bei eingebauter Getriebeautomatik das Schaltseil für den Schalthebel vom Getriebe abschließen.
- Schutzverkleidung an der Unterseite des Motorraums ausbauen.
- Den Schlossträger in die Service-Position bringen (siehe Abschnitt „Wartung“).
- Die Verbindungsleitungen zwischen Turbolader und Ladeluftkühler und Ladeluftkühler und Ansaugsammelrohr abschließen und ausbauen.
- Kühlanlage entleeren und den Kühler ausbauen (siehe Abschnitt „Kühlanlage“).
- Alle Unterdruckschläuche und Belüftungsschläuche vom Motor abschließen.
- Alle elektrischen Anschlussverbindungen wie erforderlich zwischen dem Motor und der Karosserie abziehen oder abschließen.
- Beide Antriebswellen ausbauen (siehe Abschnitt „Antriebswellen“). Nach Ausbau der linken Antriebswelle die Öffnung im Getriebe in geeigneter Weise verschließen.
- Die Flüssigkeitsleitung für die Lenkhilfspumpe vom Motorlager lösen.
- Keilrippenriemen ausbauen, wie es unter getrennter Überschrift beschrieben wird.
- Lenkhilfspumpe zusammen mit der Montagekonsole ausbauen und mit einem Stück Draht an der Karosserie festbinden. Die Schläuche nicht abschließen.
- Vorderes Auspuffrohr abschließen (siehe Abschnitt „Auspuffanlage“).
- Einen Rollwagenheber mit geeigneter Unterlage unter Motor und Getriebe untersetzen und das Triebwerk anheben, bis die Aufhängungen unter Spannung stehen.
- Die Pendelaufhängung auf der Getriebeseite abschrauben.
- Bei eingebauter Klimaanlage den Kompressor ausbauen. Als Erstes die Spannrolle des Antriebsriemens mit einem Ringschlüssel auf eine Seite drücken, bis der Riemen locker genug ist, um ihn abzunehmen. Danach die beiden Schrauben entfernen und den Kompressor herausheben, ohne dabei die Leitungen zu verbiegen. Den Kompressor mit Draht festbinden. Die Leitungen auf keinen Fall abschließen. Die Drehstromlichtmaschine muss bei diesen Fahrzeugen ebenfalls ausgebaut werden.
- Die drei Schrauben der rechten Motoraufhängung lösen.

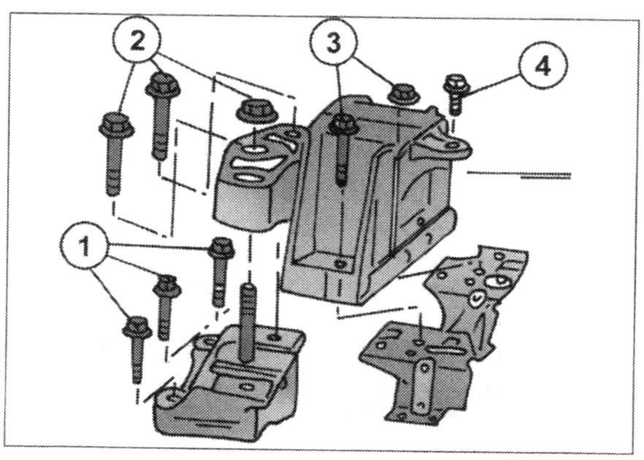

Bild 15
Die linke Triebwerkaufhängung mit den gültigen Anzugsdrehmomenten.
1 60 Nm + 90°
2 90 Nm + 90°
3 50 Nm + 90°
4 25 Nm

Hinweis: In der Werkstatt wird zum Anheben des Triebwerks eine Spezialvorrichtung verwendet, unter welche dann ein Wagenheber untergesetzt wird, d. h. man muss den Motor gut auf einem Wagenheber unterbauen, um ihn beim Lösen der Aufhängungen in seiner Lage zu halten. Dazu sollte man sich einen Handkran mit einem Ausleger besorgen. Letzteren über den Motorraum einfahren und den Motor mit geeigneten Seilschlingen am Kranausleger befestigen. Sollte der Wagenheber abrutschen, wird er immer noch vom Kran gehalten.

- Die in Bild 15 gezeigten Befestigungen der linken Motoraufhängung lösen.
- Das Triebwerk jetzt langsam absenken. Dazu ist unbedingt ein Helfer erforderlich, der den Wagenheber, bzw. den Handkran betätigt, während man laufend die Vorgänge im Motorraum beobachtet. Hängt das Triebwerk beim Absenken irgendwo an, muss man es sofort befreien, um Beschädigung von Karosserieteilen oder anderer Nebenteile im Motorraum zu vermeiden. Dies betrifft vor allem ausgebaute und festgebundene Teile. Falls man die Möglichkeit hat, kann man das Fahrzeug außerdem an der Vorderseite weiter anheben, damit man mehr Raum zum Herausziehen des Motors bekommt.

Der Einbau des Motors geschieht in umgekehrter Reihenfolge wie der Ausbau, jedoch sind die folgenden Punkte zu beachten:

- Kupplungsausrücklager im Kupplungsnehmerzylinder auf Verschleiß kontrollieren. Falls erforderlich, muss der Nehmerzylinder bei diesen Fahrzeugen zusammen mit dem Ausrücklager erneuert werden.
- Die Keilverzahnungen der Kupplungswelle leicht mit Fett einschmieren.
- Motor und Getriebe in die richtige Lage im Motorraum bringen. Beim Anheben des Triebwerks darauf achten, dass man an den Antriebswellen vorbeikommt und dass das Triebwerk sicher auf dem benutzen Wagenheber sitzt. Wie bereits vorgeschlagen, wird ein Handkran mit einem Ausleger auch hier wieder helfen.
- Nachdem das Triebwerk mit den Aufhängungen ausgerichtet ist, die Befestigungsschrauben handfest anziehen (ca. 5 bis 6 Umdrehungen). Das Triebwerk jetzt hin- und herschütteln (es darf nicht unter Spannung sitzen) und die Schrauben der gelösten Motoraufhängungen entsprechend den Angaben in Bild 15 festziehen.
- Antriebswellen anschließen (siehe Abschnitt „Antriebswellen“).
- Die Pendelaufhängung am Getriebe befestigen.
- Die Lenkung von den Drahtschlingen lösen und von unten am Querträger verschrauben. Die Schrauben werden mit 50 Nm angezogen.
- Den Keilrippenriemen auflegen (siehe getrennte Beschreibung).

- Die Leitungsverbindung am Kupplungsnehmerzylinder anschließen und mit dem Clip befestigen. Die Kupplungsanlage entlüften.
- Teile des Luftfilters in umgekehrter Reihenfolge montieren.

2A.2 Zerlegung und Zusammenbau des Motors

2A.2.1 Allgemeine Zerlegung

Die folgende Beschreibung ist nur eine Zusammenfassung der erforderlichen Arbeiten. Genauere Beschreibungen folgen bei der Behandlung der einzelnen Baugruppen.
Den Motor möglichst in einen geeigneten Montagestand einspannen. Als Erstes die Konsole für das Stützlager der Antriebswelle sowie des Turboladers abschrauben. Das Motoröl kann sofort abgelassen werden.
Die in Bild 16 gezeigten Teile an der Stirnseite des Motors abmontieren. Ausgebaut wird in der Zahlenreihenfolge. Ebenfalls sind beim Einbau zu beachtende Punkte angegeben.

- Den Keilrippenriemen (1) ausbauen (siehe getrennte Überschrift).
- Die Schraube (2) lösen und die Riemenscheibe mit dem Schwingungsdämpfer (3) von der Kurbelwelle ziehen. Die Riemenscheibe kann nur in einer Stellung montiert werden (Schraubenlöcher versetzt). Die Schraube (2) mit 10 Nm anziehen und um weitere 90° nachziehen (Winkelanzug).
- Schraube (4) lösen und die Spannvorrichtung (5) für den Keilrippenriemen abnehmen. Schraube (4) mit 25 Nm anziehen.
- Die Drehstromlichtmaschine (6) nach Lösen der Schrauben (10) abnehmen. Die Schrauben mit 25 Nm anziehen.
- Die Aufhängungskonsole (7) für die Drehstromlichtmaschine ausbauen. Die Schrauben (8) mit 45 anziehen, jedoch auf die Anzugsweise achten. Zuerst die beiden mittleren Schrauben, dann rechts unten, links oben, rechts oben und links unten. Eine Passhülse ist zwischen der Konsole und dem Zylinderblock eingesetzt.
- Die Schraube (12) herausdrehen, Dichtringe (13) entfernen (immer erneuern) und die Druckleitung (14) abnehmen.
- Die Lenkhilfspumpe (15) abmontieren. Die Riemenscheibe (16) kann von der Lenkhilfspumpe abgeschraubt werden.

Die weitere Zerlegung findet unter Bezug auf Bild 17 statt. Wiederum in der genannten Zahlenreihenfolge vorgehen:

- Die obere Schutzabdeckung für den Zahnriemen (1) abschrauben.
- Zahnriemen ausbauen (siehe getrenntes Kapitel).
- Mutter (3) lösen und die Spannrolle (4) abziehen. Die Mutter mit 30 Nm anziehen.
- Die Schraube (5) aus der Mitte des Nockenwellensteuerrades herausdrehen, die Schrauben (6) entfernen und das Steuerrad (7) von der Welle ziehen. Schrauben (6) mit 25 Nm, Schraube (5) mit 100 Nm anziehen. Das Steuerrad muss beim Lösen und Festziehen der Schraube(n) gegen Mitdrehen gehalten werden.
- Die Nabe mit dem Geberrad (8) ausbauen (siehe unter Ausbau der Nockenwelle).
- Die Schrauben (9) entfernen (10 Nm) und die innere Schutzabdeckung für den Zahnriemen (10) abnehmen. Die Gummitülle (11) kann entfernt werden. Erneuern, falls sie beschädigt ist. Schraube (6) mit 25 Nm, Schraube (9) mit 10 Nm anziehen.
- Den Riemenspanner für den Zahnriemen (12) ausbauen und die Laufrolle für den Zahnriemen (13) nach Lösen der Schraube (18) abziehen. Schraube (17) mit 15 Nm anziehen, Schraube (18) mit 20 Nm anziehen.
- Kühlmittelpumpe (14) ausbauen (siehe Abschnitt „Kühlanlage"). Schraube (17) mit 15 Nm anziehen.
- Schraube (16) lösen und das Kurbelwellensteuerrad (15) abziehen. Kurbelwelle beim Lösen und Festziehen der Schraube gegenhalten. Die Schraube (16) mit 120

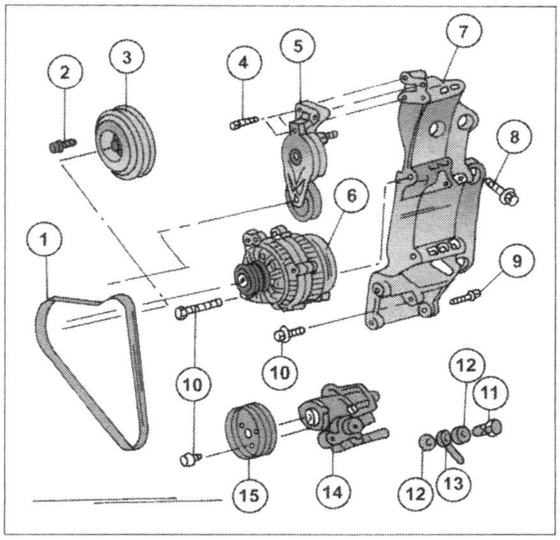

Bild 16
Teile an der Stirnseite des Motors. Einzelheiten und Anzugsdrehmomente sind im Text enthalten.

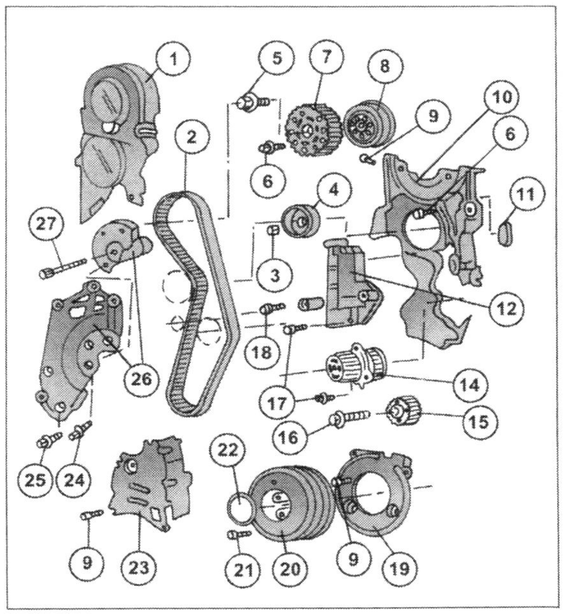

Bild 17
Zur Zerlegung und Zusammenbau des Motors. Einzelheiten und Anzugsdrehmomente sind im Text enthalten.

Nm anziehen und um weitere 90° nachziehen. Die Schraubengewinde nicht einölen. Die Schraube muss nach Lösen erneuert werden.

- Untere Zahnriemenabdeckung (19) ausbauen. Schraube (9) mit 10 Nm anziehen.
- Abdeckung (22) aus der Riemenscheibe entfernen, die Schrauben (21) lösen und die Riemenscheibe (20) abziehen. Die Schrauben (21) mit 10 Nm anziehen und um 90° weiter anziehen.
- Mittelteil der Zahnriemenabdeckung (23) ausbauen. Schrauben (9) mit 10 Nm anziehen.
- Schrauben (24) und (25) entfernen und den Motortragbügel (26) abnehmen. Schrauben (24) mit 30 Nm, Schrauben (25) mit 45 Nm anziehen. Das letztgenannte Anzugsdrehmoment gilt ebenfalls für Schraube (27).
- Ölfilter ausbauen. Der Ölfilter ist senkrecht stehend angeordnet. Zum Herausschrauben des Filterelements wird in der Werkstatt ein Spezialschlüssel benutzt, den man von oben auf die Verschraubung des Filters aufsetzt. Mehr über den Ausbau des Filters im betreffenden Kapitel.
- Falls erforderlich, den Ölfilter zusammen mit dem Sockel vom Motor abschrauben. Der Ölkühler befindet sich am Filtersockel und kann nach Lösen der Mutter in der Mitte abgezogen werden. Die Schläuche müssen vorher abgeschlossen. Den eingelegten Gummidichtring abnehmen, da er erneuert werden muss.
- Ölmessstab herausziehen.
- Den Zylinderkopf ausbauen, wie es später beschrieben wird.
- Den Motor umkehren und die Ölwanne abschrauben. Keine Dichtung ist eingelegt, da Dichtungsmasse zur Abdichtung verwendet wird.
- Kette zum Antrieb der Ölpumpe und danach die Ölpumpe ausbauen (siehe Abschnitt „Motorschmierung").
- Kurbelwelle gegen Mitdrehen blockieren, indem man einen Schraubendreher in die Zähne des Zahnkranzes einsetzt. Die sechs Schrauben der Kupplung gleichmäßig über Kreuz lockern, bis sie alle frei sind. Die Kupplung jetzt vollkommen abschrauben.
- An der Seite des Motors den Geber für die Motordrehzahl ausbauen, den Schlauchstutzen (Thermostatgehäusedeckel) abschrauben und den Thermostat herausnehmen.
- Auspuffkrümmer und Turbolader ausbauen.
- Schrauben des Ansaugsammelrohres lösen und das Sammelrohr abziehen.

Hinweis: Falls der Motor einen Schaden genommen hat, sollte man ihn nur so weit zerlegen, dass er entweder zum Nachschleifen, Erneuern der Kolben oder Neulagerung der Kurbelwelle in eine Werkstatt gebracht werden kann. Die Zerlegung des Kurbeltriebs ist nicht weiter beschrieben. Man kann auch versuchen einen Teilmotor zu erhalten, welcher sofort wieder zusammengebaut und eingebaut werden kann.

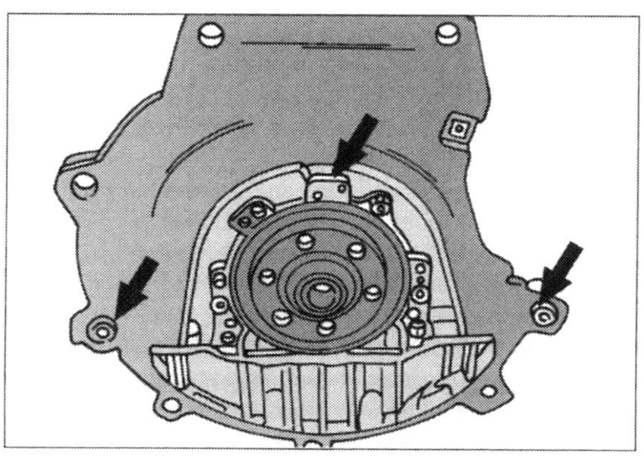

Bild 18
An den mit Pfeilen gezeigten Stellen sitzen Passhülsen, auf welche die Motorzwischenplatte aufgesetzt werden muss.

- Sechs Schrauben lösen und den hinteren Dichtringflansch abnehmen. Die Dichtung abnehmen. *Der Flansch muss erneuert werden, wenn man ihn abgeschraubt hat.*
- An der Stirnseite des Motors den Öldichtringflansch der Kurbelwelle abschrauben. Der Flansch wird mit Dichtungsmasse montiert.

2A.2.2 Zusammenbau des Motors

Wie das Zerlegen wird auch der Zusammenbau des Motors unter getrennten Überschriften beschrieben. Die Reihenfolge des Zusammenbaus geschieht umgekehrt zur Zerlegung. Wie bereits erwähnt, wird der Zusammenbau des Kurbelgehäuses nicht beschrieben, da Erfahrungen gezeigt haben, dass man das Kurbelgehäuse bei anfallenden Reparaturen in eine Werkstatt bringt oder einen Teilmotor einbaut, in welchem auch die Kolben bereits eingebaut sind. In der Maß- und Einstelltabelle am Ende des Buches sind die Verschleißgrenzen der meisten beweglichen Teile angegeben. Falls Zweifel über ein Teil bestehen, oder die Verschleißgrenze ist bald erreicht, ist es vielleicht besser, wenn man das Teil erneuert, um sich eine baldige Wiederzerlegung zu ersparen.

Im folgenden Text wird der Zusammenbau nach einer kompletten Überholung des Motors beschrieben. Es wird vorausgesetzt, dass alle Teile des Motors entsprechend den in den nachfolgenden Kapiteln gegebenen Anweisungen kontrolliert, repariert oder erneuert wurden (mit Ausnahme der oben genannten Teile). Es versteht sich, dass getrennte Baugruppen, wie z. B. der Zylinderkopf, zusammengebaut sind.

Wird der alte Zylinderblock wieder eingebaut, muss man vorher das Axialspiel der Kurbelwelle ausmessen.

- Falls noch nicht durchgeführt, den Öldichtring aus dem vorderen Dichtringgehäuse ausschlagen. Das Gehäuse ohne Dichtring am Zylinderblock montieren. Das Gehäuse sitzt auf Passhülsen und wird mit Dichtungsmasse (Teil Nr. D 176 404 A2) eingeschmiert (siehe spätere Beschreibung).
- Einen neuen Öldichtring vorn einziehen, wie es später beschrieben ist.
- Als Nächstes wird das hintere Öldichtringgehäuse angeschraubt (15 Nm). *Der Dichtring kann nicht getrennt erneuert werden, d. h. man muss den gesamten Dichtringflansch montieren.* Vor dem Einbau die Lauffläche auf dem Kurbelwellenlagerzapfen gut sauber wischen. Das Öldichtringgehäuse kommt mit einer Montagehülse, welche beim Einbau benutzt werden muss. Die Hülse erst herausziehen, nachdem das Gehäuse einwandfrei sitzt.
- Ölpumpe an der Unterseite des Kurbelgehäuses anschrauben und Kettenantrieb montieren.
- Ölwanne montieren (siehe Abschnitt „Motorschmierung"). Die Schrauben ringsherum mit 15 Nm anziehen.

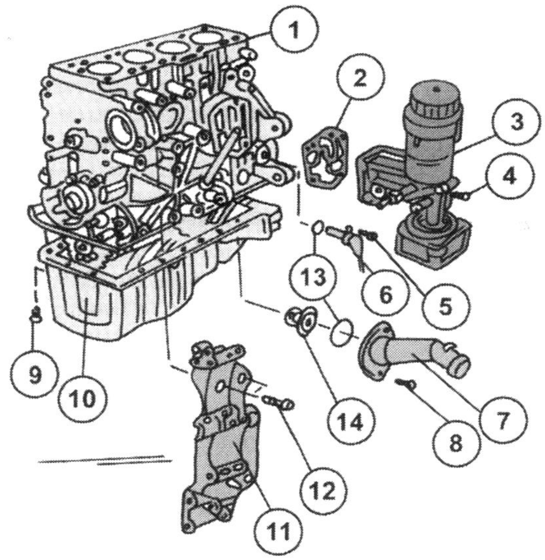

Bild 19
Zylinderblock und daran montierte Teile auf der Seite des Ölfilters.

1 Zylinderblock
2 Ölfiltersockeldichtung
3 Ölfiltersockel
4 Schraube, 15 Nm + 90°
5 Schraube, 15 Nm
6 Motordrehzahlgeber
7 Anschlussstutzen (Thermostatgehäusedeckel)
8 Schraube, 15 Nm
9 Schraube, 15 Nm
10 Ölwanne
11 Aggregateträger
12 Schraube, 45 Nm, Anzugsweise beachten
13 Runddichtringe
14 Thermostat

- Die Motorzwischenplatte montieren (durch Passhülsen geführt, siehe Bild 18, 3 Schrauben, 10 Nm).
- Schwungrad montieren. Die Schrauben müssen immer erneuert werden und werden gleichmäßig über Kreuz auf 60 Nm angezogen. Aus der Endstellung alle Schrauben um weitere 90° (Viertelumdrehung) nachziehen (ohne Drehmomentschlüssel).
- Kupplung einbauen, wie es im betreffenden Kapitel beschrieben ist. Das Schwungrad muss dabei gegengehalten werden.
- Das Steuerrad der Kurbelwelle montieren. Zur Befestigung eine neue Schraube benutzen. Die Schraube nicht einölen oder einfetten. Die Kurbelwelle in geeigneter Weise am Schwungrad gegenhalten und die Schraube mit 120 Nm anziehen. Aus der Endstellung um weitere 90° nachziehen (ohne Drehmomentschlüssel).
- Auf der in Bild 19 gezeigten Seite des Motors abmontierte Teile montieren. Den Sensor für die Stellung der Kurbelwelle mit 15 Nm und die Konsole für die Drehstromlichtmaschine, die Lenkhilfspumpe und den Kompressor anziehen (45 Nm, siehe bereits oben angegebene Anzugsreihenfolge der Schrauben), Thermostat einsetzen, einen neuen Dichtring auflegen und den Deckel mit dem Schlauchanschluss anschrauben (15 Nm).
- Den Ölfiltersockel mit einer neuen Dichtung montieren. Die Schrauben mit 15 Nm +90° anziehen. Zuerst die Schraube oben links und unten rechts und danach alle vier Schrauben über Kreuz anziehen (siehe Einbaulage in Bild 19).
- Zylinderkopf einbauen (Kapitel 2A.3.3).
- Ansaugsammelrohr mit einer neuen Dichtung und 6 Schrauben montieren (25 Nm).
- Neue Dichtungen für den Auslasskrümmer mit der kleineren Abrundung zum Krümmer weisend auflegen und den Krümmer zusammen mit dem Turbolader anbringen und festziehen (25 Nm). Krümmer und Turbolader können nur zusammen erneuert werden. Ölrücklaufleitung mit neuer Dichtung anbringen, die Schrauben mit 17 Nm anziehen. Ebenfalls die Schmierölleitung des Turboladers anbringen (Überwurfmutter). Mit 25 Nm anziehen. Die Hohlschraube am Zylinderkopf mit dem gleichen Drehmoment anziehen.
- Die Verbindungsleitung für die Abgasrückführungsanlage anschrauben (25 Nm).
- Die in Bild 17 gezeigten Teile montieren, falls sie noch nicht angeschraubt sind, gefolgt von den in Bild 16 gezeigten Teilen.
- Den Steuerriemen montieren, wie es im betreffenden Kapitel beschrieben wird. Die Schraube des Steuerrades der Nockenwelle wird mit 45 Nm angezogen. Das Rad dabei gegenhalten.
- Den Schwingungsdämpfer mit der Bohrung über den Passstift im Kurbelwellenrad setzen und die Schrauben eindrehen. Die Schrauben mit 25 Nm anziehen. Ebenfalls die Riemenscheibe der Kühlmittelpumpe anschrauben (23 Nm).
- Das Stützlager für die Antriebswelle (43 Nm) und den Stützbügel des Turboladers anschrauben (25 Nm).
- Alle nicht besonders genannten Arbeiten in umgekehrter Reihenfolge durchführen.

2A.3 Zylinderkopf

2A.3.1 Ausbau bei eingebautem Motor

Der Zylinderkopf kann bei eingebautem Motor ausgebaut werden. Der Ausbau ist unten in Stichworten beschrieben, da viele der Arbeiten bereits beim Ausbau des Motors erwähnt wurden. Falls der Motor bereits ausgebaut ist, kann man sich die Vorarbeiten ersparen. Den Zylinderkopf unter keinen Umständen ausbauen, wenn der Motor eine Temperatur von mehr als ca. 40°C besitzt. Im Allgemeinen sind die in Bildern 20 und 21 gezeigten Teile auszubauen.
Die folgende Arbeitsbeschreibung ist lediglich zur Erneuerung der Zylinderkopfdichtung angegeben. Falls der Zylinderkopf Schäden erlitten hat, sollte man ihn zur Überholung in eine Werkstatt bringen. Beim Ausbau des Zylinderkopfes folgendermaßen vorgehen:

- Massekabelklemme nach Lockern der Schraube und Mutter vom Batteriepol entfernen.

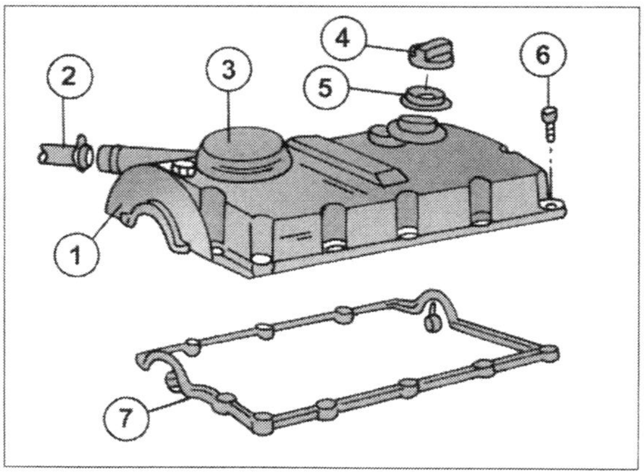

Bild 20
Zylinderkopfhaube.
1 Zylinderkopfhaube
2 Belüftungsschlauch (Kurbelgehäuse)
3 Druckregelventil für Kurbelgehäusebelüftung
4 Öleinfüllverschlussdeckel
5 Dichtring für Deckel
6 Schraube, 10 Nm
7 Zylinderkopfhaubendichtung

- Motorabdeckung ausbauen.
- Kühlanlage ablassen. Wasserschläuche vom Zylinderkopf abschließen.
- Elektrische Leitungen von allen Teilen am Zylinderkopf abklemmen.
- Den Oberteil des Luftfilters ausbauen, gefolgt vom Unterteil (aufgeschoben).
- Das Oberteil der Trennwand des Batterieraums ausbauen (eingesteckt) und die Luftführung an der Stirnwand des Motorraums abschrauben (drei Schrauben).
- Das obere Schutzblech für den Zahnriemen abschrauben und herausziehen.
- Da der Zahnriemen zum Ausbau des Zylinderkopfes ausgebaut werden muss, muss man den Motor aus den Aufhängungen heben, um das Motorlager sowie den Motortragbügel auszubauen. In der Werkstatt wird dazu ein Spezialbügel benutzt. Ein Handkran mit einem Ausleger kann man ebenso verwenden. Den Motor dazu mit Seilschlingen befestigen und den Kran betätigen, bis die Last von der Aufhängung genommen ist. Die Motoraufhängung jetzt abschrauben (2 Schrauben, siehe Bild 27) und vom Tragbügel lösen. Unbedingt kontrollieren, dass der Motor sicher hängt.
- Die Nabe des Nockenwellensteuerrades ausbauen (siehe getrennte Beschreibung).
- Den Zahnriemen ausbauen, wie es unter getrennter Überschrift beschrieben wird.
- Die Zylinderkopfhaube unter Bezug auf Bild 20 ausbauen (der Druckregler, d. h. das Kurbelgehäuse-Belüftungsgehäuse verbleibt an der Haube: Den kleinen Schlauch (2) von der Haube (1) abschließen, die Schrauben (6) herausdrehen und die Zylinderkopfhaube herunterheben. Die Dichtung (7) entfernen.
- Den Keilrippenriemen ausbauen.
- Alle Leitungen der Einspritzanlage, die mit an der Karosserie befestigten Leitungen verbunden sind, abschließen und in geeigneter Weise verschließen.
- Auspuffrohr vom Turbolader abschrauben.
- Ölleitung zum Turbolader abschließen.
- Mit einem Inbusschlüssel und einer Stecknuss der Reihe nach die Zylinderkopfschrauben in der in Bild 22 gezeigten Reihenfolge lösen, die Schrauben herausziehen und den Zylinderkopf abnehmen. Die Zylinderkopfdichtung entfernen.

2A.3.2 Zylinderkopf überholen

Falls man den Kopf in einer Werkstatt überholen lässt, kann er in unzerlegtem Zustand in die Werkstatt gebracht werden. Auch wenn man nur ein Ventil erneuern will, sind Sie besser in den Händen einer Motorenwerkstatt aufgehoben. So, wie Sie den Zylinderkopf erhalten, kann er dann wieder eingebaut werden. Falls Sie die Absicht haben den Zylinderkopf zu zerlegen, d. h. Sie haben eine gewisse Erfahrung mit dem Aus- und Einbau von Ventilen, wird Ihnen das Montagebild 23 helfen, wobei wir besonders auf folgende Punkte hinweisen:

- Die Schrauben (1) mit 20 Nm anziehen und um eine weitere Viertelumdrehung festziehen. Auf die Anzugsweise wird beim Aus- und Einbau der Nockenwelle eingegangen.
- Die Kipphebelwelle für die Einspritzeinheiten (2) dürfen nicht vertauscht werden.
- Die Zylinderkopfschrauben (3) werden entsprechend den nachfolgenden Anweisungen angezogen. Die Scheiben (4) werden in den Zylinderkopf eingelegt.
- Die hydraulischen Stößel (5) nicht verwechseln. Mit den Nockenberührungsflächen nach unten weisend ablegen. Vor Einbau das Axialspiel der Nockenwelle ausmessen, die Berührungsflächen gut einölen. Zum Ausbau müssen die Nockenwellenlagerdeckel ausgebaut werden.
- Die Ventilkegelhälften (6) müssen beim Einbau der Ventile einwandfrei sitzen.
- Die Ventilfederteller (7) sitzen auf der Oberseite der

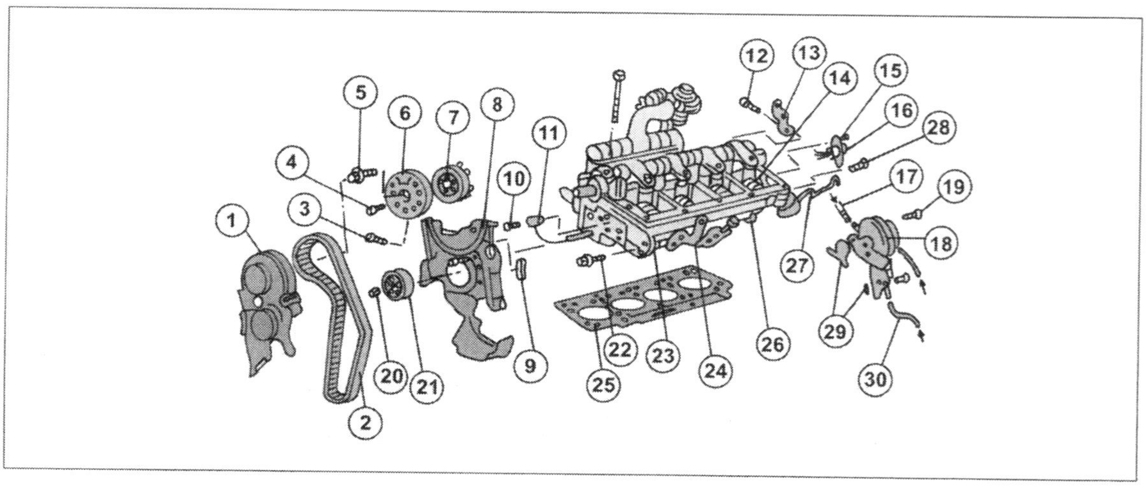

Bild 21
Einzelheiten zum Aus- und Einbau des Zylinderkopfes.
1 Obere Zahnriemenabdeckung
2 Zahnriemen
3 Schraube, 10 Nm
4 Schraube, 25 Nm
5 Schraube, Nockenwellenrad, 100 Nm
6 Nockenwellensteuerrad
7 Nabe mit Geberrad
8 Inneres Zahnriemenschutzblech
9 Abdichtgummitülle
10 Schraube, 10 Nm
11 Hallgeber für Nockenwellenstellung
12 Schraube, 20 Nm
13 Motorhebeöse
14 Einspritzeinheit (Ausbau siehe „Einspritzanlage")
15 Schraube, 10 Nm
16 Zentralstecker für Einspritzeinheiten
17 Anschluss vom Bremskraftverstärker
18 Tandempumpe für Kraftstoff- und Unterdruckbelieferung
19 Schraube, 25 Nm
20 Mutter, 30 Nm
21 Zahnriemenspannrolle
22 Schrauben, 20 Nm
23 Vorglühkerze
24 Motorhebeöse
25 Zylinderkopfdichtung
26 Zylinderkopf
27 Halterung
28 Schraube, 20 Nm
29 Dichtungen, immer erneuern
30 Rücklaufschlauch zum Kraftstofffilter, blau oder blaue Kennzeichnung

beiden Ventilfedern (8) und (9). Der Ventilschaftdichtring (10) muss immer erneuert werden, wenn man Ventile aus- und einbaut.

- Die Ventilführungen (11) sollte man in einer Werkstatt erneuern lassen.
- Die Einspritzeinheit Pumpe/Düse (12) wird im Abschnitt „Einspritzanlage" getrennt behandelt.
- Der Zylinderkopf (13) sollte in einer Werkstatt überholt werden lassen, wenn die Ventilsitze nachgeschliffen werden müssen.
- Der Dichtring der Nockenwelle (14) kann getrennt erneuert werden (siehe spätere Beschreibung).
- Die Ventile (15) dürfen nicht nachgeschliffen werden. Nur Einschleifen ist gestattet.
- Die Lagerschalen der Nockenwelle (16) nicht verwechseln, falls die ursprünglichen wieder eingebaut werden. Die Schalen werden durch kleine „Nasen" im Zylinderkopf und den Lagerdeckeln geführt.
- Die Nockenwelle (17) hat eine bestimmte Kennzeichnung und nur eine Welle mit der gleichen Kennzeichnung darf eingebaut werden. Axialspiel, Lagerlaufspiel und Rundlauf der Welle können ausgemessen werden.
- Die Lagerdeckel der Nockenwelle (18) werden in bestimmter Reihenfolge angezogen. Die Beschreibung erfolgt unter getrennter Überschrift.
- Die Schrauben der Lagerdeckel (19) immer erneuern. Mit 8 Nm anziehen und um eine Viertelumdrehung nachziehen.

2A.3.3 Zylinderkopf einbauen

Beim Bestellen der Zylinderkopfdichtung den Motortyp angeben, damit die richtige Dichtung für den bestimmten TDI-Turbodiesel erhalten wird. Zylinderkopfdichtungen stehen in verschiedenen Stärken zur Verfügung und die einzubauende Stärke hängt davon ab, wie weit die Kolben über die Fläche des Zylinderblocks herausstehen. Da in unserem Fall nur der Zylinderkopf ausgetauscht oder der alte Kopf beim Wechseln der Dichtung wieder eingebaut wird, kann man eine neue Dichtung anhand der Zahl der Kerben oder Löcher in der Seite der Dichtung kaufen. Außerdem kann man die Ersatzteilnummer der alten Dichtung an der gezeigten Stelle ablesen (Bild 24).

Wurden Kolben, Teile des Kurbeltriebs oder der Zylinderblock erneuert, hat die Reparaturwerkstatt das Überstehmaß der Kolben neu vermessen, d. h. das Maß, um welches die Kolben über die Fläche des Zylinderblocks herausstehen, und man wird Ihnen eine entsprechende Zylinderkopfdichtung mitliefern.

Hinweis: Wir möchten darauf hinweisen, dass bei einem Teilmotor das Überstehmaß der Kolben nicht ausgemessen wurde und die Stärke der Zylinderkopfdichtung bestimmt werden muss. Sollten Sie einen Teilmotor einbauen, müssen Sie das Überstehmaß in der Werkstatt ausmessen lassen, um die richtige Dichtung zu erhalten.

Spezielle Führungsschrauben wurden für den Zylinderkopf entwickelt, um diesen auf dem Block zu zentrieren, und falls man sich diese beschaffen kann, sollte man sie verwenden und an den bereits in Bild 25 gezeigten Stellen einsetzen, d. h. auf der Ansaugkrümmerseite des Motors. Andernfalls sollte man sich passende Stiftschrauben anfertigen, die man an den gezeigten Stellen einschraubt, um die Dichtung und den Kopf zu führen. Die Stiftschrauben müssen im oberen Ende einen Schlitz für einen Schraubenzieher haben.

- Die Flächen des Kopfes und Blocks sauber wischen.
- Die Zylinderkopfdichtung ist aus Metall hergestellt

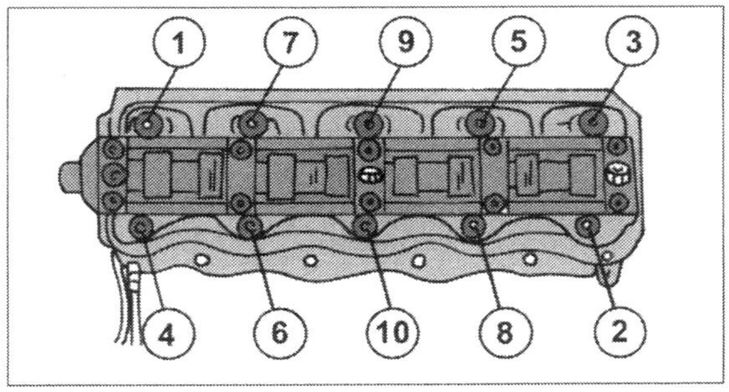

Bild 22
Reihenfolge zum Lösen der Zylinderkopfschrauben. Beim Anziehen in umgekehrter Reihenfolge vorgehen.

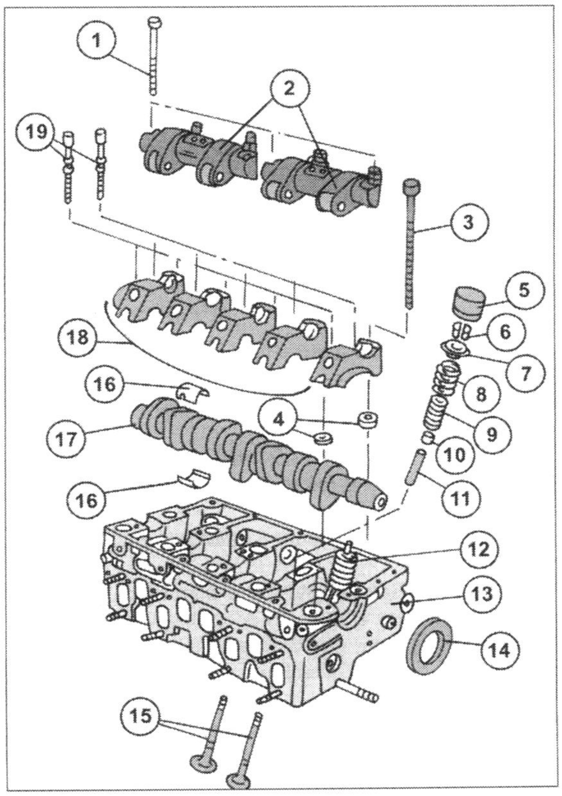

Bild 23
Montagebild des Zylinderkopfes. Auf die einzelnen Teile wird in der Beschreibung eingegangen.

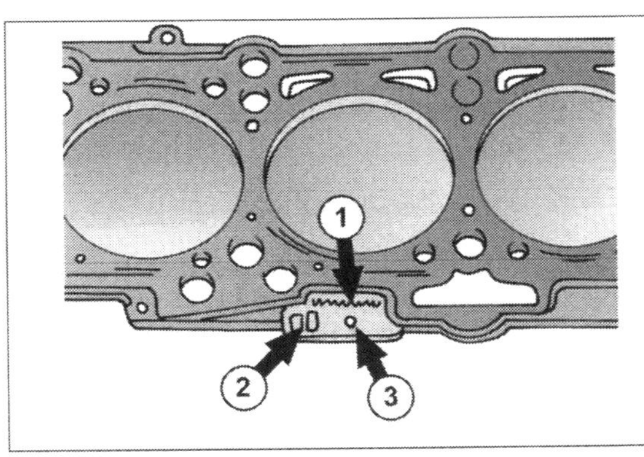

Bild 24
Kennzeichnung einer Zylinderkopfdichtung.
1 Ersatzteilnummer
2 Unwichtige Bezeichnung
3 Anzahl der Löcher

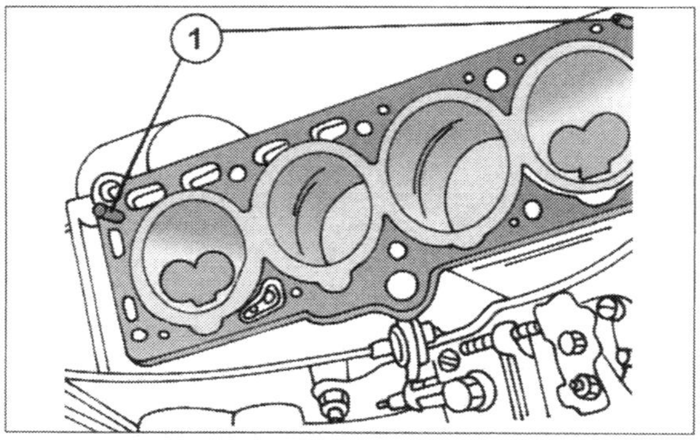

Bild 25
Die beiden Spezialstifte (oder zwei Stiftschrauben) werden an den gezeigten Stellen in den Zylinderblock eingeschraubt.

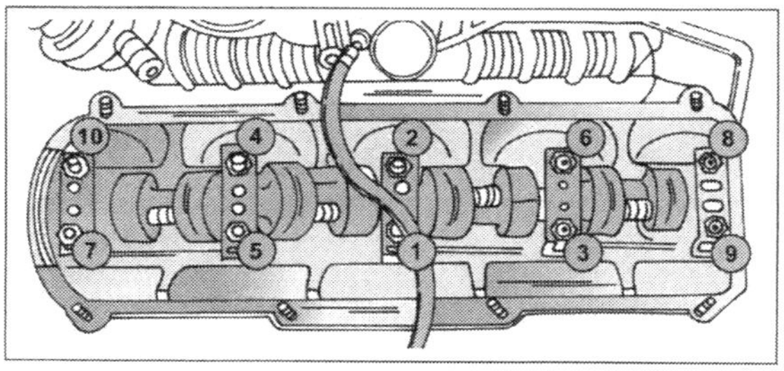

Bild 26
Anzugsreihenfolge der Zylinderkopfschrauben.

und muss mit Vorsicht behandelt werden. Die Dichtung erst unmittelbar vor dem Einbau aus der Verpackung herausnehmen. Die Dichtung auf den Kopf auflegen und den Zylinderkopf aufsetzen.

- Den Zylinderkopf auf die beiden Führungsstifte in Bild 25 aufsetzen und mit einem Kunststoff- oder Gummihammer anschlagen.
- Die Zylinderkopfschrauben einsetzen und fingerfest anziehen.
- Die beiden Führungsstifte aus dem Block entfernen (der Werkzeugsatz enthält ein spezielles Werkzeug zum Ausschrauben) oder der Schraubendreher wird in die Schlitze der beiden Stiftschrauben eingesetzt und die beiden verbleibenden Schrauben eindrehen.
- Unter Bezug auf Bild 26 alle Schrauben stufenweise in Zahlenreihenfolge und der beschriebenen Weise anziehen. Es wird nochmals darauf hingewiesen, dass man nur einen vielverzahnten, inbus-ähnlichen 12-mm-Schlüssel zum Anziehen dieser Schrauben verwenden darf, der jedoch anstelle des Sechskantes ein 12-Kant besitzt, da man andernfalls die Schraubenköpfe beschädigen kann.

Das Anziehen der Zylinderkopfschrauben erfolgt in der beschriebenen Weise:

- Alle Schrauben in der in Bild 26 gezeigten Reihenfolge auf ein Anzugsdrehmoment von 40 Nm anziehen.
- Alle Schrauben in der in Bild 26 gezeigten Reihenfolge auf ein Anzugsdrehmoment von 60 Nm anziehen.
- Alle Schrauben in der in Bild 26 gezeigten Reihenfolge ohne Verwendung eines Drehmomentschlüssels um eine Viertelumdrehung weiter anziehen und nochmals um eine weitere Viertelumdrehung.

Hinweis: Die Schrauben brauchen später nicht nachgezogen werden.

- Nach Anziehen des Zylinderkopfes das Steuerrad der Nockenwelle durchdrehen, bis die Nocken des ersten Zylinders auf beiden Seiten gleichmäßig nach oben weisen, wie man es in Bild 27 (links) sehen kann.
- Kurbelwelle in Drehrichtung durchdrehen, bis der Motor auf dem oberen Totpunkt steht und den Zahnriemen montieren, wie es später beschrieben wird. Den Zylinderkopfdeckel und die Nabe des Steuerrads der Nockenwelle danach montieren.
- Etwas soll noch zum Einbau der Motoraufhängung gesagt werden. Den Aufhängungsträger (1) im mittleren Bild von Bild 27 so anordnen, dass der Gussansatz am Träger mit dem Ansatz am hinteren Zahnriemenschutzdeckel steht, und die Schraube (2) handfest anziehen. Den Motorträger (1) in der rechten Ansicht ansetzen und die Schrauben anziehen. M8-Schrauben mit 30 Nm, M10-Schrauben mit 45 Nm. Die Schraube (2) mit 45 Nm anziehen.
- Den Zahnriemen jetzt montieren (siehe spätere Beschreibung). Ebenfalls den Keilrippenriemen montieren.
- Alle weiteren Einbauarbeiten erfolgen in umgekehrter Reihenfolge des Ausbaus (Kapitel 2A.3.1). Bild 21 ist dabei zu folgen, Bild 20 bei der Montage der Zylinderkopfhaube.

2A.3.4 Hydraulische Stößel

Im Abschnitt 2B beschriebene Arbeiten sind durchzuführen, um die Gewährleistung zu haben, dass die Stößel einwandfrei arbeiten. Bild 58 zeigt links, wie man die Stößel kontrollieren kann. Bei diesem Motor wird man natürlich nur eine Reihe von Stößeln sehen.

2A.4 Zahnriemenantrieb

Die Teile des Steuerantriebs sind in Bild 17 gezeigt. Der Antrieb der oben liegenden Nockenwelle geschieht über einen Zahnriemen, welcher über die verzahnten Steuerräder an Nockenwelle, Kurbelwelle und die Wasserpumpe gelegt ist.

Bei den behandelten Motoren muss der Keilrippenrie-

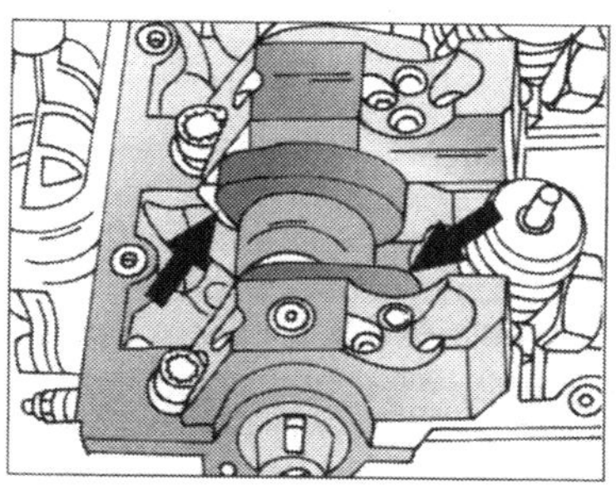

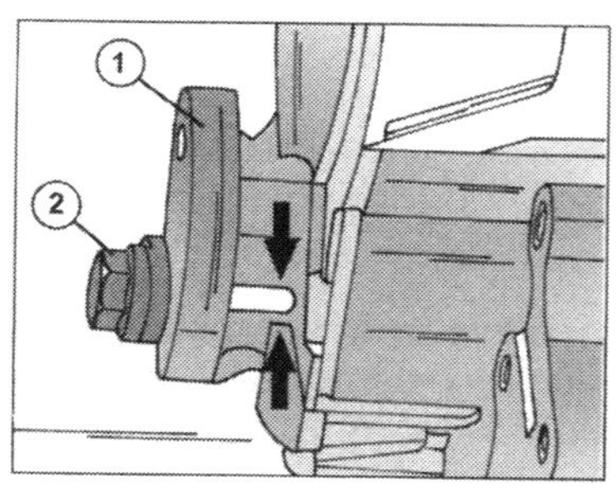

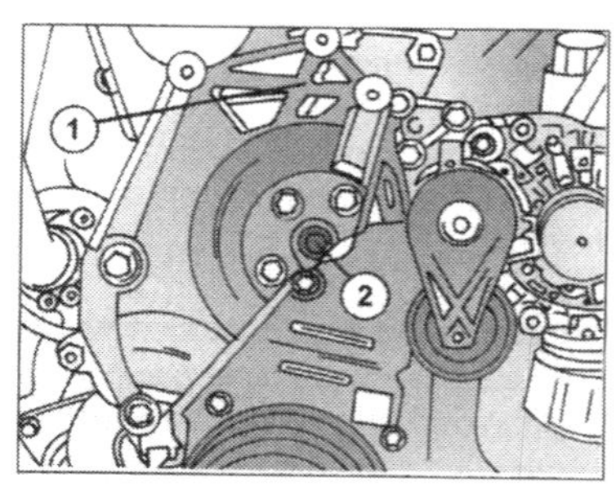

Bild 27

men ausgebaut sein, um an die Teile der Steuerung zu kommen. Die Arbeiten sind im betreffenden Kapitel beschrieben und können in Bild 16 gesehen werden.
Es wird darauf hingewiesen, dass bestimmte Spezialwerkzeuge zum Einstellen der Steuerung erforderlich sind, d. h. zum Sperren der Nockenwelle und der Kurbelwelle, ohne die man die Einstellung nicht vornehmen sollte, es sei denn, man hat einige Erfahrung mit der Erneuerung eines Zahnriemens. Da die Ventile durch die Steuereinstellung der Nockenwelle betätigt werden, kann es sehr kostspielig sein, wenn die Nockenwelle nicht einwandfrei eingestellt wird. Als Erstes muss man wissen, dass der Riemen um einen Zahn springen kann und den Motor total beschädigt, da die Ventile nicht im richtigen Moment schließen können und die Kolben dagegenschlagen. Aus diesem Grund sollte man den Zahnriemen auch entsprechend den Anweisungen des Herstellers erneuern oder erneuern lassen, da bei einem gerissenen Zahnriemen der gleiche Schaden entsteht.
Auch zur Einstellung der Spannung des Zahnriemens ist ein Spezialwerkzeug erforderlich, eine Art Zapfenschlüssel, jedoch versuchen wir in der folgenden Beschreibung Ihnen die Arbeit so leicht wie möglich zu machen. Der Motor muss in geeigneter Weise aus den Aufhängungen gehoben werden, da das Motorlager auf der Seite der Steuerung ausgebaut werden muss (Bild 27, Mitte und rechts).
Die folgenden Arbeiten sollten wirklich nur vorgenommen werden, wenn man die Werkzeuge zur Verfügung hat. Andernfalls überlässt man die Arbeiten einer Werkstatt.
Die Spannung des Steuerriemens wird durch Verdrehen einer eingebauten Spannrolle mit einem Einstellexzenter hergestellt.

2A.4.1 Zahnriemen ausbauen

Der Zahnriemen kann bei eingebautem Motor ausgewechselt werden und von dieser Tatsache wird bei der folgenden Beschreibung ausgegangen. Zu beachten sind die Unterschiede, wenn der Zahnriemen mit einem hydraulischen Riemenspannsystem versehen ist. Die entsprechenden Arbeiten sind im Anschluss beschrieben.

Hinweis: Ehe Sie mit dem Ausbau beginnen, raten wir Ihnen, alle Arbeitsschritte gut durchzulesen. Nur wenn die Anweisungen Schritt für Schritt durchgeführt werden, werden Sie zum Erfolg kommen.

- Massekabelklemme nach Lockern der Schraube und Mutter vom Batteriepol entfernen.
- Die Schutzverkleidung unter dem Motorraum ausbauen.
- Das Luftfiltergehäuse und den Ansaugluftschlauch ausbauen.
- Den Keilrippenriemen ausbauen (siehe getrennte Beschreibung).
- Die Ladeluftleitung zwischen dem Ladeluftkühler und dem Ansaugkrümmer ausbauen (siehe Beschreibung in Abschnitt „Dieseleinspritzanlage“ für diesen Motor). Ebenfalls den Halter der Verbindungsleitung zum Ladeluftkühler am Zylinderkopf lösen.

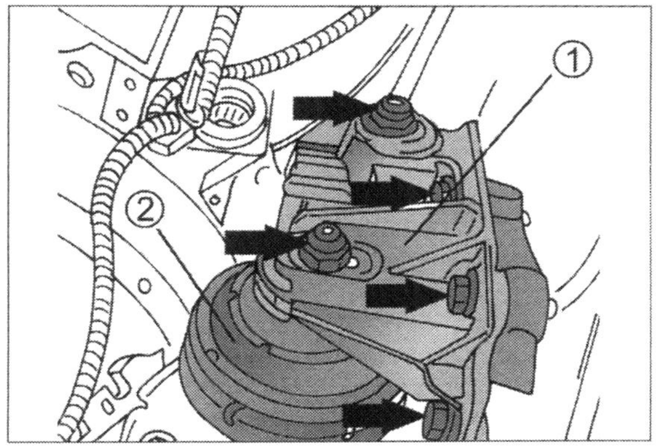

Bild 28
Aus- und Einbau der Motoraufhängung. Die Pfeile weisen auf die Befestigungsschrauben.
1 Aufhängungshalterung
2 Motorlager

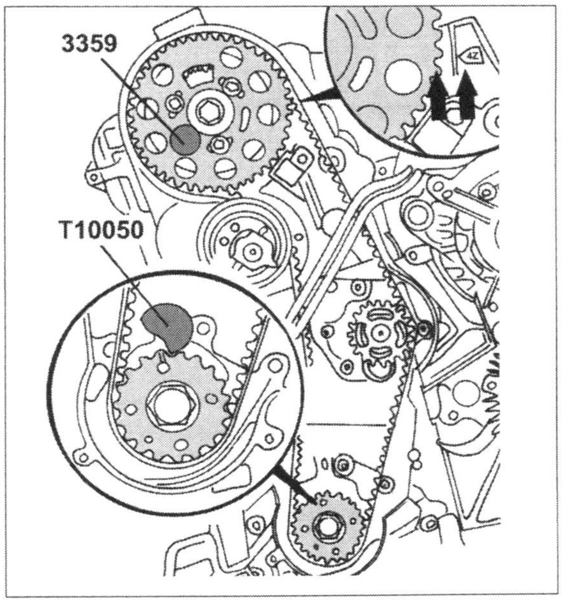

Bild 29
Ausfluchten des Nockenwellensteuerrades (oben rechts) und Kurbelwellensteuerrades (unten rechts). Die beiden Steuerräder in dieser Stellung sperren.

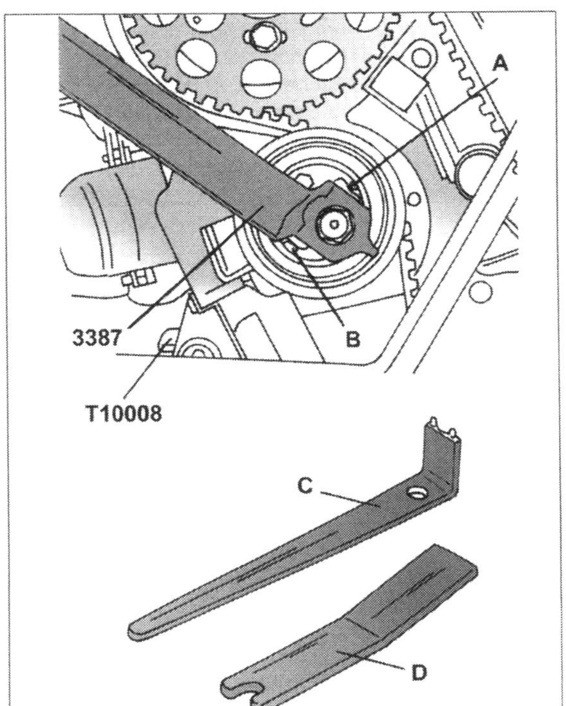

Bild 30
Lösen der Mutter des Zahnriemenspanners. Die Spannrolle mit dem gezeigten Werkzeug (C) gegenhalten. (A) und (B) müssen beim Lösen und Spannen beachtet werden. Das Maß (a) ist beim Spannen zu beachten. Mit dem Werkzeug (D) wird die Spannvorrichtung gesperrt.

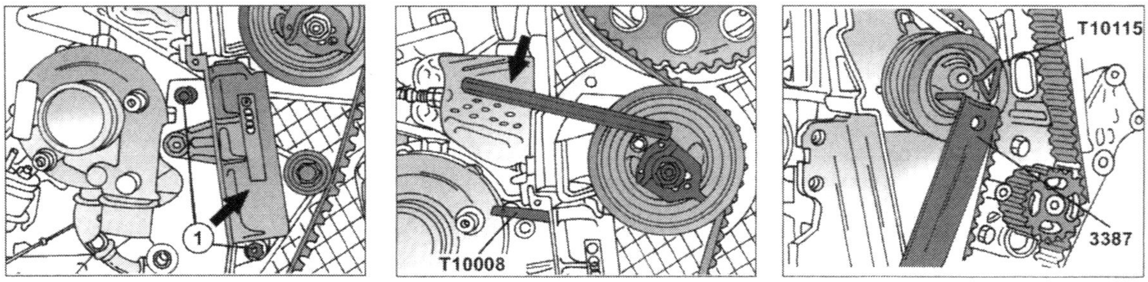

Bild 31

Bild 32

● Die Spannvorrichtung für den Keilrippenriemen vom Aggregatträger abmontieren (siehe Bild 16).

● Den Motor in geeigneter Weise aus den Aufhängungen heben. Dazu kann man z. B. eine lange Eisenstange quer über das Fahrzeug legen (Auflagestellen an der Karosserie gut durch Unterlage von Lappen oder dergleichen geschützt), einen festen Draht in die Hebeöse des Motors einhängen und um die Stange wickeln. Durch Zusammendrehen des Drahts wird sich der Motor anheben, bis die Motoraufhängung belastungsfrei ist. Andernfalls einen Wagenheber unter den Motor untersetzen und diesen vorsichtig anheben.

● Die in Bild 28 mit den Pfeilen bezeichneten Schrauben herausdrehen und die Halterung (1) abnehmen. Dabei kontrollieren, dass das Triebwerk gut gehalten wird. Das Motorlager (2) vom Längsträger abschrauben und den Motorträger vom Zylinderblock abschrauben. Beim Lösen der oberen Schrauben den Motor etwas anheben, beim Lösen der untere Schraube den Motor etwas absenken.

● Riemenscheibe/Schwingungsdämpfer von der Kurbelwelle abmontieren. Die Welle dabei in geeigneter Weise gegen Mitdrehen sperren (z. B. einen Gang einlegen).

● Mittlere und untere Abdeckung des Zahnriemens ausbauen (siehe Bild 17).

● Die Kurbelwelle durchdrehen, bis der erste Zylinder auf dem oberen Totpunkt steht. Dieser wird erhalten, wenn die Markierung (Punktzeichen) am Steuerrad der Kurbelwelle senkrecht an der Oberseite steht und der Pfeil im inneren Schutzblech gegenüber der „Nase“ am Steuerrad der Nockenwelle steht. Die Flucht ist in Bild 29 gezeigt.

● Wenn die Steuerräder ausgerichtet sind, müssen sie gesperrt werden. In das Steuerrad der Nockenwelle kommt ein Arretierbolzen (3359 im Bild). Dazu kann man einen Bolzen des entsprechenden Durchmessers benutzen. Das Steuerrad der Kurbelwelle wird mit einer Spezialsperre (T10050) blockiert. Wichtig ist, dass sich die Steuerräder von jetzt an nicht mehr verdrehen können.

● Die Laufrichtung des Zahnriemens mit einem Farbstift in die Außenseite einzeichnen, falls der Riemen wieder eingebaut werden soll. Die Mutter (3) in Bild 17 jetzt lösen, während die Spannrolle (4) gegen Verdrehung gehalten wird. Dies geschieht in der in Bild 30 gezeigten Weise. In der unteren Ansicht kann man anhand der Form des Schlüssels ein entsprechendes Werkzeug benutzen.

Ausführung mit Riemenspannvorrichtung

● Falls der Motor die in Bild 31 mit dem Pfeil gezeigte Spannvorrichtung hat (links) einen Innensechskantschlüssel wie in der Mitte gezeigt in die Spannrolle einsetzen und diese damit nach links verdrehen, bis die Spannvorrichtung mit der Sperre T10008 arretiert werden kann. Den Innensechskantschlüssel bis zum Anschlag einschieben.

● Den Zapfenschlüssel jetzt nach links verdrehen, bis die „Nase“ am Exzenter gegen den Anschlag (A) anliegt. Die Spannvorrichtung jetzt mit dem Werkzeug (D) in Bild 30 sperren.

● Den Zapfenschlüssel jetzt nach rechts verdrehen, bis die „Nase“ am Exzenter gegen den Anschlag (B) anliegt und die Spannvorrichtung ausbauen. Der Zahnriemen kann jetzt abgenommen werden. *Falls die Sperrwerkzeuge nicht benutzt wurden, muss man jetzt darauf achten, dass sich die Wellen nicht bewegen können.*

Motor mit reibungsdämpfendem Riemenspannsystem

● Die Befestigungsmutter der Spannrolle lockern und die Schrauben des Nockenwellenrades lösen bis man das Steuerrad innerhalb der Langlöcher verdrehen kann (siehe Bild 32).

● Den Zapfenschlüssel 3387 wie in der rechten Ansicht von Bild 31gezeigt einsetzen und die Spannrolle nach links verdrehen, bis man die Spannrolle durch Einschieben des Absteckstiftes T10115 arretieren kann (oder einen passenden Stift einschieben). Den Zapfenschlüssel jetzt bis zum Anschlag nach rechts verdrehen und die Befestigungsmutter handfest anziehen. Den Zahnriemen jetzt abnehmen, zuerst vom Antriebsrad der Wasserpumpe und danach von den anderen Riemenrädern.

2A.4.2 Zahnriemen einbauen und Steuerung einstellen

Der Zahnriemen wird in folgender Weise wieder montiert:

Ausführung mit Riemenspannvorrichtung

- Die drei in Bild 32 (links) gezeigten Schrauben des Nockenwellenrades lockern und das Nockenwellenrad ein wenig verdrehen, bis die Schraubenköpfe in die Mitte der Langlöcher kommen. Die Schrauben handfest anziehen, sodass sich das Steuerrad nicht verdrehen kann.
- Den Zahnriemen der Reihe nach über das Steuerrad der Nockenwelle, die Spannrolle, das Steuerrad der Kurbelwelle und das Antriebsrad der Wasserpumpe auflegen. Darauf achten, dass alle Zähne gut eingreifen und dass sich die beiden Wellen nicht verdrehen können, falls man sie nicht gesperrt hat. Die Spannvorrichtung (12, Bild 17) wieder montieren. Falls der ursprüngliche Zahnriemen wieder eingebaut wird, muss man auf die eingezeichnete Laufrichtung achten.
- Den in Bild 30 gezeigten Zapfenschlüssel nach links verdrehen, bis die „Nase" am Einstellexzenter gegen den Anschlag (A) anliegt. Die Sperrplatte (D) im Bild (T10008) jetzt herausziehen.
- Der Riemen wird jetzt gespannt. Dazu muss man sich wieder an Bild 30 halten. Den Zapfenschlüssel nach rechts bewegen, bis die „Nase" am Exzenter sich gegen den Anschlag (B) bewegt, bis das im Bild sichtbare Maß (a) auf 4 mm kommt. Um dieses Maß zu erhalten, kann man einen Spiralbohrer des genannten Durchmessers an der gezeigten Stelle einsetzen. Ist der Bohrerschaft festgeklemmt, stimmt das Maß. Die Spannrolle in dieser Stellung halten (sie darf sich nicht mehr bewegen) und die Mutter der Spannrolle mit 20 Nm + 45° anziehen.
- Die Schrauben des Nockenwellensteuerrades (Bild 32) mit 25 Nm anziehen (Rad dabei gegen Mitdrehen halten).
- Zur Arretierung eingesetzte Werkzeuge entfernen und die Kurbelwelle zwei Umdrehungen in Drehrichtung durchdrehen, bis der erste Zylinder wieder auf OT steht. Dabei langsam vorgehen, damit man den OT-Punkt nicht überschreitet.
- Die Steuerzeichen müssen jetzt wieder fluchten (siehe Bild 29) und das Maß (a) muss stimmen. Falls die genannten Arretierwerkzeuge benutzt werden, ist die Kontrolle einfach. Andernfalls muss man sich auf gute Augen verlassen. Falls man nicht den gewünschten Erfolg hat, können folgende Abhilfen getroffen werden:
- ***Das Maß (a) stimmt nicht:*** In der oben beschriebenen Weise neu einstellen, bis das Maß erhalten wurde.
- ***Das Nockenwellenrad kann nicht arretiert werden, d. h. die Flucht kann nicht erhalten werden:*** Die Schrauben des Nockenwellenrades lockern (Bild 32), das Steuerrad verdrehen, bis die Flucht stimmt und die Schrauben wieder anziehen (25 Nm).
- Kurbelwelle erneut zwei Umdrehungen in Drehrichtung verdrehen, bis der OT-Punkt erhalten wurde (auf keinen Fall darüber hinaus drehen) und erneut kontrollieren, ob die in Bild 29 gezeigten Steuermarken fluchten, bzw. die Arretierbolzen sich einsetzen lassen. Wenn alles stimmt, raten wir Ihnen, dass Sie die Prüfung erneut durchführen, um die Gewissheit zu haben, dass die Steuerung einwandfrei eingestellt ist.

Der weitere Zusammenbau des Motors erfolgt in umgekehrter Reihenfolge. Besonders dabei auf die Anzugsdrehmomente der Motoraufhängung achten:

- Den Motorträger am Zylinderblock montieren. M8-Schrauben mit 30 Nm, M10-Schrauben mit 45 Nm anziehen.
- Motoraufhängung montieren (60 Nm).
- Träger für Motoraufhängung montieren. Anzugsdrehmoment der Schrauben 60 Nm, der Muttern 55 Nm.
- Die Spannvorrichtung für den Keilrippenriemen an der Aggregatekonsole anbringen und mit 25 Nm anziehen. Den Keilrippenriemen danach einbauen.

Motor mit reibungsdämpfendem Riemenspannsystem

Die Spannrolle muss immer noch mit dem Absteckstift T10115 arretiert sein, wie es in Bild 31 auf der rechten Seite gezeigt ist und am rechten Anschlag anliegen.

- Das Nockenwellenrad (Bild 32, links) nach links verdrehen, bis die Schrauben gegen den Anschlag der Langlöcher anliegen.
- Zahnriemen der Reihe nach über das Steuerrad der Kurbelwelle, die Riemenspannrolle und das Steuerrad der Nockenwelle auflegen (ggf. eingezeichnete Laufrichtung beachten) und schließlich über das Antriebsrad der Wasserpumpe legen. Die Spannrolle muss in der in der mittleren Ansicht von Bild 32 gezeigten Weise in den hinteren Zahnriemenschutzdeckel eingreifen (Pfeilstelle).
- Mutter der Riemenspannrolle lösen und den Riemenspanner entlasten, indem man den Zapfenschlüssel verdreht, bis man den Absteckstift in Bild 31 (rechts) aus der Riemenspannrolle herausziehen kann.
- Die Riemenspannrolle jetzt mit dem Zapfenschlüssel verdrehen, bis der Zeiger in der Mitte des Spaltes in der Grundplatte steht. Diese Stellung wird durch den Pfeil in der rechten Ansicht von Bild 32 dargestellt.
- Spannrolle in dieser Stellung halten und die Befestigungsmutter mit 20 Nm + 45° anziehen, Schrauben des Nockenwellenrads mit 25 Nm.
- Absteckstift aus dem Nockenwellenrad herausziehen (Bild 32 links) und Sperre T10050 aus dem Steuerrad der Kurbelwelle entfernen (Bild 29).
- Kurbelwelle um zwei volle Umdrehungen durchdrehen und den Motor mit dem ersten Kolben auf den oberen Totpunkt (OT) setzen und die Sperre T10050 wieder in das Steuerrad der Kurbelwelle einsetzen, wie es in Bild 29 zu sehen ist. In dieser Motorstellung kontrollieren, dass der Zeiger der Spannrolle in der Mitte des Spalts in der Grundplatte steht (Bild 32, Mitte) und dass sich der Absteckstift in das Steuerrad der Nockenwelle einschieben lässt (Bild 32, links).
- Falls dies nicht durchgeführt werden kann, die Sperre T10050 (Bild 29) aus der Bohrung herausziehen und die Kurbelwelle verdrehen, bis sich die Sperre wieder einschieben lässt.
- Die Schrauben des Nockenwellenrades lockern (Bild 32, links) und die Kurbelwelle entgegengesetzt der Drehrichtung verdrehen, bis der Stift der Sperre soeben vor der Aufnahmebohrung im Dichtringflansch steht. Die Welle jetzt etwas in Drehrichtung weiter drehen, bis der Stift in die Aufnahmebohrung eingreift. Die Schrauben des Nockenwellenrades in dieser Motorstellung mit 25 Nm anziehen.
- Alle weiteren Arbeiten in umgekehrter Reihenfolge durchführen. Die bei der anderen Ausführung angegebenen Anzugsdrehmomente der Motoraufhängung gelten ebenfalls bei dieser Ausführung.

2A.5 Kolben und Pleuelstangen

Die Kolben von TDI-Motoren haben eine unterschiedliche Form. Sie besitzen eine so genannte „Omega"-Mulde, welche die Verbrennungskammer bildet. Bild 33 zeigt auf der linken Seite einen Schnitt durch einen derartigen Kolben.

Nach Ausbau des Zylinderkopfes kann man die Kolben in der in der mittleren Ansicht gezeigten Anordnung sehen. Jeder Kolben hat eine größere Aussparung für das Einlassventil, jedoch liegen diese nicht auf der gleichen Seite. Die Aussparung eines Kolbens für den Zylinder Nr. 1 und Nr. 2 liegen näher an der Schwungradseite, die der Zylinder Nr. 3 und Nr. 4 näher an der Riemenscheibenseite. Neue Kolben sind aus diesem Grund mit 1/2 oder 3/4 gezeichnet.

2A.5.1 Arbeiten an den Kolben

Falls man einen Kolben selbst erneuern will, kann man annehmen, dass der Ausbau der Kolben in herkömmlicher Weise stattfindet. Muss man den Zylinderblock ausschleifen lassen, bringen Sie das gesamte Kurbelgehäuse in eine Werkstatt, da in diesem Fall das Überstehmaß der Kolben ausgemessen werden muss. Zusammen mit dem zusammengebauten Kurbelgehäuse werden Sie auch eine neue Zylinderkopfdichtung erhalten, welche bei der Montage des Zylinderkopfes verwendet werden muss.

Da die Kolbenbolzen schwimmend gelagert sind, werden sie mit Sicherungsringen auf beiden Seiten gehalten. Ein Einschnitt im Kolben ermöglicht das Ansetzen eines spitzen Dorns um die Ringe auszuhebeln. Der Bolzen kann danach mit einem passenden Dorn ausgepresst werden.

Aufgrund der Besonderheiten der TDI-Motoren soll auf den Einbau von Kolben und Pleuelstangen jedoch getrennt eingegangen werden, jedoch wiederum nur, falls ein einzelner Kolben aus irgendeinem Grund erneuert wurde.

2A.5.2 Kolben/Pleuelstangen zusammenbauen und einbauen

Zum Zusammenbau:

- Kolben auf eine Temperatur von 60°C anwärmen (in heißes Wasser einlegen). Einen passenden Dorn besorgen, der sich in die Innenseite des Kolbenbolzens einsetzen lässt.
- Den Bolzen mit Handdruck in den angewärmten Kolben und die Pleuelstange eindrücken. Bild 33 zeigt, wie man den Kolben während der Montage hält (rechts).

Die folgenden Hinweise müssen beim Zusammenbau von Kolben und Pleuelstangen beachtet werden:

- Bei Wiederverwendung der alten Kolben muss man sich an die eingezeichneten Markierungen halten. Bei Einbau von neuen Kolben muss man sich an die Zahlenkennzeichnung der Kolben halten, d. h. 1/2 oder 3/4 und diese entsprechend Bild 33 montieren.
- Die Gusswarzen an Pleuelstange und Lagerdeckel müssen zur Riemenscheibe des Motors weisen.
- Die Zylindernummerkennzeichnungen müssen an Pleuelstange und Lagerdeckel übereinstimmen.
- Sicherungssprengringe auf beiden Seiten des Kolbens einsetzen und kontrollieren, dass sie einwandfrei in den Nuten sitzen.
- Kontrollieren, dass sich der Kolben nach dem Zusammenbau einwandfrei auf der Pleuelstange hin- und herkippen lässt.
- Die Kolbenringe mit einer Kolbenringzange vom Kolbenboden aus aufsetzen. Die beiden Verdichtungsringe könnte man verwechseln und aus diesem Grund ist deren Querschnitt zu betrachten, ehe sie angebracht werden. Dazu sieht man sich die linke Ansicht von Bild 34 an. Aus der Zeichnung kann man ersehen, wo die beiden Verdichtungsringe sitzen. Außerdem sind die beiden Verdichtungsringe auf einer Seite mit dem Wort „Top" oder „Oben" gezeichnet und diese Beschriftung muss nach dem Aufsetzen des Ringes jeweils vom Kolbenboden aus sichtbar sein.

Die zusammengebauten Kolben einstweilen bis zum Einbau in Einbaureihenfolge auf einer sauberen Fläche ablegen und abdecken, damit kein Staub heran kann.

Zum Einbau:

- Falls die Spritzdüsen zur Kolbenkühlung ausgebaut wurden, sie wieder einbauen und die Schrauben mit 25 Nm anziehen. Alle Zylinderbohrungen gut einölen.
- Alle Pleuel entsprechend den Zylindernummern auslegen. Die Gusswarzen in Pleuel und Lagerdeckel müssen zur Vorderseite des Motors zu ausgerichtet sein. Die Kolben entsprechend Bild 33 (Mitte) einbaufertig auslegen.
- Die Kolbenringstöße in gleichmäßigen Abständen von 120° auf dem Umfang des Kolbens verteilen.
- Ein Kolbenringspannband um die Kolbenringgegend legen und die Kolbenringe in die Nuten drücken. Kontrollieren, dass sie einwandfrei eingedrückt sind. Falls kein Spannband zur Verfügung steht, kann ein breiter Schlauchbinder verwendet werden oder ein dünner Metallstreifen wird so um die Ringe gelegt und die Enden werden so zusammengedrückt, dass die Ringe in die Nuten springen. Den Kolben erst einsetzen, nachdem nochmals kontrolliert wurde, dass die Sprengringe auf beiden Seiten des Kolbens eingesetzt sind. Es ist schnell passiert, dass

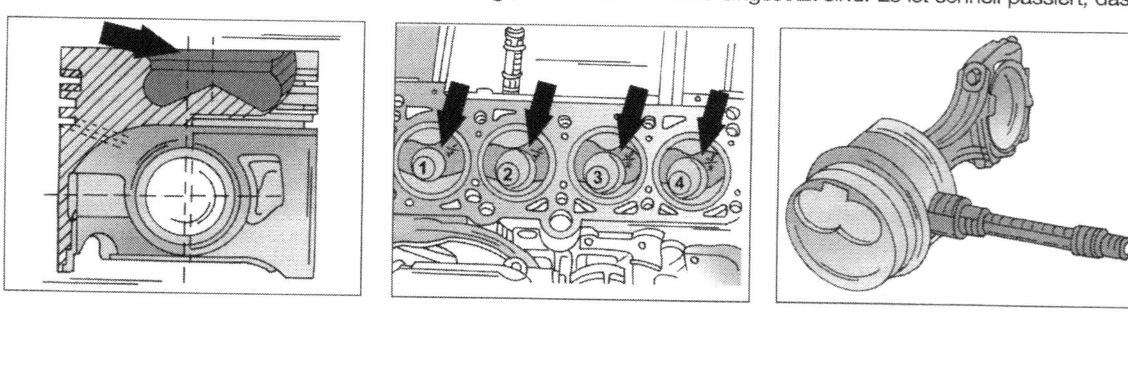

Bild 33

Bild 34

man einen Sprengring einsetzt und den zweiten vergisst, nachdem der Kolbenbolzen eingepresst wurde. Falls man einen Schlauchbinder verwendet, kann man diesen um den unteren Kolbenring legen und den Kolben einschieben, bis der Ring in der Bohrung sitzt. Danach den Schlauchbinder um den zweiten Ring legen und diesen in die Bohrung einführen. Abschließend die gleiche Arbeit mit dem oberen Kolbenring durchführen. Bild 34 (Mitte) zeigt, wie dies in der Praxis aussieht.

- Kurbelwelle durchdrehen, bis zwei der Kurbelzapfen im unteren Totpunkt stehen und die Pleuel von oben in die Bohrung einschieben. Den Motor dazu auf die Seite legen, damit die Pleuelstange auf den Lagerzapfen geführt werden kann und die Bohrung oder den Pleuelzapfen nicht zerkratzt. Die Pleuellagerschale sollte sich bereits im Pleuel befinden, mit der Nase in der Aussparung.
- Kolben hineinschieben, bis die Ringe der Reihe nach in die Bohrung rutschen und der Pleuelfuß auf dem Kurbelzapfen aufsitzt.
- Zweite Lagerschale in den Lagerdeckel einlegen, die Schale gut einölen und den Deckel gegen die Pleuelstange drücken und leicht anschlagen. Unbedingt darauf achten, dass die beiden Gusszeichen zusammenkommen, da man im letzten Moment noch einen Fehler machen kann.
- Die Anlageflächen der Schrauben auf dem Pleuellagerdeckel und die Gewinde der Pleuelstangen einölen.
- Das Anziehen der Pleuellagerschrauben erfolgt nach einem bestimmten Schema. Wie bereits erwähnt, müssen die Schrauben immer erneuert werden. Die Schrauben abwechselnd auf ein Anzugsdrehmoment von 30 Nm anziehen und aus dieser Stellung um eine weitere Viertelumdrehung ohne Drehmomentschlüssel anziehen.
- Nach Einbau des Pleuels die Kurbelwelle einige Male durchdrehen, um Klemmer sofort festzustellen.
- Kennzeichnung aller Pleuel nochmals kontrollieren und ebenfalls überprüfen, ob die Kolben in die richtige Richtung weisen. Dadurch wird ebenfalls gewährleistet, dass die Aussparungen für die Ölspritzdüsen auf der richtigen Seite liegen.
- Mit einer Fühlerlehre das Spiel zwischen der Seitenfläche der Pleuelstange und der Anlauffläche der Kurbelwelle ausmessen, wie es in Bild 34 auf der rechten Seite gezeigt ist (max. 0,37 mm).

2A.6 Schwungrad

Das Schwungrad dieser Motoren ist nicht von herkömmlicher Bauweise, da es mit einem Sensorzahnkranz zur Anzeige der Motordrehzahl versehen ist. Dieser Zahn-

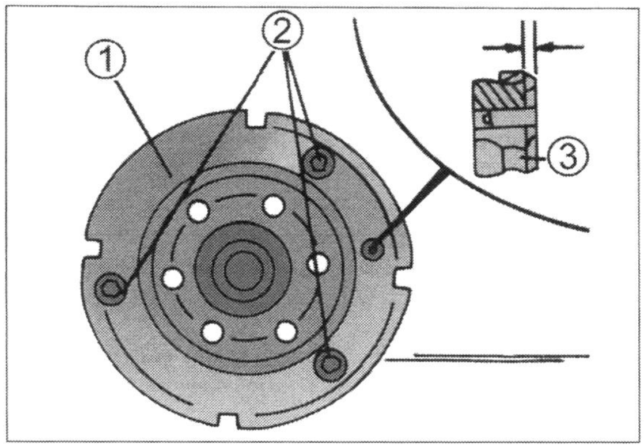

Bild 35
Ansicht des Schwungradzahnkranzes (1) zur Ermittlung der Motordrehzahl. Die drei Schrauben halten den Zahnkranz. Der Passstift (3) muss um das Maß (a) herausstehen.

kranz ist an der Rückseite der Kurbelwelle mit drei Schrauben befestigt (Anzugsdrehmoment 10 Nm). Bild 35 zeigt das Aussehen des Schwungrades. Es soll erwähnt werden, dass der eingesetzte Passstift zwischen 2,5 und 3,0 mm aus der Fläche herausstehen muss (Maß „a"). Das Maß wird mit einer Tiefenlehre ermittelt.

Die Schrauben des Schwungrades können kein zweites Mal benutzt werden.

Der Zahnkranz des Schwungrades kann nicht getrennt erneuert werden. Sind die Zähne beschädigt, muss man das gesamte Teil erneuern. In diesem Fall ebenfalls die Zähne des Anlasserritzels kontrollieren, da diese ebenfalls abgenutzt sein werden.

Die Schrauben werden mit 60 Nm angezogen und mit einer Viertelumdrehung nachgezogen (90°).

2A.7 Nockenwelle und Nockenwellendichtring

Bild 23 zeigt die Befestigung der Nockenwelle auf der Oberseite des Zylinderkopfes. Die Lagerdeckel sehen gleich aus, sind aber gezeichnet, damit man sie nicht verwechseln kann.

2A.7.1 Nockenwelle ausbauen

Es soll darauf hingewiesen werden, dass man einen Abzieher braucht, um die Nabe des Steuerrades der Nockenwelle vom Ende der Welle abzuziehen, da sie auf einer Kegelfläche der Welle sitzt. Der Abzieher wird im Verlauf der Beschreibung erwähnt. Er wird mit drei Schrauben in den Gewindelöchern der Nabe befestigt und durch Anziehen der Mittelschraube wird die Nabe abge-

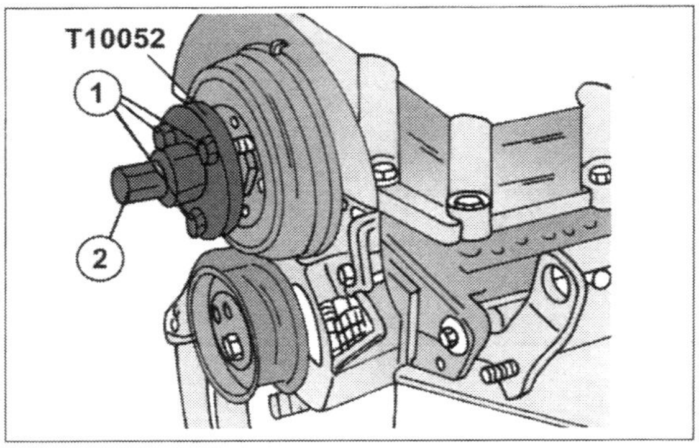

Bild 36
Abziehen der Nabe des Nockenwellensteuerrades. Nach Festschrauben mit den Schrauben (1) wird die mittlere Schraube (2) angezogen. Eine Alternative ist in der Beschreibung angegeben.

zogen. Beim Ausbau folgendermaßen vorgehen:

- Den Zahnriemen ausbauen, wie es bereits beschrieben wurde. Daran denken, dass man das Steuerrad der Nockenwelle vor Einbau des Zahnriemens in die richtige Steuerstellung bringen muss.
- Die drei Schrauben des Nockenwellensteuerrades herausdrehen (Bild 32, links) und das Riemenrad von der Nabe herunterziehen.
- Die Schraube in der Mitte der Steuerradnabe lösen. Die Nabe muss dabei gegen Mitdrehen gehalten werden. Die Schraube nur um 2 Umdrehungen lockern.
- Die Nabe jetzt vom Kegelsitz der Nockenwelle brechen. Vorschriftsmäßig wird dabei das in Bild 36 gezeigte Werkzeug benutzt. Drei Schrauben werden in die Bohrungen für das Steuerrad eingeschraubt. Durch Anziehen der Mittelschraube kommt die Nabe herunter. Falls man einen Universal-Dreiarmabzieher hat, kann man drei Schrauben des entsprechenden Durchmessers in die Bohrungen schrauben, die Arme des Abziehers an den Schraubenköpfen ansetzen und die Mittelschraube anziehen. Die Nabe muss dabei wieder gegengehalten werden, da sie sich sonst durchdrehen wird.
- Zylinderkopfhaube ausbauen.
- Die Kipphebelwellen für die Betätigung der Einspritzeinheiten unter Bezug auf Bild 23 ausbauen. Die Wellen als Gesamteinheit abheben. Zuerst die beiden äußeren Schrauben und danach die inneren Schrauben lösen. Die Kipphebelwellen entsprechend ihrer Einbauweise kennzeichnen, da man sie nicht verwechseln darf. Bild 37 zeigt links, wo die Kennzeichnung durchzuführen ist (mit Filzstift). Ebenfalls sind die Schrauben (1) und (2) gezeigt. *Wird dies nicht beachtet, muss man die Einspritzeinheiten neu einstellen lassen.*
- Die Tandempumpe ausbauen (siehe unter „Einspritzanlage").
- Die Lagerdeckel Nr. 5, 1 und 3 langsam und abwechselnd auf jeder Seite lösen und abnehmen. Die Deckel Nr. 2 und Nr. 4 zu diesem Zeitpunkt noch nicht lockern. Die mittlere Ansicht von Bild 37 zeigt die Nummerierung.
- Die Muttern der Lagerdeckel Nr. 2 und Nr. 4 um je zwei Umdrehungen gleichmäßig und über Kreuz lockern, bis die beiden Deckel gelöst sind. Die Deckel abnehmen und die Nockenwelle herausheben. Im Deckel Nr. 1 könnte sich der Dichtring für die Zylinderkopfhaube befinden.
- Falls erforderlich die Lagerschalen der Nockenwelle aus Zylinderkopf und Lagerdeckel herausnehmen und entsprechend ihrer Einbaulage kennzeichnen. *Schalen nicht verwechseln.*
- Die Stößel, falls erforderlich, herausnehmen. Die Stößel dürfen nicht vertauscht werden und sind entsprechend zu zeichnen. Am besten ist es, wenn man sie mit einer Reißlinie in der Innenseite zeichnet, d. h. erster Stößel eine Linie, zweiter Stößel zwei Linien usw. Von der Steuerseite des Motors aus vorgehen. Die Stößel mit der Nockenwellenseite nach unten auf ein sauberes Tuch ablegen, damit kein Öl ausläuft.

Nockenwellendichtring

Der Öldichtring der Nockenwelle kann bei eingebautem Motor erneuert werden, falls Leckstellen in dieser Nähe festgestellt werden können. Der Dichtring befindet sich hinter dem Steuerrad der Nockenwelle. Zum Ausbau des Dichtringes, ohne Schäden am Zylinderkopf oder der Nockenwelle anzurichten, sollte man jedoch ein geeignetes Werkzeug benutzen. Bild 37 (rechts) zeigt ein derartiges Werkzeug. Eine Klaue greift zwischen Dichtlippe und Nockenwelle unter den Dichtring ein, sodass man den Dichtring durch Hebelwirkung lösen und herausziehen kann. Man kann also den Dichtring mit einem abgewinkelten Hebel herausdrücken. Eine andere Lösung wäre das Einschrauben von zwei Blechschrauben an gegenüberliegenden Stellen, sodass man den Dichtring mit Hilfe einer Zange und einem Schraubenzieher herausziehen/drücken kann. *Keinen Schaden anrichten.* Eine andere Möglichkeit ist die Benutzung des Spezialwerkzeugs bei der Erneuerung des Dichtringes an der Vorderseite der Kurbelwelle (siehe spätere Beschreibung).

Der Zahnriemen und das Steuerrad und die Nabe der Nockenwelle müssen ausgebaut werden, wie es oben beschrieben wurde, um an die Nockenwelle zu kommen.

Ausbau

- Das Nockenwellensteuerrad und die Nabe ausbauen (siehe oben).
- Den Öldichtring jetzt in der oben beschriebenen Weise herausziehen.

Axialspiel der Nockenwelle messen

Um das Axialspiel der Nockenwelle zu messen, legt man die Welle ohne Stößel in die Lagerschalen ein und

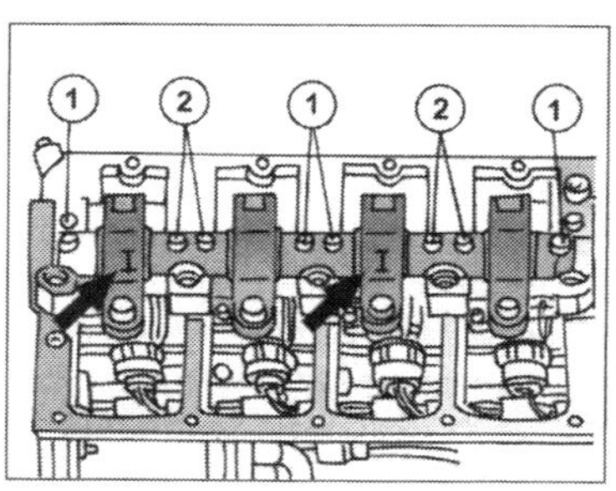

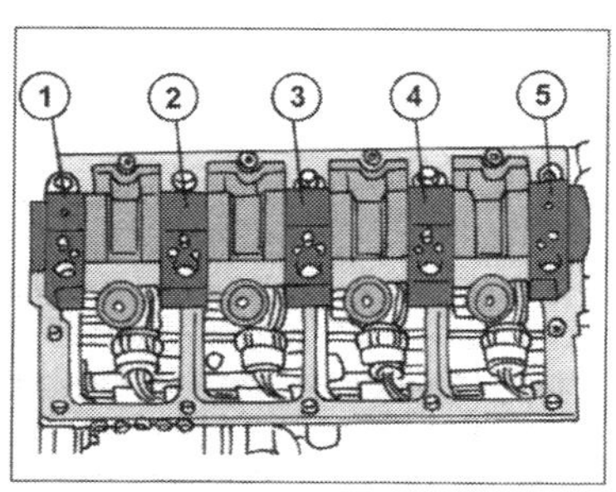

Bild 37

schraubt die Deckel Nr. 1, 3 und 5 auf. Eine Messuhr in geeigneter Weise anbringen, mit dem Taststift auf dem Ende der Nockenwelle und die Welle hin- und herbewegen. Der an der Messuhr angezeigte Wert ist das Axialspiel und darf nicht mehr als 0,15 mm betragen.

Einbau von Nockenwelle und Dichtring

- Die Stößel gut einölen und in die Bohrungen einsetzen. Unbedingt darauf achten, dass die Stößel entsprechend ihrer Kennzeichnung in die richtigen Bohrungen kommen.
- Falls die Lagerschalen herausgenommen wurden, diese entsprechend der Kennzeichnung in Lagerdeckel und Zylinderkopf einlegen. Die Führungsnasen der Schalen müssen in die entsprechenden Aussparungen eingreifen. Schalen gut einölen.
- Die Nockenwellenlagerzapfen gut einölen, die Nockenwelle in die Lagerbohrungen heben und einige Male durchdrehen. Abschließend die Welle verdrehen, bis die beiden Nocken für die Ventile des ersten Zylinders nach oben weisen, wie es bereits weiter vorn gezeigt wurde.
- Unter Bezug auf Bild 37 (Mitte) die Lagerdeckel Nr. 2 und Nr. 4 aufsetzen und die Muttern (immer erneuern) aufschrauben. Diese abwechselnd über Kreuz auf ein Anzugsdrehmoment von 8 Nm anziehen und aus der Endstellung um weitere 90° anziehen.
- Die Lagerdeckel Nr. 5, 1 und 3 aufsetzen und die Muttern lose aufschrauben. Die Auflagefläche der Deckels Nr. 1 und 5 müssen vorher an den in Bild 38 gezeigten Stellen mit Dichtungsmasse eingeschmiert werden (AMV 174 00401 wird in der Werkstatt verwendet). Darauf achten, dass die Dichtungsmasse nicht in die durch die Pfeile gezeigten Nuten laufen kann.
- Die neuen Muttern der aufgesetzten Lagerdeckel über Kreuz abwechselnd einige Umdrehungen anziehen, bis die Deckel mit einem Anzugsdrehmoment von 8 Nm + 90° angezogen wurden. Kontrollieren, dass die Deckelflächen gegen die Kopffläche ansitzen. Den Deckel Nr. 5 in die richtige Lage bringen. Er muss bündig mit der Außenkante des Zylinderkopfes abschließen, da sich andernfalls Leckstellen an der Tandempumpe bilden können.
- Den Dichtring der Nockenwelle zur Hand nehmen und feststellen, auf welcher Seite sich die Feder befindet. Die Federnseite nach innen richten, die Dichtlippe etwas einölen (ebenfalls die Lauffläche auf der Welle). Zum Einbau des neuen Öldichtringes ein Rohrstück mit passendem Durchmesser verwenden (siehe Bild 39) und mit aufgelegter, großer Scheibe und einer Schraube einziehen. Eine M12x65-mm-Schraube wird gebraucht.
- Die Kipphebelwellen für die Einspritzeinheiten montieren. Kennzeichnungen beachten, siehe Bild 37, Mitte. Zuerst die inneren Schrauben, danach die äußeren Schrauben diagonal über Kreuz anziehen. Alle Schrauben mit 20 Nm + 90° anziehen.
- Nabe auf die Nockenwelle aufschieben, die Schraube eindrehen und die Schraube unter Gegenhalten der Nabe mit 100 Nm anziehen.
- Steuerrad der Nockenwelle auf die Nabe aufbringen. Darauf achten, dass das Zahnsegment im Steuerrad sich an der Oberseite befindet. Das Steuerrad verdrehen, bis die Schraubenköpfe in der Mitte der Langlöcher sitzen und die Schrauben handfest anziehen.

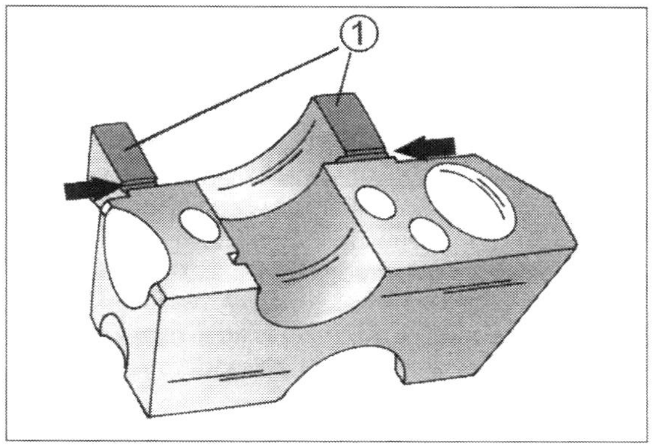

Bild 38
Die Flächen der Nockenwellenlagerdeckel Nr. 1 und Nr. 5 an den gezeigten Stellen (1) mit der genannten Dichtungsmasse einschmieren.

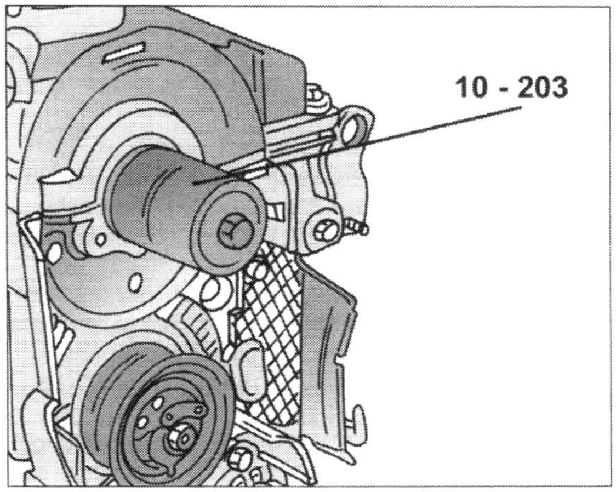

Bild 39
Einziehen des Dichtringes der Nockenwelle. Das Spezialwerkzeug (10–203) kann in Heimarbeit hergestellt werden.

- Zahnriemen und Tandempumpe einbauen, wie es im betreffenden Kapitel beschrieben wird.
- Abschließend Tandempumpe und Zylinderkopfdeckel montieren.

2A.8 Kurbeltrieb

Falls Arbeiten am Kurbeltrieb erforderlich sind, sollten Sie das Kurbelgehäuse z. B. zur Neulagerung der Welle in eine Motorenwerkstatt bringen oder man baut einen Teilmotor ein. Wie bereits erwähnt, muss beim Einbau eines Teilmotors das Vorstehmaß zur Bestimmung der Zylinderkopfdichtungsstärke ausgemessen werden. Lassen Sie dies in der Werkstatt vor Zusammenbau des Motors durchführen. Die folgenden Arbeiten können jedoch ohne Ausbau der Kurbelwelle durchgeführt werden.

2A.8.1 Kurbelwellendichtringe

Der vordere und hintere Kurbelwellendichtring können bei eingebautem Motor erneuert werden, falls man Leckstellen in dieser Gegend feststellen kann. Ebenfalls ist es möglich, den gesamten Dichtflansch an der Vorderseite der Kurbelwelle zu erneuern. Eine rutschende Kupplung könnte zum Beispiel auf einen undichten, hinteren Öldichtring zurückgeführt werden. Ölverschmutzung an der Vorderseite des Motors kann in schlimmen Fällen zum schnellen Verschleiß des Keilrippenriemens führen.

Ausbau des vorderen Dichtringes

Der Ausbau des gesamten Dichtringflansches wird im Zusammenhang mit der Ölpumpe im Abschnitt 3 beschrieben.

Beim Erneuern des vorderen Dichtringes sind Rippenriemen, Steuerdeckel, Steuerriemen (Zahnriemen) und die Kurbelwellenriemenscheibe (Schwingungsdämpfer) mit dem Steuerrad auszubauen. Zum Lösen der Schraube des Kurbelwellensteuerrades eignet sich eine Platte, die man in der in Bild 40 (links) gezeigten Weise am Kurbelwellenrad anschraubt. Andernfalls kann man versuchen den 5. Gang einzulegen und bei angezogener Handbremse die Schraube zu lösen.

Zum Ausbau des Dichtringes sollte normalerweise das in Bild 40 (Mitte) gezeigte Werkzeug benutzt werden. Um das Werkzeug zu führen, muss man die Schraube des Steuerrades bis zum Anschlag in die Kurbelwelle schrauben. Den Öldichtring dann in folgender Weise ausziehen:

- Unter Bezug auf Bild 40 (rechts) den Auszieher „3203" zur Hand nehmen, das Innenteil (A) um zwei Umdrehungen (ca. 3 mm) aus dem Außenteil herausschrauben und in dieser Stellung mit der Feststellschraube (B) blockieren.
- Den Gewindekopf des Werkzeuges einölen, über die Kurbelwelle und in den Öldichtring einschrauben und unter gleichzeitigem Druck auf eine Ratsche (Bild 40, Mitte) das Werkzeug so weit wie möglich in den Öldichtring einschrauben.
- Die Kordelschraube (B) lockern und das Innenteil gegen die Kurbelwelle schrauben, bis der Dichtring aus dem Zylinderblock herauskommt.
- Das Werkzeug in einen Schraubstock einspannen und den Öldichtring mit einer Zange herunterziehen.

Hinweis: Falls das genannte Werkzeug nicht zur Verfügung steht, zwei Blechschrauben an gegenüberliegenden Stellen in den Dichtring schrauben und den Dichtring mit Schraubendreher und Zange herausziehen. Dabei keine Schäden anrichten.

Ausbau des hinteren Öldichtringes

Beim hinteren Öldichtring das Getriebe, die Kupplung und das Schwungrad (oder die Antriebsscheibe, Automatik) ausbauen, ehe der Öldichtring herausgedrückt werden kann. Zum Erneuern des Dichtringes muss der gesamte Flansch erneuert werden, da es den Dichtring nicht als Ersatzteil gibt. Die Motorzwischenplatte sowie die Ölwanne aus diesem Grund ebenfalls abschrauben. Die sechs Schrauben des Dichtringflansches vom Kurbelgehäuse abschrauben und mit der Dichtung abnehmen.

Einbau des vorderen Öldichtringes

Eine Einziehvorrichtung ist für den vorderen Dichtring erhältlich. Dabei handelt es sich um ein Rohrstück, welches auf der Außenseite des Dichtringes aufgesetzt wird. Mit der Schraube des Steuerrades der Kurbelwelle kann man den Dichtring dann in das Kurbelgehäuse einziehen. Die Außenseite des Dichtringes einölen, jedoch kein Öl oder Fett an die Dichtlippe schmieren. Den Ring gegen das Kurbelgehäuse ansetzen. Den Dichtring jetzt vorsichtig in folgender Reihenfolge einziehen:

- Die Führungshülse in Bild 41 (links) über den Zapfen der Kurbelwelle schieben. Der Wellenzapfen muss gut von altem Öl gereinigt werden.
- Den Öldichtring über die Führungshülse und das Ende der Kurbelwelle schieben.
- Das Einziehwerkzeug entsprechend der mittleren Ansicht aufsetzen und die Schraube in der Mitte langsam anziehen, bis der Dichtring sitzt. Die Werkzeugteile danach abmontieren.
- Falls der Dichtringflansch ausgebaut wurde, den Dichtring wie im Abschnitt „Motorschmierung" erneuern. Beim Anschrauben den Flansch wie rechts gezeigt mit Silikon-Dichtungsmasse einschmieren. Schrauben mit 15 Nm anziehen.

Einbau des hinteren Öldichtringes

- Den Flansch vorsichtig mit der aufgelegten Dichtung über die Kurbelwelle und gegen den Zylinderblock ansetzen und gut zentrieren. Dichtring nicht einölen/einfetten. Die Schrauben gleichmäßig ringsherum mit 10 Nm anziehen.

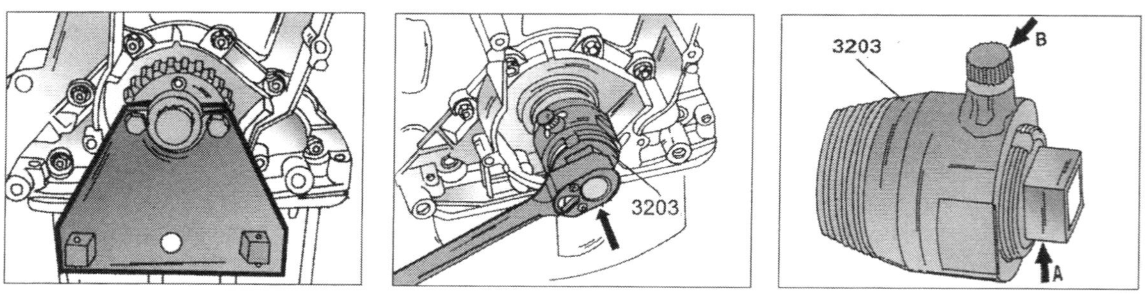

Bild 40

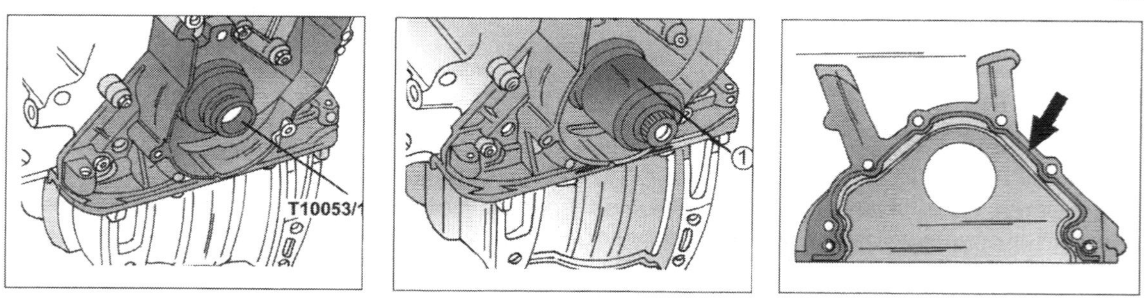

Bild 41

- Ölwanne wieder montieren (Abschnitt 3).
- Motorzwischenplatte auflegen, Schwungrad montieren (60 Nm + 90°) und die Kupplung wieder anbringen (25 Nm).Siehe Beschreibung im Abschnitt „Kupplung".

2A.9 Kompressionsdruckprüfung

Der Kompressionsdruck wird in den Bohrungen der Vorglühkerzen gemessen. Dazu benötigt man jedoch einen entsprechenden Adapter (1381/12), welchen man bestimmt nicht zur Verfügung hat. Abgesehen davon ist es ziemlich schwer an die Glühkerzen zu kommen. Aus diesem Grund müssen wir Sie an eine Werkstatt verweisen, falls Sie der Ansicht sind, dass irgendetwas mit der Kompression nicht stimmt.

2B.1 Ausbau und Einbau des Motors

Die erneute Beschreibung des Aus- und Einbaus des Motors ersparen wir uns in diesem Fall. Beim Ausbau des Motors zusammen mit dem Getriebe kann man fast den Anweisungen in Abschnitt 2A folgen, da auch die Motoraufhängungen in der Ausführung diesen Motoren entsprechen. Die Motoraufhängung auf der linken Seite bei einem Motor mit der Bezeichnung AWC wurde jedoch abgeändert. Der Motor mit dem Getriebe wird von der Unterseite des Fahrzeuges aus herausgezogen. Dies bedeutet, dass man das Fahrzeug genügend weit anheben muss, um das Aggregat auszubauen. Die allgemeinen Anweisungen in Kapitel 2A.1 gelten auch für diesen Motor. Die folgende Beschreibung wird in Stichworten gegeben.

- Massekabel sowie Stromkabel der Batterie abklemmen und die Batterie ausbauen.

Unter Bezug auf Bildreihe 42:

- *Linkes Bild:* Die Luftführungsverkleidung (1) ausbauen. Die Trennwand des Batterieraums (2) zusammen mit dem Ausgleichsbehälter der Kühlanlage ausbauen und auf einer Seite ablegen. Kühlanlage nicht öffnen.
- *Mittleres Bild:* Die mit den Pfeilen bezeichneten Kabelstecker hinter der Batterie trennen und den Batterieträger ausbauen. Alle anderen zwischen Motor und Karosserie verlegten Kabelstränge/Leitungen abschließen und auf einer Seite ablegen.
- Luftfilter ausbauen.
- *Rechtes Bild:* Drosselklappenseil vom Segment am Drosselklappengehäuse abschließen und das Widerlager abschrauben (nicht die Befestigungsspange entfernen). Die Befestigungsstellen sind mit den Pfeilen gezeigt.
- Luftansaugschlauch ausbauen.
- Kraftstoffzufuhr- und -rücklaufleitungen und die Leitung vom Schaltventil des Aktivkohlebehälters abschließen (siehe auch Bild 45). Achtung der Kraftstoff steht unter Druck. Einen dicken Lappen um die Anschlussstelle wickeln, während man die Schläuche vorsichtig abzieht. Die Schläuche aus dem Halter ausclipsen und in geeigneter Weise verschließen. Unterdruckschläuche und Entlüftungsschläuche am Motor abziehen (kennzeichnen).
- Den Druckschlauch zwischen der Sekundärluftpumpe und dem Kombiventil abziehen. Dazu die Knöpfe an den Schlauchanschlüssen drücken.
- Luftleitungen zwischen Turbolader und Ladeluftkühler, Turbolader und Luftfilter sowie Ladeluftkühler und Drosselklappensteuerteil ausbauen.
- Bei eingebautem Fünf- oder Sechsganggetriebe Leitung/Schlauch vom Kupplungsnehmerzylinder am Getriebe abziehen und das Schaltseil vom Getriebe abschließen. Antriebswellen ausbauen.
- Bei eingebauter Getriebeautomatik (Vier- und Fünfgang) das Schalthebelseil vom Getriebe abschließen, die Antriebswellen von den Flanschen am Getriebe abschrauben und in waagerechter Lage festbinden.
- Alle weiteren Arbeiten in mehr oder weniger gleicher Weise wie in Kapitel 2A.1 beschrieben durchführen. Unterschiedlich sieht die linke Motoraufhängung aus, welche entsprechend Bild 43 auszubauen ist. Zu lösen sind die Schrauben und Muttern an der linken Seite des Nebenrahmens.

Der Einbau findet in umgekehrter Reihenfolge statt. Die Schrauben und Muttern der linken Motoraufhängung entsprechend Bild 43 anziehen. Die in Kapitel 2A.1 gegebene Beschreibung ist zwecks weiterer Einzelheiten zu verfolgen.

2B.2 Zerlegung und Zusammenbau

2B.2.1 Zerlegung

Das Zerlegen des Motors wird in Einzelheiten in den Kapiteln 2B.3 bis zum Ende des Abschnitts beschrieben. Auf diese Weise können wir Arbeiten beschreiben, die entweder bei eingebautem Motor oder ausgebautem Motor durchgeführt werden können, ohne dass bestimmte Zerlegungsarbeiten zweimal beschrieben werden. Falls eine komplette Zerlegung durchgeführt werden soll, braucht man nur die einzelnen Arbeitsgänge miteinander zu kombinieren, und zwar in der angeführten Reihenfolge.

Die Teile so ablegen, dass man sie nicht durcheinander bringen kann. Besonders beim Zylinderkopf eines 20V-Motor ist aufgrund der zusätzlichen Teile besondere Aufmerksamkeit darauf zu legen.

Einige der Teile wurden bereits beim Ausbau des Motors gelöst oder ausgebaut. Die Entspannung der einzelnen Aggregatsantriebsriemen ist unter getrennter Überschrift beschrieben.

- Alle Motornebenteile, d. h. Zündverteiler, Sammelrohr; Auspuffkrümmer, Teile der Einspritzanlage, usw. abmontieren.
- Den Steuerriemenschutz abschrauben und den Steuerriemen ausbauen. Die dazu erforderlichen Arbeiten sind in Kapitel 2B.7.1 beschrieben. Bereits jetzt soll erwähnt werden, dass man die Laufrichtung des Riemens mit Far-

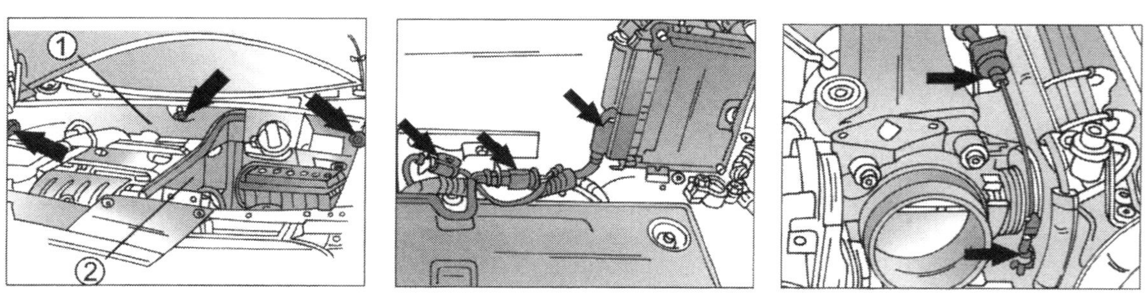

Bild 42

be aufzeichnen muss, falls der Riemen wieder verwendet werden soll. Der Riemen darf nicht geknickt werden.

- Kurbelwellenriemenscheibe mit dem Kurbelwellensteuerrad von der Welle abschrauben. Die Riemenscheibe der Wasserpumpe und danach die Wasserpumpe abschrauben.
- Ölfilter abschrauben. Falls man keinen passenden Filterkettenschlüssel zur Verfügung hat, kann man einen Schraubendreher durch die Seite des Filters schlagen und ihn durch Hebelwirkung auf den Griff abschrauben. Öl wird dabei herauslaufen.
- Den zwischen Ölfilter und Filtersockel eingesetzten Ölkühler abschrauben. Falls Klemmschellen zur Befestigung der Schläuche verwendet wurden, können sie durch Schraubschellen ersetzt werden. Siehe auch Kapitel 3.6.
- Falls erforderlich, den Sockel vom Motor abschrauben.
- Den Ölmessstab herausziehen.
- Die Zylinderkopfhaube abschrauben und die Dichtung sofort wegwerfen. Ebenfalls den Dichtring auf der einen Seite und den Dichteinsatz auf der anderen Seite entfernen.
- Den Zylinderkopf ausbauen, wie es später beschrieben ist.
- Motor umkehren und die Ölwanne abschrauben. Die Dichtung abnehmen.
- Die Ölpumpe von der Unterseite des Kurbelgehäuses abschrauben und herausziehen, wie es für den betreffenden Motor im Abschnitt „Motorschmierung" beschrieben wird.
- Die Pleuellagerdeckel mit der Zylindernummer kennzeichnen (mit Farbe) und die Lagerdeckel der Reihe nach abschrauben. Zwei Pleuellager sollten sich immer auf dem unteren Totpunkt befinden, wenn die Deckel gelöst werden. Die Pleuelstangen zusammen mit den Kolben in Reihenfolge nach oben aus den Zylinderbohrungen schieben. Darauf achten, dass die Lagerschalen und Lagerdeckel sofort wieder an die betreffenden Pleuelstangen angeschraubt werden. Die Pleuellager sind mit Dehnschrauben zusammengeschraubt und die Schrauben dürfen nicht wieder verwendet werden.

Falls der Motor einen Schaden im Kurbeltrieb erlitten hat, kann man den Zylinderblock in diesem Zustand in eine Motorenwerkstatt bringen, um alle anderen Arbeiten da durchführen zulassen, so z. B. Neulagerung der Kurbelwelle, Ausschleifen und/oder Honen und alle anderen mit dem Kurbeltrieb verbundenen Arbeiten.

2B.2.2 Zusammenbau des Motors

Wie das Zerlegen wird auch der Zusammenbau des Motors unter getrennten Überschriften beschrieben. Die Reihenfolge des Zusammenbaus ist umgekehrt zur Zerlegung.

2B.3 Zylinderkopf und Ventile

- Aufgrund der Konstruktion der Ventilsteuerung erwähnen wir einige wichtige Punkte, die der Leser wissen sollte, ehe irgendwelche Arbeiten am Zylinderkopf durchgeführt werden.

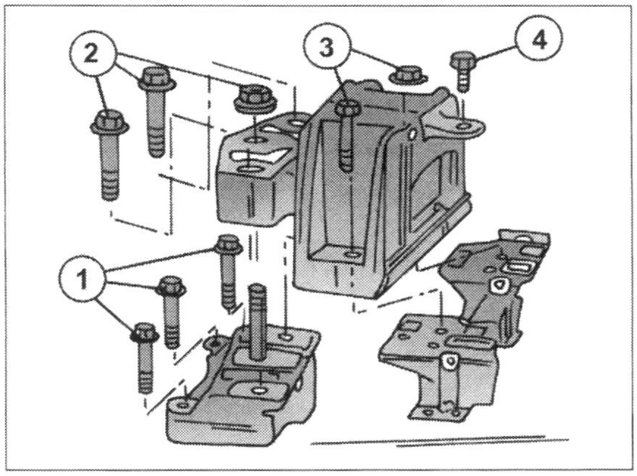

Bild 43
Die Motoraufhängung auf der linken Seite.
1 60 Nm + 90°
2 90 Nm + 90°
3 50 Nm + 90°
4 25 Nm

- Zwei Nockenwellen sind im Zylinderkopf eingebaut. Eine Welle dient für die Einlassventile und die andere für die Auslassventile. Der Antrieb der Nockenwellen erfolgt über einen Zahnriemen zu einer Nockenwelle, welche über eine Kette die zweite Nockenwelle antreibt. Eine Nockenwelle (Einlass) wird mit fünf, die andere Welle (Auslass) mit sechs Lagerdeckeln montiert.
- Die Auslassventile sind mit Natrium gefüllt. Falls Auslassventile erneuert werden, sollte man zum Verschrotten sie in eine Werkstatt bringen.
- Wie bei anderen Motoren werden ebenfalls hydraulische Stößel eingebaut, welche keine regelmäßige Nachstellung erfordern.
- Von einer Überholung des Zylinderkopfes raten wir Ihnen ab. Der Hersteller gibt in vielen Fallen keine genauen Werte zum Prüfen von Laufspielen der Ventilschäfte, Messen der ungespannten Länge der Ventilfedern usw. an, da diese Werte mit bestimmten Lehren gemessen werden. Da Sie diese bei Überholungsarbeiten brauchen, hat es wenig Zweck einen Zylinderkopf zu zerlegen. Außerdem sind Ventilfedersitze, Ventilfedern und Dichtringe der Ventilschäfte ziemlich schwer zugänglich, da sie sich in Ausbuchtungen des Zylinderkopfes befinden.
- Beim Ausbau von Ventilen darauf achten, wie die Teile eingebaut sind, d. h. Stößel, Ventilkegelhälften, oberer Ventilteller, innere und äußere Ventilfedern, Ventilschaftdichtringe und unterer Ventilfedersitz.

2B.3.1 Ausbau des Zylinderkopfes

Der Zylinderkopf kann bei eingebautem Motor ausgebaut werden und diese Arbeit wird nachfolgend beschrieben. Den Zylinderkopf unter keinen Umständen ausbauen, wenn der Motor eine Temperatur von mehr als 40°C besitzt.

Die auszubauenden Teile sind in Bild 44 gezeigt. Die folgenden Punkte sind beim Aus- und Einbau der gezeigten Teile zu beachten, ehe man den Ausbau des Zylinderkopfes beginnt.

- Falls der Dichtring des Öleinfüllverschlussdeckels (1) nicht mehr einwandfrei aussieht, muss er erneuert werden.
- Die Abdichtung (2) erneuern, falls sie beschädigt ist.
- Der Verbindungsschlauch (3) ist mit der Belüftungsleitung für das Kurbelgehäuse verbunden.
- Nach Abschrauben der Zylinderkopfhaube (4)

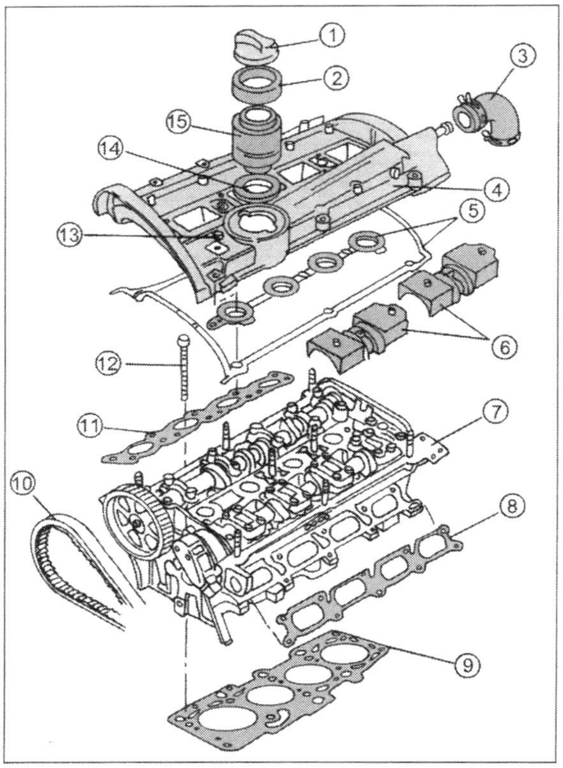

Bild 44
Der Zylinderkopf des 1.8-Liter-Motors. Auf die einzelnen Teile wird im Text eingegangen.

kommt die Dichtung (5) zum Vorschein. Immer erneuern, falls sie beschädigt ist. Vor Einbau die Übergangsstellen zwischen Lagerdeckel und Zylinderkopf und zwischen Kettenspanner und Zylinderkopf mit Dichtungsmasse einschmieren, wie es später beim Einbau des Zylinderkopfes beschrieben wird.

- Das Ölabweisblech (6) sitzt über der Einlassnockenwelle. Darauf achten, wie es eingebaut ist.
- Der Zylinderkopf (7) sollte nach Ausbau auf Verzug der Dichtfläche gemessen werden. Es besteht die Möglichkeit, dass man die Kopffläche nachschleifen lässt. Nach Einbau des Kopfes muss man immer das Frostschutzmittel erneuern.
- Nach Ausbau des Ansaugsammelrohres die genaue Einbauweise der Dichtung (8) beachten. Die Dichtung muss immer erneuert werden.
- Die Zylinderkopfdichtung (9) besteht aus Metall und darf kein zweites Mal verwendet werden. Die Dichtung wird so aufgelegt, dass man die Ersatzteilnummer von der Einlassseite aus lesen kann.
- Die Laufrichtung des Zahnriemens mit einem Farbstift in die Außenseite einzeichnen (Pfeil). Riemen vor Wiedereinbau auf Verschleiß kontrollieren. Den Riemen nicht knicken.
- Die Auspuffkrümmerdichtung (11) immer erneuern. Beachten wie sie aufgelegt ist.
- Zylinderkopfschrauben (12) immer erneuern. Anzugsweise der Schrauben beachten (siehe nachfolgenden Text).
- Die Muttern der Zylinderkopfhaube (13) mit 10 Nm anziehen. Auf die kleinen Unterlagplättchen achten.
- Den Dichtring (14) immer erneuern.
- Das Belüftungsgehäuse für das Kurbelgehäuse (15) nach links drehen, um es auszubauen.

Beim Ausbau des Zylinderkopfes folgendermaßen vorgehen. Da man Teile der Einspritzanlage abschließen oder ausbauen muss, verweisen wir auf den Abschnitt „Kraftstoffeinspritzanlage“, um sich mit den Vorsichtsmaßnahmen vertraut zu machen. Alle Arbeiten unter sauberen Bedingungen durchführen.

- Massekabel der Batterie abklemmen. Falls ein Radio mit Diebstahlsicherung eingebaut ist, müssen Sie den Code zur Hand haben.
- Luftfilter ausbauen.
- Kühlanlage ablassen.
- Unter Bezug auf Bild 45 (links) an den Pfeilstellen die Kraftstoffzufuhr- und Rücklaufleitung sowie die Leitung vom Magnetschaltventil des Aktivkohlebehälters abschließen. **Achtung:** Der Kraftstoff steht unter Druck. Einen dicken Lappen um die Anschlussstelle wickeln, ehe der Schlauch vom Anschluss abgezogen wird. Die Enden der Kraftstoffschläuche in geeigneter Weise verschließen, um Eindringen von Schmutz zu vermeiden.
- Ansaugluftschlauch ausbauen.
- Den Luftansaugschlauch ausbauen und den Kabelstecker (graue Farbe) vom Abgasrückführungsventil (AGR-Ventil) an der in Bild 45 (Mitte) gezeigten Stelle abziehen. Den Druckschlauch zwischen dem Motor der Sekundärluftpumpe und dem Kombiventil ausbauen. Zum Trennen der Verbindung muss man die Knöpfe der Schlauchanschlüsse drücken. Ebenfalls den Unterdruckschlauch vom AGR-Ventil abziehen.
- Ansaugkrümmer ausbauen. Die Ansaugkanäle im Zylinderkopf mit sauberen Putztüchern verschließen.
- An der Stirnwand die Luftführung und die Trennwand des Batterieraums ausbauen (siehe Bild 42, links).
- Schlauch für den Kurbelgehäusebelüfter ausbauen.
- Schrauben des Wärmeschutzschildes auf der Auspuffseite lösen (2 Stück).
- Die Schrauben (1) in Bild 45 (rechts) lösen, um den Auspuffkrümmer vom Abgasturbolader zu lösen. Ebenfalls den seitlich verlegten Kühlmittelschlauch vom Zylinderkopf abschließen.
- Die obere Abdeckung für den Zahnriemen ausbauen.
- Die Kurbelwelle durch Ansetzen einer Stecknuss an der Schraube in der Mitte des Schwingungsdämpfers durchdrehen, bis der Motor auf dem oberen Totpunkt

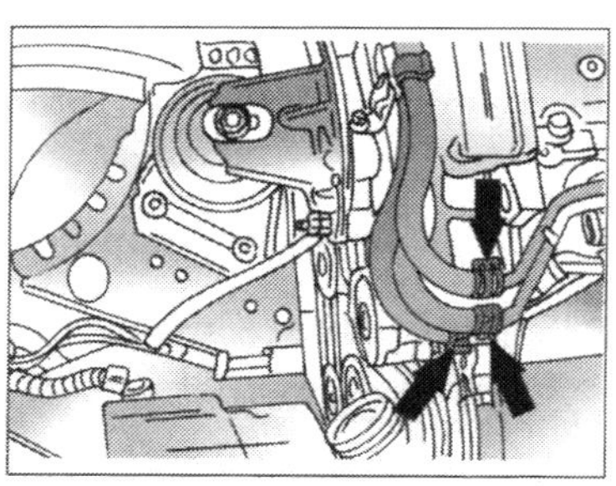

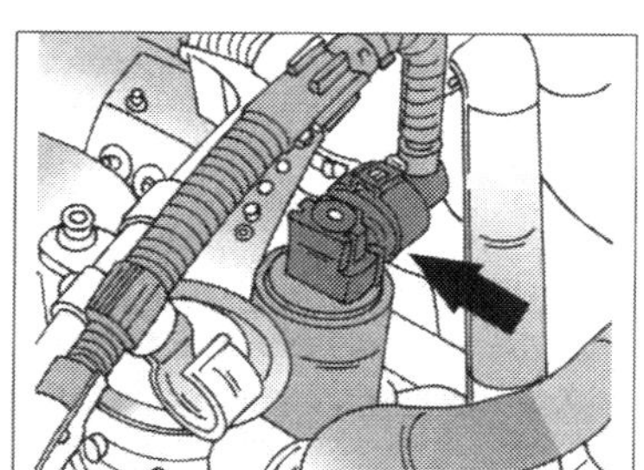

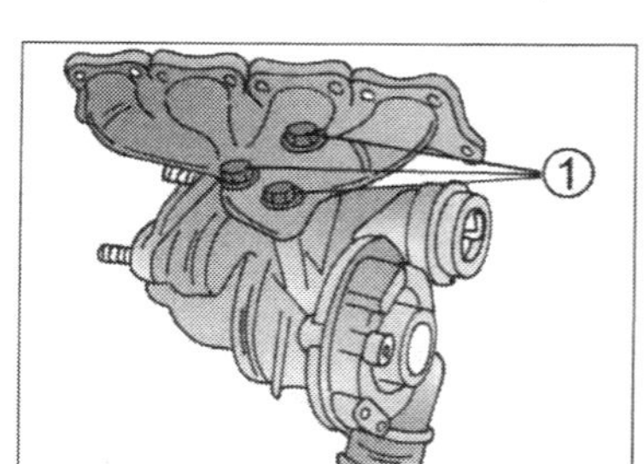

Bild 45

steht. Dabei sind zwei Hinweise zu beachten:
1. Die Schraube hat einen 12-Kant-Kopf und eine Schlüsselweite von 19 mm, d. h. eine derartige Stecknuss muss zur Verfügung stehen.
2. Beim Durchdrehen der Kurbelwelle muss man das Steuerrad der Nockenwelle betrachten. Der Totpunkt ist hergestellt, wenn die in Bild 46 gezeigten Steuerzeichen ausgefluchtet sind.

- Der Zahnriemen wird als Nächstes ausgebaut. *Wir müssen dringend darauf hinweisen, dass weder Kurbelwelle noch Nockenwelle nach Abnehmen des Zahnriemens durchgedreht werden dürfen.* Weitere Anweisungen über den Ausbau des Zahnriemens sind unter der entsprechenden Überschrift später in diesem Abschnitt gegeben. Die Kurbelwelle nach dem Ausbau des Zahnriemens ein wenig zurückdrehen.
- Die Zündspulen mit den Ausgangsstufen ausbauen (siehe Abschnitt „Zündanlage").
- Die Zylinderkopfhaube ausbauen (siehe Bild 44).

Der Zylinderkopf kann jetzt abgeschraubt werden:

- Die Zylinderkopfschrauben in der Reihenfolge von Bild 47 lockern, die Schrauben herausziehen und den Zylinderkopf sowie die Dichtung abnehmen. Bild 44 zeigt den Zylinderkopf, wie er vom Motor herunterkommt.

Die Nockenwellen können bei eingebautem Motor ausgebaut werden. Dabei in ähnlicher Weise wie oben beschrieben vorgehen, bis die Nockenwelle freiliegt und danach die im nächsten Kapitel beschriebenen Arbeiten durchführen, bis die Nockenwelle herausgenommen werden kann.

2B.3.2 Zylinderkopf zerlegen

Falls Sie den Zylinderkopf zerlegen wollen, folgen Sie der angegebenen Arbeitsreihenfolge:

- Alle Nebenteile des Zylinderkopfes abschrauben.
- Den Zylinderkopf mit einem an den Stiftschrauben des Auspuffkrümmers angeschraubten Bügel in einen Schraubstock einspannen.

Da die Nockenwellen auch bei eingebautem Motor aus- und eingebaut werden, soll vorher auf die erforderlichen Vorbereitungsarbeiten eingegangen werden, ehe der eigentliche Ausbau der Nockenwellen beschrieben wird. Zum Vorspannen des Kettenspanners wird ein Spezialwerkzeug benutzt. Dieses wird später erwähnt.

- Das Vorderteil des Fahrzeuges ausbauen.
- Alle vor dem Motor befindlichen Antriebsriemen, d. h. Keilrippenriemen und Keilriemen ausbauen.
- Den oberen Zahnriemenschutz ausbauen.
- Die Laufrichtung des Zahnriemens mit einem Filzstift in die Außenseite einzeichnen, falls man den Riemen wieder verwenden will.

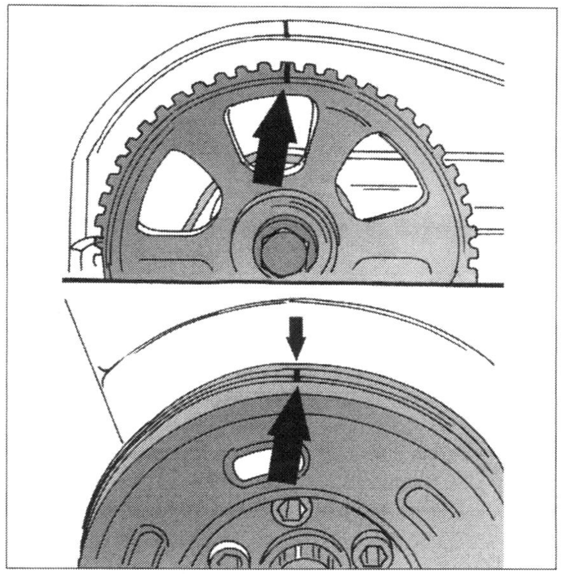

Bild 46
Nockenwelle und Kurbelwelle auf den OT-Punkt des ersten Zylinders setzen. Die entsprechenden Markierungen müssen fluchten.

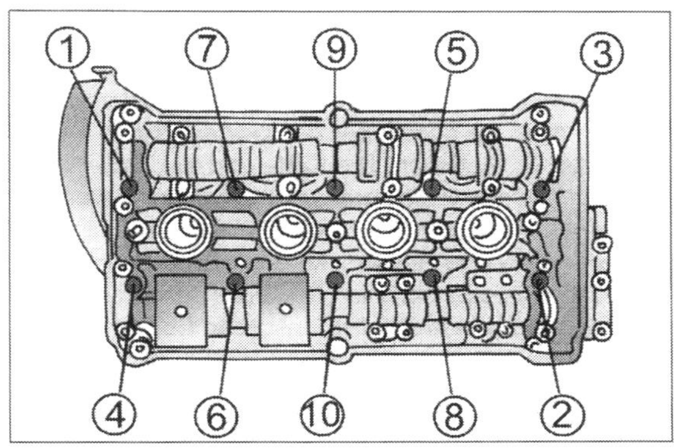

Bild 47
Reihenfolge zum Lösen der Zylinderkopfschrauben. Beim Anziehen in umgekehrter Reihenfolge vorgehen.

Bild 48
Die Einbaulage der Nockenwellensteuerräder und die beiden Lagerdeckel der Nockenwellen in der gezeigten Weise mit einem Farbstift kennzeichnen.

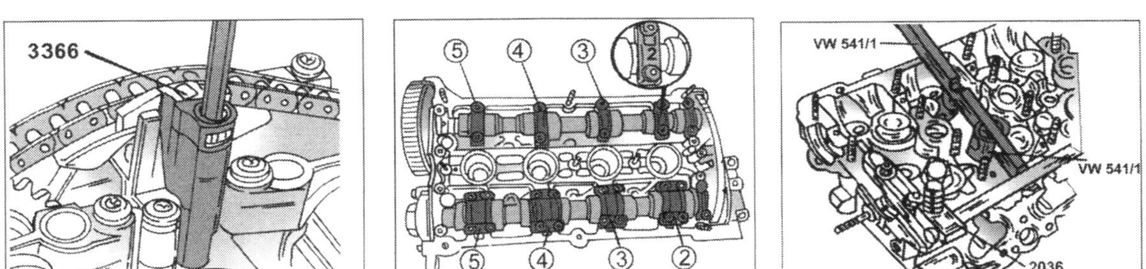

Bild 49

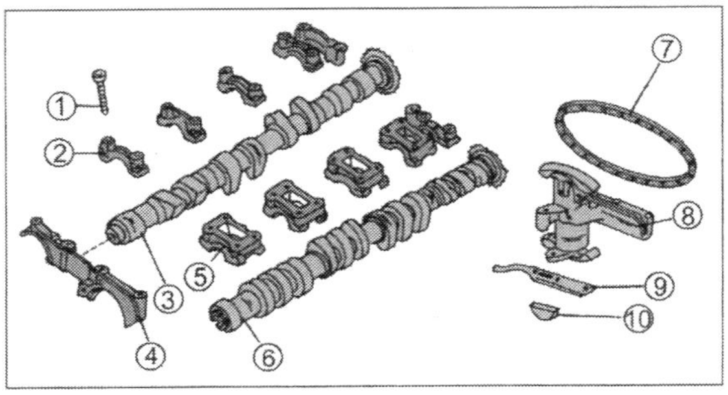

Bild 50
Die Einzelteile der beiden Nockenwellen.
1 Lagerdeckelschrauben, 10 Nm
2 Lagerdeckel der Auslassnockenwelle
3 Auslassnockenwelle
4 Vorderer Lagerdeckel
5 Lagerdeckel der Einlassnockenwelle
6 Einlassnockenwelle
7 Antriebskette
8 Hydraulischer Kettenspanner
9 Gummiabdichtung
10 Halbrunder Dichteinsatz

- Die Kurbelwelle durchdrehen, bis der Motor auf dem oberen Totpunkt steht (siehe Bild 47) und den Zahnriemen ausbauen, wie es später beschrieben wird.
- Das Zahnriemenrad der Nockenwelle in geeigneter Weise gegenhalten und die Schraube des Steuerrades lösen. Das Steuerrad herunterziehen, jedoch beachten, wie es aufgesteckt ist. An der Außenseite ist eine schmale Rippe zu sehen, welche von vorn sichtbar sein muss, wenn das Rad wieder montiert ist.
- Den Hall-Geber und die Lichtschranke sowie die Zündspulen und Ausgangsstufen ausbauen.
- Die Zylinderkopfhaube abschrauben (siehe Bild 44).
- Die Antriebskette und die beiden Kettenräder so verdrehen, dass sie gegenüber den beiden Pfeilen im Lagerdeckel Nr. 6 stehen. Die Kette und die Kettenräder reinigen und die Zusammengehörigkeit der Kette und Kettenräder mit einem Klecks Farbe kennzeichnen. Abwarten, bis die Farbe getrocknet ist. Bild 48 zeigt, wie der Antrieb ausgerichtet ist. Zu zählen sind die Zähne zwischen den beiden Pfeilen. Insgesamt muss man 16 Zähne zählen können, die auch beim Zusammenbau eine wichtige Rolle spielen.
- Das Werkzeug zur Feststellung des Kettenspanners (Nr. 3366) in der in Bild 49 (links) gezeigten Weise am Zylinderkopf ansetzen und anziehen, bis man soeben einen Druckpunkt fühlen kann. *Falls man die Halterung zu fest anzieht, kann man den Kettenspanner beschädigen.*
- Die Nockenwellenlagerdeckel jetzt unter Bezug auf die mittlere Ansicht von Bild 49 lösen. Die Deckel sind oben mit der Deckelnummer gezeichnet, um Fehler zu vermeiden. Man nimmt jeweils eine Nockenwelle vor. Zuerst die Schrauben der Deckel Nr. 1, 2, 4 und 6 lösen (an beiden Wellen) und dann den Kettenspanner abschrauben.
- Die Schrauben der Lagerdeckel Nr. 3 und 5 beider Nockenwellen über Kreuz in mehreren Durchgängen lockern, bis sie vollkommen ohne Spannung sind und Schrauben sowie Lagerdeckel entfernen.
- Die Nockenwellen herausheben. Dabei die Steuerkette aus dem Eingriff mit den beiden Kettenrädern bringen. Es soll nochmals darauf hingewiesen werden, dass man die Zusammengehörigkeit von Kettenrädern und Antriebskette kennzeichnen muss, falls die ursprünglichen Teile wieder verwendet werden sollen. Wird die Kette falsch herum eingebaut, kann sie sich sehr schnell abnutzen, sodass sie bald wieder erneuert werden muss.
- Die Stößel herausnehmen. Diese dürfen nicht vertauscht werden und sind entsprechend zu zeichnen. Am besten ist es, wenn sie mit einer Reißlinie in der Innenseite gezeichnet werden, d. h. erster Stößel eine Linie, zweiter Stößel zwei Linien usw. Von der Steuerseite des Motors aus vorgehen und unbedingt notieren, ob der Stößel zur Einlassseite oder zur Auslassseite gehört. Die Stößel nicht auf die Seite legen, sondern mit der Kontaktfläche nach unten weisend aufsetzen.
- Aufgrund der Einbauweise der Ventile ist der Ausbau der Einlassventile etwas kompliziert, da man auf dieser Seite nicht so gut an die Ventilfedern heran kann. Das vorschriftsmäßige Werkzeug zum Aus- und Einbau dieser Ventile trägt die Ersatzteilnummer 2036 und wird entsprechend Bild 49 (rechts) am Zylinderkopf angesetzt. Zum Ausbau der Auslassventile genügt ein normaler Ventilheber. Bei Verwendung des Ventilhebers gilt, dass der Stempel des Werkzeuges in die Innenseite der Ventilfedertaschen passen muss, da man andernfalls die Feder nicht zusammendrücken kann. Die Feder zusammendrücken, bis die Ventilkegelhälften herausgenommen werden können.
- Zum Ausbau der Ventile kann auch ein Stück Rohr verwendet werden, welches auf den oberen Federteller aufgesetzt wird. Der Ventilteller auf der anderen Seite ist

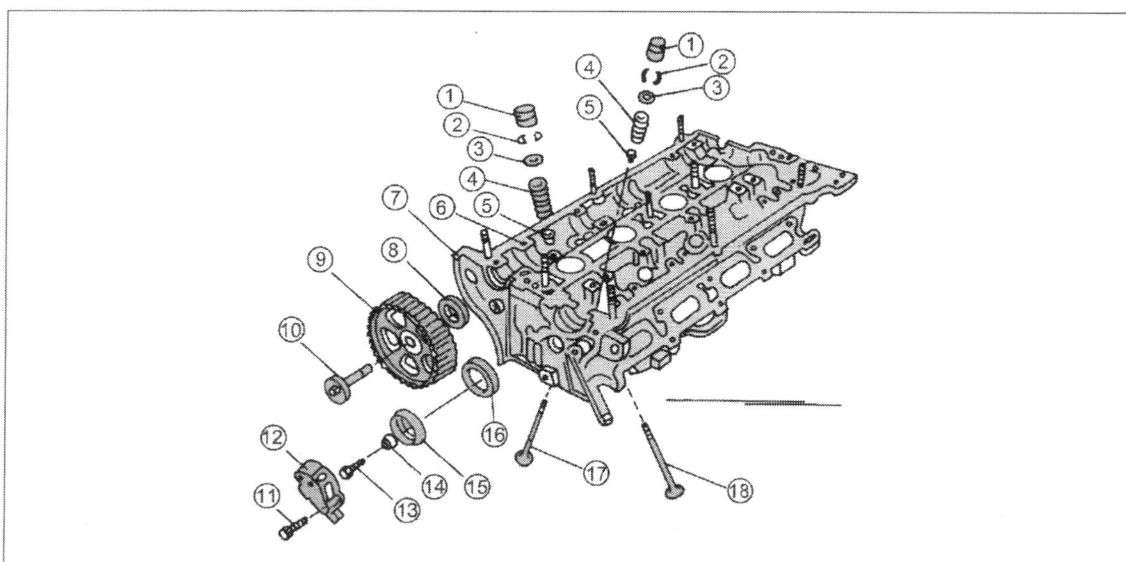

Bild 51
Der zerlegte Zylinderkopf.
1 Becherstößel
2 Ventilkegelhälften
3 Ventilfederteller
4 Ventilfeder
5 Ventilschaftabdichtung
6 Passstift
7 Zylinderkopf
8 Öldichtring, Zahnriemenseite
9 Nockenwellensteuerrad
10 Schraube, 65 Nm
11 Schraube, 10 Nm
12 Hallgeber
13 Schraube, 25 Nm
14 Formscheibe
15 Hallgeberaufnahme
16 Öldichtring, Hallgeberseite
17 Auslassventil
18 Einlassventil

gut unterzulegen. Mit einem Hammer einen kurzen Schlag auf das Rohr geben, sodass die Ventilkegelhälften herauskommen können. Sie werden in der Innenseite des Rohres aufgefangen. Das Rohr jedoch gut in Verbindung mit dem Federteller halten, damit die Kegelhälften nicht davonfliegen.

● Federteller und Federn herausnehmen. Die Ventilschaftdichtringe herausziehen und sofort wegwerfen, da sie erneuert werden müssen. Bilder 50 und 51 zeigen die Teile der Nockenwellen und des Zylinderkopfes mit den Ventilen. Alle Teile des Kopfes entsprechen den folgenden Anweisungen überprüfen.

2B.3.3 Zylinderkopf überholen

Falls Sie nur ein Ventil erneuern möchten, kann man den untenstehenden Anweisungen folgen. Falls es Probleme gibt, schlagen wir vor, dass man den Kopf in eine Werkstatt bringt, falls man z. B. die Ventilsitze nachschleifen muss.

Ventilführungen

● Die Ventilführungen reinigen, indem man einen in Benzin getränkten Lappen durch die Führungen hin- und herzieht. Ebenfalls die Ventilschäfte einwandfrei reinigen und danach der Reihe nach die Ventile in ihre entsprechenden Bohrungen einsetzen.

● Eine Messuhr mit einem geeigneten Halter an der Oberseite des Zylinderkopfes anbringen (Bild 52) und das Ventil aus der Bohrung herausdrücken, bis das Ende des Ventilschaftes bündig mit der Ventilführung auf der anderen Seite des Zylinderkopfes abschneidet.

● Den Ventilteller an der Oberseite hin- und herbewegen und die Anzeige an der Messuhr ablesen. Falls diese mehr als 0,8 mm beträgt, sind die Führungsbohrungen ausgeschlagen.

● Den Allgemeinzustand des Zylinderkopfes überprüfen, ehe eine Ventilführung erneuert wird. Zylinderköpfe mit kleinen Rissen zwischen den Ventilsitzen oder zwischen dem Ventilsitz und dem ersten Gewinde der Kerzenbohrung können wieder verwendet und nachgeschliffen werden, vorausgesetzt, dass die Risse nicht breiter als 0,3 mm sind. Falls der Zylinderkopf nachgeschliffen wird, muss das zwischen den Pfeilen in Bild 52 (Mitte) gezeigte Maß 139,25 mm betragen. Gemessen wird das an Stelle (a).

Dazu den Zylinderkopf auf eine glatte Fläche aufsetzen und mit einer Tiefenlehre durch das gezeigte Schraubenloch messen. Einlassventile sind mit (1), Auslassventile mit (2) bezeichnet.

● Zum Erneuern einer Ventilführung sind Sie am besten in einer Motorenwerkstatt aufgehoben, da die Führungen auf das genaue Maß des Schaftes der neuen Ventile aufgerieben werden muss.

● Wenn die Ventilführungen erneuert werden, erneuert man die Ventile ebenfalls. Die Ventilsitze müssen dann nachgeschliffen werden. Die Werkstatt wird dies durchführen.

Ventilsitze

● Alle Ventilsitze auf Zeichen von Verschleiß oder Narbenbildung kontrollieren. Leichte Verschleißerscheinungen können mit einem 45°-Fräser entfernt werden. Falls der Sitz jedoch bereits zu weit eingelaufen ist, müssen die Ventilsitze neu gefräst werden. Dies ist eine Arbeit für die Werkstatt, da die Ventile ausgemessen werden müssen.

Ventile

● Die Teller eines Ventils können nicht nachgeschliffen werden. Nur Einschleifen ist zulässig. Auch hier ist die Werkstatt die richtige Adresse.

Zylinderkopf

Die Dichtflächen von Zylinderkopf und Zylinderblock einwandfrei reinigen und die Zylinderkopffläche auf Verzug kontrollieren. Dazu ein Messlineal auf den Kopf auflegen (Bild 52, rechte Seite) und mit einer Fühlerlehre den Lichtspalt längs, quer und diagonal zur Zylinderkopffläche ermitteln. Falls sich eine Blattlehre von mehr als 0,10 mm Stärke einschieben lässt, kann man den Zylinderkopf plan schleifen lassen. Ist der Spalt an irgendeiner Stelle größer als 0,10 mm, muss der Kopf erneuert werden.

Der Zylinderkopf kann plan geschliffen werden, solange man die Mindesthöhe des Zylinderkopfes beibehält. Dazu die Höhe ausmessen, wie es bereits gezeigt wurde.

Nockenwelle

Durch Angabe des Modells und der Motornummer ist Ihr Ersatzteillieferant in der Lage, Ihnen die richtige Welle zu verkaufen, falls sie nach hoher Kilometerleistung einmal erneuert werden muss.

Die Nockenwelle kann man einer gründlichen Kontrolle unterziehen, ehe man sie wieder einbaut.

Die Lagerzapfen auf sichtbare Schäden hin kontrollieren. Falls Narben oder andere Unebenheiten festgestellt werden, muss man die Welle(n) erneuern.

Zum Ausmessen des Axialspiels der Nockenwellen diese in den Zylinderkopf einlegen (ohne Stößel) und mit dem vorderen und dem hinteren Lagerdeckel befestigen. Den Zylinderkopf auf eine glatte Fläche aufstellen. Die Messuhr an der Stirnfläche ansetzen, wie es in Bild 53 gezeigt ist, und de Welle hin- und herbewegen. Das Spiel darf nicht größer als 0,15 mm sein. Andernfalls ist die Druckfläche des Lagerdeckels abgenutzt.

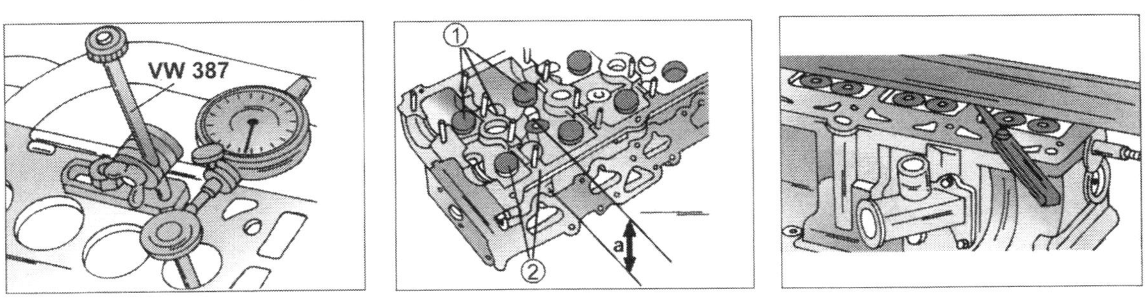

Bild 52

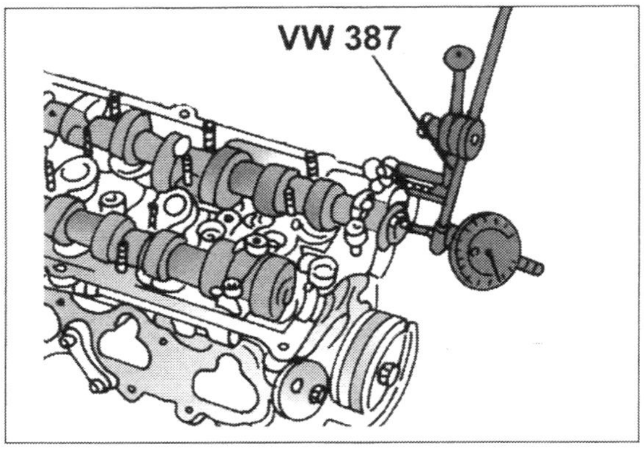

Bild 53
Ausmessen des Axialspiels der Nockenwellen.

2B.3.4 Zylinderkopf zusammenbauen

Den Zylinderkopf entsprechend den nachfolgend angeführten Anweisungen und in umgekehrter Reihenfolge wie beim Zerlegen zusammenbauen:

- Ventilschäfte gut mit Motorenöl einschmieren und in die betreffenden Führungen einsetzen.
- Dichtringe für die Ventilschäfte montieren. Dazu steht ein Spezialwerkzeug (3365) zur Verfügung, welches man unter Bezug auf Bild 54 folgendermaßen benutzt.
- Die Kunststoffhülse (A) des Spezialwerkzeuges über die herausstehende Ventilführung schieben.
- Den Dichtring gut einölen und über die Kunststoffhülse setzen.
- Das Werkzeug (3365) über den Dichtring aufsetzen und dieses vorsichtig auf die Ventilführung drücken. Vorsicht: Ohne das genannte oder ein ähnliches Werkzeug kann man die Schaftdichtringe beim Einbau beschädigen, sodass starker Ölverbrauch die Folge ist.
- Falls Ventile eingeschliffen wurden, müssen sie unbedingt in die entsprechenden Ventilsitze kommen, da das Schleifbild aller Ventile unterschiedlich ist.
- Die Ventilfeder des betreffenden Ventils (falls die gleichen Federn wieder verwendet werden) auf den Zylinderkopf aufsetzen.

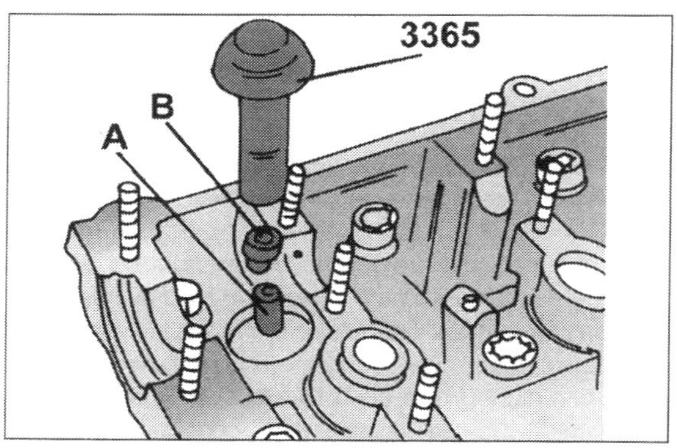

Bild 54
Zum Einbau der Ventilschaftdichtringe. Auf die Buchstaben wird im Text verwiesen.

- Obere Ventilfederteller aufsetzen. Einen Ventilheber ansetzen, je nachdem, ob es sich um die Einlass- oder Auslassventile handelt, um die Federn zusammenzudrücken. Wenn das Schaftende aus dem oberen Federteller heraussteht, die beiden Ventilkegelhälften in die Schaftnut einsetzen und den Ventilheber langsam zurücklassen.
- Mit einem Plastikhammer auf die Oberseite der Ventilschäfte schlagen. Nicht richtig sitzende Ventilkegelhälften fliegen dabei heraus. Zur Vorsicht einen Lappen über die Federenden legen, damit die Teile nicht davonfliegen können.
- Lagerzapfen der beiden Nockenwellen gut einölen.
- Die beiden Nockenwellenzahnräder mit der Antriebskette in Eingriff bringen, Dabei muss die mit Farbe eingezeichnete Kennzeichnung beachtet werden, d. h. die Kennzeichnung muss gegenüber den Pfeilen (1) in Bild 48 stehen. 16 Kettenglieder müssen zwischen den beiden Pfeilen (A) und (B) in Bild 55 angeordnet werden (linkes Bild). Beim Einbau der Nockenwellen müssen die Nocken für den ersten Zylinder alle senkrecht nach oben weisen.
- Die in Bild 55 in der Mitte gezeigte, schattierte Fläche der Gummidichtung mit Dichtungsmasse einschmieren (D 454 300 A2 wird in der Werkstatt verwendet). Der halbrunde Dichtungseinsatz muss immer erneuert werden.
- Den Kettenspanner zwischen die Kette einsetzen, die Lagerzapfen der Nockenwellen gut einölen und die Nockenwellen zusammen mit der Kette und dem Kettenspanner in die Lagerbohrungen einheben. Den Kettenspanner sofort festschrauben (10 Nm, sitzt auf Passhülsen).
- Die Nockenwellenlagerdeckel der Reihe nach entsprechend der Nummernreihenfolge aufsetzen (siehe Bild 49, Mitte) und lose anschrauben.
- Die Lagerdeckel Nr. 3 und Nr. 5 abwechselnd und über Kreuz mit einem Anzugsdrehmoment von 10 Nm anziehen (auf die Passhülsen achten). Dadurch wird die Nockenwelle in die Lagerbohrungen gedrückt, ohne dass sie sich dabei verziehen kann. Die Deckel der beiden Nockenwellen in der beschriebenen Weise anziehen.
- Den Lagerdeckel Nr. 6 auf beide Nockenwellen aufsetzen. Nochmals kontrollieren, dass die Nockenwellen einwandfrei ausgefluchtet sind und die beiden Lagerdeckel gleichmäßig mit 10 Nm festziehen.
- Das zum Sperren des Kettenspanners benutzte Werkzeug abschrauben und herausnehmen.
- Den Doppellagerdeckel, d. h. den vorderen, an der schattierten Stelle in Bild 55 (rechts) mit Dichtungsmas-

Bild 55

se einschmieren (AMV 174 9004 01) und über die Nockenwellen und den Zylinderkopf aufsetzen. Die Schrauben mit 10 Nm anziehen.

- Die verbleibenden Lagerdeckel montieren und gleichmäßig über Kreuz mit 10 Nm anziehen. Auf die Passhülsen achten.
- Die Öldichtringe der Nockenwellen auf der Steuerradseite und der Seite des Hall-Gebers montieren, wie es in Kapitel 2B.3.7 beschrieben ist.
- Das Antriebsrad der Nockenwellen zur Hand nehmen und das Steuerrad entsprechend Bild 56 auf die Nockenwelle schieben, d. h. man muss darauf achten, dass die mit den Pfeilen gezeigte Rippe nach außen weist und die Steuermarke für den oberen Totpunkt außen sichtbar ist.
- Das Zahnriemenrad in geeigneter Weise gegenhalten (z. B. einen Dorn durch einen der Durchbrüche im Steuerrad einschieben) und die Schraube mit der Scheibe mit 65 Nm anziehen. Der Zylinderkopf ist jetzt wieder einbaufertig, vorausgesetzt, dass andere abgeschraubte Teile montiert wurden.
- Die beiden Nockenwellen einige Male durchdrehen, um sie auf Klemmstellen zu kontrollieren.

Achtung: Falls ein Kolben auf dem oberen Totpunkt steht, kann der Kolben beim Durchdrehen der Nockenwelle gegen die Ventile anschlagen. Aus diesem Grund muss man sich überzeugen, dass keiner der Kolben auf OT steht.

2B.3.5 Zylinderkopf einbauen

Ehe man den Zylinderkopf einbaut, sind die folgenden Punkte zu beachten:

- Die Zylinderkopfschrauben müssen immer erneuert werden.
- Bei den Gewindebohrungen im Zylinderblock handelt es sich um Sackbohrungen, d. h. jegliches darin befindliche Öl muss abgesaugt werden, um beim Anziehen der Schrauben keine hydraulischen Polster herzustellen.
- Vor dem Aufsetzen des Zylinderkopfes die Kurbelwelle durchdrehen, bis der Kolben des ersten Zylinders auf dem oberen Totpunkt steht.
- Die Flächen des Kopfes und des Blocks nochmals sauberwischen.
- Zur genauen Führung der Zylinderkopfdichtung sind Zentrierstifte in den Zylinderblock eingesetzt. Die Zylinderkopfdichtung so auf die Stifte auflegen, dass das Wort „OBEN/TOP“ oder die Ersatzteilnummer nach Auflegen der Dichtung von oben sichtbar ist. Es muss immer eine neue Dichtung verwendet werden.
- Den Zylinderkopf aufsetzen und mit einem Kunststoff- oder Gummihammer anschlagen.
- Die Zylinderkopfschrauben einsetzen und fingerfest anziehen.
- Unter Bezug auf Bild 57 die Zylinderkopfschrauben stufenweise in der angegebenen Reihenfolge und Weise anziehen. Es wird nochmals darauf hingewiesen, dass man nur einen vielverzahnten, inbus-ähnlichen Schlüssel zum Anziehen der Schrauben verwenden darf, da anderenfalls die Schraubenköpfe beschädigt werden.
- Alle Schrauben in der in Bild 57 gezeigten Reihenfolge auf ein Anzugsdrehmoment von 40 Nm anziehen.

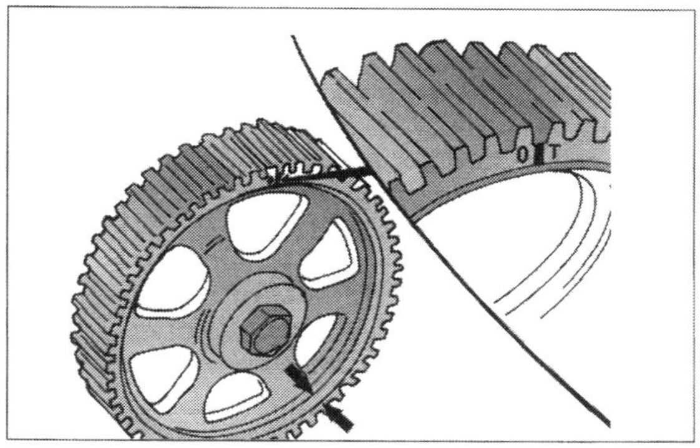

Bild 56
Vorschriftsmäßiger Einbau des Nockenwellenrades.

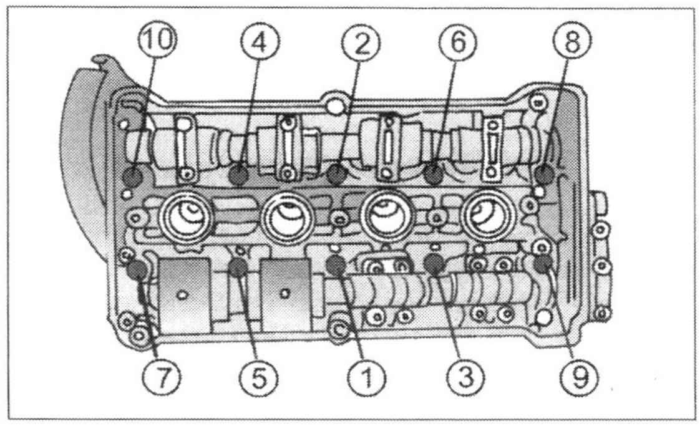

Bild 57
Anzugsreihenfolge der Zylinderkopfschrauben.

- In der gezeigten Reihenfolge den Schlüssel in die Schraube einsetzen, die Stellung des Knebels merken und jede Schraube um genau eine Viertelumdrehung (90°) anziehen.
- In der gezeigten Reifenfolge jede Schraube in gleicher Weise nachziehen (90°).

Hinweis: Nach dieser Anzugsweise braucht man die Zylinderkopfschrauben nicht mehr nachziehen, weder bei kaltem, noch warmem Motor.

- Zahnriemen montieren und die Steuerung einstellen, wie es im betreffenden Kapitel beschrieben ist.
- Die große und die mittlere Dichtung der Zylinderkopfhaube auf den Kopf auflegen und die Zylinderkopfhaube aufsetzen (siehe Bild 44). Die Schrauben ringsherum gleichmäßig mit einem Drehmoment von 10 Nm anziehen.
- Alle anderen Arbeiten in umgekehrter Reihenfolge wie beim Zerlegen durchführen.

2B.3.6 Hydraulische Stößel

Etwas soll über die hydraulischen Stößel gesagt werden, da deren unvorschriftsmäßige Behandlung den Motor beschädigen können. Die folgenden Punkte müssen jederzeit beachtet werden:

- Bei der Aufbewahrung von Stößeln diese mit der Kontaktfläche nach unten weisend aufstellen.
- Stößel immer komplett erneuern, da sie nicht eingestellt oder repariert werden können.
- Ventilgeräusche beim Anlassen des Motors sind normal. Falls diese jedoch zu laut erscheinen, kann man die Stößel folgendermaßen kontrollieren:
- Den Motor anlassen und laufen lassen, bis der Ventilator eingeschaltet hat.

- Die Motordrehzahl ca. 2 Minuten lang auf 2500/min. erhöhen.
- Falls die Stößel immer noch geräuschvoll sind, kann man einen defekten Stößel herausfinden, nachdem man die Zylinderkopfhaube ausgebaut und die Nockenwelle durchgedreht hat, bis der Nocken des zu prüfenden Stößels mit der Spitze nach oben weist.
- Den Stößel mit einem Holz- oder Plastikkeil nach unten drücken, wie es in Bild 58 auf der linken Seite gezeigt ist.
- Falls das Spiel mehr als 0,20 mm beträgt, ehe sich das Ventil öffnet, muss ein neuer Stößel eingebaut werden.

Hinweis: Falls neue Stößel eingebaut wurden, darf man den Motor nach dem Wiederzusammenbau ca. 30 Minuten lang nicht anlassen, da es sonst passieren kann, dass die Ventile gegen die Kolben anschlagen.

2B.3.7 Nockenwellendichtring erneuern

Der Öldichtring der Nockenwelle(n) kann bei eingebautem Motor erneuert werden, falls Leckstellen in dieser Nähe festgestellt werden können. Der Dichtring befindet sich hinter dem Steuerrad der Nockenwelle auf einer Seite und unter der Befestigung des Hall-Gebers (welcher den Platz eines Zündverteilers einnimmt) auf der anderen Seite.

Zum Ausbau des Dichtringes sollte jedoch das Spezialwerkzeug „2085" verwendet werden, dessen Benutzung nachstehend beschrieben wird. Andernfalls den Dichtring mit einem abgewinkelten Hebel herausdrücken.

- Alle Antriebsriemen von der Stirnseite des Motors abmontieren.
- Den oberen Zahnriemenschutz ausbauen.
- Den Motor durchdrehen, bis der erste Zylinder auf dem oberen Totpunkt steht. Dies anhand der Zündzeitpunktmarkierung durchführen. Schwingungsdämpfer und Steuerrad der Nockenwelle müssen entsprechend ausgefluchtet sein, wie es bereits gezeigt wurde.

Bei diesen Motoren muss man zwischen den Nockenwellen für die Auslassventile und die Einlassventile unterscheiden.

Öldichtring der Auslassnockenwelle

- Luftfilter ausbauen und den Luftansaugschlauch abmontieren.
- Den Zahnriemen ausbauen, wie es in Kapitel 2B.7.3 beschrieben ist. Die Außenseite des Steuerrades mit einem Filzstift kennzeichnen, damit man es wieder in der ursprünglichen Weise aufstecken kann, und das Rad nach Lösen der Schraube von der Welle herunterziehen (Steuerrad gegenhalten). Nach Abziehen des Steuerrades die Befestigungsschraube wieder bis zum Anschlag mit der Hand in das Gewinde der Nockenwelle einschrauben.
- Unter Bezug auf Bild 58 (Mitte) den Auszieher „2085" zur Hand nehmen, den Innenteil (A) um zwei Umdrehungen (ca. 3 mm) aus dem Außenteil herausdrehen und in dieser Stellung mit der Feststellschraube (B) blockieren.
- Den Gewindekopf des Werkzeuges einölen, über die Nockenwelle und in den Öldichtring schieben und unter gleichzeitigen Druck auf eine Ratsche (Bild 58, rechts), das Werkzeug in den Öldichtring schrauben.
- Die Kordelschraube (B) in Bild 58 (Mitte) lockern und das Innenteil (A) gegen die Nockenwelle schrauben, bis der Dichtring herauskommt.
- Das Werkzeug in einen Schraubstock einspannen und den Öldichtring mit einer Zange herunterziehen.
- Die Dichtlippe des neuen Öldichtringes nicht einölen (PTFE-Ausführung), den Zapfen der Nockenwelle von Ölresten reinigen. Den Ring jetzt einziehen. Dazu kann man ein Rohr des passenden Durchmessers, eine große Scheibe und die Schraube des Steuerrades benutzen. Der Dichtring muss außen bündig abschneiden.
- Beim Aufbringen des Steuerrades die Kennzeichnung beachten. Das Rad in geeigneter Weise gegenhalten und die Schraube mit einem Anzugsdrehmoment von 65 Nm anziehen.
- Zahnriemen einbauen und spannen. Alle anderen Arbeiten in umgekehrter Reihenfolge wie beim Ausbau durchführen.

Öldichtring der Einlassnockenwelle

- Luftfilter ausbauen und den Keilrippenriemen ausbauen (siehe getrennte Beschreibung).

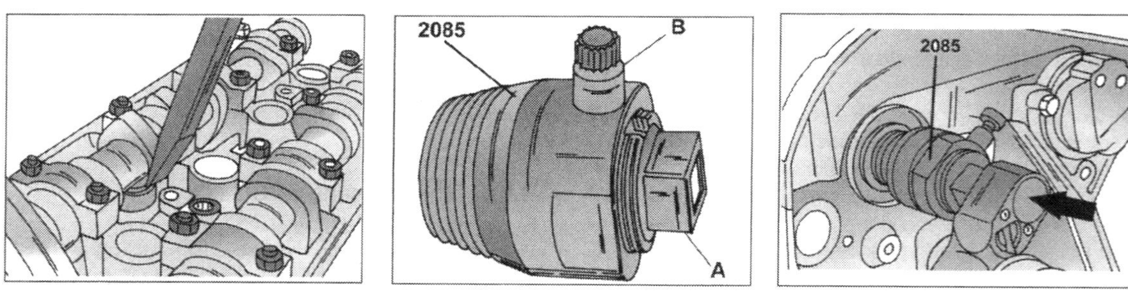

Bild 58

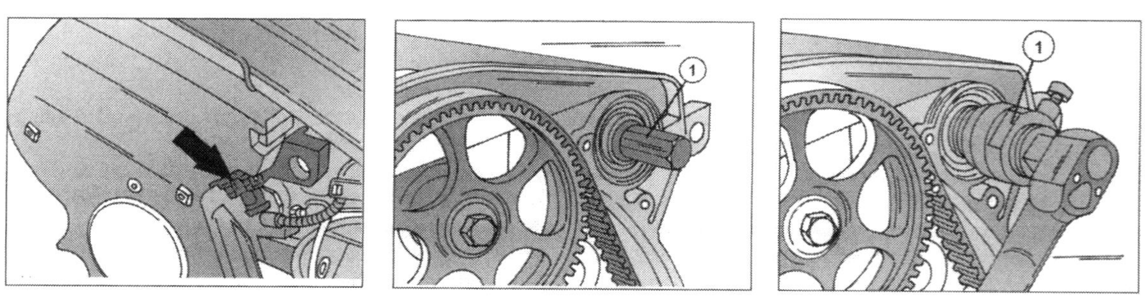

Bild 59

- Den Stecker des Hall-Gebers an der in Bild 59 (linke Ansicht) gezeigten Stelle abziehen.
- Den Luftfilter sowie das Luftansaugrohr ausbauen.
- Das Oberteil der Zahnriemenabdeckung ausbauen.
- Das Hall-Geber-Gehäuse ausbauen und den Hall-Geber-Rotor (Lichtschranke) und die Scheibe entfernen.
- Das in Bild 58 (Mitte) gezeigte Werkzeug benutzen und den Dichtring wie beschrieben ausbauen und auch wieder einbauen. Um das Werkzeug jedoch zu führen, gehört zu dem Werkzeug eine Schraube, welche in Bild 59 (Mitte) mit (1) bezeichnet ist und in der gezeigten Weise in das Ende der Nockenwelle geschraubt wird (bis zum Anschlag).
- Den neuen Dichtring montieren, wie es beim Dichtring der Auslassnockenwelle beschrieben wurde. In diesem Fall die Ratsche in der in Bild 59 auf der rechten Seite gezeigten Weise ansetzen. Wiederum wird der Einzieher „2085" benutzt.
- Beim Befestigen des Hall-Gebers auf richtige Montageweise der Formscheibe achten (konische Seite nach außen) und die Schraube mit 25 Nm anziehen. Eine Auskerbung in der Nockenwelle gewährleistet dies.

2B.4 Kolben und Pleuelstangen

2B.4.1 Arbeiten an den Kolben

Falls man einen Kolben selbst erneuern will, kann man den Anweisungen in Kapitel 2A.5.1 folgen. Im Allgemeinen gelten die gleichen Anweisungen ebenfalls für den 1.8-Liter-Motor, mit der Ausnahme, dass die Kolben in allen Zylindern gleich aussehen, aber entsprechend gekennzeichnet werden müssen. Wir schlagen jedoch vor, dass man den Zylinderblock in eine Motorenwerkstatt bringt, um Kolben erneuern zu lassen, da in den meisten Fällen die Zylinderbohrungen ausgeschliffen werden müssen.
Aus diesem Grund sehen wir auch davon ab irgendwelche Überprüfungen der Kolben zu beschreiben.

2B.5 Zylinderblock

Bei einer Ganzzerlegung den Zylinderblock einwandfrei reinigen und alle Fremdkörper aus Hohlräumen und Ölkanälen entfernen. Besonders auch darauf achten, dass Reinigungsflüssigkeiten vollkommen entfernt werden. Falls möglich mit Pressluft trockenblasen.

Die Zylinderbohrungen müssen sorgfältig kontrolliert werden. Wenn man mit den Fingerspitzen in die Oberseite und die Unterseite der Bohrungen fühlt, kann man bei verschlissenen Bohrungen meistens eine „Stufe" feststellen, da der Kolben nicht über die gesamte Bohrung läuft und deshalb en Verschleißbild hinterlässt. Dies ist meistens ein Zeichen, dass ein Ausschleifen der Bohrungen notwendig ist.
Die Zylinderblockfläche wird in ähnlicher Weise wie es beim Zylinderkopf gezeigt ist, auf Verzug kontrolliert. Den Block in Längsrichtung, Querrichtung und Diagonalrichtung vermessen. Eine Fühlerlehre von mehr als 0,10 mm Stärke darf sich nicht einschieben lassen. Vor der Messung kontrollieren, dass die Zylinderblockfläche einwandfrei gereinigt ist und dass keine Fremdkörper zwischen die Fühlerlehre und die Zylinderblockfläche eingedrungen sind.

2B.6 Kurbelwelle und Kurbelwellenlager

Falls es einmal erforderlich wird einen Teilmotor einzubauen, kommt dieser mit einem Nadelrollenlager für die Kupplungswelle. Dieses muss jedoch entfernt werden, falls der Motor für ein automatisches Getriebe bestimmt ist.
Falls die Kurbelwelle neu gelagert werden muss, sollten Sie den ausgebauten Zylinderblock in eine Spezialwerkstatt bringen. Am besten verlangen Sie, dass man Ihnen da auch die Kolben wieder einbaut, d. h. der Block kann danach wieder zusammengebaut werden.

2B.6.1 Kurbelwellendichtringe

Der vordere und hintere Kurbelwellendichtring sollten bei jedem Ausbau der Kurbelwelle oder Dichtringflansche erneuert werden. Besondere Vorsichtsmaßnahmen und Spezialwerkzeuge sind dazu erforderlich, die nachstehend angeführt werden.
Beide Öldichtringe können auch bei eingebautem Motor erneuert werden, falls man Leckstellen in dieser Gegend feststellen kann. Eine rutschende Kupplung könnte zum Beispiel auf einen undichten, hinteren Öldichtring zurückgeführt werden.
Beim Erneuern des vorderen Kurbelwellendichtringes muss man zwischen der Erneuerung des Dichtringes und der Erneuerung des Dichtringflansches unterscheiden. Beide Arbeiten sind getrennt beschrieben.

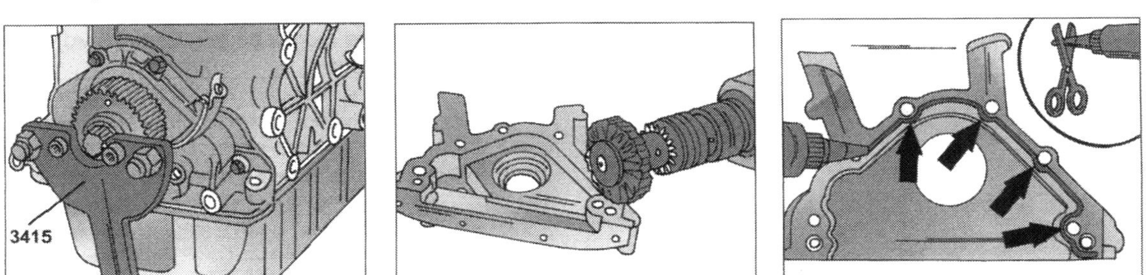

Bild 60

Ausbau

- Den Keilrippenriemen entspannen und abnehmen (siehe getrennte Beschreibung).
- Den Steuerriemen (Zahnriemen) ausbauen, wie es später beschrieben ist.
- Die Schraube des Steuerrades der Kurbelwelle lösen und ausschrauben. Zum Lösen der Schraube für das Kurbelwellensteuerrad den fünften Gang einlegen, die Handbremse fest anziehen und die Schraube mit einer Stecknuss lösen. Zu beachten ist, dass der Schraubenkopf anstelle eines Sechskants ein 12-Kant hat (Schlüsselweite 19 mm).

Hinweis: Falls der Motor ausgebaut ist, ist es schwer die Kurbelwelle gegenzuhalten. In der Werkstatt wird dazu ein Gegenhalter benutzt, der in der in Bild 60 (links) gezeigten Weise am Kurbelwellensteuerrad angeschraubt wird (die Schraubenlöcher für die Riemenscheibe werden verwendet).

Ausbau und Einbau des vorderen Kurbelwellendichtringes

Der Aus- und Einbau des Kurbelwellendichtringes wurde bereits im Abschnitt 2A unter der entsprechenden Überschrift beschrieben. Bei diesem Motor findet er in gleicher Weise statt.

Ausbau und Einbau des vorderen Dichtringflansches

Zur Aus- und Einbau des Flansches braucht man eine elektrische Bohrmaschine mit einer aus Kunststoff hergestellten Bürste, um die Fläche des Flansches einwandfrei zu reinigen. Ebenfalls muss man die zum Abdichten erforderliche Dichtungsmasse zur Verfügung haben. Diese wird unter der Nummer D 176 404 A2 gehandelt.

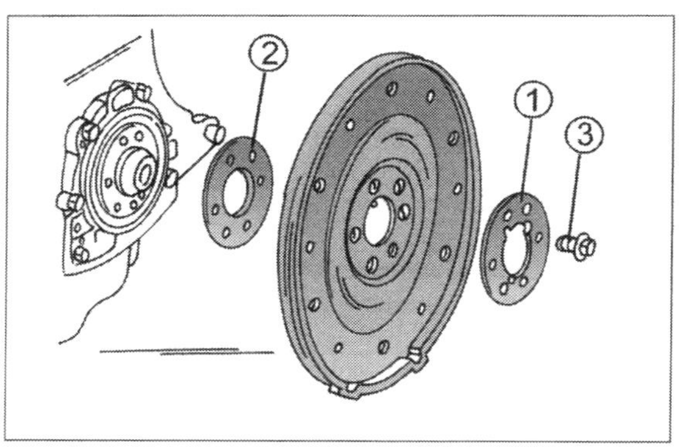

Bild 61
Die Teile einer Antriebsscheibe bei automatischem Getriebe.
1 Beilagscheibe
2 Beilagscheibe
3 Schraube, 60 Nm + 90°

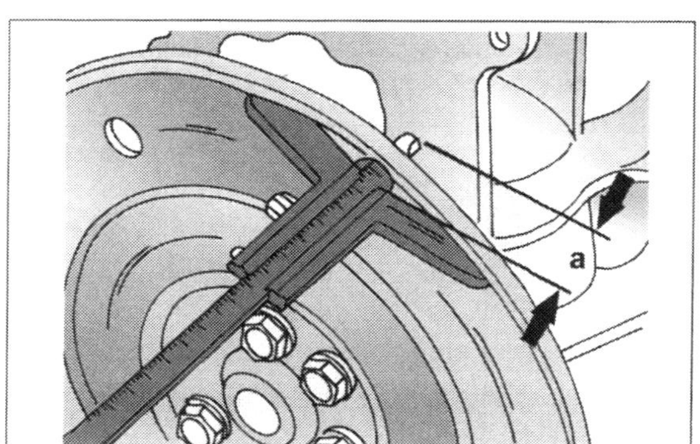

Bild 62
Ausmessen des Abstands zwischen der Antriebsscheibe und dem Zylinderblock. Gemessen wird an Stelle (a).

- Nach Freilegung der Stirnseite des Motors das Motoröl ablassen und die Ölwanne ausbauen.
- Den Dichtringflansch vom Zylinderblock abschrauben und den Flansch abnehmen. Meistens wird dieser festsitzen und muss mit einem Gummihammer abgeschlagen werden. Sofort die Dichtfläche des Zylinderblocks reinigen (vorsichtig mit einem Schaber).
- Den Flansch jetzt in der in der Mitte von Bild 60 gezeigten Weise reinigen, um alle alte Dichtungsmasse zu entfernen. Falls ein anderes Werkzeug benutzt wird, darf man die Dichtfläche nicht beschädigen. Wichtig ist, dass die Fläche frei von Öl oder Fett ist.
- Die Fläche des Flansches muss jetzt mit der genannten Dichtungsmasse eingeschmiert werden. Da es sich bei dieser um Silikon-Masse handelt, muss der Deckel innerhalb 5 Minuten montiert werden. Die Spitze der Tube abschneiden und eine Wulst Dichtungsmasse in der in der rechten Ansicht von Bild 60 gezeigten Weise in einer Breite von 2–3 mm auf die Deckelfläche auftragen. Die Breite ist unbedingt einzuhalten, damit überschüssige Dichtungsmasse nicht in die Ölwanne gelangen und das Ansaugsieb des Öls verstopfen kann.
- Den Flansch sofort am Zylinderblock ansetzen und die Schrauben anziehen. Der Flansch muss einwandfrei zentriert sein, die Schrauben gleichmäßig über Kreuz mit 15 Nm anziehen.
- Ölwanne montieren (siehe spätere Beschreibung), den Motor ca. 30 Minuten lang stehen lassen und die Ölwanne mit Öl füllen.
- Steuerrad der Kurbelwelle montieren und die Schraube eindrehen. Die Kurbelwelle in geeigneter Weise gegenhalten und die Schraube mit 90 Nm anziehen. Aus der Endstellung die Schraube um weitere 90° (Viertelumdrehung) anziehen.
- Zahnriemen und Keilrippenriemen einbauen, wie es später beschrieben ist.
- Alle nicht genannten Arbeiten in umgekehrter Reihenfolge durchführen.

Hinterer Kurbelwellendichtring

Hinweis: Der hintere Öldichtring wird zusammen mit dem Dichtringflansch erneuert. Beim neuen Öldichtringflansch ist der Dichtring jedoch versetzt eingezogen, um die Abdichtung auf der Kurbelwelle zu verbessern. Falls die Arbeit bei eingebautem Motor durchgeführt wird, muss man vorher die Ölwanne ausbauen, um an den Flansch zu kommen.

Zum Ausbau des Öldichtringes das Getriebe, die Kupplung und das Schwungrad (oder bei Automatik die Antriebsscheibe) sowie die Ölwanne ausbauen, ehe man den Flansch abschrauben kann.
Der neue Dichtringflansch kommt zusammen mit einem neuen Dichtring. Die Dichtlippe des Ringes wird nicht eingeölt/eingeschmiert.
Vor Anschrauben des Flansches die Verbindungsflächen gut reinigen. Die Dichtlippe nicht mit Motoröl einschmieren. Beim Ansetzen des Flansches muss der Dichtring mittig über das Ende der Kurbelwelle kommen. Passhülsen im Zylinderblock führen den Dichtringflansch. Die Schrauben des Flansches gleichmäßig ringsherum mit 15 Nm anziehen.

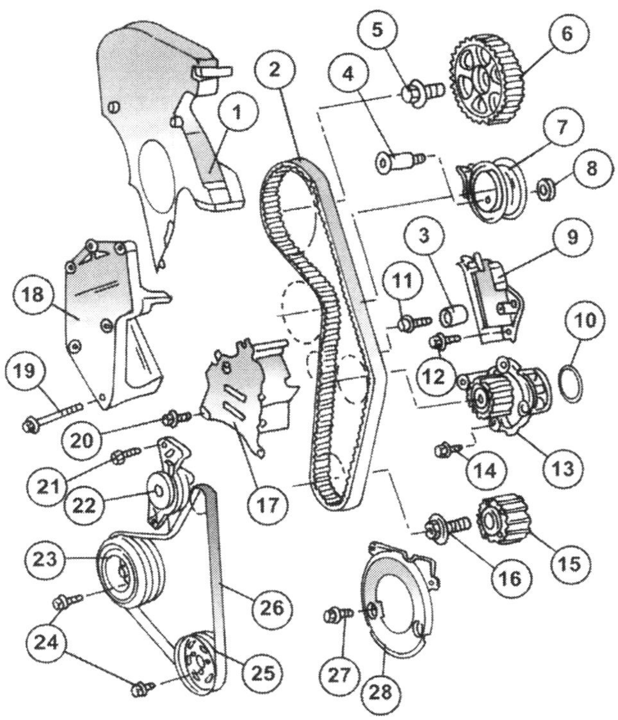

Bild 63
Keilrippenriemen- und Zahnriemenantrieb.
1 Obere Zahnriemenabdeckung
2 Zahnriemen
3 Laufrolle
4 Schraube der Spannrolle, 27 Nm
5 Schraube des Nockenwellenrades, 65 Nm
6 Nockenwellensteuerrad
7 Zahnriemenspannrolle
8 Unterlegscheibe
9 Spannvorrichtung für Zahnriemen
10 O-Dichtring, immer erneuern
11 Schraube, 20 Nm
12 Schraube, 15 Nm
13 Wasserpumpe, mit Zahnriemen angetrieben
14 Schraube, 15 Nm
15 Steuerrad der Kurbelwelle
16 Schraube, Steuerrad, 90 Nm + Viertelumdrehung
17 Mittlere Zahnriemenabdeckung
18 Rechte Motoraufhängung
19 Schraube, 45 Nm
20 Schraube, 10 Nm, mit „Loctite" einschmieren
21 Schraube, 25 Nm
22 Spannvorrichtung für Keilrippenriemen
23 Riemenscheibe/Torsionsschwingungsdämpfer
24 Schraube, Riemenscheiben, 25 Nm
25 Riemenscheibe für Lenkhilfspumpe
26 Keilrippenriemen
27 Schraube, 10 Nm, mit „Loctite" einschmieren
28 Untere Zahnriemenabdeckung

2B.6.2 Antriebsscheibe des Wandlers (Getriebeautomatik)

Die Antriebsscheibe des Wandlers wird mit sechs Schrauben an der Kurbelwelle gehalten. Eine Verstärkungsscheibe befindet sich zwischen Schrauben und Antriebsscheibe. Diese Scheibe besitzt einen Höcker an der Außenkante und muss mit diesem zum Drehmomentwandler weisend aufgelegt werden (siehe auch Bild 61).
Zu beachten ist jedoch, dass eine Ausgleichsscheibe zwischen Antriebsscheibe und Kurbelwellenflansch eingelegt ist. Diese Scheibe bestimmt den Abstand der Antriebsscheibe nach außen. Ehe die Schrauben vollkommen angezogen werden, die Antriebsscheibe in normaler Weise anschrauben (nur mit einem Drehmoment von 30 Nm) und mit einer Tiefenlehre messen, wie weit die Antriebsscheibe heraussteht. Die Messung erfolgt anhand von Bild 62. Das zwischen den Pfeilen angegebene Maß muss zwischen 19,5 und 21,1 mm liegen. Durch Veränderung der Stärke der Beilagscheibe (2) in Bild 61 kann das Maß berichtigt werden, wird aber kaum erforderlich sein.

2B.7 Steuerantrieb

Der Antrieb der beiden obenliegenden Nockenwellen des 20V-Motors geschieht durch einen Zahnriemen. Die zweite Nockenwelle wird durch eine getrennte Kette von der durch den Zahnriemen angetriebenen Nockenwelle angetrieben wird.
Da der Riemenantrieb ausgebaut werden muss, ehe man an die Steuerungsteile kommen kann, wird zuerst der Ausbau des Keilrippenriemens beschrieben.

2B.7.1 Aus- und Einbau des Keilrippenriemens

- Der Teile des Keilrippenriemenantriebs sind zusammen mit den beim Aus- und Einbau des Zahnriemens auszubauenden Teilen in Bild 63 gezeigt. Das Bild zeigt eine Ausführung ohne Klimaanlage. Ist eine solche eingebaut, wird der Kompressor ebenfalls durch den Riemen angetrieben. Um den Riemen zu entspannen braucht man einen Absteckstift, dessen Benutzung unten beschrieben wird. Beim Ausbau des Keilrippenriemens folgendermaßen vorgehen:
- Die Laufrichtung des Riemens an der Außenseite mit einem Filzstift anzeichnen. Auflegen eines gebrauchten Riemens in falscher Drehrichtung zerstört den Riemen bald. Beim Einbau auch darauf achten, dass die Rillen gut mit den Riemenscheibenrillen in Eingriff kommen.
- Den Luftfilter ausbauen.
- Einen Gabelschlüssel (SW 16 mm)in der in Bild 64 (links) gezeigten Weise ansetzen, den Schlüssel in die gezeigte Richtung drehen, bis der Riemen locker ist. Um das Spannelement in seiner Stellung zu halten, schiebt man jetzt den erwähnten Absteckstift an der in Bild 65 gezeigten Stelle ein. Das Bild zeigt den Spezialstift. Die Geräuschverkapselung unter dem Motor ausbauen, um besser an den Riemen heranzukommen. Den Riemen jetzt abnehmen.
- Beim Einbau den Riemenspanner wieder in der in Bild 64 gezeigten Weise bewegen und den Riemen auflegen. Die mittlere und rechte Ansicht von Bild 64 zeigen, wie der Riemen verlegt wird, in der Mitte bei einem Fahrzeug ohne Klimaanlage, rechts mit Klimaanlage. Alle ge-

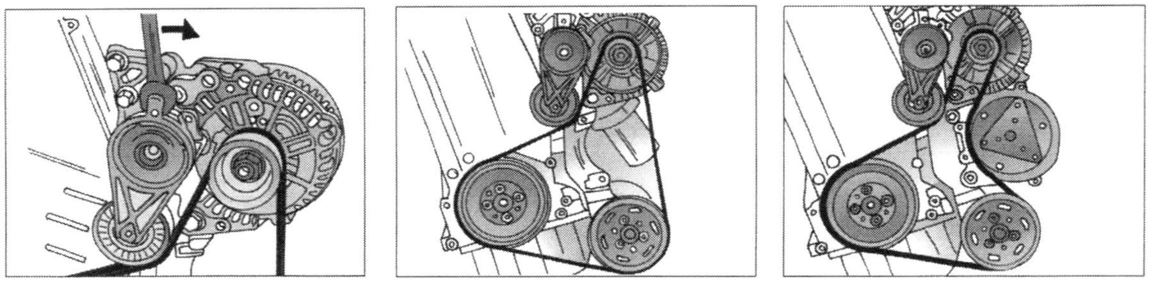

Bild 64

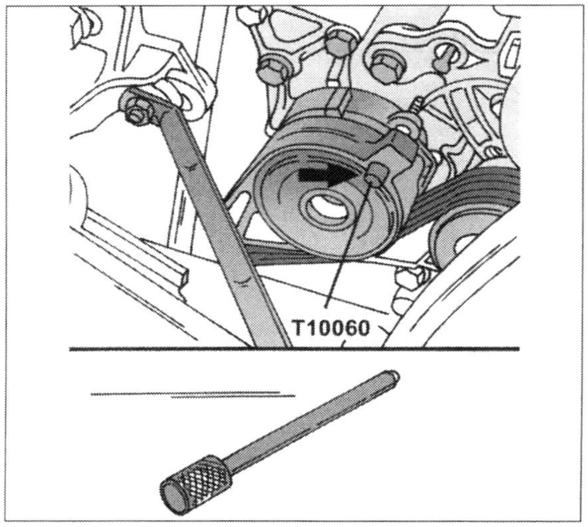

Bild 65
Den Absteckstift an der gezeigten Stelle in das Spannelement des Keilrippenriemens einstecken, um das Element in der entspannten Lage zu halten. Die untere Ansicht zeigt, wie der Stift aussieht.

triebenen Aggregate müssen fest angeschraubt sein. Darauf achten, dass die Rippen des Riemens einwandfrei eingreifen. Den Absteckbolzen in Bild 65 herausziehen und den Riemenspanner zurücklassen. Dabei überwachen, dass die Rillen gut eingreifen.

2B.7.2 Ausbau des Zahnriemens

Bild 63 sollte bei den Arbeiten hinzugezogen werden.

- Die Geräuschverkapselung unter dem Fahrzeug ausbauen.
- Massekabel und Stromkabel der Batterie abklemmen und die Batterie ausbauen.
- Den Keilrippenriemen und das Spannelement ausbauen, wie es bereits beschrieben wurde.
- Kraftstoffschläuche von der Halterung frei machen.
- Den Ansaugluftschlauch ausbauen und die Schrauben der Luftleitung des Ladeluftsystems von der Ölwanne abschrauben.
- Das Oberteil der Zahnriemenschutzabdeckung ausbauen und sofort die Laufrichtung des Zahnriemens mit einem Filzstift in der Außenseite einzeichnen. Wird der gleiche Riemen wieder eingebaut, muss er wieder in der ursprünglichen Richtung laufen.
- Den Motor und das Getriebe anheben, wie es in Bild 66 gezeigt wird (oder eine ähnliche Vorrichtung herstellen) und den Motor etwas anheben.
- Kurbelwelle durchdrehen, bis der Kolben des ersten Zylinders auf dem oberen Totpunkt steht. Dies ist am Steuerrad der Nockenwelle und am Schwingungsdämpfer zu kontrollieren. Zum Durchdrehen eine Stecknuss mit Knebel an der Schraube des Kurbelwellensteuerrades ansetzen.
- Torsionsschwingungsdämpfer ausbauen, ohne dabei den oberen Totpunkt zu verstellen.
- Die untere und die mittlere Zahnriemenabdeckung ausbauen.
- Die rechte Motoraufhängung und die Pendelaufhängung ausbauen.
- Eine M5x55-mm-Stiftschraube an der in Bild 67 gezeigten Stelle mit einer Mutter und einer großen Scheibe einschrauben (den Kopf einer 5-mm-Schraube absägen und das verbleibende Gewindestück benutzen) und die Stiftschraube/Mutter anziehen, bis der Riemenspanner weit genug entlastet ist, um den Riemen freizugeben. In dieser Stellung des Riemenspanners einen Stift oder Bolzen in den Riemenspanner einsetzen, um ihn in der entlasteten Lage zu halten. Bild 67 zeigt diesen Stift/Bolzen mit der Kennzeichnung T40011.
- Den Zahnriemen zwischen dem Motorträger und dem Zylinderblock herausnehmen.

2B.7.3 Einbau des Zahnriemens

Der Zahnriemen muss in der beschriebenen Weise eingestellt werden, auch wenn man ihn nur vom Steuerrad der Nockenwelle abgehoben hat. *Beim Durchdrehen der Nockenwelle darf die Kurbelwelle nicht auf dem oberen Totpunkt stehen, da andernfalls die Ventile gegen die Kolben anschlagen können. Die Kurbelwelle deshalb etwas zurückdrehen.*

- Das Steuerzeichen am Nockenwellenrad und am Torsionsschwingungsdämpfer in die in richtige Stellung bringen. Das Steuerzeichen der Nockenwelle muss mit der Marke am Zylinderkopf ausgerichtet sein.
- Den Zahnriemen um das Steuerrad der Kurbelwelle legen. Bei Einbau des ursprünglichen Riemens dabei auf die eingezeichnete Laufrichtung achten.
- Untere und mittlere Zahnriemenabdeckung montieren. Die Schrauben mit Gewindesicherungsmittel einschmieren und mit 10 Nm anziehen.
- Torsionsschwingungsdämpfer aufbringen. Dieser muss in der richtigen Stellung sitzen. Das Loch im Dampfer muss über dem erhöhten Teile des Steuerrades sitzen. Anzugsdrehmoment 25 Nm.
- Zahnriemen in folgender Reihenfolge auflegen: Kühlmittelpumpe, Spannrolle, Nockenwellenkettenrad.
- Den in Bild 67 gezeigten Stift/Bolzen herausziehen (unten rechts) und den Spanner auf den Riemen zurücklassen. Dazu wird die Stiftschraube herausgedreht, bis keine Spannung mehr vorhanden ist.
- Kurbelwelle zweimal in Drehrichtung des Motors durchdrehen, den Kolben des ersten Zylinders wieder auf den oberen Totpunkt stellen und die Einstellung nachkontrollieren.

● Motorträger und Motorlager montieren, die mittlere und die obere Zahnriemenabdeckung anbringen.
● Keilrippenriemen und Luftfilter wieder montieren.

2B.8 Kompressionsdruckprüfung

Um zu kontrollieren, ob ein Ventil nicht einwandfrei schließt, Kolbenringe gebrochen oder verschlissen sind oder andere Fehler in den Zylindern vorliegen, sollte eine Kompressionsdruckprüfung aller Zylinder vorgenommen werden. Dazu muss der Motor seine Betriebstemperatur besitzen. Falls man einen Kompressionsdruckprüfer hat, kann man die Arbeit leicht selbst durchführen.
● Die Zündkerzen herausschrauben. Dazu den vorgeschriebenen Zündkerzenschlüssel benutzen.
● Die Sicherung Nr. 14 herausnehmen. Diese unterbricht die Stromzufuhr zu den Einspritzventilen.
● Die Zündspulen mit den Ausgangsstufen ausbauen.
● Die Drosselklappe vollkommen öffnen.
● Kompressionsdruckprüfer in die erste Kerzenbohrung einsetzen.
● Von einer zweiten Person den Anlasser betätigen lassen.
● Den Motor durchdrehen, bis die Nadel des Kompressionsdruckprüfers den höchsten Druckwert anzeigt.
● Der Reihe nach die anderen Zylinder auf die gleiche Weise kontrollieren.
● Nach Überprüfung der Kompression die Kerzen mit 30 Nm festziehen.

Normalerweise gilt, dass keiner der Zylinder weniger als 80% des Ergebnisses des besten Zylinders aufweisen darf. Niedrige, ungleichmäßige Kompression könnte durch verschlissene Kolbenringe verursacht werden, die ebenfalls durch übermäßigen Ölverbrauch feststellbar werden. Bei guter Kompression sollte die Anzeige noch mehr als 7 bar betragen. Der Nennwert lautet 10 bis 13 bar.

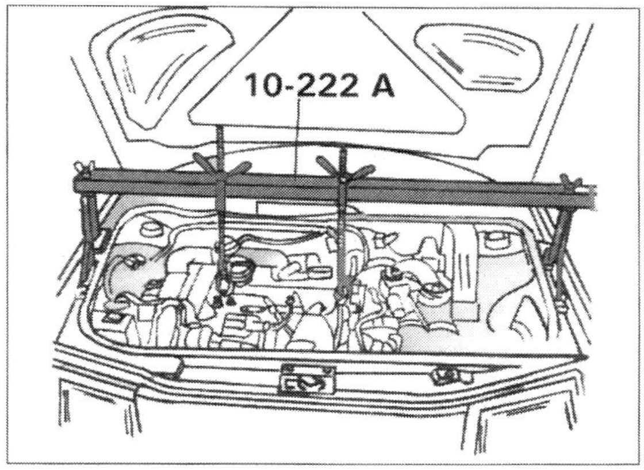

Bild 66
Abheben des Motors mit der Spezialbrücke. Eine ähnliche Vorrichtung kann man sich anhand der Abbildung selbst herstellen.

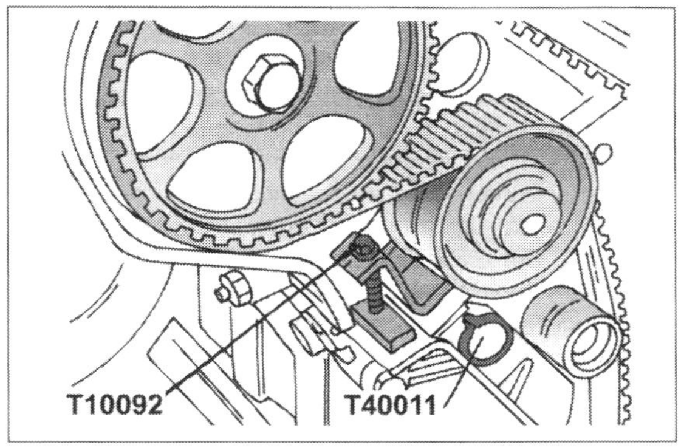

Bild 67
Einzelheiten zum Spannen des Zahnriemens. Der gezeigte Sperrstift wird an der Unterseite eingeschoben.

2C Der VR6-Motor

__Achtung:__ Um eine Beschädigung des Steuergeräts für die Motorelektronik zu vermeiden, darf man die Batterie nur bei ausgeschalteter Zündung abklemmen. Dabei ist zusätzlich zu beachten, dass man nach Ausschalten der Zündung noch mindestens 20 Sekunden warten muss, ehe das Minuskabel der Batterie abgeklemmt wird. Ein Heißdraht Im Luftmengenmesser muss sauberbrennen, ehe der Stromkreis unterbrochen wird.

Dieses Kapitel befasst sich mit dem Sechszylinder-Motor, welcher unter der Bezeichnung VR6 läuft. Bei den in dieser Ausgabe behandelten Modellen hat der Motor eine Leistung von 150 kW (204 PS). Eingebaut wird der Motor mit Sechsgang-Schaltgetriebe mit Vierradantrieb und Fünfgang-Getriebeautomatik.

2C.1 Aus- und Einbau

Der Motor wird zusammen mit dem Getriebe nach unten aus dem Motorraum abgesenkt. Ehe man sich an die Arbeit herantraut, sollte man die allgemeinen Anweisungen durchlesen, die bereits in Abschnitt 2A beim Dieselmotor erwähnt wurden, die ebenfalls auf diese Motoren zutreffen. Der Ausbau ist ziemlich umfangreich, da man außer dem Ausbau des vorderen Stoßfängers den gesamten Vorderwagen in die so genannte „Service-Stellung" bringen muss, um an verschiedene Befestigungen zu gelangen. Die entsprechenden Arbeitsbeschreibungen sind dem Kapitel „Wartung" zu entnehmen. Ebenfalls sollten wir erwähnen, dass man den Ansaugkrümmer ausbauen muss.

- Motorabdeckung ausbauen.
- Massekabel sowie das Stromkabel der Batterie abklemmen. Die Batterie muss ausgebaut werden. Hinter der Batterie befinden sich einige Kabelstecker, die links in der Bildreihe 68 zu sehen sind und getrennt werden müssen.

Achtung: Die Kraftstoffleitungen stehen unter Druck. Ehe die Schlauchanschlüsse getrennt werden, einen dicken Lappen um den Anschluss wickeln und danach die Schlauchverbindung vorsichtig vom Anschluss herunterziehen.

- Unter Bezug auf die mittlere Ansicht von Bild 68 die Luftführungsverkleidung (1) und die Trennwand (2) des Batterieraums zusammen mit dem Ausgleichsbehälter der Kühlanlage ausbauen und auf einer Seite ablegen. Dazu die in Bild 68 auf der rechten Seite mit den Pfeilen gezeigten Schraubverbindungen lösen. Die Schläuche bleiben angeschlossen. Den Batterieträger jetzt ausbauen.
- Kühlanlage ablassen (Kapitel „Kühlanlage").
- Wie erforderlich alle anderen elektrischen Anschlussverbindungen zwischen Motor und Getriebe und der Karosserie auffinden und abschließen. Kennzeichnen, wenn man nicht genau weiß, wo sie wieder angeschlossen werden. Darunter sind Drehstromlichtmaschine, Anlasser, Öldruckschalter, die verschiedenen Geber sowie die am Getriebe zu findenden Anschlüsse. Bei den meisten Anschlussverbindungen handelt es sich um abzuziehende Stecker.
- Luftfilter ausbauen und den Luftansaugschlauch und das Ansaugrohr zwischen dem Luftmassenmesser und dem Steuerteil der Drosselklappe ausbauen.
- Die Kraftstoffleitungen verfolgen und an den betreffenden Anschlüssen abziehen. Zur Hilfestellung sind sie farbig gekennzeichnet. Leitung/Schlauch für die Kraftstoffzufuhr (1) in Bild 69 hat eine weiße Markierung, der Rücklaufschlauch (2) hat eine blaue Markierung. Die Kraftstoffschläuche sind am Kraftstoffverteilerrohr angeschlossen. Die bereits oben erwähnte Vorsichtsmaßnahme über den in den Leitungen befindlichen Druck ist jetzt zu beachten. Nach Abschließen der Leitungen die Enden verschließen, um Eindringen von Fremdkörpern zu vermeiden (mit Klebband umwickeln). Leitungen und Schläuche von den Clips am Zylinderkopf befreien.
- Alle Kühlmittelschläuche, Unterdruckschläuche und Belüftungsschläuche kennzeichnen und vom Motor abschließen.
- Schutzverkleidung an der Unterseite des Motorraums ausbauen.
- Vordere Stoßstange ausbauen und den Schlossträger in die Service-Stellung bringen (Abschnitt „Wartung").
- Den Ansaugkrümmer ausbauen. Diese Arbeiten werden beim Ausbau des Zylinderkopfes beschrieben (Kapitel 2C.2.1). Freigelegte Kanäle in Krümmer und Kopf mit sauberen Putzlappen „zustopfen".
- Den Keilrippenriemen an der Vorderseite des Motors ausbauen (siehe getrennte Beschreibung.
- Die hydraulischen Leitungen der Servolenkung von der Motoraufhängung lösen (rechte Seite) und die Lenkhilfspumpe zusammen mit der Aufhängungskonsole vom so genannten Kompaktträger am Motor abmontieren. Die Schläuche werden nicht abgeschlossen. Die gesamte Einheit mit einem Stück Draht an der Karosserie festbinden. Pumpe nicht am Schlauch herunterhängen lassen. Einzelheiten können dem Abschnitt „Servolenkung" entnommen werden.
- Falls eine Klimaanlage eingebaut ist, den Anweisungen am Ende dieses Kapitels folgen.
- Ist ein Schaltgetriebe eingebaut, die Leitungsverbindung für den Kupplungsnehmerzylinder am Getriebe abschließen und auf eine Seite schieben. Dies bedeutet, dass man die Kupplungsanlage nach dem Einbau des Motors entlüften muss. Auslaufende Flüssigkeit auffangen. Weitere Anweisungen in Abschnitt „Kupplung".

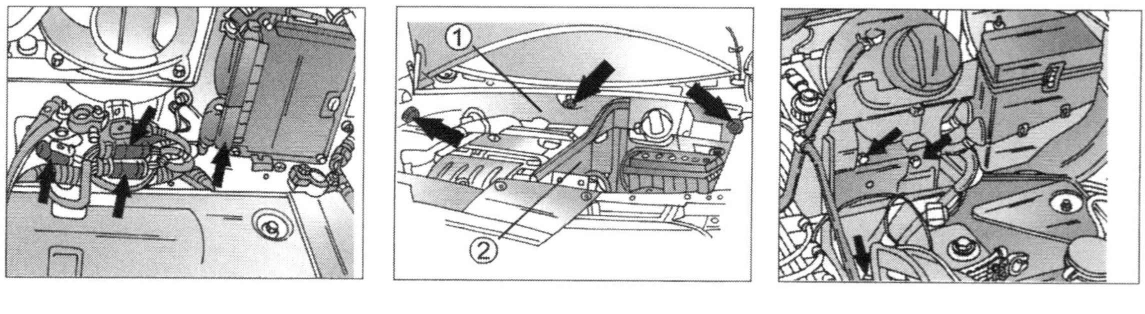

Bild 68

● Das Schaltseil vom Getriebe abschließen (siehe Abschnitt „Schaltgetriebe“).
● Bei Fahrzeugen mit Getriebeautomatik das Schaltseil vom Getriebe lösen. Anweisungen darüber im Abschnitt „Automatisches Getriebe“.
● Bei allen Ausführungen die beiden Antriebswellen aus dem Eingriff mit dem Getriebe bringen (Abschnitt „Antriebswellen“).
● Vorderes Auspuffrohr ausbauen (siehe entsprechendes Montagebild).
● Die Drehstromlichtmaschine (Generator) und den Kompaktträger ausbauen (Abschnitt „Elektrische Anlage“).
● Im VR6-Motor ist ein Sekundärlufteinblassystem eingebaut, dessen Hauptteile in der Nähe des Kühlers sitzen. Zum Zweck des Motorausbaus muss der Halter der Sekundärluftpumpe von der Ölwanne und dem Zylinderblock abgeschraubt werden.
● Die Pendelaufhängung ausbauen. Diese ist mit der Vorderradaufhängung verbunden und der entsprechende Abschnitt ist durchzulesen, um mehr über die Befestigung zu erfahren.
● Das Triebwerk muss jetzt von unten abgestützt werden. In der Werkstatt wird dazu eine Spezialvorrichtung verwendet, unter welche dann ein Wagenheber untergesetzt wird. Bild 70 (links) zeigt, wie das Triebwerk von unten gehalten wird, d. h. man muss den Motor gut auf einem Wagenheber unterbauen, um ihn beim Lösen der Aufhängungen in seiner Lage zu halten. Um dies zu gewährleisten, sollte man sich einen Handkran mit einem Ausleger besorgen. Letzteren über den Motorraum einfahren und den Motor mit geeigneten Seilschlingen am Kranausleger befestigen. Sollte der Wagenheber abrutschen, wird er immer noch vom Kran gehalten.
● Die rechte Triebwerkaufhängung abschrauben. Dazu die mit den Schrauben (1) in Bild 70 (Mitte) gezeigten Schrauben lösen. Die Zusammensetzung der Motoraufhängung ist im nachfolgenden Kapitel zu sehen. Dieses ist hinzuziehen, wenn man zum Beispiel vor hat die Triebwerkaufhängung auf dieser Seite zu erneuern. Zu beachten sind die unterschiedlichen Anzugsdrehmomente der Schrauben und der von oben sichtbaren Muttern.
● Die Schrauben und Muttern auf der linken Seite des Nebenrahmens an den Pfeilstellen in der rechten Ansicht von Bild 70 lösen. Ehe dies jedoch durchgeführt wird, muss man sich nochmals überzeugen, dass das Triebwerk einwandfrei gehalten wird, da es jetzt herunterfallen kann.
● Das Triebwerk jetzt langsam absenken. Dazu ist unbedingt ein Helfer erforderlich, der den Wagenheber, bzw. den Handkran betätigt, während man laufend die Vorgänge im Motorraum beobachtet. Hängt das Triebwerk beim Absenken irgendwo an, muss man es sofort befreien, um Beschädigung von Karosserieteilen oder anderer Nebenteile im Motorraum zu vermeiden. Dies betrifft vor allem ausgebaute und festgebundene Teile.

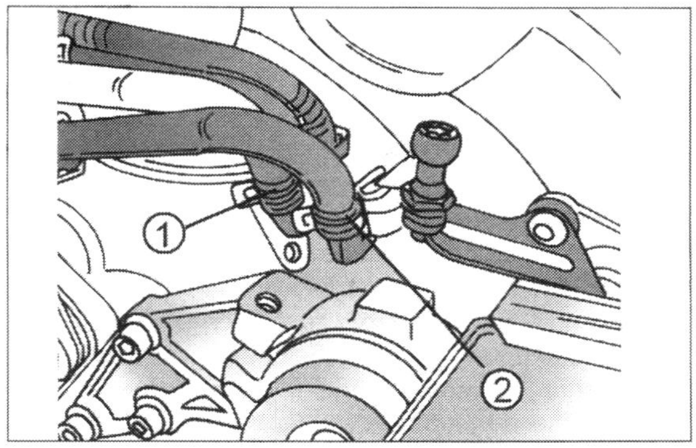

Bild 69
Anschlussweise der Kraftstoffschläuche. Mit (1) ist der Zufuhrschlauch gezeigt (weiße Markierung), mit (2) der Rücklaufschlauch (blaue Markierung).

Der Einbau des Motors geschieht in umgekehrter Reihenfolge wie der Ausbau, jedoch sind die folgenden Punkte zu beachten:
● Kupplungsausrücklager im Kupplungsnehmerzylinder auf Verschleiß kontrollieren. Falls erforderlich, muss der Nehmerzylinder bei diesen Fahrzeugen zusammen mit dem Ausrücklager erneuert werden.
● Die Keilverzahnungen der Kupplungswelle leicht mit Fett einschmieren. An dieser Stelle wird von Volkswagen das Fett mit der Bezeichnung G 000 100 benutzt.
● Der Motor und das Getriebe werden mit Passhülsen geführt. Ehe man die beiden Einheiten wieder zusammenbringt, müssen die Passhülsen im Zylinderblock sitzen. Falls sie beim Abflanschen im Getriebe verblieben sind, muss man sie in den Zylinderblock übertragen, d. h. aus dem Getriebe herausziehen und in den Block einschlagen. Auch eine Erneuerung könnte möglich sein, falls die Hülsen nicht mehr einwandfrei aussehen.
● Motor und Getriebe in die richtige Lage im Motorraum bringen. Beim Anheben des Triebwerks darauf achten, dass man an den Antriebswellen vorbeikommt und dass das Triebwerk sicher auf dem benutzen Wagenheber sitzt. Wie bereits vorgeschlagen, wird ein Handkran mit einem Ausleger auch hier wieder helfen.
● Nachdem das Triebwerk mit den Aufhängungen ausgerichtet ist, die Befestigungsschrauben handfest anziehen (ca. 5 bis 6 Umdrehungen). Das Triebwerk jetzt hin- und herschütteln (es darf nicht unter Spannung sitzen) und die Schrauben entsprechend Bildern 71 und 72 anziehen. Beim Einbau der Pendelaufhängung Bezug auf Abschnitt „Vorderradaufhängung“ nehmen.
● Antriebswellen anschließen und die Vielzahnschrauben mit dem Spezialinbusschlüssel auf das vorgeschriebene Anzugsdrehmoment anziehen (unterschiedlich bei Schaltgetriebe und Getriebeautomatik, siehe Abschnitt

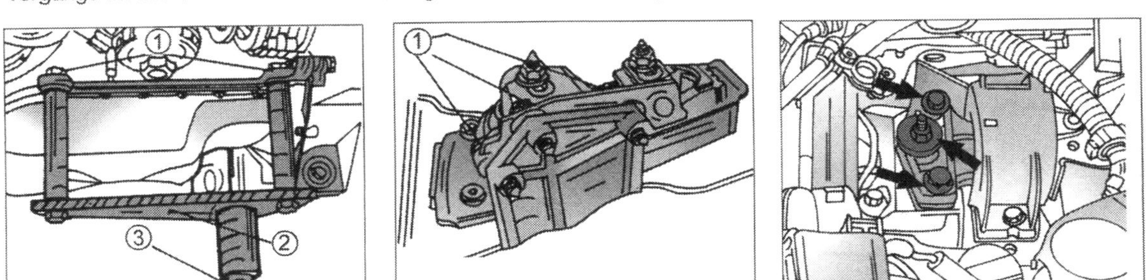

Bild 70

„Antriebswellen" oder „Anzugsdrehmomenttabelle").

- Je nach Getriebeausführung das Schaltseil anschließen (siehe betreffendes Kapitel). Eventuell sind später Nachstellungen erforderlich.
- Bei eingebautem Schaltgetriebe die Leitungsverbindung am Kupplungsnehmerzylinder anschließen und mit dem Clip befestigen. Die Kupplungsanlage entlüften.
- Auspuffanlage entsprechend den Anweisungen im betreffenden Kapitel anschließen. Den Hauptschalldämpfer und das Auspuffrohr ausrichten und danach mit dem Gummiring befestigen. Falls der Gummi zu weit ausgedehnt ist, wenn er eingehängt ist, können die Befestigungshaken an der Auspuffanlage etwas verbogen werden. Unter übermäßiger Spannung stehende Gummiringe werden bald abreißen.
- Lenkhilfspumpe wieder einbauen.
- Halter der Sekundärluftpumpe anschrauben.
- Den Keilrippenriemen der Aggregate nach Anweisungen einbauen (siehe betreffendes Kapitel).
- Kühlanlage auffüllen, wenn der Heizungshahn geöffnet ist. Das Dehngefäß bis zur Markierung füllen und danach den Verschluss aufschrauben. Den Motor kurz laufen lassen, damit alle Luft ausgestoßen wird. Abschließend den Kühlmittelstand kontrollieren und ggf. berichtigen.
- Schaltseileinstellung kontrollieren. Falls erforderlich nachstellen oder neu einstellen.
- Nach Anschließen des Drosselklappenseils kontrollieren, dass sich die Drosselklappe einwandfrei öffnen und schließen kann. Erst dann den Ansaugluftschlauch und den Luftfilter montieren.
- Alle abgeschlossenen Kabel entsprechend den Kennzeichnungen wieder anschließen.
- Scheinwerfereinstellung kontrollieren und ggf. einstellen. Wir schlagen vor, dass man bei der nächsten Gelegenheit in der Werkstatt vorfährt, um den Fehlerspeicher der Selbstdiagnose abfragen und löschen zu lassen.

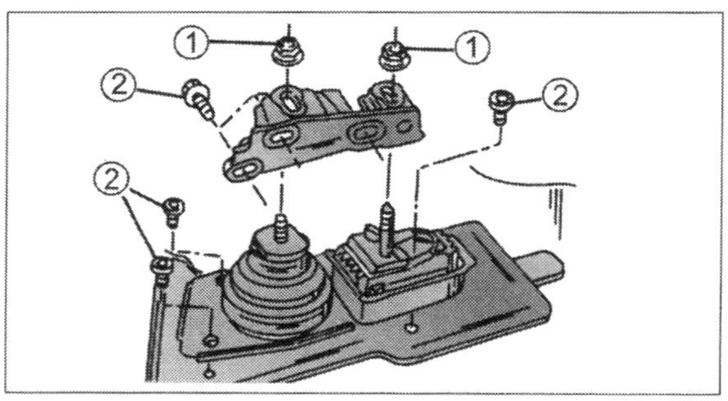

Bild 71
Die zerlegte, rechte Triebwerkaufhängung. Anzugsdrehmomente:
1 55 Nm
2 60 Nm

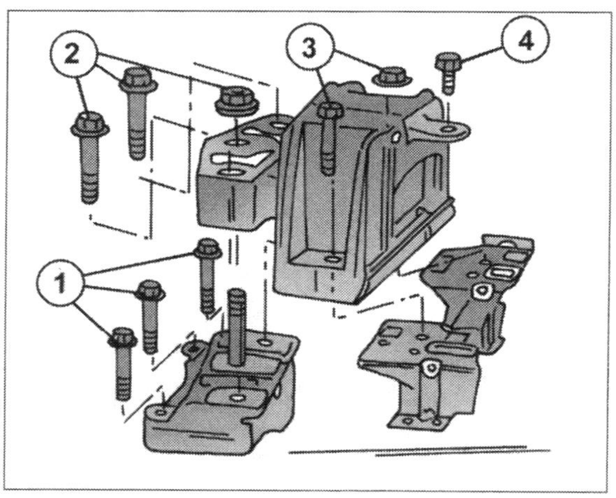

Bild 72
Die Motoraufhängung auf der linken Seite.
1 60 Nm + 90°
2 90 Nm + 90°
3 50 Nm + 90°
4 25 Nm

2C.1.1 Motor und Getriebe trennen

Das Getriebe kann nach Lösen und Herausdrehen der Getriebeschrauben gelöst werden. Zu beachten ist der unterschiedliche Durchmesser der Schraubengewinde (von M7 bis M12), d. h. beim Anziehen sind die entsprechenden Anzugsdrehmomente zu beachten. Da der Anlasser zusammen mit dem Triebwerk ausgebaut wurde, muss er vorher ausgebaut werden. Die Schrauben beim Einbau mit 45 Nm anziehen.

Das Getriebe langsam vom Motor abziehen, aber darauf achten, dass das Gewicht des Getriebes nicht auf der Antriebswelle oder Kupplungsscheibe abgesetzt wird. Mehrere Personen sollten diese Arbeit durchführen, sodass eine Person auch den Motor halten kann.

Vor dem Zusammenbringen von Motor und Getriebe die Verzahnungen der Kupplungswelle sehr leicht mit Fett einschmieren. Volkswagen verwendet Fett unter der Nummer G 000 100 und man sollte versuchen sich ein wenig dieses Fetts zu besorgen.

Beim Anflanschen des Motors an das Getriebe kontrollieren, dass die Passhülsen im Zylinderblockflansch sitzen. Die M10-Schrauben werden mit 60 Nm, die M12-Schrauben mit 80 Nm angezogen. Alle M8-Gewindeverbindungen mit 20 Nm, M7-Verbindungen mit 15 Nm anziehen.

2C.1.2 Zusatzarbeiten bei eingebauter Klimaanlage

Falls eine Klimaanlage eingebaut ist, darf man den Kühlungskreis unter keinen Umständen öffnen. Dies ist eine Spezialarbeit für geschultes Personal unter Verwendung von Spezialeinrichtungen und nur eine Werkstatt ist in der Lage, den Druck in der Klimaanlage zu entlasten und die Anlage wieder unter Druck zu setzen. Um das Triebwerk bei eingebauter Klimaanlage trotzdem auszubauen, löst man den Luftkompressor und bindet ihn an der Seite fest, ohne die Schläuche dabei unter Spannung zu bringen. Zu beachten ist, dass die Leitungen sehr empfindlich gegen Knicke sind, d. h. man muss beim Ausbau des Kompressors mit der notwendigen Vorsicht vorgehen. Außerdem die Befestigungsschellen der Kühlmittelleitungen der Klimaanlage lösen.

2C.1.3 Motoraufhängungen

Die Motoraufhängungen können anhand von Bildern 71 und 72 erneuert werden. Das Triebwerk muss aus den Aufhängungen gehoben werden, um die Last auf die Einzelteile aufzuheben.

Beim Anziehen der Motoraufhängungen den Anzugsdrehmomenten folgen.

Ausrichten der Motoraufhängungen ist nur erforderlich, wenn Motor und Getriebe ausgebaut und die Gummimetalllager vom Triebwerk und vom Motorträger abgeschraubt wurden. Um das Triebwerk wieder einwandfrei auszufluchten, sind die folgenden Arbeiten durchzuführen:

- Die zur Verbindung zwischen den Triebwerkaufhängungen und dem Aufbau verwendeten Schrauben lösen und wieder mit 5 oder 6 Umdrehungen anziehen.
- Das Triebwerk hin- und herwackeln, bis es spannungsfrei ausgerichtet ist und die Schrauben und Muttern mit den in den einzelnen Abbildungen angegebenen Anzugsdrehmomenten anziehen.

2C.2 Zylinderkopf und Ventile

2C.2.1 Aus- und Einbau des Zylinderkopfes (Aus- und Einbau der Zylinderkopfhaube)

Bild 73 zeigt die Teile an der Oberseite des Zylinderkopfes. Bild 74 zeigt die verbleibenden Teile, welche beim Ausbau abgeschlossen bzw. ausgebaut werden müssen. Falls der Motor sich im Fahrzeug befindet, muss man die notwendigen Vorarbeiten treffen, d. h. den Motor für den eigentlichen Ausbau des Kopfes vorbereiten. Beim Aus- und Einbau der einzelnen Teile sind die unten angegebenen Hinweise zu beachten:

Zu Bild 73:

- Die Schrauben (1) mit 10 Nm anziehen.
- Die Halterungen (2) halten die Kraftstoffleitungen/Schläuche.
- Halterahmen (3) für die Kraftstoffleitungen/Schläuche.
- Die Schrauben (4) und die Muttern (7) haben Distanzhülsen und einen Dichtring. Den Dichtring erneuern, falls er beschädigt ist. Mit 10 Nm anziehen.
- Der Dichtring (5) sitzt unter den Zündspulen. Erneuern, falls beschädigt. Beim Einbau einölen.
- Öleinfüllverschluss (6) mit Dichtring. Letzteren erneuern, falls beschädigt.
- Die Zylinderkopfhaube (8).

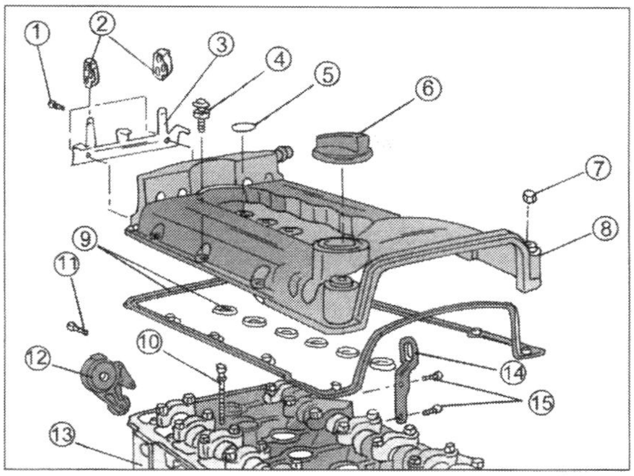

Bild 73
Die Teile an der Oberseite des Zylinderkopfes. Auf die einzelnen Positionen wird im Text eingegangen.

- Die Abdichtungen der Zylinderkopfhaube (9) bei Beschädigung erneuern. Darauf achten, wie die Dichtungen aufgelegt sind.
- Die Zylinderkopfschrauben (10) immer erneuern. Anzugsreihenfolge beachten.
- Die Schraube (11) des Spannelements für den Keilrippenriemen (10) wird mit 23 Nm angezogen.
- Wird der Zylinderkopf (13) erneuert, muss man frisches Kühlmittel einfüllen.
- Die Motorhebeöse (14) wird mit den Schrauben (15) auf 23 Nm angezogen.

Zu Bild 74:

- Zylinderkopf (1), siehe obigen Hinweis.
- Die Zylinderkopfdichtung (2) ist aus Metall hergestellt und muss immer erneuert werden. Die Dichtung muss für den Einbau vorbereitet werden (siehe unten).
- Die Motorhebeöse (3) wird mit den Schrauben (4) auf 23 Nm angezogen.
- Die Rollenkette (5) für den Nockenwellenantrieb. Die Drehrichtung der Kette vor dem Ausbau mit Farbe einzeichnen.
- Das Kombiventil (6) gehört zum Sekundärlufteinblassystem.
- An dem Bügel (7) ist der Kabelstrang befestigt. Die Schrauben (8) mit 10 Nm anziehen.

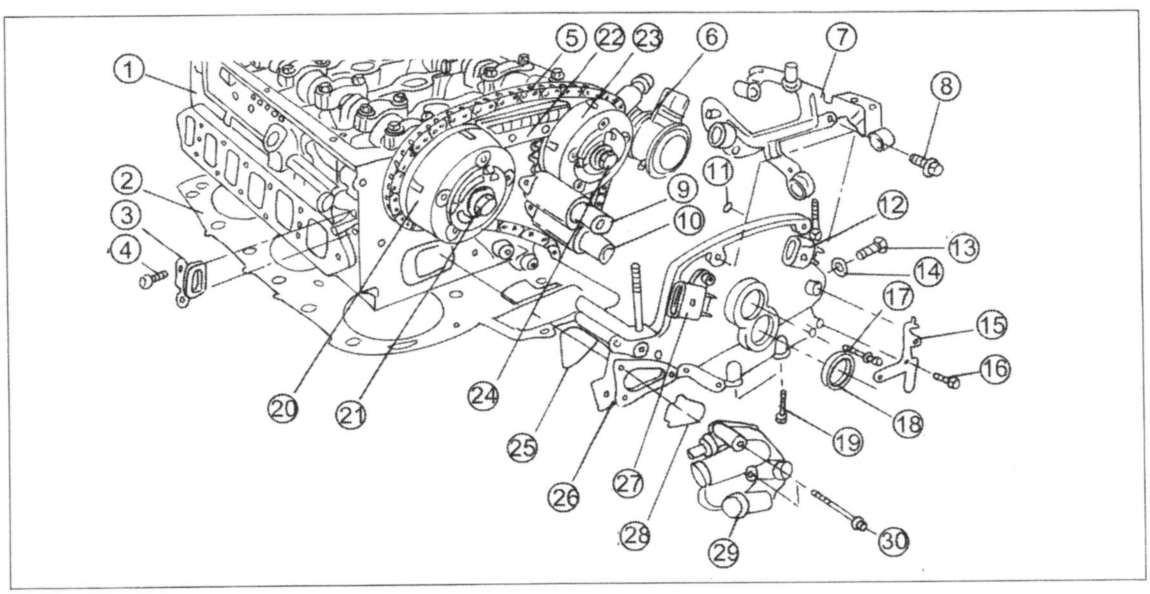

Bild 74
Die Teile auf der Steuerseite des Zylinderkopfes. Auf die einzelnen Positionen wird im Text eingegangen.

- Das Verstellventil für die Einlassnockenwelle (9) arbeitet elektrisch und hat die Stromabnehmerbezeichnung N205. Den Kabelstecker vor Abziehen gut kennzeichnen.
- Das mit (10) bezeichnete Regelventil gehört zur Auslassnockenwelle und trägt die Bezeichnung N318. Den Kabelstecker vor Abziehen gut kennzeichnen.
- Der Dichtring (11) dichtet den Ölkanal im Zylinderkopf ab. Immer erneuern, gut einölen.
- Der Hallgeber (12) für die Auslassnockenwelle, Bezeichnung G163, gehört zur Auslassnockenwelle. Den Kabelstecker vor Abziehen gut kennzeichnen.
- Den Kettenspanner (13) mit 40 Nm anziehen. Den darunter liegenden Dichtring (14) immer erneuern. *Die Kurbelwelle darf nur bei eingebautem Kettenspanner durchgedreht werden.*
- Der Bügel (15) hält den Kabelstrang und den Masseanschluss. Die Schraube (16) wird mit 10 Nm angezogen.
- Die Schraube (17) des Deckels (26) mit 8 Nm anziehen.
- Den Dichtring (18) für das Verstellventil der Einlassnockenwelle und das Regelventil der Auslassnockenwelle sitzt im Deckel (26) und kann getrennt erneuert werden.
- Die Deckelschrauben (19) mit 23 Nm anziehen.
- Der Versteller der Einlassnockenwelle (20) ist mit 24E gekennzeichnet. Die Kurbelwelle darf nur durchgedreht werden, wenn der Versteller eingebaut ist. Die einwandfreie Einstellung des Verstellers kann nur mit dem Diagnosegerät von Volkswagen kontrolliert werden.
- Die Schrauben (21) mit 60 Nm anziehen und um weitere Viertelumdrehung nachziehen. Die Kontaktfläche des Geberrades muss beim Einbau trocken sein. Beim Aus- und Einbau die Nockenwelle mit einem Gabelschlüssel 32 mm SW gegenhalten.
- Die Führungsschiene (22) führt die Rollenkette. Am Regelgehäuse mit Clips befestigt.
- Der Versteller der Auslassnockenwelle (23) ist mit 32A gekennzeichnet. Die Kurbelwelle darf nur durchgedreht werden, wenn der Versteller eingebaut ist. Die einwandfreie Einstellung des Verstellers kann nur mit dem Diagnosegerät von Volkswagen kontrolliert werden.
- Die Schrauben (24) mit 60 Nm anziehen und um weitere Viertelumdrehung nachziehen. Die Kontaktfläche des Geberrades muss beim Einbau trocken sein. Beim Aus- und Einbau die Nockenwelle mit einem Gabelschlüssel 32 mm SW gegenhalten.
- Den Dichtring (25) immer erneuern.
- Der Deckel (26) am Zylinderkopf kann bei eingebautem Kopf erneuert werden. Beim Einbau die Dichtflächen mit Dichtungsmasse einschmieren. In diesem Fall auch die Zylinderkopfdichtung vorbereiten, wie es beim Einbau des Kopfes beschrieben wird.
- Der Hallgeber für die Einlassnockenwelle (27), elektrische Bezeichnung G40. Kabelstecker vor Abziehen gut kennzeichnen.
- Die Dichtung (28) immer erneuern.
- Thermostatgehäuse (29). Aus- und Einbau siehe Abschnitt „Kühlanlage“. Die Schrauben (30) mit 8 Nm anziehen.

Zylinderkopfhaube

Beim Ausbau der Zylinderkopfhaube und des Zylinderkopfes entsprechend den unten angeführten Anweisungen und den oben gegebenen Hinweisen vorgehen. Wir weisen darauf hin, dass man den vorderen Stoßfänger ausbauen und den Haubenträger in die Service-Position bringen muss, um an verschiedene Teile zu kommen (Abschnitt „Wartung“).

- Batterie abklemmen. Falls noch nicht durchgeführt, zuerst den Hinweis am Anfang dieses Kapitels durchlesen.
- Motorabdeckung ausbauen.
- Luftfilter vollkommen abnehmen und den Luftansaugschlauch zwischen dem Luftmassenmesser und dem Steuerteil der Drosselklappe ausbauen.
- Den Belüftungsschlauch des Kurbelgehäuses zwischen der Zylinderkopfhaube und dem Ansaugschlauch an der Haube abziehen. Zum Trennen des Schlauchs die Knöpfe an den Schläuchen drücken.
- Die Zündspulen mit den Ausgangsstufen ausbauen.
- Den in Bild 75 (links) gezeigten 6-Pin-Stecker vom Drosselklappensteuerteil abziehen und ein Massekabel abschrauben.
- Den Deckel des Dehngefäßes der Kühlanlage öffnen, um noch enthaltenen Druck zu entlasten. Der Motor muss natürlich kalt genug sein, damit die Anlage nicht unter überhöhtem Druck steht.
- Kühlmittelschläuche vom Drosselklappensteuerteil abschließen.
- Die Kraftstoffschläuche unter Bezug auf Bild 75 (Mitte) abschließen. Die Verbindung (1), d. h. der Zufuhrschlauch hat eine weiße Kennzeichnung; Schlauch/Leitung (2), Kraftstoffrücklauf, hat eine blaue Kennzeichnung. Der Kraftstoff steht unter Druck. Deshalb beim Abschließen der Verbindungen einen dicken Lappen um die Anschlussstelle wickeln und den Schlauch abziehen. Die Enden der Leitungen in geeigneter Weise verschließen, um Eindringen von Schmutz zu vermeiden. Die Leitungen danach von der Zylinderkopfhaube befreien.
- Drei Unterdruckschläuche von der Zylinderkopfhaube abziehen. Die Knöpfe an den Schlauchanschlussstellen nach innen drücken, während die Schläuche abgezogen werden. Die rechte Ansicht von Bild 75 zeigt, wo Schläuche aufgesteckt sind.

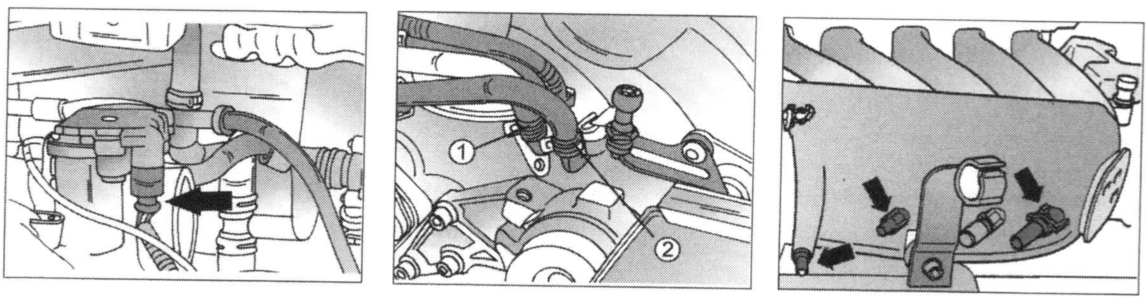

Bild 75

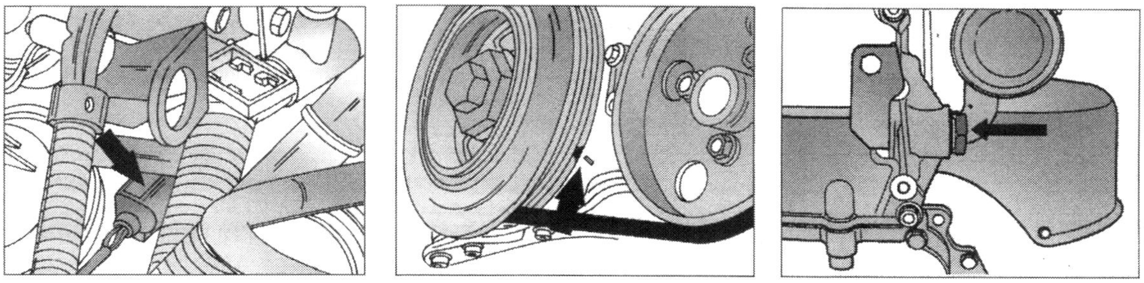

Bild 76

- Den Druckschlauch zwischen dem Kombiventil (6) in Bild 74 und dem Motor für das Sekundäreinblassystem und alle anderen Schläuche und Leitungen von den Halterungen am Ansaugsammelrohr und der Zylinderkopfhaube befreien.
- Den Befestigungsbügel für den Kabelstrang vom Deckel entfernen.
- Den Unterdruckschlauch von der Unterdruckdose am Ansaugsammelrohr abziehen.
- Zwei Schrauben der Stütze des Ansaugsammelrohres an der Seite lösen.
- Unterschutzblech unter dem Triebwerk ausbauen.
- Die Kabelstecker vom Thermoschalter und Lüftermotor abziehen.
- Den Stoßfänger ausbauen (Abschnitt „Wartung").
- Haubenschlossträger in die Service-Position bringen (Abschnitt „Wartung").
- Führungsrohr des Ölmessstabs vom Ansaugsammelrohr abschrauben.
- Die Schrauben des Ansaugsammelrohres lösen und das Sammelrohr zusammen mit dem Steuerteil des Drosselklappengehäuses abheben. Das Sammelrohr so ablegen, dass die Unterdruckdose nicht beschädigt wird. Die Ansaugbohrungen gut mit Lappen abdecken.
- Die Zylinderkopfhaube abschrauben.

Hinweis: Falls man nur die Haube ausbauen will, kann man sie wieder in umgekehrter Reihenfolge einbauen. Die Haube komplett erneuern, falls sie beschädigt ist. Zuerst das Sammelrohr am Kopf anschrauben, danach die Schrauben der Sammelrohrstütze anziehen. Falls der Motor nicht einwandfrei laufen sollte, können Sie in der Werkstatt verschiedene Diagnosetests durchführen lassen.

Zylinderkopf

Beim Ausbau des Zylinderkopfes (Motor kalt) folgendermaßen vorgehen. Es wird darauf hingewiesen, dass man eine Lehre braucht, die man in die Nuten der Nockenwellenenden einsetzt, um die Wellen nach Abnehmen der Kette in ihrer Lage zu halten. Außerdem braucht man einen passenden Schlüsseleinsatz zum Lösen der Zylinderkopfschrauben. Der Zylinderkopf muss kalt sein.

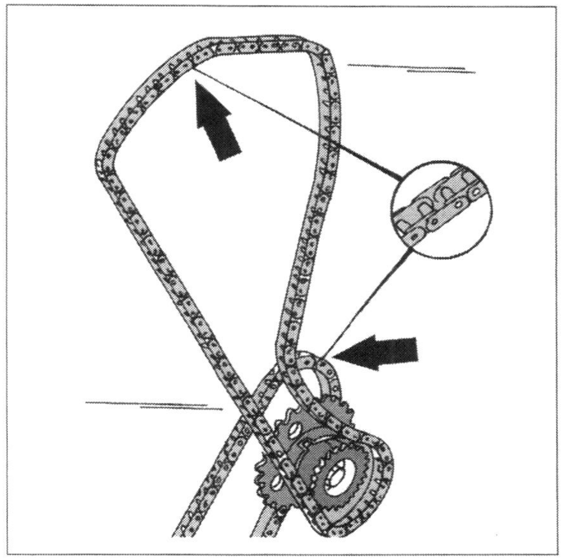

Bild 77
Der Kabelstecker ist auf den Temperaturgeber des Kühlmittels aufgesteckt.

- Massekabel der Batterie abklemmen.
- Ansaugkrümmer ausbauen, wie es beim Ausbau der Zylinderkopfhaube beschrieben wurde.
- Den Kabelstecker für den Temperaturgeber des Kühlmittels (Bezeichnung G62) abziehen. Dieser sitzt an der in Bild 76 gezeigten Stelle (linke Ansicht).
- Kühlanlage ablassen und das Thermostatgehäuse ausbauen (siehe Abschnitt „Kühlanlage").
- Die Kurbelwelle durchdrehen (Ringschlüssel an der Schraube in der Innenseite der Riemenscheibe ansetzen), bis der Kolben des ersten Zylinders auf dem oberen Totpunkt (OT) steht. Dies ist der Fall, wenn die in Bild 76 in der Mitte gezeigte Flucht zustande gekommen ist.
- Die Zylinderkopfhaube ausbauen, wie es bereits beschrieben wurde.
- Den Kettenspanner ausbauen (Schraube 13 in Bild 74) lösen. Den Dichtring (14) abnehmen. In der Praxis gesehen, sitzt der Kettenspanner an der in Bild 76 (rechts) gezeigten Stelle.

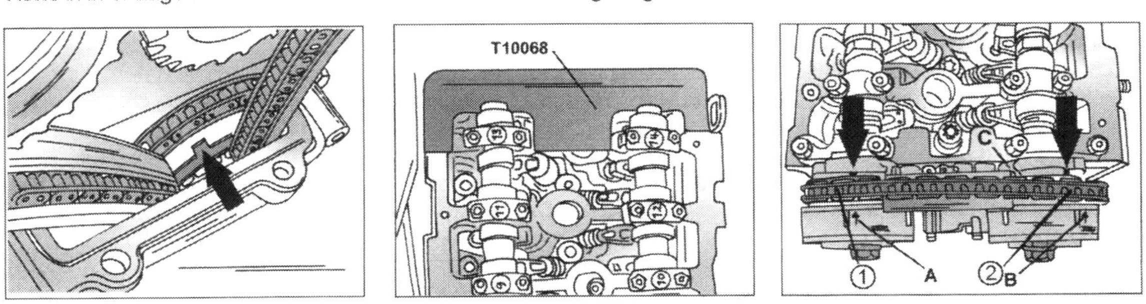

Bild 78

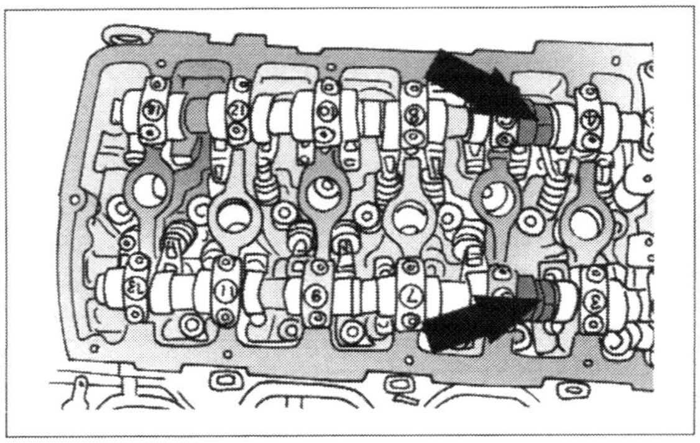

Bild 79
Die Sechskantflächen zum Gegenhalten der Nockenwellen können an den Pfeilstellen gefunden werden.

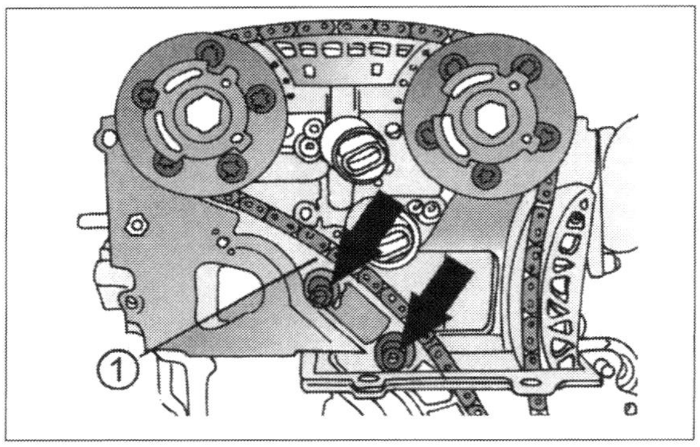

Bild 80
Die beiden Schrauben (Pfeile) halten die Führungsschiene (1) für die Rollenkette.

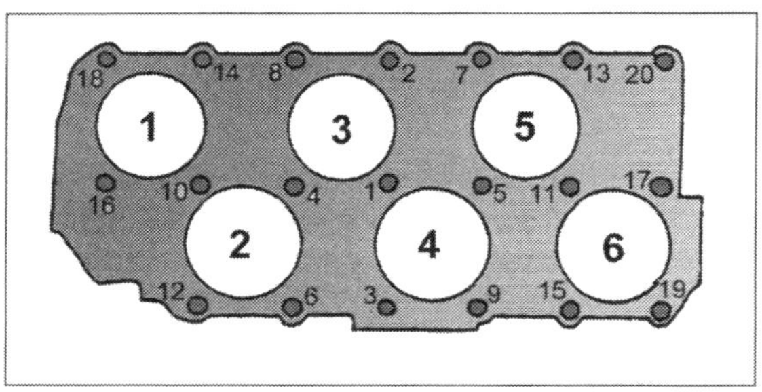

Bild 81
Anzugsreihenfolge der Zylinderkopfschrauben. Schrauben in umgekehrter Reihenfolge lockern.

- Vor weiteren Arbeiten die Rollenketten an den in Bild 77 gezeigten Stellen mit einem Klecks schnell trocknender Farbe zeichnen.
- Die Kabelstecker nach genauer Kennzeichnung von den folgenden Teilen abziehen, deren Lage anhand von Bildern 73 und 74 zu sehen ist: Verstellventil der Einlassnockenwelle (N205), Regelventil der Auslassnockenwelle (N318), Hallgeber der Einlassnockenwelle (G40) und Hallgeber 2 der Auslassnockenwelle (G163). Die Stecker auf keinen Fall beim Aufstecken verwechseln. Kabel auf eine Seite schieben und den Kabelträger abschrauben.
- Vorderes Auspuffrohr vom Ansaugkrümmer trennen.
- Die genaue OT-Stellung des ersten Zylinders kontrollieren. Dazu an der in Bild 78 (links) gezeigten Stelle kontrollieren, ob man eine Nut an den Steuerrädern der Zwischenwelle sehen kann. Falls dies nicht der Fall ist, die Kurbelwelle um eine weitere Umdrehung in Drehrichtung durchdrehen. **Dabei jedoch beachten:** Da man die Kurbelwelle nur bei eingebautem Kettenspanner durchdrehen darf und dieser bereits ausgebaut wurde, muss man die Spannplatte des Kettenspanners mit der Hand gegen die Kette drücken, während die Kurbelwelle weiter gedreht wird.
- Nachdem die im Bild gezeigte Flucht zustande gekommen ist, wird die Nockenwellensperre in der in der Mitte von Bild 78 gezeigten Weise in die Nuten in den Enden der Nockenwellen eingesetzt. Ohne Lehre ist es wichtig, dass die beiden Nuten ohne Abweichung genau waagerecht stehen müssen.

Die Fluchtmarkierungen an den Nockenwellenverstellern jetzt in folgender Weise kontrollieren, ehe die Versteller ausgebaut werden:

- Die rechts Ansicht von Bild 78 betrachten und kontrollieren, dass die Markierungen (A) und (B) in einer Linie mit den Kerben im Regelgehäuse (C) liegen (Pfeilstellen).
- Kontrollieren, dass zwei silberfarbige Kettenglieder in der Rollenkette sichtbar sind. Ein Kettenglied muss genau gegenüber dem abgeschliffenen Zahn jeden Nockenwellenverstellers liegen. Die abgeschliffenen Zähne (1) und (2) der Nockenwellenversteller müssen ebenfalls der Kerbe im Regelgehäuse gegenüberliegen. Die eigentliche Ansicht der Oberseite der Kette wird Ihnen besser als die Abbildung zeigen, wie die Fluchtmarken und die abgeschliffenen Zähne aussehen.
- Den Versteller der Auslassnockenwelle abschrauben und den Versteller zusammen mit der Rollenkette von der Einlassnockenwelle herunterheben.

Hinweis: Die Nockenwelle durch Ansetzen eines Gabelschlüssels mit SW 32 mm am Sechskant der Nockenwelle gegenhalten (zwecks Lage siehe Bild 79), wenn der Versteller gelockert oder festgezogen wird. Die Arretierungsplatte oder eine andere verwendete Sperre in den Nockenwellen (Bild 78, Mitte) darf dabei nicht eingesetzt sein.

- Auf die beiden Nockenwellen gesehen, auf der linken Seite die beiden mit den in Bild 80 gezeigten Schrauben befestigte Führungsschiene der Rollenkette abschrauben, die Schiene abnehmen und die Rollenkette auf einer Seite ablegen.
- Die Zylinderkopfschrauben unter Bezug auf Bild 81, jedoch in umgekehrter Reihenfolge, lockern. Unbedingt den richtigen Stecknusseinsatz benutzen (VW Nummer 3452).
- Den Zylinderkopf herunterheben. Falls er festsitzen sollte, kann man mit einem Gummihammer nachhelfen.

2C.2.2 Zylinderkopf zerlegen

Bild 82 zeigt die Teile des zerlegten Zylinderkopfes ohne die Ventile. Wir schlagen vor, dass man den Zylinderkopf zur Zerlegung und eventuellen Überholung in eine Werkstatt bringt. Die folgenden Hinweise werden jedoch behilflich sein, falls man Arbeiten am Kopf selbst durchführen will. Die folgenden Hinweise sind zu beachten:

- Die Muttern (1) mit 5 Nm anziehen und um eine weitere Viertelumdrehung nachziehen (siehe Aus- und Einbau der Nockenwelle).
- Lagerdeckel der Auslassnockenwelle (2). Einbaulage beachten (siehe Aus- und Einbau der Nockenwelle).
- Den Dichtring (3) bei Ölleckstellen erneuern. Beim Einbau des Regelgehäuses (8) die Kontaktstellen des Dichtringes einölen. Dichtringe beim Einbau nicht zu weit ausdehnen.
- Der Aus- und Einbau der Einlassnockenwelle (4) wird getrennt beschrieben.

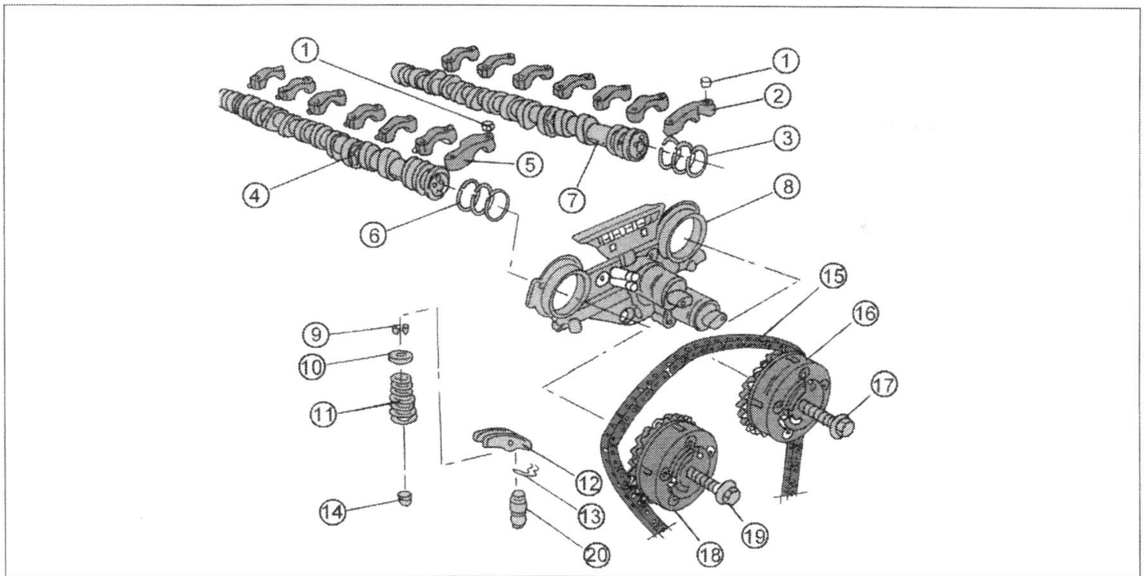

Bild 82
Die Nockenwellen und andere Teile im oder am Zylinderkopf. Auf die einzelnen Teile wird im Text eingegangen.

- Lagerdeckel der Einlassnockenwelle (5). Einbaulage beachten (siehe Aus- und Einbau der Nockenwelle).
- Den Dichtring (6) bei Ölleckstellen erneuern. Beim Einbau des Regelgehäuses (8) die Kontaktstellen des Dichtringes einölen. Dichtringe beim Einbau nicht zu weit ausdehnen.
- Der Aus- und Einbau der Auslassnockenwelle (7) wird getrennt beschrieben.
- Das Regelgehäuse (8) kann zerlegt werden. Die Führungsschiene der Kette (angeclipst), das Verstellventil der Einlassnockenwelle und das Regelventil der Auslassnockenwelle sind daran angebracht. Die Gehäuseschrauben werden mit 8 Nm angezogen. In der Rückseite des Gehäuses ist ein Sieb eingesetzt. Zum Ausbau den Clip entfernen und angesammelten Schmutz entfernen.
- Ventilkegelhälften (9), Ventilfederteller (10), Ventilfedern (11) und Ventilschaftdichtringe (14) sind in der gezeigten Reihenfolge auf jedem Ventil angebracht.
- Die Rollenhebel der Ventilbetätigung (12) dürfen nach Ausbau nicht verwechselt werden. Die Rollen müssen sich einwandfrei durchdrehen lassen. Vor Einbau der Hebel das Axialspiel der Nockenwellen ausmessen. Beim Einbau die Kontaktflächen gut einölen und mit dem Clip (13) am Hydrostößel befestigen.
- Die Ventilschaftdichtringe (14) können Sie bei eingebautem Zylinderkopf erneuern lassen. Andernfalls muss der Zylinderkopf ausgebaut sein.
- Die Rollenkette (15) vor dem Ausbau in der Einbaulage kennzeichnen (siehe Ausbau des Zylinderkopfes).
- Der Versteller der Auslassnockenwelle (16) wurde bereits beim Ausbau des Zylinderkopfes erwähnt (siehe auch Bild 74).
- Die Schraube (17) mit 60 Nm anziehen und um eine weitere Viertelumdrehung nachziehen (siehe Aus- und Einbau der Nockenwellen).
- Der Versteller der Einlassnockenwelle (18) wurde bereits beim Ausbau des Zylinderkopfes erwähnt (siehe auch Bild 74).
- Die Schraube (19) mit 60 Nm anziehen und um eine weitere Viertelumdrehung nachziehen (siehe Aus- und Einbau der Nockenwellen).

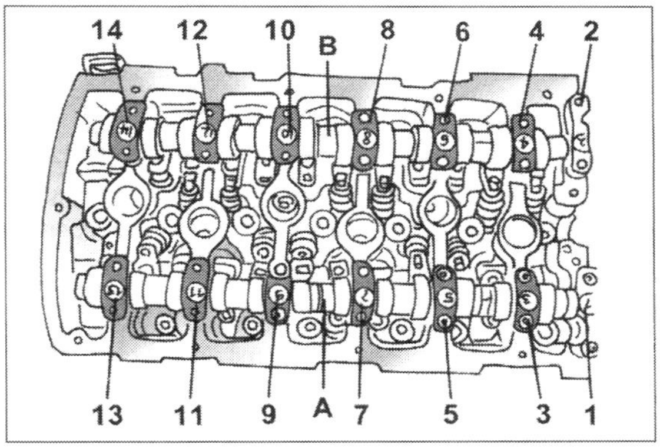

Bild 83
Die Lagerdeckel sind in der gezeigten Weise gekennzeichnet.

- Die Hydrostößel (20) nach Ausbau nicht verwechseln. Sie enthalten die hydraulischen Ausgleichselemente für die Ventilnachstellung. Beim Messen des Axialspiels der Nockenwellen dürfen sie nicht eingebaut sein.

Die folgende Beschreibung befasst sich mit dem Ausbau der Nockenwellen. Dazu den Arbeitsbeschreibungen beim Ausbau des Zylinderkopfes folgen, bis die Rollenkette ausgebaut und auf einer Seite abgelegt wurde. Danach folgende Arbeiten durchführen:

- Das Regelgehäuse vom Zylinderkopf abschrauben (vier Schrauben) und das Gehäuse vorsichtig von den Dichtringen abziehen.

Ausbau der Einlassnockenwelle (A) im Bild

Die Lagerdeckel sind in der Mitte mit Zahlen bezeichnet. Bild 83 zeigt jedoch zum besseren Verständnis, wo die einzelnen Deckel sitzen.

- Unter Bezug auf das Bild die Lagerdeckel 1 und 13 abschrauben.
- Die Lagerdeckel 3 und 11 abschrauben.
- Den Lagerdeckel 7 abschrauben.
- Die Lagerdeckel 5 und 9 abwechselnd über Kreuz lockern, bis sie vollkommen frei sind und abnehmen.

Ausbau der Auslassnockenwelle (B) im Bild

- Die Lagerdeckel 2 und 14 abschrauben.

- Die Lagerdeckel 4 und 12 abschrauben.
- Den Lagerdeckel 8 abschrauben.
- Die Lagerdeckel 6 und 10 abwechselnd über Kreuz lockern, bis sie vollkommen frei sind und abnehmen.

- Beide Nockenwellen herausnehmen und auf einer sauberen Fläche ablegen. Die Rollenhebel zusammen mit den Hydrostößeln ausbauen. Die Teile unbedingt auf Einbaulage und Zusammengehörigkeit kennzeichnen.

Die weitere Zerlegung überlässt man der Werkstatt. Falls Sie mit dem Aus- und Einbau von Ventilen vertraut sind, braucht man keine besonderen Punkte zu beachten.

2C.2.3 Überholen des Zylinderkopfes

Falls man nach Zerlegung des Zylinderkopfes irgendwelche Defekte, z. B. an den Ventilsitzen oder den Ventilen, vorfindet, ist es am besten, wenn man den Zylinderkopf zur Überholung in eine Motorenwerkstatt bringt.

Vor dem Zusammenbau des Zylinderkopfes das Axialspiel der Nockenwellen und die Zylinderkopffläche jedoch in folgender Weise ausmessen:

- Die beiden Nockenwellen ohne Hydrostößel und Rollenhebel in die Lagerbohrungen einlegen und den mittleren Lagerdeckel auf die entsprechende Welle aufsetzen und festschrauben.
- Eine Messuhr in der in Bild 84 gezeigten Weise an der Schmalseite des Zylinderkopfes anbringen und die Welle hin- und herbewegen. Das Spiel darf nicht größer als 0,10 mm sein. Andernfalls ist die Druckfläche des Lagerdeckels abgenutzt.

Nockenwellen sind mit einer bestimmten Kennzeichnung versehen und nur eine Welle mit der gleichen Kennzeichnung darf eingebaut werden.

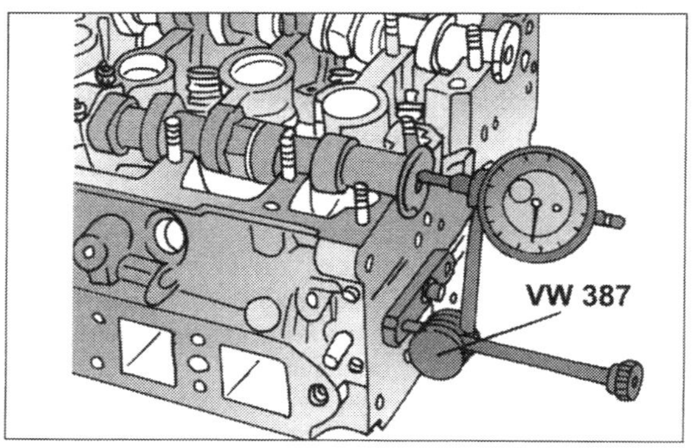

Bild 84
Ausmessen des Axialspiels der Nockenwellen.

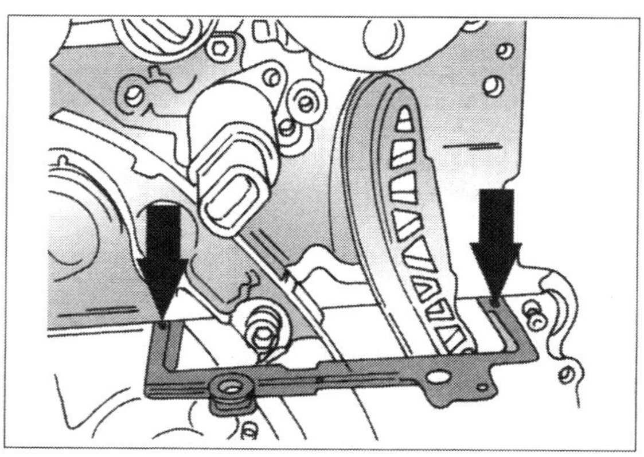

Bild 85
Die beiden mit den Pfeilen gezeigten 3-mm-Löcher reinigen und mit Dichtungsmasse füllen.

Zylinderkopffläche mit einem Messlineal auf Verzug kontrollieren. An keiner Stelle darf der Lichtspalt größer als 0,10 mm sein.

2C.2.4 Zylinderkopf zusammenbauen

Den Zylinderkopf in umgekehrter Reihenfolge wie beim Zerlegen zusammenbauen. Die folgenden Angaben sind wiederum nur als Reparaturhinweise gegeben.

- Die Rollenhebel vorschriftsmäßig an den Ventilenden anbringen und in den betreffenden Hydrostößel einsetzen.
- Die Nockenwellen gut eingeölt in die Lagerbohrungen einlegen und einige Male durchdrehen. Nockenspitzen nach oben weisend anordnen.
- Die Lagerdeckel der Reihe nach aufsetzen. Die Spitzen der Lagerdeckel beider Wellen müssen nach außen weisen. Von der Einlassseite gesehen, müssen Zahlen in den Deckeln „auf dem Kopf stehen".
- Die Lagerdeckel unter Bezug auf Bild 83 in folgender Weise anziehen:

Einlassnockenwelle A

- Die Lagerdeckel 5 und 9 abwechselnd über Kreuz mit 5 Nm anziehen und danach um 45° weiter anziehen (Hälfte einer Viertelumdrehung).
- Die Lagerdeckel 1 und 13 mit 5 Nm anziehen und danach um weitere 45°.
- Lagerdeckel 7 in der oben beschrieben Weise anziehen.
- Lagerdeckel 3 und 11 in der oben beschriebenen Weise anziehen.

Auslassnockenwelle B

- Die Lagerdeckel 6 und 10 abwechselnd über Kreuz mit 5 Nm anziehen und danach um 45° weiter anziehen (Hälfte einer Viertelumdrehung).
- Die Lagerdeckel 2 und 14 mit 5 Nm anziehen und danach um weitere 45°.
- Lagerdeckel 8 in der oben beschrieben Weise anziehen.
- Lagerdeckel 4 und 12 in der oben beschriebenen Weise anziehen.

Beim weiteren Einbau folgendermaßen vorgehen, jedoch ist zu beachten, dass man in diesem Zusammenhang die Anweisungen zum Einbau des Zylinderkopfes durchlesen muss:

- Die beiden Nockenwellen in die OT-Stellung drehen, d. h. die Lehre muss sich in der in Bild 78 (Mitte) gezeigten Weise einsetzen lassen, d. h. die beiden Nuten (Schlitze) müssen waagerecht liegen.
- Vor Einbau des Regelgehäuses den Filter an der Innenseite auf Verschmutzung kontrollieren und ggf. reinigen.
- Die Aufnahmebohrungen für die Öldichtringe der Nockenwellen im Regelgehäuse und die Kontaktflächen der Dichtringe einölen und das Regelgehäuse langsam über die Dichtringe schieben. Die vier Schrauben mit 8 Nm anziehen.
- Falls die beiden Nockenwellen (oder auch eine Nockenwelle) bei eingebautem Motor ausgebaut wurden, muss man die beiden in Bild 85 gezeigten 3-mm-Löcher

in der Zylinderkopfdichtung gründlich reinigen und mit Dichtungsmasse (AMV 188 001 02) vollschmieren.

- Rollenkette montieren, wie es später beschrieben ist.
- Dichtflächen des Deckels mit genannter Dichtungsmasse einschmieren, den O-Dichtring einölen und in den Deckel einsetzen, den Deckel ansetzen und festschrauben. M8-Schrauben (zuerst) mit 23 Nm, M6-Schrauben mit 8 Nm anziehen.
- Kettenspanner einbauen und mit 40 Nm anziehen.
- Zylinderkopfhaube wieder montieren.

2C.2.5 Zylinderkopf einbauen

Der folgende Text beschreibt in der Hauptsache das Festziehen des Zylinderkopfes. Andernfalls geschieht der Einbau in umgekehrter Reihenfolge zum Ausbau. Die folgenden Punkte sind zu beachten:

- Die Zylinderkopfdichtung erst unmittelbar vor dem Einbau aus der Verpackung nehmen und mit der größten Vorsicht behandeln (Gefahr von Leckstellen nach dem Einbau).
- Zur genauen Führung der Dichtung sind zwei Passhülsen in die Schraubenpositionen „12" und „20" in den Zylinderblock eingesetzt. Kontrollieren, dass die beiden Hülsen sich im Block befinden.
- Kontrollieren, dass beide Nockenwellen in der richtigen Stellung stehen, mit dem Kolben Nr. 1 auf OT. Dies durch Einlegen der Lehre kontrollieren (siehe Bild 78, Mitte).
- Die Zylinderkopfdichtung vorbereiten, wie es beim Zusammenbau des Zylinderkopfes beschrieben wurde (siehe ebenfalls Bild 85).
- Den Zylinderkopf aufsetzen und mit einem Kunststoff- oder Gummihammer anschlagen. Die Ventile können gegen die Kolbenböden anschlagen, wenn der Kopf aufgesetzt ist.
- Die neuen Zylinderkopfschrauben einsetzen und fingerfest anziehen.
- Unter Bezug auf Bild 81 die Zylinderkopfschrauben stufenweise in der angegebenen Reihenfolge und Weise anziehen. Es wird nochmals darauf hingewiesen, dass man nur einen vielverzahnten, inbus-ähnlichen Schlüssel zum Anziehen der Schrauben verwenden darf, da andernfalls die Schraubenköpfe beschädigt werden.
- Alle Schrauben in der in Bild 81 gezeigten Reihenfolge auf ein Anzugsdrehmoment von 30 Nm anziehen.
- Alle Schrauben in der in Bild 81 gezeigten Reihenfolge auf ein Anzugsdrehmoment von 50 Nm anziehen.
- In der gezeigten Reihenfolge den Schlüssel in die Schraube einsetzen, die Stellung des Knebels merken und jede Schraube in einem Durchgang um genau eine Viertelumdrehung anziehen.
- In der gezeigten Reihenfolge den Schlüssel in die Schraube einsetzen, die Stellung des Knebels merken und jede Schraube in einem Durchgang um genau eine weitere Viertelumdrehung anziehen.

2C.3 Steuerantrieb

2C3.1 Aus- und Einbau der Steuerkette

Der Ausbau der Rollenkette wurde im Wesentlichen bereits beim Ausbau des Zylinderkopfes beschrieben. Die folgende Arbeitsbeschreibung befasst sich nur mit dem Einbau der Steuerkette. Dabei wird davon ausgegangen, dass der Motor ausgebaut ist. Bei eingebautem Motor sind die Arbeiten natürlich durch den knappen Raum weitaus schwieriger. Steuereinstellungen sind immer schwierig, d. h. man muss sich genauestens an die Anweisungen halten. Bild 86 zeigt die Teile an der Unterseite des Motors. Bild 82 zeigte bereits die Teile an der Unterseite.

Hinweis: Die in der folgenden Beschreibung mit Nockenwellenverstellern bezeichneten Teile des Antriebs sind die Steuerräder der Nockenwellen.

- Steuerkette lose auflegen.
- Als Erstes die Kurbelwelle auf die richtige Stellung im Verhältnis zur Zwischenwelle bringen. Dazu Bild 87 betrachten. Der abgeschliffene Zahn am Antriebskettenrad (B) muss mit in einer Linie mit der Trennfuge des Hauptla-

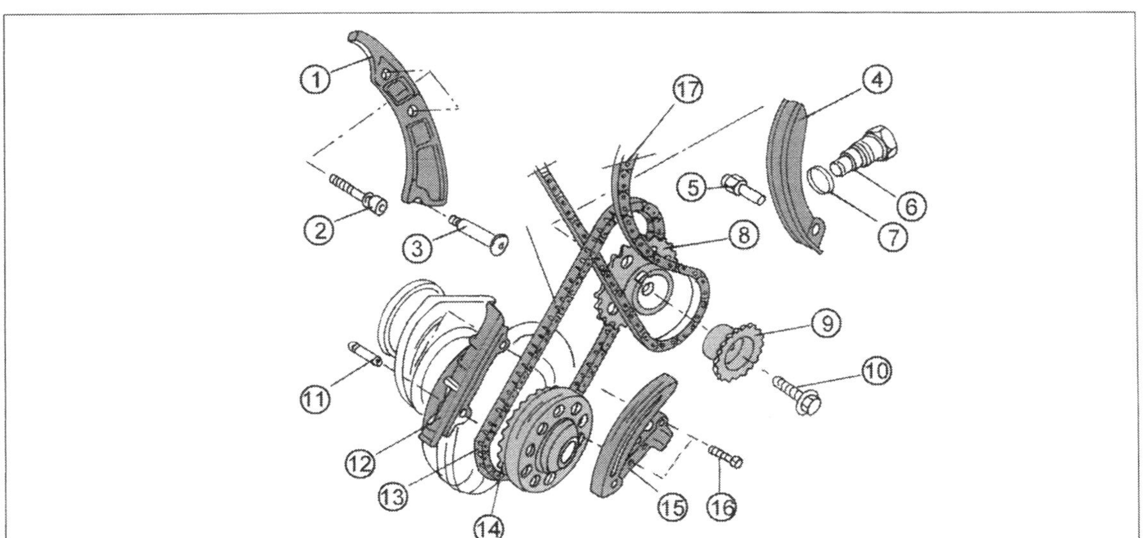

Bild 86
Ansicht der Steuerketten und dazugehörigen Teile.

1 Kettenführungsschiene für Nockenwellenantriebskette
2 Schraube, 23 Nm
3 Führungsbolzen für Führungsschiene, 18 Nm
4 Spannschiene für Nockenwellenantriebskette
5 Drehbolzen für Spannschiene, 18 Nm
6 Kettenspannerschraube, 40 Nm
7 Dichtring
8 Kettenrad für Rollenkette 13
9 Kettenrad für Rollenkette 17
10 Schraube, 60 Nm + Viertelumdrehung (90°)
11 Führungsbolzen ohne Bund, 10 Nm, für Führungsschiene
12 Führungsschiene für Rollenkette 13
13 Rollenkette
14 Kurbelwellenkettenrad (Teil der Kurbelwelle)
15 Kettenspanner mit Spannschiene für Kette 13
16 Schraube, 8 Nm
17 Rollenkette für Nockenwellenantrieb

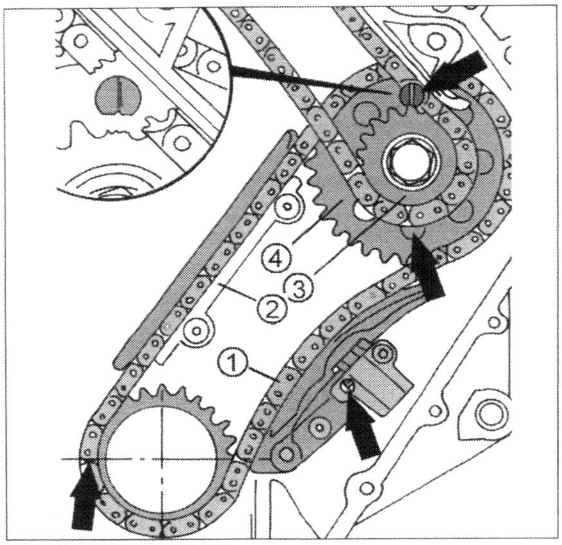

Bild 87
Einzelheiten zum Einbau des Steuerantriebs. Die einzelnen Steuermarken sind mit den Buchstaben bezeichnet.
1 Rollenkette
2 Führungsschiene für Rollenkette
3 Kettenrad auf der Zwischenwelle
4 Kettenrad auf der Zwischenwelle

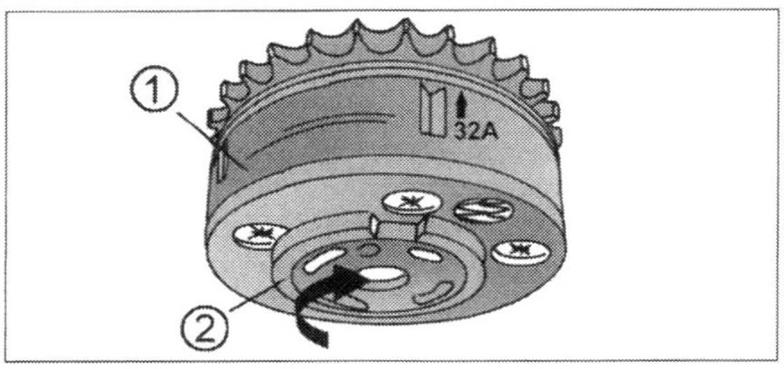

Bild 88
Ansicht des Nockenwellenverstellers für die Auslassventile.
1 Versteller
2 Geberrad des Hallgebers

gerdeckels Nr. 1 liegen. Der Kolben des ersten Zylinders steht somit auf OT. Die beiden Bolzen ohne Bund in die Führungsschiene (2) einschrauben und mit 10 Nm anziehen. Unbedingt darauf achten, dass eine bereits gelaufene Kette in die eingezeichnete Drehrichtung weist.

- Die Führungsschiene (2) mit der Rollenkette (1) und die beiden Kettenräder (3) und (4) montieren. Die Markierung am Kettenrad (4) muss in einer Linie mit der Kerbe (C) oder (D) am Flansch der Zwischenwelle liegen. Überprüfen, dass die Rollenkette vollkommen gerade in der Führungsplatte von der Kurbelwelle zur Zwischenwelle verlegt ist.
- Die Kettenräder (3) und (4) an der Zwischenwelle handfest anziehen. *Die Schrauben der Kettenräder müssen immer erneuert werden.*
- Den Kettenspanner (15) in Bild 86 montieren. Der im Kettenspanner sitzende Kolben ist mit einer Sperrvorrichtung versehen, welche verhindert, dass der Kolben zurückgestoßen wird. Vor Einbau des Kettenspanners muss man einen Schraubendreher in den Schlitz (A) in Bild 87 einsetzen (siehe Ausschnitt oben links im Bild) und den Kolben verdrehen, um ihn zu entsperren. Gleichzeitig den Gleitschuh des Kettenspanners gegen den Kettenspanner drücken. Den Kettenspanner gegen die Kette ansetzen und die Bolzen (16) mit 8 Nm anziehen. Der Kettenspanner ist ebenfalls in Bild 87 zu sehen (mit „A" bezeichnet).
- Kurbelwelle gegen Mitdrehen gegenhalten und neue Schrauben in die Kettenräder (3) und (4) der Zwischenwelle einschrauben. Schrauben mit 60 Nm anziehen und um eine weitere Viertelumdrehung nachziehen.
- Nochmals kontrollieren, dass das Kettenrad der Kurbelwelle (B) richtig im Verhältnis zu den Markierungen (C) oder (D) an der Zwischenwelle steht. Der erste Zylinder muss auf OT stehen.

Als Nächstes die Rollenkette des Nockenwellenantriebs montieren. Falls man die Nockenwellen verdrehen muss, einen 32-mm-Gabelschlüssel am Sechskant der Welle ansetzen:

- Kontrollieren, dass sich die Lehre in die beiden Nuten in den Enden der Nockenwellen einsetzen lässt (Bild 78, Mitte).
- Falls der Zylinderkopf ausgebaut ist, wird er jetzt entsprechend den Anweisungen montiert.
- Die Rollenkette der Nockenwellen über das Kettenrad auf der Zwischenwelle legen. Darauf achten, dass die Kette richtig verlegt wird.
- Der Versteller der Einlassnockenwelle wird als erstes eingebaut, mit der Rollenkette in Eingriff mit den Zähnen des Verstellers.
- Beide Nockenwellenversteller auf die Enden der Nockenwellen aufsetzen. Um keine Fehler zu machen, die Kennzeichnung der Versteller kontrollieren: 24E auf der Einlassseite, 32A auf der Auspuffseite. Beim Versteller der Auslassnockenwelle ist auch zu beachten, dass er in beide Richtungen verdreht werden kann. Beim Einbau deshalb beachten, dass das Geberrad des Hallgebers (2) in Bild 88 in Richtung des Pfeils bis zum Anschlag verdreht wird. Kontrollieren, dass zwischen den beiden abgeschliffenen Zähnen an den beiden Nockenwellenverstellern genau 16 Kettenglieder liegen.
- Versteller der Auslassnockenwelle mit der aufgelegten Rollenkette an der Welle anbringen. Unter Bezug auf Bild 79 Kontrollieren, dass die Markierungen (A) und (B) an den Nockenwellenverstellern in einer Linie mit den durch die Pfeile gezeigten Kerben im Regelgehäuse stehen. Die abgeschliffenen Zähne (1) oder (2) der Versteller müssen gegen die entsprechende Kerbe im Regelgehäuse weisen.
- **Neue** Befestigungsschrauben handfest in die Versteller einschrauben.
- Die Kettenglieder zwischen den beiden Kettenrädern der Versteller zählen. 16 müssen vorhanden sein.
- Die Sperre (falls verwendet) aus den Nockenwellen herausnehmen.
- Die Kurbelwelle um genau 2 Umdrehungen in Drehrichtung durchdrehen und kontrollieren, dass die Steuermarken wie oben angegeben wieder stimmen. Zu beachten ist, dass man mit der Kettenspannerschiene gegen die Kette der Nockenwellen drücken muss, da der Kettenspanner noch nicht eingeschraubt wurde. Falls die Markierungen nicht stimmen, muss man die Einstellung erneut durchführen.
- **Neue** Schrauben in die beiden Nockenwellenversteller (Kettenräder) einschrauben, die Nockenwellen jeweils an den Sechskantflächen gegenhalten (32-mm-Gabelschlüssel) und die Schrauben mit 60 Nm anziehen. Aus der Endstellung die Schrauben um weitere 90° (Viertelumdrehung) nachziehen.
- Dichtfläche des Verschlussdeckels mit Dichtungsmasse einschmieren (AMV 188 001 02), den Deckel montieren und die Schrauben mit 8 Nm anziehen. Der Dichtring muss entweder im Deckel sitzen oder jetzt montiert werden.
- Alle anderen Arbeiten in umgekehrter Reihenfolge wie beim Einbau des Zylinderkopfes durchführen.

2D.1 Aus- und Einbau

Der Aus- und Einbau des 2.0-Liter-Motors, Bezeichnung ADY oder ATM, erfolgt in fast unveränderter Weise anhand der Beschreibung für den VR6-Motor. Der Motor wird zusammen mit dem Getriebe nach unten aus dem Fahrzeug gesenkt. Auch die Motorlagerungen sowie die Anzugsdrehmomente sind gleich.
Obwohl der Motor auf einem bereits früher in die behandelten Fahrzeuge eingebauten Motor aufgebaut ist, liegen einige Unterschiede vor, die aufgrund der Kraftstoffeinspritzanlage und anderer Teile vorgenommen wurden. Die folgenden Anweisungen beziehen sich ebenfalls auf den vorher eingebauten Motor mit der Bezeichnung ADY.

2D.2 Zerlegung und Zusammenbau

2D.2.1 Allgemeine Zerlegung

Die folgenden Anweisungen beziehen sich in der Hauptsache auf den Motor mit der Bezeichnung ADY. Der Motor mit der Bezeichnung ATM hat keine Zwischenwelle und entspricht im Aufbau, abgesehen vom Zylinderkopf und den Nockenwellen, mehr dem 1.8-Liter-Motor, d. h. die Ölpumpe wird durch eine Kette angetrieben.
Vor Beginn der Arbeiten sind alle Außenflächen des Motors gründlich zu reinigen. Alle Öffnungen des Motors vorher mit einem sauberen Putzlappen abdecken, damit keine Fremdkörper in die Innenseite des Motors gelangen können.
Falls nach dem Zerlegen des Motors Metallspäne oder andere Anzeichen von abgesplittertem Metall im Zylinderblock festgestellt werden können, welche zum Beispiel durch festgefressene Kurbelwellenhauptlager oder Pleuellager verursacht wurden, müssen, abgesehen von einer gründlichen Reinigung der Ölkanäle, alle Vertiefungen und andere versteckte Ecken im Zylinderblock gereinigt werden, da sich die Metallteilchen ebenfalls hier abgesetzt haben.
Das Zerlegen des Motors wird in Einzelheiten in den getrennten Kapiteln beschrieben. Auf diese Weise können wir Arbeiten beschreiben, die entweder bei eingebautem oder ausgebautem Motor durchgeführt werden können, ohne dass bestimmte Zerlegungsarbeiten zweimal beschrieben werden.
Falls eine komplette Zerlegung durchgeführt werden soll, braucht man nur die einzelnen Arbeitsgänge miteinander zu kombinieren und zwar in der angeführten Reihenfolge.
Im Allgemeinen sollte man beim Zerlegen daran denken, dass alle sich bewegenden oder gleitenden Teile vor dem Ausbau zu zeichnen sind, um sie wieder in der ursprünglichen Lage einzubauen, falls sie wieder verwendet werden. Dies ist besonders bei Kolben, Ventilen, Lagerdeckeln und Lagerschalen wichtig. Die Teile so ablegen, dass man sie nicht verwechselt.

- Alle Motornebenteile, d. h. Zündverteiler, Auspuffkrümmer, Teile der Einspritzanlage, Ansaugrohr mit Ansauggehäuse, usw. abmontieren.
- Kurbelwellenriemenscheibe ausbauen.
- Den Steuerriemenschutz abschrauben und den Zahnriemen ausbauen (Kapitel 2D.7.1). Von der Stirnseite des Motors den Riemenspanner ausbauen. Dieser wird mit einer Mutter gehalten, wie es in Bild 89 zu sehen ist.
- Die Kurbelwelle gegenhalten und die Schraube (5) in Bild 89 lösen. Das Kurbelwellensteuerrad von der Welle herunterziehen. Die Wasserpumpe abschrauben.
- Ölfilter abschrauben und den zwischen Ölfilter und Filtersockel eingesetzten Ölkühler abschrauben (Mutter lösen – siehe Kapitel „Motorschmierung"). Falls erforderlich, den Sockel vom Motor abschrauben.
- Den Ölmessstab herausziehen.
- Zylinderkopfhaube abschrauben und die Dichtung sofort wegwerfen.
- Den Zylinderkopf ausbauen, wie es später beschrieben ist.
- Motor umkehren und die Ölwanne abschrauben. Die Dichtung abnehmen. Die Ölpumpe von der Unterseite des Kurbelgehäuses abschrauben und herausziehen.
- Pleuellagerdeckel mit der Zylindernummer kennzeichnen (mit Farbe) und die Lagerdeckel der Reihe nach abschrauben. Zwei Pleuellager sollten sich immer auf dem unteren Totpunkt befinden, wenn die Deckel gelöst werden. Die Pleuelstangen zusammen mit den Kolben der Reihe nach oben aus den Zylinderbohrungen schieben. Darauf achten, dass die Lagerschalen und Lagerdeckel sofort wieder an die betreffenden Pleuelstangen angeschraubt werden. Die Pleuellager sind mit Dehnschrauben zusammengeschraubt und die Schrauben dürfen nicht wieder verwendet werden.
- Kurbelwelle ausbauen. Die Lagerdeckel sind in diesem Fall mit Zahlen gezeichnet (Nr. 1 an der Riemenscheibenseite, Nr. 5 an der Schwungradseite).
- Steuerrad der Zwischenwelle abmontieren und den

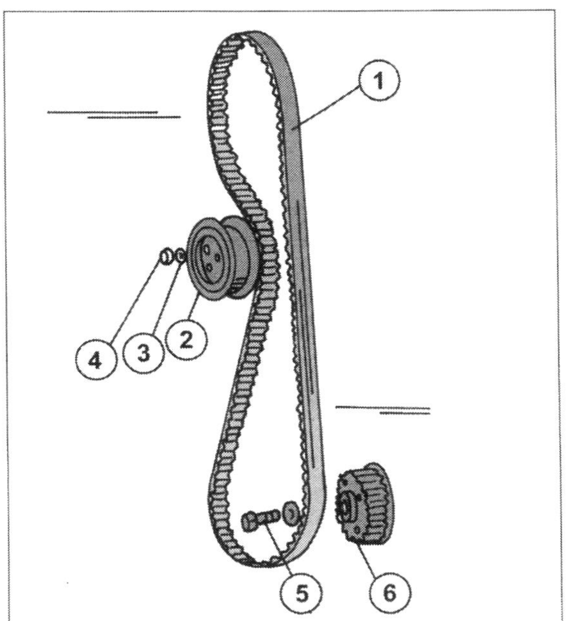

Bild 89
Der Zahnriemen mit der Riemenspannrolle und dem Steuerrad der Kurbelwelle.
1 Zahnriemen
2 Zahnriemenspannrolle
3 Scheibe
4 Mutter, 45 Nm
5 Schraube, 80 Nm
6 Kurbelwellensteuerrad

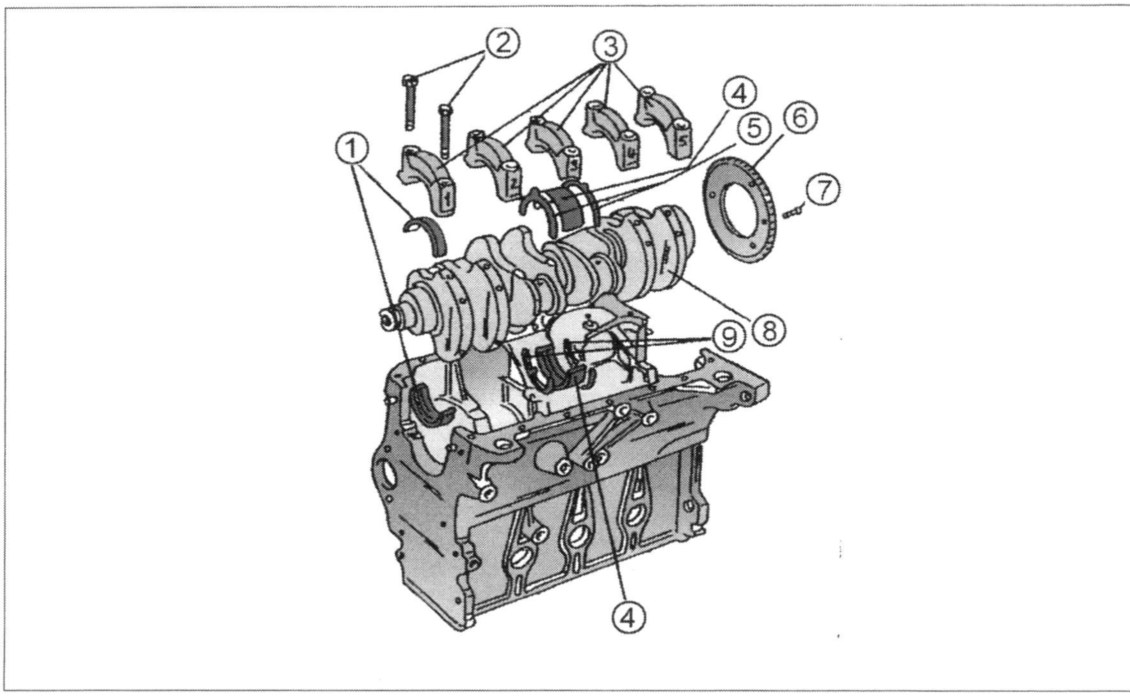

Bild 90
Ansicht des zerlegten Kurbelgehäuses.
1 Lagerschalen Nr. 1, 2, 4 und 5
2 Schrauben (Anzugsdrehmoment beachten)
3 Lagerdeckel
4 Lagerschale Nr. 3
5 Anlaufdruckscheibe am Lagerdeckel
6 Zahnkranz für Drehzahlfühler der Kurbelwelle
7 Schraube, 10 Nm + 90°
8 Kurbelwelle
9 Anlaufdruckscheibe im Zylinderblock

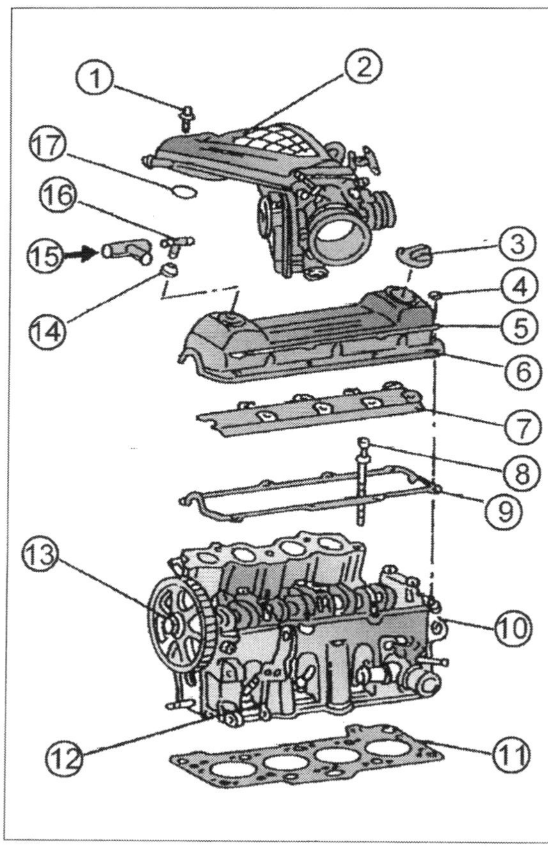

Bild 91
Die gezeigten Teile bei der Demontage des Zylinderkopfes ausbauen.
1 Schraube, 16 Nm
2 Ansaugkrümmer, Oberteil
3 Öleinfüllverschluss
4 Mutter, 10 Nm
5 Verstärkungsbleche
6 Zylinderkopfhaube
7 Ölabweisblech
8 Zylinderkopfschrauben
9 Haubendichtung
10 Zylinderkopf
11 Zylinderkopfdichtung
12 Hebeöse
13 Nockenwellensteuerrad
14 Stopfen
15 Von Kurbelgehäusebelüftung
16 Dreiweganschluss
17 O-Dichtring (immer erneuern)

Flansch der Zwischenwelle abschrauben und abdrücken. Die Welle aus dem Motor herausziehen.
Bild 90 zeigt ein Montagebild des Kurbelgehäuses. Nicht gezeigt sind die Öldichtringflansche vorn und hinten sowie die Zwischenwelle, welche unter getrennten Überschriften behandelt werden.

2D.2.2 Zusammenbau

Wie das Zerlegen wird auch der Zusammenbau des Motors unter getrennten Überschriften beschrieben. Die Reihenfolge des Zusammenbaus findet im Allgemeinen in umgekehrter Weise statt.

2D.3 Zylinderkopf und Ventile – ADY-Motor

Aufgrund der Konstruktion der Ventilsteuerung erwähnen wir einige wichtige Punkte, die der Leser wissen sollte, ehe irgendwelche Arbeiten am Zylinderkopf durchgeführt werden:

- Die obenliegende Nockenwelle ist in fünf Lagern geführt. Das hintere Lager dient zur Axialführung der Nockenwelle.
- Der Hersteller gibt in vielen Fällen kein genauen Werte zum Prüfen von Laufspielen der Ventilschäfte, Messen der ungespannten Länge der Ventilfedern, usw. an, da diese Werte mit bestimmten Lehren gemessen werden. Falls Sie Zweifel haben, sollten Sie sich an eine Werkstatt wenden, welche Ihnen genauere Auskünfte erteilen kann.
- Ventilfedersitze, Ventilfedern und Dichtringe der Ventilschäfte sind ziemlich schwer zugänglich, da sie sich in Ausbuchtungen des Zylinderkopfes befinden. Bei der folgenden Beschreibung wird davon ausgegangen, dass die dazu erforderlichen Hilfswerkzeuge zur Verfügung stehen und den gegebenen Anweisungen genau gefolgt wird. Wir möchten nochmals darauf hinweisen, dass dies äußerst wichtig ist. Beim Ausbau von Ventilen darauf achten, wie die Teile eingebaut sind, d. h. Stößel, Ventilkegelhälften, oberer Ventilteller, innere und äußere

Ventilfedern, Ventilschaftdichtringe und unterer Ventilfedersitz.

2D.3.1 Ausbau des Zylinderkopfes

Der Zylinderkopf kann bei eingebautem Motor ausgebaut werden, und diese Arbeit wird nachfolgend in groben Zügen beschrieben. Falls der Motor bereits ausgebaut ist, sind die Vorarbeiten bereits ausgeführt.

Den Zylinderkopf unter keinen Umständen ausbauen, wenn der Motor eine Temperatur von mehr als 40°C besitzt, da es vorkommen kann, dass sich der Zylinderkopf durch die Wärmeeinwirkung verzieht.

Bild 91 zeigt die zum Ausbau des Zylinderkopfes eines ADY-Motors zu lösenden Teile.

- Massekabelklemme nach Lockern der Schraube und Mutter vom Batteriepol entfernen. Den Sicherheits-Code für ein eingebautes Radio (falls zutreffend) muss man zur Hand haben.
- Kühlanlage ablassen (Kapitel 4.1.1).
- Das Oberteil des Ansaugsammelrohres ausbauen. Oberen Kühlwasserschlauch abschließen.
- Elektrische Leitungen von allen Teilen am Zylinderkopf abklemmen.
- Kraftstoffleitungen, Drosselklappenbetätigungszug und Schlauch für den Bremskraftverstärker abschließen.
- Alle zwischen Zylinderkopf und Karosserie angeschlossenen Leitungen, Kabel, Verbindungen, usw. lösen. Die Anschlüsse in geeigneter Weise kennzeichnen, falls es sein könnte, dass man sie beim Wiederanschließen verwechseln könnte.
- Zylinderkopfhaube nach Abschließen der daran befindlichen Teile ausbauen und die Dichtungen abnehmen. Das Ölabweisblech herunternehmen. Zwei Verstärkungsbleche an den Seiten der Zylinderkopfhaube ebenfalls abnehmen.
- Unter Bezug auf Bild 92 den oberen Zahnriemenschutzdeckel ausbauen.
- Den Zahnriemen entspannen, wie es in Kapitel 2D.7 beschrieben wird und den Riemen vorsichtig vom Nockenwellenrad herunterheben. Den Riemen dabei stramm halten und in geeigneter Weise festbinden, damit er nicht vom Steuerrad der Kurbelwelle herunterrutschen kann. Den Riemen aber dabei nicht zu eng zusammenbinden.
- Das Blech hinter dem Zahnriemen von Zylinderkopf abschrauben.
- Mit einem vielverzahnten, inbusschlüssel-ähnlichen 12-mm-Einsatz und einer Stecknuss der Reihe nach die Zylinderkopfschrauben entgegengesetzt der in Bild 93 gezeigten Reihenfolge lösen, die Schrauben herausziehen und den Zylinderkopf abnehmen. Die Dichtung entfernen.

Die Nockenwelle kann bei eingebautem Motor ausgebaut werden. Dabei in ähnlicher Weise wie oben beschrieben vorgehen und danach die im nächsten Kapitel beschriebenen Arbeiten durchführen, bis die Nockenwelle herausgehoben werden kann.

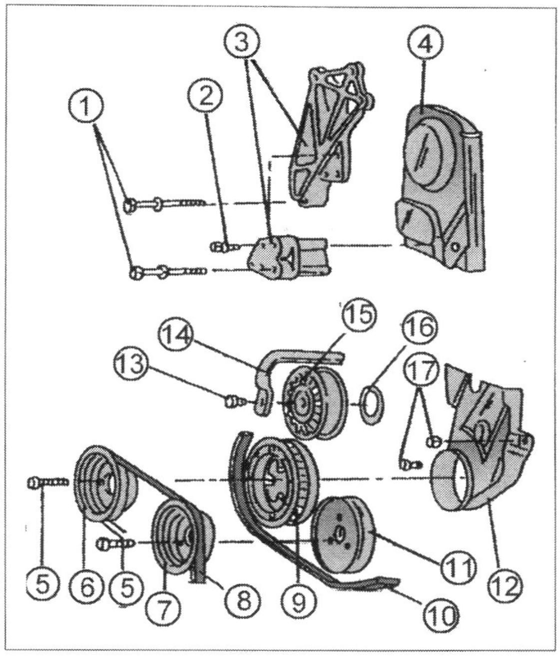

Bild 92
Die vor dem Steuerriemen sitzenden Teile müssen ausgebaut werden, um an die Steuerung zu kommen.
1 Schraube, 55 Nm
2 Schraube, 20 Nm
3 Motortragbügel
4 Zahnriemenschutzdeckel, Oberteil
5 Schraube, 25 Nm
6 Riemenscheibe, Kurbelwelle
7 Riemenscheibe, Wasserpumpe
8 Keilriemen
9 Schwingungsdämpfer
10 Keilrippenriemen
11 Riemenscheibe für Wasserpumpe, mit Rippenriemen, je nach Ausführung
12 Zahnriemenschutzdeckel, Unterteil
13 Schraube, 25 Nm
14 Spannhebel für Spanner des Keilrippenriemens
15 Spannrolle für Spanner des Keilrippenriemens
16 Staubschutzkappe
17 Schrauben, 10 Nm

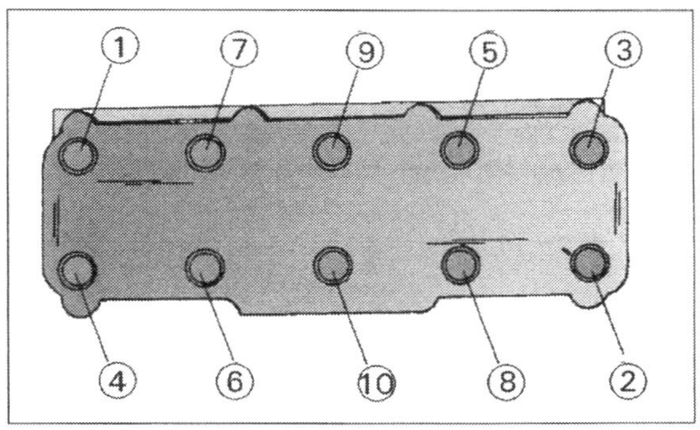

Bild 93
Reihenfolge zum Lösen der Zylinderkopfschrauben. In mehreren Stufen vornehmen.

2D.3.2 Zylinderkopf zerlegen

Da wir eine Überholung des Zylinderkopfes nicht empfehlen, sind die folgenden Arbeiten nur zutreffend, um den Kopf zu einer guten Überprüfung zu zerlegen. Aus dem Befund können Sie dann entscheiden, ob der Kopf zur Reparatur in eine Werkstatt gebracht wird oder man einen neuen Kopf einbaut.

- Alle Nebenteile des Zylinderkopfes abschrauben und den Zylinderkopf mit einem an den Stiftschrauben des Auspuffkrümmers angeschraubten Bügel in einen Schraubstock einspannen.
- Unter Bezug auf Bild 94 die Lagerdeckel Nr. 5, 1 und 3 langsam und abwechselnd auf jeder Seite lösen und abnehmen. Die Muttern der Lagerdeckel Nr. 2 und Nr. 4 um je zwei Umdrehungen gleichmäßig und über Kreuz lockern, bis die beiden Deckel gelöst sind. Die Deckel abnehmen und die Nockenwelle herausheben. Im Deckel Nr. 1 könnte sich der Dichtring für die Zylinderkopfhaube befinden.
- Die Stößel herausnehmen. Diese dürfen nicht vertauscht werden und sind entsprechend zu zeichnen. Am besten ist es, wenn sie mit einer Reißlinie in der Innenseite gezeichnet werden, d. h. erster Stößel eine Linie, zweiter Stößel zwei Linien usw. (Bild 95). Von der Steuerseite

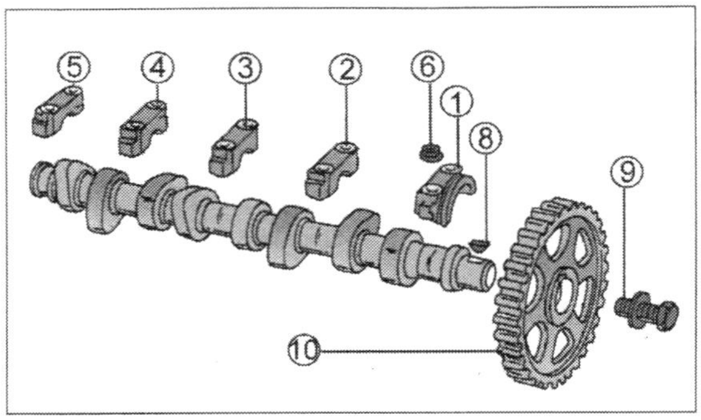

Bild 94
Die Teile der Nockenwelle.
1 Lagerdeckel Nr. 1
2 Lagerdeckel Nr. 2
3 Lagerdeckel Nr. 3
4 Lagerdeckel Nr. 4
5 Lagerdeckel Nr. 5
6 Mutter, 20 Nm
7 Nockenwelle
8 Scheibenfeder
9 Schraube mit Scheibe, 80 Nm
10 Nockenwellensteuerrad

des Motors aus vorgehen. Die Stößel nicht auf die Seite legen, sondern mit der Kontaktfläche nach unten weisend aufsetzen.
Das vorschriftsmäßige Werkzeug zum Aus- und Einbau der Ventile trägt die Ersatzteilnummer 2037. Das Werkzeug wird am Zylinderkopf angesetzt (Bild 95, Mitte). Den Hebel des Werkzeuges herunterdrücken, Der Stempel des Werkzeuges muss in die Innenseite der Ventilfedertaschen passen, da man andernfalls die Feder nicht zusammendrücken kann. Die Feder zusammendrücken, bis die Ventilkegelhälften herausgenommen werden können.

Zum Ausbau der Ventile kann auch ein Stück Rohr verwendet werden, welches auf den oberen Federteller aufsetzt wird. Der Ventilteller auf der anderen Seite ist gut unterzulegen. Mit einem Hammer einen kurzen Schlag auf das Rohr geben, sodass die Ventilkegelhälften herauskommen können. Sie werden in der Innenseite des Rohres aufgefangen. Das Rohr jedoch gut in Verbindung mit dem Federteller halten, damit die Kegelhälfte nicht verloren gehen.

- Federteller und Federn herausnehmen. Die Ventilschaftdichtringe herausziehen und sofort wegwerfen, da sie erneuert werden müssen. Den unteren Federteller aus der Bohrung nehmen, wozu entweder das Spezialwerkzeug 3047 (Bild 95, rechts) oder eine Innenseegerringzange verwendet werden können.

Bild 96 zeigt die Teile des Zylinderkopfes.

2D.3.3 Zylinderkopf überholen

Ventilfedern

Zur einwandfreien Kontrolle der Ventilfedern sollte ein vorschriftsmäßiges Federprüfgerät verwendet werden. Federn können Sie in einer Motorenwerkstatt überprüfen lassen.

Ventilführungen

- Die Ventilführungen reinigen, indem man einen in Benzin getränkten Lappen durch die Führungen hin- und herzieht. Ebenfalls die Ventilschäfte einwandfrei reinigen und danach der Reihe nach die Ventile in ihre entsprechend Bohrung einsetzen.
- Eine Messuhr mit einem geeigneten Halter an der Oberseite des Zylinderkopfes anbringen (Bild 97, links)

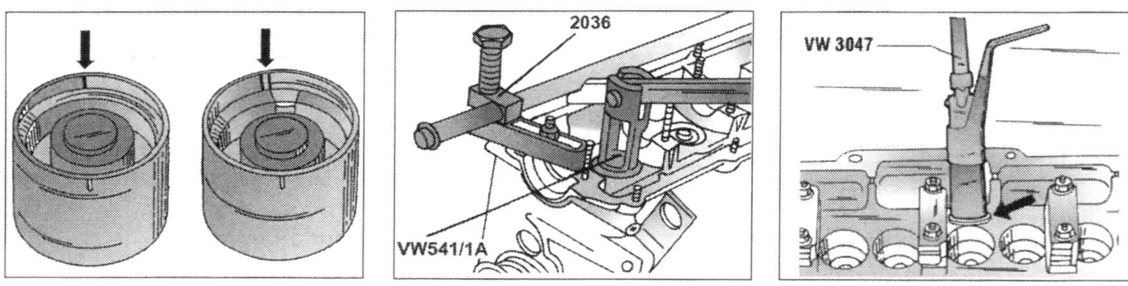

Bild 95

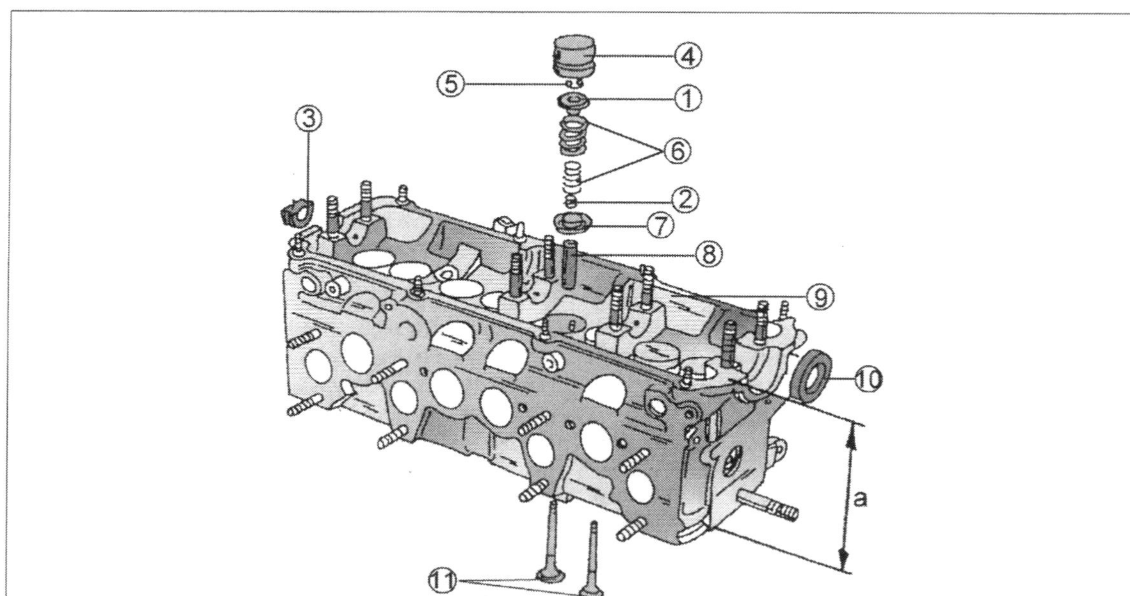

Bild 96
Die Teile des zerlegten Zylinderkopfes ohne Nockenwelle. Die Höhe des Zylinderkopfes wird zwischen den Pfeilen (a) gemessen.

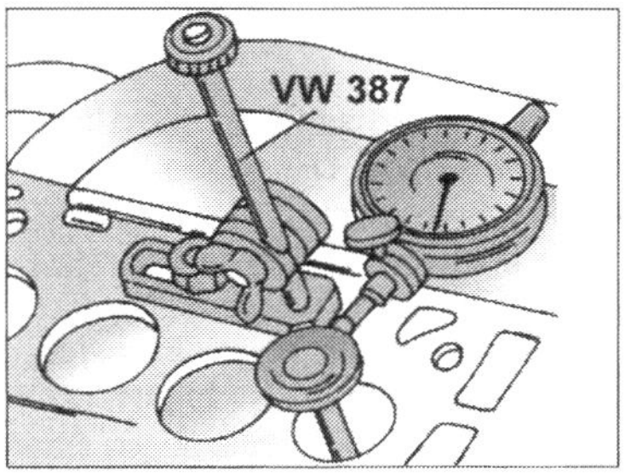

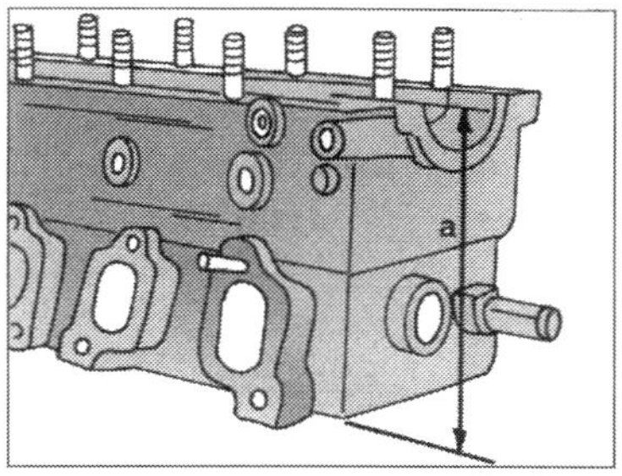

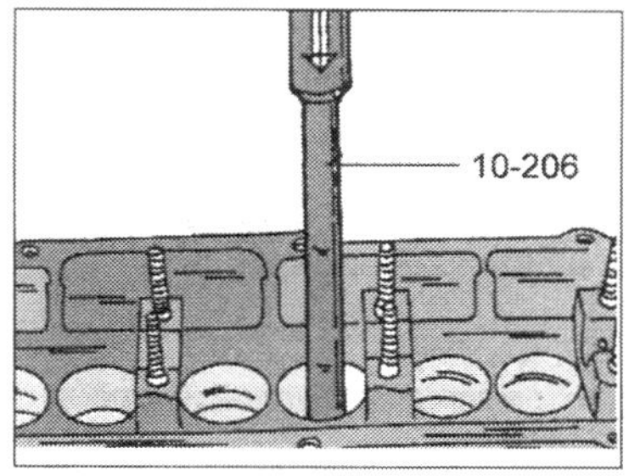

Bild 97

und das Ventil aus der Bohrung herausdrücken, bis das Ende des Ventilschaftes bündig mit der Ventilführung auf der anderen Seite des Zylinderkopfes abschneidet. Den Ventilteller an der Oberseite hin- und herbewegen und die Anzeige an der Messuhr ablesen. Falls diese mehr als 1,0 mm bei den Einlassventilen oder 1,3 mm bei den Auslassventilen beträgt, muss die Ventilführung meistens erneuert werden (Werkstatt empfohlen).

- Den Allgemeinzustand des Zylinderkopfes überprüfen, ehe eine Ventilführung erneuert wird. Zylinderköpfe mit kleinen Rissen zwischen den Ventilsitzen oder zwischen dem Ventilsitz und dem ersten Gewinde der Kerzenbohrung können wieder verwendet und nachgeschliffen werden, vorausgesetzt, dass die Risse nicht breiter als 0,5 mm sind. Falls der Zylinderkopf nachgeschliffen wird, muss das zwischen den Pfeilen in Bild 97 (Mitte) gezeigte Maß bei allen Motoren noch 132,60 mm betragen.
- Falls man eine Ventilführung selbst erneuern will, muss man sich die eingebauten Führungen ansehen. Falls man das Fahrzeug neu erstanden hat, haben die Ventilführungen keinen Bund und werden von der Seite der Nockenwelle aus dem Zylinderkopf ausgepresst. Kennt man die Vorgeschichte des Fahrzeuges nicht, könnte es sein, dass die Führungen bereits zu einem früheren Zeitpunkt erneuert wurden. In diesem Fall werden die Führungen einen Bund haben, welchen man von der Nockenwellenseite aus sehen kann. In diesem Fall muss die alte Führung von der Seite der Verbrennungskammer aus herausgepresst werden. Die alte Führung mit einem passenden Dorn aus dem Zylinderkopf herauspressen. Der Zylinderkopf kann erhitzt werden, um die Arbeit zu erleichtern. Der zum Ausbau verwendete Dorn sollte einen Zapfen angedreht haben, welcher in die Innenseite der Führung passt. Wie dies durchgeführt wird, zeigt Bild 97 auf der rechten Seite, wenn die Original-Führungen noch eingebaut sind.

Hinweis: Wenn die Ventilführungen erneuert werden, müssen auch die Ventile erneuert werden. Die Ventilsitze müssen dann nachgeschliffen werden – eine Arbeit für die Motorenwerkstatt.

- Neue Führungen gut einölen und von der Nockenwellenseite aus in den kalten Zylinderkopf einpressen, bis der Bund der Führung gegen den Zylinderkopf ansitzt. Alle als Ersatzteil gelieferten Führungen haben diesen Bund angegossen. Den Pressdruck danach nicht auf mehr als 1 Tonne erhöhen, da man andernfalls den Bund abscheren könnte.
- Die Ventilführungen nach dem Einpressen mit der Spezialreibahle „3120" aufreiben. Falls diese Reibahle nicht zur Verfügung steht, kann eine verstellbare Reibahle verwendet werden. Die Reibahle muss jedoch fachmännisch benutzt werden, d. h. man muss sie regelmäßig mit so genanntem Bohröl schmieren, damit sie keine Rattermarken in der Bohrung hinterlässt. Diese Rattermarken sind kleine Scharten, welche keine einwandfreie Abdichtung der Ventilschäfte ermöglichen. Die Führungen der Einlass- als auch Auslassventile auf 8,0 mm aufreiben. Das richtige Laufspiel der Ventilführungen wird dabei automatisch hergestellt.

Die Ventilsitze müssen nachgefräst werden, wenn eine Ventilführung erneuert wurde, um die Sitze wieder konzentrisch mit den neuen Führungen auszurichten – Werkstattarbeit.

Ventilsitze

Falls die Nockenwellenlager ausgeschlagen sind, kann ein Austauschzylinderkopf mit Nockenwellenlagerschalen verwendet werden. In diesem Fall brauchen keinerlei Arbeiten an den Ventilsitzen durchgeführt werden. Erkundigen Sie sich jedoch vorher, ob ein Kopf für Ihren bestimmten Motor zur Verfügung steht. Falls Sie Erfahrungen mit Zylinderköpfen haben:

- Alle Ventilsitze auf Zeichen von Verschleiß oder Narbenbildung kontrollieren. Leichte Verschleißerscheinungen können mit einem 45°-Fräser entfernt werden. Falls der Sitz jedoch bereits zu weit eingelaufen ist, müssen die Ventilsitze neu gefräst werden, wiederum eine Arbeit für die Werkstatt.

Die folgenden Messungen sind unter Bezug auf Bild 98 durchzuführen, um das Nacharbeitungsmaß für die Ventilsitze zu bestimmen:

- Ventil in seine Führung einsetzen und fest in den Ventilsitz drücken.
- Den Abstand (a) zwischen der Spitze des Ventils und der Oberkante des Zylinderkopfes ausmessen.
- Das höchstzulässige Nachfräsmaß vom ausgemessenen Wert und dem zulässigen Mindestwert ausrech-

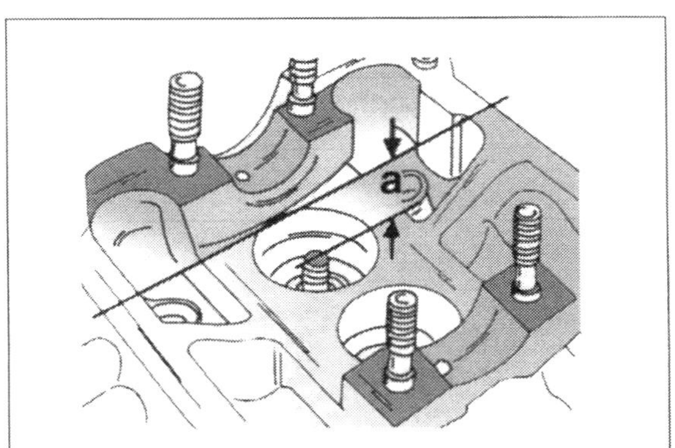

Bild 98
Ausmessen der Tiefe beim Nacharbeiten der Ventilsitze geschieht zwischen den Pfeilen (a). Falls das Maß überschritten wird, muss man den Kopf zur Überholung in eine Werkstatt bringen.

nen. Bei den Einlassventilen beträgt dieser 33,8 mm, bei den Auslassventilen 34,1 mm.

- Wird der Mindestabstand vom gemessenen Wert abgezogen, erhält man das zulässige Höchstmaß. Wird dieses überschritten, können Sie sich sofort an eine Motorenwerkstatt wenden.

Zylinderkopf

Die Dichtflächen von Zylinderkopf und Zylinderblock einwandfrei reinigen und die Zylinderkopffläche auf Verzug kontrollieren. Dazu ein Messlineal auf den Kopf auflegen, wie es links in Bild 99 gezeigt ist und mit einer Fühlerlehre den Lichtspalt längs, quer und diagonal zur Zylinderkopffläche ermitteln. Falls sich eine Blattlehre von mehr als 0,10 mm Stärke einschieben lässt, kann man den Zylinderkopf plan schleifen lassen. Ist der Spalt an irgendeiner Stelle größer, muss der Kopf erneuert werden.

Der Zylinderkopf kann plan geschliffen werden, solange man die Mindesthöhe von 132,60 mm einhält. Dazu die Höhe mit einem Messlineal wie in Bild 97 (Mitte) gezeigt, ausmessen.

Nockenwelle

Bild 99 zeigt in der mittleren Ansicht, wo die Nockenwelle gezeichnet ist. An Stelle (A) ist ein Buchstabe eingeschlagen (B), an Stelle (B) eine Zahl (037). Da Nockenwellen für andere Motoren in der Bauweise des eingebauten Motors andere Kennzeichnungen haben, empfehlen wir, dass man die Welle zum Kauf einer neuen mitnimmt. Nur durch Angabe des Modells und der Motornummer ist Ihr Händler in der Lage Ihnen beim Kauf die richtige Welle zu geben. Die Welle muss zu einem ADY-Motor passen.

Die Lagerzapfen auf sichtbare Schäden hin kontrollieren. Zum Ausmessen des Axialspiels der Nockenwelle Bild 99 auf der rechten Seite folgen:

- Die Nockenwelle in den Zylinderkopf einlegen (ohne Stößel) und mit dem vorderen und dem hinteren Lagerdeckel befestigen.
- Den Zylinderkopf auf eine glatte Fläche aufstellen und die Messuhr an der Stirnfläche ansetzen. Die Welle hin- und herbewegen. Das Spiel darf nicht größer als 0,15 mm sein. Andernfalls ist die Druckfläche des Lagerdeckels abgenutzt.

2D.3.4 Zylinderkopf zusammenbauen

Den Zylinderkopf entsprechend den nachfolgend angeführten Anweisungen und in umgekehrter Reihenfolge wie beim Zerlegen zusammenbauen. Falls der Zylinderkopf in der Werkstatt überholt wurde, sind die Ventile natürlich eingebaut und die entsprechenden Anweisungen können übergangen werden:

- Ventilschäfte gut mit Motoröl einschmieren und in die betreffenden Führungen einsetzen. Die untere Ventilfederteller von der anderen Seite her mit der in Bild 95 (rechts) gezeigten Zange über die Ventilführung setzen.
- Dichtring für den Ventilschaft montieren. Dazu steht ein Spezialwerkzeug (3129) zur Verfügung, welches man unter Bezug auf Bild 100 folgendermaßen benutzt.
  - Die Kunststoffhülse (1) des Spezialwerkzeuges über die herausstehende Ventilführung schieben.
  - Den Dichtring (2) gut einölen und über die Kunststoffhülse setzen.
  - Das Werkzeug (3) über den Dichtring aufsetzen und vorsichtig auf die Ventilführung drücken.

Es wird gewarnt, dass man den Schaftdichtring beim Einbau ohne das genannte oder ein ähnliches Werkzeug beschädigen kann, sodass starker Ölverbrauch die Folge ist.

Falls Ventile eingeschliffen wurden, müssen sie unbedingt in die entsprechenden Ventilsitze kommen, da das Schleifbild aller Ventile unterschiedlich ist.

- Je eine innere und äußere Ventilfeder des betreffenden Ventils (falls die gleichen Federn wieder verwendet werden) auf den Zylinderkopf aufsetzen. Die obere Ventilfederteller aufsetzen und einen Ventilheber entsprechend Bild 95 (Mitte) ansetzen, um die Federn zusammenzudrücken. Wenn das Schaftende aus dem oberen Federteller heraussteht, die beiden Ventilkegelhälften in die Schaftnut einsetzen und den Ventilheber langsam zurücklassen. Falls die Ventile erneuert wurden, unbedingt kontrollieren, dass alle Ventile der gleichen Ausführung angehören, da die Kegelhälften ebenfalls angepasst sind.
- Mit einem Plastikhammer auf die Oberseite der Ventilschäfte schlagen. Nicht richtig sitzende Ventilkegelhälften fliegen dabei heraus. Zur Vorsicht einen Lappen über die Federenden legen, damit die Teile nicht davon fliegen können.
- Stößel entsprechend der eingezeichneten Markierung in die Bohrungen einsetzen (gut eingeölt), falls die ursprünglichen Stößel verwendet werden (siehe auch Bild 95, links). Ehe die Stößel jedoch eingebaut werden, sollte man die Anweisungen über hydraulische Stößel in Kapitel 2B.3.6 durchlesen, damit man beim ersten Lauf des Motors keinen Schaden anrichten kann.
- Nockenwellenlagerzapfen gut einölen und die Nockenwelle in die Lagerbohrungen heben und einige Male durchdrehen. Abschließend die Welle verdrehen, bis die beiden Nocken für die Ventile des ersten Zylinders nach oben weisen.
- Unter Bezug auf Bild 101 die Lagerdeckel Nr. 2 und 4 aufsetzen und die Muttern lose aufschrauben. Da die La-

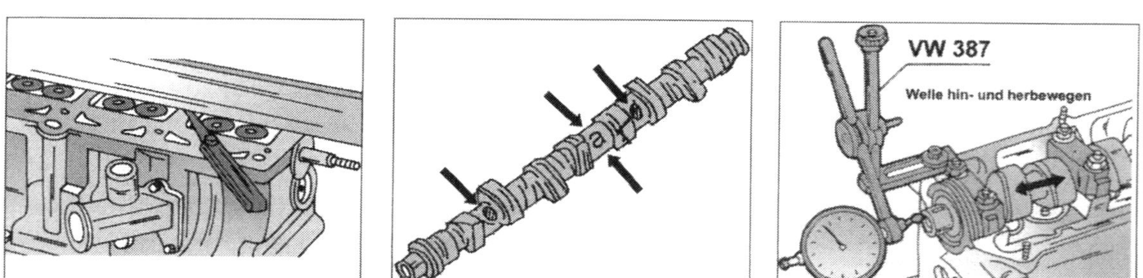

Bild 99

gerdeckel versetzt sind, kontrolliert man jetzt anhand Bild 102, ob sie richtig herum sitzen. Erst dann die beiden genannten Deckel festschrauben. Die Muttern der aufgesetzten Lagerdeckel über Kreuz abwechselnd einige Umdrehungen anziehen, bis die Deckel mit einem Anzugsdrehmoment von 20 Nm angezogen sind. Kontrollieren, dass die Deckelflächen gegen die Kopffläche ansitzen.

- Deckel Nr. 5, 1 und 3 aufsetzen. Wiederum den richtigen Sitz der Deckel kontrollieren und die Muttern aufschrauben und abwechselnd über Kreuz auf ein Anzugsdrehmoment von 20 Nm anziehen.
- Dichtring der Nockenwelle montieren. Dichtringe werden jetzt aus Teflon (PTFE) hergestellt und werden nicht eingeölt oder eingefettet. Zum Einbau des neuen Öldichtringes ein Rohrstück mit passendem Durchmesser verwenden. Das Rohr muss vollkommen auf dem Außenumfang des Dichtringes aufsitzen. Den Dichtring gerade ansetzen und einschlagen, bis er an der Außenfläche bündig abschneidet. Es ist ebenfalls möglich, dass der Öldichtring in gleicher Weise eingezogen wird, wie es beim Erneuern des vorderen Dichtringes der Kurbelwelle beschrieben wird (Kapitel 2D.6.4).
- Nockenwellensteuerrad auf die Welle schieben (den Keil nicht vergessen) und die Schraube mit der Scheibe einschrauben. Das Nockenwellenrad in geeigneter Weise gegenhalten (z. B. mit einem alten Zahnriemen) und die Schraube mit einem Anzugsdrehmoment von 80 Nm anziehen.
- Ansaugkrümmer und Auspuffkrümmer am Zylinderkopf montieren (neue Dichtungen verwenden).

2D.3.5 Zylinderkopf einbauen

- Die Fläche des Kopfes und Blocks nochmals sauberwischen. Die Zylinderkopfdichtung so auflegen, dass das Wort „Oben" nach Auflegen der Dichtung von oben sichtbar ist. Es muss immer eine neue Dichtung verwendet werden.

Die Zylinderkopfdichtung muss entsprechend der Ersatzteilnummer bestellt werden. Zur genauen Führung sollten zwei Führungsbolzen in die Schraubenlöcher 8 und 10 in Bild 103 eingeschraubt werden. Falls die gezeigten Spezialbolzen nicht zur Verfügung stehen, zwei Stiftschrauben des geeigneten Gewindes zurechtschneiden und einen Schlitz zum Ansetzen eines Schraubendrehers in die Enden einsägen. Es könnte ebenfalls möglich sein, dass man bereits Zentrierstifte im Zylinderblock vorfindet, auf welchen die Dichtung ausgerichtet wird. In diesem Fall sind die beschriebenen Stifte nicht erforderlich.

- Den Zylinderkopf aufsetzen und mit einem Kunststoff- oder Gummihammer anschlagen. Die Ventile können gegen die Kolbenböden anschlagen, wenn der Kopf aufgesetzt ist. Aus diesem Grund den Kolben des ersten Zylinders auf den oberen Totpunkt setzen und aus dieser Stellung um eine Viertelumdrehung entgegen der Drehrichtung durchdrehen. Den Zylinderkopf nur in dieser Motorstellung montieren.
- Die verbleibenden 8 Zylinderkopfschrauben einsetzen und fingerfest anziehen. Die beiden Stiftschrauben mit einem Schraubendreher herausdrehen und die Zylinderkopfschrauben eindrehen. Falls Stifte im Zylinderblock sitzen, alle Zylinderkopfschrauben eindrehen.
- Unter Bezug auf Bild 103 die Zylinderkopfschrauben stufenweise in der angegebenen Reihenfolge und in der folgend beschriebenen Weise anziehen. Es wird nochmals darauf hingewiesen, dass man nur einen vielverzahnten, inbusähnlichen Schlüssel zum Anziehen der Schrauben verwenden darf, da andernfalls die Schraubenköpfe beschädigt werden.

– Alle Schrauben in der in Bild 103 gezeigten Reihenfolge auf ein Anzugsdrehmoment von 40 Nm anziehen.
– Alle Schrauben in der in Bild 103 gezeigten Reihenfolge auf ein Anzugsdrehmoment von 60 Nm anziehen.
– In der gezeigten Reihenfolge den Schlüssel in die Schraube einsetzen, die Stellung des Knebels merken und jede Schraube um genau eine Viertelumdrehung an-

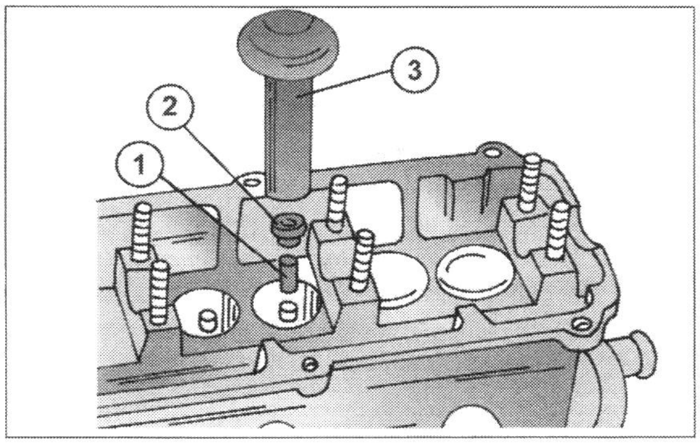

Bild 100
Zum Einbau der Ventilschaftdichtringe. Siehe Text.

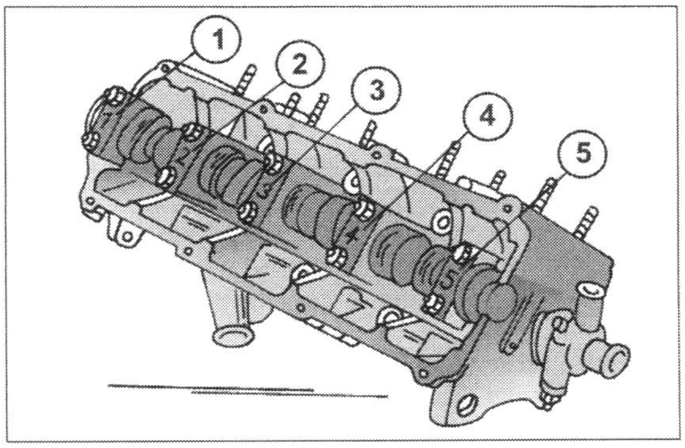

Bild 101
Die Nummerierung der Nockenwellenlagerdeckel. Deckel nur in der angegebenen Reihenfolge anziehen.

Bild 102
Die Nockenwellenlagerdeckel entsprechend der Abbildung auf den Zylinderkopf montieren.

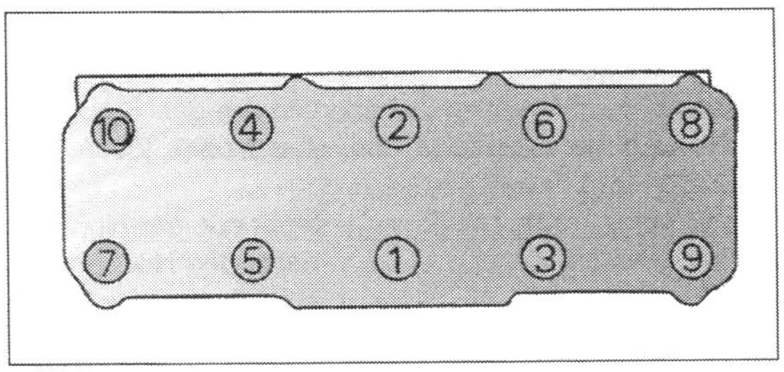

Bild 103
Reihenfolge zum Anziehen der Zylinderkopfschrauben.

ziehen. Nachdem alle Schrauben in dieser Weise festgezogen wurden, den gleichen Anzugsvorgang nochmals wiederholen.

- Zahnriemen montieren und die Steuerung einstellen, wie es im betreffenden Kapitel beschrieben wird.
- Beide Hälften der Zylinderkopfhaubendichtung mit Fett auf der Kopffläche aufkleben und die Zylinderkopfhaube aufsetzen. Links und rechts der Zylinderkopfhaube die Verstärkungsbleche auf die Stiftschrauben aufsetzen und die Muttern gleichmäßig ringsherum mit einem Anzugsdrehmoment von 10 Nm anziehen.

2D.3.6 Nockenwellendichtring erneuern

Der Öldichtring der Nockenwelle kann bei eingebautem Motor erneuert werden, falls Leckstellen in seiner Nähe festgestellt werden können.

Der Dichtring befindet sich hinter dem Steuerrad der Nockenwelle. Zum Ausbau des Dichtringes sollte jedoch das Spezialwerkzeug „2085" verwendet werden, dessen Benutzung nachstehend beschrieben wird. Andernfalls den Dichtring mit einem abgewinkelten Hebel herausdrücken.

- Antriebsriemen an der Stirnseite des Motors lockern und abnehmen. Das obere Steuerriemenschutzblech kann sofort abgeschraubt werden.
- Motor durchdrehen, bis der erste Zylinder auf dem oberen Totpunkt steht. Dies anhand der Kennzeichnung am Nockenwellenrad durchführen, d. h. die OT-Kennzeichnung in Bild 104 (links) muss gegenüber der Marke im Steuerrad stehen.
- Spannrolle des Steuerriemens lockern (siehe Kapitel 2D.7.1) und den Steuerriemen abnehmen. Den Riemen in geeigneter Weise festbinden, damit er nicht vom Steuerrad der Nockenwelle rutschen kann. Den Riemen dabei aber nicht zusammenbinden, da er sonst geknickt wird. Den Motor jetzt nicht mehr durchdrehen. Außerdem sollte man die Laufrichtung des Riemens mit einem Farbpfeil einzeichnen.
- Nockenwellensteuerrad in geeigneter Weise gegenhalten (z. B. einen alten Zahnriemen um das Steuerrad legen) und die Schraube des Steuerrades lösen. Die Schraube und Scheibe entfernen.
- Mit einer Zange die Scheibenfeder aus der Nockenwelle herausziehen und die Schraube des Nockenwellensteuerrades mit der Scheibe soweit wie möglich in das Ende der Nockenwelle drehen.
- Unter Bezug auf Bild 104 (Mitte) den Auszieher „2085" zur Hand nehmen, das Innenteil (A) um zwei Umdrehungen (ca. 3 mm) aus dem Außenteil herausdrehen und in dieser Stellung mit der Feststellschraube (B) blockieren.
- Den Gewindekopf des Werkzeuges einölen, über die Nockenwelle und in den Öldichtring einschieben und unter gleichzeitigem Druck auf eine Ratsche (Bild 104, rechts) das Werkzeug in den Öldichtring schrauben.
- Die Kordelschraube (B) in der mittleren Ansicht von Bild 104 lockern und das Innenteil (A) gegen die Nockenwelle schrauben, bis der Dichtring herauskommt. Das Werkzeug in einen Schraubstock einspannen und den Öldichtring mit einer Zange herunterziehen.

Den neuen Dichtring (aus Teflon) nicht innen oder außen einölen oder einfetten. Ebenfalls den Zapfen der Nockenwelle gut von Ölresten reinigen. Zum Einbau des neuen Öldichtringes ein Rohrstück mit passendem Durchmesser verwenden. Das Rohr muss vollkommen auf dem Außenumfang des Dichtringes aufsitzen. Den Dichtring gerade ansetzen und einschlagen, bis er an der Außenfläche bündig abschneidet. Den Dichtring nicht vollkommen einschlagen, da er andernfalls die Ölrücklaufbohrung abdecken kann. Es ist ebenfalls möglich, dass der Öldichtring in gleicher Weise eingezogen wird, wie es beim Erneuern des vorderen Dichtringes der Kurbelwelle beschrieben wird.

2D.4 Kolben und Pleuelstangen

2D.4.1 Arbeiten an den Kolben

Falls man einen Kolben selbst erneuern will, kann man den Anweisungen in Kapitel 2A.5.1 folgen. Im Allgemeinen gelten die gleichen Anweisungen ebenfalls für den 2.0-Liter-Motor, mit der Ausnahme, dass die Kolben in allen Zylindern gleich aussehen, aber entsprechend gekennzeichnet werden müssen. Wir schlagen jedoch vor, dass man den Zylinderblock in eine Motorenwerkstatt bringt, um Kolben erneuern zu lassen, da in den meisten Fällen die Zylinderbohrungen ausgeschliffen werden müssen.

Aus diesem Grund sehen wir auch von der Beschreibung irgendwelcher Überprüfungen der Kolben ab.

2D.4.2 Zylinderbohrungen ausmessen

Zum Ausmessen der Zylinderbohrungen ist eine Zylindermessuhr erforderlich, mit der es möglich ist, die Mitte und die Unterseite der Bohrung auszumessen. Messungen sind eine Arbeit für die Fachwerkstatt, dazu bringen Sie den gesamten Zylinderblock zum Vermessen in eine Werkstatt, die sich auf Nachbohren von Zylinderblöcken spezialisiert hat.

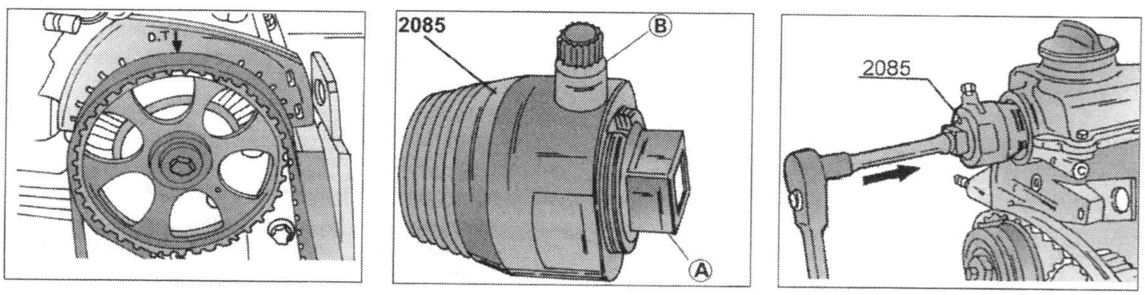

Bild 104

2D.5 Zylinderblock

Bei einer Ganzzerlegung den Zylinderblock einwandfrei reinigen und alle Fremdkörper aus Hohlräumen und Ölkanälen entfernen. Besonders auch darauf achten, dass Reinigungsflüssigkeiten vollkommen entfernt werden. Falls möglich mit Pressluft trockenblasen.
Die Zylinderbohrungen müssen sorgfältig kontrolliert werden. Wenn man mit den Fingerspitzen in die Oberseite und die Unterseite der Bohrungen fühlt, kann man bei verschlissenen Bohrungen meistens eine Stufe feststellen, da der Kolben nicht über die gesamte Bohrung läuft und deshalb ein Verschleißbild hinterlässt. Dies ist meistens ein Zeichen, dass ein Ausschleifen der Bohrungen notwendig ist. Die Zylinderblockfläche wird in ähnlicher Weise auf Verzug kontrolliert, wie es beim Zylinderkopf gezeigt ist. Den Block in Längsrichtung, Querrichtung und Diagonalrichtung vermessen. Eine Fühlerlehre von mehr als 0,10 mm Stärke darf sich nicht einschieben lassen. Vor der Messung kontrollieren, dass die Zylinderblockfläche einwandfrei gereinigt ist und dass keine Fremdkörper zwischen die Fühlerlehre und die Zylinderblockfläche eingedrungen sind.
Bild 105 zeigt die an der Außenseite des Motors montierten Teile zusammen mit den Anzugsdrehmomenten.

2D.6 Kurbelwelle und Kurbelwellenlager

Falls es einmal erforderlich wird einen Teilmotor einzubauen, kommt dieser mit einem Nadelrollenlager für die Kupplungswelle.
Muss die Kurbelwelle neu gelagert werden, sollten Sie den ausgebauten Zylinderblock in eine Spezialwerkstatt bringen. Am besten verlangen Sie, dass man Ihnen da auch die Kolben wieder einbaut, d. h. der Block kann danach wieder zusammengebaut werden.

2D.6.1 Kurbelwellendichtringe

Der vordere und hintere Kurbelwellendichtring sollte bei jedem Ausbau der Dichtringflansche erneuert werden. Besondere Vorsichtsmaßnahmen und Spezialwerkzeuge sind dazu erforderlich, die nachstehend angeführt werden. Beide Öldichtringe können auch bei eingebautem Motor erneuert werden, falls man Leckstellen in dieser Gegend feststellen kann. Eine rutschende Kupplung könnte zum Beispiel auf einen undichten, hinteren Öldichtring zurückgeführt werden.
Ölverschmutzungen an der Vorderseite des Motors können in schlimmen Fällen zum Durchrutschen des Keilriemenantriebs oder Beschädigung des Keilriemens oder Keilrippenriemens führen.

Ausbau des vorderen Dichtringes

Beim vorderen Öldichtring sind Keilrippenriemen, Steuerdeckel, Steuerriemen und die Kurbelwellenriemenscheibe (Schwingungsdämpfer) mit dem Steuerrad auszubauen. Zum Lösen der Schrauben für das Kurbelwellensteuerrad den fünften Gang einlegen, die Handbremse fest anziehen und die Schraube mit einer Stecknuss lösen. Falls vorhanden, kann man eine Platte in der in Bild 106 auf der linken Seite gezeigten Weise am Steuerrad der Kurbelwelle anschrauben.
Zum Ausbau des vorderen Dichtringes sollte normalerweise das bereits in Bild 104 (Mitte) gezeigte Werkzeug benutzt werden, jedoch ist außerdem das in Bild 106 in der Mitte gezeigte Werkzeug erforderlich, dessen Inbusschraube man so weit wie möglich in die Kurbelwelle schraubt. Den Öldichtring folgendermaßen herausziehen:

- Unter Bezug auf Bild 104 (Mitte) den Auszieher „2085" zur Hand nehmen, das Innenteil (A) um zwei Umdrehungen

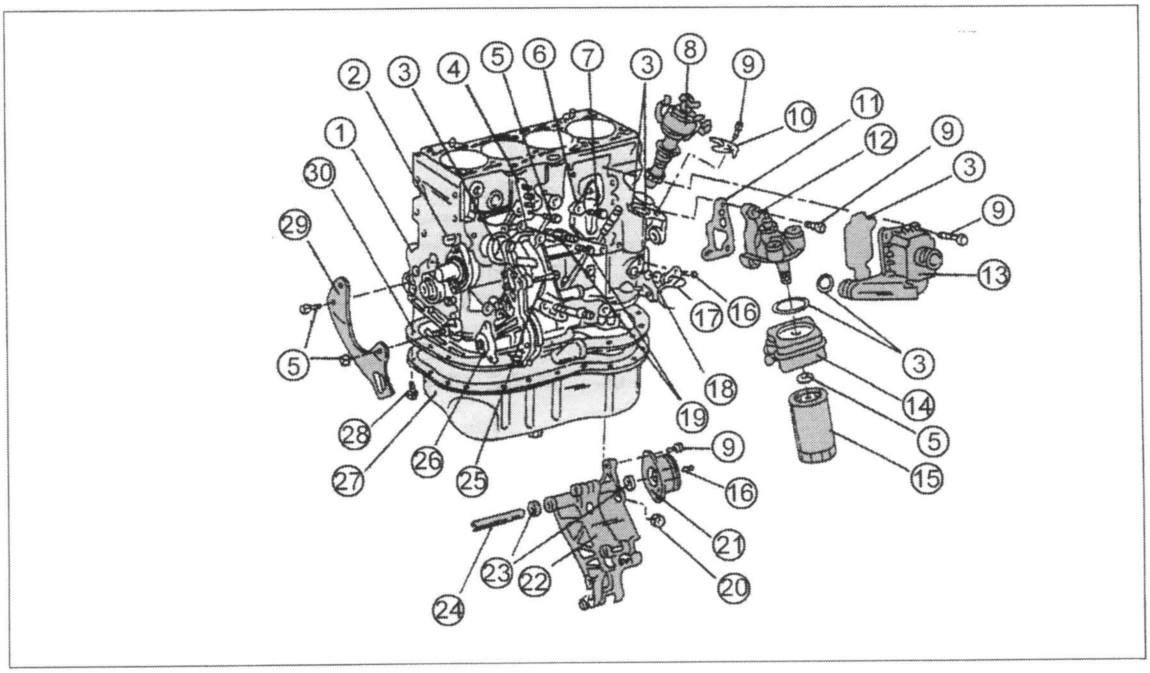

Bild 105
Die Teile an der Außenseite des Zylinderblocks.
1 Zylinderblock
2 Scheibenfeder der Zwischenwelle
3 O-Dichtring, immer erneuern
4 Motormasseanschluss
5 Schraube, 25 Nm
6 Klopfsensor
7 Schraube, 20 Nm
8 Zündverteiler
9 Schraube, 25 Nm
10 Klemmblech
11 Dichtung, erneuern
12 Ölfiltersockel
13 Kurbelgehäuseentlüftungsautomat
14 Ölkühler
15 Ölfilter
16 Schraube, 10 Nm
17 Drehzahlgeber, Motor
18 Stützringe
19 Schraube, 20 Nm + 90°, immer erneuern
20 Mutter, 30 Nm
21 Spannelement
22 Konsole
23 Dichtring
24 Spannhebel
25 Hammerkopfschraube
26 Kühlmittelpumpe
27 Ölwanne
28 Schraube, 20 Nm
29 Halter für Lenkhilfspumpe
30 Dichtung, immer erneuern

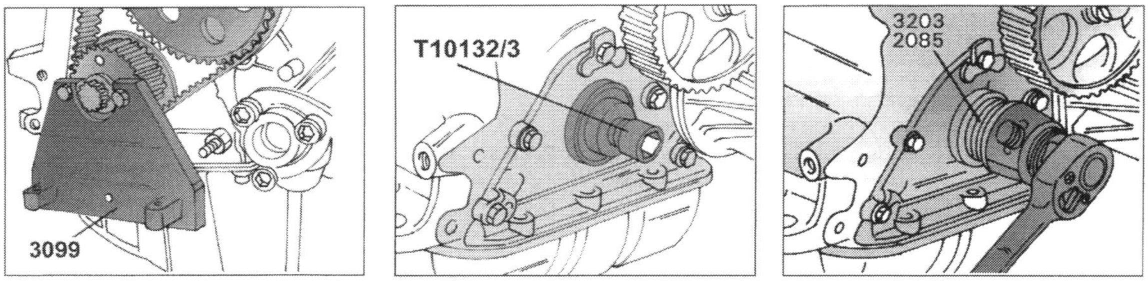

Bild 106

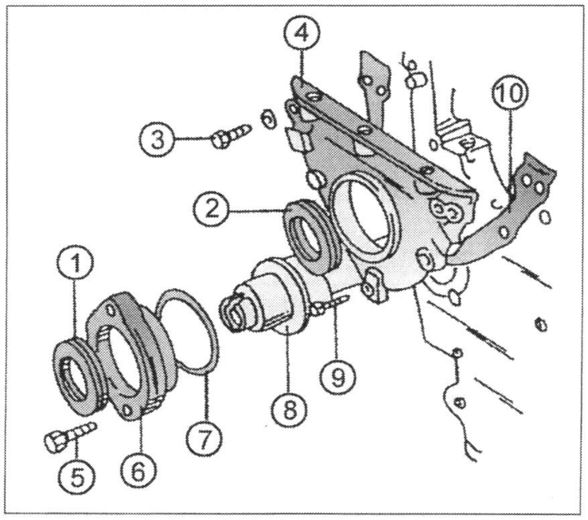

Bild 107
Die Einzelteile an der Stirnseite des Zylinderblocks.
1 Öldichtring für Zwischenwelle
2 Öldichtring für Kurbelwelle
3 Schraube, 20 Nm
4 Öldichtringflansch, vorn
5 Schraube, 25 Nm
6 Dichtringflansch der Zwischenwelle
7 O-Dichtring
8 Zwischenwelle
9 Schraube, 10 Nm
10 Flanschdichtung

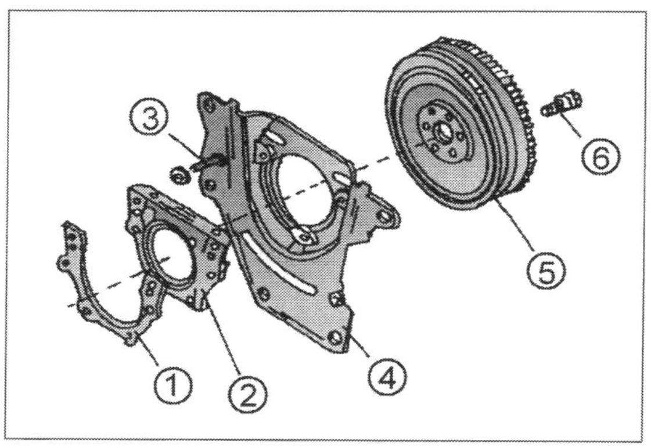

Bild 108
An der Rückseite des Zylinderblocks angeschraubten Teile.
1 Flanschdeckeldichtung
2 Flanschdeckel mit Öldichtring
3 Schraube, 10 Nm
4 Motorzwischenplatte
5 Schwungrad (oder Antriebsscheibe bei Automatik)
6 Schraube, 60 Nm + 90° (immer erneuern)

(ca. 3 mm) aus dem Außenteil herausdrehen und in dieser Stellung mit der Feststellschraube (B) blockieren.

- Die in Bild 106 in der Mitte gezeigte Schraube vollkommen in die Vorderseite der Kurbelwelle einschrauben. Ein Inbusschlüssel ist zum Anziehen erforderlich.
- Den Gewindekopf des Werkzeuges einölen, über die Nockenwelle und in den Öldichtring einschieben und, unter gleichzeitigem Druck auf eine Ratsche (Bild 106, rechts), das Werkzeug so weit wie möglich in den Öldichtring schrauben.
- Die Kordelschraube (B) in Bild 104 lockern und das Innenteil (A) gegen die Nockenwelle schrauben, bis der Dichtring herauskommt. Das Werkzeug in einen Schraubstock einspannen und den Öldichtring mit einer Zange herunterziehen.

Ausbau des hinteren Öldichtringes

Der hintere Öldichtring wird zusammen mit dem Dichtringflansch erneuert. Beim neuen Öldichtringflansch ist der Dichtringflansch jedoch versetzt eingezogen, um die Abdichtung auf der Kurbelwelle zu verbessern. Falls die Arbeit bei ausgebautem Motor durchgeführt wird, muss man vorher die Ölwanne ausbauen, um an den Flansch zu kommen. Außerdem das Getriebe, die Kupplung und das Schwungrad (oder bei Automatik die Antriebsscheibe) ausbauen, ehe man den Flansch abschrauben kann. Bilder 107 und 108 zeigen die mit den Dichtringen verbundenen Teile gezeigt.

Einbau des vorderen Öldichtringes

Bei ausgebautem Motor:

- Alle verbleibenden Ölreste auf der Lauffläche der Kurbelwelle mit einem Lappen abwischen. Der neue Dichtring ist aus Teflon hergestellt und darf vor dem Einbau nicht eingeschmiert oder eingeölt werden.
- Den Dichtring vorsichtig in den Flansch einschlagen, bis die Außenfläche bündig abschneidet. Danach den Flansch vorsichtig mit der aufgelegten Dichtung über die Kurbelwelle und gegen den Zylinderblock ansetzen und gut zentrieren. Die Schrauben gleichmäßig ringsherum mit 10 Nm anziehen.

Bei eingebautem Motor:

- Eine Einziehvorrichtung ist für den vorderen Dichtring erhältlich. Die Führungshülse in Bild 109 (links) über den Zapfen der Kurbelwelle schieben.
- Den Ring über die Führungshülse schieben. Die Druckhülse des Werkzeuges (1) über die Führungshülse schieben. Die Schraube in der Mitte, wie in Bild 109 in der Mitte gezeigt, anziehen, bis der Dichtring sitzt. Die Werkzeugteile danach wieder abmontieren.

Einbau des hinteren Öldichtringes

Der neue Dichtringflansch kommt zusammen mit einer neuen Dichtung für den Zylinderblock. Vor Anschrauben des Flansches die Verbindungsfläche gut reinigen. Beim Ansetzen des Flansches muss der Dichtring mittig über das Ende der Kurbelwelle kommen. Die Schrauben des Flansches mit 10 Nm anziehen.

2D.6.2 Schwungrad (Schaltgetriebe)

Zum Lösen des Schwungrades dieses in geeigneter Weise am Zahnkranz gegenhalten (Schraubendreher einsetzen oder wie bei einer Antriebsscheibe in Bild 109 rechts gezeigt), während die Schwungradschrauben gelöst werden.

Bild 108 zeigt die Einzelteile der Kupplung und des Schwungrades.

Die Schrauben des Schwungrades können kein zweites Mal benutzt werden. Die Schrauben werden mit 60 Nm

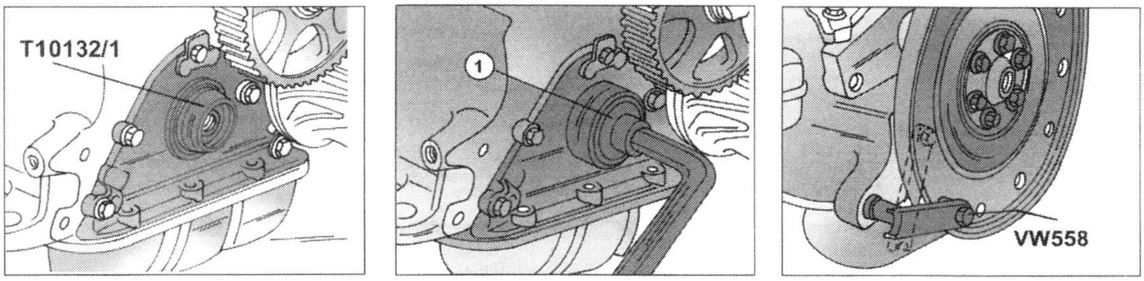

Bild 109

angezogen und aus der Endstellung ohne Benutzung eines Drehmomentschlüssel um 90° (Viertelumdrehung) nachgezogen. Die Schrauben gleichmäßig über Kreuz anziehen.

Falls die Reibfläche des Schwungrades zerrieft ist, zum Beispiel beim Austausch einer rutschenden Kupplung, muss das Schwungrad erneuert werden.

Der Zahnkranz des Schwungrades kann nicht getrennt erneuert werden. Sind die Zähne beschädigt, muss man das gesamte Teil erneuern. In diesem Fall ebenfalls die Zähne des Anlasserritzels kontrollieren, da dies ebenfalls abgenutzt sein werden.

2D.6.3 Antriebsscheibe des Wandlers (bei Getriebeautomatik)

Die Antriebsscheibe des Wandlers wird mit sechs Schrauben an der Kurbelwelle gehalten. Eine Verstärkungsscheibe befindet sich zwischen Schrauben und Antriebsscheibe. Diese Scheibe besitzt eine Anschrägung an der Außenkante und muss mit dieser zur Antriebsscheibe weisend eingelegt werden. Die ausgebaute Antriebsscheibe ist in Bild 110 gezeigt.
Bei der Montage der Antriebsscheibe die Schrauben mit einem Anzugsdrehmoment von 60 Nm anziehen und aus der Endstellung 90° (Viertelumdrehung) nachziehen. Zu beachten ist jedoch, dass eine Ausgleichsscheibe zwischen Antriebsscheibe und Kurbelwellenflansch eingelegt ist. Diese Scheibe bestimmt den Abstand der Antriebsscheibe nach außen. Ehe die Schrauben angezogen werden, die Antriebsscheibe in normaler Weise anschrauben und die Schrauben mit 30 Nm anziehen. Mit einer Tiefenlehre messen, wie weit die Antriebsscheibe herausstellt (Bild 111). Dazu die Tiefenlehre gegen die Fläche der Antriebsscheibe anlegen (wo der Wandler angeschraubt ist) und das Tiefenmaß gegen den Zylinderblock schieben. Das Maß sollte zwischen 19,5 und 21,1 mm liegen. Falls dies nicht der Fall ist, eine Scheibe („2" in Bild 110) unterlegen.

2D.7 Steuerantrieb – ADY-Motor

Der Antrieb der obenliegenden Nockenwelle geschieht durch einen Zahnriemen, welcher über die verzahnten Steuerräder an Nockenwelle, Kurbelwelle und Zwischenwelle gelegt ist. Die Teile des Antriebs sind in Bildern 89 und 92 gezeigt.

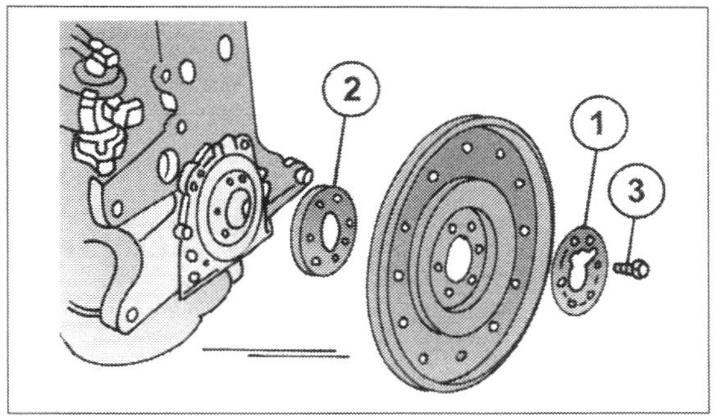

Bild 110
Die Antriebsscheibe des Drehmomentwandlers.
1 Beilagscheibe
2 Unterlegscheibe
3 Befestigungsschrauben

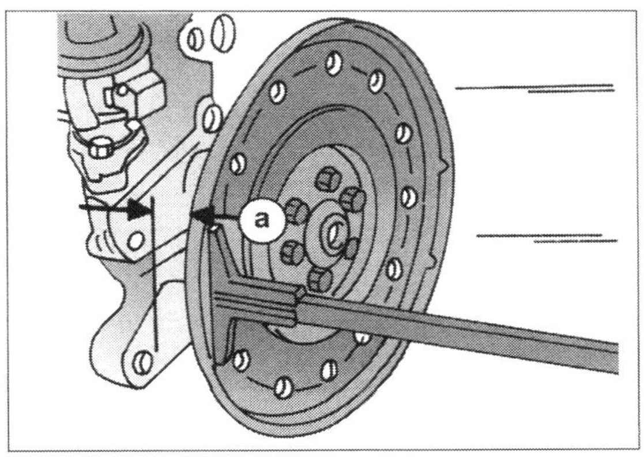

Bild 111
Ausmessen des Abstandes der Antriebsscheibe zur Fläche des Zylinderblocks.

Vorausgesetzt, dass der Riemen nicht beschädigt wird, sollte er ohne weiteres eine Lebensdauer von 100 000 km haben. Wechselzeiten für Zahnriemen werden manchmal geändert und wir raten Ihnen sich über den Stand der empfohlenen Intervalle zu erkundigen.
Die Spannung des Steuerriemens wird durch eine eingebaute Spannrolle mit einem Einstellexzenter hergestellt.

2D.7.1 Ausbau des Zahnriemens

- Luftfiltergehäuse zusammen mit dem Luftansaugschlauch ausbauen.
- Den Keilrippenriemen ausbauen, wie es in Kapitel 2D.8 beschrieben wird und die Spannrolle des Riemens abschrauben.
- Oberteil der Zahnriemenschutzabdeckung ausbauen. Am jetzt sichtbaren Zahnriemen mit einem Filzstift die Laufrichtung des Riemens einzeichnen, falls er wieder eingebaut werden soll.
- An der Unterseite des Motorraums die Schutzverkleidung ausbauen.
- Kurbelwelle durchdrehen, bis der Zylinder des ersten Zylinders auf dem oberen Totpunkt steht. Dies kann man anhand von Bild 112 (linke Ansicht) durchführen, d. h. die

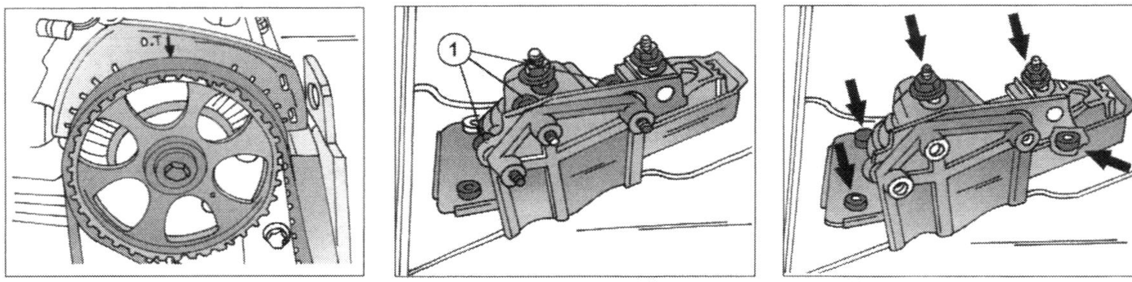

Bild 112

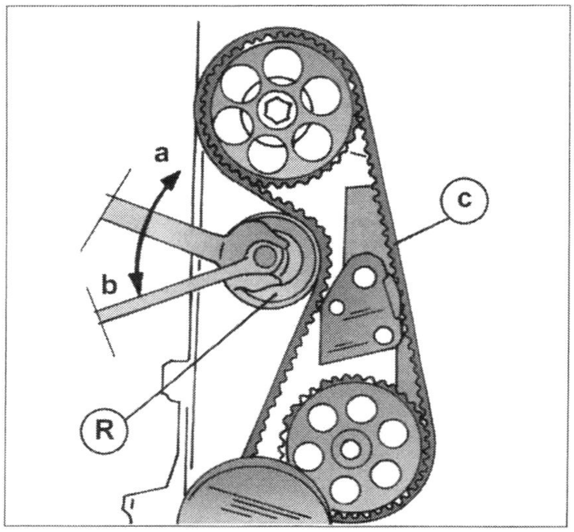

Bild 113
Der Zahnriemen und der Riemenspanner.
- a Richtung zum Spannen des Zahnriemens
- b Richtung zum Lockern des Zahnriemens
- c Mittelpunkt der Laufstrecke zur Spannungskontrolle
- R Spannrolle

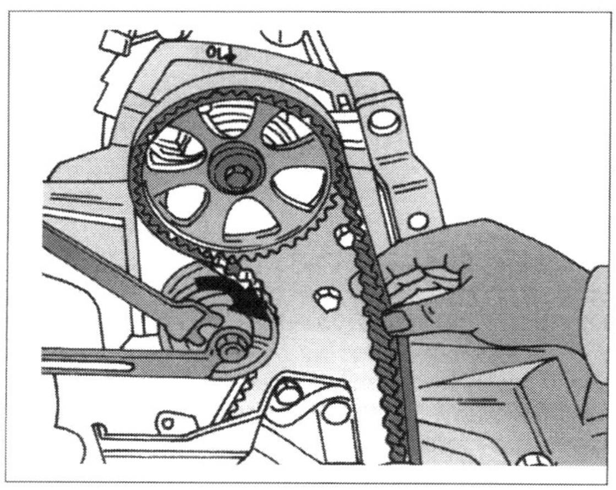

Bild 114
Zur Kontrolle der Zahnriemenspannung den Zahnriemen in der gezeigten Weise um 90° verdrehen. Die Spannrolle wird mit dem Zapfenschlüssel zum Spannen des Riemens in Pfeilrichtung verdreht, die Mutter mit einem Ringschlüssel angezogen.

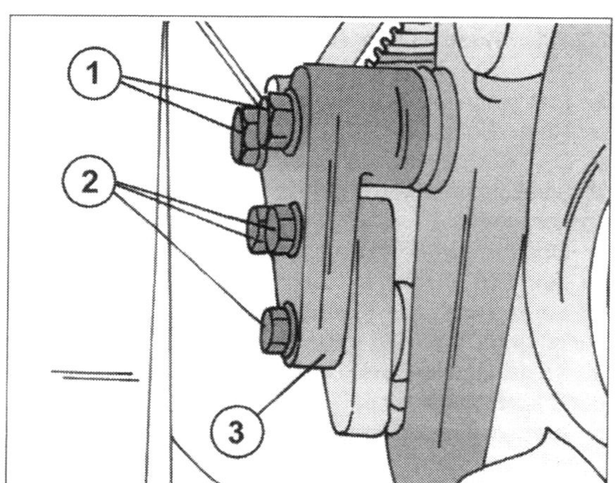

Bild 115
Die Befestigung der Motoraufhängung an der Stirnseite des Motors.
- 1 Schrauben, 55 Nm
- 2 Schrauben, 20 Nm
- 3 Motortragbügel

Marke im Steuerrad der Nockenwelle muss mit der Pfeilkennzeichnung am dahinter liegenden Schutzblech fluchten.

- Stellung von Schwingungsdämpfers/Riemenscheibe im Verhältnis zum Steuerrad an der Innenseite in geeigneter Weise kennzeichnen. Fünften Gang einlegen, die Handbremse anziehen und die Schrauben des Schwingungsdämpfers lösen. Letzterer kann nur in einer Stellung montiert werden, da die Löcher versetzt sind. Ebenfalls die Riemenscheibe der Wasserpumpe abschrauben.
- Den Motor durch Untersetzen eines Wagenhebers abstützen oder den Motor auf andere Weise etwas aus den Aufhängungen herausheben. Die in der mittleren Ansicht von Bild 112 gezeigten Befestigungsschrauben der rechten Motoraufhängung lösen. Danach die in der rechten Ansicht mit den Pfeilen gekennzeichneten Schrauben herausdrehen und den gesamten Aufhängungsträger herausnehmen. Ebenfalls den Halter vom Zylinderblock abschrauben.
- Unteren Steuerriemenschutz abschrauben.

Unter Bezug auf Bild 113 die Mutter des Riemenspanners lockern, indem man den Schlüssel in Richtung (b) bewegt und den Spanner (R) nach außen verdreht, bis der Zahnriemen locker ist. Den Riemen von den Riemenscheiben (Steuerrädern) herunter schieben. Die Nockenwelle jetzt nicht mehr durchdrehen.

2D.7.2 Einbau des Zahnriemens

Beim Auflegen des neuen Zahnriemens müssen die Steuerzeichen wie in Kapitel 2D.7.3 beschrieben ausgefluchtet sein. Wichtig beim Einbau des Zahnriemens ist die Stellung der Kolben. Keiner der Kolben darf auf dem oberen Totpunkt stehen, da sonst die Ventile gegen die Kolben anschlagen können. Beim Spannen des Zahnriemens folgendermaßen vorgehen:

- Den Zahnriemen auf das Steuerrad der Kurbelwelle und das Riemenrad der Zwischenwelle auflegen. Bei Einbau des alten Riemens die eingezeichnete Laufrichtung beachten. Die Marke am Rad der Zwischenwelle spielt keine Rolle.
- Einen Zapfenschlüssel (z. B. Matra Nummer V159) an der Spannrolle ansetzen und diese in der in Bild 114 gezeigten Richtung verdrehen. Der Zahnriemen ist einwandfrei gespannt, wenn er sich, wie im Bild erfasst, an der gezeigten Stelle um ca. 90° verdrehen lässt. Die Mutter der Spannrolle in dieser Stellung auf 45 Nm anziehen.
- Kurbelwelle um zwei volle Umdrehungen durchdrehen und kontrollieren, dass die Spannung immer noch gleich ist.
- Steuerriemenschutzbleche, Riemenscheibe (auf die Markierung achten) und den Keilrippenriemen wieder in

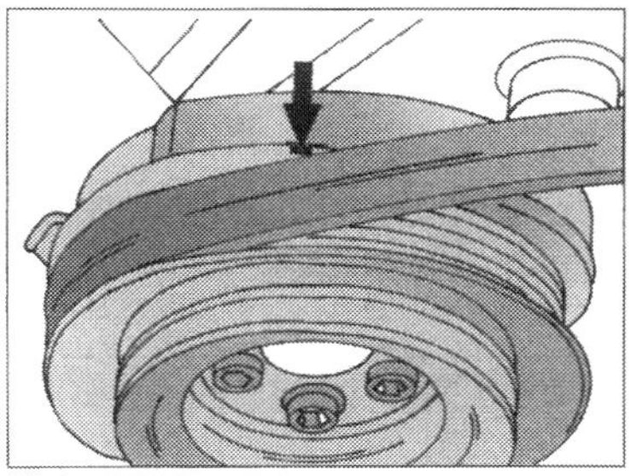
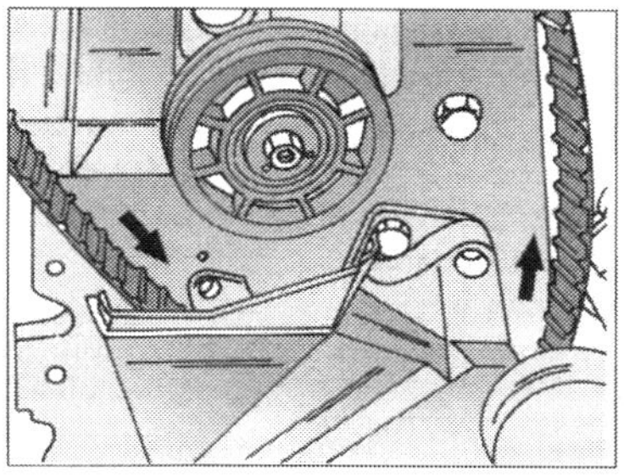
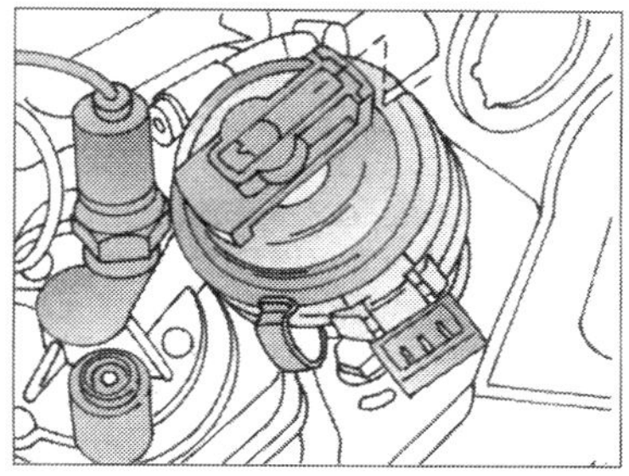

Bild 116

umgekehrter Reihenfolge montieren. Die Spannrolle wird mit 20 Nm angezogen. Den Keilrippenriemen spannen, wie es in Kapitel 2D.8 beschrieben ist.

- Beim Einbau der Motoraufhängung ist Bezug auf Bild 115 zu nehmen, da unterschiedliche Drehmomente gelten. Die Schrauben (1) mit 55 Nm, die Schrauben (2) mit 20 Nm anziehen.
- Falls das Kurbelwellensteuerrad ausgebaut wurde, die Schraube mit Öl einschmieren und mit 90 Nm anziehen. Der Motor muss dabei gegen Mitdrehen blockiert werden. Aus der Endstellung die Schraube um 90° weiter anziehen. Das Nachziehen kann in verschiedenen Stufen durchgeführt werden, solange man sich an die 90° hält. *Da es sich um eine Dehnschraube handelt, muss sie erneuert werden.*

2D.7.3 Steuerzeiten prüfen und einstellen

Die Arbeiten sind durchzuführen, ehe der Zahnriemen wieder eingebaut wird oder falls man annimmt, dass der Zahnriemen entweder verrutscht (um einen Zahn gesprungen) oder falsch aufgelegt ist.

- Zündkerzen ausschrauben.
- Den Zahnriemen über die Steuerräder von Nockenwelle, Kurbelwelle und Zwischenwelle auflegen. (*Die Stellung des Rades der Zwischenwelle spielt einstweilen keine Rolle).*
- Kurbelwellenriemenscheibe provisorisch am Steuerrad der Kurbelwelle anschrauben (ohne Steuerriemenschutzblech). Unbedingt auf die eingezeichneten Fluchtzeichen in Riemenscheibe und Steuerrad achten).
- Motor durchdrehen (durch Ansetzen eines Schlüssels an der Schraube des Kurbelwellensteuerrades), bis die geltenden Steuerzeichen richtig stehen. Zwei Fälle sind zu beachten:

– **Ist der Motor eingebaut**, wird er durchgedreht, bis das Zeichen am Schwungrad oder das Zeichen an der Antriebsscheibe (Automatik) miteinander fluchten.

– **Ist der Motor ausgebaut,** nimmt man die Stellung am Schwingungsdämpfer der Kurbelwelle vor. Dazu den Motor durchdrehen, bis die Zeichen entsprechend Bild 116 auf der linken Seite ausgefluchtet sind.

– Bei noch losem Zahnriemen muss jetzt Zwischenwelle in die richtige Stellung gebracht werden. Dazu nimmt man die Kappe des Zündverteilers ab, um die Stellung des Läufers zu kontrollieren. Die Spannrolle kann etwas gelockert werden, um den Riemen freizugeben. Das Steuerrad wird in Pfeilrichtung von Bild 116 (Mitte) verdreht, bis der Läufer des Zündverteilers die in Bild 116 (rechts) gezeigte Stellung eingenommen hat. Unbedingt kontrollieren, dass der Verteilerläufer richtig steht, ehe man den Riemen auflegt.

- Den Zahnriemen jetzt mit den Zähnen in Steuerräder einlegen. Der Motor steht jetzt mit dem ersten Zylinder auf dem oberen Totpunkt im Zündzeitpunkt.
- Am Nockenwellenrad kontrollieren, dass die in Bild 112 (links) gezeigten Steuerzeichen fluchten. Falls dies nicht der Fall ist, stimmt irgendetwas nicht.
- Kurbelwellenriemenscheibe wieder abmontieren.
- Steuerriemen jetzt spannen, wie es bereits in Kapitel 2D.7.2 beschrieben wurde.

2D.8 Einstellen der Antriebsriemenspannung

Der Keilrippenriemen spannt sich durch einen Mechanismus mit eingebauter Feder von selbst, d. h. eine regelmäßige Kontrolle der Riemenspannung entfällt. Ein Spannen des Riemens ist aus diesem Grund nur erforderlich, falls der Riemen aus irgendeinem Grund ausgebaut werden musste.

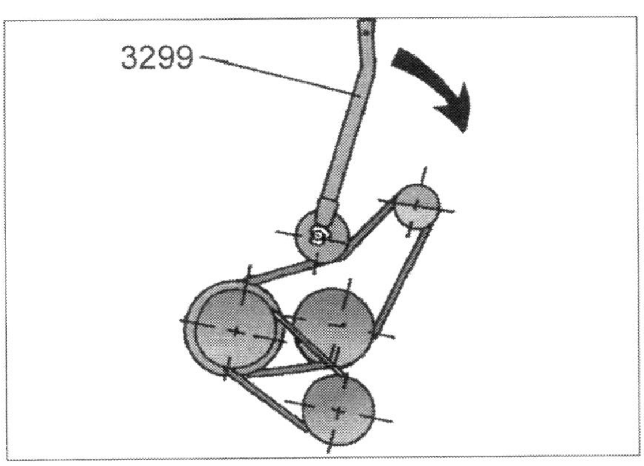

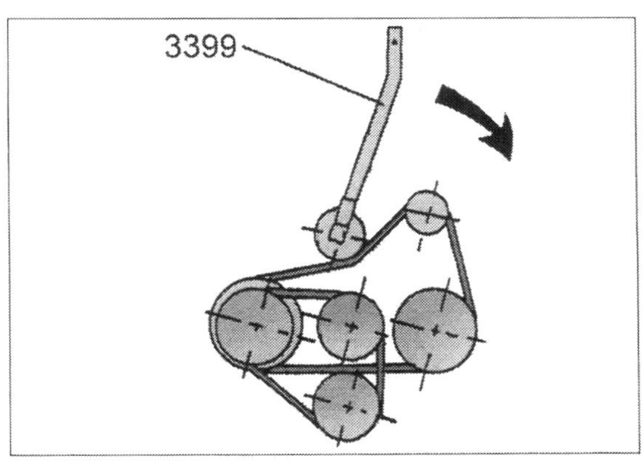

Bild 117
Verlegung des Keilrippenriemens ohne Klimaanlage im linken Bild, mit Klimaanlage im rechten Bild. Der Spannhebel wird in Pfeilrichtung bewegt, um die Spannrolle zu entlasten.

Aufgrund der verschiedenen eingebauten Aggregate werden unterschiedliche Riemenscheiben vorgefunden werden. Bei allen Ausführungen wird eine Spannrolle verwendet.

Beim Ausbau des Keilrippenriemens folgendermaßen vorgehen. Die beiden in Frage kommenden Riemenantriebe sind in Bild 117 gezeigt. Zum Spannen wird ein Spezialhebel benutzt (3299), um die Spannrolle zum Spannen des Riemens zu verdrehen.

- Die Laufrichtung des Keilrippenriemens kennzeichnen. Dazu mit einem Filz- oder Fettstift einen Pfeil in Laufrichtung aufzeichnen. Der Motor dreht, von der Riemenseite aus gesehen, nach rechts (Uhrzeigersinn).
- Die Spannrolle mit dem Hebel VW 3299 anheben. Der Hebel wird, wie in den Bildern gezeigt, in die Rolle eingesetzt und in Pfeilrichtung bewegt. Dadurch wird der Riemen entspannt.
- Den Keilriemen zum Antrieb der Lenkhilfspumpe ausbauen (siehe betreffendes Kapitel) und den Keilrippenriemen abnehmen.

Den Zustand des Keilrippenriemens auf folgende Schäden kontrollieren: Risse oder Brüche, Abtrennung der Deckschicht oder Zugstränge, Ausfransung der Zugstränge, ausgefranste oder glasige Flanken, Öl- oder Fettspuren.

Ein beschädigter Keilrippenriemen muss immer ersetzt werden.

Beim Einbau folgendermaßen vorgehen:

- Den Keilrippenriemen auflegen. Dazu die Spannrolle mit dem Hebel anheben und den Riemen auf die Spannrolle und den Generator auflegen. Wird der gleiche Riemen wieder eingebaut, muss die eingezeichnete Drehrichtung beachtet werden. Abschließend die Spannrolle zurücklassen, damit sich der Riemen spannen kann.

2D.9 Zwischenwelle

Zum Ausbau der Zwischenwelle muss der Motor aus dem Fahrzeug ausgebaut werden. Die Befestigungsweise der Zwischenwelle ist aus Bild 118 ersichtlich. Um die Welle auszubauen, muss der Zündverteiler ausgebaut werden; der Zylinderkopf kann montiert bleiben.

Der Dichtringflansch ist mit einer Rücklaufbohrung an der Unterseite versehen und muss dementsprechend eingebaut werden. Der Flansch bestimmt das Axialspiel der Welle und muss erneuert werden, falls dieses mehr als 0,25 mm beträgt. Ein O-Dichtring dichtet den Flansch am Motor ab.

Den Dichtring in der Innenseite des Flansches erneuern, falls dieser abgeschraubt wurde. Zur Montage des Dichtringes zuerst die Welle einbauen und danach den Dichtring einziehen, wie es für den vorderen Öldichtring der Kurbelwelle beschrieben wurde. Die Schrauben bei der Montage mit einem Anzugsdrehmoment von 25 Nm anziehen.

2D.10 Kompressionsdruckprüfung

Seine höchste Leistung bei den besten Benzinverbrauchswerten zeigt der Motor, wenn die Ventile und die Kolbenringe einwandfrei abdichten, d. h. keine der komprimierten Gase können an diesen Stellen entweichen, der gesamte Druck kann auf die Kolben wirken. Um die Kompression der einzelnen Zylinder zu kontrollieren, braucht man einen so genannten Kompressionsdruckprüfer, mit welchem man eine Kompressionsdruckprüfung durchführt, die über das einwandfreie Abdichten der Ventile und Kolbenringe Aufschluss gibt. Der Motor muss seine Betriebstemperatur haben, damit die Kolbenringe besser abdichten.

Falls man einen Kompressionsprüfer zur Verfügung hat, kann man die Kompression dieses Motors selbst kontrollieren.

- Alle Zündkerzen herausschrauben.
- Den Geber für die Drehzahlgebung der Kurbelwelle und der Dreipin-Stecker des Zündtrafos müssen abgezogen werden. Die Lage der beiden Stecker ist in Bild 119 gezeigt.
- Drosselklappe öffnen, d. h. eine zweite Person muss mit dem Fuß das Gaspedal durchtreten.
- Den Gummikonus des Kompressionsdruckprüfers fest in die erste Kerzenbohrung eindrücken.
- Von einem Helfer den Anlasser betätigen lassen. Der Motor kann nicht anspringen, da die Kerzen ja ausgeschraubt wurden.
- Motor durchdrehen lassen, bis die Nadel des Kompressionsprüfers den höchsten Druckwert anzeigt, d. h. die Nadel steigt nicht höher.

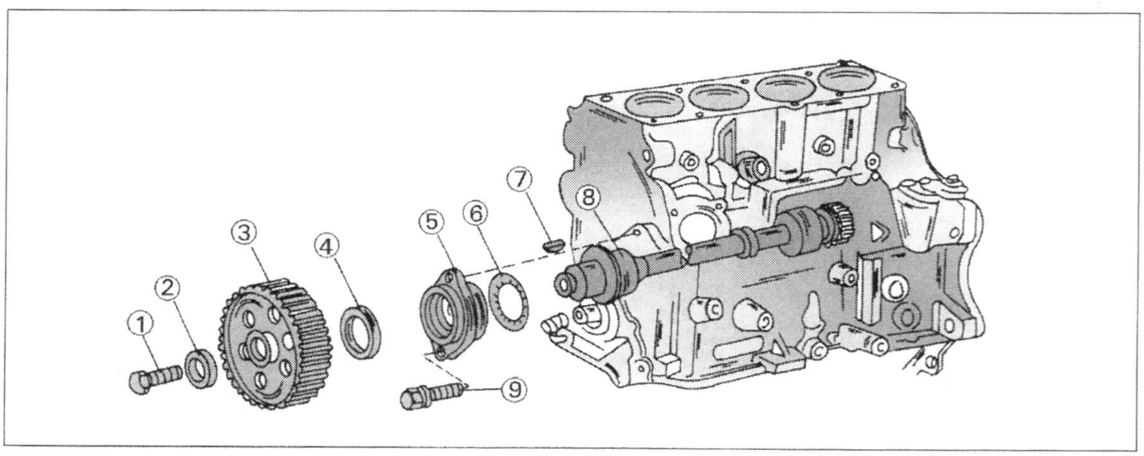

Bild 118
Die Teile der Zwischenwelle.
1 Schraube, 65 Nm
2 Scheibe
3 Antriebsrad
4 Öldichtring
5 Öldichtringflansch
6 O-Dichtring
7 Scheibenfeder
8 Zwischenwelle
9 Schraube, 25 Nm

● Der Reihe nach die anderen Zylinder auf die gleiche Weise kontrollieren.

Normalerweise gilt, dass keiner der Zylinder weniger als 80% des Ergebnisses des besten Zylinders aufweisen darf. Niedrige, ungleichmäßige Kompression könnte durch verschlissene Kolbenringe verursacht werden, die ebenfalls durch übermäßigen Ölverbrauch feststellbar werden. Bei guter Kompression sollte eine Anzeige von mindestens 7,5 bar vorhanden sein.

Sollte ein Messwert unter der Verschleißgrenze liegen, etwas Motoröl durch die Kerzenöffnung in den Zylinder gießen und die Messung wiederholen. Falls die Anzeige jetzt besser ist, kann man annehmen, dass der Schaden in verschlissenen Kolbenringen oder ausgelaufenen Zylinderwandungen liegt. Bleibt die Anzeige ungefähr gleich, liegt die Ursache in einem oder mehreren festhängenden Ventilen. Auch die Zylinderkopfdichtung kann undicht sein. Ein Ausbau des Zylinderkopfes und gründliche Kontrolle sind in diesem Fall erforderlich.

In Autozubehörgeschäften sind bestimmte Produkte erhältlich, die durch Einfüllen in die Zylinder eine „zweite Abdichtung" der Kolbenringe herstellen. In den meisten Fällen ist eine derartige Reparatur nur vorübergehend, jedoch gibt es Fälle, bei denen die Verdichtung wieder „wie neu" hergestellt wird. Ihre VW-Werkstatt wird Sie über die besten Produkte informieren.

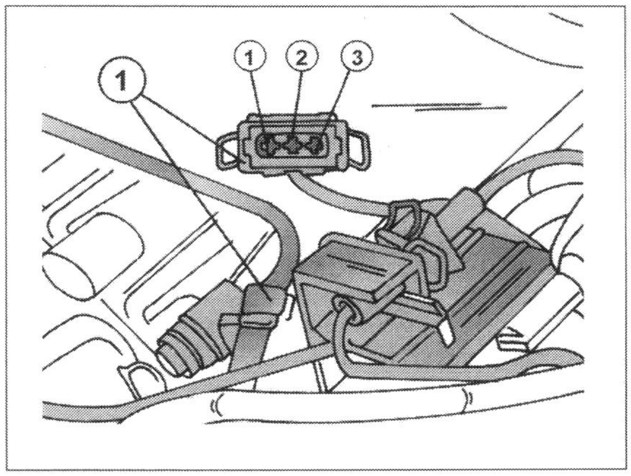

Bild 119
Die beiden Stecker (1) vor Überprüfung des Kompressionsdrucks abziehen.

3 Motorschmierung

Der Motor wird durch eine Druckumlaufschmierung mit Öl versorgt. Hier hört jedoch die Ähnlichkeit innerhalb der einzelnen Motoren auf. Es soll kurz auf die einzelnen Varianten eingegangen werden.

Dieselmotor mit Einspritzung Pumpe/Düse
Der Antrieb der Ölpumpe erfolgt durch eine getrennte Kette durch ein Kettenrad auf der Kurbelwelle. Ein Ölkühler ist unter dem Ölfilter montiert. Bereits ab Mai 2000 ist ein Geber für den Ölstand im Motor und die Öltemperatur eingebaut, d. h. alle in der Ausgabe behandelten Dieselmotoren haben diesen Geber an der Ölwanne. An der Ölwanne wird keine Dichtung eingelegt. Die Dichtfläche wird mit Silikon-Dichtungsmasse D 176 404 A2 abgedichtet, wie es beim Aus- und Einbau beschrieben wird.
Der Zylinderblock ist mit einer Ölspritzdüse für die Kolbenkühlung versehen. Dies sind die einzigen Teile der Motorschmierung, welche bei ausgebautem Motor erneuert werden müssen. Alle anderen Teile können aus- und eingebaut werden, wenn der Motor im Fahrzeug sitzt.

1.8-Liter-Motor
Der Motor wird durch eine Druckumlaufschmierung mit Öl versorgt. Beim Motor wird eine, durch eine Kette von der Kurbelwelle angetriebene Ölpumpe verwendet, welche eine verschlossene Einheit bildet und nicht zerlegt werden kann. In der Ölpumpe ist ein Überdruckventil eingebaut, welches bei einem Druck von 12 bar öffnet.
Am Motor ist ein Ölkühler für das Motoröl unter dem Ölfilter montiert. Dieser wird durch das Kühlmittel über die angeschlossenen Schläuche mit Kühlwasser versorgt und kühlt das durchlaufende Öl.
Der Zylinderblock ist mit einer Ölspritzdüse für die Kolbenkühlung versehen. Dies sind die einzigen Teile der Motorschmierung, welche bei ausgebautem Motor erneuert werden müssen. Alle anderen Teile können aus- und eingebaut werden, wenn der Motor im Fahrzeug sitzt.

VR6-Motor
Der Antrieb der Ölpumpe erfolgt von der Zwischenwelle über eine Antriebswelle. Ein Ölkühler ist unter dem Ölfilter montiert.
Eine Neuerung bei diesen Motoren wäre vielleicht der Ölfilter. Bei diesem handelt es sich nicht, wie man vielleicht erwartet, um eine Filterpatrone, wie sie im modernen Automobilbau meistens vorzufinden ist, sondern der Filter besteht aus einem Filtergehäuse, welcher von unten mit einer Schraube am Filtersockel angeschraubt ist. Im Inneren des Filters sitzt ein getrennter Filtereinsatz.

Der Zylinderblock ist mit einem Absperrventil für den Ölrücklauf sowie einer Ölspritzdüse für den Kurbeltrieb versehen. Dies sind die einzigen Teile der Motorschmierung, welche bei ausgebautem Motor erneuert werden müssen. Alle anderen Teile können aus- und eingebaut werden, wenn der Motor im Fahrzeug sitzt.

2.0-Liter-Motor
Der Motor wird durch eine Druckumlaufschmierung mit Öl versorgt. Eine von der Zwischenwelle angetriebene Zahnradpumpe befindet sich im Unterteil des Kurbelgehäuses. Ein Ölfilter ist unter dem Ölfilter montiert. Das Antriebsrad der Ölpumpe treibt ebenfalls den Zündverteiler an.
Im Allgemeinen ist bekannt, dass man einen Motor nicht mit Öl überfüllen darf. Beim Auffüllen des Motors ist dies deshalb unbedingt zu beachten. Füllen Sie besser Öl ein, bis es kurz unter der „Max"-Marke am Ölmessstab steht. Nach einigen Fahrkilometern den Ölstand nachprüfen (das Öl hat sich dann gesetzt) und eventuelle Berichtigungen vornehmen.

Hinweis: Motoröle sind speziell für Dieselmotoren hergestellt und auch Turbodieselmotoren haben spezielles Öl. Falls Sie den Ölwechsel das erste Mal durchführen, muss dies beachtet werden. Ihre VW- oder Seat-Werkstatt oder Tankstelle wird Ihnen das richtige Öl verkaufen, jedoch müssen Sie sich überzeugen, dass beim Kauf von Öl in Freitankstellen oder Supermärkten das richtige Öl gewählt wird. Zu beachten sind auch die unterschiedlichen Füllmengen. Bei den Motoren ASZ und AUY nimmt der Motor 4,3 Liter auf, beim Motor ANU dagegen sind es 4,5 Liter.

3.1 Arbeiten am Dieselmotor

3.1.1 Aus- und Einbau der Ölwanne

Ehe man den Ausbau der Ölwanne vornimmt, muss man sich eine elektrische Bohrmaschine mit einer Drehbürste mit Kunststoffborsten besorgen. außerdem ist zum Abdichten der Ölwannenverbindung eine spezielle Silikon-Dichtungsmasse erforderlich, welche unter der Ersatzteilnummer D 176 404 A2 in Tuben kommt. Zudem braucht man eine Stecknuss mit einem Gelenk, um an einige der Ölwannenschrauben zu kommen.

- Die Geräuschverkapselung unter dem Fahrzeug abschrauben.

Bild 120

- Das Motoröl ablassen. In vorschriftsmäßiger Weise entsorgen. Nicht einfach wegschütten.
- Den Drei-Pin-Kabelstecker vom Geber (Bezeichnung G266) für den Ölstand sowie die Öltemperatur abziehen. Die Schrauben vom Halter an der Ölwanne abschrauben, welche das Ladeluftrohr zwischen dem Abgasturbolader und dem Ladeluftkühler halten. Wo die Schrauben sitzen, zeigt Bild 120 auf der linken Seite.
- Die Ölwanne abschrauben. Um an alle Schrauben heranzukommen, braucht man eine Stecknuss mit einer Verlängerung und einem Gelenk. Die Ölwanne nach unten abziehen. Eine festklebende Ölwanne kann man mit einem Gummihammer abschlagen, keinen Schraubendreher einsetzen.
- Alle Reste der alten Dichtungsmasse vorsichtig mit einem Schaber vom Zylinderblock entfernen.
- Die Ölwannendichtfläche jetzt in der in Bild 120 (Mitte) gezeigten Weise reinigen, um alle alte Dichtungsmasse zu entfernen. Falls ein anderes Werkzeug benutzt wird, darf man die Dichtfläche nicht beschädigen. Wichtig ist, dass die Fläche frei von Öl oder Fett ist.
- Die Fläche des Flansches muss jetzt mit der genannten Dichtungsmasse eingeschmiert werden. Da es sich bei dieser um Silikon-Masse handelt, muss der Deckel innerhalb 5 Minuten montiert werden. Die Spitze der Tube abschneiden und eine Wulst Dichtungsmasse, ähnlich wie in Bild 102 auf der rechten Seite gezeigt, in einer Breite von 2–3 mm auf die Fläche der Ölwanne auftragen. Die Breite ist unbedingt einzuhalten, damit überschüssige Dichtungsmasse nicht in die Ölwanne gelangen und das Ansaugsieb des Öls verstopfen kann. Die Dichtungsmasse muss ringsherum auf die Ölwanne aufgetragen werden. Besondere Vorsicht dabei beim Auftragen am hinteren Dichtringflansch walten lassen.
- Die Ölwanne sofort ansetzen und die Schrauben in den Zylinderblock eindrehen. Die drei Schrauben der Verbindung zum Getriebe mit 45 Nm anziehen. Die anderen Schrauben in mehreren Durchgängen über Kreuz mit einem Anzugsdrehmoment von 15 Nm anziehen. Ist der Motor ausgebaut, muss die Ölwanne auf der Schwungradseite vollkommen bündig mit der Kante des Zylinderblocks abschneiden.
- Die Schrauben des Halters in Bild 120 (links) mit 20 Nm anziehen.
- Nach Einbau der Ölwanne den Motor ca. 30 Minuten lang stehen lassen, damit die Dichtungsmasse eintrocknen kann und erst danach die Ölwanne mit Öl füllen. Auf die Füllmengen achten (siehe eingangs des Abschnitts). Ebenfalls müssen Sie wissen, ob das Fahrzeug mit verlängerten Wartungszwischenzeiten oder ohne diese bestimmt ist, da die Ölsorte nicht gleich ist. Im Zweifel in der Betriebsanleitung nachschlagen.

3.1.2 Aus- und Einbau der Ölpumpe

Der Aus- und Einbau der Ölpumpe kann unter Bezug auf das Montagebild in Bild 121 durchgeführt werden. Die Ölpumpe kann nicht repariert werden, im Schadensfall erneuern. Die folgenden Punkte sollen jedoch besonders erwähnt werden:

- Ehe man die Ölpumpenkette ausbaut, muss die Laufrichtung mit einem Filzstift aufgezeichnet werden. Die Kette gründlich auf Verschleiß kontrollieren.
- Die Ölpumpe wird mit zwei Passhülsen geführt, welche vor dem Einbau im Zylinderblock sitzen müssen. Beim Einbau der Pumpe die beiden Passhülsen an der Oberseite der Pumpe einschlagen.
- Das Kettenrad der Pumpe hat eine Führungsfläche und kann nur in einer Stellung auf die Pumpenwelle aufgebracht werden.
- Der Kettenspanner besteht aus einem Teil und kann

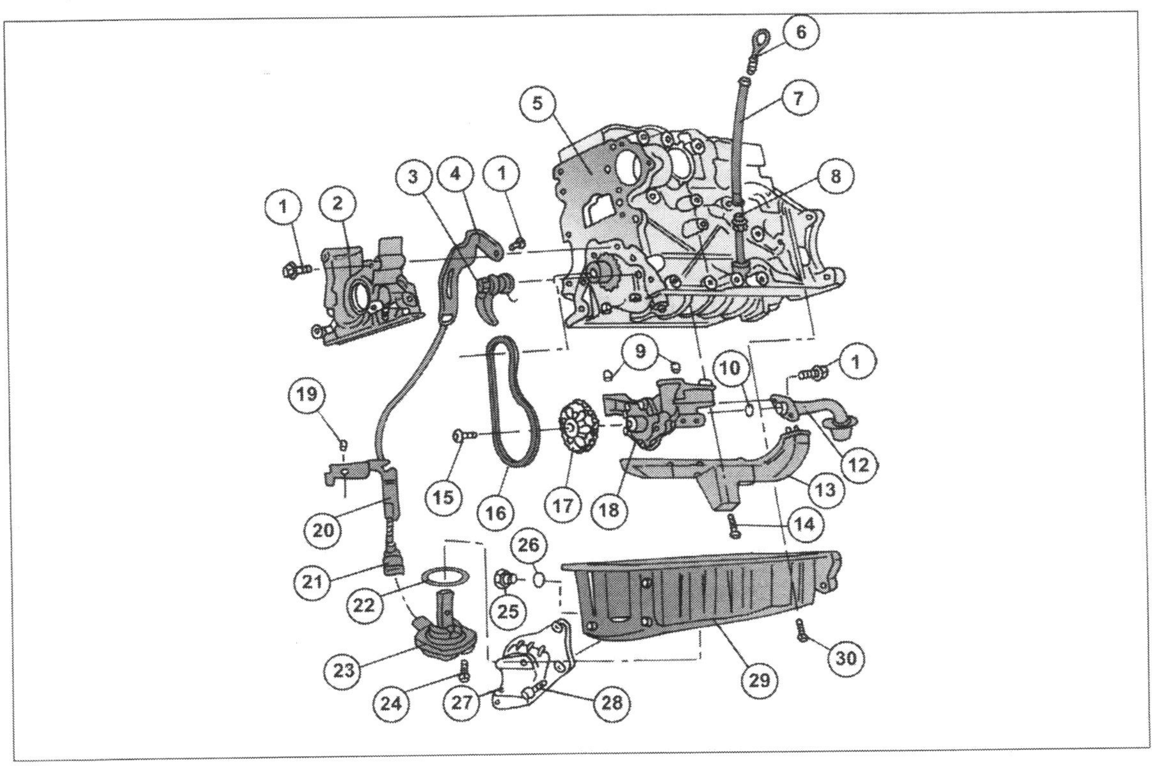

Bild 121
Die Motorschmierung des Dieselmotors.
1 Schraube, 15 Nm
2 Dichtringflansch mit Öldichtring
3 Kettenspanner mit Spannschiene, 15 Nm
4 Halter für Geber der Öltemperatur und Ölstand
5 Zylinderblock
6 Ölmessstab
7 Führungsrohr für Ölmessstab
8 Führungsrohr, Unterteil
9 Passhülsen, müssen fest sitzen
10 O-Dichtring, immer erneuern
11 Schraube, 15 Nm
12 Ölansaugrohr
13 Ölabweisblech
14 Schraube, 15 Nm
15 Schraube, 25 Nm, Motor ASZ 20 Nm + 90°
16 Rollenkette, vor Ausbau Laufrichtung markieren
17 Kettenrad der Ölpumpe
18 Ölpumpe mit Überdruckventil
19 Schraube, 15 Nm
20 Halter für Geber der Öltemperatur und Ölstand
21 Kabelstecker, schwarz, 3 Steckstifte
22 Dichtring, immer erneuern, einölen
23 Geber für Öltemperatur und Ölstand
24 Schraube, 10 Nm
25 Ölablassstopfen, 30 Nm
26 Dichtring
27 Halter für Ladedruckrohr (falls vorhanden)
28 Schraube, 20 Nm
29 Ölwanne
30 Schrauben, 15 Nm

nicht zerlegt werden. Zu beachten ist die richtige Montageweise. Beim Einbau die Feder vorspannen und einhaken. Den Kettenspanner mit 15 Nm anziehen. Ist die Feder gebrochen, muss der gesamte Kettenspanner erneuert werden.

- Wurde das Ölleitblech ausgebaut, muss man beim Einbau zuerst die Ölpumpe verschraubt haben. Die Schraube an der Unterseite mit 15 Nm anziehen.
- Die Ölpumpe kann nach Abschrauben des Pumpendeckels in der Innenseite überprüft werden. Falls die Zahnräder deutlichen Verschleiß aufweisen oder die Pumpenbohrung ist eingelaufen, muss man eine neue Pumpe einbauen. Den Pumpendeckel mit 15 Nm festschrauben.
- Das Antriebsrad an der Kurbelwelle muss mit einem Zweiklauenabzieher vom Ende der Kurbelwelle heruntergezogen werden. Beim Einbau des Kettenrades muss man dieses 15 Minuten lang auf eine Temperatur von 220°C erhitzen (Heizplatte). Das Kettenrad mit dem breiteren Bund an der Innenseite liegend auf die Kurbelwelle stecken (nur mit einer Zange) und mit einem passenden Rohr vollkommen auf die Kurbelwelle aufschlagen.
- Der Aus- und Einbau des vorderen Kurbelwellenflansches wird untenstehend beschrieben. Auch die Erneuerung des Öldichtringes wird da beschrieben.
- Das Ölansaugrohr auf Verschmutzung kontrollieren und ggf. reinigen.
- Allen Anzugsdrehmomenten im Bild folgen.

3.1.3 Ölfilter wechseln

Der in Bild 122 gezeigte Ölfilter ist bei den Motoren ANU und AUY eingebaut, wurde aber beim 96-kW-Motor (Baujahr 2003) abgeändert und hat jetzt das in Bild 123 gezeigte Aussehen. Bei allen Motoren sitzt der Filter auf der Oberseite des Ölfiltersockels. Der Ölkühler bildet eine getrennte Einheit und ist an der Unterseite des Ölfiltersockels montiert.

Zum Ausbau die Kappe an der Oberseite des Filters abschrauben. In der Werkstatt wird dazu bei dem in Bild 122 gezeigten Filter ein Spezialschlüssel benutzt (3417), welcher über die Rippen der Kappe gelegt wird. Hier kann man jedoch den bekannten Kettenschlüssel verwenden, um die Kappe zu lockern. Falls auch dieser fehlt, eignet sich eine große Wasserpumpenzange zum Abschrauben. Die Kappe danach vollkommen abschrauben und abnehmen. Beim Filter in Bild 123 einen Gabelschlüssel am Sechskant der Verschlusskappe ansetzen.

Den Ölfiltereinsatz (Ölfilterelement) herausnehmen. Dieser wird höchstwahrscheinlich an der Kappe festkleben, kommt also dabei mit heraus. Bild 124 zeigt die Einzelteile des Filters.

Die Innenseite der Kappe gut reinigen und auch mit einem Lappen die Innenseite des Filtersockels, d. h. das Gehäuse für den Filter gut auswischen.

Den großen Dichtring sowie den kleinen Dichtring auf der langen Schraube der Verschlusskappe (Filter Bild 122) erneuern und das Filterelement in die Öffnung einschieben. Beim Filter in Bild 123 die Dichtringe (9) erneuern.

Die Kappe aufschrauben und gut festziehen. Dabei geht man mit Gefühl vor. Beide Ausführungen werden mit 25 Nm angezogen. Bei einer Kappe mit Sechskant kann man natürlich einen Drehmomentschlüssel mit Stecknuss ansetzen.

Den Motor nach Wechseln des Filters mit der vorgeschriebenen Ölmenge füllen.

Motor anlassen und eine Weile laufen lassen. Nachdem der Motor seine Betriebstemperatur erhalten hat, von der Unterseite des Fahrzeuges kontrollieren, dass keine Leckstellen um die Filterverbindung herum feststellbar sind.

3.1.4 Ausbau und Einbau des vorderen Dichtringflansches

Zum Aus- und Einbau des Flansches braucht man eine elektrische Bohrmaschine mit einer aus Kunststoff hergestellten Bürste, um die Fläche des Flansches einwandfrei zu reinigen. Ebenfalls muss man die zum Abdichten erforderliche Dichtungsmasse zur Verfügung ha-

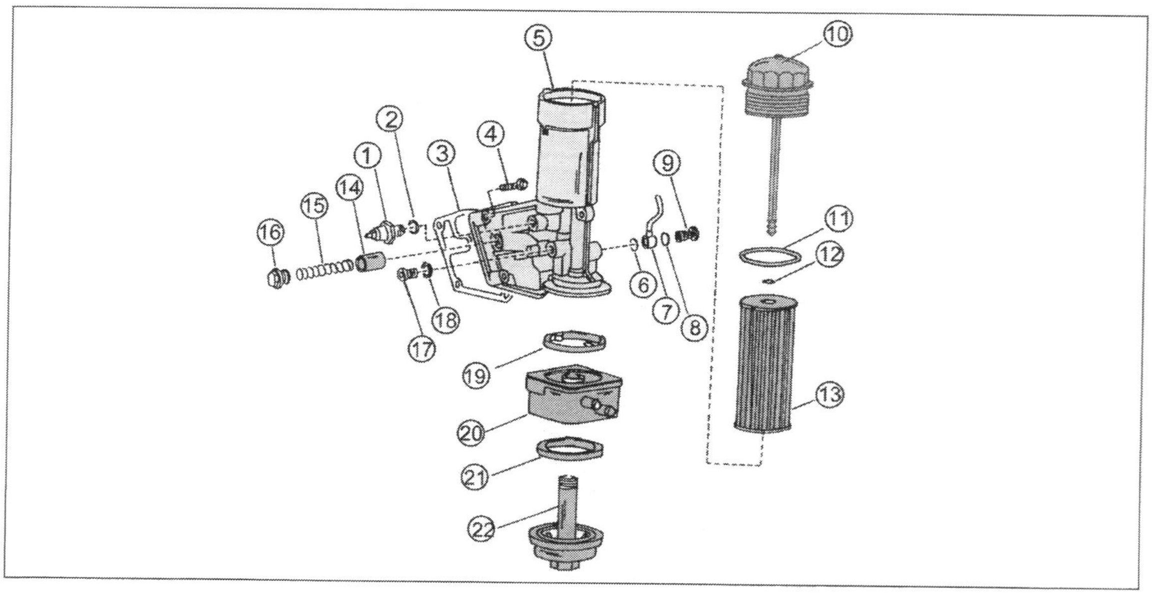

Bild 122
Die Anordnung des Ölfilters beim Dieselmotor ANU und AUY.
1 Öldruckschalter
2 Dichtring, immer erneuern
3 Dichtring, immer erneuern
4 Schraube, 15 Nm + 90°, zuerst obere linke und untere rechte Schraube, danach die anderen Schrauben über Kreuz anziehen
5 Ölfiltersockel
6 Dichtring, immer erneuern
7 Ölleitung zum Turbolader
8 Dichtring, immer erneuern
9 Hohlschraube, 20 Nm
10 Dichtkappe, 25 Nm
11 O-Dichtring, immer erneuern
12 O-Dichtring, immer erneuern
13 Ölfilterelement
14 Kolben für Überdruckventil
15 Rückholfeder
16 Schraubstopfen, nicht entfernen
17 Stopfen, 10 Nm
18 Dichtring, immer erneuern
19 Dichtung, immer erneuern
20 Ölkühler
21 Dichtung, immer erneuern
22 Verschlusskappe, 25 Nm

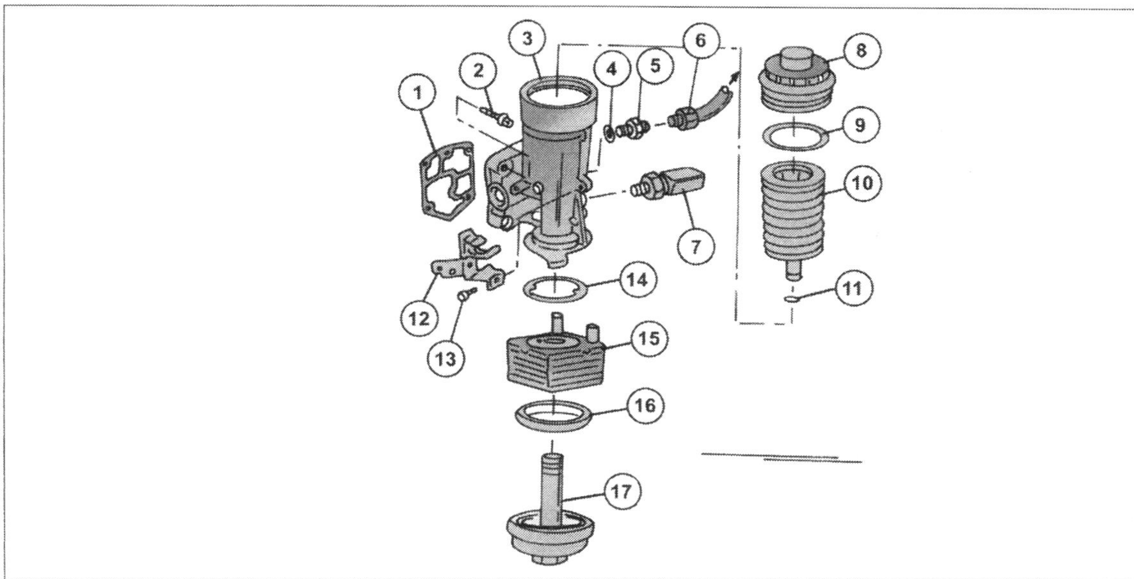

Bild 123
Die Anordnung des Ölfilters beim Dieselmotor ASZ (ab 2003).
1 Dichtring, immer erneuern
2 Schraube, 15 Nm + 90°, erneuern
3 Ölfiltersockel
4 Dichtring, erneuern
5 Anschlussstück, 30 Nm
6 Ölzufuhrleitung zum Turbolader, 22 Nm
7 Öldruckschalter, braun, 0,7 bar, 22 Nm
8 Schraubkappe, 25 Nm
9 Dichtring, immer erneuern
10 Ölfiltereinsatz
11 Dichtring, immer erneuern
12 Halter, Kabelstrang und Masseanschluss
13 Schraube, 10 Nm
14 Dichtring für Ölkühler
15 Ölkühler
16 Dichtring, immer erneuern
17 Abdichtstopfen, unten, 25 Nm

ben. Diese wird bei Audi unter der Nummer D 176 402 A2 gehandelt.

- Nach Freilegung der Stirnseite des Motors (Keilrippenriemen, Zahnriemen ausbauen, Steuerrad der Kurbelwelle ausbauen), das Motoröl ablassen und die Ölwanne ausbauen. Zusätzlich das Luftansaugrohr des Ladeluftkühlers ausbauen.

Hinweis: Bei eingebautem Motor ist es schwer die Kurbelwelle gegenzuhalten. In der Werkstatt wird dazu ein Gegenhalter benutzt, der in der bereits in Bild 106 (links) gezeigten Weise am Kurbelwellensteuerrad angeschraubt wird (die Schraubenlöcher für die Riemenscheibe werden verwendet).

- Den Dichtringflansch vom Zylinderblock abschrauben und den Flansch abnehmen. Meistens wird dieser festsitzen und muss mit einem Gummihammer abgeschlagen werden. Sofort die Dichtfläche des Zylinderblocks reinigen (vorsichtig mit einem Schaber).
- Den Flansch jetzt in der in Bild 125 gezeigten Weise reinigen, um alle alte Dichtungsmasse zu entfernen. Falls ein anderes Werkzeug benutzt wird, darf man die Dichtfläche nicht beschädigen. Wichtig ist, dass die Fläche frei von Öl oder Fett ist.
- Die Fläche des Flansches muss jetzt mit der genannten Dichtungsmasse eingeschmiert werden. Da es sich bei dieser um Silikon-Masse handelt, muss der Deckel innerhalb 5 Minuten montiert werden. Die Spitze der Tube abschneiden und eine Wulst Dichtungsmasse in der in Bild 126 gezeigten Weise in einer Breite von 2 – 3 mm auf die Deckelfläche auftragen. Die Breite ist unbedingt einzuhalten, damit überschüssige Dichtungsmasse nicht in die Ölwanne gelangen und das Ansaugsieb des Öls verstopfen kann.
- Den Flansch sofort am Zylinderblock ansetzen und die Schrauben anziehen. Der Flansch muss einwandfrei zentriert sein, die Schrauben gleichmäßig über Kreuz mit 15 Nm anziehen.
- Ölwanne montieren (siehe obige Beschreibung), den Motor ca. 30 Minuten lang stehen lassen und die Ölwanne mit Öl füllen – Ölfüllmenge beachten.

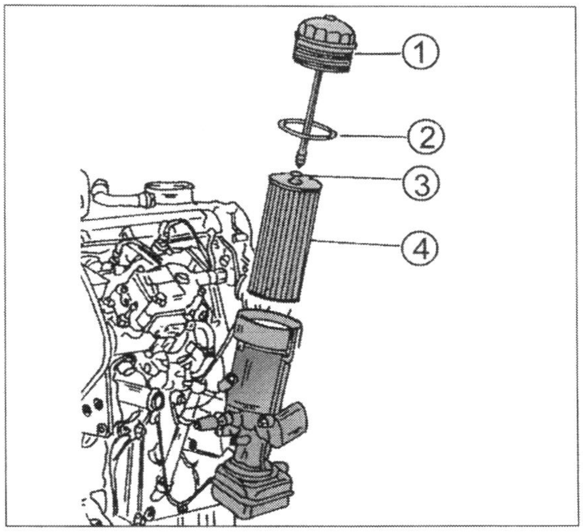

Bild 124
Beim Ausbau des Ölfilters werden beim Dieselmotor ANU und AUY die gezeigten Teile frei.
1 Schraubkappe
2 Dichtring
3 Dichtring
4 Ölfilterelement

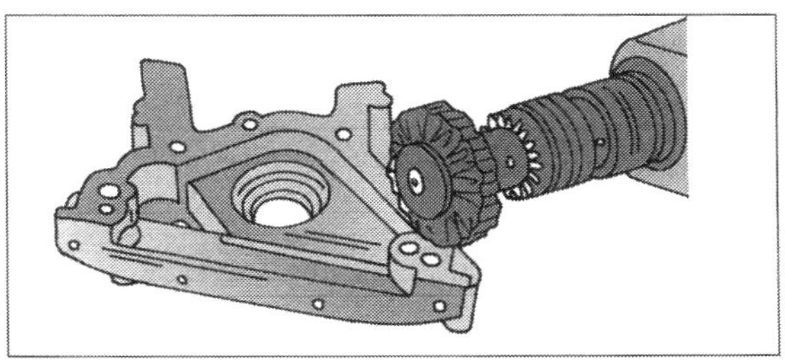

Bild 125
Verbleibende Dichtungsmasse kann in gezeigter Weise von der Deckelfläche entfernt werden. Nur eine Bürste mit Kunststoffborsten benutzen.

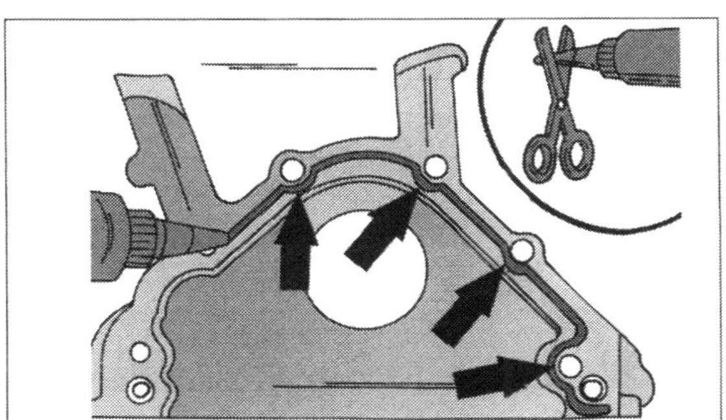

Bild 126
Die Dichtungsmasse in gezeigter Weise auf den Deckel auftragen. Dabei nicht die Bohrungen füllen.

- Steuerrad der Kurbelwelle montieren und die Schraube eindrehen. Die Kurbelwelle in geeigneter Weise gegenhalten und die Schraube mit 90 Nm anziehen. Aus der Endstellung die Schraube um weitere 90° (Viertelumdrehung) anziehen.
- Zahnriemen und Keilrippenriemen einbauen.
- Alle nicht genannten Arbeiten in umgekehrter Reihenfolge durchführen.

3.2 Arbeiten am 1.8-Liter-20V-Motor

3.2.1 Aus- und Einbau der Ölwanne

Die in Bild 121 gezeigten Teile sind im Allgemeinen auch bei diesem Motor eingebaut. Der Aus- und Einbau der Ölwanne geschieht in gleicher Weise, wie es beim Dieselmotor beschrieben wurde. Alle angegebenen Anzugsdrehmomente, d. h. mit der Ausnahme von Ölwanne an Getriebe, welches bei diesem Motor mit 40 Nm angegeben ist. Unterschiede werden untenstehend angeführt.

- Den Stecker vom Geber für den Ölstand und die Öltemperatur an der in Bild 127 gezeigten Stelle (1) abziehen und das Rücklaufrohr für das Öl vom Abgasturbolader an Stelle (2) abschrauben. Ebenfalls die Schrauben der Luftleitungshalterung von der Ölwanne abschrauben.
- Den weiteren Ausbau entsprechend der Beschreibung beim Dieselmotor vornehmen. Auch die Schraube des Halters für das Ladeluftrohr muss abgeschraubt werden (siehe Bild 123).

Der Einbau erfolgt entsprechend den Anweisungen beim Dieselmotor, unter Berücksichtigung der zusätzlichen, oben angeführten Arbeiten.

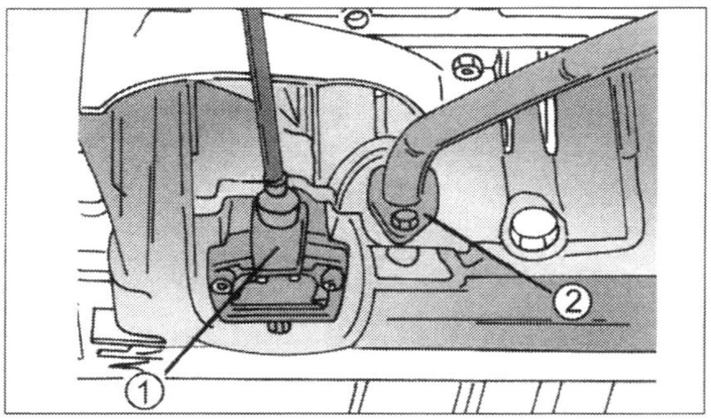

Bild 127
Beim 1.8-Liter-Motor den Kabelstecker des Gebers (1) und die Rücklaufleitung (2) beim Ausbau der Ölwanne entfernen.

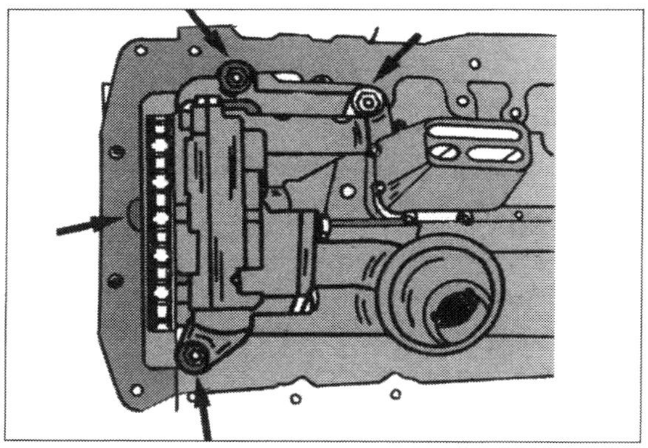

Bild 128
Befestigung der Ölpumpe beim 1.8-Liter-Motor (Pfeilstellen).

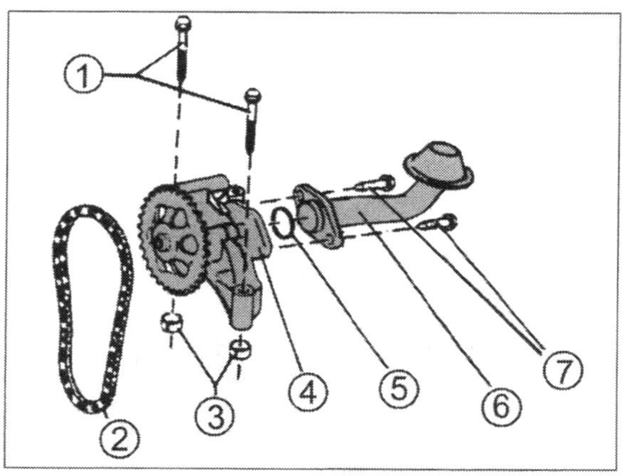

Bild 129
Die Einzelteile der Ölpumpe eines 1.8-Liter-Motors.
1 Schrauben, 15 Nm
2 Antriebskette
3 Passhülse
4 Ölpumpe mit Kettenrad
5 O-Dichtring
6 Ansaugrohr mit Filtersieb
7 Schrauben, 15 Nm

3.2.2 Aus- und Einbau der Ölpumpe

Bei diesem Motor den Einzelheiten in Bild 121 folgen, bis die Ölwanne ausgebaut ist. Danach die in Bild 128 gezeigten Schrauben herausdrehen und die Ölpumpe abnehmen. Das Kettenrad verbleibt an der Pumpe. Die Pumpe hat im ausgebauten Zustand das in Bild 129 gezeigte Aussehen. Die Ölpumpe muss im Schadensfall erneuert werden.

Beim Einbau der Pumpe die beiden Passhülsen an der Oberseite der Pumpe einschlagen. Alle anderen Angaben über die Erneuerung des Dichtringflansches an der Vorderseite, die Erneuerung des Öldichtringes im Flansch sowie über das Abziehen und das Aufbringen des Kettenrades auf der Kurbelwelle sind der Beschreibung beim Dieselmotor zu entnehmen.

Der Kettenspanner besteht nur aus einem Teil und kann nicht zerlegt werden. Zu beachten ist die richtige Montageweise. Beim Einbau die Feder vorspannen und einhaken. Den Kettenspanner mit 15 Nm anziehen. Ist die Feder gebrochen, muss der gesamte Kettenspanner erneuert werden.

Wurde das Ölleitblech in Bild 121 ausgebaut, muss man beim Einbau zuerst die Ölpumpe verschraubt haben. Die Schrauben mit 15 Nm anziehen.

3.2.3 Ölfilter wechseln

Den Ölfilter entsprechend den Anweisungen in der Betriebsanleitung erneuern oder bei jeder Motorüberholung auswechseln. Bild 130 zeigt die mit dem Ölfilter verbundenen Teile und auch den Ölkühler. Zum Ausbau des Filters einen Filterschlüssel benutzen oder die Klinge eines Schraubendrehers durch die Seite des Filters schlagen und, den Griff als Hebel benutzend, den Filter abschrauben (der Filter muss ja ohnehin erneuert werden). Die meisten Filterschlüssel haben einen Kettenantrieb.

Die Einbauanweisungen für den Filter sind auf einem Aufkleber auf dem Filter aufgedruckt. Immer einen neuen Gummidichtring, leicht eingefettet, auf den Flansch auflegen. Den neuen Filter mit der Hand aufschrauben – kein Werkzeug zum Anziehen verwenden.

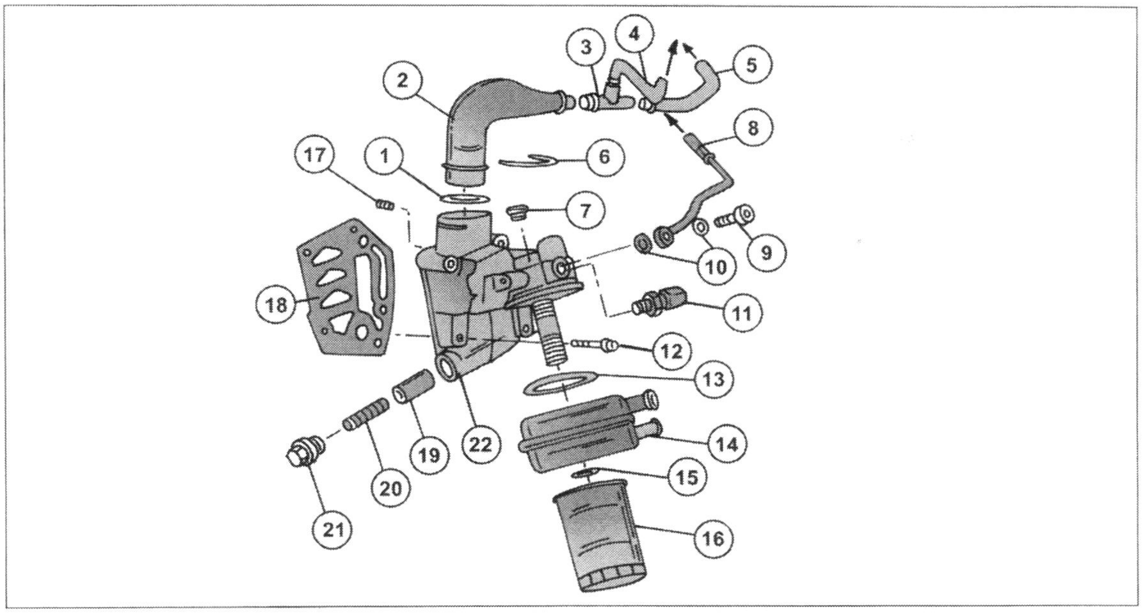

Bild 130
Die Einzelteile von Ölfilter und Ölkühler eines 1.8-Liter-Motors.
1 O-Dichtring, bei Beschädigung erneuern
2 Verbindungsrohr
3 T-Stück mit Rückschlagventil
4 Verbindungsschlauch zum Ansaugsammelrohr
5 Leitung/Schlauch, Kurbelgehäusebelüftung
6 Sicherungsspange, muss fest sitzen
7 Abdichtstopfen, 15 Nm
8 Ölleitung zum Turbolader
9 Hohlschraube, 30 Nm
10 Dichtringe, immer erneuern
11 Öldruckschalter, 1,4 bar, schwarze Farbe, 25 Nm
12 Schraube, 15 Nm + 90°
13 Öldruckschalter, 0,25 bar, blaue Farbe, 25 Nm
14 Dichtring, kommt in den Ölkühler
15 Mutter, 25 Nm
16 Ölfilter
17 Rückschlagventil
18 Dichtung, immer erneuern
19 Kolbenschieber für Überdruckventil
20 Feder für Überdruckventil
21 Verschlussstopfen, 40 Nm
22 Ölfiltersockel

Den Motor nach Wechseln des Filters mit der vorgeschriebenen Ölmenge füllen.
Den Motor anlassen und eine Weile laufen lassen. Nachdem er seine Betriebstemperatur erreicht hat, von der Unterseite des Fahrzeuges kontrollieren, dass keine Leckstellen um die Filterverbindung herum feststellbar sind.

3.2.4 Ausbau und Einbau des vorderen Dichtringflansches

Im Allgemeinen findet der Aus- und Einbau in der beim Dieselmotor beschriebenen Weise statt und soll nicht noch einmal wiederholt werden. Bild 106 (links) zeigt, wie das Steuerrad der Kurbelwelle beim Lösen der Schraube gegengehalten werden kann. Den Flansch reinigen, wie es Bild 60 (Mitte) zeigt. Bild 60 zeigt rechts, wie man die Dichtungsmasse auf die Flanschfläche aufträgt.

3.3 Arbeiten am VR6-Motor

3.3.1 Aus- und Einbau der Ölwanne

Bei diesem Motor geschieht der Aus- und Einbau der Ölwanne in der gleichen Weise, wie es beim Dieselmotor beschrieben wurde, jedoch sind die folgenden Unterschiede zu beachten:

- Den Stecker vom Geber für den Ölstand und die Öltemperatur abziehen und das Kabel vom Clip an der Ölwanne lösen.
- Die Halterung des Motors für das Sekundäreinblassystem von der Ölwanne und dem Zylinderblock abschrauben.
- Alle weiteren Arbeiten wie beim Dieselmotor beschrieben durchführen. Siehe auch Bilder 125 und 126.

3.3.2 Ölpumpe – Aus- und Einbau, Reparatur

Die Befestigung der Ölpumpe ist in Bild 131 gezeigt. Die Ölwanne muss ausgebaut werden, um an die Ölpumpe zu kommen. Das Fahrzeug vorn auf Unterstellböcke setzen.

- Die Befestigungsschrauben des Ölpumpengehäuses lösen und den Flansch des Ölansaugrohres vom Kurbelgehäuse abschrauben. Wie die Pumpe befestigt ist, kann man in Bild 132 sehen.
- Pumpe nach unten ziehen, bis die Welle aus dem Eingriff kommt, und danach vollkommen herausziehen.
- Falls das Antriebsritzel ausgebaut werden soll, die Schrauben des Deckels an der Oberseite lösen und den Deckel abnehmen. Der Deckel ist mit einem O-Dichtring abgedichtet. Das Ritzel mit einer Zange herausziehen.

Der Einbau der Ölwanne geschieht in umgekehrter Reihenfolge wie der Ausbau. Die Pumpe wird ohne Dichtung am Kurbelgehäuse montiert, jedoch muss der Flansch des Ansaugrohres mit Dichtungsmasse AMV

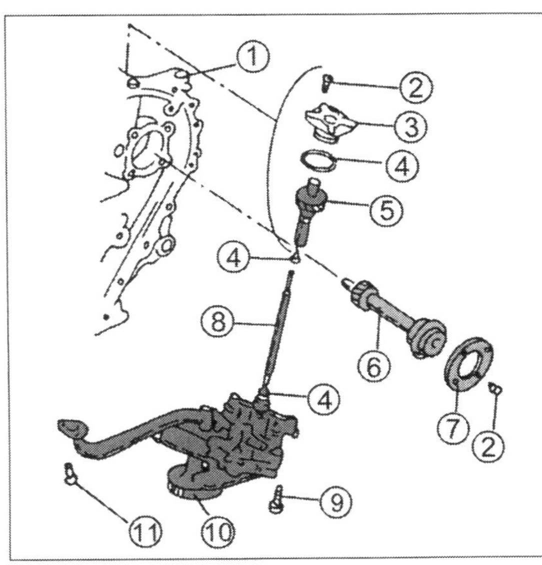

Bild 131
Ansicht der Ölpumpe zusammen mit dem Antrieb beim VR6-Motor.
1 Zylinderblock
2 Schraube, 10 Nm
3 Deckel des Ölpumpenantriebs
4 O-Dichtring, immer erneuern
5 Antriebsrad
6 Zwischenwelle
7 Wellenflansch
8 Pumpenantriebswelle
9 Schraube, 25 Nm
10 Ölpumpengehäuse
11 Schraube, 10 Nm

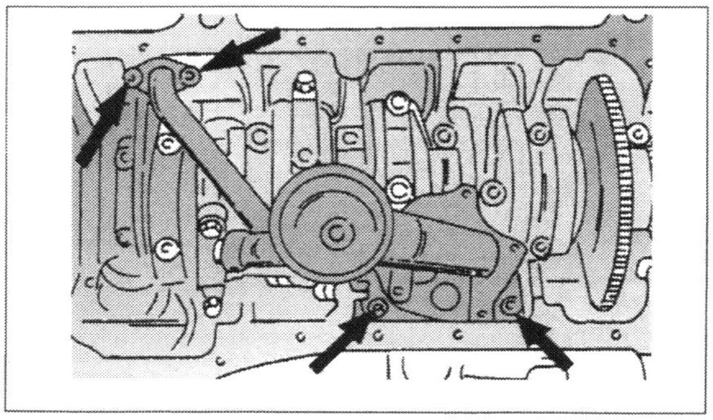

Bild 132
Die Pfeile weisen auf die Befestigungsschrauben der Ölpumpe eines VR6-Motors an der Unterseite des Kurbelgehäuses.

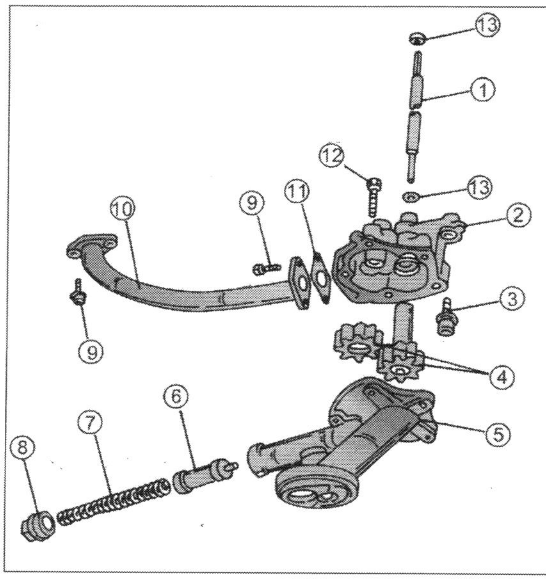

Bild 133
Montagebild der Ölpumpe eines VR6-Motors.
1 Pumpenantriebswelle
2 Ölpumpengehäuse
3 Innensechskantschrauben
4 Ölpumpenzahnräder
5 Ölpumpendeckel mit Überdruckventil
6 Kolbenschieber, Überdruckventil
7 Rückholfeder, Überdruckventil
8 Schraubstopfen, Überdruckventil, 40 Nm
9 Schraube, immer erneuern
10 Ölansaugrohr
11 Dichtung, immer erneuern
12 Schraube, 10 Nm
13 O-Dichtring, immer erneuern

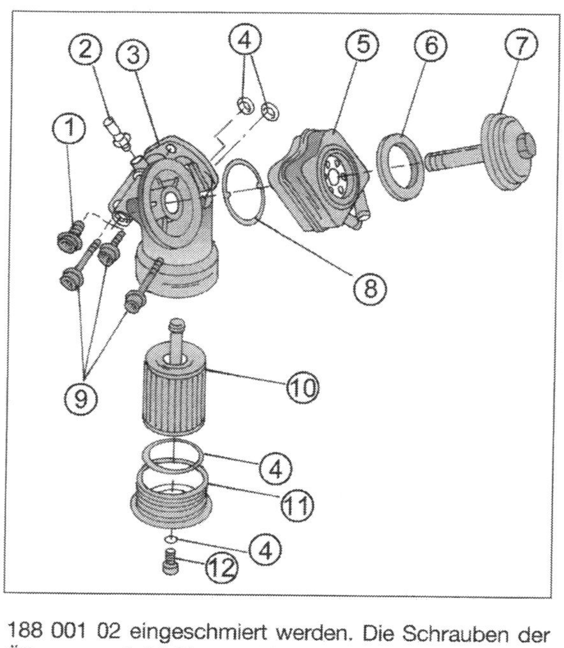

Bild 134
Ölfilter und Ölkühler beim VR6-Motor.
1 Schraubstopfen, 15 Nm
2 Öldruckschalter, 1,4 bar, 20 Nm, schwarze Farbe
3 Ölfiltergehäuse
4 O-Dichtringe
5 Ölkühler
6 Dichtring, immer erneuern, einölen
7 Ölkühlerdeckel, 25 Nm
8 O-Dichtring, erneuern, einölen
9 Schrauben, 23 Nm
10 Ölfilterelement
11 Filterunterteil, 25 Nm
12 Ölablassschraube, 10 Nm

188 001 02 eingeschmiert werden. Die Schrauben der Ölpumpe mit 25 Nm anziehen, die Schrauben des Ansaugrohres mit 10 Nm. Die Antriebswelle der Ölpumpe gut in Eingriff bringen.
Falls ausgebaut, das Antriebsritzel in die Bohrung an der Oberseite einsetzen, sodass es in Eingriff mit dem Schraubenrad an der Zwischenwelle kommt. Den Deckel und einen neuen O-Dichtring vor der Montage gut mit Motoröl einschmieren. Die Schrauben mit 20 Nm anziehen.
Die Ölwanne montieren, wie es für den entsprechenden Motor beschrieben wurde.

Ölpumpe reparieren
Falls die Pumpe nicht länger ihren Zweck erfüllt, wird man in den meisten Fällen feststellen, dass sie erneuert werden muss. Aus diesem Grund hat es auch wenig Zweck, auf eine Zerlegung einzugehen. Bild 133 zeigt die Teile der Pumpe, falls man sie zerlegen will.
Die Kontrolle der Pumpenräder überlässt man einer Werkstatt. Die Zahnräder immer als Paar erneuern. Meistens wird an den Zahnflanken Verschleiß durch scheinende Stellen angezeigt.
Den Pumpendeckel vorsichtig in einen Schraubstock einspannen (Blechbacken) und den Stopfen (8) des Überdruckventils ausschrauben. Die Feder (7) herausziehen und den Ventilschieber (6) herausnehmen. Das Zapfenende des Schiebers sitzt innen, beim Zusammenbau beachten. Falls Öldruckschwankungen vor Ausbau der Pumpe festgestellt wurden, kann der Fehler in diesem Ventil liegen.
Beim Zusammenbau der Ölpumpe darauf achten, dass die Flächen zwischen den beiden Gehäuseflächen einwandfrei sauber sind. Alle Teile vor dem Zusammenbau mit Öl einschmieren. Besonders darauf achten, dass die Zahnräder mit Öl versehen sind, sodass sie beim Erstlauf nicht festfressen können. Die von unten eingesetzten Inbusschrauben (3) mit 25 Nm anziehen, die von oben eingesetzten Schrauben (12) mit 10 Nm. Kontrollieren, dass sich die Zahnräder ohne schwere Stellen durchdrehen lassen, ehe die Pumpe montiert wird.
Die beiden O-Dichtringe der Pumpenantriebswelle erneuern und mit Öl einschmieren, ehe die Welle in das Zahnrad eingeschoben wird.
Eine neue Dichtung auf die Flanschöffnung des Pumpengehäuses auflegen, das Ansaugrohr gegen das Gehäuse ansetzen und mit 10 Nm anziehen. Die am Kurbelgehäuse befestigte Seite des Ansaugrohres wird bei der Montage mit Dichtungsmasse AMV 188 001 02 eingeschmiert. Alle weiteren Arbeiten unter Bezug auf das Montagebild durchführen.

3.3.3 Ölfilter wechseln

Den Ölfilter entsprechend den Anweisungen im Wartungsscheckheft oder der Betriebsanleitung erneuern oder bei jedem Ölwechsel austauschen. Der Ausbau dieses Ölfilters findet in unterschiedlicher Weise statt, da er anders aufgebaut ist. Beim 24V-Motor ist der Ölkühler in die Seite des Ölfiltergehäuses eingeschraubt. Bild 134 zeigt die Einzelteile des Filters.

- Fahrzeug vorn auf Böcke setzen und einen Behälter unter das Fahrzeug, d. h. unter den Ölfilter unterstellen und die Schraube an der Unterseite des Filters entfernen. Das Öl ablaufen lassen.
- Das Filtergehäuse mit einem Filterschlüssel abschrauben. Man kann auch versuchen das Gehäuse durch Erfassen mit beiden Händen abzudrehen.
- Gehäuse abnehmen und das Filterelement herausnehmen. An der Unterseite des Filtersockels befindet

sich ein Dichtring, welchen man sofort herausnehmen kann, da er erneuert werden muss.

- Filtergehäuse in der Innenseite gründlich mit Waschbenzin oder einer anderen geeigneten Flüssigkeit reinigen.
- Einen neuen Dichtring in die Rille des Filtersockels einlegen und das Filtergehäuse mit dem eingesetzten Filterelement gegen den Sockel ansetzen. Das Gehäuse wird mit einem Anzugsdrehmoment von 25 Nm angezogen. Da man einen Drehmomentschlüssel schlecht zum Anziehen benutzen kann, muss man das Drehmoment gut schätzen.
- Die Schraube an der Unterseite des Filtergehäuses mit einer neuen Dichtscheibe einschrauben und mit 10 Nm anziehen.
- Mindestens 1 Liter Motoröl nachfüllen, falls nur der Filter gewechselt wurde. Wurde das Motoröl gleichzeitig gewechselt, muss man eine Gesamtmenge von 5,5 Litern einfüllen. Den Ölstand nach Anlassen des Motors in herkömmlicher Weise kontrollieren und ggf. berichtigen.
- Den Motor anlassen und nach einer Weile kontrollieren, dass der Filter einwandfrei montiert wurde. Keine Ölleckstellen dürfen an der Filterverbindung sichtbar sein.
- Falls der Filtersockel vom Motor abgeschraubt wird, wird man feststellen, dass eine Doppeldichtung (4) in Bild 134 zum Abdichten verwendet wird. Vor Herausnehmen der Dichtung die Einbauweise einprägen. Die Dichtung muss immer erneuert werden. Die Schrauben des Sockels werden mit 23 Nm angezogen.

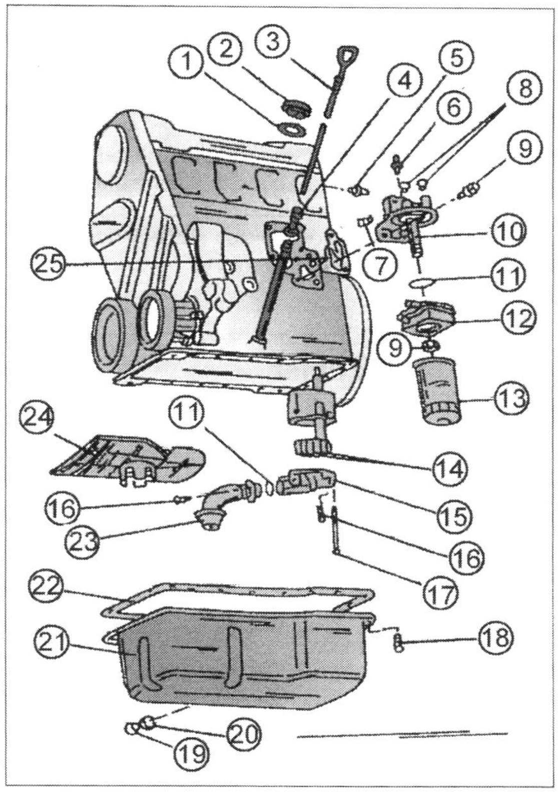

Bild 135
Die Teile der Motorschmierung beim 2.0-Liter-Motor (ADY).
1 Abdichtring, erneuern
2 Öleinfüllverschlussdeckel
3 Ölmessstab
4 Ölmessstab-Führungsrohr
5 0,25-bar-Öldruckschalter
6 1,8-bar-Öldruckschalter
7 Rückschlagventil, 5 Nm
8 Verschlussstopfen
9 Schraube, 25 Nm
10 Ölfiltersockel
11 0-Dichtring, erneuern
12 Ölkühler
13 Ölfilter
14 Ölpumpenzahnräder
15 Ölpumpendeckel mit Überdruckventil
16 Schraube, 10 Nm
17 Schraube, 20 Nm
18 Ölwannenschrauben
19 Ölablassstopfen
20 Dichtring, erneuern
21 Ölwanne
22 Dichtung, erneuern
23 Ansaugrohr
24 Ölleitblech
25 Dichtung, erneuern

3.4 Arbeiten am 2.0-Liter-Motor

3.4.1 Aus- und Einbau der Ölwanne

Der Ausbau findet in ähnlicher Weise statt, wie es für die anderen Motoren beschrieben wurde. Die Ölwanne wird mit einer Dichtung montiert, die man vorher mit Dichtungsmasse (D2) einstreichen muss. Die Schrauben der Ölwanne mit 20 Nm anziehen.

3.4.2 Aus- und Einbau der Ölpumpe

Die Befestigung der Ölpumpe und anderer Teile der Motorschmierung ist in Bild 135 für den ADY-Motor gezeigt. Beim ATM-Motor wird die Pumpe mit einer Kette angetrieben, ähnlich wie dies beim 1.8-Liter-Motor oder Dieselmotor der Fall ist.

- Ölwanne ausbauen (siehe oben).
- Die Befestigungsschrauben des Ölpumpengehäuses lösen und die Pumpe nach unten ziehen, bis die Welle aus dem Eingriff kommt, und danach vollkommen herausziehen.
- Den Zündverteiler ebenfalls ausbauen, da er beim Einbau der Pumpe ausgebaut sein muss. Der Einbau der Pumpe geschieht in umgekehrter Reihenfolge wie der Ausbau. Die Pumpe ist ohne Dichtung am Kurbelgehäuse montiert. Die Schrauben mit 20 Nm anziehen. Die Antriebswelle der Ölpumpe vor dem Einsetzen des Verteilers mit einer Zange verdrehen, sodass die Fläche des Zapfens parallel mit der Längsachse der Kurbelwelle liegt. Danach den Verteiler montieren. Mit 20 Nm anziehen. Der Einbau des Zündverteilers erfolgt als Nächstes. Kapitel „Zündanlage“ ist dazu durchzulesen, da beim Einbau des Zündverteilers einige Punkte zu beachten sind, die unter der Überschrift „Aus- und Einbau des Zündverteilers“ zu finden sind.

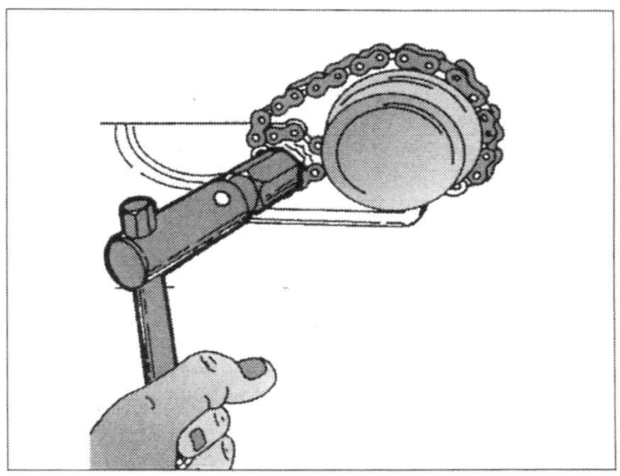

Bild 136
Benutzung eines Kettenschlüssels zum Ausbau des Ölfilters beim 2.0-Liter-Motor.

3.4.3 Ölfilter

Den Ölfilter entsprechend den Anweisungen in der Betriebsanleitung erneuern oder bei jedem Motorölwechsel austauschen. Zum Ausbau des Filters entweder einen Filterschlüssel benutzen, wie er in Bild 136 gezeigt ist, oder die Klinge eines Schraubendrehers durch die Seite des Filters schlagen und, den Griff als Hebel benutzend, den Filter abschrauben (der Filter muss ja ohnehin erneuert werden).

Falls der Filtersockel vom Motor abgeschraubt wird, muss bei der Montage eine neue Dichtung verwendet werden. Die Schrauben des Filtersockels mit 25 Nm anziehen. Kein Fett auf die Dichtung schmieren.
Die Einbauanweisungen sind auf einem Aufkleber auf dem Filter aufgedruckt. Immer einen neuen Gummidichtring leicht eingefettet auf den Filter auflegen. Den neuen Filter mit der Hand anschrauben. Abschließend den Ölstand im Motor kontrollieren und ggf. berichtigen, falls nur der Filter gewechselt wurde.

3.5 Der Ölkühler

Alle in diesen Fahrzeugen eingebauten Motoren haben einen Kühler für das Motoröl. Das Kühlmittel des Motors fließt durch diesen Kühler und kühlt dabei das Motoröl ab. Da die Anordnung des Ölkühlers jedoch nicht bei allen Motoren gleich ist, möchten wir kurz auf die Unterschiede eingehen.

Alle außer VR6-Motor

Bei diesen Motoren ist der Ölkühler zwischen dem Sockel des Ölfilters und dem Filter eingesetzt, jedoch ist die Anordnung nicht gleich. Der Ölkühler der anderen Motoren ist in Bildern 122 (Dieselmotor) und 130 (1.8-Liter-Motor) gezeigt. Beim 2.0-Liter-Motor ADY sitzt der Ölkühler an der gezeigten Stelle in Bild 135. Aufgrund der unterschiedlichen Bauweise des Filters ändert sich auch der Aus- und Einbau.

Dieselmotor: Der Ölkühler kann nach Ausschrauben der Verschraubung (22) in Bild 122, Abnehmen des Dichtringes (21) und Abschließen der Schläuche ausgebaut werden. Den zweiten Dichtring (19) ebenfalls abnehmen.
Der Einbau findet in umgekehrter Reihenfolge statt. Dichtringe erneuern. Die Verschraubung (22) mit 25 Nm anziehen.

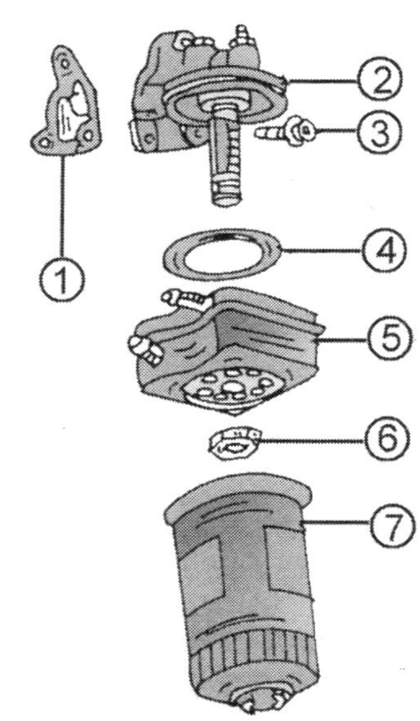

Bild 137
Befestigung des Ölkühlers und Ölfilters beim 2.0-Liter-Motor.
1 Filterdeckeldichtung
2 Ölfiltersockel
3 Schraube, 25 Nm
4 Gummidichtring
5 Ölkühler
6 Mutter, 25 Nm
7 Ölfilter

1.8-Liter-Motor: Der Ölkühler kann nach Ausbau des Ölfilters und Abschließen der Schläuche ausgebaut werden. Danach eine Mutter an der Unterseite entfernen. Der Ölkühler wird mit einem Dichtring am Sockel abgedichtet. Die Mutter beim Anziehen mit 25 Nm anziehen.

VR6-Motor: Die Anordnung des Ölkühlers ist in Bild 134 gezeigt. Der Aus- und Einbau findet in gleicher Weise statt, wie es beim Dieselmotor beschrieben ist (obiger Beschreibung folgen), jedoch braucht man den Ölfilter nicht ausbauen, da der Ölkühler direkt am Ölfiltergehäuse montiert ist.

2.0-Liter-Motor: Bei diesem Motor ist der Ölkühler zwischen dem Sockel des Ölfilters und dem Filter eingesetzt, wie man es Bild 137 entnehmen kann. Der Ölkühler kann nach Ausbau des Ölfilters (Bild 136) und Abschließen der Schläuche ausgebaut werden. Dazu eine Mutter an der Unterseite abschrauben. Der Ölfilter wird mit einem Dichtring am Sockel abgedichtet. Die Mutter beim Einbau mit 25 Nm anziehen.

3.6 Öldruck prüfen

Der Öldruck des Motors kann mit einem Manometer kontrolliert werden, welches mit einem Anschluss versehen sein muss, den man anstelle des Öldruckschalters einschrauben kann. Diese Arbeit sollte man jedoch einer Werkstatt überlassen. Diese wird auch in der Lage sein, Ihnen einen Befund über eventuell niedrigen Öldruck zu geben.
Bei den verschiedenen Motoren hat der Öldruck einen unterschiedlichen Wert und wir raten Ihnen, sich auf die Öldruck-Kontrollleuchte zu verlassen. Diese leuchtet nur bei zu geringem Öldruck auf. In diesem Fall werden unter Umständen die Motorteile nicht mehr richtig geschmiert.

Wenn die Öldruck-Kontrollleuchte ständig aufleuchtet

- Halten Sie sofort an, stellen Sie den Motor ab.
- Kontrollieren Sie zuerst den Ölstand. Fehlt Öl, langsam eine Tankstelle in der Nähe anfahren und auffüllen. Prüfen Sie, ob danach die Leuchte wirklich ausgeht.
- In allen anderen Fällen: Wagen in die nächste Werkstatt schleppen und Ursache feststellen lassen. So riskieren Sie keinen schweren Motorschaden.

3.7 Motoröl und Motorölwechsel

Öl ist das Lebenselixier des Motors. Es vermindert die Reibung und den Verschleiß bei Kolben und Zylindern, Lagern und Ventiltrieb. Es dichtet die engen Räume zwischen Kolben, Kolbenringen und Zylinderwand so fein ab, dass der hohe Druck, der bei der Verbrennung entsteht, fast ohne Verluste auf die Kurbelwelle übertragen wird. Öl kühlt auch den Motor - zum Beispiel die Kolben in den Zylindern und die Lager von Kurbelwelle und Nockenwelle. Außerdem schützt es vor Rost, bindet Schmutzpartikel und einen Teil der Verbrennungsrückstände.

Welches Öl soll ich fahren?

Nur das für den eingebauten Motor vorgesehene Öl einfüllen. Ihr Öllieferant wird Ihnen dies mitteilen.

Vorsicht: Dieselöle, die ausschließlich für Dieselmotoren zugelassen sind, sollten Sie mit Ölen für Benzinmotoren nicht mischen. Sie riskieren sonst einen Motorschaden.

Motorölstand prüfen

Zum Ölpeilstab sollten Sie nach jeder zweiten Tankung greifen. In der Einfahrzeit oder bei einem älteren Motor mit erhöhtem Ölverbrauch ist es sinnvoll, das Öl bei jedem Volltanken zu kontrollieren. Wo der Peilstab sitzt, werden Sie ja in der Zwischenzeit wissen, andernfalls hilft hier die Betriebsanleitung.

- Kontrollieren Sie das Öl vor dem Start bei kaltem Motor. Dazu Wagen auf waagrechtem Grund abstellen. Wenn der Motor warm ist: Fünf Minuten warten, damit alles Öl in die Ölwanne abtropfen kann.
- Den Peilstab ziehen. Vorsicht bei betriebswarmem Motor – die umliegenden Motorteile sind sehr heiß. Ölstab mit sauberem, flusenfreiem Lappen oder Papiertuch abwischen, bis zum Anschlag wieder in das Führungsrohr oder die Öffnung im Motorblock stecken, kurz warten und wieder herausziehen.
- Liegt der Pegel an der Spitze des Stabes zwischen den Markierungen „Min“ und „Max“, ist alles in Ordnung. Die Markierungen kann man deutlich erkennen. Reicht er nur bis zur unteren Markierung oder liegt er darunter: sofort Motoröl nachfüllen.
- Die Nachfüllmenge zwischen der unteren und oberen Markierung beträgt ca. 1,0 Liter. Ein halber Liter genügt, wenn der Ölstand die MIN-Marke nicht unterschreitet. Füllen Sie nur bis zur MAX-Marke nach. Überschüssiges Motoröl wird unter Umständen über die Kurbelgehäuseentlüftung angesaugt und verschmutzt den Luftfilter. Wie bereits erwähnt, kann der eingebaute Katalysator ebenfalls Schaden erleiden.
- Benutzen Sie zum Nachfüllen einen sauberen Trichter.

Motoröl wechseln

Bei den Benzinmotoren und den Dieselmotoren gelten unterschiedliche Ölwechselzeiten. Alle Autohersteller versuchen außerdem die Ölwechselzeiten zu verlängern, d. h. hier angegebene Zeitabstände könnten beim Kauf dieser Anleitung bereits ungültig sein, erkundigen Sie sich in Ihrer Werkstatt. Wir möchten jedoch hinzufügen, dass man das Motoröl öfters wechseln sollte, falls Sie Ihren Wagen ausschließlich im Stadtverkehr fahren. Im Winter sind dann bereits vier Monate genug für das Motoröl.

Die folgende Beschreibung gilt im Allgemeinen für alle Modellausführungen:

Beim Ablassen des Motoröls das Fahrzeug auf sichere Unterstellböcke aufsetzen. Am besten ist es, wenn man die beiden Vorderräder auf Auffahrrampen fährt.

- Die Handbremse anziehen. Niemals das Fahrzeug nur mit dem Bordwagenheber anheben, wenn man sich unter das Fahrzeug legen muss. Altes Motoröl lässt sich am besten ablassen, wenn es warm ist.
- Einen flachen Behälter unter den Ablassstopfen des Motoröls unterstellen und die Umgebung des Stopfens einwandfrei reinigen.
- Den Stopfen ausschrauben. Das Öl in den Behälter laufen lassen. Falls das Öl sehr heiß ist, mit der notwendigen Vorsicht vorgehen. Man sollte genügend Zeit geben, damit alles Öl auslaufen kann. Durch Öffnen der Einfüllverschraubung kann man das Ablaufen des Öls beschleunigen.

Das Altöl vorschriftsgemäß entsorgen.

- Während das Öl abläuft, den Ablassstopfen gründlich reinigen und den Dichtring kontrollieren. Nachdem die Ölwanne leer ist, den Ablassstopfen wieder einschrauben und mit einem Anzugsdrehmoment von 30 Nm anziehen.
- Das abgelassene Motoröl kann man kurz kontrollieren. Falls es zwischen Daumen und Zeigefinger körnig erscheint oder silberne Teilchen gesehen werden können, sind möglicherweise Lagerschäden vorhanden. Wasserperlen oder eine gelbliche Farbe deuten auf eine undichte Zylinderkopfdichtung. Sehr dunkelbraunes Öl bedeutet weiter nichts, als dass es Zeit ist, das Öl zu wechseln.
- Frisches Motoröl mit einem Trichter durch die Einfüllöffnung einfüllen. Da es manchmal schwer ist die genaue Füllmenge zu dosieren, kann man das Öl langsam einfüllen und ständig am Ölmessstab kontrollieren, wann die Ölwanne vorschriftsmäßig gefüllt ist. Dabei muss man aber immer eine gewisse Zeit warten, damit das Öl gut in die Ölwanne laufen kann.
- Nachdem der Ölstand stimmt, den Einfüllverschluss aufschrauben und den Motor anlassen. Dadurch wird das Öl im Motor verteilt (der Filter füllt sich). Motor wieder abstellen und eine Weile warten, damit das Öl in die Ölwanne zurücklaufen kann.
- Erneut am Ölmessstab den Ölstand kontrollieren. Das saubere Motoröl kann man manchmal nicht am Messstab sehen und mehrere Prüfungen sollten vorgenommen werden, damit man keinen Fehler macht. Eventuell Motoröl nachfüllen, um das fehlende Öl zu ergänzen.

Altöl richtig entsorgen

Sie können die Entsorgung dem Händler überlassen, bei dem Sie das Motoröl gekauft haben. Er muss das Altöl kostenlos zurücknehmen. Zum Nachweis die Quittung im Handschuhfach aufbewahren. Sie können das Altöl auch zusammen mit Ölfilter und ölverschmutzten Lappen bei der Altölsammelstelle abgeben. Adressen gibt's bei Gemeindeverwaltung oder Automobilclubs.

4 Die Kühlanlage

Achtung: Falls irgendwelche Arbeiten im Motorraum durchgeführt werden, ist es möglich, dass der Kühlungslüfter (Ventilator) ohne vorherige Warnung einschaltet. Dies ist ebenfalls möglich, wenn der Motor still steht und die Zündung eingeschaltet ist. Aus diesem Grund immer auf der Hut sein, wenn man in der Nähe des Lüfters arbeitet und die Hände aus diesem Bereich fern halten.

Die Kühlanlage setzt sich aus einem Kühler mit Aluminiumkern und aus Kunststoff hergestellten Wasserkästen, einer Kühlmittelpumpe, einem Thermostat und einem elektrisch angetriebenen Lüfter zusammen. Außerdem wird ein aus Kunststoff hergestelltes Ausgleichsgefäß verwendet, um zu gewährleisten, dass die vorgeschriebene Kühlmenge immer in der Anlage vorhanden ist. Falls eine Getriebeautomatik eingebaut ist, befindet sich ein getrennter Kühler für das Getriebeöl auf der linken Seite des Wasserkühlers.
Die Einbauweise des Thermostats ist natürlich nicht bei allen Motoren gleich. Im Allgemeinen wird man ein Gehäuse mit zwei daran angeschlossenen Schläuchen vorfinden. Unter diesem sitzt der Thermostat. Wird der Thermostat aus irgendeinem Grund ausgebaut, muss er wieder in der richtigen Einbaustellung eingesetzt werden.
Der elektrisch angetriebene Lüfter sitzt innerhalb einer Verkleidung an der Rückseite des Kühlers und wird durch einen Thermalschalter im Wasserauslass des Thermostatgehäuses innerhalb eines festgelegten Temperaturbereiches aus- und eingeschaltet.
Die Anlage ist mit Frostschutzmittel gefüllt. Das Werk füllt während der Produktion das hauseigene Frostschutzmittel ein, welches man auch beim Wechseln des Kühlmittels wieder verwenden sollte.
Falls man eine Frostschutzmittelkonzentration von 40% beibehält, wird der Motor und die damit verbundene Kühlanlage bis zu einer Temperatur von minus 25 bis 30 Grad geschützt.

Hinweis: Falls die Kühlanlage teilweise abgelassen wird, muss sie immer mit einer Mischung aus 50% Frostschutz und 50% Wasser aufgefüllt werden, um einen guten Gefrierschutz zu gewährleisten.

Beim Ablassen der Kühlanlage unter allen Umständen vermeiden, dass das Kühlmittel an den Antriebsriemen der Aggregate an der Stirnseite des Motors kommt, da diese dadurch bald zerstört werden.
Wichtig ist die Verlegung der einzelnen Schläuche und Leitungen und die Zusammengehörigkeit Teile der Kühlanlage, welche in den Bildern 138 bis 140 bei einigen der behandelten Motoren gezeigt sind. Nicht gezeigt ist der 2.0-Liter-Motor.

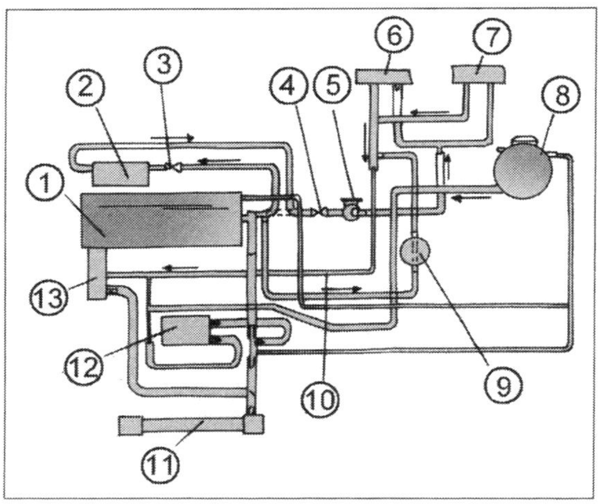

Bild 138
Kühlmittelkreis bei einem Dieselmotor. Gezeigt ist die Motorversion AUY und ANU mit Kühler für das Abgasrückführungssystem (AGR). Beim Motor ASZ ist der Wärmeaustauscher für die Kühlung des Kraftstoffs ebenfalls mit der Kühlanlage verbunden (siehe Bild 138b).
1 Zylinderblock/Zylinderkopf
2 Kühler für AGR-System
3 Abschaltventil für Zusatzheizung (Motor AUY)
4 Abschaltventil für Zusatzheizung (Motor ANU)
5 Nachlaufpumpe für Kühlmittelumlauf
6 Wärmeaustauscher der Heizung
7 Zusätzlicher Wärmeaustauscher
8 Dehngefäß
9 Getriebeölkühler, mit Automatik
10 Kühlmittelrohr
11 Kühler
12 Ölkühler
13 Kühlmittelpumpe

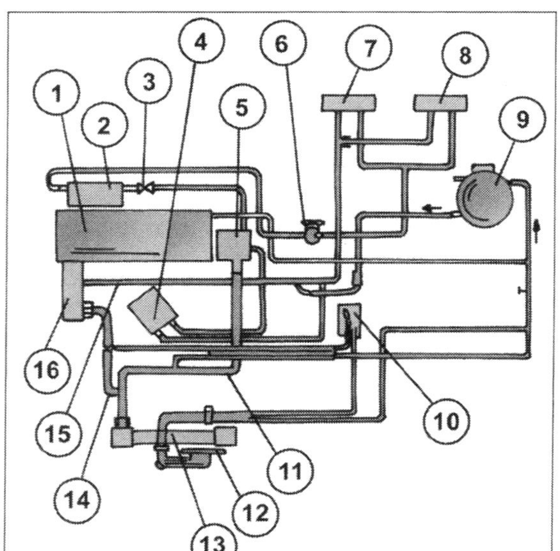

Bild 138b
Kühlmittelkreislauf beim Motor ASZ.
1 Zylinderblock/Zylinderkopf
2 Kühler für Abgasrückführungssystem
3 Abschaltventil für Zusatzheizung
4 Ölkühler
5 Anschlussstück
6 Kühlmittelumlaufpumpe
7 Wärmeaustauscher für Heizungsanlage
8 Wärmeaustauscher für Zusatzheizung (falls eingebaut)
9 Dehngefäß
10 Kühlmittelpumpe
11 Kühlmittelrohr
12 Unterer Kühlerschlauch
13 Kühler
14 Zusatzkühler für Wärmeaustauscher
15 Oberer Kühlerschlauch
16 Wärmeaustauscher für Kraftstoffkühlung

4.1 Das Kühlmittel

4.1.1 Kühlmittelstand prüfen

- Stand des Kühlmittels am besten nur bei kaltem Motor kontrollieren – das Kühlsystem ist dann praktisch drucklos.
- Bei kaltem Motor soll der Pegel über der MIN-Markierung am Ausgleichbehälter stehen (Bild 141). **Vorsicht:** Bei warmem Motor steht das Kühlmittel immer höher. Lassen Sie sich nicht durch einen zu hohen Stand täuschen.
- Zum Nachfüllen den Verschlussdeckel öffnen. Legen Sie bei heißem Motor einen dicken Lappen über den Deckel und drehen Sie ihn langsam auf. Das baut den Druck im System allmählich ab. Wenn Sie den Deckel zu schnell öffnen, steht das Wasser nicht mehr unter Druck und sprudelt brühend heiß aus dem Behälter.
- Den Ausgleichsbehälter nicht über die obere Markierung nachfüllen. Das Kühlmittel dehnt sich bei Erwärmung aus, der Überschuss entweicht aus dem System.
- Kleinere Mengen können Sie bei warmem ebenso wie bei kaltem Motor einfüllen.

Hinweis: Falls Ihr Motor während der Fahrt viel Kühlmittel verliert, dürfen Sie auf keinen Fall kaltes Wasser nachfüllen. Der heiße Motor erhält dann einen Kälteschock, bei dem sich der Zylinderkopf verziehen kann. Die Zylinderkopfdichtung schließt nicht mehr richtig und Kühlmittel kann in den Schmierkreislauf des Motors gelangen. Im schlimmsten Fall reißt durch einen Kälteschock der Motorblock. Warten Sie, bis der Motor abgekühlt ist, füllen Sie Wasser nach und lassen Sie in der nächsten Werkstatt die Ursache für den Kühlmittelverlust feststellen.

4.1.2 Ablassen und Auffüllen der Kühlanlage

Achtung: Zum Ablassen der Kühlflüssigkeit wird am besten der untere Schlauch vom Kühler gelöst und abgezogen. Das Kühlmittel spritzt in unkontrollierbarer Weise aus der Schlauchverbindung heraus. Falls das Kühlmittel heiß ist, muss man deshalb die notwendigen Vorsichtsmaßnahmen treffen.
Das Kühlmittel in einem untergestellten Behälter auffangen – nicht einfach weglaufen lassen. Denken Sie an die Umwelt.

Bei allen Motoren

- Massekabel der Batterie abklemmen.
- Das Fahrzeug vorn auf Böcke setzen – nicht nur mit einem Wagenheber anheben und auf diesem sitzen lassen. Das Unterschutzblech unter dem Vorderwagen abschrauben.
- Betätigungshebel der Heizung im Armaturenbrett auf „Heiß" stellen.
- Verschlussdeckel des Dehngefäßes abschrauben. Falls der Motor heiß ist, muss man eine Weile warten, um die Verschlussverschraubung zu öffnen.

VR6-Motor

- Die Abdeckung des Motors abmontieren.
- Den unteren Kühlmittelschlauch vom Kühler abschließen. Dazu die Sicherungsspange (Pfeil in Bild 142, linke Ansicht) herausziehen und den Schlauch vom Schnellverschluss am Kühler abziehen. Siehe oben stehenden Hinweis bezüglich Auffangens des Kühlmittels. Den Kühlmittelschlauch an der in der mittleren Ansicht gezeigten Stelle vom Ölkühler des Motors lösen und abziehen, um das im Motor befindliche Kühlmittel zu entfernen.

1.8-Liter-Motor

- Den unteren Kühlmittelschlauch vom Kühler abschließen. Dazu die Sicherungsspange (Pfeil in Bild 142, links) herausziehen und den Schlauch vom Schnellverschluss am Kühler abziehen. Siehe oben stehenden Hinweis bezüglich Auffangens des Kühlmittels. Den Kühlmittelschlauch vom Ölkühler des Motors lösen und abziehen, um das im Motor befindliche Kühlmittel zu entfernen. Bei diesem Motor sitzt der Anschluss an der in Bild 142 in der rechten Ansicht gezeigten Stelle.

Bei den Dieselmotoren

- Den unteren Kühlmittelschlauch vom Kühler abschließen. Dazu die Sicherungsspange (Pfeil in Bild 142, linke Ansicht) herausziehen und den Schlauch vom Schnellverschluss am Kühler abziehen. Siehe oben stehenden Hinweis bezüglich Auffangens des Kühlmittels.

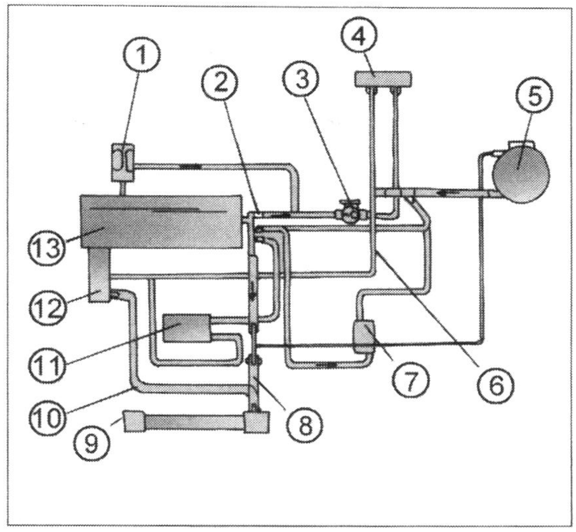

Bild 139
Kühlmittelkreis des 1.8-Liter-Motors.
1 Abgasturbolader
2 Verbindungsstück
3 Kühlmittelnachlaufpumpe
4 Wärmeaustauscher der Heizung
5 Dehngefäß
6 Kühlmittelleitung
7 Getriebeölkühler, mit Automatik
8 Oberer Kühlmittelschlauch
9 Kühler
10 Unterer Kühlmittelschlauch
11 Ölkühler
12 Kühlmittelpumpe/Thermostat
13 Zylinderblock/Zylinderkopf

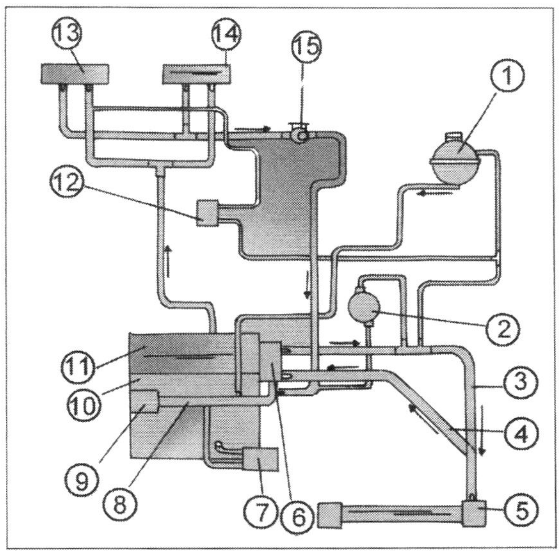

Bild 140
Kühlmittelkreis beim VR6-Motor.
1 Dehngefäß
2 Getriebeölkühler, mit Automatik
3 Oberer Kühlmittelschlauch
4 Unterer Kühlmittelschlauch
5 Kühler
6 Thermostatgehäuse
7 Ölkühler
8 Kühlmittelleitung
9 Kühlmittelpumpe
10 Zylinderblock
11 Zylinderkopf
12 Steuerteil des Drosselklappengehäuses
13 Wärmeaustauscher der Heizung
14 Zusätzlicher Wärmeaustauscher, falls eingebaut
15 Kühlmittelnachlaufpumpe

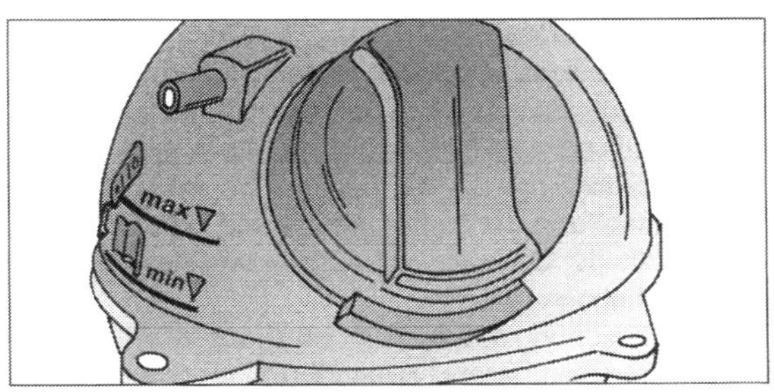

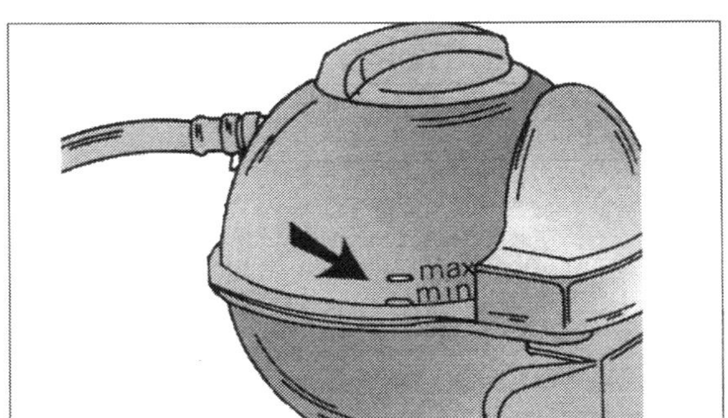

Bild 141
Ansicht des Dehngefäßes von oben, bei einem VR6-Motor. Das untere Bild zeigt das Gefäß mit dem „Max"- und „Min"-Strich bei anderen Motoren.

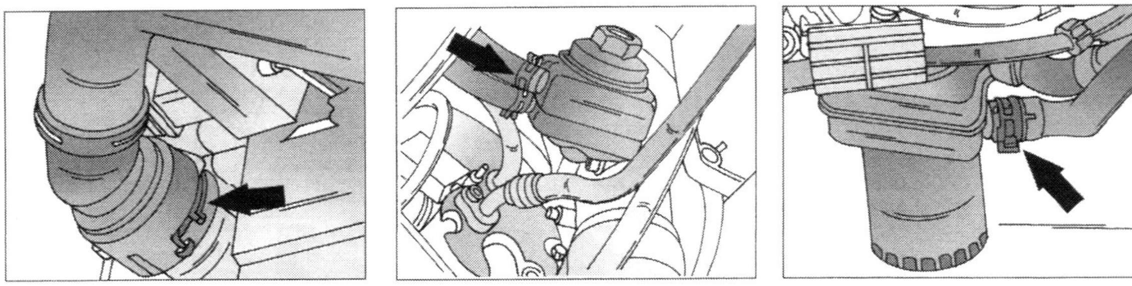

Bild 142

Den Kühlmittelschlauch vom Ölkühler des Motors lösen und abziehen, ähnlich wie es in Bild 142 rechts gezeigt ist, um das im Motor befindliche Kühlmittel zu entfernen.

2.0-Liter-Motor

Das Kühlmittel durch Lösen des unteren Wasserschlauchs oder Abschrauben des Wasserstutzens ablaufen lassen. Bild 143 zeigt Einzelheiten der Anschlüsse.

Wichtiger Hinweise bezüglich Frostschutzmittel

Vor dem Auffüllen der Kühlanlage soll kurz auf das Frostschutzmittel eingegangen werden, da dieses innerhalb der Baujahre geändert wurde. Das bislang eingefüllte Frostschutzmittel „G11", von grüner Farbe, wurde durch Kühlflüssigkeit „G12", rote Farbe, ersetzt. Nur dieses Frostschutzmittel darf bei den behandelten Motoren eingefüllt werden.

- Nachdem die Kühlanlage vollkommen entleert ist, die Anlage schließen und mit sauberem Leitungswasser auffüllen.
- Den Motor ca. 2 Minuten lang im Leerlauf laufen lassen.
- Den Motor abstellen und die Kühlanlage wieder ablassen, bis sie vollkommen entleert ist.

Um zu gewährleisten, dass die Kühlanlage ohne Luftpolster gefüllt wird, soll diese an sich einfache Arbeit beschrieben werden. Die Anweisungen gelten, wie zutreffend, auf alle Motoren:

- Heizungshebel auf „Heiß" stellen.
- Den Ablassstopfen mit einer neuen Dichtscheibe einschrauben und mit 10 Nm anziehen. Alle abgeschlossenen Schläuche wieder anschließen. Bei Anschluss mit Schnellkupplung die Sicherungsspange wieder eindrücken. Falls der Schlauch mit Schelle befestigt ist, siehe untenstehenden Hinweis.
- Eine Mischung aus 40 % Frostschutzmittel und 60% Wasser herstellen (mehr Frostschutzmittel, falls niedrigere Temperaturen erwartet werden) und diese langsam in den Ausgleichsbehälter einfüllen. Kontrollieren, dass der Kühlmittelstand an der „Max"-Marke steht, nachdem der Motor nach Lauf wieder kalt ist. Kontrolliert wird an der in Bild 141 gezeigten Stelle, je nach Motor. Die Verschlussverschraubung wieder aufdrehen.
- Motor anlassen und laufen lassen, bis der Ventilator, bzw. die Ventilatoren einschaltet (einschalten).
- Kühlmittelstand kontrollieren. Falls dieses nicht bis zur Markierung am Dehngefäß steht, muss zusätzliche Frostschutzmischung in die Anlage eingefüllt werden. Wenn der Motor heiß ist, kann der Kühlmittelstand etwas über die „Max."-Markierung steigen. Sobald der Motor sich jedoch abgekühlt hat, muss der Pegel zwischen der „Min."- und „Max."-Markierung liegen. Falls dies nicht der Fall ist, weiteres Frostschutzmittel einfüllen. Ein Nachfüllen mit einfachem Wasser verdünnt die Mischung und sollte vermieden werden, vor allem, wenn man die Arbeit bei warmem Wetter durchführt.
- Abschließend den Deckel des Dehngefäßes wieder aufschrauben.

Hinweis: Kühlmittelschläuche werden mit Federschellen befestigt, d. h. zum Öffnen wird eine Spezialzange gebraucht. Derartige Zangen sind in Autozubehörgeschäften erhältlich. Falls man keine Zange hat, kann man eine Schraubschelle zum Befestigen des Schlauchs benutzen.

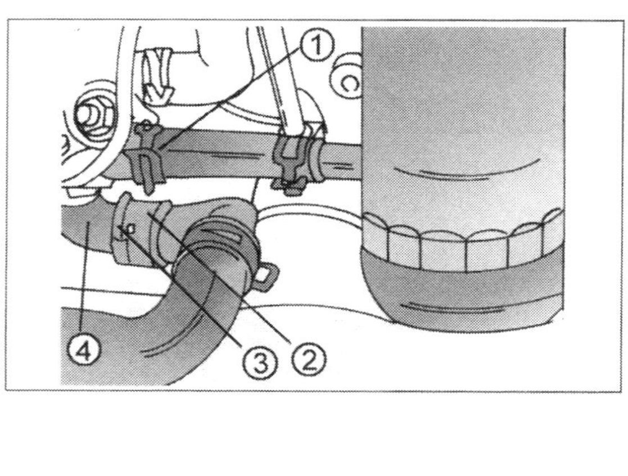

Bild 143
Beim 2.0-Liter-Motor das Kühlmittel an der gezeigten Stelle ablassen.
1 Kühlmittelschlauch
2 Anschlussstück am Thermostatgehäusedeckel
3 Sicherungsspange
4 Thermostatgehäuseflansch

4.2 Aus- und Einbau des Kühlers

Die Batterie muss unter Beachtung der bereits mehrmals angeführten Vorsichtsmaßnahmen abgeklemmt werden, ehe man den Ausbau des Kühlers vornimmt (Diebstahl-Code, Radiosender, usw.).
Der Kühler und der elektrisch angetriebene Ventilator werden teils zusammen ausgebaut oder der Ventilator wird getrennt ausgebaut. Der Ausbau des Kühlers ist jedoch eine umfangreiche Arbeit, da verschiedene Teile ausgebaut werden müssen, um an den Kühler zu kommen. Außerdem sind die Arbeiten nicht bei allen Motoren gleich, d. h. der folgende Text kann nur als allgemein angesehen werden. Bei bestimmten Modellen sind zusätzliche Arbeiten erforderlich, bei der eigentlichen Arbeit wird man schnell sehen, welche Teile zu lösen, abzuschließen oder auszubauen sind. Wir versuchen die einzelnen Motorenvarianten getrennt zu beschreiben. In allen Fällen die Batterie abklemmen.

Mit Dieselmotor

Zu beachten sind die Unterschiede bei den Motoren ANU und AUY sowie dem Motor ASZ. Bild 144 zeigt die

Teile der Kühlerinstallation beim ASZ-Motor. Bei den anderen Motoren sind zwei Ventilatoren (Lüfter) eingebaut.

- Bei allen Motoren die Motorabdeckung ausbauen und die Kühlanlage ablassen. Fahrzeug vorn auf Böcke setzen.

Bei den Motoren ANU und AUY

- Den oberen Kühlmittelschlauch vom Kühler abschließen, den unteren Kühlmittelschlauch von den Clips an den Luftrohren lösen.
- Verbindungsschläuche vom Ladeluftkühler abschließen und die die Luftrohreinlassverbindung am Ladeluftkühler trennen.
- Den Kabelstecker vom Thermoschalter und vom Kühlungslüftermotor abziehen und den Thermoschalter ausschrauben.
- Die Verstärkungsstrebe ausbauen und das Ventilatorgehäuse lösen und zusammen mit dem Ventilator herausheben.
- Ohne eingebaute Klimaanlage die Schrauben des Kühlers lösen und den Kühler nach unten zu herausheben.
- Bei eingebauter Klimaanlage die Befestigungsschellen der Kühlmittelleitungen entfernen, den Schlossträger in die Service-Position bringen.
- Den linken Scheinwerfer ausbauen.
- Die Schrauben des Kühlers entfernen und den Kondensapparat vom Kühler abmontieren. Kondensapparat mit Draht an der Karosserie festbinden. Dabei nicht die Leitungen/Schläuche unter Spannung bringen. Der Kühler kann jetzt nach unten zu herausgehoben werden.

Beim Motor ASZ

- Den Schlossträger in die Service-Position bringen.
- Die Sicherungsspange des oberen Kühlerschlauchs herausziehen und den Schlauch vom Schnellverschluss am Kühler abschließen.
- Den Verbindungsschlauch zum Ladeluftkühler vom Anschluss lösen und den Verbindungsflansch des Ladeluftkühlers ausbauen.
- Den Kabelstecker vom Regelmodul des Kühlungsventilators am Lufteinlassstutzen abziehen.
- Die Schraube der Kühlmittelleitung vom Zusatzkühler aus dem Luftansaugstutzen ausschrauben, den Luftansaugstutzen vom Kühler abschrauben und herausnehmen.
- Schrauben des Kühlers herausdrehen und nach unten zu herausnehmen. Falls eine Klimaanlage eingebaut ist, die Befestigungsschellen der Kühlmittelleitungen entfernen. Leitungen und Schläuche nicht unter Spannung bringen.

Mit 1.8-Liter-Motor

Die Kühlerinstallation ist in Bild 145 gezeigt.

- Kühlanlage ablassen.
- Die Sicherungsspange des oberen Kühlerschlauchs herausziehen und den Schlauch vom Schnellverschluss am Kühler trennen.
- Den unteren Kühlerschlauch von der Halterung an den Luftschläuchen lösen und den unteren Schlauch abschließen.
- Luftrohre zwischen dem Ladeluftkühler und dem Drosselklappensteuerteil abschließen.
- Kabelstecker vom Thermoschalter und Kühlungslüfter abziehen.

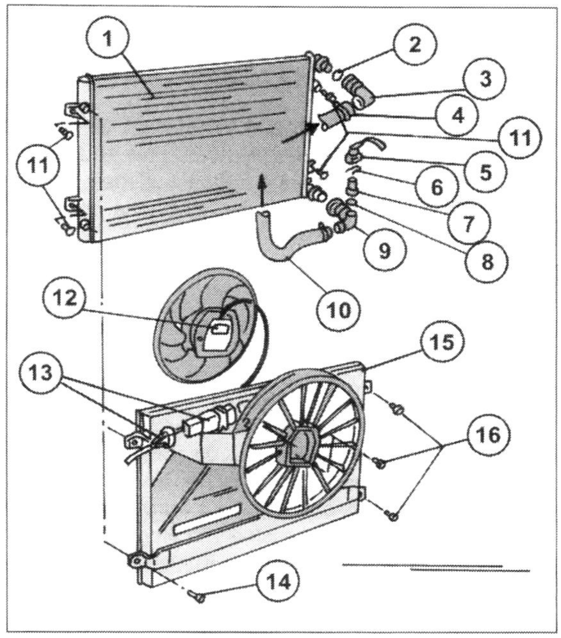

Bild 144
Teile der Kühlanlage in der Nähe des Kühlers beim Motor ASZ.
1 Kühler
2 O-Dichtring, immer erneuern
3 Verbindungsschlauch
4 Oberer Kühlerschlauch
5 Kabelstecker, Temperaturgeber
6 Sicherungsspange
7 Anschlussstück, mit Spange befestigt
8 O-Dichtring, immer erneuern
9 Anschlussstück, mit Spange befestigt
10 Unterer Kühlerschlauch
11 Schrauben, 5 Nm
12 Kühlungssteuermodul
13 Kabelstecker für Kühlungssteuermodul
14 Schraube, 5 Nm
15 Ventilatorverkleidung
16 Schrauben, 5 Nm

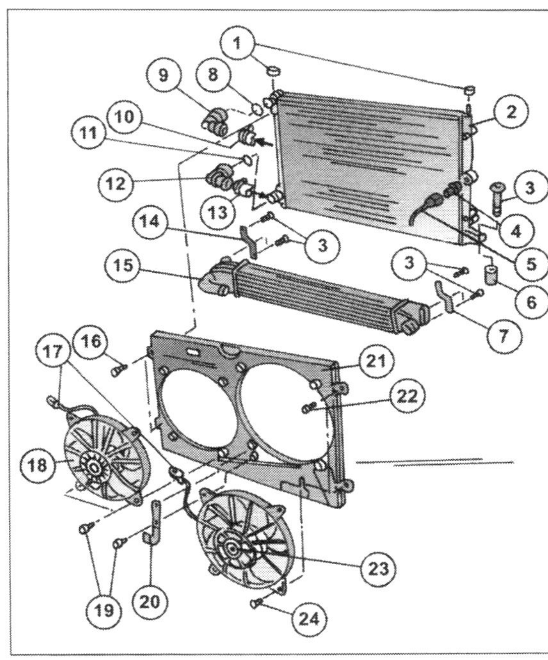

Bild 145
Anordnung der Teile des Wasserkühlers und Ladeluftkühlers bei einem 1.8-Liter-Motor.
1 Gummilager
2 Wasserkühler
3 Schraube, 10 Nm
4 Thermoschalter für Lüfter, 35 Nm
5 Kabelstecker, schwarz, für 4
6 Gummibüchse
7 Haltebügel für Ladeluftkühler
8 O-Dichtring, immer erneuern
9 Schnellverschlusskupplung
10 Oberer Kühlmittelschlauch
11 O-Dichtring, immer erneuern
12 Schnellverschlusskupplung
13 Unterer Kühlmittelschlauch
14 Haltebügel für Ladeluftkühler
15 Ladeluftkühler
16 Schraube, 9 Nm
17 Kabelstecker, schwarz, für Kühlungslüfter
18 Linker Kühlungslüfter
19 Schrauben, 9 Nm
20 Halter für unteren Kühlmittelschlauch
21 Lüfterverkleidung
22 Schraube, 9 Nm
23 Rechter Kühlungslüfter
24 Schraube, 9 Nm

- Die Schrauben an den Seiten des Kühlers lösen und den Kühler nach unten zu herausheben.
- Falls eine Klimaanlage eingebaut ist, die Schrauben der Ventilatorverkleidung lösen und die Verkleidung zusammen mit den Lüftern herausheben. Danach die Schrauben an den Seiten des Kühlers lösen und den Kondensapparat vom Kühler abschrauben. Mit Draht an der Karosserie festbinden (nicht Schläuche/Leitungen unter Spannung bringen). Den Kühler jetzt nach unten zu herausnehmen. Evtl. den Ladeluftkühler vom Kühler abschrauben.

Mit V6-Motor

Mit Ausnahme des Ladeluftkühlers entspricht die Installation der in Bild 145 beim 1.8-Liter-Motor gezeigten Anordnung. Auch der Aus- und Einbau ist entsprechend durchzuführen.

Mit 2.0-Liter-Motor

Die Kühlerinstallation ist in Bild 146 gezeigt. Bei diesen Modellen müssen die Scheinwerfer und die Abdeckung des vorderen Stoßdämpfers ausgebaut werden.

- Kühlanlage ablassen und die Schläuche oben und unten vom Kühler abschließen.
- Die Kühlerbefestigungsschrauben lösen und den Kühler nach unten zu herausheben.
- Falls eine Klimaanlage eingebaut ist, folgt man den bereits gegebenen Anweisungen.

Die Schläuche sind entweder mit Federschellen oder Schraubschellen befestigt. Beim Einbau kann man Schraubschellen verwenden, falls die Zange zum Spannen der Federschellen nicht vorhanden ist. Scheinwerfer einstellen lassen, falls sie ausgebaut wurden.

Der Einbau des Kühlers geschieht in umgekehrter Reihenfolge. Falls der ursprüngliche Kühler wieder eingebaut wird, sollte man ihn einer guten Reinigung unterziehen. Dies würde das Abschrauben der Ventilatorverkleidung bedeuten, da sich dahinter alle aufgefangenen Insekten festgeklebt haben. Zubehörgeschäfte verkaufen verschiedene Mittel, ohne auf ein bestimmtes Fabrikat einzugehen, welche man aufsprüht und eine Weile wirken lässt. Durch Abspülen der Kühlerwaben mit einem Wasserstrahl wird die gröbste Verschmutzung entfernt. Hoher Wasserdruck kann jedoch die Kühlerwaben beschädigen. Auch keine Metallgegenstände zum Abkratzen irgendwelcher Rückstände benutzen.

Falls man beim Ablassen des Kühlmittels eine dunkle Farbe der Flüssigkeit festgestellt hat, sollte man den Kühler oder die gesamte Kühlanlage mit Leitungswasser durchspülen. Bei ausgebautem Kühler lässt sich dies leicht durchführen. Um die gesamte Kühlanlage durchzuspülen folgendermaßen vorgehen.

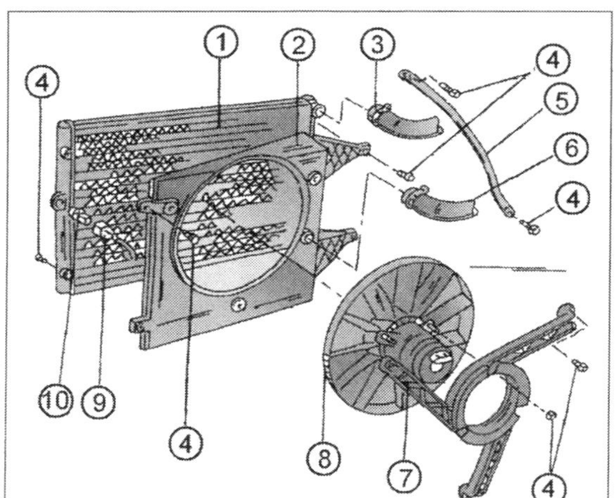

Bild 146
Die Kühlerinstallation bei eingebautem 2.0-Liter-Motor.
1 Kühler
2 Kühlerverkleidung (Hutze)
3 Oberer Wasserschlauch
4 Schraube, 10 Nm
5 Stützstrebe
6 Unterer Kühlerschlauch
7 Ventilatorring
8 Kühlungslüfter
9 Stecker für Thermoschalter, schwarz
10 Thermoschalter, 35 Nm

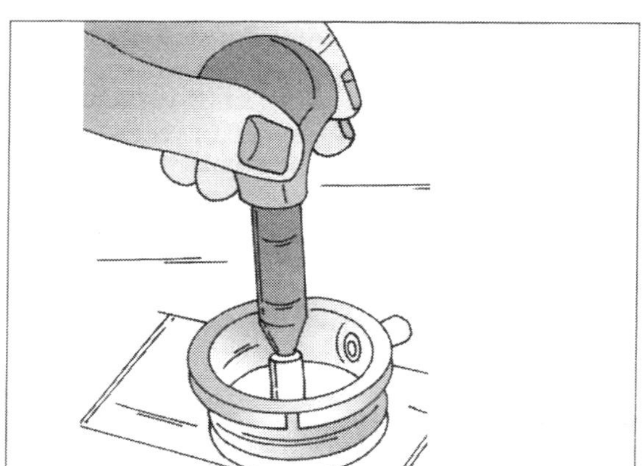

Bild 147
So kann ein Hydrometer zur Kontrolle des Gefrierschutzes des Frostschutzmittels aussehen. Durch Ansaugen der Flüssigkeit steigt der Schwimmer und das spez. Gewicht wird an der Skala abgelesen.

4.2.1 Frostschutzmittel

Kühlflüssigkeit (Kühlmittel) besteht aus einer Mischung von Frost- und Korrosionsschutzmittel und Wasser. Die Anlage ist mit dem bereits oben genannten Kühlkonzentrat befüllt. Die richtige Zusammensetzung von Wasser und Frostschutzmittel hängt natürlich von der Gesamtfüllmenge der Kühlanlage ab. Die untenstehende Aufstellung gibt einen Einblick in die Zusammensetzung der Mischung. Unterschiede sind je nach eingebauten Sonderwunschausrüstungen gegeben. Falls Sie es nicht genau wissen, können Sie sich in der Werkstatt erkundigen, ob sich durch Sondereinbauten Änderungen in der Kühlmittelmenge ergeben haben:

Bis -25 Grad C Gefriergrenze:
40% Frostschutz, 60% Wasser
Bis -35 Grad C Gefriergrenze:
50% Frostschutz, 50% Wasser

Die Mischung sollte man in einer Gießkanne oder ähnlichem Wasserbehälter mischen und bereits gemischt in die Kühlanlage einfüllen. Die oft angewandte Methode, dass man zuerst das Frostschutzmittel einkippt und danach das Wasser nachfüllt, bringt keine sofortige Vermischung des Frostschutzes, da dieses erst durch die Kühlmittelpumpe in Umlauf gebracht werden muss.

Der im Frostschutzmittel enthaltene Korrosionsschutz verhindert, dass sich im Kühlsystem Kesselstein, Rost und andere aggressive Korrosionsstoffe bilden. Er verliert seine Wirksamkeit nach etwa zwei Jahren und sollte dann erneuert werden.

Frostschutzmittelstärke kontrollieren

Um den Motor 12 Monate lang zu schützen, fahren Sie am besten, wenn Sie auch im Sommer stets eine entsprechende Mischung verwenden. Haben Sie jedoch öfters nur Wasser nachgefüllt, reicht die Konzentration des Frostschutzmittels für kältere Temperaturen nicht mehr aus. Dann muss der Schutz verstärkt werden – mit etwa 3/4 Liter Frostschutzmittel für einen um 10°C erweiterten Kälteschutz. Wollen Sie die Frostfestigkeit des Kühlmittels kontrollieren, brauchen Sie einen Hebemesser, eine Frostschutzspindel oder ein Aerometer (Hydrometer), welches wie in Bild 147 in die Öffnung des Ausgleichsbehälters eingesetzt wird, um etwas der Flüssigkeit anzusaugen. Damit wird das spezifische Gewicht (Kühlmitteldichte) der Flüssigkeit gemessen. In Autozubehörgeschäften sind diese Instrumente erhältlich (kosten nicht viel) und da man sie immer wieder verwenden kann, ist die Anschaffung von Vorteil. Vorsicht: Durch unterschiedliche Zugabe von Korrosionsschutzmittel können sich die spezifischen Gewichte bei den einzelnen Frostschutzprodukten unterscheiden. Wenn Sie keine auf den eingefüllten Frostschutz abgestimmte Spindel besitzen, ziehen Sie vom ermittelten Wert eine Messtoleranz von 2 bis 3 Grad Celsius ab.

4.3 Die Wasserpumpe

4.3.1 Aus- und Einbau der Wasserpumpe

Der Aus- und Einbau der Pumpe findet natürlich nicht bei allen Motoren in gleicher Weise statt.

Dieselmotoren

Bei allen Motorenausführungen ist die Wasserpumpe am Zylinderblock angeschraubt, wird durch den Zahnriemen angetrieben und sitzt, wie es aus Bild 148 ersichtlich ist, von vorn gesehen auf der rechten Seite.
Technisch gesehen ist der Ausbau der Pumpe eine einfache Arbeit, nachdem man den Zahnriemen ausgebaut hat (siehe betreffendes Kapitel im Abschnitt 2A). Nachdem die Stirnseite freigelegt wurde, sitzt die Pumpe an der in Bild 149 gezeigten Stelle. Die Schrauben beim Einbau mit 15 Nm anziehen.
Der weitere Einbau der Pumpe geschieht in umgekehrter Reihenfolge. Zahnriemen entsprechend den Anweisungen montieren und spannen (Abschnitt 2A).

Wasserpumpe reparieren

Die Wasserpumpe kann nicht repariert werden und ist im Schadensfall zu erneuern. Die Pumpe nach dem Ausbau auf Zeichen von Leckstellen kontrollieren (meistens durch Roststellen angezeigt) und die Nabe durchdrehen, um das Lager zu überprüfen.

1.8-Liter-Motor

Die Wasserpumpe sitzt in Fahrtrichtung vorn am Motor und wird vom Zahnriemen angetrieben. Die Wasserpumpe ist auf Lebenszeit wartungsfrei. Auch eine leckende oder geräuschvolle Wasserpumpe kann nicht repariert werden. Die folgenden Hinweise werden Ihnen beim Aus- und Einbau der Pumpe helfen:

- Alle Dichtringe und Dichtungen müssen erneuert werden.
- Den Zahnriemen auf dem Steuerrad der Kurbelwelle in Eingriff lassen. Der Riemen muss deshalb gut stramm gezogen und vorsichtig befestigt werden.
- Den Zahnriemen gut mit einem Lappen abdecken, damit kein Kühlmittel beim Ausbau der Pumpe darüber laufen kann.

Beim Ausbau der Pumpe folgendermaßen vorgehen:

- Die Kühlanlage ablassen (Kapitel. 4.1.2 für diesen Motor).
- Keilrippenriemen und die Spannvorrichtung ausbauen (siehe betreffenden Abschnitt).
- Zahnriemenabdeckung an der Oberseite und in der Mitte ausbauen. Untere Abdeckung nicht ausbauen.
- Zahnriemen ausbauen, wie es für den 1.8-Liter-Motor beschrieben wurde.
- Die Schrauben der Kühlmittelpumpe entfernen und die Pumpe herausnehmen. Die Befestigung findet in der in Bild 150 gezeigten Weise statt.

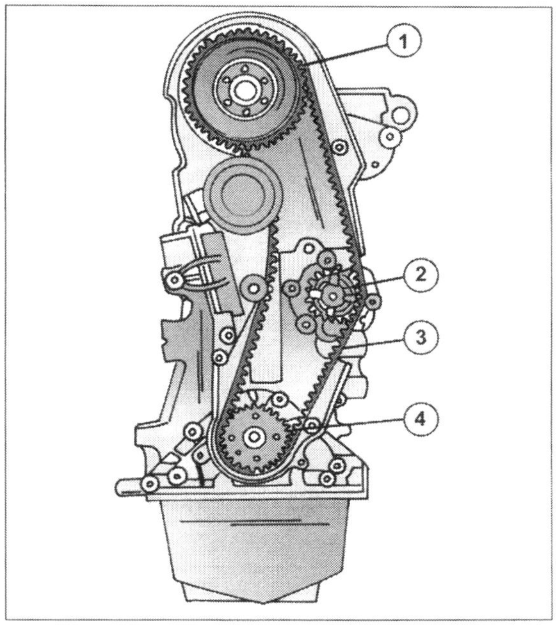

Bild 148
Antrieb der Wasserpumpe beim Dieselmotor.
1 Nockenwellensteuerrad
2 Wasserpumpe
3 Zahnriemen
4 Kurbelwellensteuerrad

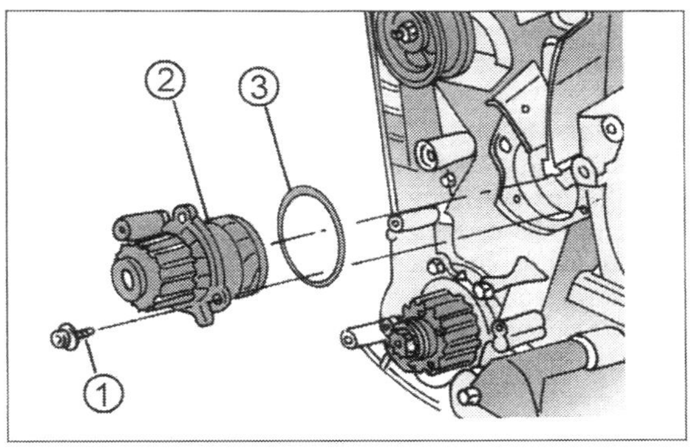

Bild 149
Einbauweise der Pumpe beim Dieselmotor.
1 Schraube, 15 Nm
2 Wasserpumpe
3 O-Dichtring

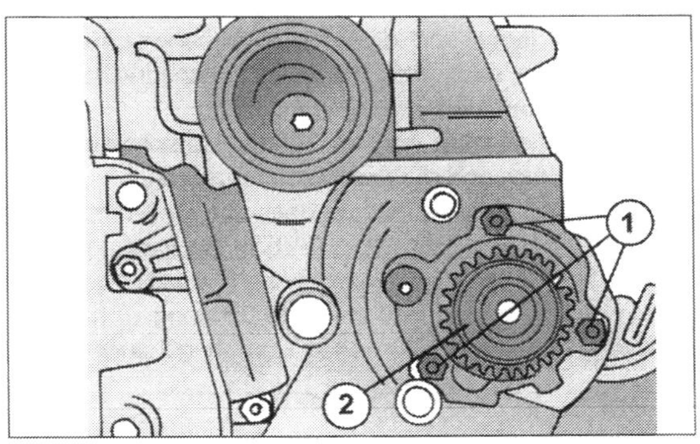

Bild 150
Befestigungsweise der Wasserpumpe (2) beim 1.8-Liter-Motor. Die Schrauben (1) mit 15 Nm anziehen.

Vor Einbau der Pumpe die Dichtflächen einwandfrei reinigen. Einen neuen O-Dichtring mit Frostschutzmittel einreiben und anbringen. Die Pumpe mit dem Stopfen im Gehäuse an der Unterseite am Motor ansetzen und die Schrauben eindrehen. Schrauben gleichmäßig über Kreuz auf ein Anzugsdrehmoment von 15 Nm anziehen. Alle anderen Arbeiten in umgekehrter Reihenfolge wie beim Ausbau durchführen. Abschließend die Kühlanlage in der beschriebenen Weise auffüllen.

VR6-Motor

Der Ausbau der Wasserpumpe ist bei diesen Motoren eine sehr umfangreiche Arbeit, da man den Motor aus den

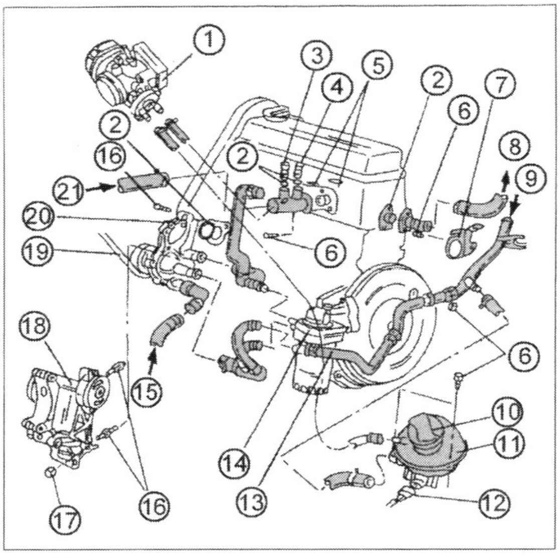

Bild 151
Einbaulage der verbleibenden Teile für die Kühlanlage beim 2.0-Liter-Motor.
1 Drosselklappensteuerteil
2 O-Dichtring, immer erneuern
3 Thermoschalter, Abschaltung der Klimaanlage
4 Kühlmitteltemperaturgeber
5 Sicherungsspangen der Schalter
6 Schraube, 10 Nm
7 Befestigungshalter
8 Zum Wärmeaustauscher
9 Vom Wärmeaustauscher
10 Verschlusskappe
11 Ausgleichsbehälter der Kühlanlage
12 Stecker, schwarz
13 Kühlmittelrohr
14 Ölkühler
15 Zur Unterseite des Kühlers
16 Schrauben 20 Nm + 90°
17 Schraube, 30 Nm
18 Lichtmaschinenkonsole
19 Keilrippenriemen
20 Kühlmittelpumpe
21 Zur Oberseite des Kühlers

Aufhängungen heben muss und die Motoraufhängungen gelöst werden müssen, um an die Wasserpumpe heranzukommen. Aus diesem Grund müssen wir Sie an Ihre Werkstatt verweisen, falls die Pumpe einmal erneuert werden muss.

2.0-Liter-Motor

Bild 151 zeigt, wo die Wasserpumpe am Motor sitzt. In Bild 152 ist die Pumpe nochmals in Großansicht gezeigt, um die einzelnen Teile besser zu erkennen. Die Pumpe folgendermaßen ausbauen:

- Kühlanlage ablassen (Kapitel 4.1.1).
- Keilrippenriemen ausbauen, wie es bereits für diesen Motor beschrieben wurde.
- Steuerriemenschutz entfernen.
- Riemenscheibe der Pumpe abschrauben. Zum Gegenhalten der Riemenscheibe kann man den Keilriemen in die Rille legen und diesen zusammendrücken. Andernfalls muss man versuchen die Riemenscheibe in anderer Weise am Mitdrehen zu hindern.
- Schlauchschellen an den Schlauchanschlüssen der Pumpe lockern und die Schläuche abziehen.
- Die Schrauben der Pumpe lösen und die Pumpe vom Zylinderblock abnehmen. Ein O-Dichtring wird unter der Wasserpumpe verwendet, welcher zur Kontrolle abgenommen werden muss. Ein weiterer O-Dichtring dichtet das Wassereinlassrohr der Pumpe im Pumpengehäuse ab.

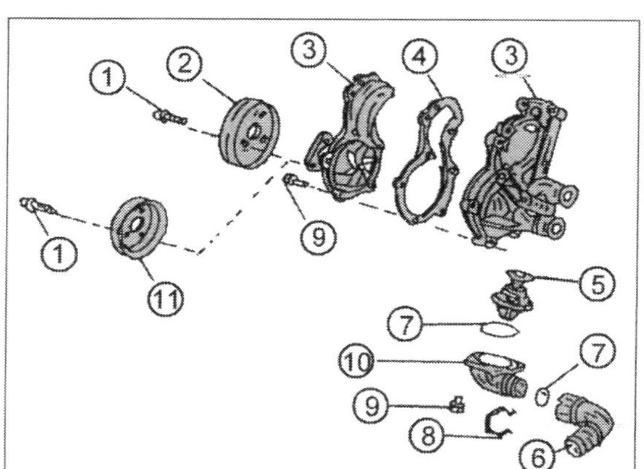

Bild 152
Die teilweise zerlegte Wasserpumpe eines 2.0-Liter-Motors.
1 Schraube, 25 Nm
2 Riemenscheibe
3 Kühlmittelpumpe
4 Dichtung, erneuern
5 Thermostat
6 Anschlussstutzen
7 O-Dichtring, immer erneuern
8 Sicherungsspange
9 Schraube, 10 Nm
10 Thermostatgehäusedeckel
11 Riemenscheibe für Keilrippenriemen

Der Einbau der Pumpe geschieht in umgekehrter Reihenfolge wie der Ausbau. Die Schrauben der Pumpe und der Riemenscheibe auf 20 Nm anziehen.
Den Keilrippenriemen montieren, wie es bereits beschrieben wurde.

4.4 Thermostat

4.4.1 Aus- und Einbau

Ein klemmender Thermostat kann schwere Hitzeschäden an Ihrem Motor verursachen. Das Kühlmittel fängt an zu kochen, die Kühlwirkung lässt rapide nach. Tritt der Defekt während der Fahrt auf, dürfen Sie auf keinen Fall weiterfahren. Lassen Sie den Wagen zur Reparatur abschleppen. Ausbau und Montage des Thermostats sind kein Problem. Besorgen Sie sich vor Arbeitsbeginn neben einem neuen Thermostat auch einen neuen Dichtring bzw. eine Dichtung für den Thermostatgehäusedeckel. Außerdem brauchen Sie ein Gefäß zum Auffangen des Kühlmittels. Den Thermostaten sollten Sie nur bei kaltem Motor ausbauen. Sie können übrigens mit einem Einmachthermometer prüfen, ob das ausgebaute Bauteil wirklich defekt ist.
Da die Erneuerung des Thermostats nicht bei allen Motoren gleich ist, wird sie unter getrennten Überschriften beschrieben.

Dieselmotoren

Bei diesen Motoren sitzt der Thermostat unmittelbar neben dem Ölfilter unter einem Anschlussknie an der in Bild 153 gezeigten Stelle (links Ansicht). Da es durch die Lichtmaschine verdeckt ist, wurde diese im Bild weggelassen. Zum Ausbau:

- Kühlanlage ablassen und den Schlauch vom Anschlussknie lösen und abziehen.
- Die Schrauben (1) im Bild herausdrehen und das Anschlussknie (2) abnehmen. Der Thermostat (4) befindet sich in der Innenseite und wird zum Ausbau um eine Viertelumdrehung nach links verdreht, um ihn herauszunehmen.

Der Einbau findet in umgekehrter Reihenfolge statt. Beachten:

- Den Dichtring (3) vor Einlegen mit Kühlmittel einreiben.
- Den Thermostaten (4) in das Anschlussknie (2) einsetzen und um eine Viertelumdrehung nach rechts verdrehen. Die Brücke im Thermostat muss fast senkrecht stehen.
- Anschlussknie mit dem Thermostat am Zylinderblock ansetzen und die Schrauben abwechselnd auf 15 Nm anziehen.
- Abschließend Kühlanlage auffüllen und nach Laufenlassen des Motors auf Leckstellen kontrollieren.

1.8-Liter-Motor

Der Aus- und Einbau des Thermostats kann unter Bezug auf Bild 153 in der mittleren Ansicht durchgeführt werden. Die gezeigten Teile befinden sich ca. in der Mitte des Motors. Beim Ausbau:

- Kühlanlage ablassen und den Schlauch vom An-

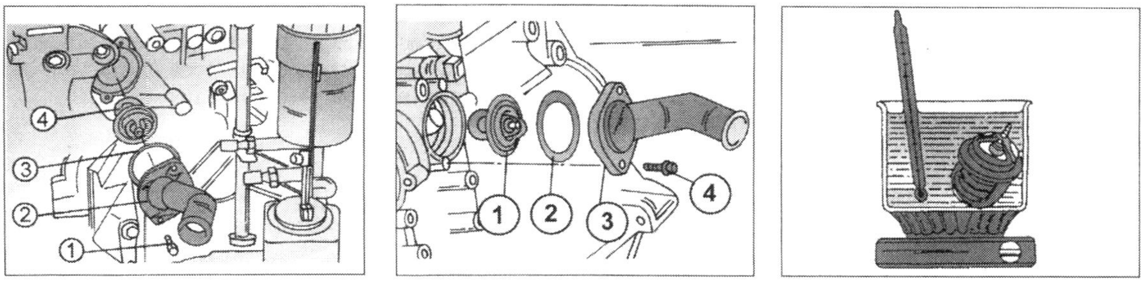

Bild 153

schlussknie (3) lösen und abziehen.

- Die Schrauben (4) im Bild herausdrehen und das Anschlussknie (3) abnehmen. Der Thermostat (1) befindet sich in der Innenseite und kann einfach herausgenommen werden. Den Dichtring (2) abnehmen.

Der Einbau findet in umgekehrter Reihenfolge statt. Beachten:

- Den Dichtring (2) vor Einlegen mit Kühlmittel einreiben.
- Den Thermostaten (3) mit dem Anschlussknie am Zylinderblock ansetzen und die Schrauben (4) abwechselnd auf 15 Nm anziehen.
- Abschließend Kühlanlage auffüllen und nach Laufenlassen des Motors auf Leckstellen kontrollieren.

VR6-Motor

Bild 154 zeigt die Anordnung des Thermostats. Der Thermostat selbst sitzt unter einem Deckel, an welchem der Schlauch angeschlossen ist und mit einem O-Dichtring abgedichtet wird. Der Thermostat kann herausgenommen werden, nachdem man den Schlauch am Ende des Deckels entfernt und den Deckel abschraubt. Den Dichtring vom Deckel abnehmen und sofort kontrollieren.

Beim Einbau des Thermostats eine neue Runddichtung verwenden. Die Schlauchschelle kontrollieren, ehe sie wieder am Schlauch festgezogen wird. Die Kühlanlage auffüllen.

Falls andere Teile am Thermostatgehäuse ausgebaut wurden, muss man die folgenden Punkte beim Einbau beachten:

- Das Thermostatgehäuse mit einem neuen Dichtring gegen den Motor ansetzen und die langen Schrauben (4) mit einem Anzugsdrehmoment von 8 Nm anziehen.
- Falls die Temperaturgeber ausgebaut werden, die Federspangen mit einem Schraubendreher heraushebeln. Bei diesem Motor ist nur ein Temperaturgeber (Kühlmitteltemperatur) sowie ein Stopfen oder ein zweiter Temperaturgeber eingebaut (mit Klimaanlage). Beim Einbau neue Dichtringe anbringen, den betreffenden Geber fest in die Bohrung eindrücken und die Federspange von oben einschieben. Die Spange muss einen festen Sitz haben, da andernfalls keine einwandfreie Abdichtung zustande kommen kann.

4.4.2 Thermostat kontrollieren

Zur Prüfung der Arbeitsweise des Thermostats diesen an ein Stück Draht binden und in einen mit Wasser gefüllten Behälter einhängen. Ein Thermometer in ähnlicher Weise in den Behälter einhängen. Darauf achten, dass weder Thermostat noch Thermometer den Boden oder

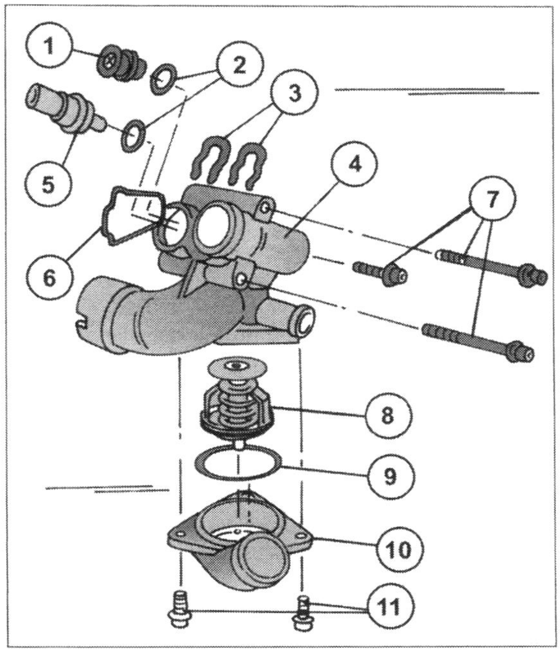

Bild 154
Die Teile des Thermostats und Thermostatgehäuses beim V6-Motor.
1 Verschlussstopfen oder Thermoschalter nur Fahrzeuge mit Klimaanlage)
2 O-Dichtringe, immer erneuern
3 Sicherungsspange
4 Thermostatgehäuse
5 Geber, Kühlmitteltemperatur
6 Dichtung, immer erneuern
7 Schrauben, 8 Nm
8 Thermostat (Kühlmittelregler)
9 O-Dichtring, immer erneuern
10 Anschlussstutzen
11 Schrauben, 8 Nm

die Seiten des Behälters berühren können. Die Anordnung ist in Bild 153 auf der rechten Seite gezeigt.

Das Wasser im Behälter jetzt allmählich erwärmen und am Thermometer kontrollieren, bei welcher Temperatur sich der Thermostat öffnet. Das Öffnen des Thermostats sollte zwischen 85 und 89°C stattfinden (siehe Angaben in der Maß- und Einstelltabelle). Der Thermostat sollte bei einer Temperatur von 100 Grad vollkommen geöffnet sein.

Nach der Prüfung den Thermostat (immer noch am Draht hängend) in kaltes Wasser hineinhalten und kontrollieren, ob er innerhalb 30 Sekunden geschlossen hat. Falls der Thermostat nicht einwandfrei öffnet oder schließt, kann man im Notfall ohne Thermostat fahren. Dies bedeutet, dass sich der Motor nicht so schnell erwärmen kann, vermeidet aber, dass ein sich nicht öffnender Thermostat zu einer Überhitzung des Motors führt.

Falls der Motor sich nach Anlassen im kalten Zustand nur schlecht erwärmt, kann man in den meisten Fällen annehmen, dass der Thermostat in geöffneter Stellung festhängt, d. h. das Kühlmittel muss durch den gesamten Kühlmittelkreis fließen und kann sich dadurch nur langsam anwärmen.

Ratgeber: Falls es vorkommen sollte, dass der Thermostat während einer Fahrt plötzlich ausfällt, d. h. er bleibt im geschlossenen Zustand stecken, wird sich der Motor

schnell überhitzen. In diesem Fall hilft nur der Pannendienst oder der Ausbau des Thermostats an Ort und Stelle, wenn man einige Werkzeuge im Auto mitführt. Falls der Thermostat ausgebaut werden soll, muss man abwarten, bis der Motor vollkommen abgekühlt ist. In der Zwischenzeit kann man sich das zum Füllen der Anlage erforderliche Wasser besorgen oder einen Behälter, um das alte Kühlmittel aufzufangen (flach wenn möglich).
Man kann ohne Thermostat ohne weiteres weiterfahren, muss ihn aber so schnell wie möglich erneuern, da es sonst Schwierigkeiten beim Warmlaufen des Motors gibt, besonders an einem kalten Morgen.

4.5 Kühlmittelumlaufpumpe

Eine zusätzliche, elektrische betriebene Kühlmittelpumpe ist bei den meisten Motoren eingebaut, die mit Schläuchen an den verschiedenen Teilen der Kühlanlage angeschlossen ist. Die Pumpe ist laufend in Betrieb und steuert ebenfalls den Nachlauf des Kühlungslüfters, sodass ein heißer Motor nach dem Ausschalten der Zündung noch eine Weile weiter gekühlt werden kann.
Falls Sie z. B. Überhitzungen des Motors nach Ausschalten der Zündung feststellen kann, sollten Sie die Arbeitsweise der Pumpe so schnell wie möglich in einer Werkstatt kontrollieren lassen. Obwohl eine elektrische Prüfung einfach ist, geschieht sie bei allen Motoren in unterschiedlicher Weise, sodass es nicht möglich ist, jeden einzelnen Motor zu beschreiben.

4.6 Antriebsriemen

Die Erneuerung des Antriebsriemens der Aggregate an der Stirnseite des Motors wurde bereits mehrere Male beschrieben. Wir verweisen besonders auf das Kapitel über den Aus- und Einbau des Motors sowie die Abbildungen für den in Frage kommenden Motor. Ebenfalls befasst sich der Abschnitt „Elektrische Anlage“ mit der Verlegung der einzelnen Antriebsriemen.

4.7 Kühlungslüfter

Ein nicht mehr arbeitender Ventilator kann bei längerem Leerlauf oder bei Bergfahrten zu Überhitzung des Motors führen. Falls die Panne während der Fahrt passiert, den Motor abkühlen lassen und dann mit mittleren Drehzahlen die nächste Werkstatt anlaufen, wobei ständig die Temperaturanzeige und, falls vorhanden, die eingebaute Warnleuchte im Auge zu halten sind. Falls notwendig, entsprechende Pausen einlegen. Gegen diese Maßnahme spricht natürlich Stauverkehr. Man sagt, dass ein solcher Schalter ein durchschnittliches Lebensalter von ca. 6 Jahren hat und man sollte sich vielleicht überlegen, ihn vor einer Urlaubsfahrt zu erneuern. Falls Probleme mit dem Lüfter (oder den Lüftern) auftreten, sind Sie am besten in einer Werkstatt aufgehoben.

Vorsicht: Bei gerade abgestelltem und heiß gefahrenem Motor niemals mit den Händen in die Nähe des Lüfters kommen! Der Ventilator kann auch bei ausgeschalteter Zündung unvermittelt loslaufen.

4.8 Ladeluftkühler

Der Ladeluftfühler sitzt beim Dieselmotor und beim 1.8-Liter-Motor an der Unterseite des Kühlers und muss deshalb als ein Teil der Kühlanlage angesehen werden. Bild 145 zeigt die dazugehörigen Teile beim 1.8-Liter-Motor. Ähnliche Teile werden beim Dieselmotor vorgefunden.

Die in dieser Anleitung behandelten Dieselmotoren sind mit einer unter dem Namen Pumpe/Düse bekannten Einspritzanlage versehen. Im Abschnitt 2A wurde bereits auf die Hauptmerkmale kurz eingegangen. In der folgenden Beschreibung werden Sie einige zusätzliche Hinweise finden, um die Arbeitsweise der Anlage besser zu verstehen.
Wie bereits erwähnt, sitzt die Einspritzeinheit senkrecht im Zylinderkopf. Jede Einheit Pumpe/Düse besteht aus der Einspritzpumpe, dem Steuerteil (Magnetschaltventil) und der Einspritzdüse und hat das in Bild 155 gezeigte Aussehen. Das elektronische Steuergerät der Einspritzanlage aktiviert die Einspritzeinheit so, dass die richtige Kraftstoffmenge zum richtigen Zeitpunkt in die Verbrennungskammer eingespritzt wird.

Magnetschaltventile
Mit Hilfe der Magnetschaltventile (1 in Bild 155) werden über das Steuergerät der Förderbeginn und die Menge des einzuspritzenden Kraftstoffs reguliert. Der Förderbeginn findet statt, sobald das Magnetschaltventil durch das Steuerventil erregt wird und die Ventilnadel wird durch die magnetische Spule in ihren Sitz gedrückt. Während diesem Vorgang wird die Kraftstoffzufuhr zur Hochdruckkammer der Einspritzeinheit verschlossen. Bild 156 zeigt eine Schnittansicht einer Einspritzeinheit um der Beschreibung zu folgen.
Die Einspritzmenge wird durch die Ansprechzeit des Magnetschaltventils bestimmt. Kraftstoff wird in die Verbrennungskammer eingespritzt, solange das Magnetschaltventil für die Einspritzeinheit geschlossen bleibt. Falls eine Einspritzeinheit einen Signalausfall hat, läuft der Motor unregelmäßig und die Leistung des Motors verringert sich. Falls das Ventil geöffnet bleibt, kann sich kein Druck in der Hochdruckkammer aufbauen. Falls das Ventil geschlossen bleibt, kann sich die Hochdruckkammer der Einspritzeinheit nicht füllen. In beiden Fällen kann kein Kraftstoff in den betreffenden Zylinder eingespritzt werden.

Einspritzvorgang
Die Einspritzung erfolgt in drei Phasen: Voreinspritzung, Haupteinspritzung und Ende der Einspritzung.
Ehe die Haupteinspritzung beginnt, wird eine kleine Kraftstoffmenge bei einem Druck von ca. 180 bar eingespritzt. Aufgrund der durch die Vorverbrennung entstandenen Wärmeausdehnung steigen die Temperatur und damit der Druck in der Verbrennungskammer an. Dadurch kann die Verbrennung des Kraftstoffs der Haupteinspritzung schneller stattfinden. Die Verzögerung der Verbrennung, d. h. die Zeit zwischen dem Beginn der Einspritzung und dem Druckanstieg in der Verbrennungskammer, wird durch die Voreinspritzung verringert. Zwischen Voreinspritzung und Haupteinspritzung ist eine kleine Pause vorhanden.
Während der Haupteinspritzung wird der Kraftstoff mit sehr hohem Druck eingespritzt, welcher zwischen 300 bis 2050 bar liegen kann. Dadurch kann sich der Kraftstoff gut mit der Luft vermischen und verringert die Bildung von Stickstoffen.
Damit sich die Düsennadel am Ende der Einspritzung schnell schließen kann, muss der Einspritzdruck schnell absinken Dadurch kann kein Kraftstoff unter niedrigem Druck eingespritzt werden.
Die Einspritzeinheiten können eingestellt werden, was eine Arbeit für die Werkstatt ist.

Kraftstoffpumpe
Ebenfalls unterschiedlich bei dieser Einspritzung ist die Kraftstoffpumpe. Die Pumpe fördert den Kraftstoff aus dem Tank zu den Einspritzeinheiten. Die Pumpe ist am Zylinderkopf montiert und ist eine so genannte Tandempumpe, d. h. außer der Kraftstoffförderung wird ebenfalls der Unterdruck für den Bremskraftverstärker in der Pumpe erzeugt. An der Pumpe ist ein Anschluss für einen Druckmesser vorhanden, an welchem die Werkstatt in der Lage ist den Druck in der Kraftstoffzufuhr zu überprüfen.

Kühlung des Kraftstoffs
Der Kraftstoff im Kraftstoffzufuhrsystem im Zylinderkopf wird durch die Wärme des Motors erhitzt. Falls es keinen Kraftstoffrücklauf geben würde, könnte nur der nachfol-

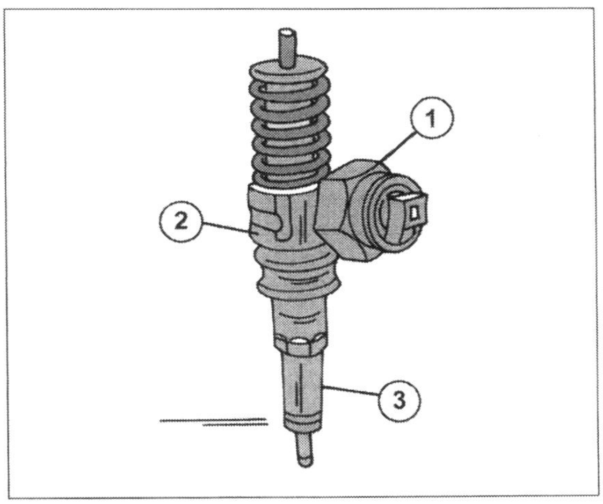

Bild 155
So sieht eine Einspritzeinheit Pumpe/Düse im ausgebauten Zustand aus.
1 Magnetschaltventil
2 Einspritzdüse
3 Einspritzpumpe

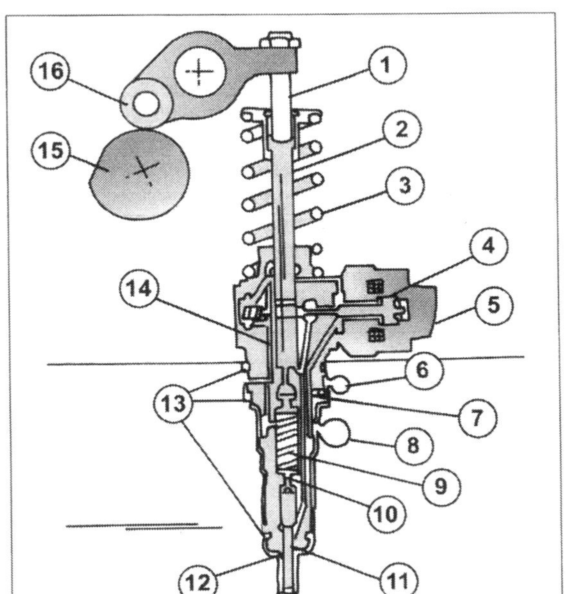

Bild 156
Die Einzelteile einer Einspritzeinheit zusammen mit den Teilen des Antriebs.
1 Kugelbolzen
2 Pumpenkolben (Kolbenbetätigung)
3 Kolbenfeder
4 Ventilnadel des Magnetschaltventils
5 Magnetschaltventil
6 Kraftstoffrücklauf
7 Umleitkolben
8 Kraftstoffanschluss
9 Düsennadelfeder
10 Düsennadeldämpfer
11 Düsennadel
12 Wärmeschutzring
13 O-Dichtring
14 Hochdruckkammer
15 Einspritznocken
16 Rollenschwinghebel

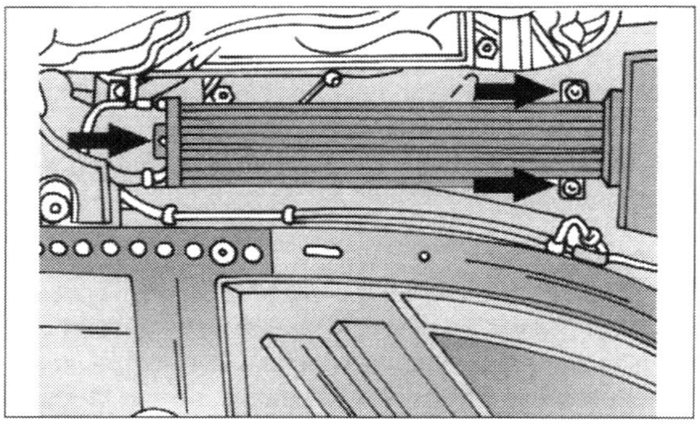

Bild 157
Der Kühler für den heißen Kraftstoff ist an der Unterseite des Wagenbodens an den gezeigten Stellen angeschraubt.

gend verbrauchte Kraftstoff zum Kühlen benutzt werden. Dadurch könnte sich jedoch der Kraftstoff im Zufuhrsystem erheblich erhitzen, mit der negativen Auswirkung auf den Betrieb des Motors.
Der nicht zur Einspritzung erforderliche Kraftstoff, zusammen mit der Wärmeenergie, wird durch die Rücklaufleitung im Zylinderkopf abgeführt. Um jedoch zu verhindern, dass heißer Kraftstoff den Tank und den Tankgeber beschädigen kann, wird er abgekühlt, ehe er in den Tank zurückkehren kann. Die Kühlung des Kraftstoffs findet jedoch in unterschiedlicher Weise statt. Beim Motor ASZ ist ein Wärmeaustauscher für die Kühlung eingebaut, welchen man auf der linken Seite des Motorraums neben dem Kraftstofffilter finden wird. Bei den anderen Motoren (ANU und AUY) kann er aber ebenfalls eingebaut sein. Fehlt der Wärmeaustauscher, ist ein Kraftstoffkühler auf der rechten Seite unter dem Fahrzeug am Wagenboden angebracht, wie man es in Bild 157 sehen kann, welcher die angesammelte Wärme in die Atmosphäre abgibt. In diesem Fall wird der Kraftstoff wird während der Fahrt um ca. 25°C und während dem Stillstand um ca. 10°C abgekühlt.

5.1 Vorsichtsmaßnahmen bei Arbeiten an der Einspritzanlage

Bei allen Arbeiten an der Einspritzanlage ist größte Sauberkeit erforderlich. Die folgenden Anweisungen sind jederzeit zu beachten, jedoch möchten wir auch besonders auf die durch den Einbau der elektronischen Anlage bedingten Vorsichtsmaßnahmen hinweisen:

- Immer die Zündung ausschalten, ehe Kabel der Einspritzanlage oder Vorglühanlage abgeschlossen oder angeschlossen werden.
- Die Batterie nur abklemmen, wenn die Zündung ausgeschaltet ist, um die Anlage nicht zu beschädigen. Beim Abklemmen der Batterie daran denken, dass das Radio einen Diebstahl-Sicherheits-Code haben könnte.
- Die meisten Teile der Anlage sind elektrisch oder elektronisch betrieben und müssen mit der notwendigen Vorsicht behandelt werden.

Obwohl wir von Arbeiten an der eigentlichen Einspritzanlage abraten, sollten Sie die folgenden Vorsichtsmaßnahmen beachten, falls Sie trotzdem gewisse Arbeiten selbst versuchen wollen. Die Anweisungen sind als allgemein zu betrachten:

- Alle Arbeiten an der Einspritzanlage dürfen nur unter saubersten Verhältnissen durchgeführt werden. Arbeiten im Freien sollten nur an windfreien Tagen vorgenommen werden, um die Möglichkeit von Staubbildung zu vermeiden.
- Alle Anschluss-Überwurfmuttern müssen vor dem Lösen sauber mit einem Lappen abgewischt werden.
- Alle ausgebauten Teile auf einer sauberen Werkbank oder dergleichen ablegen und mit Papier oder einem Plastikbogen abdecken. Keine flusenden Lappen zum Abdecken verwenden.
- Alle geöffneten oder teilweise zerlegten Bauteile der Einspritzanlage müssen entsprechend abgedeckt oder in einer verschlossenen Schachtel aufbewahrt werden, falls die Reparatur nicht unmittelbar durchgeführt werden kann.
- Vor dem Einbau alle Teile auf größte Reinlichkeit kontrollieren.
- Wenn Teile der Anlage geöffnet sind, keine Pressluft zum Abblasen irgendwelcher Teile des Motors benutzen.
- Fahrzeug möglichst nicht wegschieben, während Teile der Einspritzanlage ausgebaut sind.
- Darauf achten, dass Dieselkraftstoff nicht an die Kühlerschläuche gelangen kann. Falls dies der Fall ist, diese sofort reinigen. Durch Dieselkraftstoff verschmutzte und damit beschädigte Schläuche müssen immer erneuert werden.

5.2 Kraftstofffilter

Der Kraftstofffilter sollte alle 30 000 km erneuert werden, ist aber alle 15 000 km oder 12 Monate von Kondenswasser zu befreien. Der Filter befindet sich im Motorraum und setzt sich aus den in Bild 158 gezeigten Teilen zusammen, wenn die Anlage mit einem Kraftstoffkühler an der Unterseite der Karosserie versehen ist. Bei Fahrzeugen ohne Kühler und bei eingebautem Motor ASZ sind die auf der linken Seite des Bildes gezeigten Teile nicht vorhanden. Die Vorderseite des Fahrzeuges muss aufgebockt sein, um an den Ablassstopfen zu kommen.
Zum Entleeren des Kondenswassers die Entlüftungsschraube (Pfeil) in Bild 159 an der Unterseite des Filters öffnen und den Kraftstoff mit dem Wasser ablaufen lassen (ca. 100 ccm), bis nur noch Dieselkraftstoff herausläuft. Um das Ablaufen des Wassers zu ermöglichen, muss man jedoch die Federspange (4) in Bild 158 herausziehen und danach das Regelventil (3) zusammen mit den angeschlossenen Schläuchen aus dem Filter ziehen. Nach Ablauf des Wassers das Regelventil wieder einsetzen und befestigen und die Schraube wieder schließen.
In die Oberseite des Filters ist das bereits erwähnte Regelventil eingesetzt, welches durch die Federspange gehalten wird. Beim Erneuern des Filters die Federspange herausziehen und das Regelventil zusammen mit den daran angebrachten Leitungen nach oben herausziehen.
Der Filter ist mit einer Klemmschelle befestigt.
Falls die Anschlüsse am Regelventil gelöst wurden, müssen sie wieder entsprechend Bild 158 angeschlossen werden.

Die Schlauchanschlüsse sind mit Klemmschellen befestigt, welche mit einer Spezialzange gelöst werden müssen. Andernfalls kann man sie mit einem Seitenschneider zerschneiden und beim Einbau durch Schraubschellen ersetzen.
Nachdem der Motor einige Male beschleunigt wurde, muss der Kraftstoff in der durchsichtigen Leitung im Leerlauf blasenfrei sein.

5.3 Arbeiten an der Einspritzanlage

Die folgenden Arbeiten an der Anlage sind im Bereich des Möglichen durchführbar.

5.3.1 Aus- und Einbau des Wärmeaustauschers für die Kraftstoffkühlung

Bild 160 zeigt die Teile des Wärmeaustauschers. Eingebaut ist er beim Motor ASZ, kann aber ebenfalls bei den anderen Motoren neben dem Kraftstofffilter eingebaut sein. Der Aus- und Einbau kann unter Bezug auf die Abbildung und die untenstehenden Angaben stattfinden.

- Die Schrauben (1) und (4) mit 5 Nm anziehen.
- Der Rücklaufschlauch (2) wird am Verbindungsflansch (mit „KA“ Kraftstoffauslass gezeichnet) am Wärmeaustauscher (5) angeschlossen.
- Der Kühlmittelschlauch (3) wird am Verbindungsflansch (mit „WA“ Wasserauslass gezeichnet) am Wärmeaustauscher (5) angeschlossen.
- Der Kühlmittelschlauch (6) wird am Verbindungsflansch (mit „WE“ Wassereinlass gezeichnet) am Wärmeaustauscher (5) angeschlossen.
- Der Kraftstoffschlauch (7) wird am Verbindungsflansch (mit „KE“ Kraftstoffeinlass gezeichnet) am Wärmeaustauscher (5) angeschlossen.
- Am Verbindungsstück (8) sind der Schlauch (7) sowie der Schlauch (12) angeschlossen.
- Der Geber für die Temperatur des Kraftstoffs (11) ist mit einem Kabelstecker von schwarzer Farbe versehen. Zum Ausbau die Federspange (9) herausziehen und den Geber abziehen. Unter dem Geber sitzt ein O-Dichtring (10). Beim Einbau den Dichtring erneuern. Darauf achten, dass die Federspange (9) den Geber gut sichert.
- Die Rücklaufleitung (12) kommt von der Tandempumpe. Hat eine blaue Farbe oder eine blaue Kennzeichnung. Beim Anschließen auf sichere Befestigung achten.
- Der Halter für den Wärmeaustauscher (13) wird mit den Schrauben (14) befestigt. Schrauben beim Einbau mit 8 Nm anziehen.

5.3.2 Kraftstoffkühler (am Unterboden)

Der Kraftstoffkühler ist die in Rücklaufleitung zum Tank unter dem Fahrzeug eingebaut. Zu beachten ist, dass der Kühler und die Leitungen sehr heiß sein können. Außerdem steht die Kraftstoffanlage unter Druck, d. h. beim Abschließen der Leitungen einen dicken Lappen um die Anschlüsse legen, wenn man diese trennt. Eine Schutzbrille wird beim Ausbau empfohlen. Zum Ausbau das Fahrzeug sicher aufbocken, die Kraftstoffleitungen am Kühler abschrauben und die in Bild 157 mit den Pfeilen

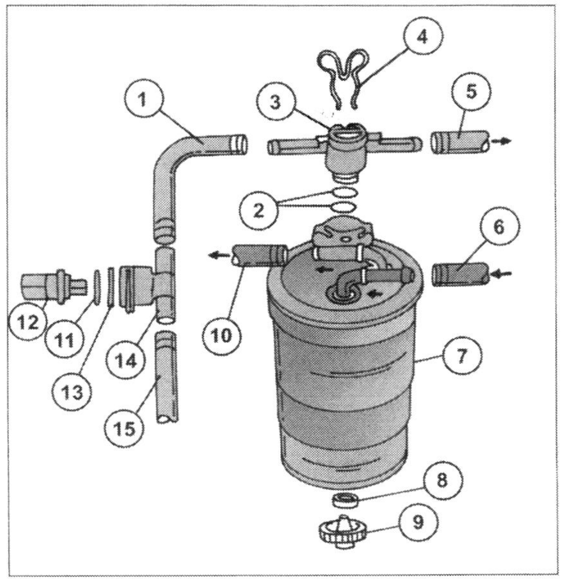

Bild 158
Die Teile des Ölfilters bei einem Fahrzeug mit getrenntem Kraftstoffkühler an der Unterseite des Fahrzeuges. Teile 1 sowie 10 bis 15 fehlen, falls der in Bild 157 gezeigte Kraftstoffkühler nicht eingebaut ist. Nur bei Motoren ANU und AUY.

1 Kraftstoffleitung
2 O-Dichtringe, immer erneuern
3 Regelventil
4 Federspange, muss gut einrasten
5 Kraftstoffrücklaufleitung zum Kraftstoffkühler, blau oder blaue Kennzeichnung
6 Kraftstoffvorlaufleitung vom Tank, weiß oder weiße Kennzeichnung
7 Kraftstofffilter, Pfeile weisen auf Strömungsrichtung
8 Dichtring, falls beschädigt erneuern
9 Wasserablassstopfen
10 Zufuhrleitung zur Tandempumpe, weiß oder weiße Kennzeichnung
11 O-Dichtring, bei Beschädigung erneuern
12 Geber, Kraftstofftemperatur (G81)
13 Federspange, muss gut einrasten
14 Anschlussstück
15 Rücklaufleitung von der Tandempumpe, blau oder blaue Kennzeichnung

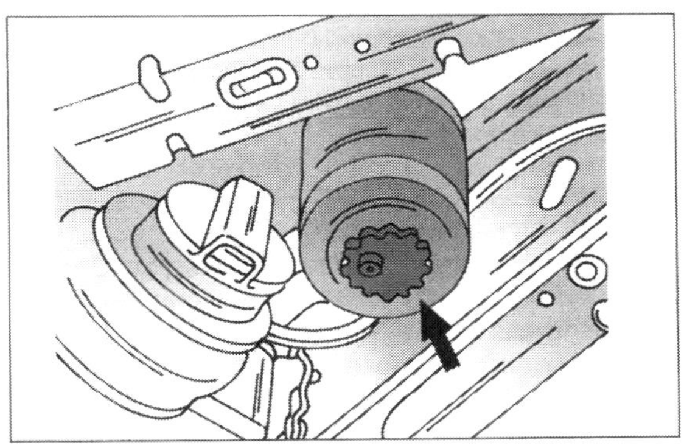

Bild 159
Der Pfeil weist auf den Ablassstopfen zum Entleeren des Kondenswassers.

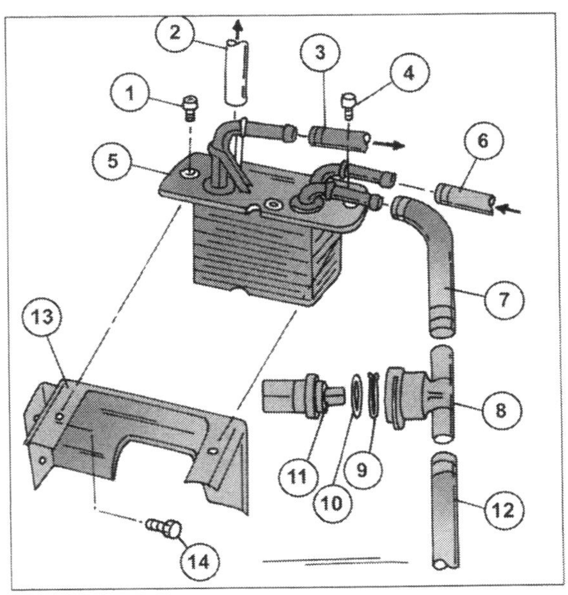

Bild 160
Zum Ausbau und Einbau des Wärmeaustauschers zum Kühlen des Kraftstoffs. Auf die Zahlen wird im Text eingegangen.

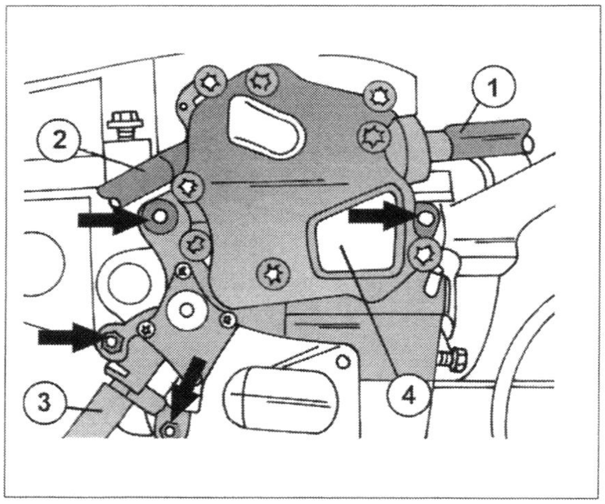

Bild 161
Befestigungsweise der Tandempumpe.
1 Unterdruckschlauch
2 Kraftstoffzufuhrschlauch (weiße Kennzeichnung)
3 Kraftstoffrücklaufschlauch (blaue Kennzeichnung)
4 Tandempumpe

bezeichneten Muttern lösen. Der Kühler kann jetzt abgenommen werden.
Der Einbau findet in umgekehrter Reihenfolge statt. Die Muttern mit 15 Nm anziehen.

5.3.3 Tandempumpe

Der Aus- und Einbau der Pumpe bringt normaler Weise keine Schwierigkeiten mit sich, jedoch wird in der Werkstatt eine Unterdruckpumpe am Kraftstoffrücklaufschlauch angeschlossen und betätigt, bis kein Kraftstoff mehr aus der Leitung kommt. Da diese bestimmt nicht zur Verfügung stehen wird, wird beim Ausbau Kraftstoff ausspritzen – Vorsicht.

- Den weiß gezeichneten Zufuhrschlauch für den Kraftstoff sowie den blau gezeichneten Rücklaufschlauch von der Pumpe abschließen.
- Der weitere Ausbau findet unter Bezug auf Bild 161 statt. Den Schlauch (1) für den Bremskraftverstärker von der Tandempumpe (4) und den Schlauch (2, hat eine weiße Kennzeichnung) für den Kraftstoff von der Pumpe (4) abziehen. Die mit den Pfeilen bezeichneten Schrauben lösen und die Pumpe vom Zylinderkopf abnehmen. Die Pumpe etwas nach oben ziehen und den Kraftstoffrücklaufschlauch (3, blaue Kennzeichnung) von der Pumpe abziehen. Die Pumpe kann jetzt herausgehoben werden.

Der Einbau der Pumpe geschieht in umgekehrter Reihenfolge statt. Folgende Punkte beachten:

- Darauf achten, dass der Antriebsmitnehmer der Pumpe einwandfrei in den Antrieb der Nockenwelle eingreift.
- Die Dichtringe der Pumpe immer erneuern.
- Den Rücklaufschlauch (3, Bild 161) mit der blauen Kennzeichnung am richtigen Anschluss anschließen.
- Pumpe ansetzen und die oberen Befestigungsschrauben mit 20 Nm anziehen, danach die unteren mit 10 Nm.
- Abschließend den Schlauch (2) mit der weißen Kennzeichnung am richtigen Anschluss der Pumpe anschließen und den Unterdruckschlauch (1) aufschieben.
- Nach fertiger Arbeit den Motor anlassen und kontrollieren, dass der Kraftstoff einwandfrei gefördert wird. Auch der Bremskraftverstärker muss einwandfrei arbeiten.

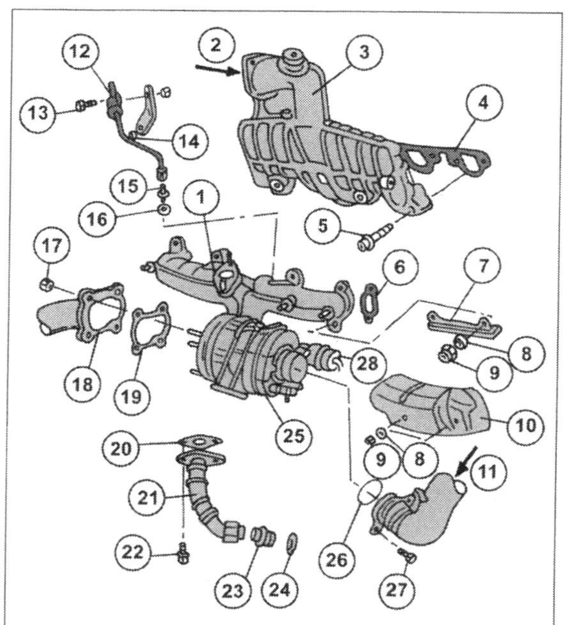

Bild 162
Einzelheiten der Abgasturboladerinstallation beim Motor mit der Bezeichnung ANU.
1 Auspuffkrümmer mit Turbolader
2 Vom Ladeluftkühler
3 Ansaugsammelrohr
4 Dichtung, immer erneuern, Einbauweise beachten
5 Schraube, 25 Nm
6 Dichtung, Einbauweise beachten
7 Halter für Wärmeschutzschild 10
8 Unterlegscheibe
9 Mutter, 25 Nm
10 Wärmeschutzschild, mit Halter 7 verbinden
11 Vom Luftfilter kommende Luft
12 Ölzufuhrleitung
13 Schraube, 10 Nm
14 Mutter, 25 Nm
15 Verbindungsschraubstück
16 Dichtring, immer erneuern
17 Mutter, 25 Nm
18 Vorderes Auspuffrohr
19 Auspuffrohr/Turboladerdichtung
20 Dichtung für Ölrücklaufrohr, erneuern
21 Ölrücklaufleitung mit Überwurfmutter, 25 Nm am Block
22 Schraube, 17 Nm
23 Verbindungsstück, 40 Nm
24 Dichtring, immer erneuern
25 Abgasturbolader
26 Runddichtring, immer erneuern
27 Schraube, 10 Nm

5.3.4 Einspritzeinheiten Pumpe/Düse

Da man die Einspritzeinheiten nur zur Erneuerung ausbauen muss, ersparen wir uns diese Arbeitsbeschreibung. Abgesehen davon, dass man zum Ausziehen von Pumpe/Düse ein Spezialwerkzeug braucht, muss die neue Einheit eingestellt werden. Dies ist eine Arbeit für geschultes Personal, da Pumpe/Düse in eine bestimmte Stellung zu bringen sind und außerdem die in der Oberseite befindliche Einstellschraube um einen bestimmten Winkel zurückzustellen ist.

5.4 Der Turbolader

Allgemein gesagt: Der Turbolader besorgt eine bessere Füllung der Zylinder, indem das Kraftstoff/Luftgemisch unter Druck in die Zylinder befördert wird. Angetrieben wird der Turbolader durch die Auspuffgase (Abgase). Es würde zu weit führen, auf die Arbeitsweise des Abgasturboladers bei den drei in Frage kommenden Motoren einzugehen.
Um den zugeführten Druck jedoch im Rahmen zu halten, muss ein Ladedruckregler in die Anlage eingebaut werden. Seine Funktion ist es, ein Magnetschaltventil bei zu hohem Druck zu öffnen, sodass nur ein Teil über das Turbinenrad des Turboladers strömen kann. Dies bedeutet, dass der Druck nicht über den vorbestimmten Wert ansteigen kann.
Um die Regelung jedoch unter allen Betriebsbedingungen unter Kontrolle zu halten, wird das elektronische Steuergerät der Einspritzanlage eingeschaltet. Ein elektro-pneumatisches Schaltventil steuert über eine Druckdose eine Umleitung zum Turbolader. Wenn das Ventil geöffnet ist, sinkt der Ladedruck. Das Steuergerät sorgt also dafür, dass immer der richtige Ladedruck zur Verfü-

gung steht. Außerdem ist ein Höhenregler mit dem Steuergerät verbunden (im Elektronikkasten im Motorraum eingebaut), welcher gewährleistet, dass auch bei Betrieb in Höhenlagen die verringerte Luftdichte nicht die Turbolader beeinträchtigen kann. In diesem Fall erhöht sich der Ladedruck, sodass bei gleich bleibender Kraftstoffeinspritzmenge mehr Luft in die Zylinder gelangen kann, das Kraftstoff/Luftgemisch bleibt dabei unverändert.

Turboladerstörungen

Arbeitet der Turbolader nicht mehr einwandfrei, kann man dies durch abfallende Leistung oder Nichterreichen der Höchstgeschwindigkeit feststellen, vorausgesetzt, dass die Kraftstoffeinspritzung einwandfrei arbeitet. Einmal kann dies an einer Leckstelle in der Aufladeanlage liegen, zum anderen Mal an einem defekten Turbolader. Wir schlagen die folgende Reihenfolge beim Prüfen vor:

Undichte Turboladeranlage

- Den Luftschlauch zwischen dem Turbolader und dem Ansaugsammelrohr über dem Ladeluftkühler auf Bruch, Risse, Lockerung, usw. kontrollieren und Defekte evtl. beheben.
- Undichtheit zwischen dem Zylinderkopf und dem Ansaugsammelrohr kontrollieren. Dies kann durch schlechte Dichtungen oder in schlimmen Fällen durch einen geplatzten Krümmer vorkommen.
- Die Verbindungsflansche zwischen dem Auspuffkrümmer und dem Zylinderkopf oder zwischen dem Auspuffkrümmer und dem Turbolader sind undicht.

Defekter Turbolader

- Den Ladedruck in einer Werkstatt kontrollieren lassen. Der Ladedruck kann entweder zu hoch oder zu niedrig sein. Ist der Druck zu hoch, kann der Fehler im Magnetventil für die Ladedruckbegrenzung liegen oder die Druckdose des Ladedruckregelventils am Turbolader ist defekt. Die Auslesung des Fehlerspeichers wird der Werkstatt zeigen, wo der Fehler liegt.
- Ist der Ladedruck zu niedrig, kann man die Druckdose für die Ladedruckbegrenzung verdächtigen. Andernfalls muss der Fehler im Turbolader liegen.

Wissenswertes über den Abgasturbolader

Wie Sie bereits wissen werden, darf man einen Motor nach einer langen, schnellen Fahrt nicht sofort abstellen, sondern muss ihn eine Weile im Leerlauf laufen lassen. Was Sie vielleicht nicht wissen, ist der Grund dafür: Würde man den überhitzten Motor sofort abstellen, könnte sich das Wellenlager des Turboladers so stark erhitzen, dass das Schmieröl im Lager verbrennen kann. Bei einer solchen wiederholten „Behandlung“ würde der Turbolader bald festfressen.

Der Turbolader ist ziemlich empfindlich auf Schmutz oder andere Fremdteile, sodass beim Aus- und Einbau größte Reinlichkeit empfohlen wird.

Die Anlage ist nicht bei allen Motoren gleich. Die Teile der Turboladerinstallation sind in Bild 162 für den 66-kW-Motor ANU gezeigt. Bei allen Motoren gilt jedoch, dass der Turbolader zusammen mit dem Auspuffkrümmer zu einem Teil gefertigt wurde, d. h. ein Ausfall des Turboladers bedeutet ebenfalls die Erneuerung des Auspuffkrümmers. Beim 85-kW-Motor AUY ist die Form des Ansaugsammelrohres unterschiedlich. Außerdem wird der Turbolader nicht wie in Bild 162 gezeigt mit einem rechteckigen Flansch am vorderen Auspuffrohr verschraubt, sondern hat nur drei Befestigungsstellen, ähnlich wie es die Montageübersicht für den Motor ASZ zeigt (Bild163). Der Aus- und Einbau kann unter Bezug auf die Abbildungen und die in den Bildlegenden gegebenen Hinweise durchgeführt werden.

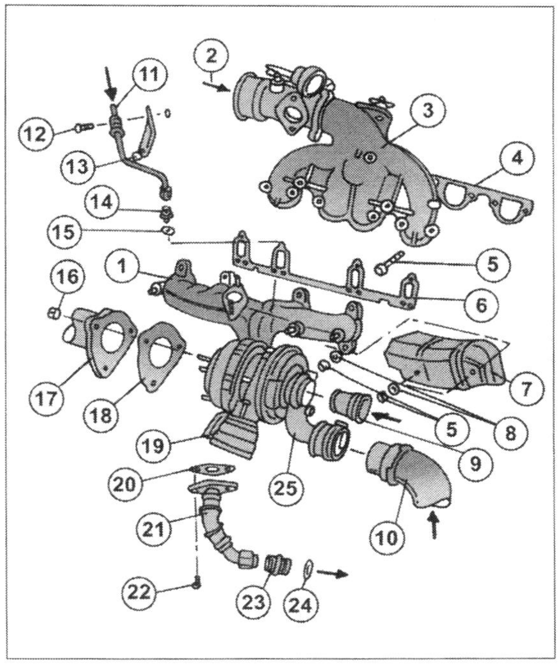

Bild 163
Einzelheiten der Abgasturboladerinstallation beim Motor mit der Bezeichnung ASZ.
1 Abgaskrümmer mit Abgasturbolader
2 Zufuhr vom Ladeluftkühler
3 Ansaugkrümmer
4 Dichtung, Einbauweise beachten
5 Krümmerschrauben, Muttern, 25 Nm
6 Krümmerdichtung, Einbauweise beachten
7 Wärmeschutzschild
8 Scheiben
9 Anschlussstück vom Luftfilter
10 Verbindungsschlauch, vom Ladeluftkühler
11 Ölzufuhrleitung
12 Schraube, 10 Nm
13 Mutter, 25 Nm
14 Anschlussstück, 30 Nm, Gewinde mit Gewindesicherungsmittel einschmieren (G 052 112 A3)
15 Dichtring, immer erneuern
16 Mutter, 25 Nm, Turbolader an Auspuffrohr
17 Vorderes Auspuffrohr
18 Auspuffrohrdichtung, immer erneuern
19 Druckdose für Ladedruckregelung, integral mit Turbolader
20 Dichtung für Ölrücklaufleitung, erneuern
21 Ölrücklaufleitung mit Überwurfmutter, 25 Nm
22 Schraube, 17 Nm
23 Anschlussstück, 40 Nm
24 Dichtring, immer erneuern
25 Abgasturbolader, kann nur mit Abgaskrümmer erneuert werden

5.5 Glühkerzen

Die einzigen Teile, welche zur Zündung gehören, sind die Glühkerzen, die zum anfänglichen Anwärmen des Verbrennungsgemischs gebraucht werden. Die Glühkerzen sind speziell für den Motor hergestellt worden, jedoch muss man immer darauf achten, dass die zu einem bestimmten Motor passenden Kerzen gekauft werden, wenn man eine Glühkerze erneuern will. Beim Kauf einer Glühkerze deshalb immer den Motortyp und das Baujahr des Fahrzeuges angeben, da Glühkerzen manchmal auch abgeändert werden.

Glühkerzen können nicht repariert werden und sind im Schadensfall zu erneuern.

Die Glühkerzen können nur im eingebauten Zustand auf Stromführung kontrolliert werden und abgesehen davon wird ein mit Leuchtdiode ausgestattetes Prüfinstrument zur Kontrolle gebraucht. Glühkerzen sollten Sie aus diesem Grund in einer Werkstatt überprüfen lassen.

Ausfallende Glühkerzen machen sich normalerweise bei kaltem Motor bemerkbar. Der Kraftstoff in den „guten“ Zylindern wird zünden, während der Zylinder mit der schlechten Kerze erst später dazukommt. Stotternder Motorlauf und blauer Auspuffrauch sind weitere Beweise dafür.

Um an die Glühkerzen zu kommen, muss man die Motorabdeckung entfernen und die Kabel (Stromleitungsschiene) abschließen.

5.6 Ladeluftkühler

Eine Installation des Ladeluftkühlers und die dazugehörigen Teile sind in Bild 164 bei den Motoren ANU und AUY gezeigt. Durch die unterschiedliche Anordnung des Ladeluftkühlers beim Motor ASZ sind natürlich auch die Anschlüsse unterschiedlich. Bei diesem Motor muss man sich deshalb an Bild 165 halten, falls Arbeiten an der Ladeluftanlage durchgeführt werden müssen. Alle Schlauchanschlüsse werden durch gewöhnliche Schlauchschellen gehalten.
Der Ausbau des Ladeluftkühlers ist bei den Motoren ANU und AUY eine ziemlich umfangreiche Arbeit, da man sehr schwer an die einzelnen Teile der Befestigung heran kommt.

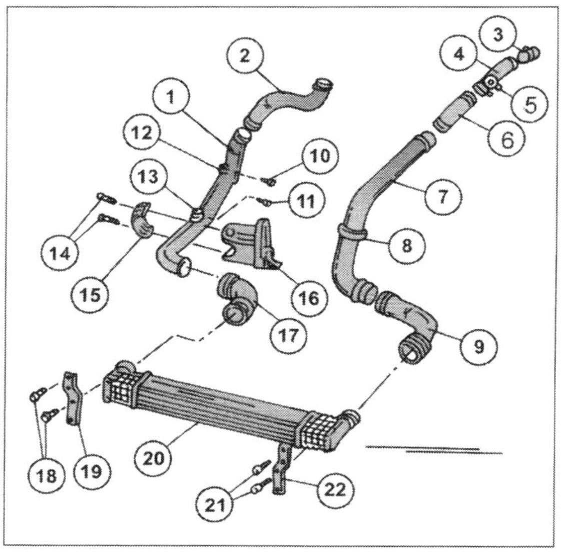

Bild 164
Die Teile des Ladeluftkühlers bei einem Motor mit Kennzeichnung ANU und AUY.

1 Ladeluftschlauch
2 Verbindungsschlauch, Ladeluftschlauch zu Abgasturbolader
3 Verbindungsschlauch, Verbindungsschlauch zu Ansaugsammelrohr
4 Verbindungsschlauch
5 Temperaturgeber, Sammelrohr
6 Verbindungsschlauch
7 Verbindungsschlauch
8 Dichtring, immer erneuern
9 Verbindungsschlauch, Ladeluftkühler/Verbindungsschlauch
10 Schraube, 20 Nm
11 Schraube, 20 Nm
12 Befestigungsschelle, nur ab Mai 2000
13 Halterung, nur ab Mai 2000
14 Schrauben, 20 Nm
15 Halteschelle, nur ab Mai 2000
16 Haltebügel, nur ab Mai 2000, an Ölwanne angeschraubt
17 Verbindungsschlauch, Ladeluftschlauch/ Ladeluftkühler
18 Schrauben, 10 NM
19 Befestigungsbügel
20 Ladeluftkühler
21 Schrauben, 10 Nm
22 Befestigungsbügel

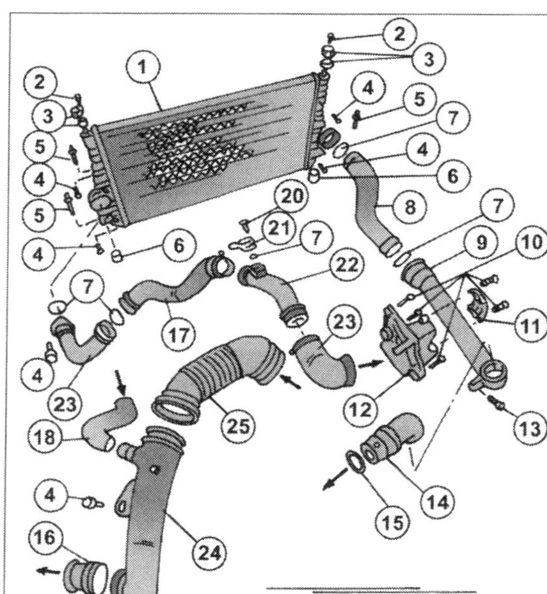

Bild 165
Einzelheiten zum Aus- und Einbau von Teilen der Ladeluftanlage beim ASZ-Motor. Auf die einzelnen Teilbezeichnungen wird im Text eingegangen.

Hinweis: Alle Schlauchverbindungen der Ladeluftanlage sind entweder mit Federschellen oder Verbindungskupplungen angeschlossen. Um die Kupplungen zu lösen, muss man an den Befestigungsschellen ziehen. Schläuche ohne Werkzeuge von den Rohren trennen. Beim Zusammenfügen darauf achten, dass die Haltenasen einschnappen.

- Fahrzeug vorn auf Böcke setzen und das Unterzugsblech ausbauen.
- Die Schlauchschellen lösen und die Schläuche entsprechend der Abbildung vom Ladeluftkühler abziehen.
- Die Befestigungsschrauben des Wasserkühlers lösen, den Kühler etwas von der Karosserie wegdrücken und die Schrauben des Ladeluftkühlers auffinden und ausdrehen und den Ladeluftkühler herausnehmen.

Der Einbau findet in umgekehrter Reihenfolge statt.
Bei eingebautem ASZ-Motor kann man den untenstehenden Anweisungen folgen:

- Der Ladeluftkühler (1) wird mit den Schrauben (2) an der Oberseite am Schlossträger befestigt. Zum Ausbau diesen in die Service-Position bringen. Beachten wie die Gummibüchsen (3) eingesetzt sind, da sie eine bestimmte Lage einnehmen müssen. Unten sitzt der Kühler in den Gummibüchsen (6).
- Die Befestigungsschrauben (4) und (5) werden mit 10 Nm angezogen. Die Schrauben (5) haben eine Führungshülse.
- Alle mit (7) bezeichneten O-Dichtringe muss man erneuern, falls sie beschädigt sind. Sonst kann man sie wieder einbauen.
- Der Verbindungsschlauch (8) ist mit dem Ladeluftrohr (9) verbunden. Beim Einbau das Rohr in der Halteschelle (11) anordnen, ohne dass es unter Spannung kommt.
- Der Halter (12) ist an der Ölwanne verschraubt und wird mit den Schrauben (10) mit 20 Nm angezogen. Muss zum Beispiel beim Ausbau der Ölwanne ausgebaut werden.
- Die Schraube (13) wird mit 20 Nm angezogen. Hält das Ladeluftrohr an der gezeigten Stelle.
- Der Verbindungsschlauch (14) ist mit dem Abgasturbolader verbunden. Muss fest und sicher sitzen. Den Dichtring (15) erneuern, falls er nicht mehr einwandfrei aussieht.
- Das Verbindungsstück (16) ist auf einer Seite mit dem Ladeluftkühler und auf der anderen Seite mit dem Verbindungsschlauch (17) verbunden. Schläuche müssen fest und sicher sitzen.
- Der Schlauch (18) ist mit dem Druckregelventil an der Zylinderkopfhaube verbunden.
- Der Verbindungsschlauch (19) ist mit dem Abgasturbolader verbunden.
- Die Schraube (20) mit 6 Nm anziehen. Sie hält den Geber (G71) zum Aufspüren des Drucks im Ansaugkrümmer und den Geber für die Ansaugrohrtemperatur (G72).
- Der Luftschlauch (22) ist mit dem Verbindungsschlauch (23) verbunden. Führt zum Einlassanschluss.
- Der Luftansaugschlauch (25) ist mit dem Ansaugkrümmer (24) verbunden.

Beim 1.8-Liter-Motor, 2.0-Liter-Motor (ATM) und beim V6-Motor wird eine von Bosch hergestellte Motronic-Mehrpunkteinspritzanlage eingebaut, die entweder auf den Vierzylindermotor oder den VR6-Motor abgestimmt ist. Da der VR6-Motor sowie die beiden Vierzylindermotoren jedoch von unterschiedlicher Bauweise sind, ist es unmöglich auf den nächsten Seiten im Einzelnen auf die betreffende Anlage einzugehen. Auch die Bezeichnung ist dementsprechend unterschiedlich. Der 1.8-Liter-Motor und der 2.0-Liter-Motor (ATM) haben eine Anlage mit der Bezeichnung „ME7.5“, beim V6-Motor lautet diese „ME71“.

Hinweis: Der 2.0-Liter-Motor mit der Bezeichnung ADY ist mit einer „Simos“-Einspritzanlage ausgerüstet.

In der folgenden Beschreibung folgt ein Umriss der Grundbegriffe der Anlage, damit dem Interessenten die Gelegenheit zu geben, sich mit der Anlage vertraut zu machen.
Ehe irgendwelche Arbeiten an der Anlage durchgeführt werden, muss man die später gegebenen Anweisungen über die Sicherheitsvorschriften und die Sauberkeit bei Arbeiten an der Anlage durchlesen.

6.1 Die Motronic-Benzineinspritzung (VR6- Motor)

Die von Bosch hergestellte „Motronic“-Einspritzanlage wird beim VR6-Motor verwendet. Bei dieser Anlage handelt es sich um eine komplette Motorelektronik, welche die Einspritzung und die Zündung entsprechend der Belastung und Betriebserfordernisse des Motors steuert, d. h. die eingespritzte Kraftstoffmenge und der Zündzeitpunkt z. B. werden im Einklang mit den von verschiedenen Gebern und Fühlern erhaltenen Daten bestimmt. Daten über augenblicklichen Temperaturzustand des Motors, Drehzahl des Motors, angesaugte Luftmenge, Verdichtungszustand, Öffnung der Drosselklappe, Stellung der Kurbelzapfen und damit der Kolben, um nur einige zu nennen, werden dem Steuergerät zugeführt und von diesem verarbeitet, um dem Motor bei jeder Drehzahl das beste Kraftstoff/Luftgemisch zu geben.
Der Leerlauf und der CO-Anteil des Kraftstoff/Luftgemischs werden elektronisch gesteuert und keinerlei Kontrollen oder Einstellungen können durchgeführt werden, ohne dass man den Fehleraufzeichnungsspeicher dabei hinzuzieht. Der Leerlauf kann unter Verwendung eines für diesen Motor geeigneten Drehzahlmessers zwar gemessen werden, jedoch ist man auf die Hilfe einer Werkstatt angewiesen, falls er nicht zwischen 650 und 750/min liegt, da der Leerlauf nicht eingestellt werden kann. Damit man sich mit all den Teilen im Motorraum und deren Bezeichnung vertraut machen kann, sieht man sich Bild 166 an, welches die ungefähre Einbaulage der einzelnen Teile und deren Aussehen zeigt. Die Teile im Motorraum können anhand von Bild 167 aufgefunden werden:

- Der Aktivkohlebehälter (1) ist im rechten Radhaus untergebracht.
- Der Luftfilter (2) enthält ein aus Papier hergestelltes Filterelement.
- Das Magnetschaltventil (3, elektrische Bezeichnung N80) öffnet und schließt die Verbindung zwischen Aktivkohlebehälter und Motor.
- Über die Klopf-Sensoren (4, G61) und (25, G66) wird im Abschnitt „Zündanlage“ geschrieben.
- Falls Sie von einem Luftmengenmesser gehört haben, ist bei dieser Anlage an dessen Stelle ein Luftmas-

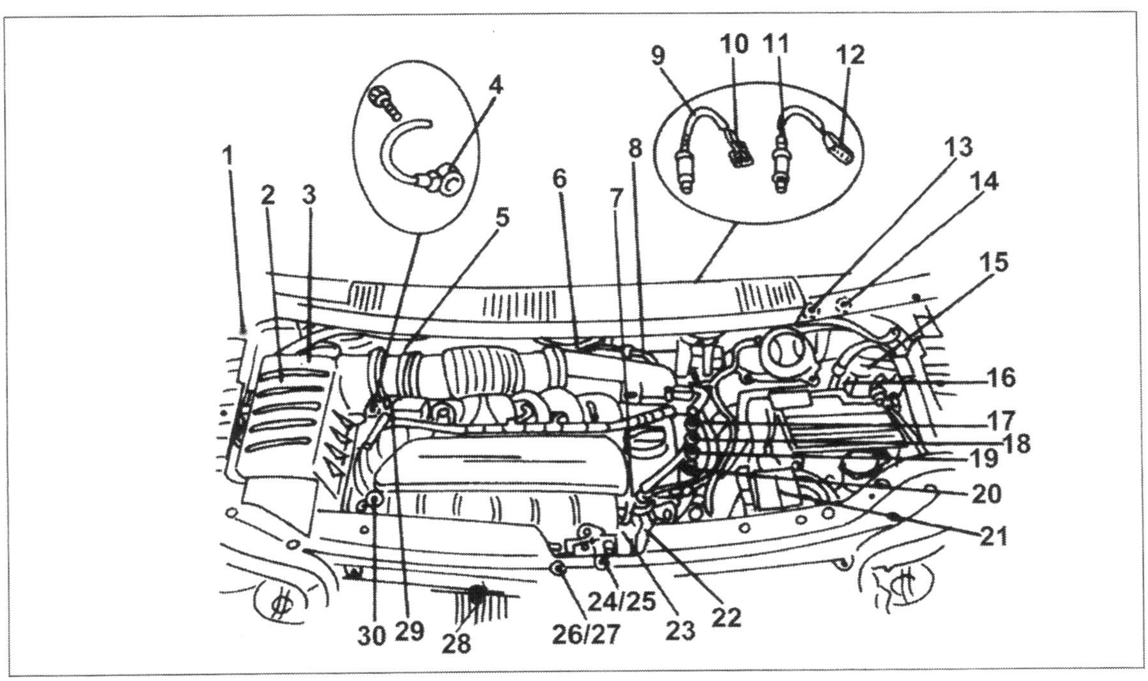

Bild 166
Ansicht des Motorraums bei eingebautem V6-Motor mit der Anordnung der einzelnen Teile der Motronic-Anlage. Auf die einzelnen Positionen wird im Text eingegangen.

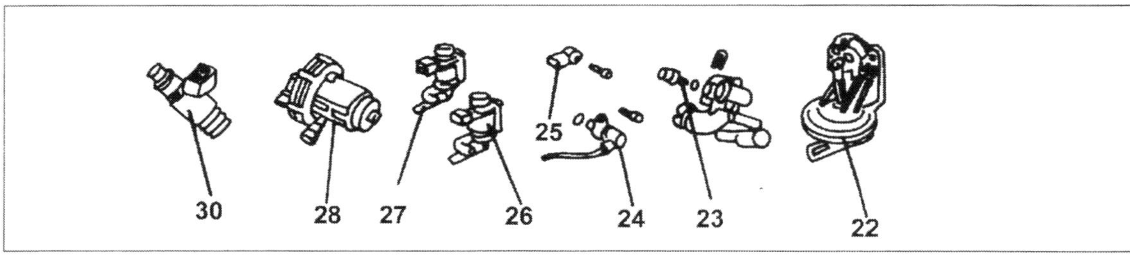

Bild 167
Das Bild zeigt, wie die einzelnen Teile der Einspritzanlage aussehen. Die Zahlen entsprechen den einzelnen Teilen in Bild 166.

senmesser (5, elektrische Bezeichnung G70) eingebaut, welcher im Ansaugstrom des Luftfilters sitzt. Der Luftmassenmesser enthält ebenfalls den Temperaturgeber (G42) für die Ansaugluft.

- Das Drosselklappen-Steuerteil (6, J338) wird durch das Kühlmittel vorgewärmt.
- Der Kraftstoffdruckregler (7) dient zur Aufrechterhaltung des Drucks in der Kraftstoffanlage unter allen Betriebsbedingungen.
- Das Kombiventil (8) ist ein Teil des Sekundäreinblasventils.
- Die Lambda-Sonde (1, G39) ist mit der Zylinderreihe 1 verbunden und vor dem Katalysator eingeschraubt (50 Nm).
- Der mit 6 Steckstiften versehene Kabelstecker (10) hat eine schwarze Farbe und liefert den Strom für die Lambda-Sonde 1 (G39) und die Beheizung der Lambda-Sonde (Z19). Links an der Unterseite des Fahrzeuges zu finden.
- Die Lambda-Sonde 2 (11, G130) ist mit der Zylinderreihe 1 verbunden und nach dem Katalysator eingeschraubt (50 Nm).
- Der Kabelstecker (12) hat vier Steckstifte und liefert den Strom für die Lambda-Sonde 2 nach dem Katalysator (G130) und die Beheizung der Lambda-Sonde (Z29). Links an der Unterseite des Fahrzeuges zu finden.
- Ein Kupplungspedalschalter (13, F36) und der Bremspedalschalter (F) sitzen im linken Fußraum.
- Ein Relais (14, J299) für die Luftpumpe des Sekundärlufteinblassystems sitzt im unteren Relaisträger.
- Das Steuergerät der Einspritz- und Zündanlage (15, J220) ist hinter dem Armaturenbrett im Fahrgastraum untergebracht.
- Der Kabelstecker (16) ist auf dem Steuergerät aufgesteckt. Nur bei ausgeschalteter Zündung abziehen oder aufstecken.
- Der Hallgeber (17, G163) ist am Anschluss der Auslassnockenwelle aufgesteckt. Vor Abziehen unbedingt kennzeichnen.
- Das Regelventil der Auslassnockenwelle (18, N318). Den Kabelstecker vor Abziehen unbedingt kennzeichnen.
- Das Verstellventil der Nockenwelle (19, N205). Den Kabelstecker vor Abziehen unbedingt kennzeichnen.
- Der Hallgeber (20, G40) ist am Anschluss der Einlassnockenwelle aufgesteckt. Vor Abziehen unbedingt kennzeichnen.
- Das Schutzgehäuse (21) ermöglicht zusätzlichen Schutz gegen Schmutz und Feuchtigkeit.
- An dieser Stelle sitzt ein Unterdruckstellelement (22), welches die Umschaltung im Ansaugsammelrohr reguliert.
- Der Temperaturgeber (23, G62) teilt dem Steuergerät die Temperatur des Kühlmittels mit und ist von schwarzer Farbe. Wird er ausgeschraubt, muss man den Druck in der Kühlanlage entlasten.
- Der Klopfgeber 2 (25, G66) wurde bereits oben erwähnt.
- Umschaltventil (26, N156). Den Kabelstecker vor dem Abziehen kennzeichnen.
- An Stelle (27) sitzt das Einlassventil der Sekundärlufteinblasanlage (N112). Vor Abziehen des Kabelsteckers diesen unbedingt kennzeichnen.
- Motor des Sekundäreinblassystems (28, V101).
- Zündspule mit Ausgangsstufen, (elektrische Bezeichnung N70, N127, N291, N292, N323, N324).
- Die Einspritzventile (3) sitzen an der Vorderseite des Motors (N30, bis N33, N83, N84).

6.1.1 Sicherheitsvorschriften bei Arbeiten an der Anlage

Achtung: Personen mit einem Herzschrittmacher sollten sich von Arbeiten an der Kraftstoffanlage und der damit verbundenen Zündanlage fern halten. Immer daran denken, dass die Spannung in der Anlage sehr hoch ist.

Um Verletzungen und Beschädigung der Anlage zu vermeiden, müssen die angeführten Vorsichtsmaßnahmen beachtet werden, ehe man irgendwelche Arbeiten an der Anlage oder in diesem Zusammenhang an Teilen im Motorraum durchführt:

- Niemals die Zündleitungen berühren, wenn der Motor läuft oder mit dem Anlasser durchgedreht wird.
- Elektrische Leitungen der Kraftstoff- oder Zündanlage nur abklemmen und wieder anklemmen, wenn die Zündung ausgeschaltet ist. Nach dem Ausschalten der Zündung mindestens 20 Sekunden lang warten, damit sich der im Luftmassenmesser eingesetzte Heißdraht sauberbrennen kann.
- Beim Durchdrehen des Motors mit dem Anlasser, ohne dass man den Motor anlassen will, nicht das mittlere Kabel aus dem Zündtrafo herausziehen und mit einem Verbindungsdraht auf Masse schließen, wie dies bei Fahrzeugen mit dem altbekannten Zündverteiler der Fall war. Anstelle die Stecker von den drei Zündspulen abziehen.
- Ein Anlassen des Motors mit einem Hilfsstarter darf nur höchstens eine Minute lang mit einer Höchststromstärke von 16,5 Volt durchgeführt werden.
- Die Zündung muss ausgeschaltet sein, wenn der Motor gewaschen wird.
- Batterie abklemmen, wenn elektrische Schweißungen durchgeführt werden.
- Beim Abschleppen eines Fahrzeuges aufgrund von Zündungsschäden, immer die elektrischen Kabel des elektronischen Steuergeräts abklemmen.

6.1.2 Sauberkeit bei Arbeiten an der Einspritzanlage

Obwohl wir nicht unbedingt raten irgendwelche Arbeiten an der Einspritzanlage und der damit verbundenen Zündanlage durchzuführen, sollte man bei jeglichen Arbeiten am Motor, bei denen man Anschlüsse der Kraftstoffeinspritzanlage lösen muss, die folgenden Vorsichtsmaßnahmen beachten:

- Vor Abschrauben von Überwurfmuttern diese und die umliegende Gegend einwandfrei reinigen.
- Ausgebaute Teile auf eine saubere Fläche ablegen und gut mit Papier oder Kunststoffmaterial abdecken.
- Keine flusenden Lappen verwenden. Auch darf man nicht mit fettigen Händen die Teile an den Anschlüssen anfassen, um zu verhindern, dass Fremdkörper in die Anlage gelangen.
- Ausgebaute Teile, welche nicht wieder umgehend eingebaut werden, sollten in einer Schachtel oder einem anderen Behälter abgelegt und entsprechend aufbewahrt werden.
- Neuteile sollten erst kurz vor dem Einbau aus der Verpackung herausgenommen werden.
- Falls Anschlüsse der Anlage geöffnet wurden, keine Pressluft zum Ausblasen von anderen Teilen benutzen. Das Fahrzeug sollte möglichst nicht verschoben werden. Geöffnete Anschlüsse immer gut abdecken, um vor allem Staub oder andere feinkörnige Fremdkörper fern zu halten.

6.1.3 Drosselklappen-Zugseil

Der Gaszug ist ziemlich empfindlich. Bei allen Arbeiten im Motorraum muss man darauf achten, dass er nicht geknickt wird.
Es wird kaum vorkommen, dass der Gaszug erneuert werden muss, jedoch muss man ihn bei einigen Arbeiten abschließen. Dazu das Widerlager abschrauben und das Ende des Seilzuges aus dem Segment am Drosselklappengehäuse aushängen (mit einer Halteklammer gesichert). Der Seilzug ist mit einer Halteklammer im Widerlager gehalten, welche dabei nicht gelöst werden darf.
Nach Anschrauben des Widerlagers und Einhängen des Seilendes das Fahrpedal von einem Helfer durchtreten lassen und kontrollieren, dass sich das Drosselklappensegment nicht um mehr als 1,0 mm bewegen kann.

6.1.4 Kraftstofffilter

Der Filter ist auf Lebenszeit gebaut, braucht also nicht im Rahmen der üblichen Wartungsarbeiten ausgewechselt werden. Nur wenn er sich einmal verstopfen sollte, muss er erneuert werden.
Der Filter sitzt unter einem Abdeckblech in der Nähe des Tanks. In den Filter ist ein Pfeil eingestanzt, welcher die Durchflussrichtung des Kraftstoffs angibt. Beim Einbau eines neuen Filters ist dies zu beachten.

6.1.5 Luftfilter

Ein Austausch des Luftfiltereinsatzes wird alle 60 000 km empfohlen, jedoch ist es angebracht, dass man den Filter in der dazwischen liegenden Zeit ausbaut und mit Pressluft ausbläst, um grobe Verschmutzung zu entfernen. Beim Aus- und Einbau wird auf Bild 168 und die folgenden Hinweise verwiesen:

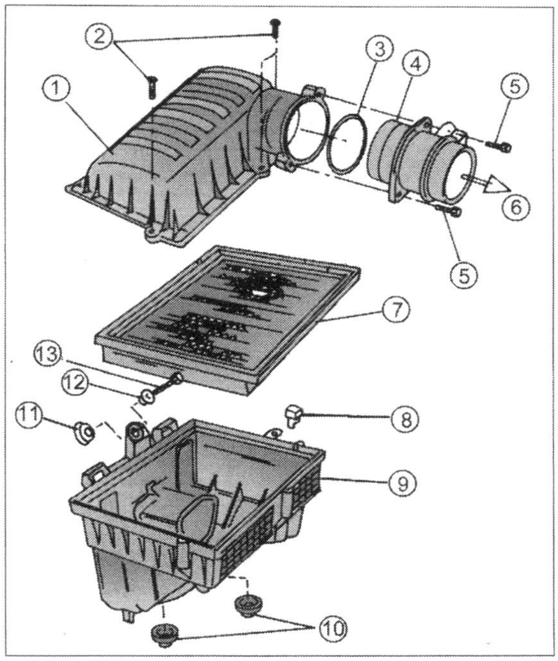

Bild 168
Die Teile des Luftfilters beim VR6-Motor. Ähnliche Teile werden auch mit Ausnahme des Oberteils beim 1.8-Liter-Motor und 2.0-Liter-Motor eingebaut.
1 Luftfilteroberteil (Deckel)
2 Schrauben, 6 Nm
3 Runddichtring, muss gut abdichten
4 Luftmassenmesser mit Geber für Ansauglufttemperatur (nicht beim 1.8-Liter)
5 Schraube, 6 Nm
6 Zum Verbindungsschlauch am Ansaugsammelrohr
7 Filtereinsatz
8 Kabelclip
9 Luftfilterunterteil
10 Gummitüllen (Befestigung an Karosserie)
11 Gummitülle (Luftfilteraufnahme)
12 Abstandshülse
13 Schraube, 10 Nm

- Das Oberteil des Luftfilters (1) kann nach Lösen der Schrauben (2) abgehoben werden. Die Schrauben (2) mit 6 Nm anziehen.
- Der Dichtring (3) muss erneuert werden, falls er nicht mehr einwandfrei aussieht.
- Der Luftmassenmesser (4) wird als „G70“ bezeichnet und ist mit dem Sensor „G42“ für die Ansauglufttemperatur versehen. Die zur Befestigung dienenden Schrauben (5) werden mit 6 Nm angezogen.
- Der Verbindungsschlauch zum Ansaugsammelrohr ist an Stelle (6) angeschlossen.
- Der Filtereinsatz (7) kann nach Abschrauben des oberen Gehäusedeckels erneuert werden.
- Am Clip (8) ist ein Kabel befestigt.
- Das Unterteil des Luftfiltergehäuses (9) sitzt mit den Gummitüllen (10) und (11) in der Karosserie und wird mit einer Distanzhülse (12) und der Schraube (13) gehalten. Die Schraube mit 10 Nm anziehen.

6.2 Die Motronic-Einspritzanlage (1.8-Liter- und 2.0-Liter-Motor)

Bei dem Einspritzsystem handelt es sich um eine elektronisch gesteuerte Anlage mit vorprogrammiertem Einspritzkennfeld, kennfeldgesteuerter Zündanlage, klopfgeregelter Zündverstellung, integrierter Leerlaufstabilisierung und Abschaltung im Schub. Die Anlage handelt ist eine so genannte Mehrpunkteinspritzung, d. h. jeder Zylinder hat sein eigenes Einspritzventil. Wo einige der Hauptkomponenten der Anlage im Motorraum sitzen,

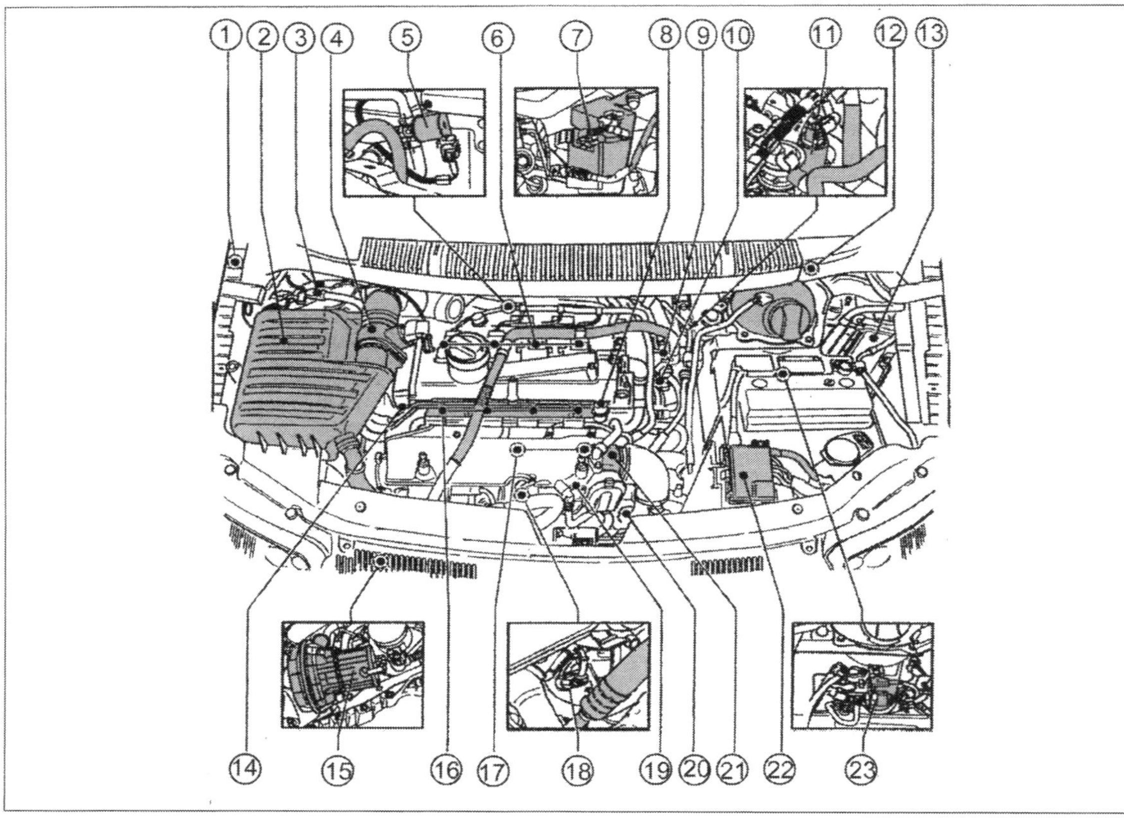

Bild 169a
Die Teile der Einspritzanlage im Motorraum beim 1.8-Liter-Motor. Auf die einzelnen Positionen wird im Text eingegangen.

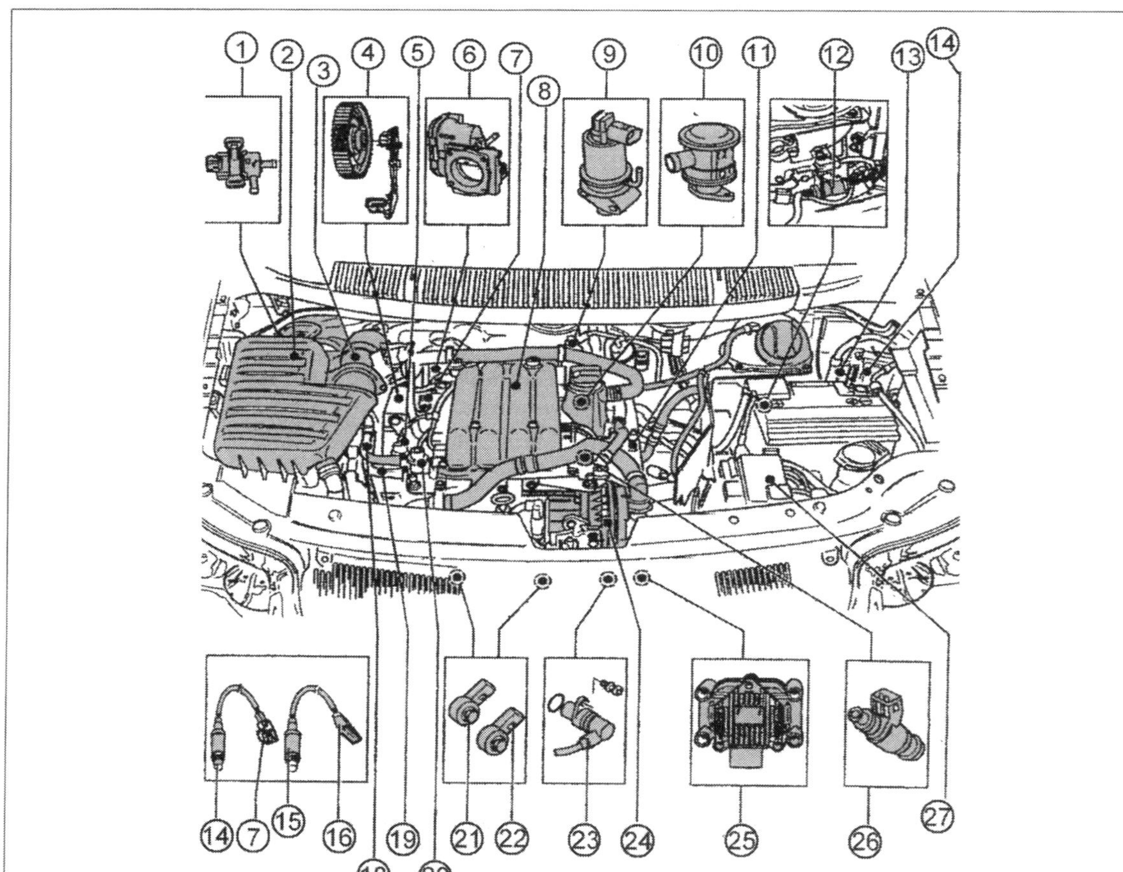

Bild 169b
Die Teile der Einspritzanlage und des Ansaugsystems beim 2.0-Liter-Motor. Auf die einzelnen Positionen wird im Text eingegangen.

zeigen Ihnen Bilder 169a beim 1.8-Liter-Motor und 169b beim 2.0-Liter-Motor. Die folgenden Angaben werden dabei helfen. Die elektrischen Bezeichnungen sind die in Schaltplänen angegebenen Stromabnehmer:

Zu Bild 169a:

- Der Aktivkohlebehälter (1) befindet sich im vorderen, rechten Radkasten.
- Der Luftfilter (2) sitzt von vorn gesehen auf der linken Seite im Motorraum und ist im Anschlussschlauch mit dem Luftmassenmesser (4) versehen (elektrische Bezeichnung G70).
- Das Schaltventil (3) übernimmt die Steuerung des Aktivkohlefiltersystems.
- An Stelle (5) ist das mit N75 bezeichnete Schaltventil für die Ladedruckbegrenzung eingebaut.
- Die Zündspule (6) hat die Ausgangsstufen. Bezeichnung N70, N127, N291 und N292.
- An der Unterseite des Fahrzeuges befinden sich die Kabelstecker für die Lambda-Sonden (7). Ein Sechsfachstecker ist auf die Sonde 1 (G39) und die Sondenbeheizung (Z19) vor dem Katalysator, ein Vierfachstecker auf die Sonde 2 (G130) und die Sondenbeheizung (Z19) nach dem Katalysator aufgesteckt.
- Der Kraftstoffdruckregler sitzt an Stelle (8).
- Das Kombiventil (9) gehört zum Sekundärlufteinblassystem.
- Der Geber für die Kühlmitteltemperatur (10) mit Bezeichnung G62 sitzt an der gezeigten Stelle.
- Das elektrisch arbeitende Abgasrückführungsventil (11), Bezeichnung N18, ist mit einem Potentiometer (G212) versehen.
- Kupplungspedalschalter F35), Bremslichtschalter (F) und Bremspedalschalter sind im Fahrerraum an der Pedalgruppe zu finden (Pos. 12).
- Von vorn gesehen rechts ist das Steuergerät der Einspritz/Zündanlage (13) montiert.
- Der Hallgeber (14) für die Zündanlage liegt neben dem Luftfilter.
- Der Motor (15) für die Sekundärlufteinblasanlage. Bezeichnung V101.
- Die Einspritzventile (16) werden als N30 bis N33 geführt.
- Klopfsensor 1 (G61) und Klopfsensor 2 (G66) liegen an Stellen (17).
- Der Dreifachstecker (18) ist auf dem Geber für die Motordrehzahl aufgesteckt.
- An Stelle (19) befindet sich der Geber für die Ansauglufttemperatur (G42).
- An Stelle (20) sitzt der Geber für den Ladedruck (G31).
- An Stelle (21) befindet sich das Steuerteil der Drosselklappe (J338).
- Eine zusätzliche Sicherungsdose (22) ist vor der Batterie eingebaut.
- Der Mehrfachstecker (23) hat 14 Steckstifte und verbindet den Kabelstrang des Motors mit der Stromzufuhr.

Zu Bild 169b:

- Das Schaltventil der Aktivkohlefilteranlage (1) ist am Luftfiltergehäuse montiert.
- Der Luftfilter (2) ist in der in Bild 168 gezeigten Weise zusammengesetzt, mit dem Unterschied, dass ein Schlauch zwischen Luftfilter und der Sekundärluftpumpe eingebaut ist. Andernfalls ist die Befestigung gleich.
- Der Luftmassenmesser (3), Bezeichnung G70, enthält den Geber für die Ansauglufttemperatur G42.
- Der Hallgeber (4), Bezeichnung G40, befindet sich unter dem oberen Zahnriemenschutz. Der Dreifachstecker (5) ist auf diesen aufgesteckt. Schwarze Farbe.
- Das Steuerteil der Drosselklappe (6), Bezeichnung J338, muss in einer Werkstatt erneuert werden, da es dem elektronischen Steuergerät angepasst werden muss. Ein Gaszug ist nicht vorhanden, da der Motor mit elektronischer Gasbetätigung arbeitet. Ein Sechsfachstecker ist aufgesteckt.
- Der Sechsfachstecker (7) ist von schwarzer Farbe und ist auf die Lambda-Sonde (G39) und die Sondenbeheizung (Z19) vor dem Katalysator aufgesteckt.
- Das Oberteil sowie das Unterteil des Ansaugkrümmers (8) können getrennt ausgebaut werden.
- Das elektrische Schaltventil der Abgasrückführungsanlage enthält ein Potentiometer. Mit einem Sechsfachstecker versehen. Erneuerung ist Werkstattsache.
- Das Kombiventil des Sekundärlufteinblassystems (10).
- Der Geber für die Temperatur des Kühlmittels (11) ist von schwarzer Farbe. Bezeichnung G62. Vor Ausbau Druck in der Kühlanlage entlasten.
- Der 14-Pin-Mehrfachstecker ist mit dem Kabelstrang des Motors verbunden.
- Die Lambda-Sonde (15), Bezeichnung G39, ist in den Abgaskrümmer eingeschraubt. Beim Einbau (50 Nm) müssen die Gewinde mit Schmiermittel „G 052 112 A" eingeschmiert werden. Dieses darf nicht in die Schlitze der Sondenkörpers kommen. Mit Sechsfachstecker (7) verbunden.
- Die Lambda-Sonde (16), Bezeichnung G139, ist nach dem Katalysator in die Auspuffanlage eingeschraubt. Wie Sonde (15) behandeln. Mit Vierfachstecker (17), schwarze Farbe, verbunden. Befindet sich links an der Unterseite der Karosserie.
- Die Kraftstoffvorlaufleitung (18) kommt vom Kraftstofffilter. Darf nur mit Federschellen befestigt werden.
- Die Kraftstoffrücklaufleitung (19) ist mit der Kraftstoffördereinheit im Tank verbunden. Darf nur mit Federschellen befestigt werden.
- An Stelle (20) sitzt der Kraftstoffdruckregler. Erneuerung einer Werkstatt überlassen.
- Der Klopfgeber 1 (21) und Klopfgeber 2 (22). Klopfgeber 2 sitzt neben dem Zündtrafo.
- Der Geber für die Motordrehzahl (23) ist am Zylinderblock befestigt.
- Der Motor für die Sekundärluftpumpe (24), Bezeichnung V101.
- Der Zündtrafo (25), Bezeichnung N152.
- Die Einspritzventile (26) haben die elektrische Bezeichnung N30 bis N33.
- Der Hauptsicherungskasten (27).

6.2.1 Sauberkeit bei Arbeiten an der Einspritzanlage

Alle die Sauberkeit bei Arbeiten an der Anlage betreffenden Hinweise sind die gleichen, wie sie bereits im letzten Kapitel angeführt wurden und sollen nicht noch einmal wiederholt werden.

6.2.2 Sicherheitsmaßnahmen bei Arbeiten an der Anlage

Ehe irgendwelche Arbeiten an der Einspritzanlage und der damit verbundenen Zündanlage durchgeführt werden, die im letzten Kapitel angeführten Sicherheitsmaßnahmen durchlesen, welche nicht noch einmal wiederholt werden.

6.2.3 Die Einspritzanlage

Obwohl der Motore nur vier Zylinder hat, können die beim VR6-Motor erwähnten Teile ebenfalls bei diesen beiden Motoren vorgefunden werden, wie man durch Studieren von Bildern 169a und 169b feststellen kann. Der Motor hat nur eine Zündspule mit vier Ausgangsstufen. Nur ein Hallgeber (G40) ist vorhanden, welcher in diesem Fall zum Betrieb der Zündanlage dient, jedoch bei beiden Motoren an unterschiedlichen Stellen eingebaut ist. Auf die eingebaute Abgasrückführungsanlage einzugehen, würde zu weit führen.
In Bild 170 sind die hauptsächlichsten Teile der Einspritzanlage des 1.8-Liter-Mortors gezeigt. Die folgenden Hinweise sind zu beachten:

- Der Luftfilter (1) kann in die in Bild 168 gezeigten Teile zerlegt werden.
- Der Luftmassenmesser (2, G70) ist mit einem Kabelstecker mit 5 Steckstiften verbunden.
- Der Schlauch ist mit dem Schaltventil der Abgasrückführungsanlage (N80) oder dem Regelventil des Ladedrucks (N75) verbunden.
- Der Luftansaugschlauch (4) ist zwischen Luftfilter und Abgasturbolader eingefügt.
- Der Schlauch (5) ist an der Pfeilseite mit der Kurbelgehäusebelüftung verbunden.
- Der Anschluss (6) führt zur Pumpe des Sekundäreinblassystems.
- Die Schraube/Mutter mit 10 Nm anziehen.
- Das Ansaugsammelrohr (8) wird mit der Dichtung (9) abgedichtet. Letztere muss beim Einbau des Sammelrohres erneuert werden.
- Das Steuerteil des Drosselklappengehäuses (10, J338) kann man nicht selbst erneuern, da es dem Steuergerät der Anlage sowie, falls eingebaut, dem Steuergerät eines automatischen Getriebes angepasst werden muss. Dies kann nur in der Werkstatt mit den entsprechenden Einrichtungen durchgeführt werden.
- Der Verbindungsschlauch (11) ist zwischen dem Steuerteil des Drosselklappengehäuses und dem Anschluss am Kraftstoffverteilerrohr angeschlossen.
- Der mit 40 Steckstiften versehene Kabelstecker (12) darf nur bei ausgeschalteter Zündung abgezogen und aufgesteckt werden.
- Der mit 81 Steckstiften versehene Kabelstecker (13) darf nur bei ausgeschalteter Zündung abgezogen und aufgesteckt werden.
- Das elektronische Steuergerät (14, J220) sitzt hinter der Batterie. Die Erneuerung einer Werkstatt überlassen.
- Der Geber für die Motordrehzahl (15, G28) sitzt am Zylinderblock.
- Der graue Stecker (16) ist auf den Geber für die Motordrehzahl aufgesteckt und befindet sich ca. in der Mitte an der Vorderseite des Motors.
- Der O-Dichtring (17) muss immer erneuert werden.
- Der Kabelstecker (18) hat vier Steckstifte, ist schwarz und ist auf die Lambda-Sonde 2 hinter dem Katalysator und die Lambda-Sondenbeheizung (Z19) aufgesteckt (unter dem Fahrzeug).
- Die Lambda-Sonde 2 (19, G130) sitzt hinter dem Katalysator und wird mit 50 Nm angezogen. Die Gewinde der Sonde beim Einschrauben mit Spezialfett G 052 112

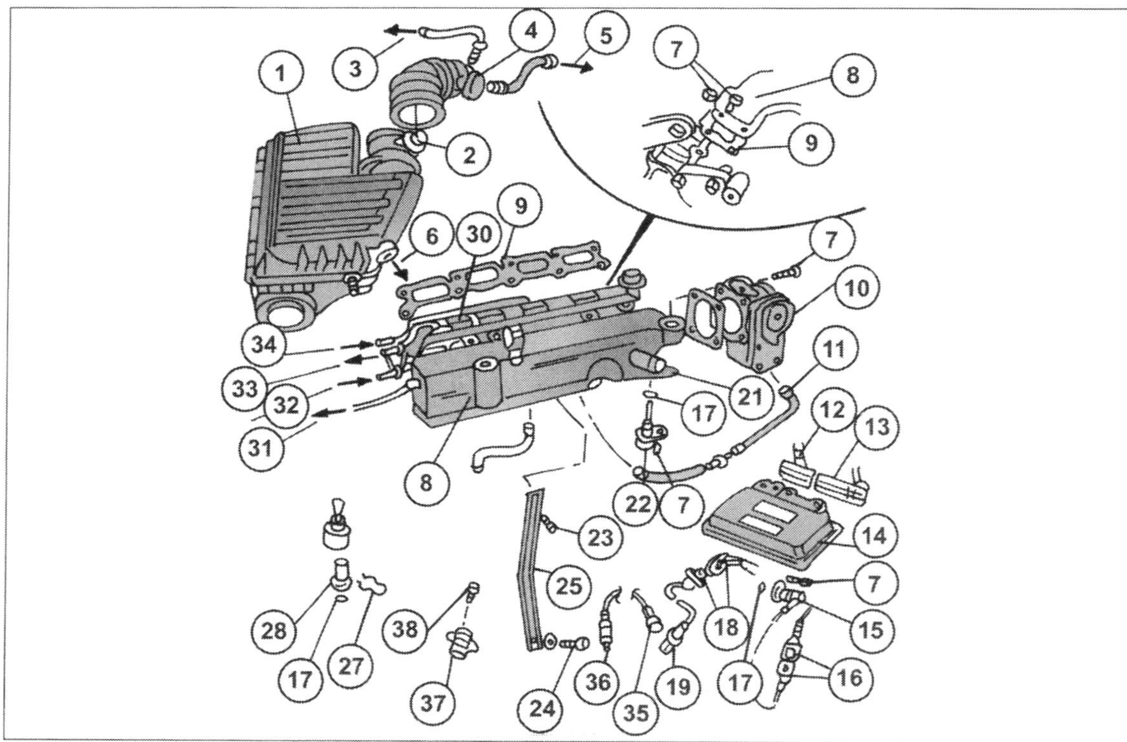

Bild 170
Die Teile der Einspritzanlage und des Ansaugsystems beim 1.8-Liter-Motor. Auf die einzelnen Positionen wird im Text eingegangen.

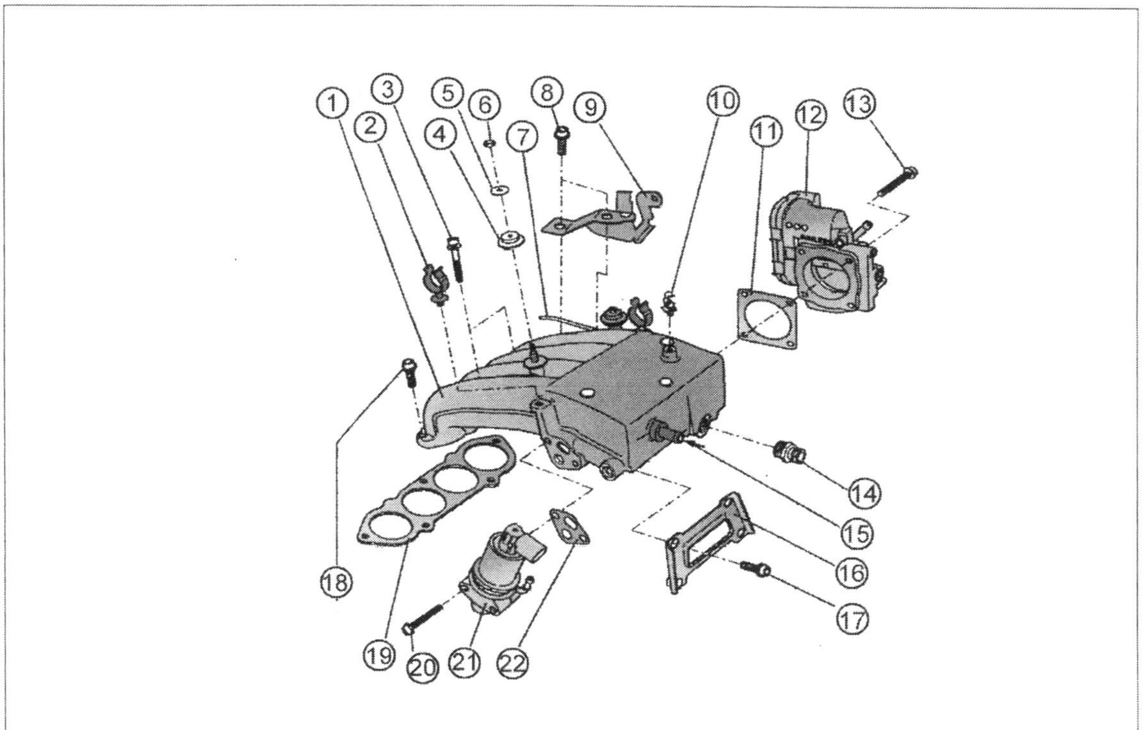

Bild 171
Einzelheiten zum Zerlegen und Zusammenbau des Ansaugkrümmer-Oberteils beim ADY-Motor.
1 Oberteil des Ansaugkrümmers
2 Haltebügel
3 Schraube, 25 Nm
4 Gummibüchse für Motorabdeckung
5 Unterlegscheibe
6 Mutter, 10 Nm
7 Unterdruckschlauch zum Kraftstoffdruckregler
8 Schraube, 10 Nm
9 Halter
10 Kabelführung
11 Dichtung, immer erneuern
12 Drosselklappensteuerteil
13 Schraube, 10 Nm
14 Überwurfmutter, 45 Nm
15 Zum Bremskraftverstärker
16 Stützbügel für Krümmeroberteil
17 Schraube, 25 Nm
18 Schraube, 25 Nm
19 Dichtung, immer erneuern
20 Schraube, 25 Nm
21 Abgasrückführungsventil
22 Dichtung, immer erneuern

A3 einschmieren. Darf nicht in die Schlitze der Sonde kommen.

- Ein Rückschlagventil (20) ist in die Schlauchverbindung (11) eingesetzt.
- Am Anschluss (21) ist der Unterdruckschlauch des Bremskraftverstärkers angeschlossen.
- Der Temperaturgeber (22, G42) ist in das Ansaugsammelrohr eingeschraubt.
- Schraube (23) mit 20 Nm, Schraube (24) mit 25 Nm anziehen. Unterschied im Anzugsdrehmoment beachten, obwohl sie beide die Stützstrebe (25) zwischen Ansaugsammelrohr und Zylinderblock halten.
- Der Schlauch (26) gehört zur Kurbelgehäusebelüftung.
- Beim Einbau des Temperaturgebers (28, G62) muss die Sicherungsspange (27) einwandfrei eingerastet sein. Der schwarze Stecker (29) ist auf dem Geber aufgesteckt.
- Das Kraftstoffverteilerrohr (30) ist am Ansaugsammelrohr montiert.
- Der Unterdruckanschluss (31) führt zum Absperrventil beim Schubbetrieb und arbeitet im Zusammenhang mit dem Turbolader.
- Der Kraftstoffschlauch vom Kraftstofffilter (32) und der Rücklaufschlauch (33) werden mit Federschellen befestigt. Beim Anschließen sollte man auch Federschellen benutzen.
- Der Anschluss (34) ist mit dem Schlauch vom Schaltventil des Aktivkohlefiltersystems verbunden.
- Der Kabelstecker (35) hat 6 Steckstifte und ist auf die Lambda-Sonde (G39) vor dem Katalysator und die Lambda-Sondenbeheizung (Z19) aufgesteckt.
- Die Lambda-Sonde 1 (36, G39) ist in den Katalysator eingeschraubt. Einbauweise siehe unter Pos. 19.
- Der Geber für den Ladedruck (37, G31) wird mit der Schraube (38) (6 Nm) befestigt.

Bilder 171 bis 173 zeigen Einzelheiten bei einem 2.0-Liter-Motor (ADY), welche Ihnen von Nutzen sein könnten.

6.2.4 Drosselklappen-Zugseil

Grundsätzlich gilt, dass der Gaszug ziemlich empfindlich ist. Bei allen Arbeiten im Motorraum muss man darauf achten, dass er nicht geknickt wird. Alles was über den Gaszug bei der Motronic-Anlage des VR6-Motors gesagt wurde, gilt ebenfalls bei einem Motor mit Gaszugbetätigung.

6.2.5 Kraftstofffilter

Der Filter ist auf Lebenszeit gebaut, braucht also nicht im Rahmen der üblichen Wartungsarbeiten ausgewechselt werden. Nur wenn er sich einmal verstopfen sollte, muss er erneuert werden.
Die im Kapitel der Anlage des VR6-Motors angeführten Anweisungen gelten auch bei diesen Motoren.

6.2.6 Luftfilter

Ein Austausch des Luftfiltereinsatzes wird alle 60 000 km empfohlen, jedoch ist es angebracht, dass man den Filter in der dazwischen liegenden Zeit ausbaut und mit Pressluft ausbläst, um grobe Verschmutzung zu entfernen.
Die Luftfilterinstallation ist nicht bei beiden Motoren gleich. Bei beiden Motoren entspricht die Anordnung mehr oder weniger wie in Bild 168 gezeigt, nur dass der Ansaugschlauch am Ende des Luftfilteroberteils sitzt.

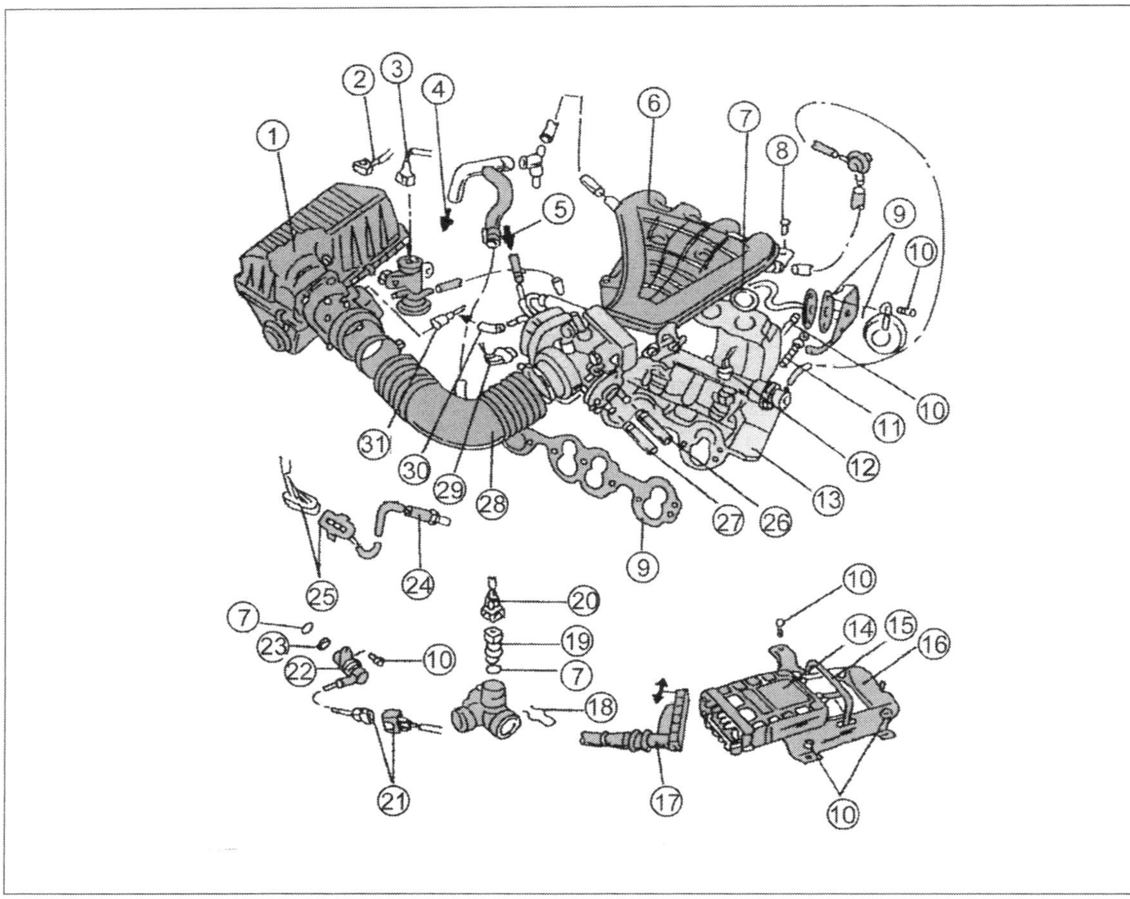

Bild 172
Die Lage der verschiedenen Teile der Einspritzanlage beim 2.0-Liter-Motor mit der Bezeichnung ADY(allgemeine Ansicht).
1 Luftfilter
2 Kabelstecker, Ansauglufttemperaturgeber
3 Kabelstecker, Aktivkohlebehälter
4 Zum Kurbelgehäuse
5 Kraftstoffschlauch, weiße Kennzeichnung
6 Oberteil, Ansaugkrümmer
7 O-Dichtring
8 Schraube, 16 Nm
9 Dichtung, erneuern
10 Schraube, 10 Nm
11 Schraube, 25 Nm
12 Kabelstecker, Einspritzventil
13 Unterteil, Ansaugkrümmer
14 Steuergerät der Motorelektronik
15 Haltebügel
16 Halterahmen, Steuergerät
17 Mehrfachstecker
18 Federsicherungsspange
19 Geber, Kühlmitteltemperatur
20 Kabelstecker für 19
21 Kabelstecker für 22
22 Motordrehzahl-Sensor
23 Abstandsring
24 Lambda-Sonde im Ansaugkrümmer
25 Kabelstecker für Lambda-Sonde und Beheizung
26 Zum Anschluss am Zylinderkopf
27 Zum Ausgleichsbehälter
28 Ansaugschlauch
29 Kabelstecker, Drosselklappensteuerteil
30 Kraftstoffrücklaufschlauch, blaue Kennzeichnung
31 Kabelstecker, Luftmassenmesser

6.3 Elektrische Kraftstoffpumpe

Die Kraftstoffpumpe ist in die Unterseite des Tanks eingesetzt. Ein Betriebsrelais beliefert die Pumpe mit Strom. Eine eingebaute Sicherheitsschaltung gewährleistet, dass die Pumpe nur fördert, wenn der Motor läuft.

Kraftstoffpumpe überprüfen

Falls die Pumpe nicht mehr einwandfrei arbeitet oder man nimmt an, dass sie ungenügenden Kraftstoff fördert, kann man einige Arbeiten durchführen, um die Arbeitsweise der Pumpe zu kontrollieren. Wiederum sind einige elektrische Vorkenntnisse erforderlich. Es wird angenommen, dass die zuständige Sicherung intakt ist.

- Um ein grundlegendes Einschalten der Pumpe zu kontrollieren, die Rückseite des Fahrzeuges aufbocken und in der Nähe des Tanks hören, ob die Pumpe „klickt", wenn ein Helfer die Zündung einschaltet. Falls dies der Fall ist, herausfinden, wo der Kraftstoff verbleibt.
- Einen Lappen über die Verbindung der Kraftstoffleitung legen und den Schlauch vorsichtig stückweise abziehen. Falls dabei Kraftstoff herausspritzt, ist dies bereits eine Anzeige, dass die Kraftstoffanlage unter Druck steht. Die Verbindung sofort wieder herstellen. Falls dies nicht der Fall ist, den Anlasser betätigen lassen. Jetzt muss es spritzen. Ist dies nicht der Fall:
- Bodenbelag im Kofferraum zurückschlagen und den schwarzen Verschlussdeckel abschrauben. Den Mehrfachstecker abziehen und mit einem Voltmeter oder einer Prüflampe kontrollieren, ob Strom zwischen den beiden äußeren Klemmen vorhanden ist (siehe Bild 174). Dazu den Anlasser betätigen lassen. Diese Prüfung beweist, dass Strom an die Pumpe gelangt. Falls kein Strom feststellbar ist, kann man annehmen, dass die Pumpe erneuert werden muss.

Ehe man die Pumpe jedoch erneuert, sollte man das Relais der Pumpe in einer Werkstatt kontrollieren lassen.

Kraftstoffpumpe erneuern

Die Kraftstoffpumpe ist in eigentümlicher Weise befestigt und ein Spezialschlüssel ist zum Ausbau erforderlich (Nr. 3217). Falls man sich diesen Schlüssel besorgen kann, wird die Pumpe zusammen mit dem Ansauggehäuse-Innenteil herausgenommen.

Hinweis: Der Tank darf höchstens bis zu 2/3 gefüllt sein, wenn die Pumpe ausgebaut werden soll.

- Bodenbelag im Kofferraum zurückschlagen und den schwarzen Blechdeckel abschrauben.
- Den Mehrfachstecker und die Rücklaufleitung sowie Vorlaufleitung von der Pumpe abziehen. Dazu die Knöpfe drücken, um die Schläuche abzuziehen.
- Den Verschlussflansch des Tanks jetzt lösen. Normalerweise wird dazu der Spezialschlüssel 3217 benutzt. An der Kunststoff-Überwurfmutter sind jedoch kleine Rippen vorhanden, an denen man einen Schraubendreher (ein stumpfer Schraubenzieher eignet sich am besten) ansetzen kann. Mit kleinen Schlägen auf den

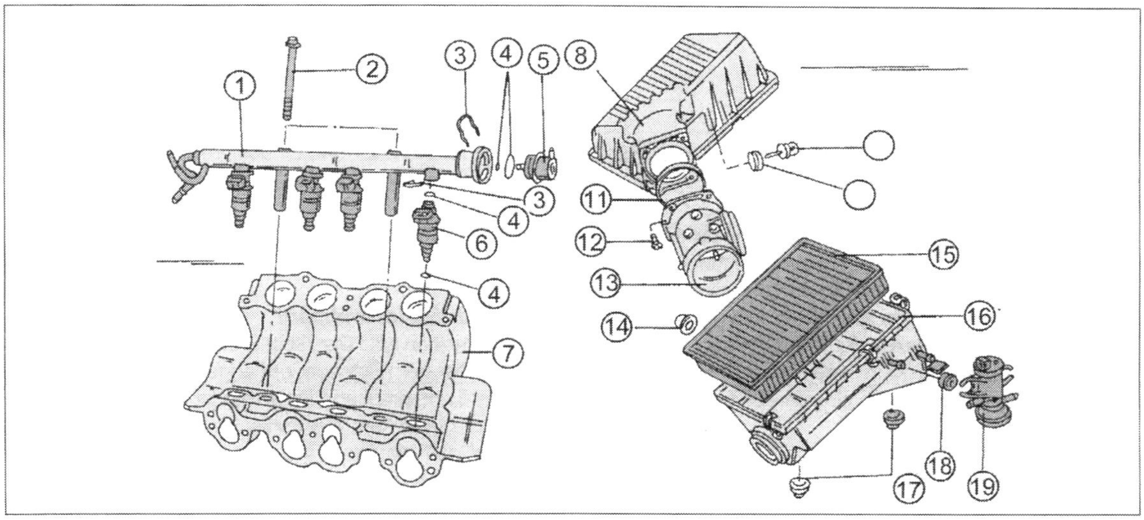

Bild 173
Ansicht des Unterteils des Ansaugkrümmers und der Luftfilterbefestigung (rechts) beim 2.0-Liter-Motor mit der Bezeichnung ADY.
1 Kraftstoffverteilerrohr
2 Schraube, 10 Nm
3 Sicherungsspange
4 O-Dichtring
5 Kraftstoffdruckregler
6 Einspritzventile
7 Unterteil, Ansaugkrümmer
8 Oberteil, Luftfilter
9 Gummitülle, Einbauweise beachten
10 Geber, Ansauglufttemperatur
11 Abdichtung
12 Schraube, 10 Nm
13 Luftmassenmesser
14 Gummieinlage
15 Luftfiltereinsatz
16 Unterteil, Luftfilter
17 Gummitüllen
18 Gummibüchse
19 Magnetschaltventil, Aktivkohlebehälter

Schraubenzieher sollte sich die Mutter lösen.

- Den Verschlussflansch jetzt nach oben herausziehen.
- In der Innenseite des Verschlussflansches sind die beiden Kraftstoffleitungen angeschlossen. Die Anschlüsse sind mit „V" (Vorlauf) und „R" (Rücklauf) gezeichnet.
- Die Fördereinheit einfach nach oben herausziehen.

Der Einbau der Pumpe geschieht in umgekehrter Reihenfolge wie der Ausbau. Die Pumpe wieder einsetzen, ohne dabei den Schwimmer des Tankgebers zu verbiegen. Beim Einbau des Verschlussflansches auf die Einbaulage achten. Auf dem Flansch ist ein Pfeil eingezeichnet, welcher nach dem Einbau mit dem im Tank eingestanzten Pfeil fluchten muss. Den Dichtring des Verschlussflansches vor dem Wiedereinbau mit Kraftstoff benetzen.
Die verbleibenden Teile der Kraftstoffzufuhr sind in Bild 175 gezeigt. Abgesehen von kleinen Unterschieden, sieht es bei allen Benzinern gleich aus.

Tankgeber

Die Erneuerung des Tankgebers erfolgt entsprechend den Anweisungen zum Ausbau der Kraftstoffpumpe, bis der Verschlussflansch ausgebaut wurde. Jetzt mit der Hand in den Tank fassen und den Geber unter gleichzeitigem Drücken einer Sperrnase herausziehen.
Beim Einbau des Verschlussflansches auf die richtige Ausrichtung achten. Auf diese Ausfluchtung wurde bereits beim Einbau der Kraftstoffpumpe eingegangen.

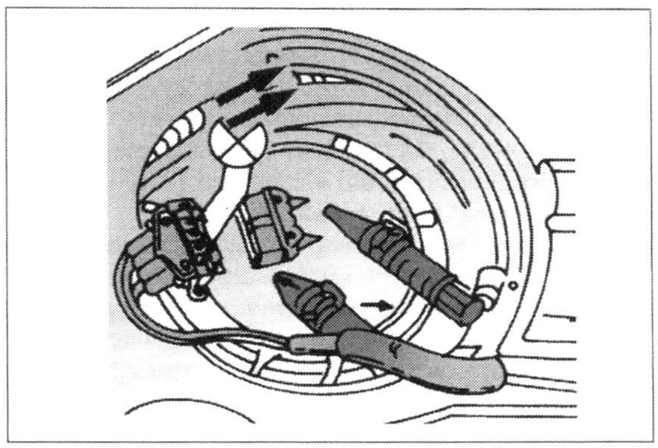

Bild 174
Die Stromzufuhr zur Kraftstoffpumpe an den gezeigten Kontaktzungen kontrollieren.

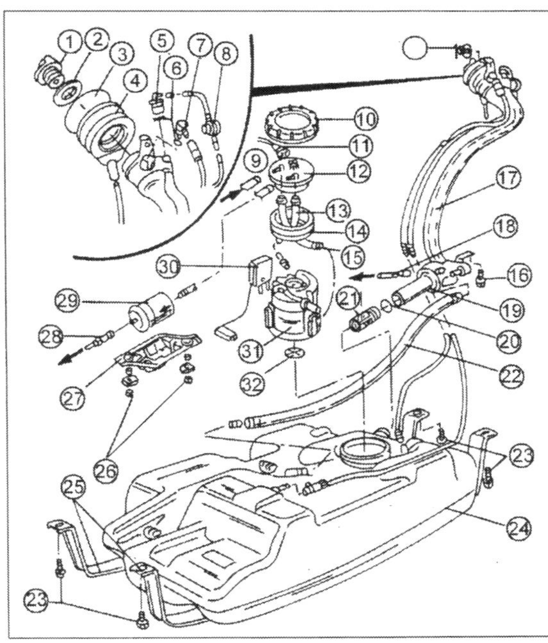

Bild 175
Die Teile der Kraftstoffanlage in der Nähe des Tanks.
1 Tankverschlussdeckel
2 Dichtring
3 Sicherungsring
4 Gummiabdichtung
5 Rückschlagventil
6 O-Dichtring
7 Belüftungsventil
8 Druckhalteventil
9 Rücklaufleitung
10 Überwurfmutter
11 Stecker, schwarz, Pumpe und Tankgeber
12 Flansch
13 Vorlaufschlauch
14 Dichtring
15 Rücklaufschlauch
16 Schraube, 10 Nm
17 Einfüllstutzen
18 Belüftungsleitung
19 Dichtring
20 Haltering
21 Rückschlagventil
22 Belüftungsleitung
23 Schraube, 25 Nm
24 Kraftstoffbehälter
25 Tankband
26 Schrauben, 20 Nm
27 Abdeckblech/Halter (Filter)
28 Kraftstoffleitung (schwarz)
29 Kraftstofffilter (Pfeilrichtung beachten)
30 Tankgeber
31 Kraftstofffördereinheit
32 Siebfilter

7 Die Zündanlage

7.1 VR6-Motor

Die Zündanlage aller Motoren ist mit der Einspritzanlage verbunden und wird durch ein so genanntes „Motormanagement“ gesteuert, d. h. alle Funktionen der Zündanlage werden vom gleichen Steuergerät wie die Einspritzanlage gesteuert, sind also vollkommen miteinander abgestimmt. Die bereits bei der Behandlung der Kraftstoffeinspritzanlage erwähnten Bauteile dienen ebenfalls zur einwandfreien Arbeitsweise der Zündanlage.
Unterschiede liegen jedoch innerhalb der behandelten Motoren vor, sodass wir uns einzeln auf diese beziehen wollen.

Bild 176 zeigt die Bauteile der Zündanlage. Aus der Abbildung kann man die vollkommen unterschiedliche Bauweise der Zündung erkennen, die sich beim Motor mit 24 Ventilen unter anderem auf die beiden Nockenwellen auswirkt. Während der früher eingebaute Motor mit 12 Ventilen einen Zündtrafo hat, hat der 24V-Motor eine Zündspule mit einer so genannten Endstufe (1, Bild 176) für jeden Zylinder, die direkt auf die Zündkerzen aufgesteckt sind. Erwähnte Teile können mit Hilfe der Abbildungen leicht gefunden werden.
Die Hochspannungsverteilung auf die sechs Zylinder des VR6-Motors erfolgt durch statisch arbeitende, elektronische Komponenten, d. h. der herkömmliche Zündverteiler mit Verteilerläufer wird durch die Zündspulen ersetzt. Die Zündanlage wird durch Signale synchronisiert. Bei diesem Motor sind zwei Hallgeber vorhanden, einer für die Einlassnockenwelle und einer für die Auslassnockenwelle. Die Geber sitzen seitlich am Zylinderkopf. Durch Messen der Nockenwellendrehzahl werden dem Steuergerät unter allen Betriebsbedingungen die zur Verstellung des Zündzeitpunktes geltenden Drehzahlen zugeführt.

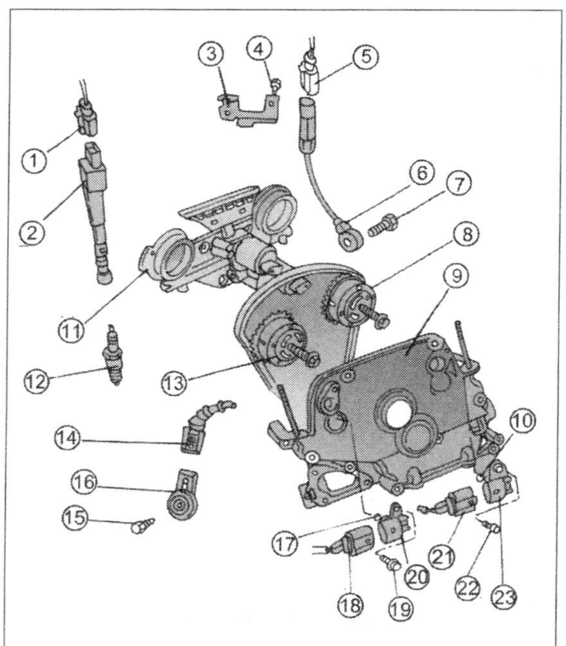

Bild 176
Die Teile der Zündanlage bei einem VR6-Motor (Motronic-Einspritzanlage).
1 Zündspule mit Ausgangsstufe (eine pro Zylinder)
2 Mehrfachstecker, 4 Steckzungen
3 Halteblech für Kabelstecker
4 Mutter, 10 Nm
5 Kabelstecker, schwarz, für 6, mit 3 befestigt
6 Klopfsensor 1 (G61), Auspuffseite des Zylinderblocks
7 Schraube, 20 Nm, Anzugsdrehmoment beeinflusst die Funktion des Hallgebers
8 Versteller der Auslassnockenwelle
9 Deckel am Zylinderkopf
10 Dichtring, immer erneuern
11 Regelgehäuse für Nockenwellenverstellung
12 Zündkerze, 25 Nm
13 Versteller der Einlassnockenwelle
14 Kabelstecker für Klopfgeber 2 (G66)
15 Schraube, 20 Nm, Anzugsdrehmoment beeinflusst die Funktion des Hallgebers
16 Hallgeber 2 (G66), Ansaugseite des Zylinderblocks
17 Dichtring, immer erneuern
18 Mehrfachstecker, schwarz, 3 Steckzungen
19 Schraube, 10 Nm
20 Hallgeber (G40) für Einlassnockenwelle
21 Mehrfachstecker, schwarz, 3 Steckzungen
22 Schraube, 10 Nm
23 Hallgeber (G163), für Auslassnockenwelle

Hallgeber

Auch dieses Bauteil wurde schon viele Male erwähnt. Die Bezeichnung stammt vom Erfinder des Halleffekts, seine Aufgabe ist das Aus- und Einschalten des Stroms zur Erzeugung des Zündfunkens. Es würde zu weit führen, auf die Arbeitsweise einzugehen. Zu sagen wäre jedoch, dass die Hallgeber an den Seiten der beiden Nockenwellen sitzen.

Geber für Motordrehzahl

Im Allgemeinen gilt: Der Geber ist an der Rückseite des Motors über dem Schwungrad angebracht. In Verbindung mit einem entsprechend konstruierten Schwungrad informiert der Geber das elektronische Steuergerät über die Drehzahl des Motors in jedem gegebenen Moment, sodass diese verarbeitet werden kann. In das Schwungrad ist ein kleiner Stahlstift an einer bestimmten Stelle in den Umfang eingesetzt. Läuft der Stift am Geber vorbei, wird dem Steuergerät ein Signal zugeführt, sodass dieses die genaue Stellung der Kurbelwelle auswerten kann.

Klopfregelung/Klopfsensor

Eine klopfende Verbrennung, die durch einen zu frühen Zündzeitpunkt erfolgt, ist auf lange Dauer schädlich für den Motor. Durch vorzeitiges Zünden werden den Lagern der Kurbelwelle und den Kolben ernsthafte Schäden erteilt, die sich sehr bald in Beschädigung der Teile umwandeln. Im modernen Automobilbau wird jedoch versucht, so weit wie möglich an die „Frühzündung“ heranzukommen. Um diesen Punkt jedoch festzulegen, muss der Zündzeitpunkt aufgrund verschiedener Faktoren laufend verändert, bzw. geregelt werden. Dies ist die Klopfregulierung.
Die Verbrennung in den Zylindern wird mit Hilfe eines so genannten Klopfreglers überwacht, dies ist ein elektrischer Fühler, welcher in den Zylindern auftretende „Detonationen“ wahrnimmt. Zwei Sensoren sind unten in den Zylinderblock eingeschraubt. Der Klopfsensor ist in der Lage die Verbrennung in den Zylindern ständig zu überwachen. Treten ungleichmäßige Schläge auf, werden diese dem Steuergerät mitgeteilt, die in diesem, kurz beschrieben, folgendermaßen ausgewertet werden:

- Sobald das Steuergerät ein Signal erhalten hat, dass eine klopfende Verbrennung stattgefunden hat, findet es sofort heraus, um welchen Zylinder es sich handelt. Die verbleibenden Zylinder behalten den gleichen Zündzeitpunkt bei, jedoch wird die Zündung des „bösen“ Zylinders um ca. 3 Grad zurückgestellt.
- Läuft der Motor weiter mit dem klopfenden Zylinder, stellt das Steuergerät den Zündzeitpunkt um weitere 3 Grad zurück. Dies kann mehrere Male bei den nächsten Arbeitstakten geschehen.
- Wenn sich der schlecht laufende Zylinder wieder eingespielt hat, wird der Zündzeitpunkt nach einer „Probezeit“ wieder früher gestellt. Um dabei nicht zu hastig vorzugehen, geschieht die „Frühstellung“ jeweils um ca. 0,5 Grad. Während der Motor weiter läuft, wird der Zündzeitpunkt bei jedem Arbeitstakt um weitere 0,5 Grad früher gestellt, bis der ursprüngliche Zündzeitpunkt wieder hergestellt wurde. In der Zwischenzeit ist es jedoch möglich, dass eine klopfende Verbrennung von einem anderen Zylinder gemeldet wird.

7.1.1 Vorsichtsmaßnahmen bei Arbeiten an der Zündanlage

Um Stromschläge oder Beschädigung der Zündanlage oder persönliche Verletzungen zu vermeiden, müssen die folgenden Vorsichtsmaßnahmen bei allen Arbeiten an der Zündanlage beachtet werden. Der Aufkleber im Motorraum wird Ihnen ja bekannt sein, jedoch liegen auch andere Gründe vor, bei Arbeiten im Motorraum mit der notwendigen Vorsicht vorzugehen.

Grundsätzlich gilt: *Personen mit Herzschrittmacher sollten nicht an der Zündanlage arbeiten. Auch Herzkranke sollten sich gut überlegen, ob sie im Motorraum arbeiten.*

- Vor Abklemmen der Batterie muss der Diebstahl-Code für das Radio parat sein.
- Zündkabel nicht bei laufendem Motor abziehen oder bei Anlassdrehzahl mit den Händen berühren oder abziehen. Die Spannung ist sehr hoch.
- Jegliche Leitung der Zündanlage nur abklemmen, wenn der Motor still steht. Das Gleiche gilt beim Anschließen von Prüf- oder Messgeräten, wobei auch die Zündung ausgeschaltet sein muss.
- Ehe der Stecker vom elektronischen Steuergerät abgezogen wird, muss man mindestens 20 Sekunden nach Ausschalten der Zündung warten. Sonst kann man das Steuergerät beschädigen.
- Eine Starthilfe mit einem Schnelllader sollte unterlassen werden, da sich nicht jedes Gerät dazu eignet. Wird es jedoch verwendet, darf es nur eine Minute lang mit höchstens 16,5 V angeschlossen werden.
- Bei elektrischen Schweißungen die Batterie abklemmen (was sowieso, wie bekannt, wegen der Drehstromlichtmaschine durchzuführen ist).
- Falls ein Fahrzeug aufgrund von Zündungsschwierigkeiten abgeschleppt wird, muss das Einspritz/Zündungssteuergerät abgeschlossen werden (Stecker abziehen).
- Nur die für die elektronische Zündung vorgeschriebenen Zündkabel und Zündkerzenstecker dürfen verwendet werden.

7.1.2 Arbeiten an der Anlage

Bestimmte Teile der elektronischen Anlage können Schäden erleiden, wenn man den Motor bei abgezogenen Zündkabeln durchdreht. Aus diesem Grund ist es wichtig, dass man die folgenden Arbeiten gewissenhaft durchführt, falls dies vorgesehen ist:

- Alle Kabelstecker von den Zündspulen der sechs Zylinder abziehen (siehe Bild 177) und die Sicherung Nr. 14 aus dem Sicherungskasten herausnehmen.

Bei der folgenden Beschreibung wird wieder angenommen, dass man einige elektrische Kenntnisse zum Anschließen verschiedener Messgeräte hat. Die Vorsichtsmaßnahmen müssen streng befolgt werden. Falls die beschriebenen Prüfungen keine Resultate erbringen, muss man die Anlage in einer Werkstatt mit dem Fehlerauslesegerät überprüfen lassen.

7.1.3 Allgemeine Überprüfung der Anlage

- Alle Kabelanschlüsse, Steckverbinder usw. an Zündspulen und Steuergerät auf festen Sitz überprüfen. Besonders bei einer Fahrt über unebene Straßen kann sich schon mal etwas lockern.
- Alle Kabel auf Durchscheuerung kontrollieren.
- Alle Hochspannungs-Zündkabel auf festen Sitz überprüfen. Eine durchgescheuerte Außenhülle kann leicht zum Durchschlagen von Funken führen.

Hallgeber überprüfen

Im Fall des Motors mit 24 Ventilen kann man die beiden Hallgeber anhand von Bild 176 auffinden. Bei normalem Betrieb erkennt die Motorelektronik durch das Signal vom Hallgeber den Zündzeitpunkt für den ersten Zylinder. Falls das Signal nicht erhalten wird, können die Zylinder nicht länger der Klopfregelung zugeteilt werden. In diesem Fall wird die Klopfregulierung außer Betrieb gebracht und der Zündzeitpunkt wird etwas zurückgestellt, um ein Klopfen zu vermeiden. Um einen Hallgeber zu kontrollieren, folgendermaßen vorgehen:

- Den Stecker des Hallgebers G40 (1) an der Einlass-

Bild 177
Die Pfeile weisen auf die Mehrfachstecker auf den Zündspulen des VR6-Motor. Der Stecker hat vier Steckzungen.

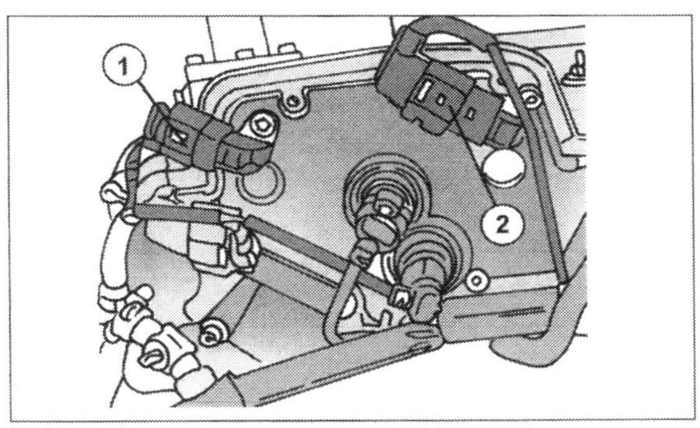

Bild 178
Die Lage der beiden Kabelstecker der Hallgeber beim VR6-Motor.
1 Stecker für Hallgeber G40
2 Stecker für Hallgeber G163

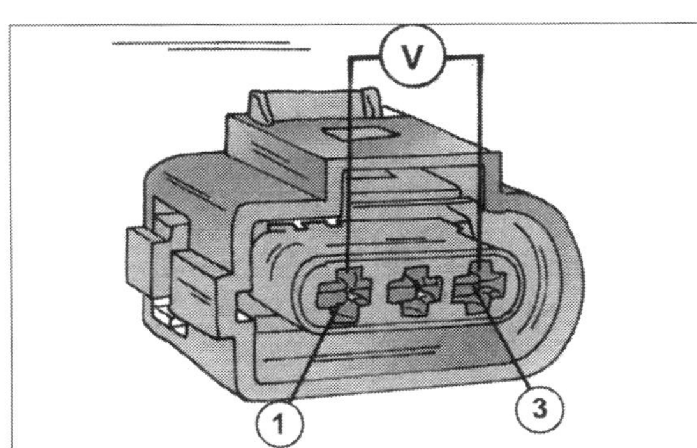

Bild 179
Beim VR6-Motor hat der Mehrfachstecker drei Steckzungen. Die Messung erfolgt entsprechend den Anweisungen im Text an den Steckzungen.

nockenwelle (siehe Bild 178, zwecks Lage) abziehen. Falls beide Stecker der Hallgeber abgezogen werden, muss man sie unbedingt kennzeichnen. ***Unter keinen Umständen dürfen sie verwechselt werden.***

● Der Stecker sieht in der Innenseite ähnlich aus, wie der in Bild 314 gezeigte Stecker. Gemessen wird die Spannung zwischen den Klemmen „1“ (positiv) und „3“ (negativ). Die Zündung einschalten und die Anzeige des Voltmeters ablesen. Eine Spannung von mindestens 4,5 V sollte erhalten werden. Falls dies nicht der Fall ist, eine Werkstatt aufsuchen, da für die weitere Überprüfung spezielle Messinstrumente gebraucht werden.

● Zur Kontrolle des Hallgebers G163 (2) an der Auslassnockenwelle werden die oben beschriebenen Arbeiten wiederholt. Die gleiche Anzeige muss erhalten werden. Falls dies nicht der Fall ist, eine Werkstatt aufsuchen.

Zündspule(n) überprüfen

Wir schlagen vor, dass man die Zündspulen dieses Motors in einer Werkstatt überprüfen lässt. Um jedoch festzustellen, ob der Strom an die Zündspulen gelangt, kann man den Mehrfachstecker an der in Bild 177 gezeigten Stelle von der zu prüfenden Zündspule abziehen. Mit einem Voltmesser zwischen den Steckzungen 1 und 3 sowie 2 und 3 messen (siehe Bild 179). Die Zündung vorher einschalten. Die Anzeige sollte 11,5 betragen. Falls keine Spannung zustande kommt und ein Ohmmeter steht zur Verfügung, kann man zwischen der Steckzunge 3 und Masse, zwischen der Steckzunge 1 und Masse sowie Steckzunge 2 und Masse messen. Die Anzeige sollte nicht mehr als 1,5 Ohm betragen. Andernfalls ist der Stromkreis unterbrochen und alle weiteren Prüfungen müssen mit Spezialmessgeräten in der Werkstatt durchgeführt werden.

Klopfsensor überprüfen

Eine elektrische Überprüfung der Klopfsensoren sollte man einer Werkstatt überlassen.

7.2 1.8-Liter-Motor

Die Zündanlage aller Motoren ist mit der Einspritzanlage verbunden und wird durch ein so genanntes „Motormanagement“ gesteuert, d. h. alle Funktionen der Zündanlage werden vom gleichen Steuergerät wie die Einspritzanlage gesteuert, sind also vollkommen miteinander abgestimmt. Die meisten bereits bei der Behandlung der Kraftstoffanlage erwähnten Bauteile dienen ebenfalls zur einwandfreien Arbeitsweise der Zündanlage. Beim 1.8-Liter-Motor mit Turbolader wird ein Einzelspulen-Zündsystem mit vier Zündspulen eingebaut.

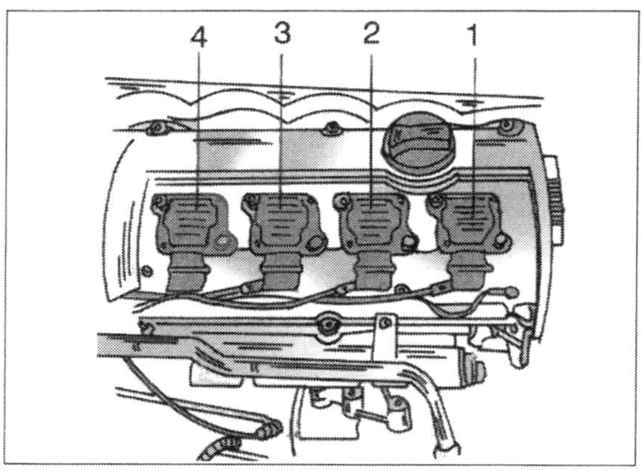

Bild 180
Ansicht der Oberseite des 1.8-Liter-Motors mit den vier Zündspulen.

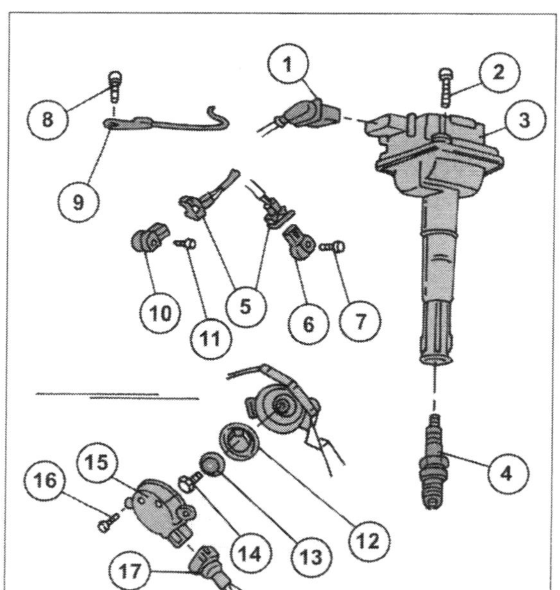

Bild 181
Die Teile der zur Zündanlage gehörenden Teile beim 1.8-Liter-Motor.
1 Vierfachstecker, schwarz, an Zündspule
2 Schraube, 10 Nm
3 Zündspule mit Ausgangsstufe. Verschiedene Kennzeichnungen beachten (N70, N127, N291, N292)
4 Zündkerze, 30 Nm
5 Zweifachstecker für Klopfsensor 1 und 2
6 Klopfsensor 2 (G66)
7 Schraube, 20 Nm, muss eingehalten werden
8 Schraube, 10 Nm, nur bei ausgeschalteter Zündung lösen/anziehen
9 Massekabel, nur bei ausgeschalteter Zündung lösen/anziehen
10 Klopfsensor 1 (G61)
11 Schraube, 20 Nm, muss eingehalten werden
12 Blende für Hallgeber. Auf richtigen Einbau achten
13 Konische Scheibe
14 Schraube, 25 Nm
15 Hallgeber (G40)
16 Schraube, 10 Nm
17 Dreifachstecker, schwarz

Zündspulen

Der Motor hat eine verteilerlose Zündung. Bei diesem Motor hat jeder Zylinder seine eigene Zündspule mit eingebauter Endstufe. Nur die im Moment erforderliche Zündspule erzeugt einen Funken für die Zündkerze des betreffenden Zylinders. Bild 180 zeigt die vier Zündspulen nach Freilegung. In Bild 181 kann man die zur Zündanlage gehörenden Teile sehen.

Zündungs-Endstufe

Die bereits bei der Zündanlage des VR6-Motors erwähnte Zündungs-Endstufe ist auch bei diesem Motor eingebaut, welche sich in der Zündspule befindet. In dieser sitzt ein Transistor, welcher die Stromzufuhr zu der Zündspule oder den Zündspulen aus- und einschaltet, ohne dabei durch das elektronische Steuergerät zu fließen. Den genauen Schaltpunkt erhält der Transistor vom Hall-Geber oder vom Geber der Motordrehzahl, nachdem das Steuergerät den richtigen Zündzeitpunkt bestimmt hat.

Hall-Geber

Auch dieses Bauteil wurde schon erwähnt. Zu sagen wäre jedoch, dass der Hall-Geber am Zylinderkopf sitzt.

Geber für Motordrehzahl

Der Geber ist an der Rückseite des Motors über dem Schwungrad angebracht. In Verbindung mit einem entsprechend konstruierten Schwungrad informiert der Geber das elektronische Steuergerät über die Drehzahl des Motors in jedem gegebenen Moment, sodass diese verarbeitet werden kann. In das Schwungrad ist ebenfalls ein kleiner Stahlstift an einer bestimmten Stelle in den Umfang eingesetzt. Läuft der Stift am Geber vorbei, wird dem Steuergerät ein Signal zugeführt, sodass dieses die genaue Stellung der Kurbelwelle auswerten kann.

Klopfregelung/Klopfsensor

Klopfregelung und Klopfsensor arbeiten in gleicher Weise, wie es bei den bereits beschriebenen Motoren erwähnt wurde.

7.2.1 Vorsichtsmaßnahmen bei Arbeiten an der Zündanlage

Lesen Sie die Anweisungen bei den bereits beschriebenen Anlagen durch, ehe irgendwelche Arbeiten im Motorraum durchgeführt werden.

7.2.2 Arbeiten an der Anlage

Bestimmte Teile der elektronischen Anlage können Schäden erleiden, wenn man den Motor bei abgezogenen Zündkabeln durchdreht. Aus diesem Grund ist es wichtig, dass man die folgenden Arbeiten durchführt, falls dies vorgesehen ist. Ehe man an irgendwelche Teile heran kann, muss man den Motordeckel in der Mitte des Motors abmontieren und alle vier Stecker von den Zündspulen abziehen (bei ausgeschalteter Zündung).
Bei der folgenden Beschreibung wird wieder angenommen, dass man einige elektrische Kenntnisse zum Anschließen verschiedener Messgeräte hat.
Gebraucht werden ein Voltmeter und ein Ohmmeter. Die Vorsichtsmaßnahmen müssen streng befolgt werden. Falls die beschriebenen Prüfungen keine Resultate erbringen, muss man die Anlage in einer Werkstatt mit dem Fehlerauslesegerät überprüfen lassen.

Allgemeine Überprüfung der Anlage

- Alle Kabelanschlüsse, Steckverbinder; usw. an Zündspule(n), Endstufe, Steuergerät auf festen Sitz überprüfen. Besonders bei einer Fahrt über unebene Straßen kann sich schon mal etwas lockern.
- Alle Kabel auf Durchscheuerung kontrollieren.
- Alle Hochspannungs-Zündkabel auf festen Sitz überprüfen. Eine durchgescheuerte Außenhülle kann leicht zum Durchschlagen von Funken führen.

Prüfen der Zündspule mit Vierspulen-Anlage

- Als Erstes feststellen, welcher Zylinder nicht einwandfrei zündet. Bei laufendem Motor, und unter Beachtung der notwendigen Sicherheitsmaßnahmen, der Reihe nach die Stecker von den Einspritzventilen abziehen. Den Lauf des Motors wahrnehmen, wenn ein Stecker abgezogen wird. Ebenfalls kann man den Zündkabelstecker der ersten Kerze abziehen, die Kerze ausschrauben und den Stecker wieder auf die Kerze stecken. Die Kerze jetzt mit dem Sechskant auf eine gute Massestelle auflegen. Den Anlasser betätigen lassen, während die Elektroden der Kerze beobachtet werden. Ein kräftiger Funken muss zwischen den Elektroden überspringen. Falls dies der Fall bei allen Kerzen ist (die man sicherheitshalber ebenfalls kontrollieren kann), erhält die Zündanlage die erforderliche Spannung.
- Falls ein Zylinder nicht einwandfrei zündet, kann man Kerzen innerhalb der Zylinder vertauschen und die Kontrolle erneut durchführen. Verlegt sich der Fehler mit der Kerze, die Kerze erneuern.
- Verlegt sich der Fehler mit der Zündspule, muss diese erneuert werden.

Spannungszufuhr zur Zündspule überprüfen

- Den Mehrfachstecker von der Zündspule abziehen (Zündung ausgeschaltet), wie man es in Bild 182 sehen kann. Dieser hat 4 Steckzungen.
- Zwischen den Steckzungen 1 und 2 sowie 1 und 4 (Zunge 1 ist links, auf den Stecker gesehen) mit einem Voltmeter messen (Zündung einschalten). Die Anzeige sollte mindestens 11,5 Volt betragen. Stecker wieder aufstecken und falls erforderlich die Spulen der anderen Zylinder in gleicher Weise kontrollieren. Falls keine Spannung vorhanden ist, müssen weitere Prüfarbeiten einer Werkstatt überlassen werden. Ist nur eine Zündspule verdächtigt, muss man diese zusammen mit der Endstufe erneuern (eine Einheit).

Hall-Geber überprüfen

Wie bereits erwähnt, sitzt der Hall-Geber an der Vorderseite des Zylinderkopfes, unmittelbar über dem Zahnriemen (Bild 183). Bei normalem Betrieb erkennt die Motorelektronik durch das Signal vom Hall-Geber den Zündzeitpunkt für den ersten Zylinder. Falls das Signal nicht erhalten wird, können die Zylinder nicht länger der Klopfregelung zugeteilt werden. In diesem Fall wird die Klopfregulierung außer Betrieb gebracht und der Zündzeitpunkt wird etwas zurückgestellt, um ein Klopfen zu vermeiden. Der Hallgeber kann nur mit den Diagnosegeräten in der Werkstatt kontrolliert werden.

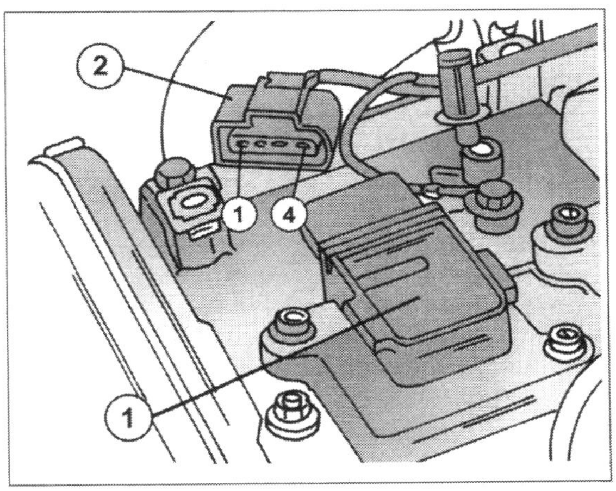

Bild 182
Den Vierfachstecker (2) von der betreffenden Zündspule (1) abziehen, um die Spannung zwischen den gezeigten Klemmen zu kontrollieren.

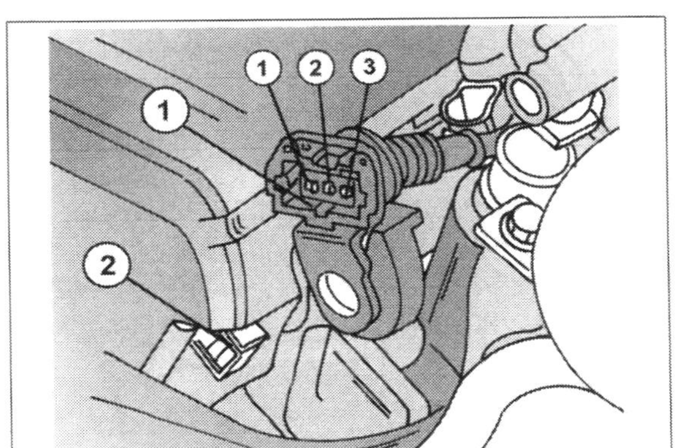

Bild 183
Lage des Hallgebers. Zur Kontrolle des Hallgebers den Dreifachstecker (1) vom Hallgeber (2) abziehen. Voltmesser zwischen den beiden äußeren Klemmen anlegen.

Klopfsensoren überprüfen

Eine elektrische Überprüfung der Klopfsensoren ist nicht möglich. Störungen können nur mit Hilfe des Auslesegeräts aus dem Fehlerspeicher erhalten werden. Die Klopfsensoren liegen ziemlich versteckt (es muss z. B. das Ansaugsammelrohr ausgebaut werden). Werkstattarbeit.

7.3 2.0-Liter-Motor (ATM)

Bei diesem Motor sieht es bei den Teilen der Zündanlage unterschiedlich aus. Bild 184 zeigt die zur Zündanlage gehörenden Teile. Der mit einem Zündverteiler arbeitende 2.0-Liter-Motor mit der Bezeichnung ADY wird nicht in der folgenden Beschreibung behandelt. Alle Arbeiten beim ATM-Motor können, falls erforderlich, unter Bezug auf die Abbildung durchgeführt werden:

- Die Zündleitung (1) enthält den Entstörstecker und den Zündkerzenstecker.
- Der Zündtrafo (2), Bezeichnung N152, ist mit der Zylinderkennzeichnung versehen. A zeigt Zylinder Nr. 1 an, B Zylinder Nr. 2 usw.
- Die Befestigungsschrauben (3) mit 10 Nm anziehen.
- Der vierfache Anschlussstecker (4) ist schwarz und ist auf dem Zündtrafo aufgesteckt.
- Der Klopfsensor 1 (5) hat vergoldete Kontakte (G61).
- Der zweifache Kabelstecker (6) ist auf dem Klopfsensor 1 aufgesteckt. Darf nicht dem Stecker (8) verwechselt werden.
- Das Steuerrad der Nockenwelle (9) ist mit der Blende für den Hallgeber versehen.
- Der Halter (11) trägt den Hallgeber (10).
- Die Schraube (12) des Nockenwellensteuerrades mit 100 Nm anziehen. Steuerrad dabei gegenhalten.
- Die Schrauben (13) des Hallgeberträgers werden mit 10 Nm angezogen.
- Der Dreifachstecker (14) hat vergoldete Kontakte.
- Die Zündkerzen (15) mit 25 Nm anziehen. Mit Spezialschlüssel 3122B ausschrauben. Beim Ausbau die Stecker der äußeren Einspritzventile abziehen, um Zugang zu erhalten.
- Die Schrauben (16) mit 20 Nm anziehen. Nicht fester anziehen, da andernfalls die Arbeitsweise des Klopfsensors beeinflusst wird.

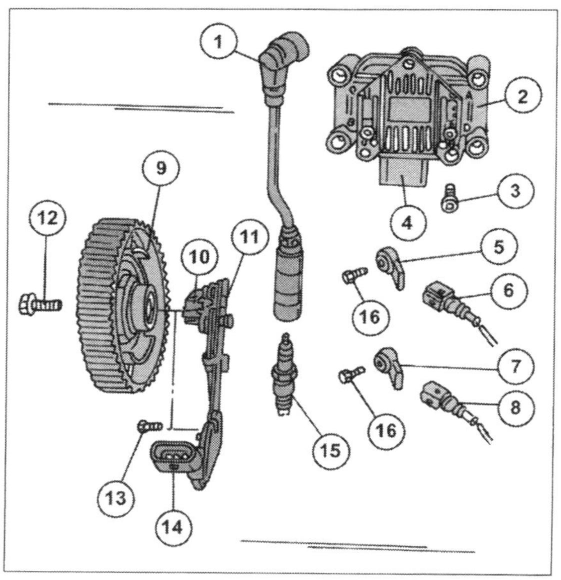

Bild 184
Die Teile der Zündanlage beim 2.0-Liter-Motor. Auf die Zahlen wird im Text eingegangen.

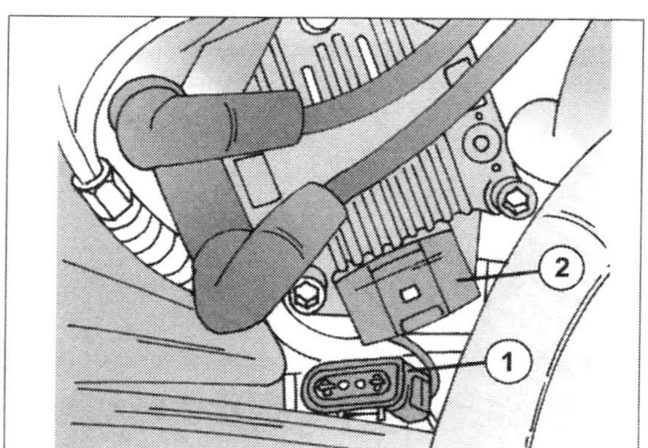

Bild 185
Zum Lahmlegen der Zündung den Mehrfachstecker (1) vom Zündtrafo (2) abziehen.

Lahmlegen der Zündung

Falls der Motor durchgedreht werden soll, ohne dass er anspringt, muss man den Vierfachstecker (1) in Bild 185 vom Zündtrafo (2) abziehen und die Sicherung Nr. 14 für das Kraftstoffpumpenrelais aus dem Sicherungskasten herausnehmen.

Überprüfung des Hallgebers

Nur eine Kurzprüfung ist möglich. Falls bei der Prüfung keine Spannungsanzeige erhalten wird, muss man eine Werkstatt aufsuchen.

- Den Dreifachstecker an der Pfeilstelle in Bild 186 abziehen.
- Mit einem Voltmesser zwischen den Klemmen 1 (positive) und 2 (Masse) des Steckers messen. Der Stecker hat das in Bild 179 gezeigte Aussehen. Eine Spannung von 4 bis 6 Volt muss erhalten werden.
- Falls keine Spannung erhalten wird, den Stecker wieder aufschieben und weitere Prüfungen der Werkstatt überlassen.

Zündtrafo, Widerstand der Zündspulen, Klopfsensor

Die Überprüfung der genannten Teile sollte man einer Werkstatt überlassen. Man kann jedoch kontrollieren, ob der Zündtrafo Spannung erhält. Dazu den Mehrfachstecker vom Zündtrafo abziehen. Auf den Stecker gesehen zwischen den Klemmen „2" und „4" messen (Nr. 1 liegt links). Zündung muss eingeschaltet sein. Falls keine Spannungsanzeige zustande kommt, den Stecker wieder aufschieben und die Werkstatt aufsuchen.

7.4 Die Zündkerzen

Die Zündkerzen haben die Aufgabe, das Kraftstoff-Luft-Gemisch im Brennraum zu entzünden. Dabei entstehen Temperaturen von rund 2500 Grad und Drücke von bis zur 60 bar. Damit der Funke trotzdem zuverlässig zwischen den Elektroden überspringt, ist der Anschlussbolzen der Kerze von einem keramischen Isolator umgeben. Mittelelektrode und Anschlussbolzen stecken außerdem in einer elektrisch leitenden Glasschmelze, die für die Verankerung dieser Teile und die Abdichtung gegenüber dem Brennraum sorgt. Ist die erforderliche Zündspannung erreicht, springt der Strom als Funke von der Mittelelektrode zur Masseelektrode über und entzündet dabei die Kraftstoffteilchen im Brennraum.

7.4.1 Elektrodenabstand und Gewindelänge

Falls Sie nach Ausschrauben einer Zündkerze feststellen, dass der Elektrodenabstand nicht mehr stimmt und die Kerze nur eine Seitenelektrode hat, kann man diese verbiegen. Normalerweise reicht dazu ein kleiner Schraubendreher. Will man etwas fachmännischer sein, kann man eine spezielle Lehre verschiedener Kerzenhersteller benutzen. Diese wird entsprechend Bild 187 angesetzt, um die seitliche Elektrode gegen die mittlere Elektrode zu biegen. Niemals die mittlere Elektrode verbiegen. Der Porzellanisolator wird sicher platzen.

7.4.2 Zündkerzen ausbauen, prüfen und wechseln

Die Intervalle zwischen einem Zündkerzenwechsel werden laufend geändert und hier können wir nur empfehlen, dass Sie sich an das Wartungsscheckheft halten. Besser ist vielleicht eine Überprüfung der Kerzen nach etwa 15 000 Kilometern. Falls man bei der Kontrolle Ablagerungen zwischen den Elektroden sieht, eignet sich eine Messingdrahtbürste zum Reinigen der Kerzen. In der Regel halten die Kerzen viel länger als angegeben, obwohl die Werkstatt Ihnen die Kerzen wechseln wird, ganz gleich ob sie erneuert werden müssen oder nicht. Es bestehen eben Wartungsvorschriften. Springt der Motor nur unwillig an oder ruckelt er nach dem Starten, kann dies freilich auch an den Zündkerzen liegen – unsichtbare Risse im Keramikisolator füllen sich beim Kaltstart mit kondensierendem Kraftstoff, wodurch der Zündfunke abgeleitet wird. Wenn Sie glauben, dass die Kerzen nicht richtig arbeiten, sollten Sie diese Teile zur Sicherheit austauschen. Die Kerzen sollen bei kaltem Motor gewechselt werden. Beim VR6-Motor benötigen Sie dazu einen speziellen Kerzenschlüssel, welcher man unter der VW-Nummer 3277 A beziehen können. Beim 1.8-Liter- und 2.0-Liter-Motor hat der Kerzenschlüssel die Nummer 3122B.

- Je nach eingebautem Motor die versperrenden Teile ausbauen, um an die Kerzen zu kommen.
- Zündkerzenstecker fassen und von den Stiften der Kerzen ziehen. Dabei unter keinen Umständen an den Kerzenkabeln ziehen.

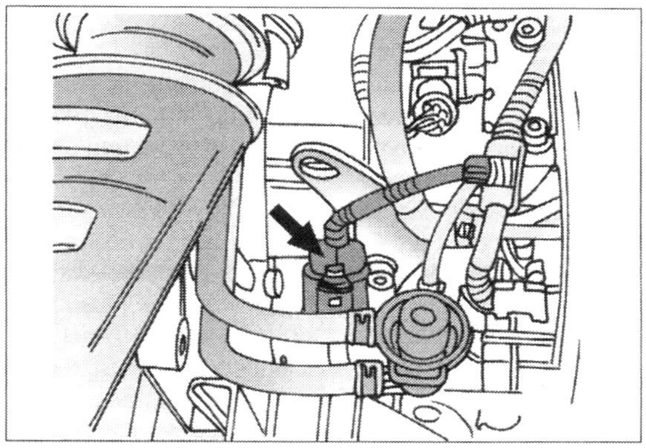

Bild 186
Den Dreifachstecker bei der Spannungsmessung des Hallgebers beim 2.0-Liter-Motor an der Pfeilstelle abziehen.

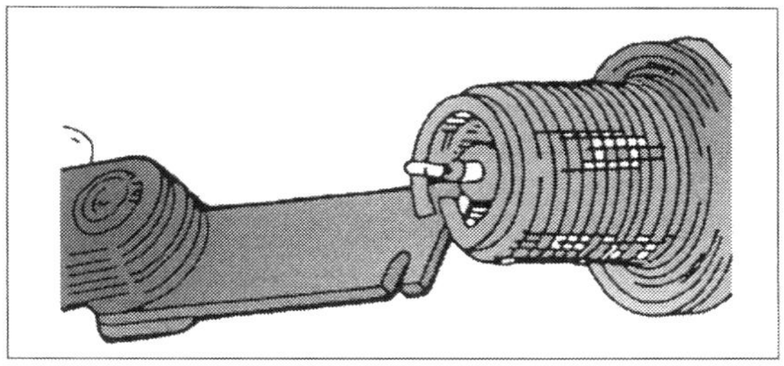

Bild 187
Verbiegen einer seitlichen Elektrode zur Herstellung des richtigen Elektrodenabstands einer Zündkerze.

- Einbautrichter der Zündkerzen reinigen (ausblasen), damit beim Ausbau der Kerzen kein Schmutz in die Bohrungen fällt.
- Zündkerzen mit dem Kerzenschlüssel herausdrehen und in der Reihenfolge der Zylinder ablegen.
- Zum Einbau die neuen Zündkerzen handfest eindrehen (nicht verkanten), dann mit dem Zündkerzenschlüssel noch eine Vierteldrehung (90°) anziehen. Dies entspricht etwa dem vorgeschriebenen Anzugsdrehmoment (25 bis 30 Nm).
- Wenn Sie die alten Kerzen wieder verwenden, müssen Sie das Kerzengewinde vorher gründlich reinigen.

Falls die Zündkerze sehr fest sitzt

Wenden Sie bei einer festsitzenden Zündkerze keine Gewalt an. Sonst kann das Kerzengewinde im Zylinderkopf (Leichtmetall) ausreißen. Bringen Sie in diesem Fall den Motor ausnahmsweise auf Betriebstemperatur und versuchen Sie dann, die Kerze auszubauen. Vorsicht: Sie können sich am heißen Motor die Hände verbrennen. Warten Sie mit dem Einbau neuer Kerzen, bis der Motor abgekühlt ist – dreht man eine kalte Kerze ins warme Triebwerk ein, sitzt sie später fest wie eingeschweißt. Die Zündkerze lässt sich beim nächsten Wechsel besser herausdrehen, wenn Sie hochtemperaturfestes Kupferfett sparsam auf die Gewindegänge streichen (kein Öl oder normales Fett).

Falls es immer noch Schwierigkeiten gibt, muss man sich an eine Werkstatt wenden.

8 Die Kupplung

In alle Fahrzeugmodelle mit Schaltgetriebe ist eine so genannte Einscheiben-Trockenkupplung eingebaut, welche hydraulisch mit einem Geberzylinder und einem Nehmerzylinder arbeitet.
Die Kupplung ist eine ebenso einfache wie zweckmäßige Konstruktion. Fürs Do it yourself hat sie freilich den Nachteil, dass ein Verschleißteil wie die Mitnehmerscheibe nicht ohne weiteres zugänglich ist. Dafür muss zum Beispiel das Getriebe vom Motor getrennt und nach unten ausgebaut werden. Das ist jedoch eine Arbeit, für die viel Know-how erforderlich ist. Den Austausch von Kupplungsteilen sollten Sie vielleicht der Werkstatt überlassen oder zumindest brauchen Sie dabei Hilfe, um das Getriebe auszubauen.
Da die Arbeiten zum Aus- und Einbau des Getriebes jedoch eine zeitaufwändige und damit teure Angelegenheit ist, sollten Sie vielleicht versuchen die Arbeit selbst durchzuführen. Wir schlagen vor, dass Sie sich die anfallenden Arbeitsschritte gut durchlesen und danach entscheiden.

Die wichtigsten Teile der Kupplung

Damit Sie die in den folgenden Arbeitsbeschreibungen angeführten Ausdrücke besser verstehen, möchten wir eine kurze Beschreibung geben.

Kupplungsscheibe (Mitnehmerscheibe). Sitzt auf der Eingangswelle des Getriebes. Auf beiden Seiten sind Beläge aufgenietet. Die Größe der Kupplungsscheibe ist nicht bei allen Motoren gleich. Fahrzeuge mit dem VR6-Motor haben eine Kupplung mit größerem Außendurchmesser.

Kupplungsdeckel. Enthält die Druckplatte, welche die Kupplungsscheibe gegen die Schwungscheibe drückt. Ist mit der Schwungscheibe fest verschraubt.

Ausrücklager. Beim Tritt aufs Kupplungspedal wird das Ausrücklager gegen die Tellerfeder der Kupplung gedrückt. Durch diese willkürliche Unterbrechung des Antriebs kann sich die Mitnehmerscheibe frei mit der Kupplungswelle mitdrehen, d. h. der Antrieb zum Getriebe ist nicht länger vorhanden.

Kupplungsgeberzylinder. Sitzt in der Gegend der Oberseite des Kupplungspedals und wird durch eine Stößelstange mit dem Pedal verbunden. Durch Treten des Kupplungspedals und damit Hineinschieben des Stößels und dem damit verbundenen Kolben im Zylinder, entsteht im Inneren des Zylinders ein Druck, welcher sich durch den am Zylinder angeschlossenen Schlauch zum Kupplungsnehmerzylinder fortpflanzt und dessen Kolben hineinschiebt.

Kupplungsnehmerzylinder. Wer andere von VW hergestellte Fahrzeugmodelle kennt, weiß, dass bei Fahrzeugen mit hydraulischer Kupplungsbetätigung ein Kupplungsnehmerzylinder auf der Oberseite des Getriebes sitzt und einen Ausrückhebel für das Kupplungsausrücklager betätigt. Dies ist bei diesen Modellen nicht der Fall. Der Zylinder befindet sich im Inneren des Getriebegehäuses und drückt ohne Hilfsteile direkt gegen das Ausrücklager. Ein Faltenbalg deckt das Ganze gegen Eindringen von Schmutz ab.

8.1 Kupplung prüfen

Eine schleifende Kupplung macht sich zuerst bemerkbar, wenn Sie Ihr Fahrzeug im höchsten Gang beschleunigen. Der Motor dreht hoch, ohne dass die Fahrgeschwindigkeit zunimmt. Die folgende Prüfmethode zeigt Ihnen, ob die Kupplung noch gut funktioniert. Diesen Test sollten Sie jedoch nur gelegentlich durchführen. Außerdem muss dafür die Handbremse in Ordnung sein.

- Die Handbremse anziehen und Motor starten.
- 3. Gang einlegen, langsam einkuppeln und Gas geben.
- Bei einwandfreier Kupplung wird der Motor abgewürgt. Dreht er durch, sollten Sie die Kupplungsbetätigung kontrollieren. Eventuell ist sogar eine neue Kupplung fällig.

8.2 Kupplung ausbauen

Hinweis: Falls man die Mitnehmerscheibe bei einem VR6-Motor erneuert und die alte Kupplungsdruckplatte mit Selbstnachstellung wird wieder eingebaut, muss der Einstellring neu eingestellt werden. Falls dies nicht durchgeführt wird, erhöht sich der Verschleiß der Kupplungsbeläge. Falls die Mitnehmerscheibe und eine neue Kupplungsdruckplatte eingebaut werden, ist keine Einstellung erforderlich, da die Druckplatte voreingestellt kommt. Bei den folgenden Anweisungen ist dies in Betracht zu ziehen.

Die Kupplung kann nach Ausbau des Motors oder nach Ausbau des Getriebes (siehe Kapitel 9.1) vom Schwungrad abgeschraubt werden. Wird das gesamte Triebwerk ausgebaut, muss man vorher das Getriebe vom Motor abflanschen. Dabei unbedingt darauf achten, dass das Gewicht des Getriebes nicht auf der Kupplungswelle lasten kann, da diese andernfalls verbogen wird oder die Mitnehmerscheibe beschädigt wird.

Hinweis zum Gegenhalten des Schwungrades
Zum Gegenhalten des Schwungrades bei ausgebautem Getriebe brauchen Sie einen Gegenstand, welchen man in die Zähne des Schwungrades einsetzen muss. In der Werkstatt wird dazu eine so genannte Schwungradbremse benutzt, welche wie eine Klaue in die Zähne eingreift, wie man sie rechts in Bild 188 sehen kann. Das Bild zeigt ebenfalls den zum Einbau der Kupplung erforderlichen Zentrierdorn, auf welchen später eingegangen wird. Andernfalls hilft man sich mit einem sehr kräftigen Schraubendreher oder noch besser mit einem Reifenhebel. Damit man einen guten Angriffspunkt für den Hebel

erhält, eine Schraube in eines der Löcher des Motorverbindungsflansches einsetzen. Den Hebel gegen diese Schraube anlegen und das Hebelende zwischen zwei der Zähne einsetzen. Ein Helfer muss den Hebel halten, während die Schrauben der Kupplung gelöst werden.

- Einbaulage der Kupplung im Verhältnis zum Schwungrad kennzeichnen. Dazu verwendet man einen Körner, mit welchem man in den Kupplungsdeckel und die Außenseite des Schwungrades schlägt.
- Kupplungsschrauben gleichmäßig über Kreuz lösen, bis der Federdruck entlastet ist.
- Kupplungsdeckel abnehmen und die Mitnehmerscheibe herausnehmen. Da die Druckplatte mit Passstiften geführt ist, kann es manchmal vorkommen, dass man einen Schraubendreher zwischen Schwungrad und Druckplatte einsetzen muss, um die Teile auseinander zu drücken.
- Mit einem Lappen sofort die Innenseite des Schwungrades auswischen und die Reibfläche des Schwungrades überprüfen. Falls die Mitnehmerscheibe bis auf die Nietenköpfe abgenutzt ist, könnte es sein, dass sich die Niete in die Schwungradfläche eingearbeitet haben.

Falls der Motor oder das Getriebe ausgebaut werden müssen, sollte die Kupplung immer abgeschraubt werden, sodass man sie kontrollieren kann.

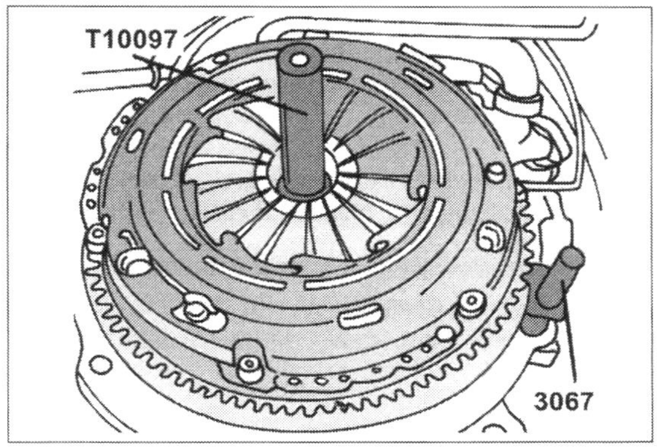

Bild 188
Zentrieren der Mitnehmerscheibe mit dem Spezialzentrierdorn. Unten ist die „Schwungradbremse" gezeigt.

8.3 Kupplungsteile überprüfen

Falls Ihnen bereits bekannt ist, dass die Kupplungsmitnehmerscheibe oder der Kupplungskörper erneuert werden müssen, können Sie sich die Prüfarbeiten ersparen. Andernfalls folgende Prüfungen durchführen.

- Kontrollieren, ob die Federn der Mitnehmerscheibe noch einwandfrei sind und dass die Keilverzahnungen der Scheibe nicht übermäßig ausgeschlagen sind. Ist dies der Fall, die Mitnehmerscheibe erneuern. Beim Kauf den eingebauten Motor angeben.
- Da verölte Kupplungsbeläge nicht gereinigt werden können, ist die Mitnehmerscheibe in derartigen Fällen zu erneuern.
- Die Kupplungsbeläge und die verbleibenden Teile der Kupplung auf Wiederverwendbarkeit kontrollieren. Dazu sieht man sich Bilder 189 bis 193 an und geht anhand der Erklärungen vor:

Bild 189: Falls das ermittelte Maß weniger als 0,20 mm beträgt, muss die Scheibe erneuert werden. Die Scheibe ebenfalls erneuern, falls das Maß bald erreicht ist.

Bild 189

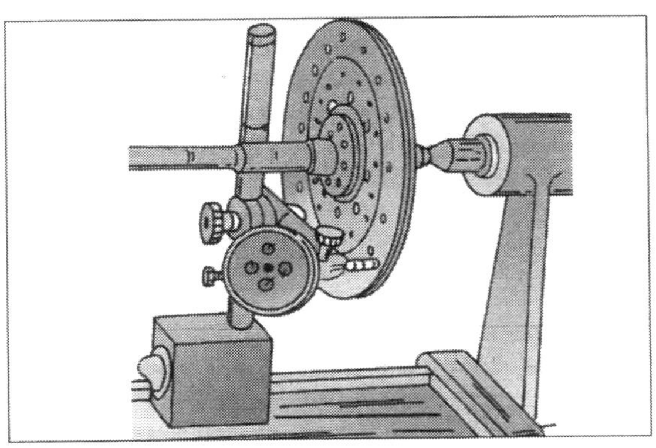

◀ **Bild 190**

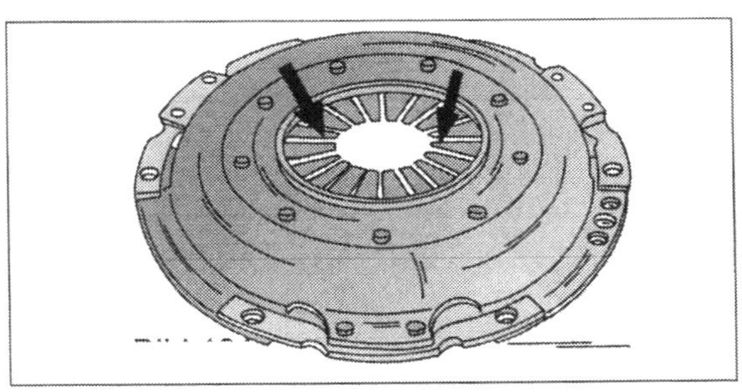

Bild 191

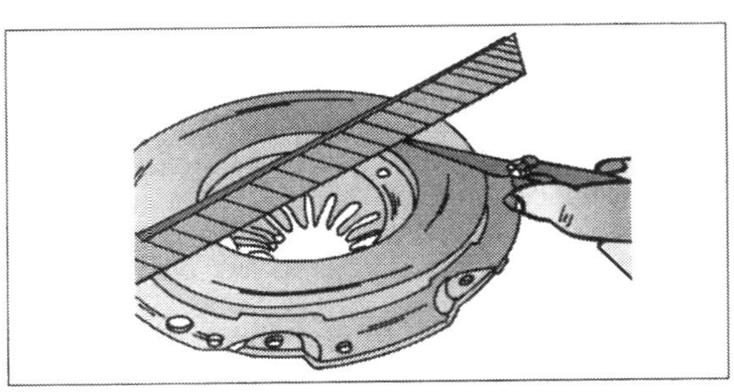

◀ **Bild 192**

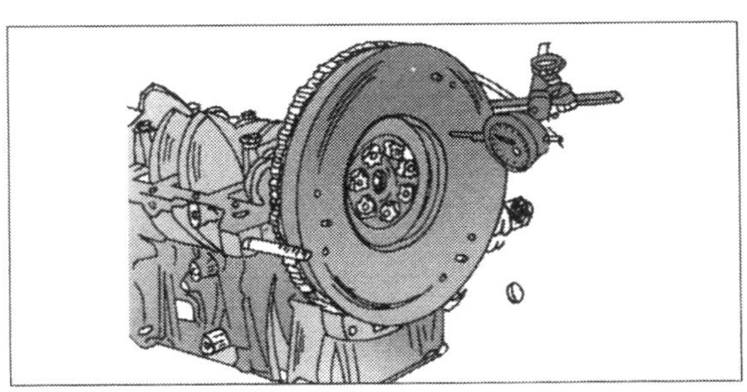

Bild 193

Bild 190: Falls der Schlag der Mitnehmerscheibe größer als 0,8 mm ist, kann man die Scheibe vorsichtig mit einer Zange richten. Andernfalls die Scheibe erneuern (auf Durchmesser achten).

Bild 191: Falls tiefe Einlaufstellen an den gezeigten Stellen festgestellt werden, muss man die komplette Kupplung erneuern.

Bild 192: Falls ein Spalt von mehr als 0,08 mm an diesen Stellen erhalten wird, muss die Druckplatte erneuert werden.

Bild 193: Das Schwungrad sollte nicht mehr als 0,10 mm schlagen.

8.4 Kupplung einbauen

Der Einbau der Kupplung geschieht in umgekehrter Reihenfolge wie der Ausbau. Bild 194 zeigt die in Frage kommenden Teile. Bei eingebautem Sechsganggetriebe ist besonders das Einlegen der Mitnehmerscheibe zu beachten:

- Falls der Motor ein zweiteiliges Schwungrad hat, kommt das kürzere Ende der Nabe (Pfeilstelle) gegen die Kupplungsdruckplatte.
- Falls der Motor ein einteiliges Schwungrad hat, kommt die Seite mit dem Federkäfig gegen die Kupplungsdruckplatte.

Die folgenden Punkte sind außerdem besonders zu beachten:

- Zum Zentrieren der Mitnehmerscheibe ist normalerweise ein Zentrierdorn erforderlich, welcher zu dem eingebauten Getriebe passen muss und die in Bild 188 gezeigte Form hat. Falls kein Dorn vorhanden ist, kann eine zur Verfügung stehende Kupplungswelle benutzt werden. Falls keine der beiden Möglichkeiten genutzt werden kann, ist es möglich, dass man die Mitnehmerscheibe mit einem Dorn ausrichtet, dessen Außendurchmesser dem Innendurchmesser der Keilverzahnungen entspricht. An diesen Dorn einen Zapfen andrehen lassen, der den gleichen Innendurchmesser wie das Führungslager in der Kurbelwelle hat. Geschickte Hände können die Scheibe auch nach Augenmaß ausrichten.
- Vor Montage der Kupplung die Keilverzahnungen der Kupplungswelle mit etwas Fett einschmieren.
- Falls die ursprüngliche Kupplung wieder montiert wird, den Kupplungskörper entsprechend den Kennzeichnungen am Schwungrad montieren. Die Kupplung mit einem Hammer anschlagen, bis sie ringsherum richtig sitzt.
- Die Kupplungsschrauben über Kreuz in mehren Durchgängen auf das endgültige Anzugsdrehmoment von 25 Nm anziehen. Dabei wird der Zentrierdorn (oder die Welle) häufig herausgezogen und hineingeschoben, um zu kontrollieren, ob die Flucht noch stimmt. Das Schwungrad muss in geeigneter Weise gegengehalten werden, während man die Schrauben festzieht.
- Das Getriebe kann jetzt wieder eingebaut werden.

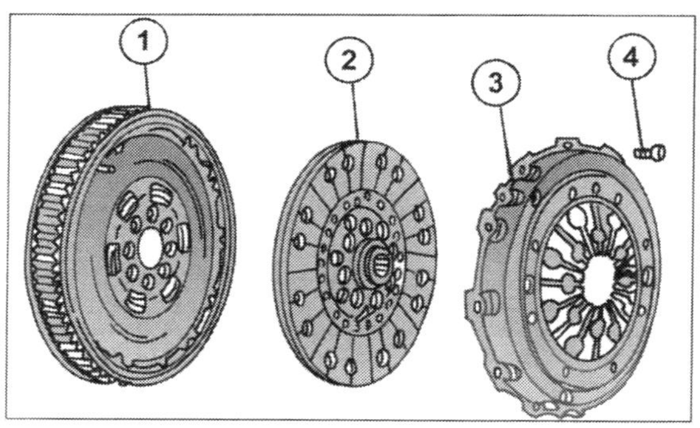

Bild 194
Die Teile der Kupplung. In den Anweisungen wird besonders auf die Einbauweise der Mitnehmerscheibe hingewiesen.
1 Schwungrad, unterschiedliche Ausführung beachten
2 Kupplungsmitnehmerscheibe
3 Kupplungsdruckplatte (Anweisungen beim VR6 beachten)
4 Kupplungsschrauben, 25 Nm, immer erneuern

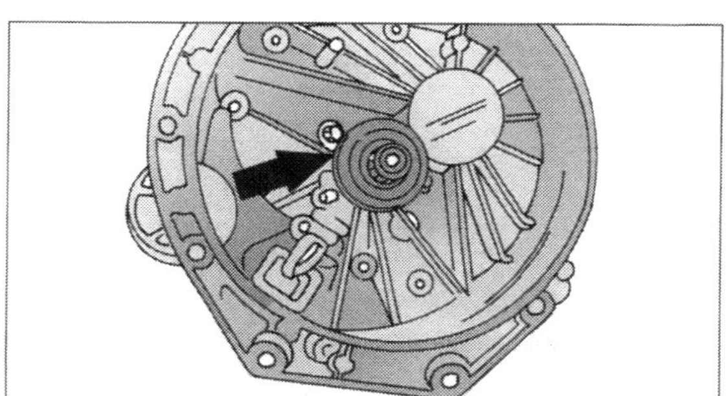

Bild 195
Die Lage des Kupplungsnehmerzylinders und Ausrücklagers in der Innenseite der Kupplungsglocke.

8.5 Der Kupplungsausrückmechanismus

Das Ausrücken der Kupplung wird durch ein mit Hauptzylinder (Geberzylinder) und Nehmerzylinder versehenes Ausrücksystem vorgenommen. Die Ausrückung der Kupplung geschieht entgegen der herkömmlichen Weise mit einem Nehmerzylinder, welchen man nicht von der Außenseite des Getriebes sehen kann. Der Nehmerzylinder und das Kupplungsausrücklager befinden sich in der Innenseite des Getriebes, wie man aus Bild 195 ersehen kann. Der Zylinder hat eine Entlüftungsschraube. Der Zylinder kann nicht zerlegt werden.
Der Hauptbremszylinder mit dem Vorratsbehälter für die Hydraulikflüssigkeit sitzt auf der linken Seite des Pedalbocks. Bild 196 zeigt die Auslegung der kompletten Kupplungsanlage mit der Anordnung der einzelnen Teile zueinander. Je nach eingebautem Getriebe wird man Unterschiede in der Anschlussweise verschiedener Teile vorfinden.

Hydraulische Anlage prüfen

Wenn die Kupplung richtig trennt, ist in jedem Fall auch die Kupplungshydraulik in Ordnung. Trennt sie dagegen schlecht oder fällt das Pedal ohne Widerstand durch, ist sicher Luft in die hydraulische Anlage geraten. Nur Entlüften hilft da nicht – die Leckstelle muss ausfindig gemacht und repariert werden. Jetzt können Sie entlüften.
Wer eine vorbeugende Untersuchung der Kupplungshydraulik vornehmen will, sucht nach Spuren von Bremsflüssigkeit am Geberzylinder (oben am Kupplungspedal) und am Nehmerzylinder (im Getriebe, nur durch Tropfstellen von Flüssigkeit aus dem Getriebe feststellbar).
Ölfeuchte Kupplungszylinder sind undicht und müssen ausgetauscht werden. Am Nehmerzylinder wird sich die

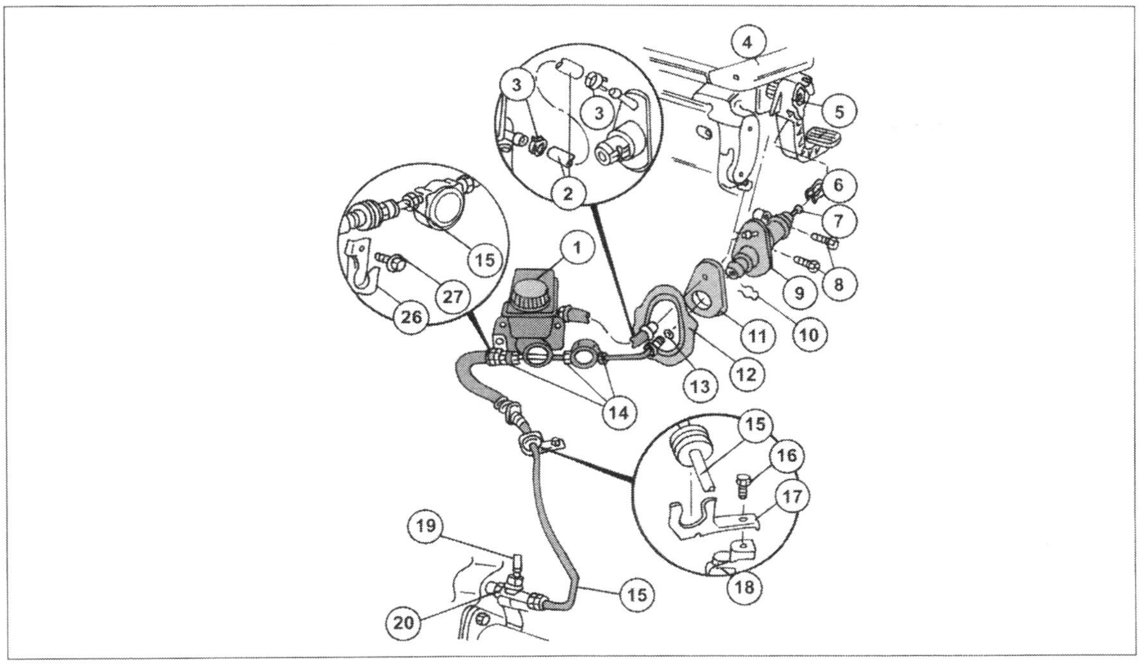

Bild 196
Die Teile der hydraulischen Kupplungsanlage. Nicht bei allen Ausführungen sieht es gleich aus.

1 Vorratsbehälter
2 Flüssigkeitsschlauch, bis zum Anschlag aufschieben
3 Federbandschelle
4 Pedalbock
5 Kupplungspedal
6 Sicherungshalter
7 Stößelstange des Geberzylinders
8 Schraube, 20 Nm
9 Kupplungsgeberzylinder
10 Leitungshalteclip
11 Dichtung, immer erneuern
12 Montageplatte an der Stirnwand
13 Dichtring, immer erneuern, auf Leitungsende aufdrücken
14 Überwurfmuttern, 15 Nm
15 Schlauch/Leitung mit Gummitülle geführt
16 Schraube, 10 Nm
17 Leitungshalter, am Getriebe angeschraubt
18 Getriebe
19 Entlüftungsventil am Nehmerzylinder
20 Kupplungsnehmerzylinder
26 Haltewinkel
27 Schraube, 8 Nm

Herkunft des Ölschmutzes allerdings ohne gründliche Reinigung dieses Bereiches nur schwer lokalisieren lassen.

Kupplungsnehmerzylinder erneuern

Wiederum müssen wir darauf hinweisen, dass die Arbeit zur Erneuerung des Zylinders ziemlich umfangreich ist, da man das Getriebe ausbauen muss. Bei der Erneuerung des folgendermaßen vorgehen:

- Getriebe ausbauen (siehe anschließenden Abschnitt „Getriebe").
- Die Staubschutzabdeckung (Faltenbalg) aus der Öffnung des Getriebes herausziehen.
- Die Flüssigkeitsleitung abschließen. Dazu die Überwurfmutter lösen und die Leitung herausziehen. Das Leitungsende in geeigneter Weise verschließen, damit kein Schmutz eindringen kann.
- Den Kupplungsnehmerzylinder zusammen mit dem Kupplungsausrücklager aus der Innenseite des Getriebes ausbauen (3 Schrauben).
- Den O-Dichtring aus der Innenseite des Zylinders herausnehmen. Dieser muss immer erneuert werden.
- Der Dichtring im Nehmerzylinder kann erneuert werden, falls er Zeichen von Leckstellen zeigt. Dieser sitzt in der Rückseite der Ausrückeinheit und wird in der in Bild 197 gezeigten Weise ausgehebelt. Den neuen Dichtring mit einem geeigneten Druckstück einpressen, bis er bündig mit der Außenfläche des Gehäuses ab-schließt.

Der Einbau des Zylinders geschieht in umgekehrter Reihenfolge wie der Ausbau. Die drei Bundschrauben mit 11 Nm anziehen. Die Überwurfmutter der Flüssigkeitsleitung wird mit 20 Nm angezogen.

Abschließend das Getriebe wieder einbauen.

Die Kupplung nach Einbau des Getriebes kontrollieren. Dabei vor allem auf ein kratzendes Geräusch beim Einlegen der einzelnen Gänge achten. Geräusche werden vor allem beim Einlegen des Rückwärtsganges hörbar sein, wenn der Kupplungsmechanismus nicht arbeitet. Eine schlechte Ausrückung der Kupplung kann auf Luft in der Anlage zurückgeführt werden.

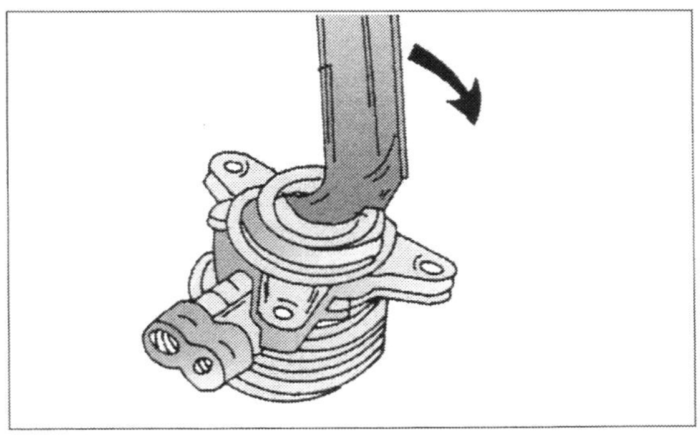

Bild 197
Aushebeln des Dichtringes aus der Rückseite des Nehmerzylinders.

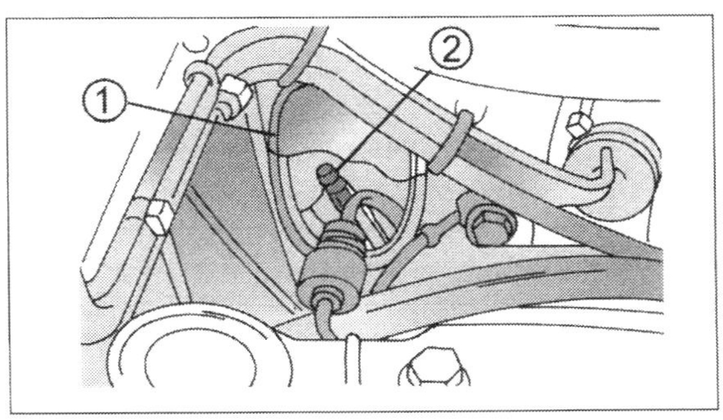

Bild 198
Entlüften der Kupplungsanlage. Die Staubschutzkappe (1) zurückziehen, und einen Entlüftungsschlauch an der gezeigten Stelle auf die Entlüftungsschraube (2) stecken. Die Schraube wird mit 15 Nm angezogen.

Kupplungsgeberzylinder – Aus- und Einbau

Aufgrund der Anordnung des Geberzylinders ist der Ausbau des Geberzylinders umfangreicher, als dies normalerweise der Fall ist, da einige Vorarbeiten getroffen werden müssen, um an den Zylinder heran zu kommen. Wiederum überlassen wir es Ihnen, ob Sie die Arbeit selbst in Angriff nehmen. Die untere Verkleidung des Armaturenbretts auf der Fahrerseite und die Abzweigdose der Zentralelektrik müssen zum Beispiel ausgebaut werden, um an die Zylinderbefestigung zu gelangen. Aus diesem Grund und aufgrund der zuverlässigen Arbeitsweise des Zylinders sehen wir von einer Beschreibung der Arbeiten ab.

Hydraulische Anlage entlüften

Die Entlüftung der hydraulischen Anlage findet in gleicher Weise statt, wie es beim Entlüften der Bremsanlage beschrieben ist, mit dem Unterschied, dass der Entlüftungsschlauch am Entlüftungsventil des Kupplungsnehmerzylinders aufzustecken ist. Das Entlüftungsventil befindet sich in der Nähe der Verbindung Motor/Getriebe an der in Bild 198 gezeigten Stelle. Zum Öffnen der Entlüftungsschraube einen gut passenden Ringschlüssel benutzen.

Die Anlage muss immer entlüftet werden, wenn die hydraulischen Leitungen abgeschlossen wurden oder falls Luft auf andere Weise in die Anlage eingedrungen ist.

Der Luftfilter muss ausgebaut werden, um an die gezeigte Entlüftungsschraube zu kommen. Nach dem Entlüften den Flüssigkeitsstand im Vorratsbehälter kontrollieren und ggf. berichtigen. Nicht die beim Entlüften ausgestoßene Bremsflüssigkeit wieder zum Nachfüllen benutzen.

Wichtiger Hinweis: Ehe man die Kupplungsanlage entlüftet, muss man die betreffenden Hinweise im Kapitel „Bremsanlage“ über den Umgang mit Bremsflüssigkeit durchlesen, die natürlich auch für die Kupplungsanlage gelten. Bremsflüssigkeit ist zu einem gewissen Grad giftig!

8.6 Kupplungsausrücklager

Das Kupplungsausrücklager ist integral mit dem Kupplungsnehmerzylinder gebaut, d. h. die beim Aus- und Einbau des Zylinders gegebenen Arbeitsanweisungen gelten ebenfalls, wenn man der Ansicht ist, dass das Ausrücklager erneuert werden muss.

Ein Sechsganggetriebe der Ausführung „02N" wird serienmäßig bei allen in dieser Ausgabe behandelten Fahrzeugen eingebaut. Unterschiede liegen jedoch in den Übersetzungsverhältnissen und der Untersetzung des Achsantriebs vor. Das Getriebe wird durch eine Seilschaltung geschaltet. Auch Fahrzeuge mit Allradantrieb haben ein Sechsganggetriebe mit der gleichen Bezeichnung.

Das Getriebe und der vordere Achsantrieb, zusammen mit dem Differential, sind innerhalb eines Gehäuses untergebracht. Aus diesem Grund ist es nicht möglich, einen Teil zu reparieren, ohne den anderen Teil dabei zu stören. Das Getriebe wird durch eine Seilschaltung geschaltet.

Die Getriebekomponenten haben eine sehr lange Lebenserwartung. Wenn das Getriebe trotzdem einmal defekt ist, müssen Sie die Reparatur einer Werkstatt überlassen. Zur Reparatur des Getriebes und Antriebs werden Spezialwerkzeuge benötigt und auch Ihre Werkstatt wird höchstwahrscheinlich das Getriebe zu einem Spezialisten schicken.

Das Getriebe hat einen ernsthaften Defekt – Was soll man machen?

Ehe Sie sich entschließen, das Getriebe zur Überholung zu geben oder zu erneuern, erkundigen Sie sich über die Erhältlichkeit eines Austauschgetriebes. Dieses unterliegt den gleichen Garantievorschriften wie ein neues Getriebe und könnte am Ende billiger sein, als eine Überholung Ihres alten Getriebes. Die Getriebe haben unterschiedliche Kennzeichnungen. Dies ist beim Einbau eines neuen oder Austauschgetriebes zu beachten. Getriebe sind an den in Bild 199 gezeigten Stellen gekennzeichnet. Das gezeigte Getriebe ist in einem Fahrzeug mit Vierradantrieb eingebaut.

9.1 Aus- und Einbau des Getriebes

9.1.1 Ausbau

Hinweis: Der Aus- und Einbau wird für das Getriebe in einem Fahrzeug mit Vierradantrieb mit Vier- und Sechszylindermotor beschrieben. Wird das Getriebe bei einem Fahrzeug mit Vorderradantrieb ausgebaut, muss man die Anweisungen entsprechend ableiten, da der Platz fehlt, eine getrennte Beschreibung zu geben. Die Unterschiede zwischen den Vierzylindermotoren und dem Sechszylindermotor sind zu beachten, jedoch gilt die Beschreibung im Allgemeinen für alle Ausführungen. Vor allem die Getriebeaufhängungen sind gleich.

Das Getriebe wird von der Unterseite des Fahrzeuges ausgebaut werden, sodass der Wagen entsprechend aufzubocken ist. Ein fahrbarer Wagenheber (Rollwagenheber) ist ebenfalls erforderlich, um das Getriebe zu stützen. Ganz gleich, auf welche Weise der Wagen aufgebockt wird, immer darauf achten, dass kräftige Unterstellböcke unter den Rahmen gesetzt werden (siehe Abschnitt 1).

- Negatives Kabel der Batterie abklemmen (an Diebstahl-Code des Radios denken).
- Die Luftführungsverkleidung (1) in Bild 42 links ausbauen. Die Trennwand des Batterieraums (2) zusammen mit dem Ausgleichsbehälter der Kühlanlage ausbauen und auf einer Seite ablegen. Kühlanlage nicht öffnen.
- Die Batterie und den Batterieträger ausbauen.
- Während das Fahrzeug noch auf den Rädern steht, die Schrauben der Antriebswellen von der Radnabe lösen und alle Radschrauben um einige Umdrehungen lockern (linke und rechte Seite).
- Luftfiltergehäuse und den Luftansaugschlauch ausbauen.
- Unter Bezug auf Bild 200: Den Sperrmechanismus der beiden Schaltseile sichern, indem man sie in Richtung des Pfeils (1) bis zum Anschlag nach vorn zieht und danach in Richtung des Pfeils (2) nach links verdreht. Die Seile werden in dieser Stellung verbleiben. Wie in Bild 201 gezeigt, die Sicherungsscheibe (1) vom Umlenkhebel (A) entfernen und den Hebel abnehmen. Den Schalt-

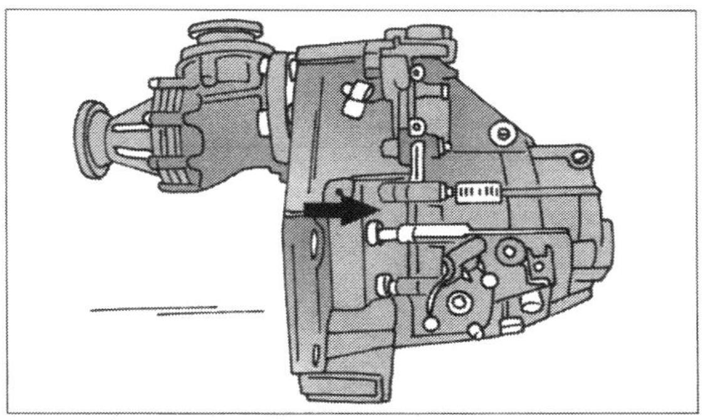

Bild 199
Die Kennzeichnung eines Getriebes kann an der gezeigten Stelle gefunden werden.

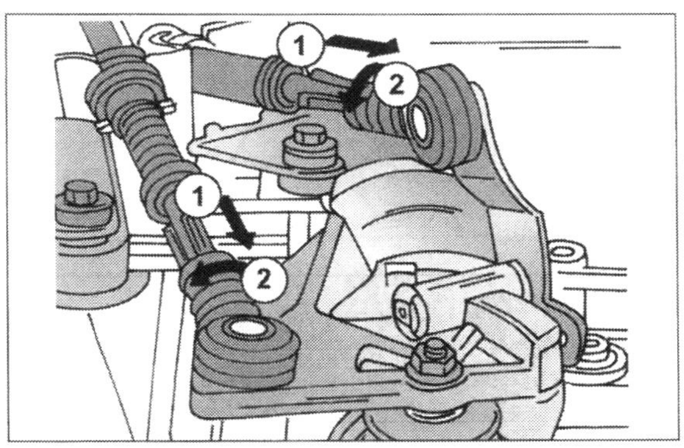

Bild 200
Zum Lösen der Schaltseile. Siehe Text.

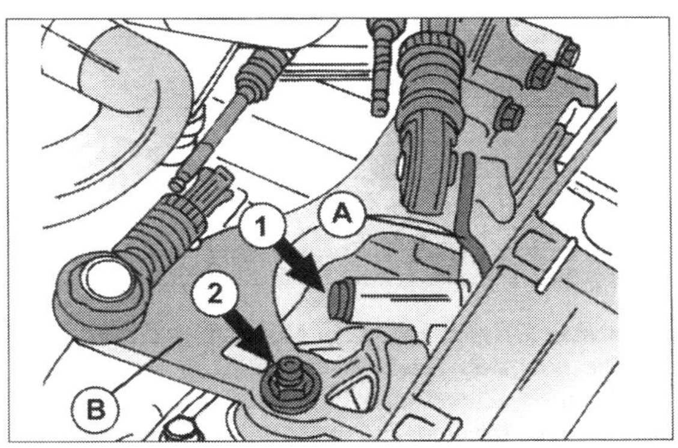

Bild 201
Sicherungsscheibe (1) vom Umlenkhebel (A) entfernen und den Hebel abziehen. Zum Ausbau des Schaltwählhebels (B) die Mutter (2) abschrauben.

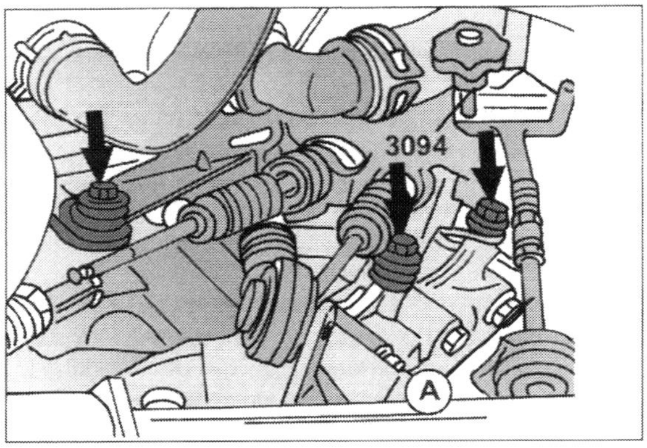

Bild 202
Der Schlauch (1) für die Kupplungsflüssigkeit wird mit der Zwinge (3094) abgedrückt. Das Widerlager der Schaltseile ist an den Pfeilstellen mit Schrauben gehalten.

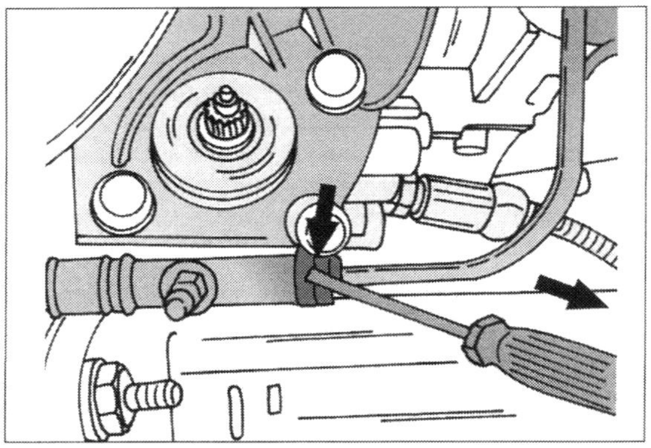

Bild 203
Mit einem Schraubendreher wird der Clip zur Befestigung der Schlauch/Leitungseinheit für die Kupplungsbetätigung herausgedrückt und die Leitung in Pfeilrichtung rechts herausgezogen.

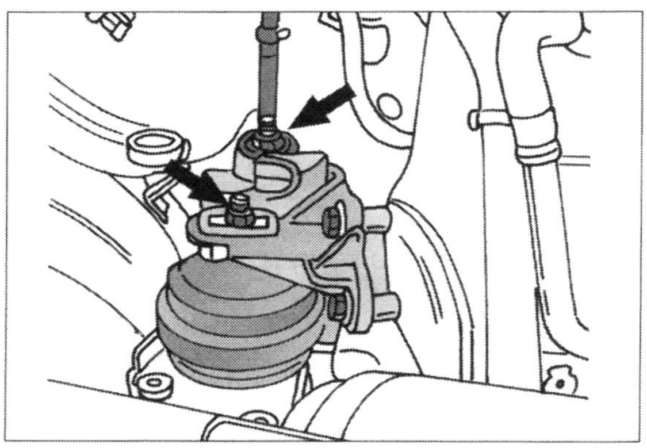

Bild 204
Die Muttern der rechten Motoraufhängung an den Pfeilstellen lösen.

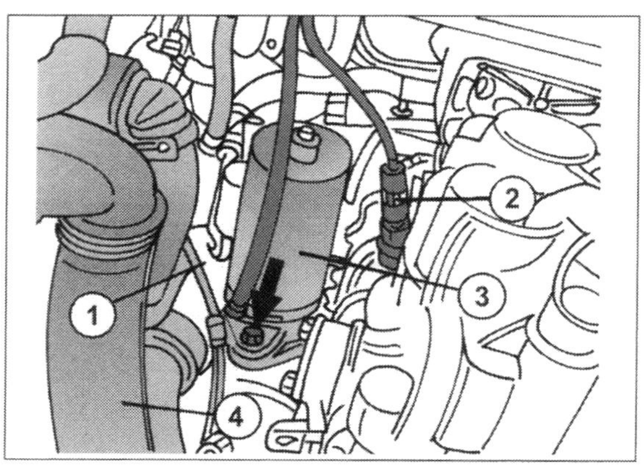

Bild 205
Zum Ausbau des Anlassers.
1 Stützwinkel am Anlasser
2 Stecker, Schalter der Rückfahrleuchten
3 Anlasser
4 Ladeluftschlauch (Diesel)

wählhebel (B) nach Lösen der Mutter (2) abziehen.

- Die nächsten Arbeiten unter Bezug auf Bild 202 durchführen. Zuerst den Flüssigkeitsschlauch für die Kupplung (1) mit einer Zwinge abdrücken (mit der Spezialzwinge 3094 angegeben) und den Schlauch mit der Leitung aus dem Halter am Getriebe herausziehen. Den Halter der Schaltseile an den Pfeilstellen vom Getriebe abschrauben und die beiden Schaltseile nach oben ziehen und in geeigneter Weise festbinden.
- Einen Kabelstecker vom Geber des Tachometers abziehen.
- Einen Schraubendreher an der in Bild 203 gezeigten Stelle ansetzen und den Clip der Schlauch/Leitungseinheit für die Kupplungsflüssigkeit heraushebeln und Schlauch/Leitung in Pfeilrichtung herausziehen. Das Leitungsende in geeigneter Weise verschließen.
- Die Schrauben zwischen Motor und Getriebe an der Oberseite herausschrauben. Ebenfalls die obere Schraube des Anlassers lösen.
- Bei einem Dieselmotor die Verbindungsleitung des Ladeluftkühlers vom Ansauganschlussstück ausbauen, den Halter der Verbindungsleitung am Zylinderkopf entfernen.
- Den Motor und das Getriebe mit einem Hebezeug und einem Seil aus den Aufhängungen hängen, sodass das Aggregat gut gehalten wird.
- Die Befestigungsmuttern der rechten Motoraufhängung entfernen. Diese sind in Bild 204 mit den Pfeilen gezeigt.
- Fahrzeug vorn auf Böcke setzen, die Schrauben des linken Rades vollkommen ausschrauben und das Rad abnehmen.
- Die Geräuschverkapselung unter dem Motor und Getriebe ausbauen.
- Den Stützwinkel des Anlassers (1) in Bild 205 ausbauen, die Kabel des Anlassers abklemmen und den Anlasser (3) ausbauen. Ebenfalls den Kabelstecker vom Schalter der Rückfahrleuchten abziehen. Ventilatorverkleidung zusammen mit den Lüftern ausbauen (Abschnitt „Kühlanlage"). Bei einem Dieselmotor den Verbindungsschlauch (4) vom Ladeluftkühler trennen und ausbauen. Bei diesem Motor die rechte Antriebswelle ausbauen.
- ***Bei allen Ausführungen*** die Antriebswellen von den Flanschen am Getriebe abschrauben.
- Die Koppelstange auf der linken Seite vom Kurvenstabilisator trennen (Bild 206) und das Traggelenk der Radaufhängung an den in Bild 207 gezeigten Stelle links und rechts abschrauben. Das Radlagergehäuse (Achsschenkel) nach außen ziehen und die linke Antriebswelle zwischen Nebenrahmen und Getriebe herausziehen. Antriebswelle anheben und mit Draht am Federbein befestigen.
- Abgasanlage trennen, Katalysator ausbauen und das vordere Abgasrohr am Abgaskrümmer oder Abgasturbolader abschrauben. Die Auspuffanlage jetzt vom Nebenrahmen abschrauben (je zwei Schrauben/Muttern, links und rechts, siehe Bild 208).
- Bei eingebautem Dieselmotor die Unterdruckdose für die Ladedruckregulierung (1) vom Turbolader abschrauben (rechts im Bild, Pfeilstellen) und festbinden, wo sie nicht im Weg ist. Die Ölrücklaufleitung (2) vom Motor abschließen.
- Bei allen Fahrzeugen das Zwischengetriebe vom Motor abschrauben, das kleine Abdeckblech hinter dem Zwischengetriebe ausbauen (falls eingebaut).
- Anschlussweise der Gelenkwelle am Zwischengetriebe kennzeichnen und die in Bild 209 gezeigten

Schrauben lösen.

- Die Pendelaufhängung ausbauen. Dazu die beiden von unten eingesetzten Schrauben ausdrehen und auf der anderen Seite die Mutter abschrauben und die Schraube ausschlagen.
- Das Getriebe jetzt mit einem Wagenheber von unten abstützen. In der Werkstatt werden dazu Spezialbügel und -vorrichtungen benutzt, die man bestimmt nicht hat. Wichtig ist, dass das Getriebe bei den nächsten Arbeiten gut abgestützt wird.
- Die linke Aufhängung unter Bezug auf Bild 210 ausbauen. Dazu die Schrauben (A) von der Aufhängung (2) herausdrehen und die Mutter (B) vom Aufhängungsträger (1) lösen. Der Träger kann an der Aufhängung bleiben, muss aber vom Getriebe abgeschraubt werden. In Bild 211 sind nur zwei der Schrauben (A) gezeigt, eine weitere Schraube (B) ist nicht sichtbar.
- Motor/Getriebe vorsichtig nach vorn schieben und abkippen, bis der Träger der linken Aufhängung herausgenommen werden kann.
- Schrauben zwischen Motor und Getriebe an der Unterseite herausdrehen.
- Kontrollieren, dass alle Schrauben zwischen Motor und Getriebe gelöst wurden und das Getriebe langsam vom Motor abziehen. Sobald wie möglich den Kabelstecker vom Geber für Öltemperatur/Ölstand von der Ölwanne abziehen.
- Das Getriebe von den Passhülsen im Zylinderblock abdrücken und auf dem Wagenheber ruhend absenken. Wie man feststellen wird, muss das Getriebe dabei etwas geschwenkt werden, um an anderen Teilen des Aufhängungsträgers vorbeizukommen.

9.1.2 Einbau

Der Einbau des Getriebes geschieht in umgekehrter Reihenfolge wie der Ausbau, unter Beachtung der folgenden Punkte:

- Kerbverzahnungen der Antriebswelle mit Fett (G000 100) einschmieren. Man sollte sich etwas davon in einer Werkstatt besorgen.
- Falls die Mitnehmerscheibe ausgebaut wurde, sollte man sie auf die Verzahnungen der Getriebewelle schieben, um zu gewährleisten, dass sie leicht hin- und herrutschen kann.
- Beim Einsetzen des Getriebes auf den richtigen Sitz der Zwischenplatte achten und das Getriebe auf die Passhülsen schieben. Die Passhülsen müssen im Zylinderblock sitzen. Andernfalls aus dem Getriebe herausziehen und in den Zylinderblock einschlagen.
- Getriebe auf dem Wagenheber in die richtige Lage heben und in Eingriff mit dem Motor bringen. Sobald das Getriebe gegen den Motor ansitzt, eine der Befestigungsschrauben eindrehen und leicht festziehen. Falls die Mitnehmerscheibe nicht sofort mit der Getriebewelle in Eingriff kommt, kann man die Kurbelwelle von einem Helfer etwas hin- und herdrehen lassen, indem man am Keilrippenriemen zieht.
- Die verbleibenden Schrauben an der Unterseite einschrauben und festziehen. Ebenfalls den Anlasser einbauen. Getriebeschrauben mit 80 Nm, Anlasserschrauben mit 45 Nm anziehen.
- Die in Bild 211 gezeigten Schrauben (A) und (B) mon-

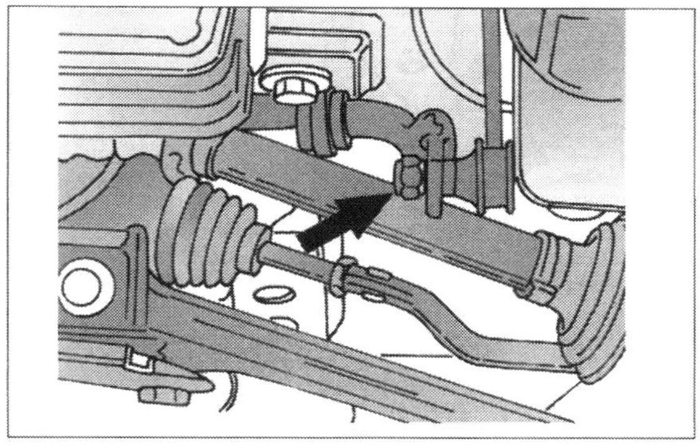

Bild 206
Die Befestigung der Koppelstange nur vom Kurbelstabilisator abschrauben. Oben angeschlossen lassen.

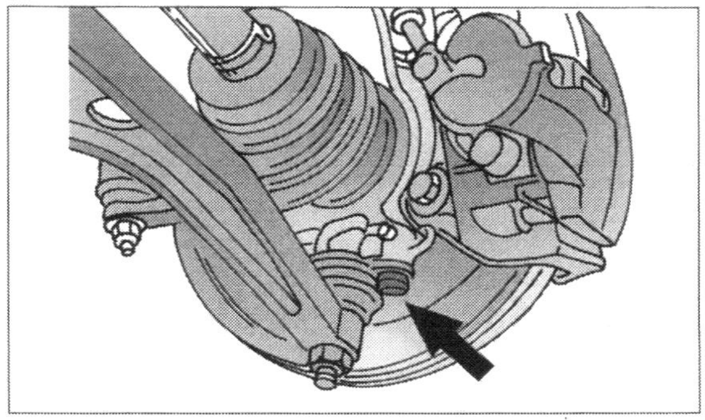

Bild 207
Die beiden Schrauben des Tragkugelgelenks vom Achsschenkel abschrauben. Nicht das Kugelgelenk aus dem Querlenker ausdrücken.

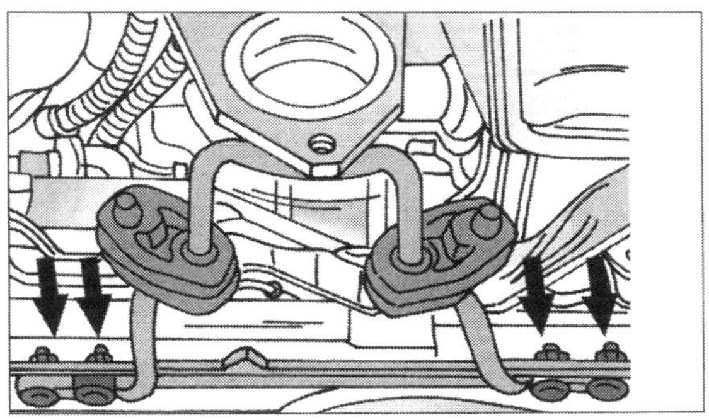

Bild 208
Die Abgasanlage ist an den Pfeilstellen am Nebenrahmen befestigt.

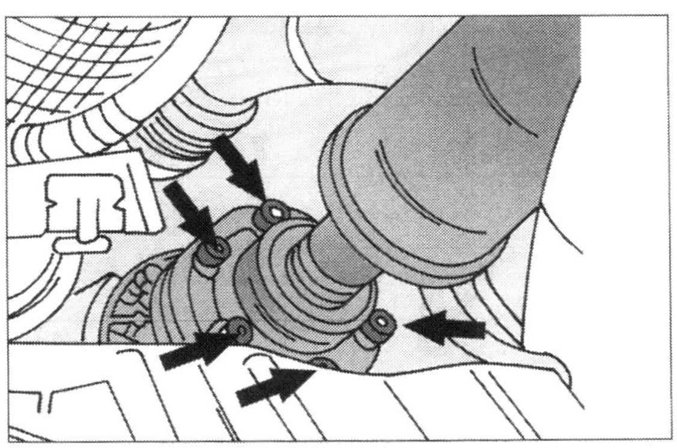

Bild 209
Anschluss der Gelenkwelle am Getriebeflansch.

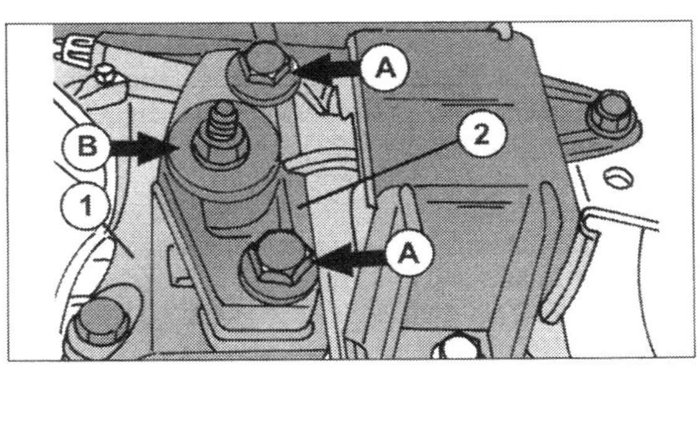

Bild 210
Befestigung der linken Getriebeaufhängung (2) am Aufhängungsträger (1). Schrauben (A) und eine Mutter (B) werden gelöst. Ebenfalls den Träger in Bild 211 abschrauben.

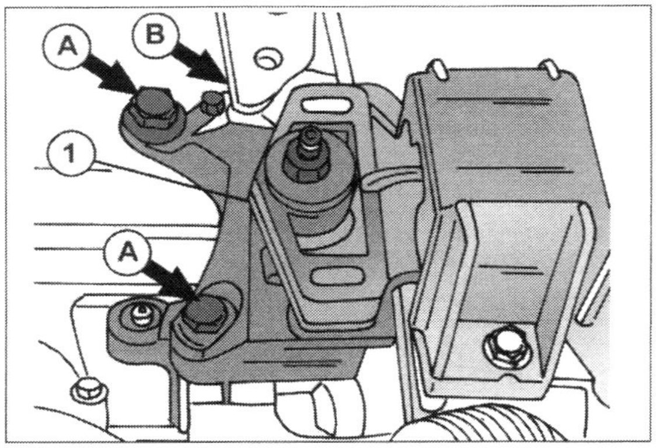

Bild 211
Der Aufhängungsträger (1) ist an den Pfeilstellen (A) und (B) befestigt. Die Schrauben mit 60 Nm + 90° anziehen.

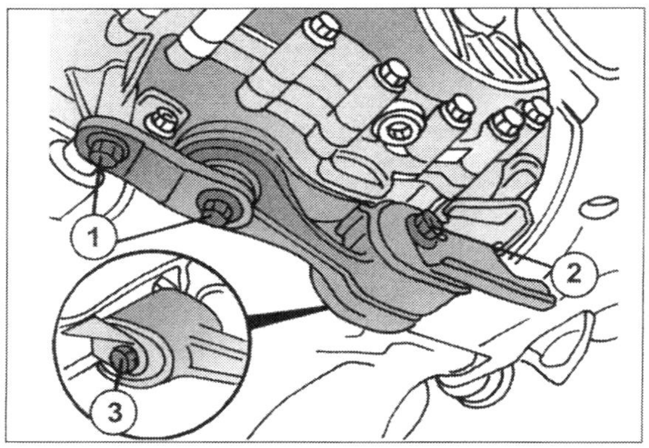

Bild 212
Befestigung der Pendelaufhängung. Schrauben (1) mit 60 Nm + 90°, Mutter (2) und Schraube (3) mit 100 Nm anziehen.

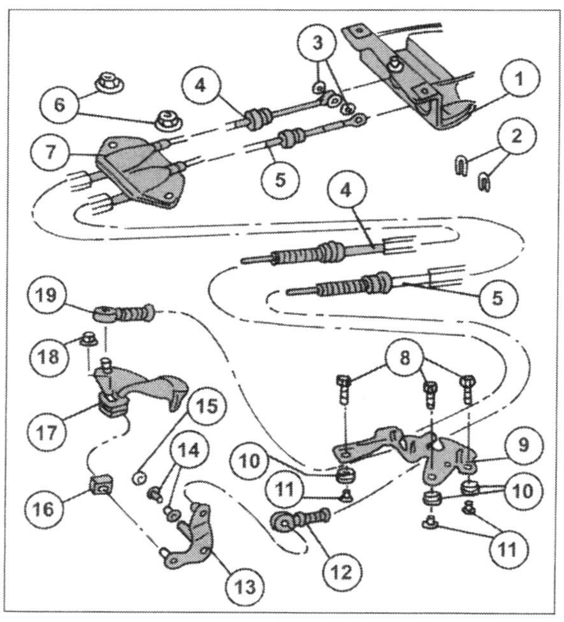

Bild 213
Die Teile der Seilschaltung. Auf die Zahlen wird im Text eingegangen.

tieren und anziehen. Schrauben mit 60 Nm + 90° anziehen. Danach das Getriebe an der Karosserie verschrauben. Diese Befestigung ist in Bild 210 gezeigt. Immer neue Schrauben und Mutter verwenden. Schrauben (A) und Mutter (B) mit 90 Nm + 90° anziehen.

- Die Pendelaufhängung am Getriebe montieren. Die von unten eingesetzten Schrauben mit 60 Nm + 90°, Mutter und Schraube auf der anderen Seite mit 100 Nm anziehen. Dabei kann man sich an Bild 212 halten.
- Die linke Antriebswelle wieder einbauen, wie es in Abschnitt 10 beschrieben wird.
- Die linke Koppelstange mit dem Stabilisator verbinden. Die Mutter mit 100 Nm anziehen.
- Radlagergehäuse (Achsschenkel) mit dem Tragkugelgelenk verbinden. Die beiden Schrauben mit 55 Nm anziehen.
- Die Schrauben zwischen Motor und Getriebe an der Oberseite einschrauben und mit 80 Nm anziehen. Massekabel dabei anschrauben.
- Die beiden Schaltseile wieder anschließen. Die beiden Schaltseilenden auf die jeweiligen Hebel am Getriebe drücken.
- Das Leitungswerk in die Halterung am Getriebe und in den Nehmerzylinder einsetzen. Die Leitung durch Einschieben der Sicherungsspange befestigen.
- Zu den weiteren Arbeiten gehören die Entlüftung der Kupplungsanlage sowie die Einstellung der Gangschaltung (siehe nächstes Kapitel). Da das Getriebeöl zum Teil ausgelaufen ist, muss man ebenfalls den Ölstand im Getriebe überprüfen.

9.2 Getriebeschaltung

Probleme beim Schalten
Die Schaltung ist so ausgelegt, dass sie vielleicht nach Ausbau des Getriebes eingestellt werden muss. Bei der späteren Beschreibung der Schaltung versuchen wir dies zu vermeiden. Andernfalls muss man bei einer Werkstatt vorfahren, um die Schaltung einstellen zu lassen. Treten Probleme während der täglichen Benutzung des Fahrzeuges auf, sollten Sie kontrollieren, ob die Teile der Schaltbetätigung verbogen oder die Lagerbuchsen verschlissen sind.

9.2.1 Erneuerung der Schaltseile

Die Erneuerung der Schaltseile kann man als sehr umfangreich betrachten. Bild 213 zeigt, wie sich die Schaltseile zusammensetzen. Wiederum wird ein Getriebe für ein Fahrzeug mit Allradantrieb gezeigt. Schaltseile können nicht einzeln erneuert werden, da sie zu einer Einheit gefertigt wurden.

Aus Erfahrung gesprochen
Ehe man versucht die beiden Schaltseile zu erneuern, sollte man alle Anweisungen durchlesen. Viele Arbeiten sind ziemlich kompliziert und für den Uneingeweihten verhältnismäßig schwer durchzuführen.
Die folgenden Anweisungen sind im Zusammenhang mit Bild 213 gegeben:

- Die beiden Sicherungsringe (2) sowie die Sprengringe (3) halten die Schaltseile am Schalthebelgehäuse.
- Das Gangwählseil (4) wird auf die Führung des Schalthebels aufgedrückt. Vor dem Einbau das Kugelgelenk und die Seilenden mit etwas Fett einschmieren. Bild 214 zeigt die Anschlussweise des Seils am Gangschalthebel (1) am Getriebe. Der gezeigte Umlenkhebel (1) ist mit dem Hebel verbunden. Zum Abdrücken des Kugelgelenks einen 13-mm-Gabelschlüssel benutzen, welcher in der in Bild 215 gezeigten Weise unter dem Kugelkopf angesetzt wird. Danach den Kopf abdrücken.

Beim Einbau den Kugelkopf auf den Schaltwählhebel aufdrücken.

- Das Schaltseil (5) dient zur Gangwahl. Wie oben behandeln. Bild 215 zeigt, um welchen Seilanschluss es sich handelt. Beim Einbau den Kugelkopf auf den Umlenkhebel aufdrücken (Bild 216).
- Die beiden Muttern (6) der Halteplatte (7) mit 5 Nm anziehen. Die Platte hat einen Dichtring, welcher richtig eingebaut werden muss.
- Die Schrauben (8) halten die am Getriebe verschraubte Abstützplatte (9). Mit 20 Nm anziehen. Büchsen (10) und Distanzhülsen (11) dienen zur Befestigung.
- Das andere Ende des Schaltseils (12) ist am Umlenkhebel (13) angeschlossen. Der Hebel ist mit den Büchsen (14) und dem Sprengring (15) befestigt.
- Der Schalthebel am Getriebe (17) hat ein Ausgleichsgewicht. Kann nur in einer Stellung auf die Schaltwelle aufgeschoben werden. Ein Führungsstück (16) greift an der gezeigten Stelle ein. Die Mutter mit 20 Nm anziehen (immer erneuern).
- Das am Schaltwählhebel angeschlossene Seilende (19) ist am Umlenkhebel angeschlossen.
- Batteriekabel abklemmen und die Batterie ausbauen. An den Sicherheits-Code eines eingebauten Radios denken.
- Unter Bezug auf Bild 234 (links) die Luftführung (1) ausbauen (die Teile zeigen die Befestigungsstellen) und die Trennwand des Batterieraums ausbauen (2). Den Ausgleichsbehälter der Kühlanlage abschrauben und auf einer Seite ablegen (Schläuche nicht abschließen). Batterie und Batterieträger ausbauen.
- Unter Bezug auf Bild 217 den Sperrmechanismus der beiden Schaltseile sichern, indem man sie in Richtung des Pfeils (1) bis zum Anschlag nach vorn zieht und danach in Richtung des Pfeils (2) nach links verdreht. Die Seile werden in dieser Stellung verbleiben. Beide Schaltseile aus den Widerlagern am Getriebe herausnehmen. Dazu die Schnellverschlüsse in Pfeilrichtung von Bild 218 verdrehen und die Seile nach oben aus dem Widerlager herausziehen.
- Die Abgasanlage trennen, den Katalysator ausbauen und das vordere Abgasrohr vom Abgaskrümmer oder Abgasturbolader abschrauben. Ebenfalls die vordere Gelenkwelle und das Wärmeschutzschild über der Abgasanlage ausbauen.
- Die Muttern an der Unterseite des Schalthebelgehäuses lösen.
- Beide Vordersitze mit den Sitzgleitschienen und den Rahmen unter den Sitzen ausbauen.
- Die Einfassung des Schalthebels vorn und hinten von der Mittelkonsole aushebeln und nach oben zu abziehen.
- Einen Clip an der Oberseite des Schalthebels entfernen und den Schalthebelknopf mit der Einfassung abziehen.
- Die mittlere Konsole ausbauen und auf einer Seite ablegen.
- Die beiden Schaltseile vom Schalthebelgehäuse abschließen. Dazu mit einem Schraubendreher eine Sicherungslasche anheben und einen Clip entfernen. Ein Seil vom Schalthebelgehäuse, das andere Seil vom Widerlager trennen. Schalthebel mit dem Schalthebelgehäuse herausheben.
- Die mittlere Abdeckung unter dem Armaturenbrett ausbauen. Diese wird von unten mit zwei Kreuzschlitzschrauben gehalten.

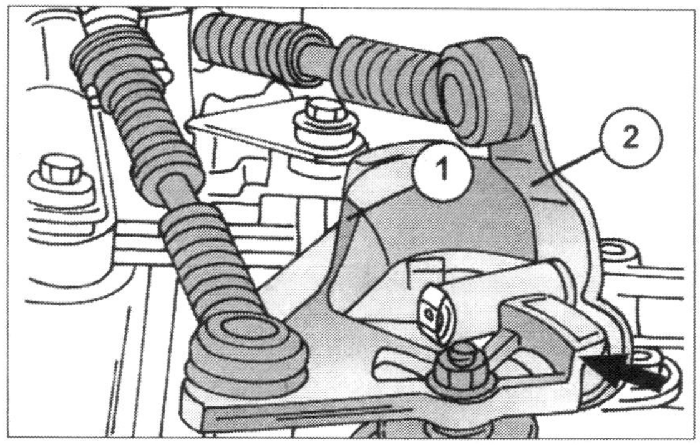

Bild 214
Einbaulage des Gangschalthebels am Getriebe (1) und des Umlenkhebels (2).

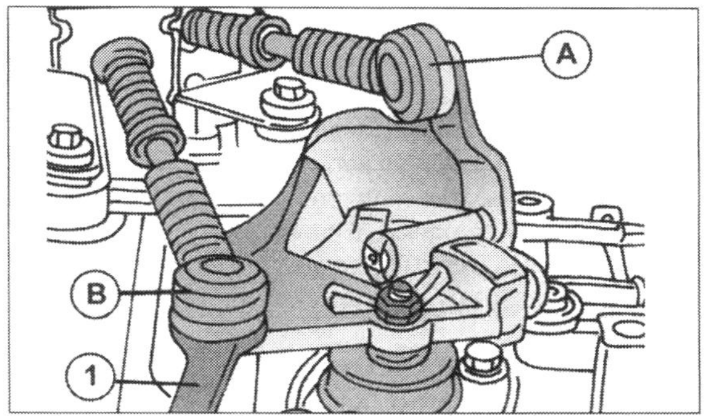

Bild 215
Die beiden Schaltseile (A) und (B) können mit dem genannten Gabelschlüssel (1) abgehebelt werden.

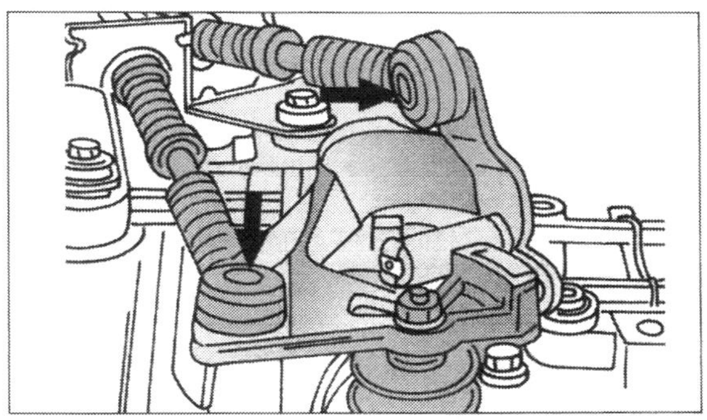

Bild 216
Beim Einbau der Schaltseile werden diese einfach auf den Schalthebel oder den Umlenkhebel aufgedrückt.

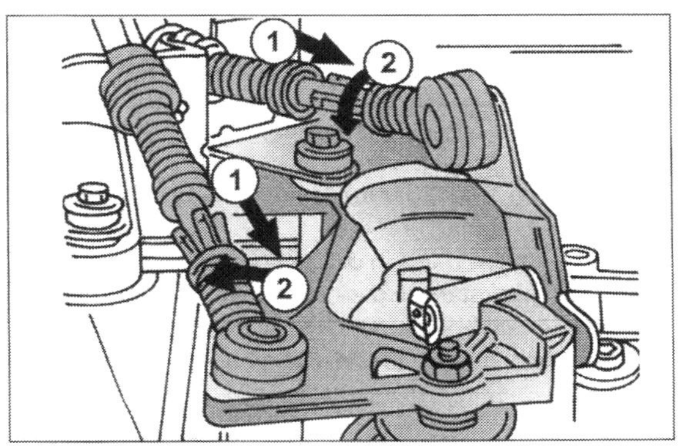

Bild 217
Zur Arretierung des Sperrmechanismus. Siehe Text.

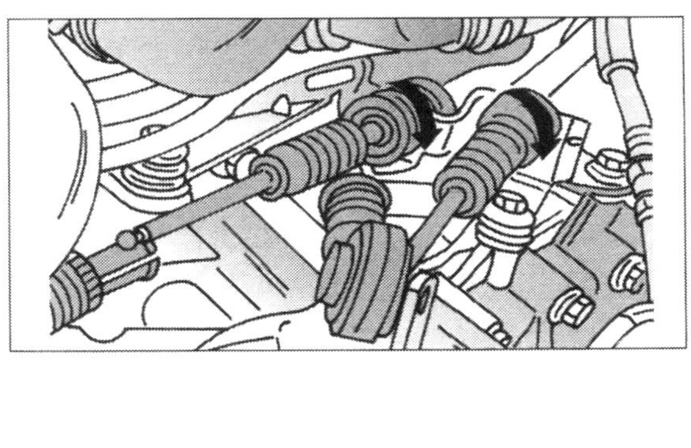

Bild 218
Zum Lösen der Schaltseile am Getriebe die Schnellverschlüsse in Pfeilrichtung verdrehen und danach nach oben aus dem Widerlager herausziehen.

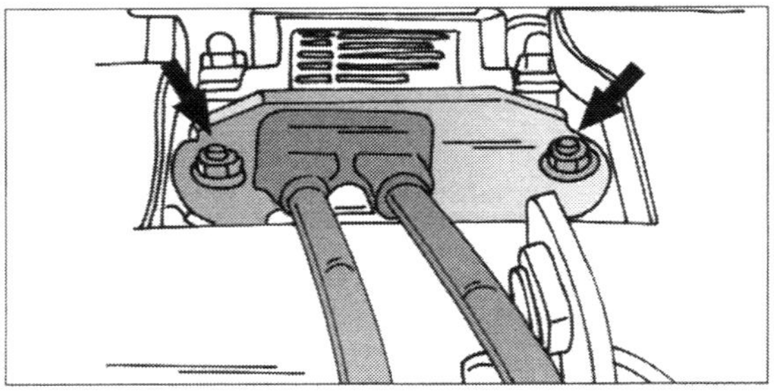

Bild 219
Die beiden Muttern halten die Schaltseile am Bodenblech.

● Die Verstärkungsstrebe unter dem Armaturenbrett ausbauen, welche nach Entfernen einer Verkleidungstafel frei wird.
● Die Abdeckung und den Griff des Handbremshebels ausbauen. Dazu den Handbremshebel anziehen und die beiden Sicherungslaschen mit einem Schraubendreher aushebeln. Den Handbremshebel nach vorn und die Verkleidung vom Hebel abziehen.
● Das Luftgitter des hinteren Heizungsauslasses und den hinteren Heizungskanal ausbauen.
● Die beiden in Bild 219 gezeigten Muttern entfernen und beide Schaltseile zum Fahrgastraum zu herausziehen.

Der Einbau geschieht in umgekehrter Reihenfolge wie der Ausbau, unter Bezug auf die folgenden Punkte:
● Die beiden Schaltseile einzeln in die Aufnahmen im Bodenblech einführen.
● Die beiden Seilenden auf den betreffenden Hebel aufdrücken.
● Den Schalthebel bis zum Anschlag nach außen drücken und beide Laschen nach außen drücken, um den Schalthebel zu befestigen.
● Den Stützbügel unter dem Armaturenbrett mit 20 Nm an der Karosserie befestigen.

9.2.2 Schaltungsmechanismus kontrollieren

Ehe man die Schaltung einwandfrei kontrollieren kann, müssen die folgenden Voraussetzungen geschaffen sein:
● Alle Teile der Schaltung müssen sich einwandfrei bewegen lassen.
● Die beiden Schaltseile müssen einwandfrei am Getriebe angeschlossen sein.
● Kupplung und Kupplungsausrückung müssen einwandfrei arbeiten.
● Das Getriebe muss in den Leergang geschaltet sein.
● In der Werkstatt wird ein Spezialwerkzeug benutzt, um den Schalthebel zu führen. Da dieses nicht vorhanden sein wird, muss man das Fahrzeug in eine Werkstatt bringen, um die Schaltung einwandfrei einstellen zu lassen, da diese mit einer Lehre eingestellt wird. In den meisten Fällen wird man feststellen, dass die Schaltung einwandfrei funktioniert, wenn man die Schaltseile entsprechend den gegebenen Beschreibungen eingebaut hat.
● Kontrollieren, dass der Schalthebel in der Leergangstellung in der Schaltgasse 3/4 steht.
● Kupplung betätigen und alle Gänge der Reihe nach durchschalten. Dabei besonders auf die einwandfreie Funktion der Rückwärtsgangsperre achten.

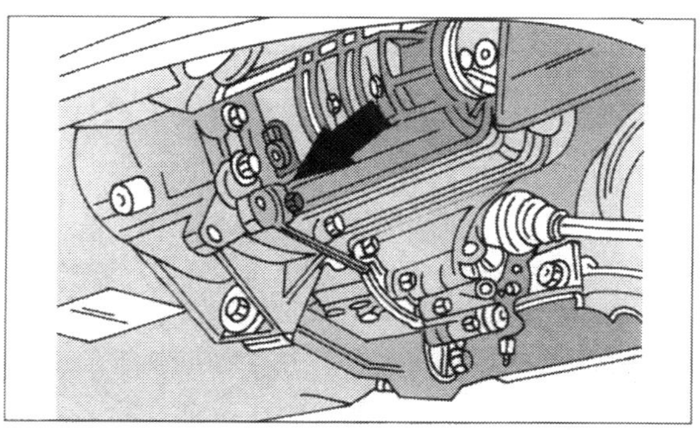

Bild 220
Blick von unten auf das Getriebe. Der Pfeil zeigt Ihnen, wo der Stopfen zur Kontrolle des Ölstands und zum Nachfüllen von Öl sitzt.

9.3 Getriebeölstand kontrollieren

Obwohl das Getriebe auf Lebenszeit gefüllt ist, schadet es nichts, wenn man den Ölstand einmal im Jahr überprüft. Im Getriebe wird – anders als im Motor – das Schmiermittel nicht verbraucht. Getriebeöl kann jedoch durch undichte Stellen ins Freie gelangen. Zeigt das Getriebegehäuse von außen keine öldurchtränkte Schmutzkruste, ist dieser Wartungspunkt schon erledigt. Andernfalls muss der Ölstand geprüft werden. Wenn Sie Öl nachfüllen, muss das Schmiermittel natürlich den Anforderungen des Herstellers entsprechen.

Hinweis: Das Getriebe ist mit synthetischem Öl gefüllt.

● Das Lenkrad bis zum linken Anschlag einschlagen.
● Falls eingebaut, die Geräuschverkapselung unter Motor und Getriebe ausbauen.
● Den in Bild 220 gezeigten Stopfen ausschrauben. Dieser dient zur Kontrolle des Ölstands und ebenfalls zum Einfüllen des Getriebeöls.
● Den Zeigefinger in die Öffnung einführen und kontrollieren, ob man das Öl erreichen kann.
● Falls erforderlich frisches Öl durch die Einfüllöffnung nachfüllen. Eine mit Öl gefüllte Fettpresse könnte sich dazu am besten eignen. Falls nicht viel Öl fehlt, kann man es auch mit einer Ölkanne durchführen.

9.4 Getriebeöl wechseln

Ein Wechsel des Getriebeöls ist nicht vorgesehen, da das Getriebe auf Lebenszeit gefüllt ist. Alte Sitten sterben jedoch nur selten und uns ist bekannt, dass viele gewissenhafte Autofahrer das Öl, oder in diesem Fall die Flüssigkeit, alle 2 bis 3 Jahre wechseln, sodass wir Ihnen die Anweisungen nicht vorenthalten wollen. Zum Flüssigkeitswechsel müssen Sie 2,8 des oben genannten Öls parat haben.
● Öleinfüllschraube herausdrehen (siehe Bild).
● Auffangwanne unter das Fahrzeug stellen.
● Ölablassschraube unten am Getriebe herausschrauben.
● Öl auslaufen und ganz abtropfen lassen.
● Ölablassschraube einschrauben und festziehen.
● Neues Getriebeöl einfüllen.
● Einfüllschraube einschrauben und festziehen.

Wichtiger Hinweis: Die Radschrauben müssen bei 16-Zoll-Aluminiumfelgen mit 170 Nm angezogen werden. Dies wird nicht immer in den nachfolgenden Anweisungen erwähnt.

Als Erstes sollte man wissen, dass die Antriebswellen links und rechts nicht von gleicher Konstruktion sind. Außerdem wurden die Wellen innerhalb der behandelten Baujahre abgeändert.
Ab Baujahr 2002 werden die neuen Wellen in alle Fahrzeuge eingebaut. Verglichen mit den Fahrzeugen älterer Baujahre braucht man jetzt außerdem einen Abzieher, um eine Gelenkwelle aus dem Radlagergehäuse (Achsschenkel) herauszuziehen. Abgesehen davon muss man die folgenden Unterschiede beachten:

- Das äußere Gleichlaufgelenk beider Antriebswellen ist gleich. Es muss bei Beschädigung komplett erneuert werden.
- Die Schraube zur Befestigung der Welle in der Radnabe muss immer erneuert werden.
- Das linke innere und das rechte innere Gleichlaufgelenk sind nicht gleich. Außerdem ist das innere Gelenk bei eingebauter Getriebeautomatik von unterschiedlicher Konstruktion.
- Die Gelenke müssen mit einer bestimmten Menge eines Spezialfetts geschmiert werden, welche im folgenden Text für die beiden Gelenke angegeben ist.
- Die Gelenkmanschetten können erneuert werden. Die Fettmengen der verschiedenen Gelenke sind entweder im betreffenden Text oder in der Maß- und Einstelltabelle angegeben.
- Beim Bezug eines neuen Gelenks oder einer neuen

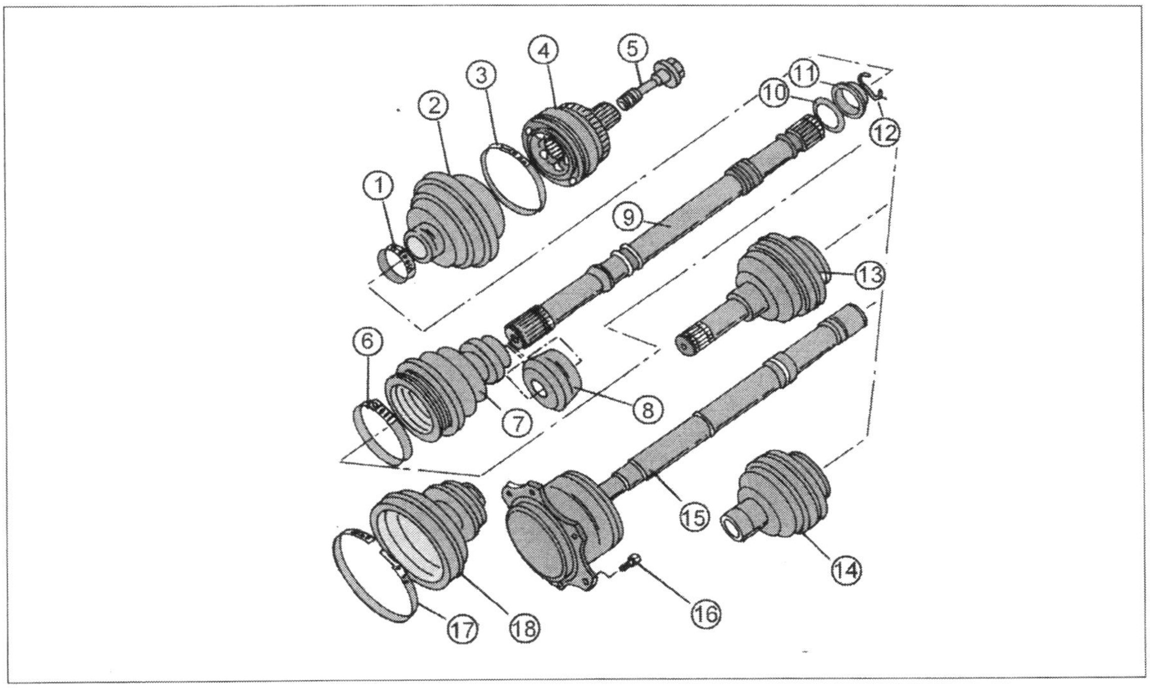

Bild 221
Ansicht der eingebauten Antriebswellen. Ebenfalls kann die in Bild 222 gezeigte Variante eingebaut sein.
1 Befestigungsschelle
2 Faltenbalg für äußeres Gleichlaufgelenk
3 Befestigungsschelle
4 Äußeres Gleichlaufgelenk
5 Sechskantbundschraube
6 Befestigungsschelle
7 Faltenbalg für inneres Gleichlaufgelenk
8 Schwingungsdämpfer
9 Antriebswelle
10 Federscheibe
11 Anlaufscheibe
12 Sicherungsring, immer erneuern
13 Linkes, inneres Gleichlaufgelenk
14 Rechtes, inneres Gleichlaufgelenk, mit Getriebeautomatik
15 Antriebswelle mit innerem Dreiweg-Gelenk (Automatik)
16 Sechskantschraube, 80 Nm
17 Befestigungsschelle
18 Faltenbalg für inneres Gleichlaufgelenk (Drei-Weg-Gelenk)

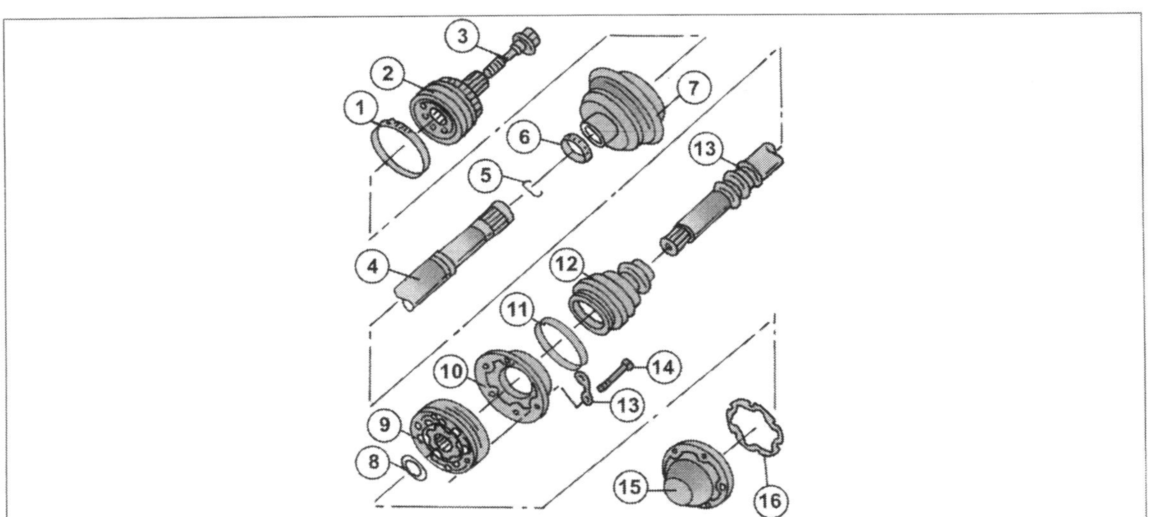

Bild 222
Montagebild der Antriebswelle ab Baujahr 2002 (bereits ab 2001 bei bestimmten Fahrzeugen eingebaut). Auf die einzelnen Positionen wird bei der Reparatur der Welle eingegangen.

Welle ist es deshalb wichtig, dass man das in Frage kommende Fahrzeug sowie das Baujahr und den eingebauten Motor genau angibt, um den Erhalt von falschen Teilen zu vermeiden.

● Um die Unterschiede zwischen den eingebauten Antriebswellen und Gleichlaufgelenken festzustellen, muss man Bild 221 bzw. Bild 222 studieren. Besonders die Welle (15) sowie das innere Gelenk auf der linken Seite und der rechten Seite (14) in Bild 221 sind zu beachten, da bei diesen die wesentlichen Unterschiede bei dieser Wellenausführung vorhanden sind.

10.1 Allgemeines über die Antriebswellen

Kraftübertragung auf Räder (vom Ausgleichsgetriebe). Erfolgt über die Antriebswellen, einer kurze und eine lange Welle. Die rechte Antriebswelle wird durch ein am Zylinderblock angeschraubtes Zwischenlager geführt. An diesem ist die rechte Antriebswelle angeschraubt, wodurch sich auch der Aus- und Einbau der Welle ändert.

Stümpfe der Antriebswellen. Laufen auf der Radseite in Kugellagern des Lenk-Schwenklagers (Achsschenkels oder Radlagergehäuses). Die Achsstümpfe und damit die Antriebswellen werden mit einer Schraube an der Radnabe befestigt.

Gelenkmanschetten. Dies sind die Faltenbälge, die die Gleichlaufgelenke umgeben. In der Innenseite der Manschetten befindet sich eine gewisse Menge Spezialfett. Die Manschetten können erneuert werden, jedoch muss man das vorgeschriebene Fett zur Verfügung haben, um die Arbeit durchzuführen.

Wartungsarbeit – Manschetten der Antriebswellen prüfen

● Wagen vorn mit frei hängenden Rädern aufbocken.

● Am Rad drehen und beide Gummimanschetten der Welle auf feine Risse und spröde Stellen kontrollieren. Dringen Schmutz und Feuchtigkeit ein, dauert es nur kurze Zeit, bis das Gelenk hinüber ist.

● Sitz der Haltebänder prüfen.

● Fettspuren an der Manschette bedeutet, dass eine nähere Untersuchung fällig ist – fehlt Schmiermittel, kann dies das Gelenk zerstören.

● Beschädigte Manschetten sofort ersetzen oder ersetzen lassen. Dazu müssen Sie die Antriebswelle aus dem jeweiligen Antriebsgelenk ausbauen.

10.2 Aus- und Einbau einer Antriebswelle

10.2.1 Ausbau (links und rechts)

Wichtig – ehe Sie beginnen: Eine neue Sechskant-Bundschraube muss verwendet werden, wenn man die Schraube löst. Bei gelöster Schraube das Gewicht des Fahrzeuges nicht auf den Rädern ruhen lassen, da dies den Radlagern schadet. Vor dem Trennen der Antriebswelle die Anschlussgegend des inneren Wellengelenks gut reinigen, damit kein Schmutz in das Getriebe kommen kann. Entsprechend der nachstehenden Angaben vorgehen.

Bei eingebautem Schaltgetriebe

Ein Abzieher ist zum Ausdrücken der Achswelle aus dem Radlagergehäuse erforderlich.

● Radzierblende entfernen und die Radmuttern lösen.

● Das Fahrzeug vorn auf Böcke setzen, bis die Last von der Vorderachse genommen wurde. Das Unterschutzblech abschrauben.

● Das Rad abschrauben.

● Die Achswellenschraube (eine mit Bund versehene Schraube) lösen. Diese Schraube ist sehr fest angezogen, d. h. das Rad muss am Mitdrehen gehindert werden. Entweder auf die Bremse treten lassen oder die Radnabe in geeigneter Weise gegen Mitdrehen halten.

● An der Unterseite des Achsschenkels die beiden Schrauben der Verbindung Achsschenkel/Traggelenk entfernen (Bild 223, links). Einen Ölauffangbehälter unter das Getriebe unterstellen, um auslaufendes Öl aufzufangen.

● Die Schraube im Ende der Achswelle vollkommen lösen.

● Die Achswelle aus dem Radlagergehäuse ausdrücken (Bild 223, Mitte). Den Achskopf mit dem Federbein nach außen schwingen und in geeigneter Weise abstützen, damit es in dieser Lage bleibt.

● Die Antriebswelle mit einem kurzen Ruck aus dem Getriebe herausziehen. Falls sie sehr fest sitzt, kann man sie mit einem Reifenhebel ausdrücken. Diese Arbeit wurde bereits beim Ausbau des Getriebes gezeigt.

● Die Achswelle aus der Radnabe (Radlager) herausdrücken und herausnehmen, d. h. man drückt dem Achsschenkel nach außen, bis das Wellenende frei ist. Dabei auf keinen Fall das Gelenk zu weit abknicken, da offiziell ein Winkel von mehr als 50 Grad nicht überschritten werden sollte. Bild 223 zeigt rechts, wie man das Gelenk herauszieht.

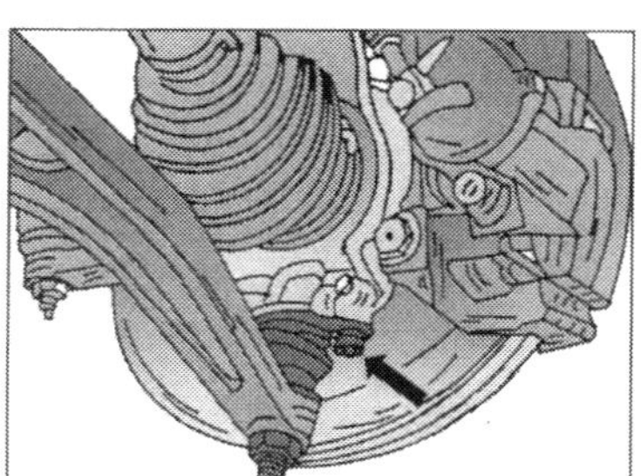

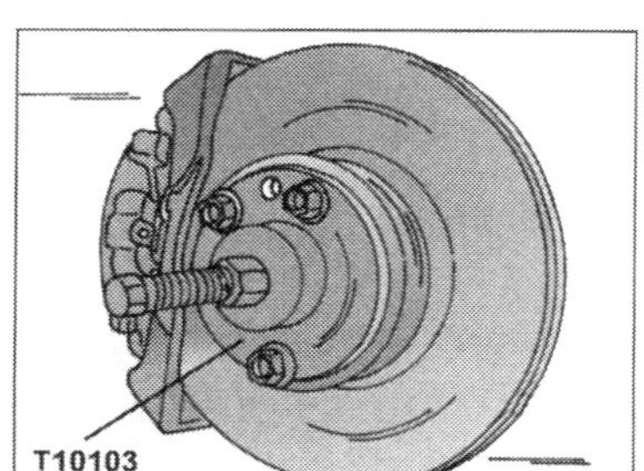

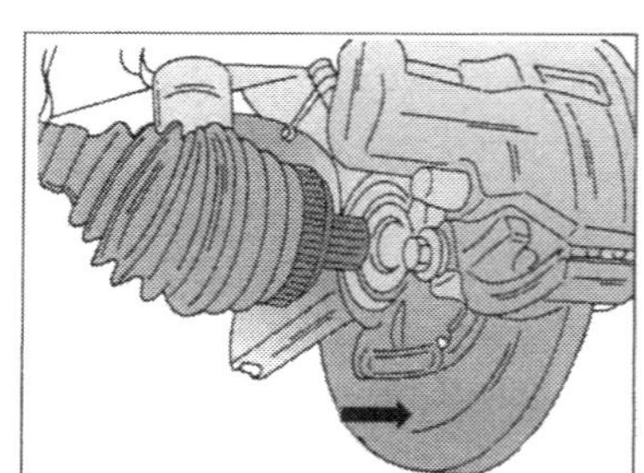

Bild 223

Bei eingebauter Getriebeautomatik und Vierradantrieb

- Der Ausbau geschieht in der oben beschrieben Weise, bis die Achsschenkel/Federbeineinheit nach außen gezogen wurde (siehe Bild 224). Einen Mehrfachstecker für den Geber am Getriebe abziehen. Danach die Schrauben der Wellenflansche am Getriebe lösen. Dazu wird normalerweise ein gerader Inbus-schlüssel mit einem Vierkant zum Ansetzen einer Stecknuss mit Verlängerung benutzt. Die Schraube der Pendelaufhängung muss an der Außenseite gelöst und aus der Büchse entfernt werden (siehe Bild 225). Die Pendelaufhängung danach nach unten schwingen. Danach das Getriebe und den Motor nach vorn drücken, bis genügend Raum zwischen dem Getriebe und dem Nebenrahmen vorhanden ist.

Zu beachten: Beim Lösen der Schrauben wird sich die Welle mitdrehen. Abhilfe: Zwei Radbolzen in die Radnabe einschrauben und mit einem dazwischen eingesetzten Reifenhebel (nicht gegen das Gewinde anlegen) die Radnabe gegen Mitdrehen halten.

Hinweis: Das Fahrzeug nach Ausbau einer Achswelle nicht wegschieben, da man andernfalls das Radlager beschädigen kann. Ist ein Wegschieben unumgänglich, kann man versuchen sich in einer Werkstatt ein altes, äußeres Gleichlaufgelenk zu besorgen. Dieses kann man dann anstelle der Achswelle einsetzen. Die Schraube mit einem Anzugsdrehmoment von 50 Nm anziehen.

10.2.2 Einbau der Welle

Der Einbau der Antriebswelle geschieht in umgekehrter Reihenfolge wie der Ausbau, jedoch sind einige Punkte zu beachten:

- Wo erforderlich, den Sicherungsring im Ende der Antriebswelle erneuern.

Bei der linken Welle

- Bei eingebautem Schaltgetriebe das innere Gelenk der linken Antriebswelle in die Verzahnungen des Differentialrades einführen (Bild 226). Hier ist zu beachten: Das Gleichlaufgelenk dabei nicht zu weit abknicken und beim Einschieben der Welle nicht den Dichtring im Differentialausgang beschädigen. Mit ei-nem Kunststoffhammer das innere Gelenk bis zum Anschlag einschlagen.
- Die Verzahnungen von Antriebswelle und der Innenseite der Radnabe einwandfrei von Fett oder Öl reinigen.
- Die Verzahnungen des äußeren Gleichlaufgelenks, das Gewinde am Wellenende, die Verzahnungen in der Innenseite der Nabe und die Kontaktfläche für die Schraube gut einfetten.
- Das äußere Ende der Welle in umgekehrter Reihenfolge zu Bild 224 (rechts) wieder in das Radlagergehäuse einschieben (Verzahnungen in Eingriff), d. h. man drückt den Achsschenkel gegen die Welle, bis das Wellenende außen erscheint.
- Die neue Bundschraube mit der Scheibe in das Ende der Achswelle einschrauben und die Schraube mit mindestes 50 Nm anziehen. Daran denken, dass man die Radlager beschädigen kann, falls man die Schraube locker lässt.

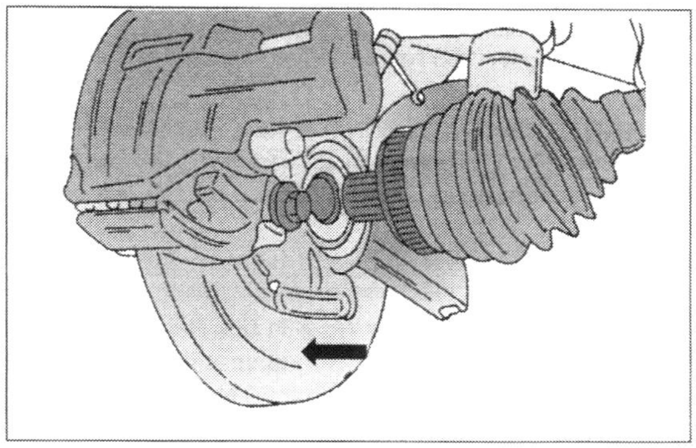

Bild 224

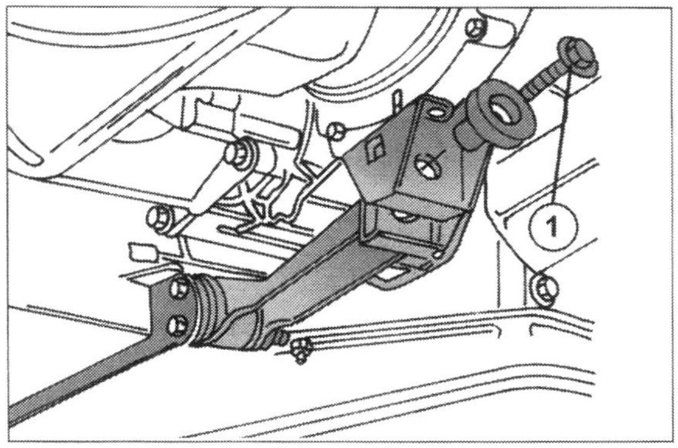

Bild 225
Bei der genannten Getriebeausführung müssen die Sechskantschraube (1) sowie die darunterliegende Gummibüchse aus der Pendelaufhängung ausgebaut werden. Die Aufhängungsstrebe danach nach unten abschwingen.

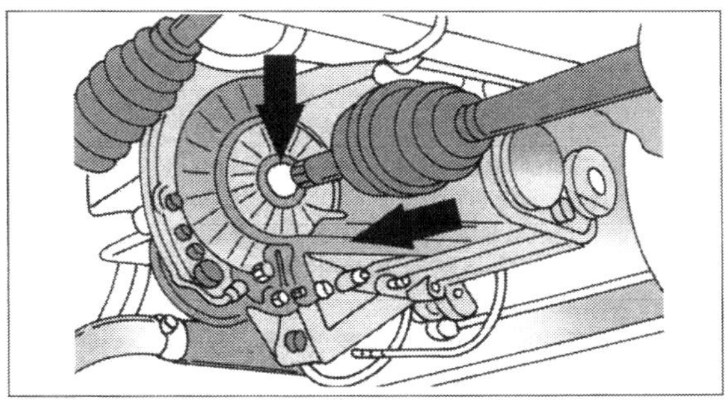

Bild 226
Einschieben der Antriebswelle. Der neue Sicherungsring wird in die Rille an der Pfeilstelle rechts eingesetzt.

- Das Tragkugelgelenk der Vorderradaufhängung wieder anschließen. Die Anzugsdrehmomente sind am Ende des Buches oder im Abschnitt „Vorderradaufhängung" angegeben.
- Unterschutzblech wieder anschrauben.
- Das Rad anschrauben, das Fahrzeug auf den Boden ablassen und die Schraube anziehen. Die Schraube mit einem Anzugsdrehmoment von 150 Nm anziehen und aus der Endstellung ohne Drehmomentschlüssel um eine weitere Viertelumdrehung nachziehen. Abschließend die Radmuttern mit 140 Nm anziehen.
- Den Getriebeölstand nach fertigem Einbau kontrollieren und ggf. berichtigen (siehe Beschreibung weiter vorn im Abschnitt „Getriebe". Den Stopfen mit 35 Nm anziehen.

Bei eingebauter Getriebeautomatik und Vierradantrieb

- Den Wellenflansch mit den sechs (neuen) Schrauben am Flansch an der Innenseite verschrauben und mit 70 Nm anziehen. Den Mehrfachstecker wieder auf den Geber aufstecken. Danach die gleichen Arbeiten wie bei eingebautem Schaltgetriebe durchführen. Den Ölstand im Achsantrieb des Getriebes kontrollieren (muss bis zur Unterkante der Einfüllöffnung stehen) und den Stopfen mit 20 Nm anziehen. Die Schraube der Pendelaufhängung befestigen (100 Nm).

Mit automatischem Getriebe und Vierradantrieb

- Das innere Wellengelenk am Flansch des Getriebeabtriebs anflanschen. Die Schrauben mit 70 Nm anziehen.
- Das innere Gelenk der Welle bis zum Anschlag einschlagen.
- Das äußere Gelenk der Welle in das Radlagergehäuse einführen und eine neue Bundschraube mit Scheibe einschrauben und einstweilen mit 50 Nm anziehen.
- Die weiteren Einbauarbeiten in gleicher Weise wie beschrieben durchführen. Dazu gehört das Anschließen des Tragkugelgelenks.

10.3 Antriebswellenreparatur

Ausgeschlagene Gleichlaufgelenke können an Knarr- oder Knackgeräuschen beim scharfen Einschlagen der Lenkung und gleichzeitigem Anfahren erkannt werden. Falls dies der Fall ist, empfehlen wir, dass man die betreffende Welle zur Erneuerung der Gelenke in eine Werkstatt bringt. Das Gleiche trifft auch für eine eingerissene Manschette zu, die man ebenfalls in einer Werkstatt erneuern lassen sollte. Dafür gibt es einen Grund: Hat man den Riss nicht frühzeitig festgestellt, ist Schmutz in das Gelenk eingetreten, d. h. es muss zur gründlichen Reinigung zerlegt werden. Dies sehen wir als eine Arbeit für die Werkstatt an, jedoch kann man den unten beschriebenen Arbeitsbeschreibungen folgen, falls man eine Manschette oder das Gelenk selbst erneuern will. Zu beachten ist dabei Folgendes:

- Das äußere Gleichlaufgelenk kann nur komplett erneuert werden.
- Das linke, innere sowie das rechte, innere Gleichlaufgelenk können nur komplett erneuert werden.
- Die bei Fahrzeugen mit Vierzylindermotor und automatischem Getriebe eingebaute Antriebswelle ist mit dem inneren Gelenk versehen. Die Welle ist komplett zu erneuern.

Hinweis: Die folgenden Anweisungen gelten ebenfalls, falls nur die Gummimanschette, d. h. der Faltenbalg erneuert werden soll.

10.3.1 Inneres Gleichlaufgelenk erneuern

Bild 221 zeigt ein Montagebild einer der in Frage kommenden Wellenausführungen. Aus den Einzelheiten der Abbildung kann entnommen werden, in welche Ausführung die Welle eingebaut ist. Zu erwähnen wäre der Schwingungsdämpfer, der so genannte Tilger. Dieser muss entsprechend den später gegebenen Anweisungen aus- und eingebaut werden, falls man die Antriebswelle erneuern muss. Die folgenden Arbeiten sind unter Bezug auf das Bild durchzuführen. Auf die in Bild 222 gezeigte Wellenausführung wird weiter unten eingegangen.

- Ausgebaute Antriebswelle in einen Schraubstock einspannen.
- Den Faltenbalg lösen (Befestigungsschelle zerschneiden) und auf die Welle zurückschieben. Bei einer Welle einer Getriebeautomatik wird die Manschette neben dem Flansch gelöst.
- Mit einer Außensprengringzange den Sprengring in der Innenseite des Gelenks öffnen (siehe Bild 227, links) und das Gelenk in der gezeigten Weise (Bild 227, Mitte) von der Welle abschlagen. Dazu nur einen Kupferdorn oder einen Dorn aus ähnlichem Material benutzen. Die mit dem Pfeil gezeichnete Kante (A) darf dabei nicht beschädigt werden, da andernfalls die Abdichtung des Faltenbalgs darunter leiden könnte.
- Die Manschette vom Gelenk herunterziehen und alles äußerlich sichtbare Fett auswischen.
- Neue Manschette über die Welle schieben und einen neuen Sprengring in die Rille des Gelenks einsetzen. Das Gelenk auf die Welle schieben.
- Mit einem Kupfer- oder Aluminiumhammer gegen die Außenseite der Antriebswelle schlagen. Dabei springt der Sprengring in die Rille der Welle ein. Zur Kontrolle am Gelenk ziehen. Es muss in fester Verbindung mit der Welle sein.
- Das Gelenk muss jetzt mit dem Spezialfett G000 603 gefüllt werden. Die Gesamtfüllmenge hängt vom eingebauten Getriebe/Motor ab. Bei eingebautem Schaltgetriebe beträgt sie 120 g, bei eingebauter Getriebeautomatik oder einem Vierzylindermotor sind es 140 g, jedoch befindet sich eine Menge davon noch im Gelenk. Man muss also schätzen, wie viel Fett fehlt, d. h. wie viel man herausgewischt hat. Wenn man ca. die Hälfte der Fettmenge in das Gelenk und die Manschette schmiert, sollte dies reichen.
- Die Manschette an der Antriebswelle anbringen. Zum Befestigen der Bänder für die Manschetten wird in der Werkstatt eine Spezialspannzange benutzt, die das in Bild 227, rechts, gezeigte Aussehen hat. Da man diese bestimmt nicht zur Verfügung hat, muss man sich in ähnlicher Weise helfen. Das Werkzeug, eine Art Zange, erfasst die beiden Enden des Bandes an Stellen (B). Durch Anziehen der Spannvorrichtung (A) mit einem Drehmomentschlüssel (25 Nm) wird das Band zusammengezogen. Auch die kleine Befestigungs-schelle wird in ähnlicher Weise angebracht.

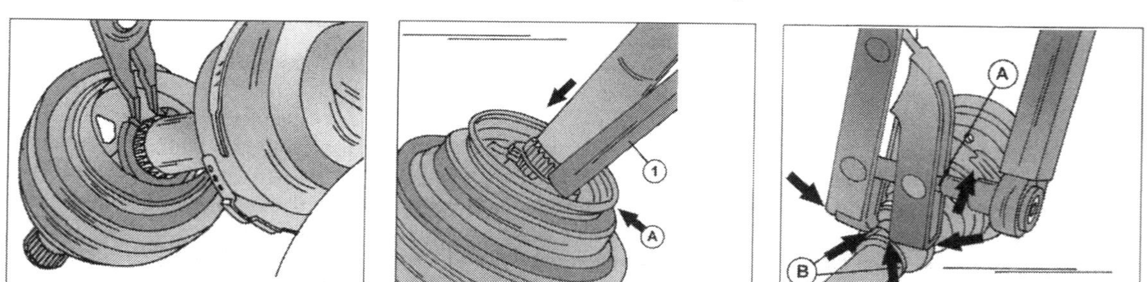

Bild 227

10.3.2 Äußeres Gleichlaufgelenk

Wie das innere Gleichlaufgelenk, kann auch das äußere Gleichlaufgelenk nur komplett erneuert werden.

Ausbau des Gleichlaufgelenks

- Klemmschellen an beiden Enden der Gummimanschette entfernen und die Manschette auf der Welle entlang vom Gelenk wegdrücken.
- Innenseite des Gelenks reinigen und den Sprengring in der Innenseite des Gelenks suchen und mit einer Sprengringzange öffnen.
- Welle mit Blechbacken in einen Schraubstock spannen und mit einem Aluminium- oder Kupferhammer das Gelenk von der Welle schlagen, bis dieses von der Welle abgenommen werden kann. Die Anlaufscheibe und die Federscheibe nicht von der Welle abziehen.

Hinweis: Falls das Gelenk nicht leicht herunterkommen sollte, kann man eine M16-Schraube mit Vollgewinde in das Ende der Welle einschrauben. Die Welle dazu in einen Schraubstock einspannen und die Schraube anziehen, bis die Antriebswelle auf der anderen Seite herauskommt. Die in Bild 228 auf der linken Seite gezeigte Spezialabdrückschraube kann in der beschriebenen Weise durch die M16-Schraube ersetzt werden.

Einbau des Gleichlaufgelenks

- Die Gummimanschette auf die Welle aufsetzen und auf dieser entlang verschieben.
- Die zu verwendende Fettmenge genau auswiegen. Die Gesamtmenge beträgt 120 g. Davon 80 g in das Gelenk und 40 g in die Manschette.
- Die Federscheibe mit der Innenverzahnung über die Welle schieben, sodass die Wölbung gegen das Gelenk anliegt und die aus Kunststoff hergestellte Abstandsscheibe darübersetzen. Bild 228 zeigt in der Mitte das Ende der Gelenkwelle mit der Lage der beiden Teile.
- Einen neuen Sprengring an der Welle anbringen, die Welle in einen Schraubstock einspannen und mit einem Kupfer- oder Aluminiumhammer das Gelenk auf die Welle schlagen, bis der Sprengring in die Nut in der Innenseite des Gelenks einschnappen kann.
- Gummimanschette über das Gelenk ziehen und mit den Schellen befestigen. Ehe die Manschetten verschlossen werden, müssen sie etwas zusammengedrückt werden, um eingeschlossene Luft auszuscheiden. Falls nach dem Zusammenbau „eingebeulte" Stellen wie in Bild 228 rechts festgestellt werden können, die Manschette am kleinen Durchmesser wieder lösen und mit einem Schraubendreher vorsichtig anheben, damit Luft eindringen und den darin befindlichen Saugdruck ausgleichen kann. Beim Einschieben des Schraubendrehers nicht die Manschette durch Durchstoßen beschädigen.
- Zum Befestigen der Bänder für die Manschetten wird von Audi-Werkstätten eine Spezialzange benutzt, die das bereits in Bild 227 gezeigte Aussehen hat. Falls diese nicht zur Verfügung steht, muss man sich in ähnlicher Weise helfen.

Falls die eingebaute Antriebswelle Bild 222 entspricht

Die Reparatur der Antriebswelle entspricht mehr oder weniger den oben gegebenen Anweisungen, jedoch sind die folgenden Punkte besonders zu beachten. Bildreihe 229 zeigt die Stufen der Zerlegung:

- Die Befestigungsschelle (1) wird mit der in Bild 227 auf der rechten Seite gezeigten Spezialzange befestigt.
- Das äußere Gleichlaufgelenk muss komplett erneuert werden. Zum Ausbau das Gelenk wie auf der linken Seite gezeigt abschlagen. Beim Einbau wird das Gelenk mit 180 g des bereits genannten Fetts gefüllt (wie oben erwähnt verteilt). Beim Einbau mit Kunststoffhammer das Gelenk aufschlagen, bis der Sicherungsring einschnappt.
- Die Sechskant-Bundschraube mit 150 Nm anziehen und um eine weitere Viertelumdrehung nachziehen. Das Fahrzeug muss beim Lösen/Anziehen mit den Rädern auf dem Boden stehen. Schraube immer erneuern.
- Der Sicherungsring (5) muss immer erneuert werden und wird in die Rille der Antriebswelle auf der gezeigten Seite eingefedert.
- Die Befestigungsschelle (6) wird mit der in Bild 227 (rechts) gezeigten Spezialzange befestigt.

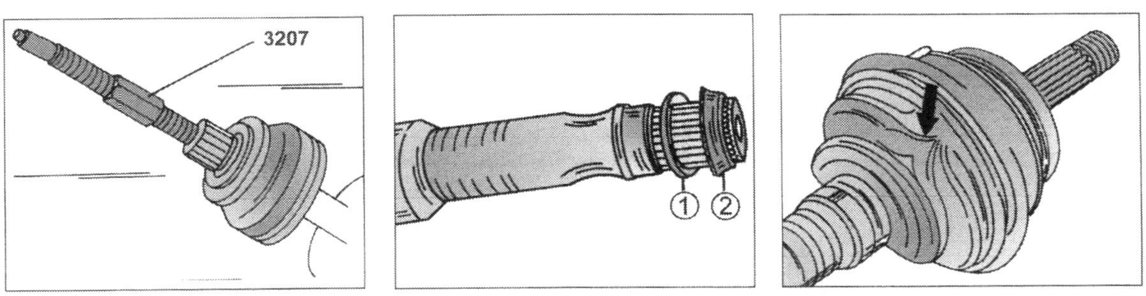

Bild 228

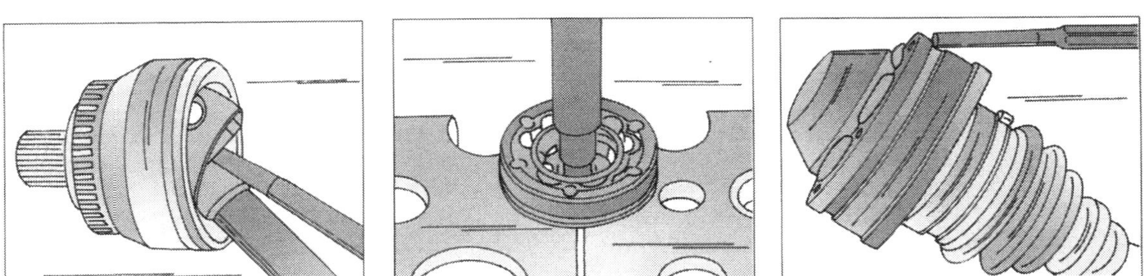

Bild 229

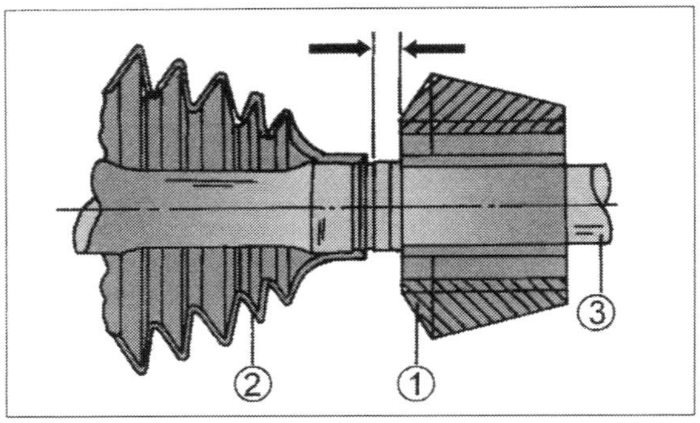

Bild 230
Die Befestigung des Schwingungsdämpfers (Tilgers). Das Maß zwischen den Pfeilen muss 8,6 mm mit einer Toleranz von 1,0 mm plus oder minus betragen. Nicht bei allen Wellenausführungen vorhanden.
1 Faltenbalg
2 Tilger
3 Antriebswelle

- Der Faltenbalg des äußeren Gelenks (7) ist aus Spezialmaterial hergestellt.
- Der Sprengring (8) muss zum Ausbau des inneren Gleichlaufgelenks (9) ausgefedert (und erneuert) werden. Das Gelenk nur komplett erneuern. Beim Ausbau die Welle unter eine Presse untersetzen (Bild 229, Mitte) und die Welle aus dem Gelenk pressen. Das Gelenk wird beim Einbau aufgepresst. Die Außenseite des Gelenks muss frei von Öl oder Fett sein.
- Die Kappe (10) wird mit einem Dorn abgeschlagen. Beim Einbau mit Dichtungsmasse (D3) einschmieren. Die Klebfläche muss frei von Öl oder Fett sein.
- Die Befestigungsschelle (11) muss erneuert werden. Beim Einbau muss gewährleistet werden, dass sie fest sitzt.
- Der Faltenbalg für das innere Gleichlaufgelenk (12) hat eine Belüftungsbohrung.
- Die Unterlegplatten (13) werden unter jeweils zwei der Schrauben (14) untergelegt. Die Schrauben gleichmäßig mit 10 Nm und danach mit 70 Nm anziehen. Schrauben erneuern.
- Den Deckel (15) vorsichtig mit einem Dorn abschlagen, wie es in der rechten Ansicht gezeigt ist, und die Dichtung (16) abnehmen. Vor Auflegen der Dichtung die Klebfolie abziehen und dann auch das Gelenk aufdrücken. Deckelfläche wird mit Dichtungsmasse D3 eingeschmiert.

10.3.3 Schwingungsdämpfer aus- und einbauen

Falls die Antriebswelle erneuert werden soll, muss der Schwingungsdämpfer (falls eingebaut) von der alten Welle auf die neue Welle übertragen werden, wobei er wieder in die ursprüngliche Lage zu bringen ist.
Beim Befestigen des Dämpfers muss ein bestimmtes Maß zwischen der Endfläche des Dämpfers und der Kante des Einschnitts in der Welle hergestellt werden. Bild 230 zeigt, wo dabei gemessen wird. Das Maß zwischen den Pfeilen muss 8,6 mm, mit einer Toleranz von 1 mm betragen.

10.4 Antriebswellen mit Tripode (Dreisterngelenk)

Ein solches Gelenk ist in bestimmte Modelle eingebaut. Bei diesem Gelenk werden drei Lagerrollen auf einem Gelenkstern mit drei Armen anstelle der sechs Kugeln bei den anderen Gelenken verwendet. Wir schlagen vor, dass man derartige Antriebswellen nicht zerlegt, sondern ausbaut und zur Überholung (z. B. Erneuerung der Manschetten oder Gelenke) in eine Werkstatt bringt. Das äußere Gelenk kann jedoch in der bereits beschriebenen Weise erneuert werden (und der Faltenbalg).

11 Die Vorderradaufhängung

Die Vorderradaufhängung der hier in Frage kommenden VW- und Seat-Fahrzeuge wurde ab Baujahr 2001 neu bezeichnet, besteht aber immer noch aus zwei McPherson-Federbeinen und einem Pressstahl-Querträger, d. h. einem Hilfsrahmen, an welchem die beiden unteren Querlenker und der Kurvenstabilisator angebracht sind. Der Querträger ist mit vier Schrauben am Wagenboden (Karosserie) verschraubt. Der Querträger trägt ebenfalls die Servolenkung sowie die Pendelaufhängung (Drehmomentstütze des Motors). Bei Letzterer handelt es sich um eine Begrenzung der Rollneigung des Fahrzeuges.

11.1 Wartungs- und Kontrollarbeiten

Staubkappen der Aufhängungstraggelenke kontrollieren

Die Kugelgelenke der Achsgelenke (rechts und links zwischen Querlenker und Radlagergehäuse sitzen in einer Fett-Dauerfüllung in Kunststoffschalen. Staubkappen aus Kunststoff schützen sie vor Nässe und Schmutz. Die Gelenke sind wartungsfrei. Eine beschädigte Staubkappe bedeutet allerdings das vorzeitige Aus fürs Gelenk – eindringender Schmutz wirkt wie Schmirgelsand, Feuchtigkeit lässt es mit der Zeit festrosten. Das Gelenk ist an der Unterseite des Querlenkers mit Hilfe einer Platte angeschraubt. Einmal im Jahr sollten die folgenden Kontrollen vorgenommen werden:

- Lenkung nach einer Seite voll einschlagen.
- Kappen der Achsgelenke rechts und links auf Beschädigungen kontrollieren. Dabei die Kappen zusammendrücken – so entdecken Sie auch versteckte Risse.
- Eine schadhafte Staubkappe kann nicht einzeln ersetzt werden, das gesamte Gelenk muss komplett ausgetauscht werden.

Aufhängungstraggelenke auf Verschleiß kontrollieren

Technische Überprüfungen verlangen spielfreie Aufhängungstraggelenke, um die Abnahme zu überstehen. Ehe Sie das Fahrzeug vorführen, vor allen nachdem es einige Kilometer hinter sich hat, sollten Sie die Gelenke in der unten beschriebenen Weise kontrollieren.

Bei der Kontrolle wird in der in Bildern 231 und 232 gezeigten Weise geprüft.

- In Bild 231 kontrolliert man das Axialspiel der Kugelgelenke. Bei aufgebocktem oder auf einer Hebebühne stehendem Fahrzeug den Achslenker fest erfassen und kräftig auf- und abbewegen. Kein übermäßiges Spiel darf dabei gespürt werden.
- In Bild 232 wird das Radialspiel eines Aufhängungskugelgelenks überprüft. Dazu das Rad in der gezeigten Weise erfassen und das Rad nach innen und außen bewegen. Auch hier darf man kein übermäßiges Spiel feststellen.
- Ehe das Kugelgelenk sofort erneuert wird, muss man auch kontrollieren, dass das obere Federbeinlager nicht ausgeschlagen ist (wenn man die in Bild 231 gezeigte Prüfung durchführt) oder das Radlager ist ausgeschlagen (wenn man die in Bild 232 gezeigte Prüfung durchführt).
- Falls ein Kugelgelenk erneuert werden muss, folgt man der anschließenden Beschreibung.

11.2 Federbein aus- und einbauen

Im folgenden Text wird der Ausbau des kompletten Federbeins, zusammen mit dem unteren Querlenker und der Antriebswelle, beschrieben. Im Allgemeinen ist diese Arbeit jedoch nur notwendig, wenn das Fahrzeug in einen Unfall verwickelt war. Gewisse Teile des Federbeins können ausgebaut werden, ohne die gesamte Einheit zu demontieren. Die entsprechenden Beschreibungen folgen später im Text und sind entsprechend zu befolgen. Bild 233 zeigt Einzelheiten der Befestigung des Federbeins an der Oberseite und Unterseite sowie der beim Ausbau zu lösenden Teile.

Wichtiger Hinweis – Radschrauben und Radfelgen

Ab Modelljahr 2001 wurden neue Radbefestigungsschrauben eingeführt. Nur diese Schrauben dürfen bei den neuen Modellen verwendet werden. Das Anzugsdrehmoment der Schrauben beträgt 170 Nm. Das Gleiche gilt für Radfelgen von Fahrzeugen vor Baujahr 2001. Diese dürfen nicht bei den Modellen ab Baujahr 2001 montiert werden.

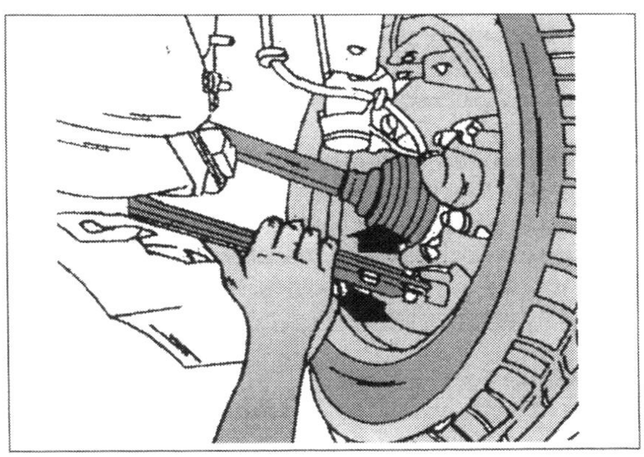

Bild 231
Kontrolle des Axialspiels eines Aufhängungskugelgelenks.

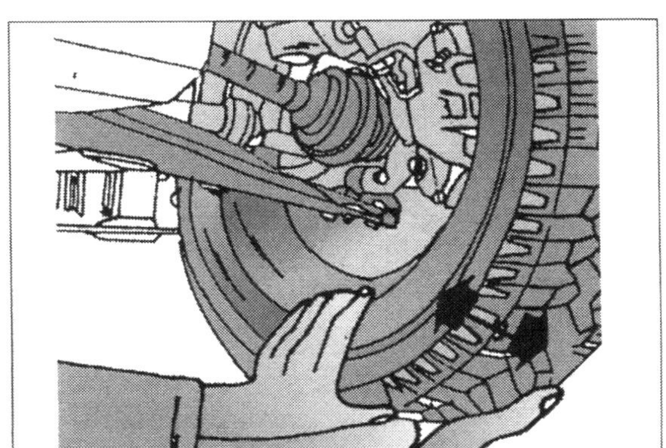

Bild 232
Kontrolle des Radialspiels eines Aufhängungskugelgelenks.

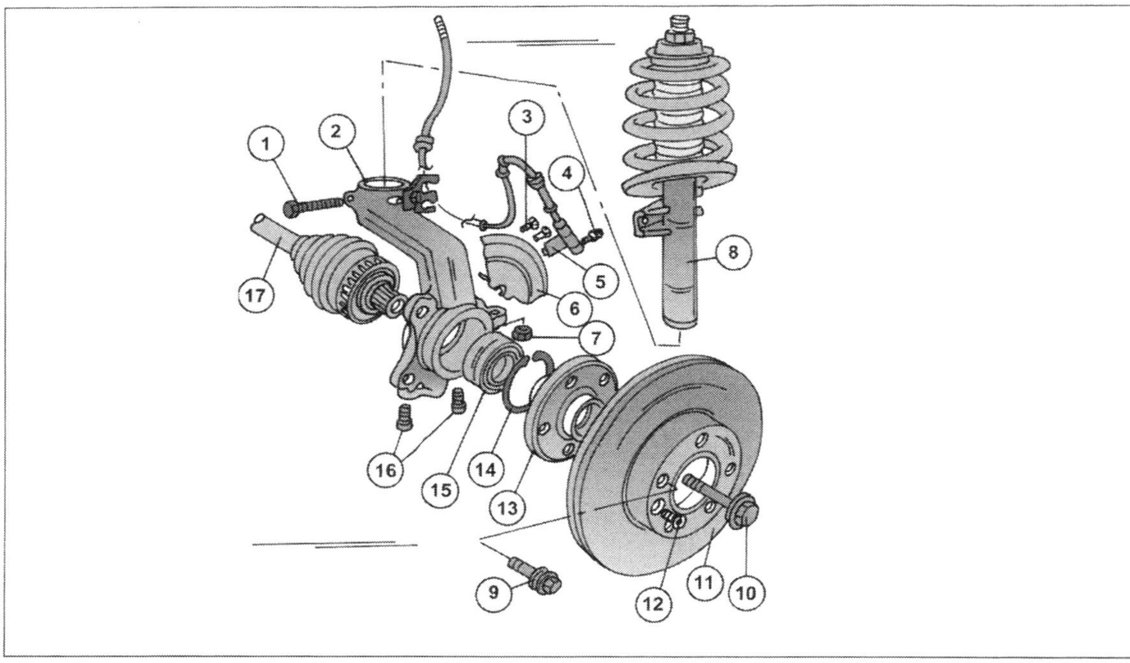

Bild 233
Die Anordnung der verschiedenen Teile der Vorderradaufhängung mit Radlagergehäuse, Federbein und Antriebswelle.

1 Schraube, 110 Nm (nach Ausbau immer erneuern)
2 Radlagergehäuse (Achsschenkel)
3 Sechskantschraube
4 Inbuskopfschraube, 10 Nm
5 Drehzahl-Sensor (ABS)
6 Spritzblech
7 Selbstsichernde Mutter, 30 Nm + 90° Winkelanzug
8 Federbein
9 Radbolzen, 170 Nm
10 Schraube, 150 Nm + 90° Winkelanzug
11 Bremsscheibe
12 Schraube, 10 Nm
13 Radnabe
14 Lagersprengring
15 Radlager
16 Schrauben, 55 Nm
17 Antriebswelle

- Radschrauben und Achswellenschraube lockern, während die Räder noch am Boden stehen, falls das Federbein zerlegt werden soll. Die Achswellenschraube nur etwas lockern, da das Gewicht des Fahrzeuges nicht auf losen Radlagern ruhen darf. Die Radschraubenschlösser müssen natürlich entfernt werden, falls diese aufgesetzt sind.
- Die Geräuschverkapselung (Unterschutzblech) unter dem Vorderwagen ausbauen. Fahrzeug danach wieder auf die Räder absenken.
- Im Motorraum die Batterie ausbauen, die Verkleidung/Luftführung (1) sowie die Verkleidung (2) des Batterieraums ausbauen (siehe Bild 234, links).

Nur beim linken Federbein

- Die in der mittleren Ansicht von Bild 234 gezeigten Befestigungen lösen und die Batterieverkleidung zusammen mit dem Ausgleichsbehälter für die Kühlanlage lösen und auf einer Seite ablegen. Nicht die Kühlmittelschläuche abschließen.

Bei beiden Federbeinen

- Die Abdichtung des Wasserkastens entfernen.
- Das Federbein von der Karosseriebefestigung abschrauben. Diese Arbeit ist in der rechten Ansicht von Bild 234 gezeigt. Da sich die Kolbenstange mitdrehen wird, setzt man einen Inbusschlüssel (7 mm) in das Innensechskant der Kolbenstange ein.
- Das Fahrzeug wieder anheben, auf sichere Böcke setzen und das Rad abschrauben.
- Die Koppelstange des Kurvenstabilisators an der Befestigung des Federbeins abschließen. Dabei nicht die Gummikappe der Koppelstange beschädigen. Die Mutter muss immer erneuert werden. Bild 235 zeigt, wo die Koppelstange oben und unten befestigt ist.
- Die Bremsschlauchbefestigung von der Halterung am Federbein lösen.
- Den Drehzahl-Sensor der ABS-Anlage nach Lösen der Schraube herausziehen.
- Den Bremssattel abschrauben (Pfeilstellen, Bild 236, links) und mit einem Stück Draht an geeigneter Stelle festbinden, ohne den Sattel vom Schlauch abzuschrauben.
- Die Mutter des Spurstangengelenks lösen und den Kugelbolzen mit einem herkömmlichen Kugelbolzenabzieher herausdrücken. Um den Kugelbolzen von Schmutz freizuhalten, sollte man ihn in einen Lappen einwickeln.
- Die Schraube der Antriebswelle an der Außenseite der Radnabe vollkommen abschrauben. *Beim Einbau neue Schraube verwenden.*

Der weitere Ausbau kann jetzt nach Wahl stattfinden.

Falls nur das Federbein ausgebaut werden soll:

- Einen Wagenheber unter das Radlagergehäuse untersetzen und dieses etwas anheben. Die in der mittleren

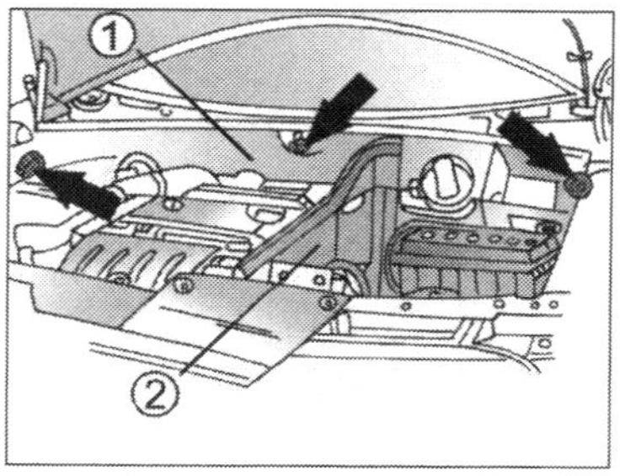

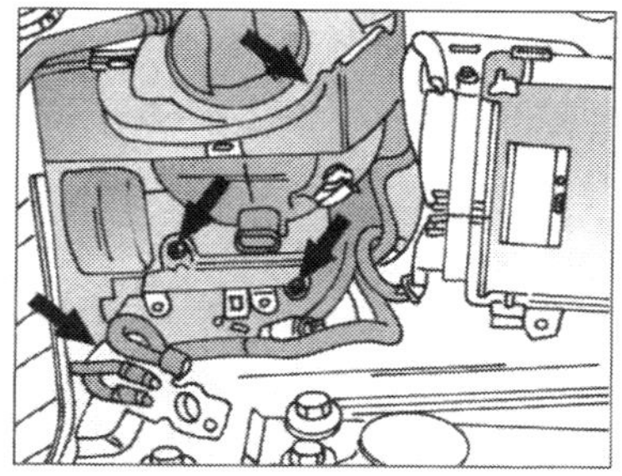

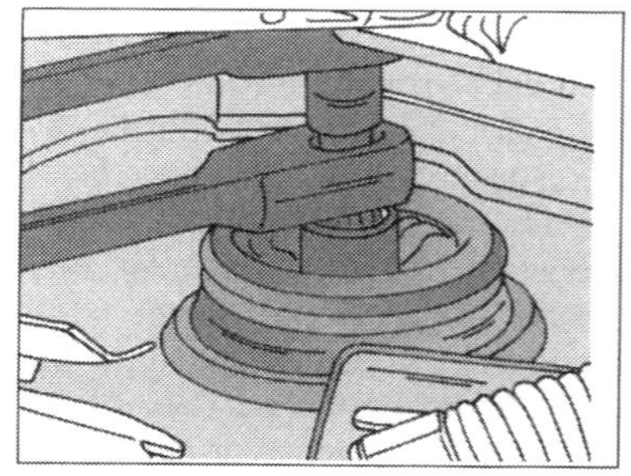

Bild 234

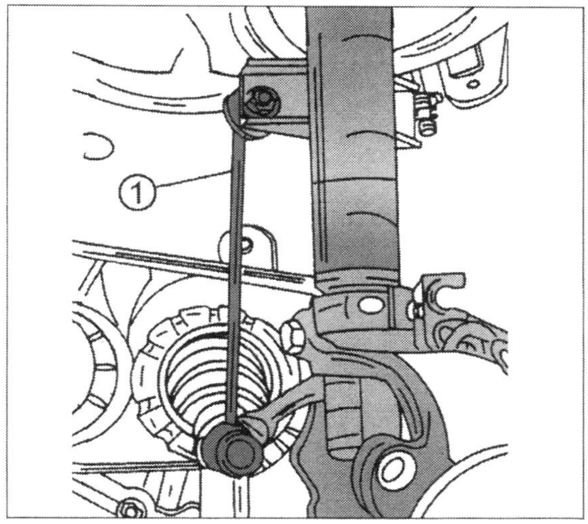

Bild 235
Die Koppelstange ist an der Pfeilstelle mit dem Federbein verschraubt.

Ansicht von Bild 236 gezeigte Schraube des Querlenkers lösen und das Radlagergehäuse so weit wie möglich absenken.

- An der Unterseite des Federbeins die Schraube der Klemmverbindung herausdrehen (Bild 236, rechts). Den Querlenker nach unten drücken, bis das Federbein frei wird. Falls das Federbein klemmt, darf man den Klemmschlitz im Achsschenkel leicht mit einem kräftigen Schraubendreher oder einem Reifenhebel öffnen. *Die Schraube muss immer erneuert werden.*
- Querlenker nach unten drücken, um genügend Raum zu schaffen, und das Federbein aus der Radaufhängung herausnehmen.

Falls das Federbein mit dem Achsschenkel ausgebaut werden soll:

- An der Unterseite des Achsschenkels die Schrauben der Querlenkerbefestigung lösen und den Querlenker nach unten drücken.
- Die Koppelstange in der oben beschriebenen Weise abschließen (siehe Bild 236, links) und das Federbein in der in Bild 237 gezeigten Weise aus dem Fahrzeug herausziehen.

Der Einbau geschieht in umgekehrter Reihenfolge wie der Ausbau, jedoch sind die folgenden Punkte und Bild 233 dabei zu beachten. Die Arbeiten hängen davon ab, wie das Federbein ausgebaut wurde.

Nur das Federbein wurde ausgebaut:

- Das Federbein in die obere Aufhängung einführen und den Anschlag aufsetzen. Eine neue selbstsichernde Mutter für den Stoßdämpfer aufschrauben, aber noch nicht festziehen.
- Die Unterseite des Federbeins in die Oberseite des Achsschenkels einführen, bis die Aussparung am Federbeinrohr mit dem Loch im Achsschenkel fluchtet. Den Querlenker dabei von unten anheben.
Die neue Schraube eindrehen und mit einem Anzugsdrehmoment von 110 Nm anziehen. Falls sich das Federbein nur sehr schwer einsetzen lässt, kann man einen passenden Inbusschlüssel in den Spalt einsetzen. Verdreht man ihn, öffnen die Kanten des Inbusschlüsselsechskants den Schlitz weit genug, um das Federbein einzuschieben.
- Die Mutter für den Stoßdämpfer mit 60 Nm anziehen. Dabei die Kolbenstange mit einem Inbusschlüssel gegenhalten, wie es Bild 234 auf der rechten Seite zeigt. Am besten ist es, wenn man die Mutter anzieht, bis sich die Kolbenstange nicht mehr mitdreht und danach die Stecknuss mit Drehmomentschlüssel benutzt.
- Koppelstange der Stabilisatorstange anschließen. Die Mutter (erneuern) mit 100 Nm anziehen. Das gleiche Drehmoment gilt, falls die Mutter am Stabilisator abgeschraubt wurde.
- Spurstangengelenk einsetzen, neue selbstsichernde Mutter mit 30 Nm anziehen und aus dieser Anzugsstellung um weitere 90° (Viertelumdrehung) nachziehen. Mit eingesetztem Innensechskantschlüssel gegenhalten, bis sie sich nicht mehr mitdreht.
- Bremssattel anbringen und die Schrauben festziehen. Die beiden Schrauben (siehe Bild 236) mit 190 Nm anziehen.
- Falls eingebaut, den Geber der Raddrehzahl montieren (ABS) und die Schraube mit 10 Nm anziehen.
- Die in Bild 236 (Mitte) gezeigte Schraube mit 150 Nm anziehen und aus der Endstellung um weitere 90° nachziehen.
- Fahrzeug auf den Boden ablassen und die Räder festziehen.
- Falls die Achswellenschraube gelöst wurde, muss den untenstehenden Anweisungen gefolgt werden.

Falls das Federbein mit dem Achsschenkel eingebaut wird:

- Das Federbein in die Öffnung der Karosserie einsetzen, das Gummilager auflegen und die Kolbenstangenmutter aufschrauben, ohne sie festzustehen.
- Den Achsschenkel wie in Bild 237 gezeigt über die Achswelle schieben und eine neue Bundschraube mit Scheibe einschrauben. Die Schraube jetzt bereits mit 50 Nm anziehen – das Radlager muss vorgespannt werden, ehe das Gewicht des Fahrzeuges auf dem Lager sitzen kann. Eine lose gelassene Schraube kann zur Beschädigung des Radlagers führen.
- Die Koppelstange am Federbein befestigen. Eine neue Mutter mit 100 Nm anziehen.

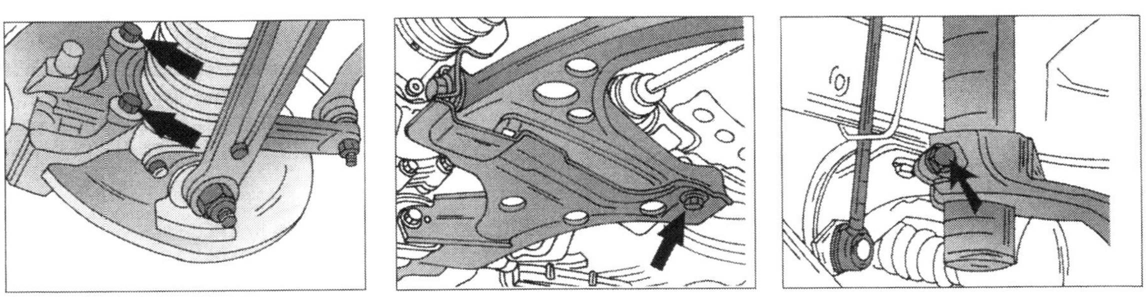

Bild 236

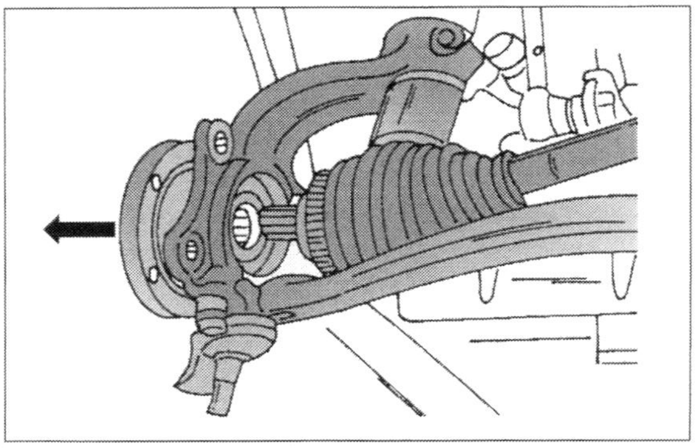

Bild 237
Den Achsschenkel nach außen ziehen, bis er die Achswelle freigibt, und das Federbein herausziehen.

- Das untere Aufhängungskugelgelenk am Achsschenkel anbringen. Die beiden Schrauben der Kugelgelenkplatte mit 55 Nm anziehen.
- Das Spurstangenkugelgelenk am Achsschenkel befestigen. Eine neue selbstsichernde Mutter mit 30 Nm anziehen und dann um weitere 90° nachziehen.
- Bremssattel montieren.
- Das Rad montieren und das Fahrzeug auf den Boden ablassen.
- Die Schraube in der Achswelle jetzt mit 150 Nm anziehen und aus der Endstellung um weitere 90°anziehen. Wichtig ist, dass die Schraube nur angezogen wird, wenn das Fahrzeug auf den Rädern aufsteht.
- Die obere Federbeinbefestigung in der oben beschriebenen Weise festziehen.

11.3 Federbeinreparaturen

Bild 238 zeigt ein Montagebild eines Federbeins. Die folgende Beschreibung setzt voraus, dass das Federbein aus dem Fahrzeug ausgebaut wurde.

Schraubenfeder und Stoßdämpfer
Stoßdämpfer und auch Schraubenfedern sind entsprechend der eingebauten Radaufhängung ausgewählt und

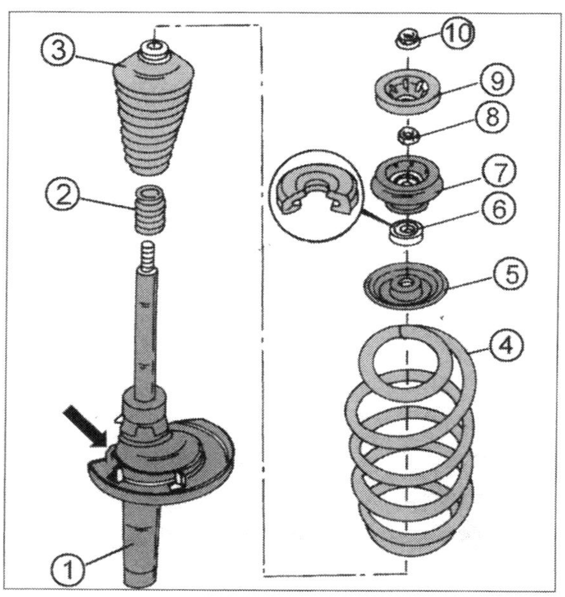

Bild 238
Montagebild eines Federbeins.
1 Gasdruck-Stoßdämpfer
2 Anschlaggummi
3 Schutzblag
4 Schraubenfeder
5 Oberer Federsitz
6 Drucklager
7 Oberes Federlager
8 Mutter, 60 Nm
9 Anschlaggummi
10 Mutter, 60 Nm

aus diesem Grund mit einer Farbkennzeichnung versehen, die sich an der Unterseite, am nächsten zum Federbein, befindet. Als Grundsatz gilt, dass man immer eine Feder mit der gleichen Farbkennzeichnung einbaut.
Gasdruck-Stoßdämpfer werden bei allen Fahrzeugen eingebaut. Die Stoßdämpfer können einzeln erneuert werden, jedoch sollte man dies in einer Werkstatt durchführen lassen, da die Verschrottung des alten Dämpfers das notwendige Wissen erfordert. Soweit diese Beschreibung betroffen ist, wird das gesamte Federbein erneuert.
Beim Erneuern der Schraubenfeder oder des Federbeins folgendermaßen vorgehen:

- Mit einem geeigneten Federspanner die Feder zusammenspannen, bis alle Spannung aufgehoben ist. Federspanner kommen in allen möglichen Varianten, eine ist in Bild 239 gezeigt. Das Bild zeigt ebenfalls die zum Lösen der Kolbenstangenmutter benutzten Spezialwerkzeuge. Falls man einen herkömmlichen Federspanner benutzt, ist es wichtig, dass die zum Zusammenspannen benutzten Spannhaken kräftig genug sind, um der Spannung der Feder standzuhalten. Die Unfallgefahr ist sehr groß, falls man billiges Werkzeug benutzt. Falls die bekannten Spannhaken mit einem Spannstück in der Mitte benutzt werden, legt man die Haken über 4 bis 5 Wicklungen.
- Die Mutter in der Mitte des oberen Lagers lösen. Da sich die Kolbenstange dabei mitdrehen kann, setzt man einen 7-mm-Inbusschlüssel in das Ende der Kolbenstange ein und löst die Mutter mit einem abgekröpften Ringschlüssel (oder benutzt die im Bild gezeigten Werkzeuge).
- Oberes Federbeinlager abnehmen und das darunter sitzende Lager abstreifen.
- Die Schraubenfeder abnehmen. Wie bereits erwähnt, sind die Schraubenfedern in verschiedenen Toleranzgruppen erhältlich. Die Federn sind mit Farbstreifen gezeichnet und ein Händler kann anhand der Mikrofilme feststellen, welche Feder eingebaut werden muss. Beim Erneuern von Federn deshalb unbedingt das Fahrzeugmodell angeben. Der Spanner kann an der Feder gelassen werden, falls man diese nicht erneuern will.
- Den Kunststoff-Schutzbalg abstreifen und den Rückprallgummi herunterziehen.
- Den Stoßdämpfer auf einwandfreien Betrieb kontrollieren. Dazu das untere Ende in einen Schraubstock spannen und die Kolbenstange herausziehen und hineinstoßen. Der Widerstand sollte über den gesamten Arbeitsweg gleich sein. Der Zusammenbau geschieht in umgekehrter Reihenfolge. Die Teile entsprechend Bild 238 aufsetzen. Hervorzuheben wäre die Einbauweise des Drucklagers, welches richtig herum aufzulegen ist. Ebenfalls zu beachten ist die Anlage des Federwicklungsauslaufs, welcher gegen den Anschlag am unteren Federsitz anliegen muss. Die Mutter des Federbeinlagers mit 60 Nm anziehen, während die Kolbenstange mit dem Inbusschlüssel gegengehalten wird, bis sich die Stange nicht mehr mitdreht. Danach mit Stecknuss und Drehmomentschlüssel auf den angegebenen Drehmomentwert festziehen.

Achtung: Niemals die Mutter des Federbeinlagers entfernen, ohne dass man die Feder in geeigneter Weise zusammendrückt. Der Federspanner darf auch nicht abrutschen.

11.3.1 Radlager erneuern

Ehe man sich mit einem Radlager befasst, sollte man folgende Einzelheiten wissen:

- Falls ein Radlager ausgepresst wird, zerstört man es. Man kann es deshalb nicht zur Überprüfung ausbauen.
- Um das Radlagergehäuse auszubauen, ist der Beschreibung beim Ausbau des Federbeins zu folgen, bis das Gehäuse herausgenommen werden kann. Entweder die Kugelgelenkplatte abschrauben oder die Kugelgelenkverbindung trennen. Die Verbindung zum Federbein muss ebenfalls getrennt werden. Daran denken, dass einige der Schrauben/Muttern erneuert werden müssen.
- Nach Ausbau des Radlagergehäuses muss die Vorderradeinstellung kontrolliert werden.

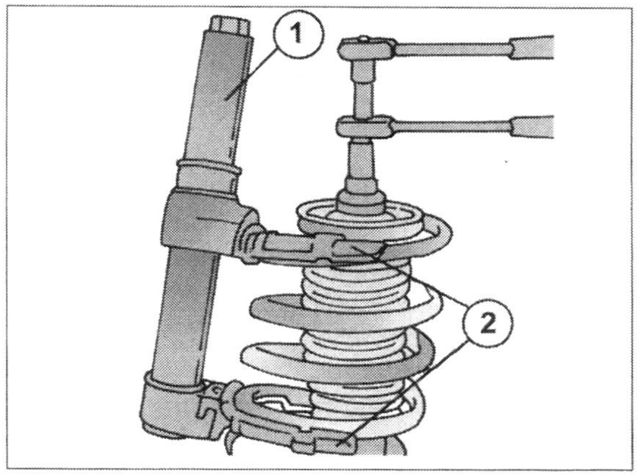

Bild 239
Schraubenfeder mit einem geeigneten Federspanner zusammengespannt. Das Bild zeigt ebenfalls, wie die Mutter mit den Spezialwerkzeugen gelöst wird.

Bei der Erneuerung eines Radlagers folgendermaßen vorgehen:

- Bremsscheibe abschrauben (eine Schraube) und das Spritzblech vom Achsschenkel abschrauben (drei Schrauben).
- Achsschenkel mit der Radnabe nach unten weisend unter eine Presse legen und die Radnabe mit einem Pressdorn durch das Radlager pressen. Bild 240 zeigt links, wie und wo der Pressdorn angesetzt wird. Zu beachten ist, dass der Druck nur auf der Rückseite der Radnabe angesetzt wird.
- Die Innenseite der Lageraufnahme gut reinigen und den Sprengring zur Lagerbefestigung ausfedern. Dazu mit einer Innensprengringzange den Sprengring wie in Bild 240 in der Mitte gezeigt öffnen.
- Mit dem Achsschenkel immer noch in der in Bild 240 gezeigten Lage unter der Presse, das Radlager nach außen auspressen. Dieses Mal einen Pressdorn benutzen, welcher auf dem Außenring des Radlagers aufsitzen kann, wie man es rechts sehen kann.
- Den inneren Lagerring des Radlagers mit einem Zweiarmabzieher von der Nabe abziehen (er verbleibt immer auf der Nabe). Der Lagerring sitzt sehr nahe an der Nabe und muss zuerst etwas von dieser befreit werden, ohne dabei jedoch die Nabe zu beschädigen. Erst dann kann man einen Abzieher, ähnlich wie in Bild 241 gezeigt, unter den Lagerring untersetzen.
- Den Achsschenkel gründlich reinigen, ehe das neue Radlager eingebaut wird. Die Aufnahmebohrung des Achsschenkels vor dem Lagereinbau mit Molykote-Fett (Graphitfett) einschmieren.

Beim Zusammenbau folgendermaßen vorgehen:

- Das Radlagergehäuse auf den Pressentisch auflegen, wie es in Bild 240 zu sehen ist, das Lager von innen einpressen und mit dem Lagersprengring befestigen.
- Die Nabe jetzt auf den Pressentisch auflegen und das Radlagergehäuse mit dem darin eingebauten Lager über die Nabe setzen. Ein Rohrstück benutzen, welches dem Innendurchmesser des inneren Lagerringes entspricht und Radlagergehäuse und Radlager bis zum Anschlag über die Radnabe pressen.
- Alle anderen Arbeiten in umgekehrter Reihenfolge durchführen.

11.3.2 Querlenker aus- und einbauen

Bild 242 zeigt die Teile der verbleibenden Radaufhängung mit Ausnahme des Federbeins. Um nur den Querlenker auszubauen, sind die folgenden Arbeiten durchzuführen, wobei zu beachten ist, dass man den Querlenker mit oder ohne Traggelenk ausbauen kann. Die Stufen des Ausbaus können in Bildreihe 243 verfolgt werden.

- Vorderseite des Fahrzeuges auf Böcke setzen und das Vorderrad abnehmen. Die Geräuschverkapselung unter dem Vorderwagen abschrauben.
- Je nach Vorzug, entweder die Schrauben der Kugelgelenkplatte entfernen (links) oder die in der Mitte gezeigte Mutter in der illustrierten Weise abschrauben. Falls man nur das Kugelgelenk erneuern will, muss man die Platte sowie die Kugelgelenkverbindung lösen. Das Kugelgelenk wird dann aus der Unterseite des Radlagergehäuses herausgedrückt. Wird das Kugelgelenk nicht erneuert, wickelt man einen Lappen darum, um es gegen Verschmutzung zu schützen.
- Befestigungsschrauben des Querlenkers an der Innenseite vom Aufhängungsaggregatträger herausdrehen und den Querlenker herausnehmen. Wie aus dem Montagebild ersichtlich ist, sind Schrauben von unten und waagerecht an den in der rechten Ansicht gezeigten Stellen eingesetzt. Beim Ausbau zuerst die Vorderseite des Querlenkers aus dem Nebenrahmen herausziehen, danach die Rückseite in Fahrtrichtung gesehen aus dem Nebenrahmen ziehen.

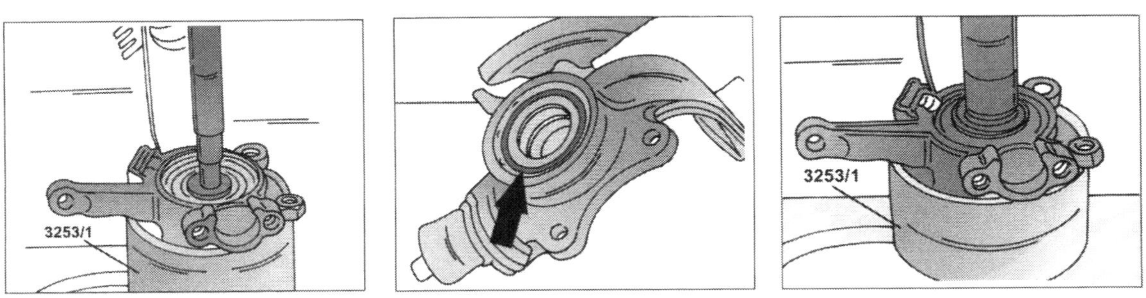

Bild 240

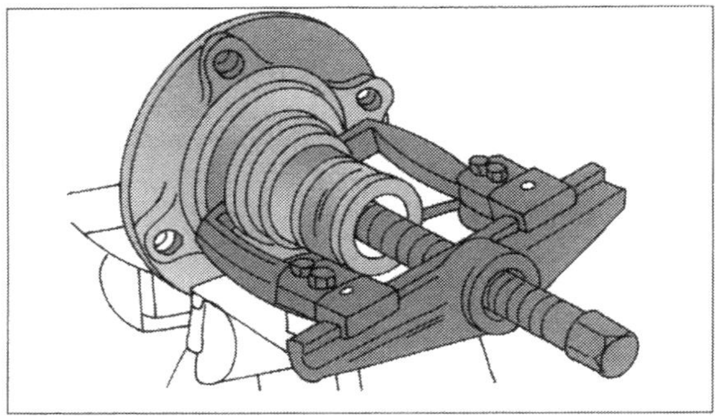

Bild 241
Geeigneter Abzieher zum Abziehen des inneren Lagerlaufringes für das Radlager.

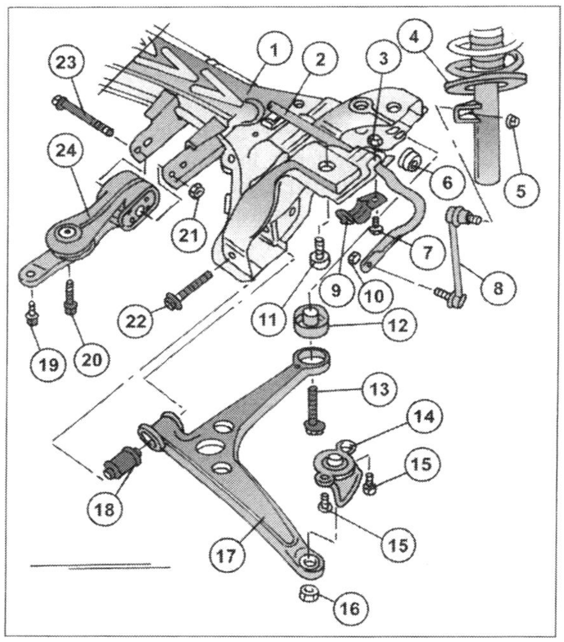

Bild 242
Befestigung von Querlenker, Kurvenstabilisator und Pendelaufhängung am Hilfsrahmen.
1 Hilfsrahmen
2 Kurvenstabilisator
3 Sechskantmutter, 55 Nm
4 Federbein, auf Fahrzeug abgestimmt
5 Selbstsichernde Mutter, 100 Nm, immer erneuern
6 Gummilager des Stabilisators
7 Sechskantschraube
8 Koppelstange des Stabilisators
9 Montageschelle des Kurvenstabilisators
10 Mutter, 100 Nm, immer erneuern
11 M14-Schraube, 150 Nm + 90°, immer erneuern
12 Hintere Büchse des Querlenkers
13 M14-Schraube, 150 Nm + 90°, immer erneuern
14 Tragkugelgelenk der Radaufhängung
15 Innensechskantschraube, 55 Nm
16 Selbstsichernde Mutter, 30 Nm + 90°, immer erneuern
17 Querlenker
18 Vordere Büchse des Querlenkers
19 Sechskantschraube, 60 Nm + 90°, immer erneuern
20 Sechskantschraube, 60 Nm + 90°, immer erneuern
21 Mutter, 90 Nm + 90°, immer erneuern
22 M14-Schraube, 150 Nm + 90°
23 Sechskantschraube
24 Pendelaufhängung

Die Büchsen des Querlenkers können mit geeigneten Pressdornen erneuert werden, jedoch wäre dies vielleicht eine Arbeit für eine Werkstatt, da dazu Spezialpressdorne gebraucht werden und ebenfalls besondere Aufmerksamkeit auf den richtigen Einbau zu legen ist.
Der Einbau geschieht in umgekehrter Reihenfolge wie der Ausbau unter Beachtung der folgenden Punkte:

- Beim Einsetzen des Querlenkers auf die richtige Lage achten. Die innere Lagerbüchse im Querlenker muss genau zwischen die in Bild 244 gezeigten Ansätze kommen.
- Die Befestigungsschrauben des Querlenkers müssen immer erneuert werden. Da der Querlenker gummigelagert ist, darf man ihn erst anziehen, nachdem das Fahrzeug wieder mit den Rädern auf dem Boden steht. Die von unten eingesetzte Schraube (13) in Bild 242 mit 150 Nm anziehen und danach um eine weitere Viertelumdrehung anziehen. Die seitlich eingesetzte Schraube (22) mit 90 Nm anziehen. Ebenfalls um eine weitere Viertelumdrehung nachziehen.
- Die Befestigungsschrauben der Achsgelenkplatte mit 55 Nm anziehen.
- Falls der Schaft des Achsgelenks vom Achsschenkel getrennt wurde, ihn wieder bis zum Anschlag einschieben und eine neue Mutter aufschrauben. Die Mutter in Bild 243 (Mitte) mit 30 Nm anziehen und um weitere 90° nachziehen. Sollte sich der Kugelbolzen mitdrehen, kann man einen 7-mm-Inbusschlüssel in den Bolzen einsetzen, während man die Mutter festzieht.

11.4 Kurvenstabilisator aus- und einbauen

Der Nebenrahmen (Hilfsrahmen) muss gesenkt werden, um an die Befestigung der beiden Montageschellen für den Kurvenstabilisator zu kommen. Ebenfalls ist es erforderlich die Pendelaufhängung vom Nebenrahmen abzuschrauben. Die Befestigung des Kurvenstabilisators ist Bild 242 zu entnehmen. Beim Ausbau unter Bezug auf Bildreihe 245 folgendermaßen vorgehen:

- In der Innenseite des Fahrzeuges die Mutter der Klemmschraube an der Verbindung des Kreuzgelenks der Lenksäule abschrauben und die Schraube herausziehen. Das Kreuzgelenk in seiner Lage lassen.
- Die Koppelstange von den Enden des Kurvenstabilisators abschrauben und Koppelstangen zur Seite drücken.
- Die Montageschellen des Stabilisators (links) vom Nebenrahmen abschrauben und herausnehmen.
- Einen Wagenheber mit einem geeigneten Untersatz unter den Nebenrahmen untersetzen und den Nebenrahmen anheben, bis er soeben unter Spannung steht.
- Die Pendelaufhängung an der in der Mitte gezeigten Stelle vom Nebenrahmen abschrauben.
- Das vordere Auspuffrohr links und rechts der beiden Gummiaufhängungen vom Nebenrahmen abschrauben (vier Schrauben/Muttern).
- Die Lage des Nebenrahmens anzeichnen und die vier Schrauben an den rechts gezeigten Stellen ausschrauben. Den Wagenheber jetzt langsam ablassen, bis der Stabilisator herausgezogen werden kann.

Beim Einbau in umgekehrter Reihenfolge vorgehen. Der Nebenrahmen wird angehoben und mit den eingezeichneten Markierungen ausgerichtet. Danach die Schrauben eindrehen und gleichmäßig mit 150 Nm anziehen.

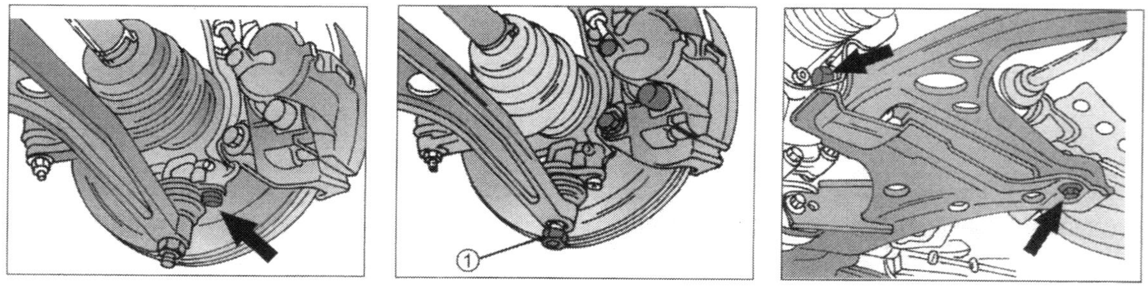

Bild 243

Nachdem alle Schrauben angezogen wurden, werden sie um eine Viertelumdrehung ohne Drehmomentschlüssel nachgezogen. Alle weiteren Anzugsdrehmomente werden Bild 242 entnommen. Die Schraube/Mutter der Kreuzgelenkverbindung mit 25 Nm anziehen. Es wird vorausgesetzt, dass man die Lenksäule oder das Lenkritzel nicht verdreht hat, da sich sonst die Stellung des Lenkrades verändert.

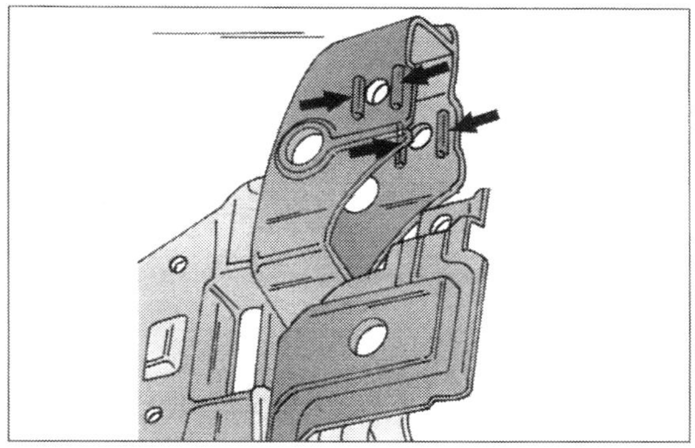

Bild 244
Beim Einbau des Querlenkers muss die innere Büchse des Lenkerarms zwischen die mit den Pfeilen gezeigten Ansätze eingeführt werden.

11.5 Radeinstellung prüfen

Die richtige Stellung der Vorderräder entscheidet darüber, ob Ihr Fahrzeug auf ebener Strecke und in Kurven ruhig und sicher auf der Straße liegt. Eine harte Berührung des Bordsteins kann die Geometrie der Vorderradaufhängung jedoch empfindlich stören. Auch verschlissene Gelenke und Gummilager oder unsachgemäße Reparaturen können sich negativ auf das Fahrverhalten auswirken. Die Vermessung der Radstellung ist freilich eine Sache der Werkstatt, die dazu einen speziellen Achsmessstand verwendet. Ausmessen kann man jedoch im Notfall die Vorspureinstellung der Vorderräder. Im Anschluss wird etwas näher auf die einzelnen Elemente der Radgeometrie eingegangen, falls Sie einige Erfahrung damit haben.

Die technischen Ausdrücke der Lenkgeometrie
In Bild 246 sind die unten beschriebenen Radgeometrieausdrücke grafisch dargestellt.

Vorspur. Im Bild mit (C) dargestellt. Die Vorderräder stehen vorn enger zusammen als hinten (rollen aufeinander zu). Das gleicht die Reibung zwischen Rad und Straße aus, die das linke Rad nach links und das rechte nach rechts drücken will. Die Vorspur verhindert Flattern der Räder und Radieren der Reifen. Bei der Fahrt durch eine Kurve schwenkt das kurveninnere Rad zur Unterstützung der Lenkbewegung und der Lenkkräfte stärker ein als das kurvenäußere – die Vorspur geht in Nachspur über (Räder stehen hinten enger zusammen als vorn, d. h. Maß „X" ist kleiner als Maß „Y"). Die Vorspur kann eingestellt werden.

Sturz. Im Bild mit (A) angegeben. Die Neigung des Rades zu einer Senkrechten. Vermindert Fahrbahnstöße auf die Teile der Lenkung, reduziert Lenkkräfte und Reibung der Räder auf der Fahrbahn. Die Vorderräder der Fahrzeuge haben einen negativen Sturz, d. h. sie stehen oben im Radkasten geringfügig weiter enger zusammen als unten am Boden. Dieser Abstand wird in der Werkstatt in Minuten gemessen. Falls Sie es nicht wissen: Ein Grad hat, wie bei der Uhreinteilung, 60 Minuten. Bei den in Frage kommenden Fahrzeugen sind dies Minusgrade, je nach Fahrgestellausführung -20°, -40° oder -5°. Durch einen erlaubten Toleranzwert von bis zu 45 Minuten plus oder minus werden die Räder nur selten vom Normwert abweichen. Der Sturz kann zwar gemessen, aber nicht eingestellt werden.

Spreizung. Im Bild mit (B) angegeben. Die Neigung der Lenkungsdrehachse zu einer Senkrechten. Die Spreizung kann sich, außer bei Unfällen, normalerweise nicht verstellen, kann auch nicht eingestellt werden.

Nachlauf. Abstand (in Fahrtrichtung) zwischen der gedachten Verlängerungslinie der Lenkdrehachse zum Boden und dem Mittelpunkt der Reifenaufstandsfläche. Durch den Nachlauf werden die Räder gezogen (und nicht geschoben). Sie neigen deshalb dazu, sich von selbst geradeaus zu stellen und diese Stellung beizubehalten. Der Nachlaufwert beträgt ca. 3 Grad und 20 Minuten bei normaler Radaufhängung. Andere Modelle haben einen etwas geänderten Nachlaufwinkel: Wiederum ist ein Toleranzwert angegeben, dieses Mal 40 Minuten, um ein ziemlich breites Einstellband zu erhalten. Der Nachlauf kann zwar gemessen, aber nicht eingestellt werden.

Spurdifferenzwinkel. Dies ist etwas sehr Technisches. Der genannte Winkel kann nicht eingestellt werden, kann aber in der Werkstatt gemessen werden. Beide Räder kommen dabei auf Drehscheiben eines optischen Prüfinstruments. Ein Rad wird auf genau 20° Einschlag eingestellt. Der Einschlag des anderen Rades wird dann an der Gradscheibe abgelesen. Beim Entwurf der Vorderradaufhängung wird dieser Wert festgelegt. Man spricht in diesem Fall vom **kurveninneren** Rad und vom **kurvenäußeren** Rad. Hat die Werkstatt festgestellt, dass die Winkelwerte nicht den Sollwerten entsprechen, bedeutet dies

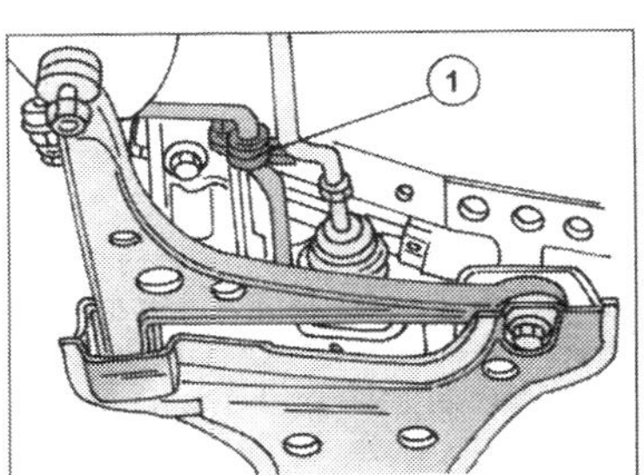

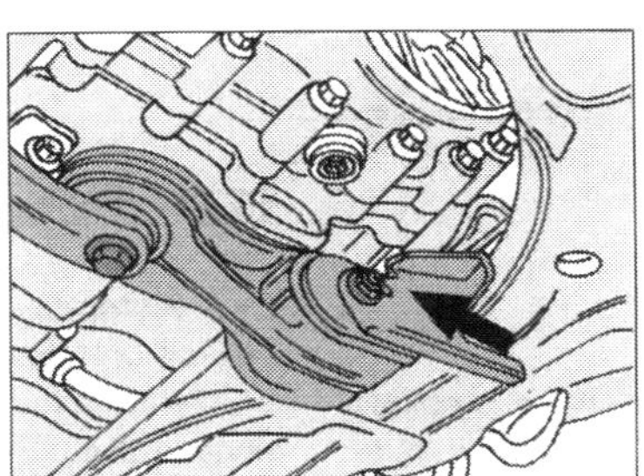

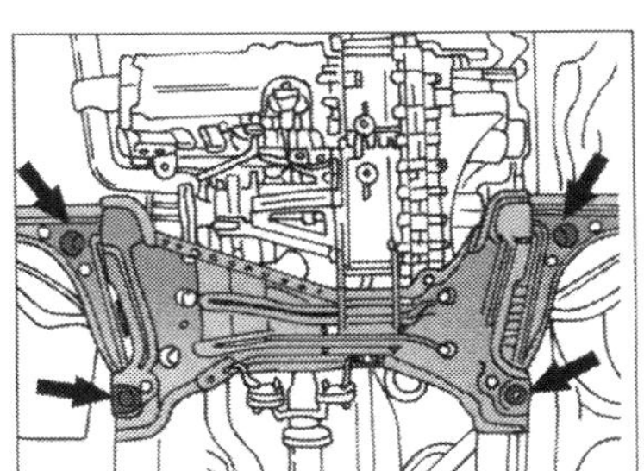

Bild 245

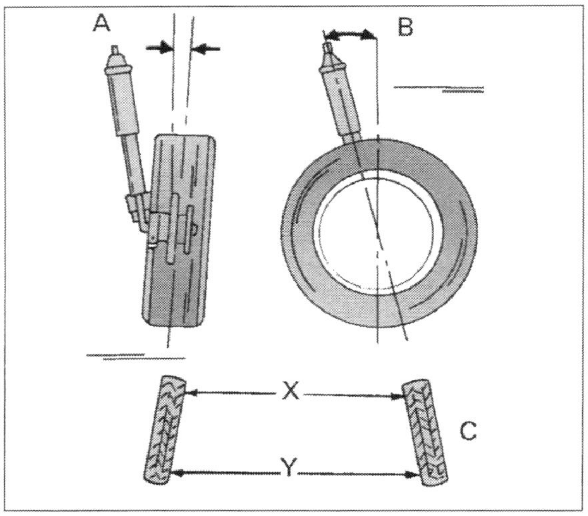

Bild 246
Darstellung von Sturz, Nachlauf und Vorspur.
A Sturz
B Nachlauf
C Vorspur

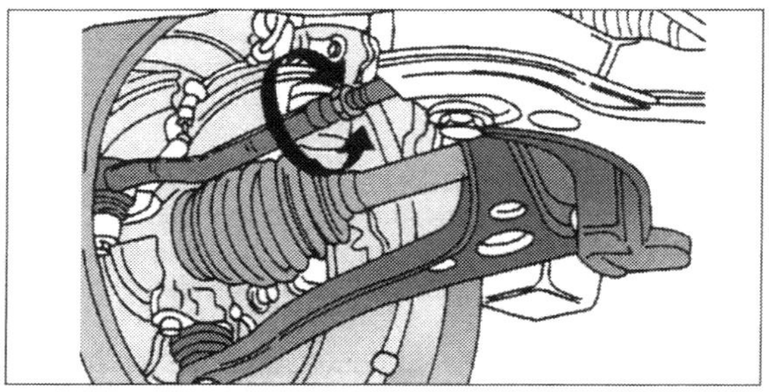

Bild 247
Die Vorspur der Vorderräder wird nach Lockern der Kontermuttern am inneren Teil der Spurstange eingestellt. Zum Verdrehen eignet sich eine so genannte Wasserpumpenzange.

fast immer, dass etwas in der Lenkgeometrie verzogen, verbogen oder sonst außer Linie gekommen ist.

Die Radeinstellung der Vorderräder (Lenkungsgeometrie) muss kontrolliert werden, wenn das Fahrzeug sein Betriebsgewicht hat. Vor der Durchführung irgendwelcher Prüfungen kontrollieren, dass die Kugelgelenke der Spurstangen und Querlenker frei von Spiel und in gutem Zustand sind. Die Vermessung sollte mit optischen Geräten durchgeführt werden, jedoch sind gute, mechanische Geräte ebenfalls geeignet.
Wir sollten jedoch darauf hinweisen, dass diese Prüfungen und Einstellungen nicht durchgeführt werden dürfen, wenn die vorschriftsmäßigen Prüfgeräte nicht zur Verfügung stehen. Da die erhältlichen Prüfgeräte in ihrem Gebrauch voneinander abweichen, werden in den folgenden Beschreibungen nur die Grundrisse der Messung beschrieben. Sie sollten durch die Gebrauchsanweisung des betreffenden Geräts ergänzt werden.
Falls Sie bei irgendeiner Messung nicht vollkommen sicher sind, kann man die Radaufhängung vielleicht später vermessen lassen. Schlecht eingestellte Vorderräder kosten Reifenverschleiß (abgesehen von der Verschlechterung der Fahreigenschaften in schlimmen Fällen).
Grundsätzlich gilt, dass man den Sturz und den Nachlauf nicht verstellen kann.

11.5.1 Vorspur

Die Vorspur kann an beiden Spurstangen eingestellt werden. Die Vorspur in der gewöhnlichen Weise ausmessen, wobei darauf zu achten ist, dass die Werte in Graden und Minuten angegeben sind. Die Räder müssen frei stehen. Der Wert der Vorspur ist in der Maß- und Einstelltabelle angegeben.

- Die Lenkung muss genau in der Mittelstellung stehen, d. h. die Lenkradspeichen müssen in der Normalstellung stehen.
- Ein Spurmaß an der Vorderseite der Räder gegen die Felgen ansetzen und den Stellstift auf Null (0) stellen. Die beiden Kontaktstellen der Stifte mit Kreide anzeichnen.
- Fahrzeug um eine halbe Umdrehung der Räder nach vorn schieben und das Spurmaß an der Rückseite ansetzen. Lassen sich die Stifte nicht einschieben, muss eine Einstellung vorgenommen werden. Falls sich die Stifte zwischen den Felgenkanten links und rechts einsetzen lassen, muss man den Stellstift nach außen bewegen und das angezeigte Maß ablesen. Dies ist der Vorspurwert.
- Zum Einstellen der Vorspur die Kontermutter auf beiden Seiten des Fahrzeuges am Spurstangenkopf lockern. Um zu verhindern, dass sich der Faltenbalg der Lenkungsmanschetten mitdrehen kann, muss man die Befestigungsschelle an der Außenseite lockern. Damit man weiß, wie die Spurstange vorher angeschlossen war, kann man mit einem Klecks Farbe an der Kontermutter eine Markierung einzeichnen.
- Die Spurstange mit einer Zange nach links oder rechts verdrehen (Bild 247). Beide Spurstangenrohre müssen um den gleichen Wert verstellt werden, damit das Lenkrad in der Mittelstellung verbleibt. Falls nur eine Spurstange verstellt wird, wird man feststellen, dass die Speichen des Lenkrades nicht länger waagerecht stehen.
- Die Kontermuttern der Spurstangenköpfe mit 55 Nm anziehen und die Faltenbälge wieder befestigen.

11.5.2 Sturz

Der Sturz kann nicht eingestellt werden. Den Sturz des Rades kann man jedoch in herkömmlicher Weise ausmessen, jedoch schlagen wir vor, dass man dies einer Fachwerkstatt überlässt.

11.5.3 Nachlauf

Der Nachlauf kann bei diesen Fahrzeugen nicht eingestellt werden, sollte aber die bereits angegebenen Werte unter Berücksichtigung der Toleranzen nicht überschreiten. Vermessungen einer Fachwerkstatt überlassen.

Hinweis: Ungewöhnlicher und ungleichmäßiger Reifenverschleiß, welcher trotz einwandfreier Vorspureinstellung auftritt, deutet auf einen Verzug in der Vorderradaufhängung. Unbedingt kontrollieren lassen.

11.6 Pendelaufhängung

Bei bestimmten Arbeiten ist es erforderlich, die in Bild 242 mit (24) bezeichnete Pendelaufhängung auszubauen, die zwischen dem Nebenrahmen und dem Getriebe eingesetzt ist. Beim Einbau die in der Montageübersicht angegebenen Anzugsdrehmomente beachten.

12 Die Hinterradaufhängung

Hinweis: Die Hinterradaufhängung bei Fahrzeugen mit Vierradantrieb und die dazugehörigen Teile werden in getrenntem Kapitel am Ende des Abschnitts behandelt.

Bild 248 zeigt den Aufbau der Hinterradaufhängung. Die Radaufhängung setzt sich auf jeder Seite aus einem unteren Schräglenker, Schraubenfeder und einem Gasdrucksstoßdämpfer zusammen. Die Radnabe ist im Schräglenker eingebaut, bildet also ebenfalls den Achsschenkel der Hinterachse. Der Schräglenker selbst ist an einem rohrförmigen, am Wagenunterboden verschraubten Querträger befestigt. Ein Kurvenstabilisator verbindet die Radaufhängung auf der linken Seite mit der Aufhängung auf der rechten Seite und dient zur Limitierung der Seitenneigung des Fahrzeuges.
Die Stoßdämpfer sind zwischen den unteren Schräglenkern und dem Wagenboden eingesetzt. Ebenfalls zwischen den Schräglenkern und dem Wagenboden sind die hinteren Schraubenfedern „eingeklemmt".

Hinweis: Wie bereits im Abschnitt „Vorderradaufhängung" erwähnt, werden nicht bei allen Fahrzeugen die gleichen Schraubenfedern, Stoßdämpfer und Kurvenstabilisator eingebaut.

12.1 Die Hinterachse und Hinterradaufhängung

12.1.1 Aus- und Einbau der kompletten Hinterradaufhängung

Der folgende Text beschreibt den kompletten Aus- und Einbau der Hinterradaufhängung. Getrennte Beschreibungen für den Ausbau der Stoßdämpfer und Schräglenker sind im Anschluss an dieses Kapitel gegeben.

- Radbolzen lockern, die Rückseite des Fahrzeuges auf Böcke setzen und die Räder abschrauben.
- Die Handbremsseile abschließen, wie es im Abschnitt „Bremsanlage" beschrieben ist.
- Die Drehzahl-Sensoren der ABS-Anlage ausbauen (siehe Abschnitt „Bremsanlage"). Die Enden der Sensoren in geeigneter Weise gegen Verschmutzung schützen.
- Die Bremsschläuche mit geeigneten Zwingen abklemmen (um Auslaufen der Flüssigkeit zu vermeiden), die Überwurfmuttern der Bremsleitungen aus den Bremsschläuchen herausdrehen und die Federbleche für die Bremsschlauchbefestigung ausschlagen. Den Schlauch herausziehen. Die Enden der Schläuche und Bremsleitungen in geeigneter Weise verschließen (mit Klebband umwickeln).

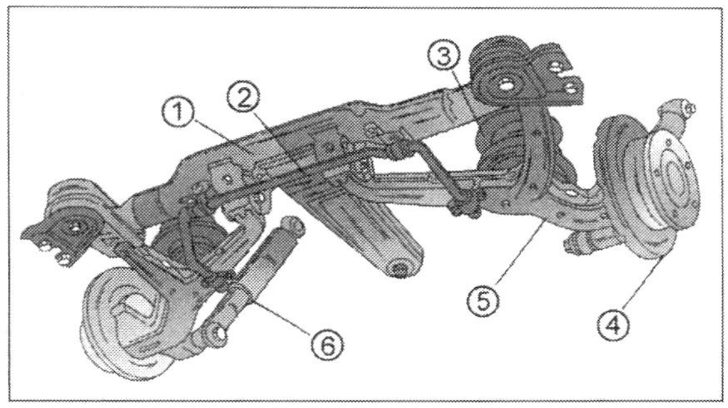

Bild 248
Gesamtansicht der eingebauten Hinterradaufhängung.
1 Hinterer Querträger
2 Kurvenstabilisator
3 Schraubenfeder
4 Radnabeneinheit
5 Unterer Lenkerarm
6 Stoßdämpfer

- An den Schräglenkern die Bremsleitungen freimachen. Diese von den Befestigungsschellen lösen und die Bremsschlauchverbindung von den Bremsleitungen trennen, wie es oben beschrieben wurde. Bild 249 zeigt auf der linken Seite, wo die genannten Teile befestigt sind. Zum Ausbau die Befestigungsschellen (1) lösen, die Überwurfmuttern der Bremsleitungen (2) ausschrauben und die Federbleche (3) der Bremsschlauchbefestigung ausschlagen.
- Beide Bremssättel an den in Bild 249 (Mitte) gezeigten Stellen abschrauben und herausnehmen.
- Den Kurvenstabilisator ausbauen. Dazu die Schrauben auf beiden Seiten an der Unterseite der Schräglenker (Lenkerarme) abschrauben und die Befestigungsschrauben des Kurvenstabilisators vom Querträger lösen. Die Stabilisatorstange seitlich herausziehen.
- Einen fahrbaren Wagenheber unter die Unterseite des Schräglenkers untersetzen und den Lenkerarm anheben, bis der Stoßdämpfer etwas zusammengedrückt ist. Die Stoßdämpferbefestigung an der Oberseite lösen.
- Den Wagenheber jetzt langsam ablassen. Dabei streckt sich die Schraubenfeder, bis sie ungespannt ist und herausgenommen werden kann.
- Den Wagenheber vollkommen absenken, bis die Schräglenker frei nach unten hängen. Den Wagenheber jetzt unter die Mitte der Hinterachse untersetzen.
- Die Schraube aus dem Ende des Auslegers, d. h. der Drehmomentstütze herausdrehen. Diese Schraube (Pfeil in Bild 249, rechts) muss immer erneuert werden, da sie kein zweites Mal verwendet werden darf.
- Die Befestigung der Hinterachse jetzt unter Bezug auf Bild 250 lösen. Die beiden Schrauben (1) und die mittlere Schraube (2) herausdrehen und die Tragplatte abnehmen. Die Arbeiten auf beiden Seiten des Fahrzeuges durchführen. In Bild 251 sind diese Teile mit (4), (5) und (6) bezeichnet.

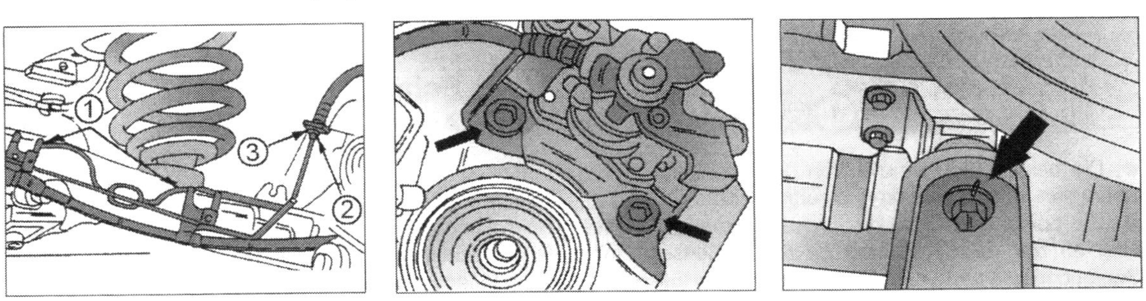

Bild 249

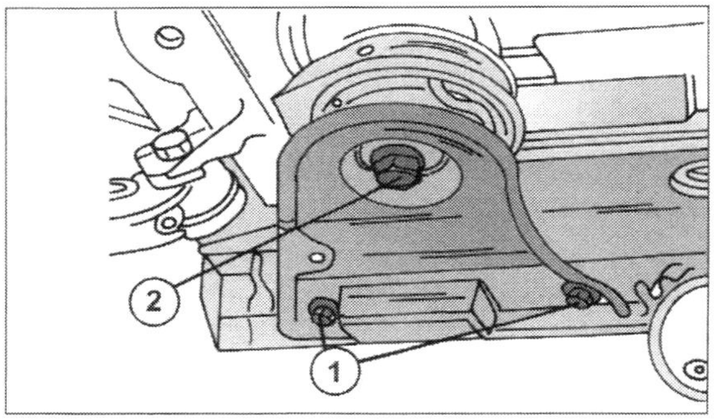

Bild 250
Lösen der Befestigung des Hinterachsrohres auf einer Seite. Die Schrauben (1) halten die Tragplatte, die Schraube (2) hält die Aufhängung am Wagenboden.

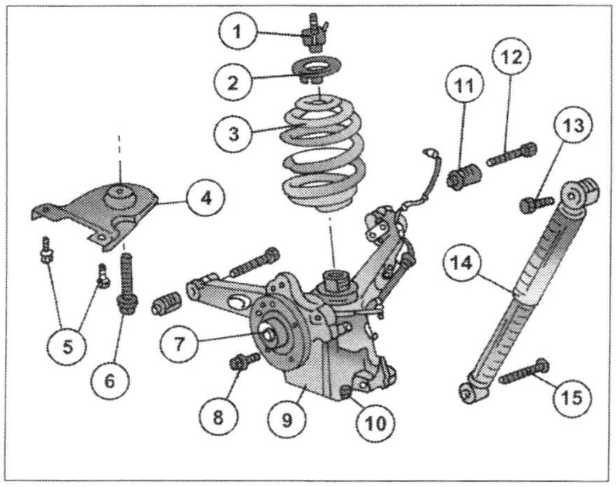

Bild 251
Ansicht der zerlegten Hinterradaufhängung.

1 Anschlaggummi, 40 Nm
2 Federsitzscheibe, auf richtigen Einbau achten
3 Schraubenfeder
4 Tragplatte des Querträgers
5 Schrauben, 110 N m
6 Schraube, 170 Nm
7 Radlagereinheit
8 Radbolzen, 170 Nm
9 Schräglenker mit Radlagergehäuse
10 Mutter, 140 Nm, immer erneuern
11 Schräglenkerbüchse
12 Schraube, immer erneuern
13 Schraube, immer erneuern
14 Stoßdämpfer
15 Schraube, immer erneuern

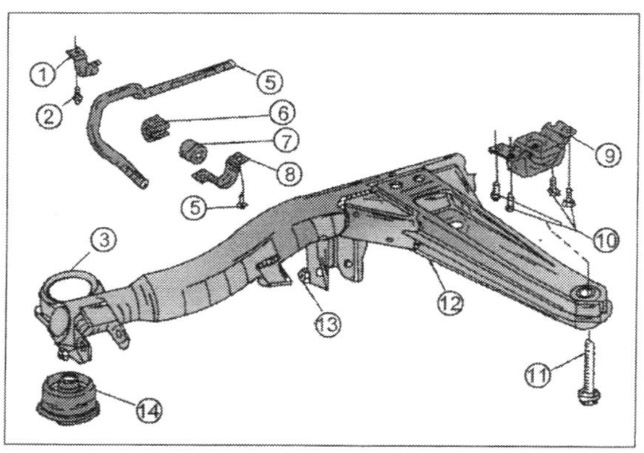

Bild 252
Die Befestigung des Hinterachsträgers und Kurvenstabilisators.

1 Stabilisatormontageschelle
2 Schraube, 30 Nm
3 Hinterachsquerträger
4 Schraube, 30 Nm
5 Kurvenstabilisator
6 Gummilager
7 Gummilager
8 Stabilisatormontageschelle
9 Aufhängungslager
10 Schrauben, 66 Nm
11 Schraube, 260 Nm
12 Ausleger
13 Mutter, 170 Nm
14 Gummimetalllager

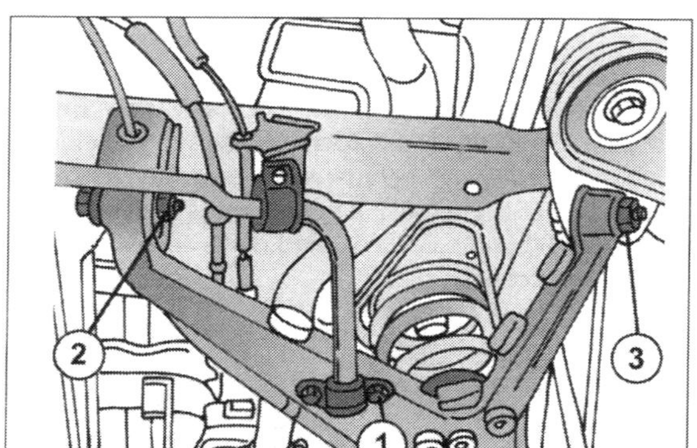

Bild 253
Die beiden Schrauben/Muttern (2) und (3) werden mit 170 Nm angezogen, wenn die Räder auf dem Boden aufstehen. Die Schrauben (1) halten die Montageschelle des Kurvenstabilisators.

- Die beiden Stoßdämpfer von der Befestigung der Schräglenker abmontieren und herausnehmen.
- Die beiden Schräglenker jetzt abschrauben. Diese sind an der Innenseite und an der Außenseite mit Schrauben und Muttern befestigt. Die Muttern lösen und die Schrauben vorsichtig herausschlagen. Den Schräglenker dabei halten lassen, da er sonst herunterfällt.

Beim Einbau der Hinterradaufhängung in folgender Reihenfolge vorgehen. Bild 252 zeigt ein Montagebild der einzubauenden Teile. Grundsätzlich gilt, dass alle durch Gummilagerungen führenden Schrauben angezogen werden müssen, wenn das Gewicht des Fahrzeuges auf den Rädern ruht. Bei der folgenden Beschreibung wird dies nicht noch einmal erwähnt, d. h. die angegebenen Anzugsdrehmomente verstehen sich, wenn das Fahrzeug belastet ist.

- Die unteren Schräglenker in die Aufnahmen am Querträger ansetzen und die innere Schraube sowie die äußere Schraube vorsichtig einschlagen. Die Schrauben müssen immer erneuert werden. Beide Schrauben mit 170 Nm anziehen. Bild 253 zeigt den jetzt festgeschraubten Schräglenker.
- Die Stoßdämpfer an der unteren Befestigung verschrauben. Die Schrauben müssen ebenfalls erneuert werden. Das Anzugsdrehmoment der Mutter beträgt 130 Nm.
- Die Hinterachse unter Bezug auf Bild 250 anschrauben. Die Achse dabei in die richtige Lage heben, bis man die Schrauben mit der Tragplatte ansetzen kann. Die Schraube in der Mitte mit 170 Nm, die beiden anderen Schrauben mit 100 Nm anziehen.
- Den Ausleger (Drehmomentstütze) des Hinterachsträgers in die richtige Lage heben, eine neue Schraube (11, Bild 252) einsetzen und die Schraube mit 260 Nm anziehen.
- Den Wagenheber unter der Achse entfernen und unter den Schräglenker untersetzen. Die Schraubenfeder zwischen Schräglenker und die obere Federsitzscheibe einsetzen. Diese Scheibe hat einen Ausschnitt und muss so verdreht werden, dass das Ende der Feder in den Ausschnitt eingreift. Den Schräglenker mit dem Wagenheber von einem Helfer anheben lassen, während man die Feder führt. Nach richtigem Sitz der Feder den Schräglenker weiter anheben, bis man den oberen Stoßdämpfer anschließen kann. Auch diese Schraube (13, Bild 251) muss nach Lösen erneuert werden. Die Schraube/Mutter mit 110 Nm anziehen.
- Den Kurvenstabilisator montieren. Alle gezeigten Schrauben mit 30 Nm anziehen.
- Die Bremsleitungs-/Bremsschlauchanschlüsse wieder zusammenbringen und befestigen. Die Überwurfmuttern der Verbindung mit 13 Nm anziehen.
- Alle anderen Arbeiten in umgekehrter Reihenfolge durchführen. Dazu gehören das Anschrauben des Bremssattels (35 Nm) und der Räder (170 Nm). Die Bremsanlage muss abschließend entlüftet werden. *Alte gummigelagerte Verbindungen müssen jetzt auf die angegebenen Anzugsdrehmomente angezogen werden. Das Fahrzeug muss dabei sein Betriebsgewicht haben.*

12.2 Schräglenker/Feder – Aus- und Einbau

Beim Ausbau eines Schräglenkers wird die Schraubenfeder ebenfalls frei. Die Beschreibung schließt Fahrzeuge mit Vierradantrieb ein.

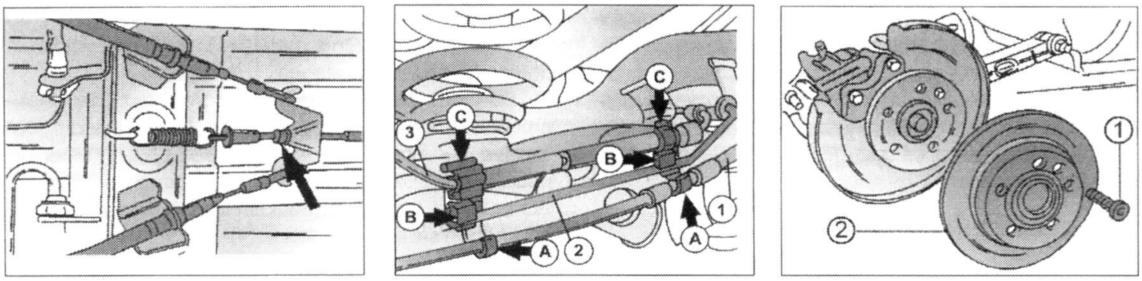

Bild 254

- Rückseite des Fahrzeuges auf Böcke setzen und die Räder abschrauben.
- Bei Vierradantrieb die Antriebswelle ausbauen.
- Den Sensor der Raddrehzahl für die ABS-Anlage vom Radlagergehäuse abziehen.
- Bildreihe 254 zeigt die Reihenfolge des Ausbaues. Zuerst an der Unterseite des Wagenbodens die in der linken Ansicht mit dem Pfeil gezeigte Kontermutter lockern und den Einsteller zurückstellen, bis die Betätigungshebel an den Bremssätteln gegen die Anschläge zurückkehren. Das Handbremsseil jetzt vom Bremssattel abschließen. Dazu eine Federspange entfernen und das Seilende aus dem Betätigungshebel aushängen (Zange). Den Bremssattel abschrauben (siehe Bild 249, Mitte).
- Die Bremsleitungsverbindungen und das Handbremsseil unter Bezug auf das mittlere Bild abschließen. Zuerst das Handbremsseil (1) von den Halterungen am Lenkerarm an Stelle (A) aushängen. Danach die Bremsleitung (2) an Stelle (B) freimachen und das Kabel für den Drehzahlsensor an Stelle (C) vom Clip lösen.
- Die Bremsscheibe unter Bezug auf die rechte Ansicht ausbauen. Diese ist mit einer Kreuzschlitzschraube (1) befestigt. Die Anlageflächen der Bremsscheibe (2) und der Radnabe sofort einwandfrei reinigen.
- Den Kurvenstabilisator unter Bezug auf Bild 252 ausbauen.
- Einen Wagenheber unter den Schräglenker untersetzen, den Lenkerarm etwas anheben, bis der Stoßdämpfer zusammengeschoben ist, und die untere Schraube des Stoßdämpfers lösen.
- Den Wagenheber jetzt von einem Helfer absenken lassen und die Hinterfeder herausnehmen.
- Den Schräglenker jetzt an der Innenseite abschrauben. Er ist an der in Bild 253 gezeigten Stelle befestigt.

Der Einbau des Schräglenkers geschieht in umgekehrter Reihenfolge wie der Ausbau. Alle bereits angegebenen Anweisungen über den Einbau der Hinterachse gelten auch für den Einbau des Schräglenkers und sollen nicht noch einmal wiederholt werden.

Hinweis: Die Gummilager der Schräglenker kann man einer Werkstatt erneuern lassen.

12.3 Stoßdämpfer – Aus- und Einbau

Der Aus- und Einbau der Stoßdämpfer kann den bereits gegebenen Anweisungen entnommen werden, d. h. sobald der Schräglenker mit einem Wagenheber ausreichend angehoben ist, kann er oben und unten abgeschraubt werden. Die Schrauben der Stoßdämpferaufhängung müssen erneuert werden, wenn man sie gelöst hat. Bei Erneuerung eines Stoßdämpfers das Modell und das Baujahr angeben.

12.4 Hinterradlager

In der Werkstatt kann das Radlager bei eingebautem Schräglenker erneuert werden. Da man zum Aus- und Einziehen der Radnabe sowie der Radlager jedoch Auszieh/Einziehwerkzeuge braucht, schlagen wir vor, dass man den Schräglenker ausbaut und das Radlager dann erneuert. Die Alternative ist jedoch, das Lager in der Werkstatt erneuern zu lassen. Die Bremsscheibe und das Spritzblech abschrauben, ehe man das Radlagergehäuse in einen Schraubstock einspannt.
Eine Schraube an der Vorderseite und eine Mutter an der Rückseite halten die Radnabe im Radlagergehäuse. Unter der Mutter sitzt der Zahnkranz für die Drehzahlinformation des ABS-Fühlers. *Ein ausgebautes Radlager kann kein zweites Mal verwendet werden, d. h. man kann es z. B. zu einer Kontrolle nicht ausbauen.*

Nach Auspressen der Radnabe den Lagersprengring entfernen und das Lager auspressen. Der innere Lagerlaufring verbleibt auf der Radnabe und wird abgezogen, wie es bereits bei einer Vorderradnabe gezeigt wurde.
Der Zusammenbau geschieht in umgekehrter Reihenfolge wie der Ausbau. Radlager und Radnabenflansch in das Radlagergehäuse einpressen. Falls man keine Presse zur Verfügung hat, kann man die Teile in der in Bild 255 gezeigten Weise in das Radlagergehäuse einpressen. Obwohl das Spezialwerkzeug im Bild gezeigt ist, kann man sich leicht eine derartige Anordnung selbst herstellen.

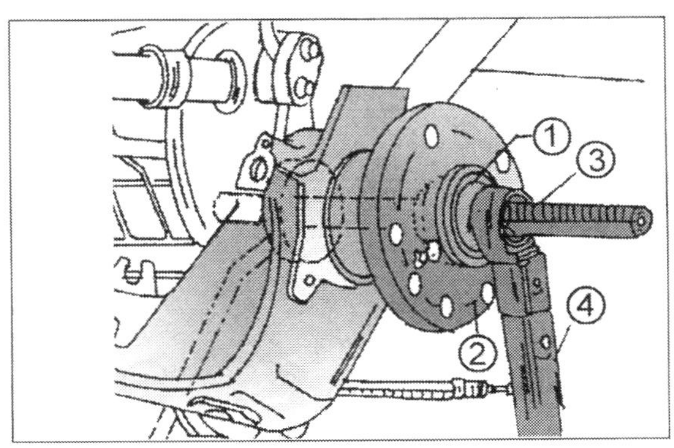

Bild 255
Geeignete Vorrichtung zum Einziehen des Radlagers oder der Radnabe.
1 Druckstück
2 Radnabe
3 Lange Schraube
4 Ringschlüssel oder Ähnliches

Unbedingt überzeugen, dass der Lagersprengring ringsherum gut eingeschnappt ist. Die Mutter, wie so viele Teile, muss erneuert werden, da sie selbstsichernd ist. Bei Gegenhaltung der Schraube mit 200 Nm anziehen. Diese Mutter wird nicht im Winkelnachzug angezogen. Das Radlagergehäuse muss dazu fest in den Schraubstock eingespannt sein.

12.5 Hinterradaufhängung – Vierradantrieb

Bilder 256 und 257 zeigen die mit der Hinterradaufhängung dieser Modelle verbundenen Teile. Nicht gezeigte Teile, wie z. B. Schraubenfedern, Gummilager, usw. entsprechen den Fahrzeugen mit Vorderradantrieb. Der Aus- und Einbau dieser Teile geschieht ebenfalls in der bereits beschriebenen Weise. Die folgenden Punkte werden zum besseren Verstehen der Abbildungen angegeben.

Zu Bild 256:

- Die Gewindebohrungen (1) sind im Längsträger eingearbeitet.

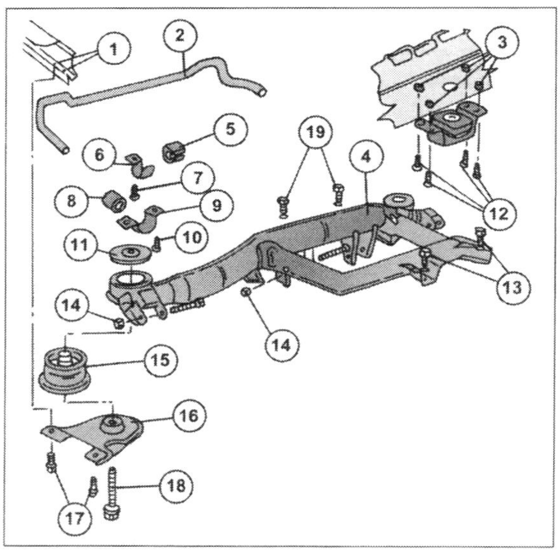

Bild 256
Hinterachskörper und Stabilisatorstange bei eingebautem Vierradantrieb und die zur Befestigung eingebauten Teile. Auf die Zahlen wird im Text eingegangen.

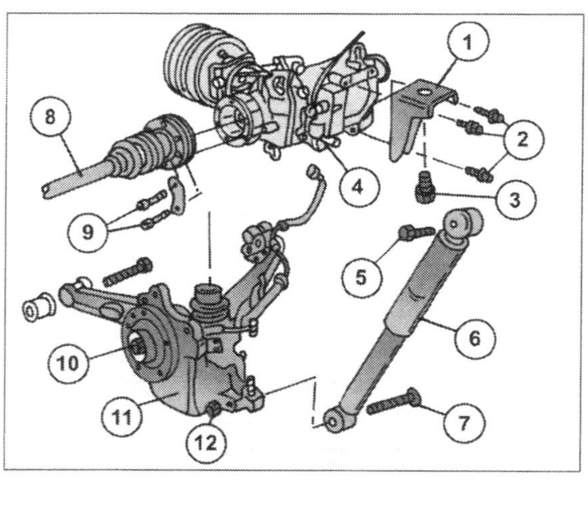

Bild 257
Verbleibende Teile der Hinterradaufhängung. Auf die Zahlen wird im Text verwiesen.

- Der Kurvenstabilisator (2) hat bei Fahrzeugen ab 2001 diese Form. Früher hatte die Stabilisatorstange ein unterschiedliches Aussehen.
- Die Gewindebohrungen (3) sind im Querträger eingearbeitet, in welche die Schrauben (12) eingeschraubt werden. Die Schrauben müssen nach Lösen immer erneuert werden. Anzugsdrehmomente beachten. Sind die Schrauben 25 mm lang, werden sie mit 65 Nm angezogen; haben sie eine Länge von 30 mm, werden sie mit 50 Nm angezogen und danach um eine weitere Viertelumdrehung nachgezogen.
- Der Hinterachskörper (4) muss beim Einbau genau ausgefluchtet werden. Soll er ausgebaut werden, muss man die Einbaulage genau anzeichnen.
- Das Gummilager des Kurvenstabilisators (5) ist geschlitzt und muss vorschriftsmäßig in die Montageschelle (6) eingelegt werden. Die beiden Schrauben (7) werden mit 25 Nm angezogen. Die Gummibüchse (8) sitzt auf dem Ende der Stabilisatorstange (2) und wird mit den Montageschellen (9) mit den Schrauben (10) verschraubt. Mit 30 Nm anziehen.
- Die Scheibe (11) sitzt auf der Oberseite des Achskörpers.
- Die Muttern (14) der Achslenkerbefestigung werden mit 170 Nm angezogen.
- Das Gummilager (15) im Achsträger kann man in einer Werkstatt erneuern lassen. Die Tragplatte (16) des Achskörpers wird mit den Schrauben (17) und (18) befestigt. Schrauben (17) mit 100 Nm, Schrauben (18) mit 170 Nm anziehen. Schrauben immer erneuern, falls sie gelöst wurden.
- Die Schrauben (19) müssen erneuert werden, wenn man sie ausgeschraubt hat. Beim Einbau mit 30 Nm + 90° anziehen.

Zu Bild 257:

- Der Montagehalter (1) trägt den Achsantrieb (4). Die Schrauben (2) mit 30 Nm + 90° anziehen (14-mm-Vielzahnsteckschlüssel benutzen), die von unten eingesetzte Schraube (3) mit 260 Nm anziehen. Schrauben immer erneuern, falls sie gelöst wurden.
- Die obere Schraube (5) des Stoßdämpfers (6) wird mit 110 Nm angezogen, die untere Mutter (12) der Schraube (7) mit 130 Nm. Schrauben müssen immer erneuert werden.
- Die Antriebswelle (8) wird mit den Schrauben (9) befestigt. Die Schrauben werden zuerst mit 10 Nm und danach mit 40 Nm festgezogen. Unter den Schrauben sind Unterlegplatten eingelegt. Die Schraube an der Außenseite der Achswelle wird mit 150 Nm + 90° angezogen. Fahrzeug auf den Rädern.
- Der Lenkerarm (10) und das Radlagergehäuse (11) werden in gleicher Weise wie bei Vorderantrieb behandelt, wenn es z. B. zum Erneuern des Radlagers kommt.

Antriebswellen

Die Antriebswellen werden in ähnlicher Weise wie die Wellen der Vorderräder behandelt. Das äußere Gleichlaufgelenk kann jedoch nicht von der Welle getrennt werden. Das innere Gelenk wird komplett erneuert und entspricht der in Bild 222 gezeigten Ausführung, d. h. es muss von der Welle abgepresst werden. Der Faltenbalg muss mit einem Dorn vom Gleichlaufgelenk abgeschlagen werden.

Bei der Servolenkung wird ein in einem Zylinder arbeitender Kolben verwendet, welcher an einem Ende der Lenkung montiert ist. Je nach Einschlag des Lenkrades wird der Kolben von der einen oder anderen Seite durch Flüssigkeit unter Druck gesetzt, wodurch der zum Lenken erforderliche Kraftaufwand verringert wird. Die in der Anlage verwendete Flüssigkeit ist die gleiche, wie sie bei automatischen Getrieben eingefüllt ist.

Die Flüssigkeit wird durch eine Flügelradpumpe aus dem Vorratsbehälter abgesaugt und in ein Schieberventil geleitet, welches die Lenkung nach links und rechts bewegt.

Die Einzelteile der Lenkung und deren Befestigung sind in Bild 258 gezeigt.

Bei allen Arbeiten an der Servolenkung sind die folgenden Hinweise zu beachten:

- Bei allen Arbeiten auf peinliche Sauberkeit achten.
- Beim Lösen von Anschlüssen alle in der Umgebung befindlichen Teile einwandfrei reinigen. Ausgebaute Teile auf einer sauberen Unterlage ablegen und mit nichtflusenden Lappen abdecken.
- Neuteile erst unmittelbar vor dem Einbau aus der Verpackung nehmen. Nur Originalteile des Herstellers einbauen.
- Bei geöffneter Anlage keine Pressluft zum Reinigen von Teilen benutzen. Parken Sie das Fahrzeug so, dass es während der Reparaturzeit nicht weggeschoben werden muss.

13.1 Routinewartung

Zur guten Pflege des Fahrzeuges gehört auch eine gelegentliche Durchführung der unten angeführten Arbeiten.

Lenkungsspiel prüfen

Das Spiel der Lenkung kann nachgestellt werden, wenn es nicht durch einen Defekt verursacht wird. Die Einstellung sollten Sie jedoch der Werkstatt überlassen – sie hat das entsprechende Messgerät dazu. Falls Sie der Annahme sind, dass die Ansprechzeit des Lenkrades zu langsam ist, kann man die folgende Kontrolle durchführen.

- Die Räder geradeaus stellen.
- Greifen Sie durchs geöffnete Fenster und drehen Sie das Lenkrad kurz hin und her.
- Das Vorderrad muss sich sofort mitbewegen. Achten Sie auf die Felge, denn der elastische Reifen kann einen Teil des Einschlags schlucken, ehe er sich bewegt.
- Hat die Lenkung um die Geradeausstellung kein Spiel, klemmt aber bei stärkerem Einschlag, ist die Zahnstange der Lenkung verschlissen. Das Lenkgetriebe muss dann ausgetauscht werden.

Manschetten der Lenkzahnstange kontrollieren

Die aus dem Zahnstangengehäuse austretende Zahnstange ist links und rechts durch eine Gummimanschette geschützt. Dringen durch einen rissigen oder beschädigten Faltenbalg Schmutz und Feuchtigkeit ein, verbinden sie sich mit dem Fett des Lenkgetriebes zu einer Schleifpaste, die ständig am Lenkritzel nagt. Eine verschlissene Manschette sollten Sie daher sofort ersetzen.

- Leuchten Sie mit einer Taschenlampe jeden Faltenbalg ab.
- Schlagen Sie die Lenkung voll nach rechts und links ein; ziehen Sie dann den Faltenbalg Stück um Stück auseinander, um Risse in den Falten zu erkennen.
- Die Spannbänder müssen fest auf der Manschette sitzen.

Staubkappen und Spiel der Spurstangenköpfe prüfen

Das Spurstangengelenk sitzt rechts und links zwischen Spurstange und Spurstangenhebel des Radlagergehäuses. Selbstschmierender Kunststoff umhüllt den stähler-

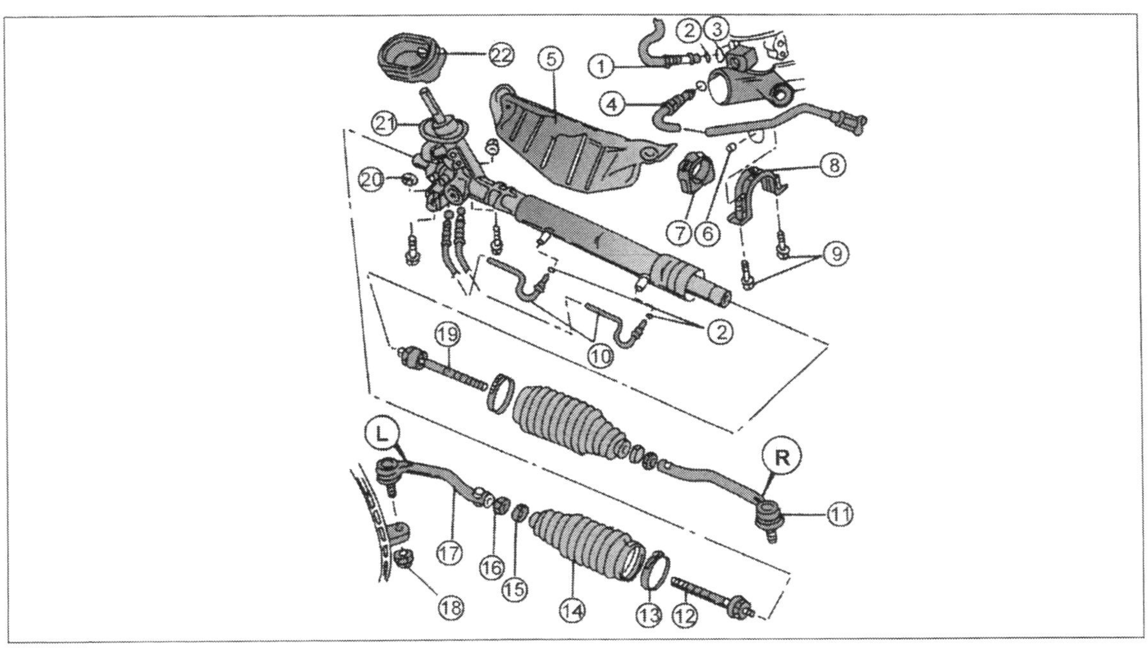

Bild 258
Die zur Lenkung gehörenden Teile.
1 Rücklaufleitung
2 O-Dichtring
3 Gewindeanschluss für (1)
4 Druckleitung, 30 Nm
5 Wärmeschutzblech
6 Sechskantmutter
7 Gummilagerung
8 Montageschelle mit Schweißmuttern
9 Schraube, 60 Nm, erneuern
10 Systemleitungen
11 Spurstangengelenk, rechts
12 Linke Spurstange, 70 Nm
13 Befestigungsschelle
14 Faltenbalg
15 Befestigungsschelle
16 Mutter, 55 Nm
17 Spurstangengelenk, links
18 Selbstsichernde Mutter, 30 Nm + 90° Winkelanzug
19 Rechte Spurstange, 70 Nm
20 Selbstsichernde Mutter
21 Servolenkung
22 Gummiabdichtung

nen Kugelkopf, eine Manschette schützt ihn vor Schmutz und Feuchtigkeit. Spurstangenköpfe mit defekter Manschette oder Spiel müssen Sie umgehend ersetzen.

- Kontrollieren Sie die Manschetten der Spurstangengelenke auf Risse.
- Prüfen Sie, ob das Gelenk Spiel hat. Fahren Sie den Wagen dazu am besten über eine Grube.
- Lassen Sie einen Helfer das Lenkrad mehrmals kurz nach links und rechts drehen. Sie können mit der Hand fühlen, ob die Spurstangengelenke Luft haben.

13.2 Aus- und Einbau des Lenkgetriebes

Der Ausbau sowie der Einbau sind ziemlich kompliziert. Die Lenkung wird nach hinten herausgezogen, jedoch muss der Hilfsrahmen abgesenkt werden, um an die Befestigung der Lenkung zu kommen. Falls man die Lenkung jedoch einmal erneuern muss, kann man den folgenden, in Stichworten beschriebenen Anweisungen sowie den Abbildungen folgen. Die Vorderseite des Fahrzeuges muss auf Böcken sitzen:

- Bild 259, links: Mutter (1) der Klemmschraube (2) des Kreuzgelenks an der Unterseite der Lenksäule entfernen und die Schraube vorsichtig ausschlagen. Schutzverkleidung unter dem Motorraum ausbauen.
- Den Flüssigkeitsschlauch an der Lenkhilfspumpe und den vom Vorratsbehälter kommenden Schlauch mit einer geeigneten Zwinge abdrücken, damit keine Flüssigkeit auslaufen kann.
- Bild 259, Mitte: Pendelaufhängung an der mit dem Pfeil gezeigten Stelle vom Nebenrahmen abschrauben.
- Bild 259, rechts: Mutter der Spurstangengelenke entfernen und die Kugelbolzen mit einem geeigneten Abzieher ausdrücken.
- Bild 260, links: Die Koppelstangen des Kurvenstabilisators an der Pfeilstelle von der Stabilisatorstange abschrauben (oben angeschlossen lassen). Das vordere Auspuffrohr von der Befestigung am Nebenrahmen trennen (4 Schrauben/Muttern).
- Bild 260, Mitte: Die mit dem Pfeil gezeigte Schraube aus der Lenkung ausschrauben.
- Bild 260, rechts: Von der Unterseite des Nebenrahmens die mit den Pfeilen gezeigten Schrauben der Lenkung entfernen.
- Einen Wagenheber unter den Nebenrahmen untersetzen und diesen anheben, bis er soeben unter Spannung steht. Der Nebenrahmen kann jetzt an den in Bild 245 auf der rechten Seite gezeigten Stellen abgeschraubt und danach vorsichtig abgesenkt werden. Nach Abschließen der Schläuche vom Lenkgetriebe kann die Lenkung herausgezogen werden.

Der Einbau findet in umgekehrter Reihenfolge statt. Beim Ansetzen der Lenkung muss das Kreuzgelenk in Eingriff kommen. Die Abdichtung des Lenkgetriebes (22, Bild 258) muss flach gegen das Bodenblech anliegen, die Öffnung im Fußkasten gut verschlossen sein. Alle Muttern/Schrauben mit den gültigen Anzugsdrehmomenten anziehen, d. h. Nebenrahmen an Karosserie, Lenkung an Nebenrahmen, Pendelaufhängung, Rücklauf- und Vorlaufleitung der Lenkung (neue Dichtringe verwenden), Spurstangengelenk an Lenkhebel und Kreuzgelenk an Lenkung.

13.3 Spurstangen/ Spurstangenköpfe erneuern

Falls man bei den folgenden Prüfungen feststellen kann, dass die Spurstangengelenke ausgeschlagen sind, kann man sie bei eingebauter Lenkung erneuern (wird bei der technischen Kontrolle überprüft).

- Die Staubschutzkappen der Gelenke dürfen nicht eingerissen sein.
- Lenkung nach einer Seite einschlagen, das Spurstangengelenk mit einer Hand erfassen und von einem

Bild 259

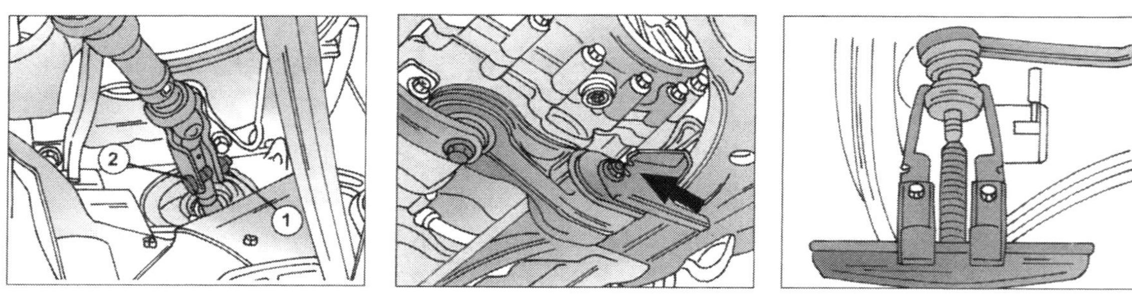

Bild 260

Helfer das Lenkrad hin- und herdrehen lassen (Motor anlassen, um das Einschlagen zu erleichtern). Falls man ungewöhnliches Spiel feststellt, das Gelenk erneuern.

- Fahrzeug vorn aufbocken und die Spurstange mit einer Hand erfassen. Bei kräftigem Auf- und Abbewegen der Spurstange darf man kein Spiel am Gelenk feststellen. Andernfalls das Gelenk erneuern.
- Ähnliche Prüfungen am inneren Gelenk durchführen. In diesem Fall muss man die Manschette von der Lenkung lösen. Festgestelltes Spiel bedeutet hier Erneuerung der kompletten Spurstange.

Erneuerung eines Spurstangenkopfes

Beim Erneuern eines Spurstangenkopfes oder einer Spurstange gilt: Die Vorspur muss nach Erneuerung eingestellt werden.

- Das betreffende Vorderrad abschrauben.
- Die Kontermutter der Spurstange lockern. Dabei die Stange am Sechskant gegenhalten.
- Die Mutter der Spurstangenkopfbefestigung am Lenkhebel entfernen und die Verbindung mit einem Kugelbolzenabdrücker trennen (Bild 259, rechts).

Ratgeber: Falls man keinen Kugelbolzenabzieher hat, muss man zur Selbsthilfe greifen. Allerdings müssen zwei Hämmer zur Verfügung stehen. Einen großen Hammer (je größer umso besser) gegen eine Seite des Lenkspurhebels halten und mit dem zweiten Hammer von der gegenüberliegenden Seite einmal kurz gegen die Lenkhebelfläche schlagen. Der Konus des Spurstangenzapfens sollte herausspringen. Die Mutter lose auf dem Gelenkzapfen lassen (für den Fall, dass man abrutscht).

- Den Spurstangenkopf unter Zählung der erforderlichen Umdrehungen von der Spurstange abschrauben.
- Falls man den Faltenbalg erneuern will, kann dies jetzt durchgeführt werden. Dazu die Befestigungsschellen innen und außen lösen und den Balg herunterziehen.
- Neuen Faltenbalg über das herausstehende Ende der Spurstange schieben und mit neuen Befestigungsschellen anbringen. Da die Vorspur eingestellt werden muss, kann man die kleine Schelle einstweilen locker lassen – *später nicht das Festziehen vergessen.*
- Den neuen Spurstangenkopf um die gleiche Anzahl Umdrehungen wieder aufschrauben. Dadurch wird die Vorspur in die ungefähre Stellung gebracht.
- Den Kugelbolzen des Spurstangenkopfes von Fett oder Öl reinigen und in den Lenkhebel einführen. Eine neue, selbstsichernde Mutter aufschrauben und mit 30 Nm anziehen. Aus der Endstellung ohne Drehmomentschlüssel um weitere 90° nachziehen.
- Vorspureinstellung kontrollieren oder kontrollieren lassen. Macht man die Arbeit selbst (siehe unter der betreffenden Überschrift im Abschnitt „Vorderradaufhängung"), muss man darauf achten, dass sich der Faltenbalg nicht verdrehen kann. Die Kontermutter an der Innenseite des Spurstangengelenks wird mit 55 Nm angezogen.

Komplette Spurstange erneuern

Beim Ausbau der Spurstange muss man das Kugelgelenk von der Zahnstange der Lenkung abschrauben. Dazu wird in der Werkstatt ein Spezialschlüssel benutzt, jedoch muss die Lenkung ausgebaut sein. Mit anderen Worten bedeutet dies, dass man die Arbeit in einer Werkstatt durchführen lassen muss oder die Lenkung selbst ausbaut und zur Erneuerung der Spurstange in eine Werkstatt bringt. Auf diese Weise können Sie einige Kosten einsparen.

13.4 Die hydraulische Anlage

13.4.1 Füllen und Entlüften der hydraulischen Anlage

Nach Lösen von Anschlüssen der Lenkung muss die Anlage mit Flüssigkeit gefüllt und anschließend entlüftet werden. Während des Ausbaus ausgelaufene Flüssigkeit darf nicht wieder eingefüllt werden. Die Lenkung entlüftet sich von selbst, nachdem der Motor eine Weile gelaufen ist.

Folgende Reihenfolge muss eingehalten werden: Die Verschraubung des Behälters ist mit einem Messstab versehen. Ist die Anlage kalt, muss das Öl innerhalb der mit „Kalt" oder „Cool" gekennzeichneten Zone liegen, hat die Flüssigkeit die Betriebstemperatur, muss die Flüssigkeit innerhalb der „Warm"-Zone stehen.

- Den Motor abstellen und die Verschraubung abdrehen. Den Messstab gut abwischen und die Verschraubung wieder eindrehen. Kappe erneut abschrauben und den Flüssigkeitsstand kontrollieren.
- Falls erforderlich hydraulische Flüssigkeit einfüllen. Bei laufendem Motor darf man keine Luftblasen in der Flüssigkeit sehen.
- Den Motor anlassen und das Lenkrad langsam aus einem Einschlag in den anderen drehen lassen.
- Falls erforderlich, frische Flüssigkeit nachfüllen.

13.4.2 Kontrolle der Anlage auf Leckstellen

Da es manchmal vorkommen kann, dass man Flüssigkeit aus der Anlage verliert, kann man durch eine kurze Prüfung feststellen, wo diese herausläuft.

- Lenkung von einer zweiten Person in beide Einschläge drehen lassen, bis sie anschlägt, und kurz in dieser Einschlagstellung lassen. Dadurch wird der höchstmögliche Druck in der Anlage aufgebaut und irgendwelche Leckstellen lassen in diesem Moment die Flüssigkeit heraustreten.
- Von der Unterseite des Fahrzeuges die Umgebung des Lenkritzels kontrollieren (Drehschieber), die Gummimanschetten an der Zahnstange lösen und die Enden der Zahnstange kontrollieren (Dichtringe der Zahnstange), die Lenkhilfspumpe überprüfen und alle Schlauchanschlüsse kontrollieren. Auslaufendes Öl an diesen Stellen weist auf Leckstellen hin.

13.4.3 Riemenspannung der Lenkhilfspumpe einstellen

Bei den meisten Motoren wird die Lenkhilfspumpe zusammen mit den anderen Aggregaten vom Keilrippenriemen angetrieben und keinerlei Einstellungen sind erforderlich. Nur beim Vierzylindermotor ist ein getrennter Riemen eingebaut. Die Entspannung dieses Riemens erfolgt entsprechend der Beschreibung in Abschnitt „Elektrische Anlage“.

13.4.4 Keilrippenriemen erneuern

Die Arbeiten werden im Abschnitt „Elektrische Anlage“ beschrieben.

Hinweis: Keilrippenriemen sind dem betreffenden Motor angepasst. Beim Kauf eines neuen Riemens muss man außer dem Motor auch die eingebauten Sonderwunschteile, wie z. B. eine eingebaute Klimaanlage angeben.

13.4.5 Lenkhilfspumpe aus- und einbauen

Die Lenkhilfspumpe muss bei vielen Arbeiten ausgebaut werden, um an andere Teile am Motor zu kommen. Das Fahrzeug muss auf Böcken sitzen, um an die einzelnen Teile heranzukommen. Außerdem das Unterschutzblech ausbauen. Der Aus- und Einbau der Pumpe findet bei den vielen in der Ausgabe behandelten Motoren in unterschiedlicher Weise statt, jedoch werden Sie sich bestimmt nach Ausbau des Antriebsriemens der Pumpe zurechtfinden.

13.5 Lenkrad und Airbag – nur für Profis

Die für Deutschland und die meisten anderen Länder bestimmten Fahrzeuge sind serienmäßig mit einem Fahrerairbag ausgestattet. Dieser Prallsack befördert das an sich einfache Lenkrad zu einem High-Tech-Gerät, an das sich nur versierte Schrauber wagen sollten. Vor allem der Umgang mit den elektronischen Bauteilen verlangt viel Know-how und Erfahrung. Der Gasgenerator des Airbags unterliegt überdies den Bestimmungen des Sprengstoffgesetzes. Das bedeutet, dass sich nur Fachleute ans Werk machen dürfen, die sich mit den speziellen Sicherheitsbestimmungen auskennen. Überlassen Sie die Arbeit auf jeden Fall der Werkstatt.

13.6 Flüssigkeitskühler

Ein Kühler zum Kühlen der Flüssigkeit in der Lenkungsanlage ist eingebaut. Dieser sitzt unmittelbar hinter dem vorderen Stoßfänger, welcher auch zum Ausbau des Kühlers ausgebaut werden muss. Der Kühler ist mit je einer Schraube links und rechts befestigt und kann nach Abschließen der beiden Flüssigkeitsschläuche abgeschraubt werden. Auslaufende Flüssigkeit dabei auffangen.
Nach dem Einbau des Kühlers die Anlage auffüllen und entlüften, wie es bereits beschrieben wurde.

13.7 Flüssigkeitsschläuche und Leitungen

Alle an der Lenkhilfspumpe oder Lenkung angeschlossenen Leitungen und Schläuche können unter Bezug auf Bild 261 aus- und eingebaut werden. Die in der Bildlegende angegebenen Hinweise sind dabei besonders zu beachten.

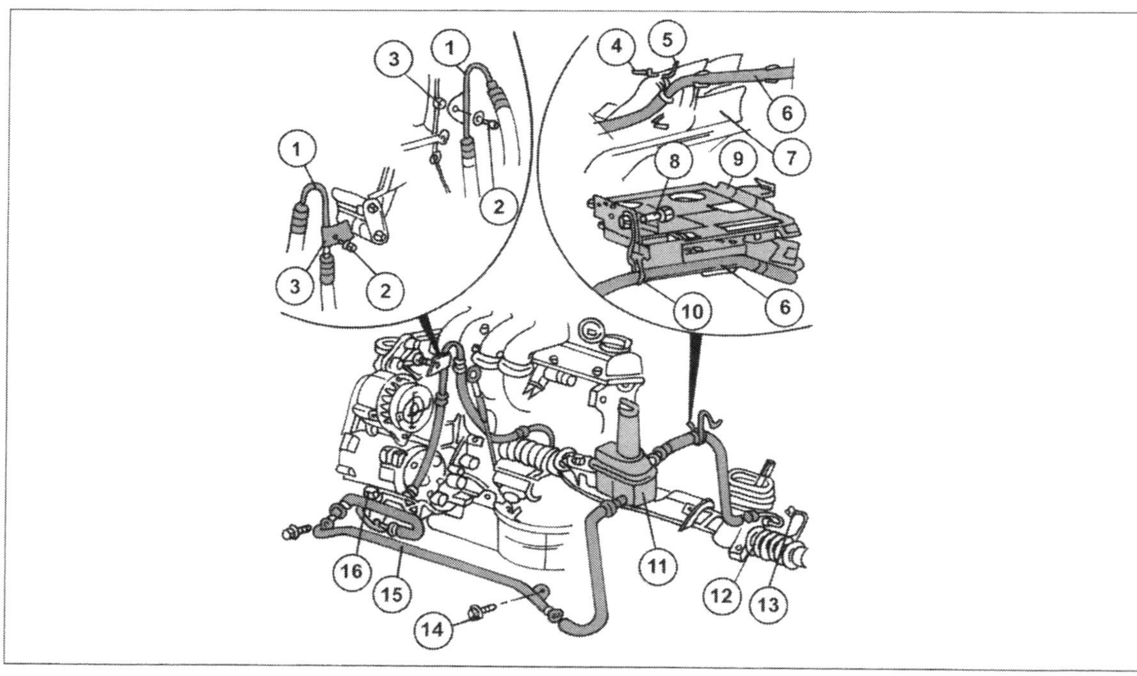

Bild 261
Ansicht der Lenkhilfspumpe zusammen mit den hydraulischen Schläuchen und Leitungen. Pos. 1 bis 3 sind je nach Motor unterschiedlich.

1 Druckschlauch
2 Schraube, 20 Nm Vierzylinder, 35 Nm Sechszylinder
3 Befestigungsplatte
4 Steckniet
5 Halter am Längsträger
6 Rücklaufschlauch
7 Längsträger
8 Schraube, 20 Nm, am Batterieträger
9 Batterieträger
10 Halter am Batterieträger
11 Flüssigkeitsvorratsbehälter
12 Rücklaufleitung, 12 Nm
13 Druckleitung, 30 Nm
14 Hohlschraube, 40 Nm
15 Ölkühlerleitung
16 Schraube, Leitungsbefestigung, 10 Nm

Hinweis: Bei allen beschriebenen Aus- und Einbauarbeiten muss das Fahrzeug sicher auf Unterstellböcken sitzen, wenn man sich unter das Fahrzeug legen muss. Arbeiten an der Bremsanlage mit der größten Sorgfalt durchführen.

14.1 Ständige Wartungsarbeiten

Außer den nach einem bestimmten Kilometerstand durchzuführenden Wartungsarbeiten sind die angegebenen Arbeiten regelmäßig durchzuführen, um das Fahrzeug in bestem Zustand zu halten.

Stand der Bremsflüssigkeit prüfen

Der Behälter für die Bremsflüssigkeit sitzt links hinten im Motorraum direkt auf dem Hauptbremszylinder. Kontrollieren Sie den Stand der Bremsflüssigkeit regelmäßig. Auch bei einer intakten Bremsanlage kann der Pegel sinken. Ursache ist der Verschleiß an den Belägen der Scheibenbremsen, insbesondere der vorderen Scheibenbremsen. Dann wandern die Kolben der Radzylinder aus den Zylindern heraus – die Bremsflüssigkeit fließt nach. Das ist jedoch kein Grund zur Sorge, solange die Bremsflüssigkeit im Behälter zwischen den Markierungen „MIN“ und „MAX“ steht.

Zustand der Bremsanlage prüfen

- Die Unterseite des Wagens muss trocken sein, damit Sie undichte Stellen erkennen.
- Prüfen Sie die Anschlüsse und Verbindungen von Schläuchen und Leitungen, die Bremssättel und die unmittelbare Umgebung der Sättel. Achten Sie auf dunkle und feuchte Flecken.
- Prüfen Sie die Bremsschläuche. Sie dürfen keine Scheuerstellen aufweisen, weder feucht, noch aufgequollen sein. In diesen Fällen: Schläuche auswechseln.
- Reinigen Sie die Bremsleitungen mit einem Kaltreiniger. Die Leitungen sind zum Schutz gegen Rost mit einer Kunststoffschicht überzogen – daher zur Säuberung nie Schraubendreher, Schmirgelleinen oder Drahtbürste verwenden. Stellen Sie Rostnarben oder Verformungen an den Bremsleitungen fest, müssen Sie diese umgehend ersetzen (andernfalls gibt es Schwierigkeiten bei TÜV/Dekra).
- Befinden sich Schutzkappen auf allen Entlüftungsventilen der Bremssättel?
- Machen Sie eine (provisorische) Bremsdruckprobe. Treten Sie eine Minute mit voller Kraft aufs Bremspedal – das Pedal darf dabei nicht nachgeben, sonst ist eine der Manschetten im Hauptbremszylinder defekt. Eine exakte Druckprüfung ist Sache der Werkstatt.

Bremskraftverstärker prüfen

- Motor abstellen, das Bremspedal mehrmals durchtreten und in seiner tiefsten Stellung halten.
- Motor starten. Das Pedal muss dann noch ein Stück nachgeben.
- Wenn sich das Pedal nicht senkt, arbeitet der Verstärker nicht richtig. Meistens liegt das am Unterdruckschlauch. Prüfen Sie Zustand und korrekten Sitz des Schlauchs.
- Einen defekten Bremskraftverstärker kann man nicht reparieren. Sie müssen Ihn stets komplett ersetzen.

14.2 Die Vorderradbremsen

14.2.1 Bremsbeläge prüfen

Neue Bremssättel werden bei allen ab Baujahr 2001 hergestellten Fahrzeugen eingebaut, die unter der Bezeichnung „FN3“ bei eingebautem Vierzylindermotor (Benzin oder Diesel) bzw. „FNR“ bei eingebautem Sechszylindermotor laufen. Die Bremssättel der Vierzylindermotoren sind jedoch den Vorgängern ähnlich. Die Beläge an den vorderen Scheibenbremsen leisten mehr Arbeit beim Bremsen als ihre Partner an den Hinterrädern. Sie nutzen daher auch schneller ab. Kontrollieren Sie die Stärke der Beläge regelmäßig, mindestens jedoch alle 15 000 Kilometer oder einmal im Jahr. Die Bremsklötze sollten eine Lebensdauer von ca. 50 000 km haben, sodass man eine Prüfung um diese Kilometerleistung herum vornehmen sollte. Dies hängt natürlich von der Benutzung der Bremsen ab. Es könnte sein, dass Ihr Fahrzeug mit Verschleißanzeigern für die vorderen Bremsklötze versehen ist. In diesem Fall erübrigt sich natürlich die Kontrolle der Bremsbelagstärke.
Nach einer Faustregel entspricht 1 mm Bremsbelag einer Fahrleistung von mindestens 1000 km. Diese Faustregel gilt unter ungünstigen Bedingungen. Im Normalfall halten die Beläge sehr viel länger.

- Das Vorderrad abschrauben, um die Klötze besser sehen zu können.
- Die Stärke der Trägerplatte zusammen mit dem Belag ausmessen. Bei einer Belagsstärke von 7 mm ist die Verschleißgrenze erreicht und die Beläge müssen ausgewechselt werden. Die Rückenplatte der Beläge wird dabei mitgemessen. Diese hat eine Stärke von 5 mm, d. h. der verbleibende Belag muss noch 2,0 mm betragen. Dies ist die Stärke von ca. zwei übereinander gelegten Streichhölzern.

14.2.2 Bremsklötze erneuern

An die Arbeit sollte man sich nur herantrauen, wenn man einige Erfahrung mit Bremsen hat. Die Verkehrssicherheit und Ihre eigene Sicherheit hängen davon ab.

Bei den Vierzylindermotoren

Innensechskantschrauben werden zur Befestigung verwendet, die sich unter Gummikappen versteckt halten. Falls die Bremsklötze wieder eingebaut werden sollen, sind sie entsprechend ihrer Seitenzugehörigkeit, auch innen und außen, zu zeichnen. Die folgenden Hinweise sollte man sich vor Beginn der Arbeiten einprägen:

Bei dieser Arbeit müssen Sie sich gleich zweimal ans Werk machen. Die Beläge dürfen grundsätzlich nur auf

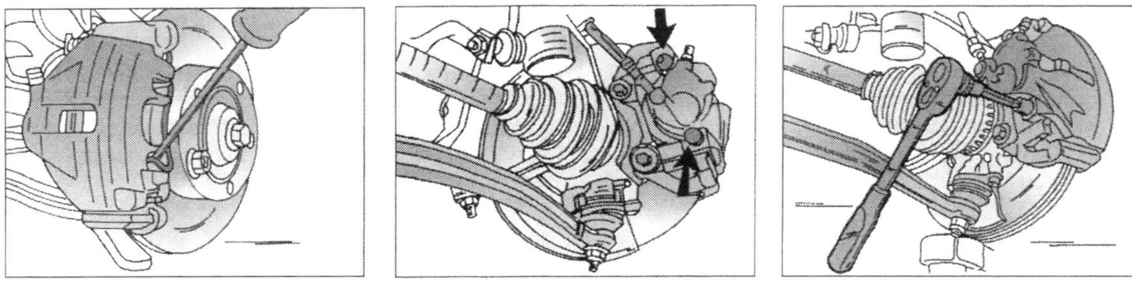

Bild 262

beiden Seiten ausgetauscht werden. Achten Sie darauf, dass die Ersatzteile mit einer Materialbezeichnung versehen sind. Mit neuen Bremsbelägen sollten Sie auf den ersten 500 Kilometern häufige Vollbremsungen vermeiden. Der Belag verändert sonst seine Struktur – er verhärtet („verglast") und erreicht dadurch nicht seine beste Bremswirkung.

Falls der eigentliche Belag der Bremsklötze bis auf eine Stärke von 2,0 mm abgeschliffen ist, müssen die Bremsklötze erneuert werden. Darauf achten, dass nur Bremsklötze des gleichen Herstellers eingebaut werden. Bei der Erneuerung folgendermaßen vorgehen, wobei man sich jedoch zuerst erkundigen muss, ob Bremsklotz-Reparatursätze im Ersatzteillager erhältlich sind.

- Vorderräder auf beiden Seiten abschrauben.
- Einen Schraubendreher in der in Bild 262 (links) gezeigten Weise in die Haltefeder einsetzen und sie aus ihrer Befestigung im Bremssattelgehäuse aushaken.
- Bei Fahrzeugen mit Bremsbelagverschleißanzeige den Kabelstecker trennen. Dazu die Sicherungslasche am Unterteil des Steckers (1) in der mittleren Ansicht anheben und um eine Viertelumdrehung verdrehen und dann das Steckerunterteil in Pfeilrichtung herausziehen.
- Die in der rechten Ansicht an den Pfeilstellen sitzenden Kappen aus den Öffnungen für die Schrauben entfernen und die darunter liegenden Führungsbolzen mit einem Inbusschlüssel (Innensechskantschlüssel) herausdrehen. Dazu benutzt man einen geraden Steckschlüssel, wie es in der rechten Abbildung zu sehen ist.
- Dazu eine Sicherungszunge am Unterteil des Steckers etwas anheben und danach um eine Viertelumdrehung verdrehen. Das Unterteil aus der Halterung herausziehen.
- Den Bremssattel abheben und mit einem Stück Draht an geeigneter Stelle festbinden. Nicht den Bremssattel am Schlauch hängen lassen.
- Die Bremsklötze links und rechts der Bremsscheibe abnehmen. Der innere Belag wird mit der Halteklammer aus dem Kolben genommen. Der äußere Belag wird vom Bremssattel genommen. Manchmal klebt er sehr fest. In diesem Fall mit einem Schraubendreher abhebeln.
- Die Führungsfläche, bzw. Sitz im Gehäuseschacht möglichst mit Pressluft reinigen, sonst mit einem Lappen. Keine mineralölhaltigen Lösungsmittel oder scharf kantige Werkzeuge verwenden. Die Schutzkappen in den Bremssätteln auf einwandfreien Sitz kontrollieren. Beschädigte, spröde bzw. hart gewordene Schutzkappen müssen erneuert werden.
- Vor weiteren Arbeiten jetzt die Stärke beider Bremsklötze ausmessen. Dazu eignet sich am besten eine Schublehre, wie man sie in Bild 263 sehen kann. Auch wenn nur ein Bremsklotz sich der Mindeststärke nähert, müssen beide erneuert werden.

Vor dem Einbau der Bremsklötze die Bremsscheibe überprüfen. Bei spürbaren Riefen muss die Bremsscheibe ausgebaut und abgedreht, bzw. erneuert werden (siehe ebenfalls unter getrennter Überschrift zwecks Schlag der Bremsscheiben).

Achtung: Niemals Klötze von einer Seite auf die andere überwechseln, um etwaigen Verschleiß auszugleichen. Wir weisen darauf hin, dass man nur genehmigte Teile einbauen darf.

Beim Einbau der Bremsklötze folgendermaßen vorgehen:

- Reste der Klebefolie an den Anlageflächen des äußeren Bremsklotzes entfernen.
- Den Kolben in die Bohrung hineindrücken. Normalerweise wird dazu eine Zwinge verwendet, mit welcher man den Kolben hineindrückt. Eine solche Zwinge ist in Bild 264 zu sehen. Falls der Vorratsbehälter des Hauptbremszylinders ziemlich voll ist, kann er dabei überlaufen. Um dies zu vermeiden, muss man etwas Flüssigkeit aus dem Behälter absaugen.
- Die einzubauenden Teile sind in Bild 265 gezeigt. Die äußeren Bremsklötze sind auf der Metallplatte mit einer Klebefolie abgedeckt. Diese muss, ohne Reststücke zu hinterlassen, entfernt werden. Beim Einsetzen nicht die Klebsubstanz an der Metallplatte beschädigen. Die inne-

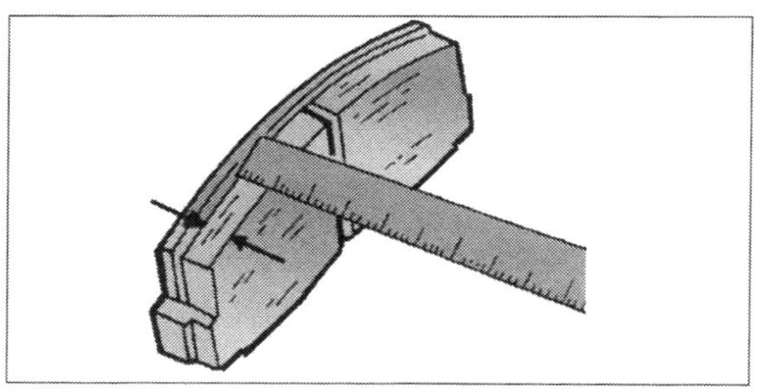

Bild 263
Ausmessen der Stärke eines Bremsklotzes. Mit einem Messlineal erhalten Sie die ungefähre Stärke.

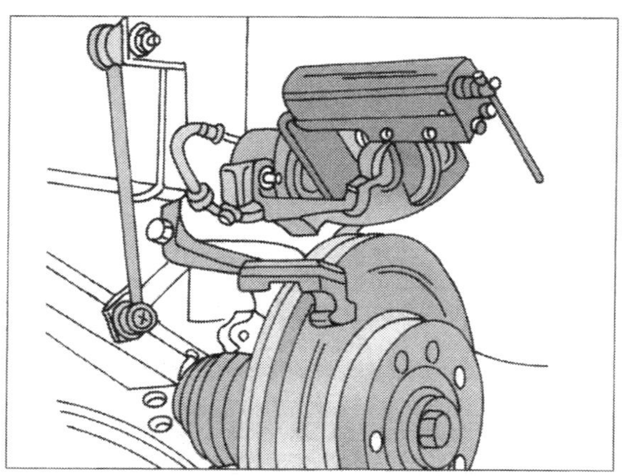

Bild 264
Nach Ausbau den Bremssattel nach oben klappen und mit einem Drahtstück festbinden. Der Kolben wird mit einer geeigneten Zwinge in den Bremssattel zurückgestoßen.

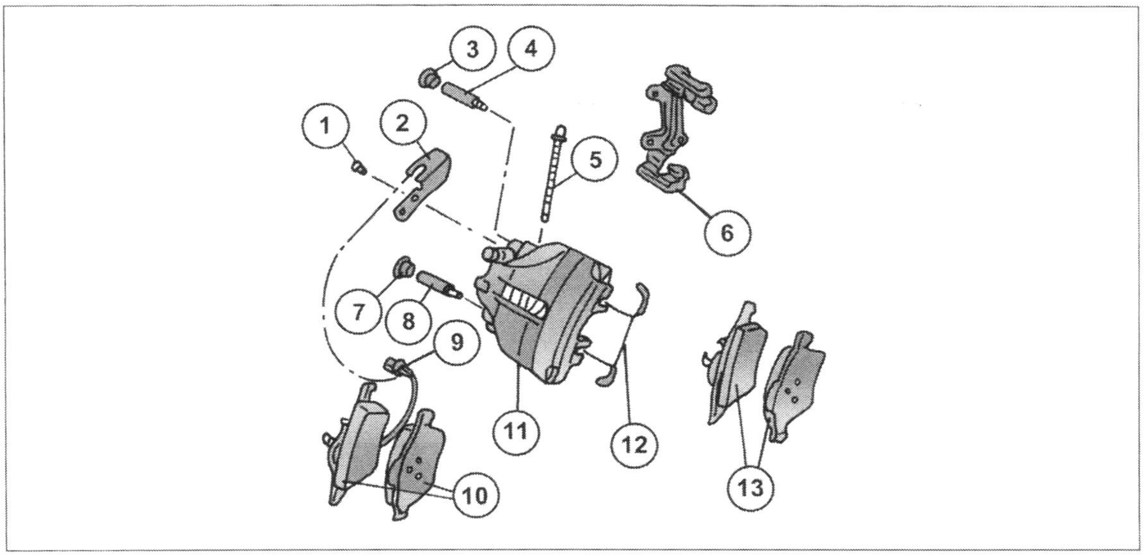

Bild 265
Einzelheiten zum Aus- und Einbau eines FN3-Bremssattels (Vierzylinder).
1 Schraube, 10 Nm
2 Haltewinkel
3 Gummischutzkappe
4 Führungsschraube, 25 Nm
5 Bremsschlauch
6 Bremssattelträger, mit 200 Nm anziehen
7 Staubschutzkappe
8 Führungsschraube, 25 Nm
9 Stecker für Verschleißanzeige, an Halter 2 befestigt
10 Bremsklotzsatz mit Verschleißanzeige
11 Bremssattel
12 Haltefeder
13 Bremsklotzsatz ohne Verschleißanzeige

ren Bremsklötze mit der Halteklammer in den Zylinderkolben einsetzen.

● Den Bremssattel vorsichtig über Bremsklötze und Bremsscheibe setzen und die beiden Schrauben eindrehen. Die Inbusschrauben (Innensechskantschrauben) einschrauben (alte Schrauben wieder verwenden) und abwechselnd anziehen, bis eine Anzeige von 25 Nm am Drehmomentschlüssel erhalten wird. Dies bedeutet, dass man einen geraden Inbusschlüssel haben muss, wie er in Bild 262 (rechts) zu sehen ist. Abschließend die Gummistopfen wieder eindrücken und die Haltefeder in das Bremssattelgehäuse einhängen.

● Bremspedal im Stand mehrmals kräftig durchtreten, damit die Bremsklötze einen dem Betriebszustand entsprechenden Sitz einnehmen und sich gut gegen die Bremsscheibe anlegen können.

● Bremsen am Anfang mit Gefühl behandeln, damit sich die neuen Bremsklötze gut „einbetten“ können.

Vorderrad-Bremssättel überholen – Mit Vierzylindermotor

Eine Überholung eines Bremssattels wird nicht länger empfohlen. Bremssättel haben eine sehr lange Lebensdauer. Fällt ein Bremssattel aufgrund undichter Zylinderdichtringe aus, wird man in den meisten Fällen feststellen, dass die Zylinderbohrung angegriffen ist, sodass der Bremssattel am Ende doch erneuert werden muss.

Vorderen Bremssattel aus- und einbauen – Mit Vierzylindermotor

Die beiden Bremssättel sind mit einem verhältnismäßig hohen Anzugsdrehmoment angezogen. Die Schrauben auf keinen Fall durch beliebige Schrauben ersetzen, sondern nur die vom Hersteller gelieferten Schrauben benutzen. Da die Schrauben wieder verwendet werden können, müssen sie gut gereinigt werden.

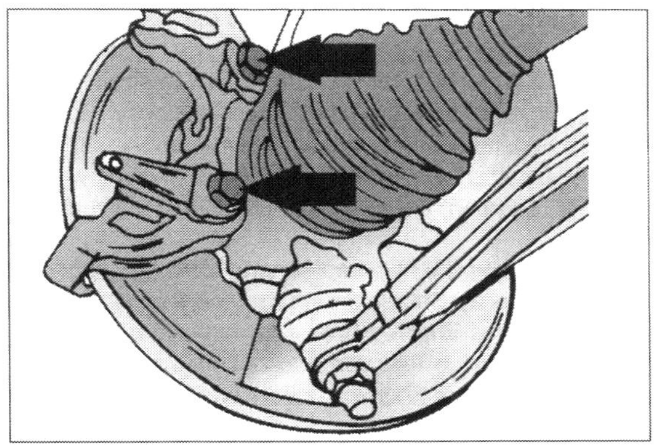

Bild 266
Die mit den Pfeilen bezeichneten Schrauben halten den Bremssattelträger am Achsschenkel. Schrauben werden mit 200 Nm angezogen.

● Fahrzeug vorn auf Böcke setzen und das Rad abschrauben.

● Bremsklötze ausbauen, wie es bereits beschrieben wurde und den Bremssattel mit einer Drahtschlinge befestigen. Man kann den Schlauch am Bremssattel lösen, falls dieser ebenfalls ausgebaut werden soll.

● Die Schrauben oben und unten an der Innenseite des Bremssattelträgers an der in Bild 266 gezeigten Stelle ausdrehen und den Träger abnehmen.

● Der Einbau geschieht in umgekehrter Reihenfolge. Die Bremsklötze entsprechend den Anweisungen durchführen. Die Schrauben in Bild 266 mit 200 Nm anziehen. Je nach Ausbauarbeiten die Bremsanlage entlüften.

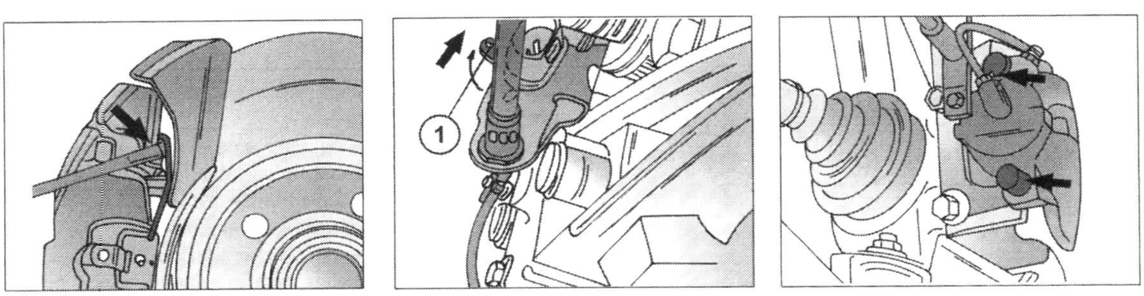

Bild 267

Aus und Einbau der Bremsklötze – Mit Sechszylindermotor

- Vorderräder auf beiden Seiten abschrauben.
- Einen Schraubendreher in der in Bild 267 (links) gezeigten Weise in die Haltefeder einsetzen und sie aus ihrer Befestigung im Bremssattelgehäuse aushaken.
- Den Kabelstecker der Bremsbelagverschleißanzeige trennen. Dazu eine Sicherungszunge (1) in der mittleren Ansicht von Bild 267 am Unterteil des Steckers etwas anheben und danach um eine Viertelumdrehung verdrehen. Das Unterteil in Pfeilrichtung aus der Halterung herausziehen.
- Die in der rechten Ansicht an den Pfeilstellen gezeigten Schrauben entfernen und die darunter liegenden Führungsbolzen mit einem Inbusschlüssel (Innensechskantschlüssel) herausdrehen. Dazu benutzt man einen geraden Steckschlüssel. Die darüber sitzenden Gummikappen müssen vorher entfernt werden.
- Den Bremssattel abheben und mit einem Stück Draht an geeigneter Stelle festbinden. Nicht den Bremssattel am Schlauch hängen lassen.
- Die Bremsklötze links und rechts der Bremsscheibe abnehmen. Der innere Belag wird mit der Halteklammer aus dem Kolben genommen. Der äußere Belag wird vom Bremssattel genommen. Manchmal klebt er sehr fest. In diesem Fall mit einem Schraubendreher abhebeln.
- Bremssattel und Bremsklötze kontrollieren, wie es bei der anderen Bremssattelausführung beschrieben wurde.

Der Einbau geschieht entsprechend den Anweisungen bei der anderen Sattelausführung. Mit Ausnahme des Aussehens des Bremssattels wird man ebenfalls die in Bild 265 gezeigten Teile vorfinden. Die Führungsschrauben mit 25 Nm anziehen und die Gummistopfen eindrücken.

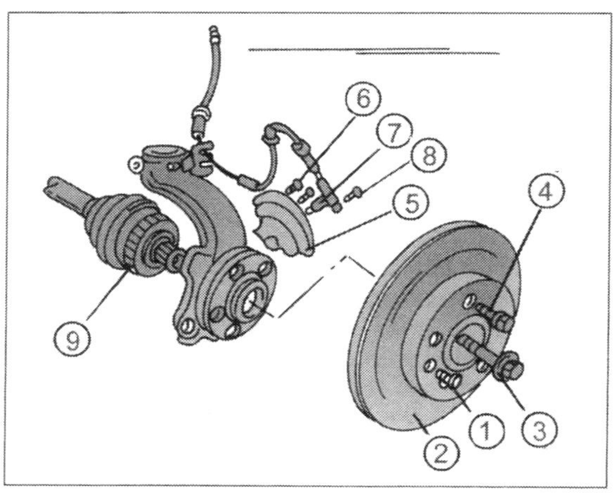

Bild 268
Befestigung einer Bremsscheibe (alle Ausführungen)
1 Innensechskantschraube, 10 Nm
2 Bremsscheibe, 25 oder 26 mm (V6) dick
3 Achswellenschraube, 200 Nm
4 Radbolzen, 170 Nm
5 Spritzblech
6 Schraube, 10 Nm
7 ABS-Drehzahlfühler
8 Schraube, 10 Nm
9 Antriebswelle

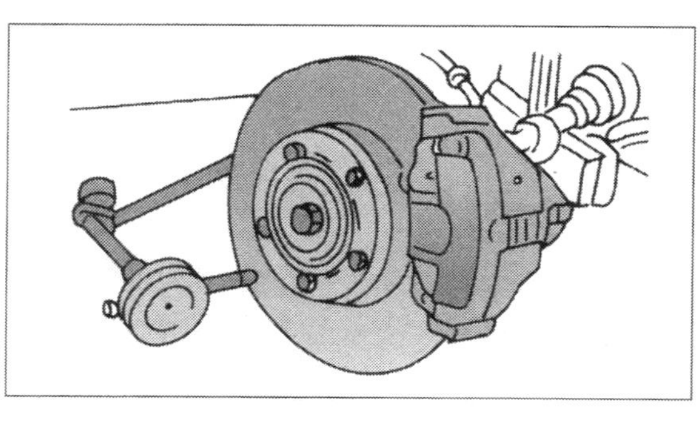

Bild 269
Ausmessen einer Bremsscheibe auf Schlag.

Vorderrad-Bremssättel überholen – Mit Sechszylindermotor

Wie beim Vierzylindermotor muss man einen defekten Bremssattel erneuern.

Vorderen Bremssattel aus- und einbauen – Mit Sechszylindermotor

Der Ausbau erfolgt entsprechend den Anweisungen beim anderen Bremssattel, mit dem Unterschied, dass die Befestigungsschrauben des Bremssattelträgers mit einem Anzugsdrehmoment von 355 Nm angezogen werden.

14.3 Bremsscheiben

14.3.1 Aus- und Einbau

Bei allen Bremssattelausführungen gleich:

- Die Radmuttern lösen und die Vorderseite des Fahrzeuges auf Böcke setzen. Das Rad abschrauben.
- Den Bremssattel abschrauben, indem man die in Bild 266 gezeigten Schrauben herausdreht. Bremssattel herunterheben und mit einer Drahtschlinge an der Vorderradaufhängung festbinden.
- Unter Bezug auf Bild 268 eine Schraube in der Stirnfläche der Bremsscheibe herausdrehen und die Bremsscheibe herunterziehen. Falls sie fest sitzt, einen Gummihammer hinzuziehen.

Die Bremsscheibe kontrollieren, wie es untenstehend beschrieben ist. Der Einbau erfolgt in umgekehrter Reihenfolge. Schraube der Bremsscheibe mit 10 Nm, Schrauben des Bremssattelträgers mit 200 bzw. 355 Nm (Sechszylinder) anziehen. Abschließend die Bremsscheibe auf Schlag kontrollieren.

14.3.2 Nacharbeiten von Bremsscheiben

Bremsscheiben sollten bei jedem Austausch von Bremsklötzen kontrolliert werden, um zu verhindern, dass zerriefte Scheibenflächen die Bremsklötze sofort wieder ruinieren.
Bremsscheiben können, falls erforderlich, nachgeschliffen werden, um sie wieder verwendungsfähig zu machen. Dabei ist die Mindeststärke von 21 mm (Stärke neu 25 mm) bei eingebautem Vierzylindermotor oder von 22 mm (Stärke neu 26 mm) beim Sechszylinder zu beachten. Bremsscheiben kann man in einer mechanischen Werkstatt nachschleifen lassen, d. h. Sie müssen auf diesen Wert hinweisen, falls die Werkstatt die Angaben nicht zur Hand hat. Ebenfalls auf die Planflächigkeit der Bremsscheiben achten, d. h. beim Abschleifen müssen diese so geschliffen sein, dass die beiden Seiten parallel zueinander liegen.
Falls angenommen wird, dass eine Bremsscheibe Schaden erlitten hat, kann sie im eingebauten Zustand mit einer Messuhr an der Außenkante auf Schlag kontrolliert werden, falls Sie im Besitz einer solchen sind. Für diese Kontrolle müssen Sie die Vorderräder abnehmen.
Die Bremsscheibe muss fest an der Radnabe ange-

schraubt sein. Den Messuhrstift ca. 5 mm von der Außenkante ansetzen (siehe Bild 269) und die Scheibe langsam durchdrehen.
Untenstehend sind nochmals Einzelheiten einer Bremsscheibenprüfung angeführt, die auch für die Hinterradbremsen gilt:

- Eine bläuliche Verfärbung der Scheibe ist normal.
- Achten Sie auf Rillen in den Scheiben. Sie entstehen durch Schmutz oder zu stark abgefahrene Beläge. Die Rillen dürfen nicht zu tief sein.
- Riefige Bremsscheiben kann man nachschleifen, wenn sie nicht durch lange Laufzeit auf das Mindestmaß abgemagert sind.
- Die Stärke der Scheiben müssen Sie mit einem Mikrometer (genaue Messung) oder einer Schublehre ausmessen.
- Zu dünne Scheiben müssen immer paarweise ausgetauscht werden.

14.4 Hinterrad-Scheibenbremsen

14.4.1 Prüfen der Bremsbelagstärke

Die Arbeit ist die gleiche, wie sie bei den vorderen Scheibenbremsen beschrieben wurde. Auch die genannte Mindeststärke mit und ohne Trägerplatte ist gültig, wenn ein Vierzylindermotor eingebaut ist. Beim Sechszylinder beträgt die Verschleißgrenze einschließlich der Metallplatte dagegen 8,5 mm. Die Hinterräder müssen abgeschraubt werden, um die Bremsklotzstärke auszumessen.

14.4.2 Bremsklötze erneuern

Wiederum sind die Bremsklötze bei eingebautem Sechszylindermotor unterschiedlich, dieses Mal durch die Montage der 16-Zoll-Räder. Falls die Bremsklötze wieder eingebaut werden, sind sie entsprechend ihrer Seitenzugehörigkeit zu zeichnen. Ein Spezialwerkzeug ist erforderlich, um die sich von selbst herausschraubenden Kolben (durch den Nachstellmechanismus) wieder in die Bohrung zu schrauben, ehe man die neuen Bremsklötze einsetzen kann. In die Kolben sind zwei gegenüber angeordnete Nuten eingearbeitet, an welchen man einen speziellen Zapfenschlüssel ansetzt. Falls man diesen nicht zur Verfügung hat, kann man einen Stahlstreifen der Breite des Kolbens und der Breite der Nuten zum Einschrauben benutzen. Andernfalls kann man den Bremssattel ausbauen und zur Überholung in eine Werkstatt bringen. Die letzte Lösung ist die Erneuerung des Bremssattels.
Bei der folgenden Beschreibung wird davon ausgegangen, dass Sie in der Lage sind den Kolben auf irgendeine Weise wieder in die Bohrung zurückzubekommen. Die Beschreibung des Zapfenschlüssels ist zur Hilfe angegeben.
Bremsen dürfen nicht betätigt werden, nachdem man den Bremssattel vom Montagerahmen abgeschraubt hat.

Aus- und Einbau – Mit 15-Zoll-Felgen

Bremssättel können entweder mit oder ohne Verschleißanzeiger für die Bremsklotzbeläge versehen sein.

- Radmuttern lockern, Handbremse anziehen und die Rückseite des Fahrzeuges auf Böcke setzen. Die Räder abnehmen.
- Den Anschluss des Bremsschlauchs am Bremssattel lockern. Mit einer Zwinge den Bremsschlauch zusammendrücken. Derartige Zwingen gibt es ausschließlich für Bremsschläuche.
- Handbremsseil lockern, indem man die Einstellmutter am Handbremsausgleich (siehe auch unter „Einstellung der Handbremse“) löst, bis die beiden Hebel an den Bremssätteln gegen die Anschläge zurückgekehrt sind.
- Das Handbremsseil mit einer Zange aus dem Hebel am Bremssattel aushängen. Zuerst die Haltespange des Seils (1) in Bild 270 (links) entfernen, danach den Handbremshebel (2) in Richtung des Pfeils drücken und das jetzt lockere Handbremsseil (3) oben aushängen.
- Bei einem Fahrzeug mit Verschleißanzeige für den Bremsbelagverschleiß wird man den in der mittleren Ansicht von Bild 270 gezeigten Stecker vorfinden. Den Stecker (1) trennen und das Unterteil des Steckers (2) aus der Halterung herausziehen.
- Die untere Sechskantschraube für das Zylindergehäuse mit einem Ringschlüssel herausschrauben, während man das Sechskant des Führungsbolzens an der Innenseite mit einem Gabelschlüssel gegenhält, wie man es im rechten Bild sehen kann. Falls man die untere Schraubverbindung löst, kann man den Bremssattel nach oben klappen und mit einem Stück Draht festbinden. Andernfalls den Sattel ebenfalls oben abschrauben. Falls man das Sechskant nicht gegenhält, kann sich der Führungsbolzen mitdrehen und dabei die Befestigung zerstören. Der Gabelschlüssel muss natürlich dünn genug sein, damit er sich in den Spalt einsetzen lässt.
- Das Zylindergehäuse abheben und am Schlauch hängend in geeigneter Weise an der Hinterradaufhängung festbinden, damit es nicht herunterhängen kann.
- Die Bremsklötze liegen jetzt frei und können nach Kennzeichnung herausgenommen werden (es sei denn, man weiß bereits, dass sie erneuert werden müssen).

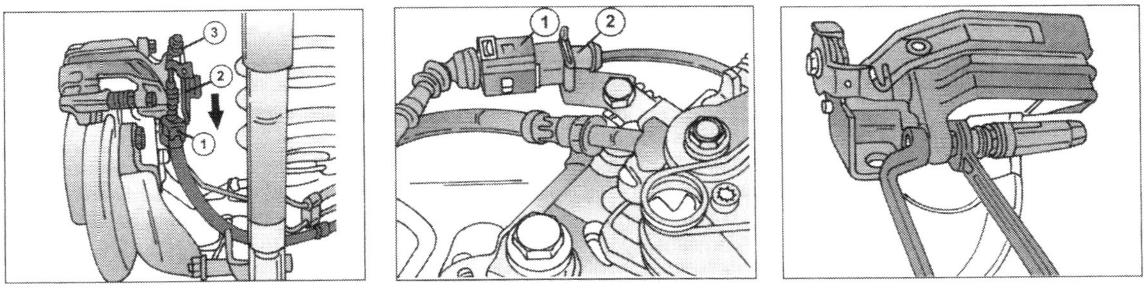

Bild 270

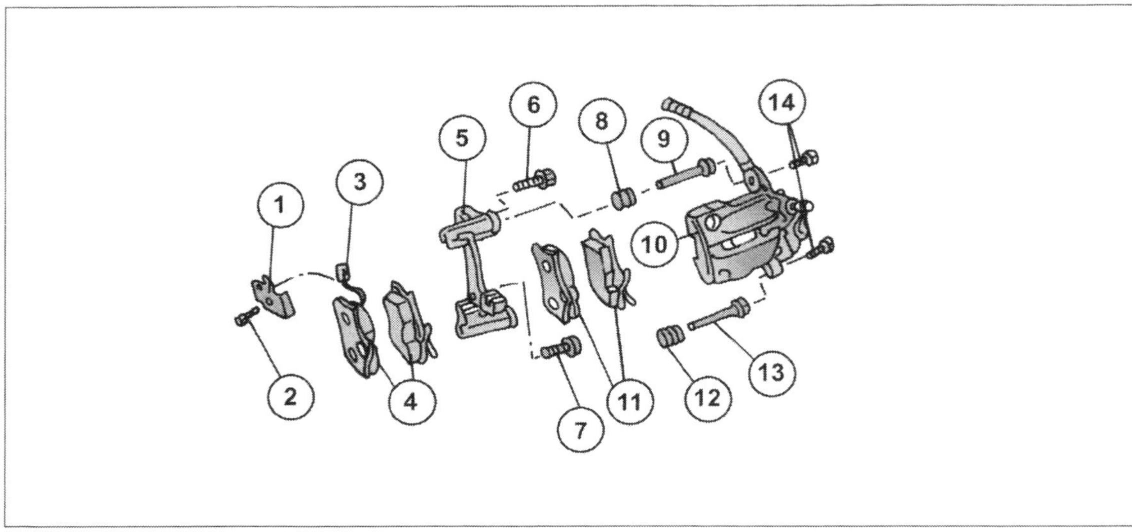

Bild 271
Die Teile der hinteren Bremsscheibe bei 15-Zoll-Felgen.
1 Halter für Kabelstecker
2 Sechskantschraube, 10 Nm
3 Kabelstecker des Verschleißanzeigers, am Halter 1 befestigt
4 Bremsklötze, 12 mm stark, neu
5 Bremssattelmontagerahmen
6 Schraube für 5, 110 Nm
7 Schraube für 5, 110 Nm
8 Schutzkappe
9 Führungsbolzen
10 Bremssattel
11 Bremsklotzsatz
12 Schutzkappe
13 Führungsbolzen
14 Sechskantschrauben, 35 Nm

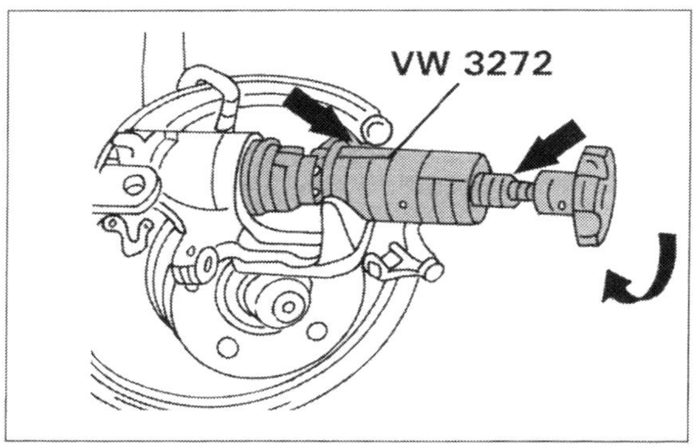

Bild 272
Zurückschrauben des Kolbens mit dem Spezialzapfenschlüssel.

- Falls der Montagerahmen für den Bremssattel ausgebaut werden soll, sind die beiden Befestigungsschrauben herauszudrehen.

Die Führungsfläche, bzw. den Sitz im Gehäuseschacht möglichst mit Pressluft reinigen, sonst mit einem Lappen. Auf keinen Fall den ausgeblasenen Bremsstaub einatmen. Keine mineralölhaltigen Lösungsmittel oder scharfkantige Werkzeuge verwenden. Die Schutzkappe im Ende des Kolbens auf Leckstellen und einwandfreien Sitz kontrollieren. Beschädigte, spröde bzw. hart gewordene Schutzkappen müssen erneuert werden.
Vor dem Ersetzen der ursprünglichen Bremsklötze deren Stärke entsprechend den bereits bei der Vorderradbremse angegebenen Beschreibungen ausmessen. Ebenfalls die Bremsscheibe überprüfen. Bei spürbaren Riefen muss die Bremsscheibe ausgebaut und abgedreht, bzw. erneuert werden. Unter der bereits gegebenen Überschrift sind weitere Hinweise über die Bremsscheiben zu finden.
Beim Einbau der Bremsklötze folgendermaßen vorgehen. Bild 271 zeigt die Teile eines Bremssattels, woraus Sie erkennen werden, wie die einzelnen Teile angeordnet sind.

- Den Kolben mit dem bereits genannten Spezial-Zapfenschlüssel zurückschrauben, wie es Bild 272 zeigt. Dabei Druck nach der Innenseite zu ausüben. Vor dem Zurückdrücken etwas Bremsflüssigkeit aus dem Bremsflüssigkeitsbehälter absaugen, da sonst Bremsflüssigkeit auslaufen und zu Schäden führen kann. Bremsflüssigkeit ist giftig – siehe Hinweis beim Entlüften der Bremsanlage! Die Bremsflüssigkeit nicht mit dem Mund über einen Schlauch absaugen, sondern einen Saugheber benutzen. Die Bremsflüssigkeit in einer Flasche aufbewahren, die nur mit Bremsflüssigkeit in Berührung kommt.
- Falls der Bremssattelträger abgeschraubt wurde, werden die Schrauben mit 110 Nm angezogen.
- Die Bremsklötze einsetzen. Eventuell den Kolben weiter einschrauben. Darauf achten, dass die Bremsklötze richtig sitzen, ehe man das Zylindergehäuse wieder aufsetzt.
- Das Zylindergehäuse über die Bremsscheibe setzen und mit neuen, selbstsichernden Schrauben befestigen. Das Anzugsdrehmoment beträgt 35 Nm. Falle neue Schrauben dem Reparatursatz beiliegen, muss man diese verwenden.
- Die Bremsen müssen jetzt in die Grundeinstellung gebracht werden, wie es beim Einstellen der Handbremse beschrieben wird, d. h. man kontrolliert die Einstellung der Handbremse.
- Fahrzeug wieder auf den Boden ablassen und Räder anziehen.
- Flüssigkeitsstand im Vorratsbehälter berichtigen.
- Das Bremspedal einige Male fest durchtreten, damit die Bremsklötze sich an die Bremsscheiben anlegen können. Neue Bremsklötze müssen sich am Anfang einbremsen, sodass man die Bremsen mit der notwendigen Sorgfalt behandeln muss.

Aus- und Einbau eines Bremssattels – Mit 15-Zoll-Felgen

- Radmuttern lösen.
- Rückseite des Fahrzeuges auf Böcke setzen und das Rad abnehmen.
- Bremsschlauch mit einer geeigneten Zwinge zusammenklemmen und den Schlauchanschluss ca. eine Umdrehung vom Bremssattel abschrauben.
- Bremsklötze ausbauen, wie es im letzten Kapitel beschrieben wurde.
- Die Befestigungsschrauben des Bremssattels herausdrehen und den Bremssattel über die Bremsscheibe abheben. Sobald der Bremssattel frei ist, ihn durch Verdrehung vom Bremsschlauch abschrauben.
- Falls erforderlich den Bremssattelträger abschrauben.

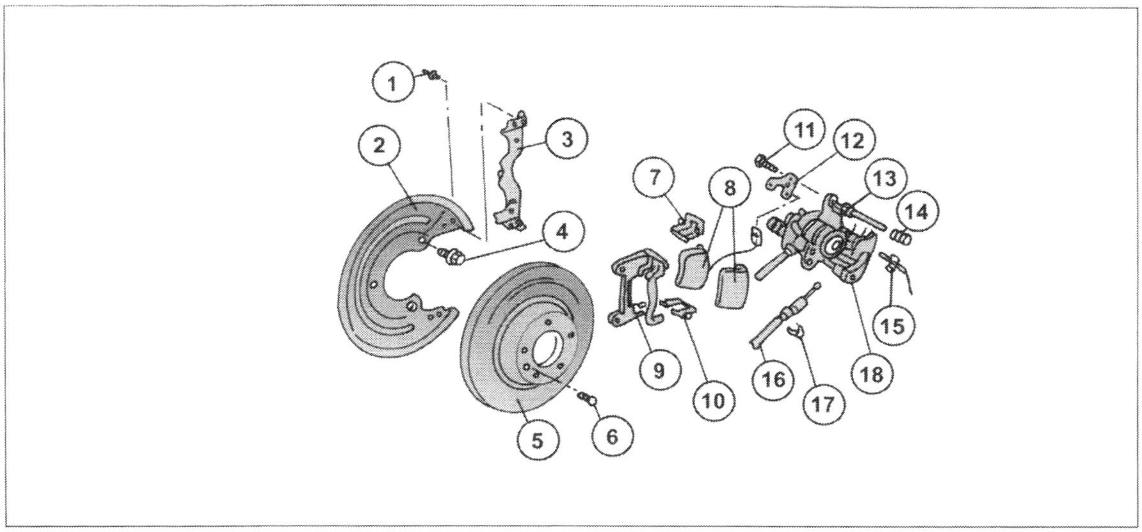

Bild 273
Die Teile der hinteren Bremsscheibe bei 16-Zoll-Felgen.
1 Steckniet (4 Stück)
2 Spritzblech, mit den Stecknieten befestigt
3 Verbindungsblech
4 Schraube, 10 Nm
5 Bremsscheibe
6 Innensechskantschraube, 10 Nm
7 Bremsklotzführungsfeder, immer bei neuen Bremsklötzen erneuern
8 Bremsklötze
9 Bremssattelträger, kommt einbaufertig
10 Bremsklotzführungsfeder, wie 7
11 Sechskantschraube, 35 Nm
12 Halter
13 Führungsbolzen
14 Schutzmanschette
15 Sicherungsfeder für Kabel des Bremsklotzverschleißes
16 Handbremsseil
17 Federspange
18 Bremssattel

Der Einbau geschieht in umgekehrter Reihenfolge wie der Ausbau. Zu beachten ist, dass man den Bremsschlauch zuerst am Bremssattel anschrauben und so fest wie möglich anziehen muss.
Die Befestigungsschrauben des Bremssattelträgers mit 110 Nm anziehen. Den Bremsschlauchanschluss jetzt mit 13 Nm festschrauben, aber darauf achten, dass er sich dabei nicht verdreht. Andernfalls den Sattel wieder ausbauen und den Bremsschlauch etwas fester anziehen.
Abschließend die Bremsanlage entlüften. Die Bremsen einige Male betätigen, damit sich die Bremsklötze gegen die Scheibe anfügen können.

Bremssattelreparaturen – Alle Ausführungen

Keine Reparaturen sind aufgrund der Innennachstellung für die hinteren Bremssättel vorgesehen. Falls ein Bremssattel nach langer Zeit einmal verschlissen ist, sollte man einen neuen Bremssattel einbauen oder man versucht ihn in einer Werkstatt überholen zu lassen. Dieser gewährt höhere Sicherheit als das Ersetzen des Kolbendichtringes und/oder Kolbens.

Aus- und Einbau einer Bremsscheibe – Alle Ausführungen

- Radmuttern lockern, Rückseite des Fahrzeuges auf Böcke setzen und das Rad abschrauben.
- Bremssattel ausbauen, wie es oben beschrieben wurde, d. h. die Bremsklötze müssen ebenfalls ausgebaut werden. Den Bremssattel mit einer Drahtschlinge am Fahrgestell festbinden.
- Befestigungsschraube (Innensechskantkopf) der Bremsscheibe lösen.
- Die Bremsscheibe durch vorsichtiges Ankippen und Hin- und Herbewegen herunterheben.

Der Einbau geschieht in umgekehrter Reihenfolge. Wird die gleiche Bremsscheibe wieder montiert, muss man sie auf Schlag und in der Stärke ausmessen, wie es bei den vorderen Bremsscheiben beschrieben wurde. Die Stärke der Scheiben ist nicht gleich. Mindeststärke bei 15-Zoll-Rädern 8 mm (neu 10 mm), Mindeststärke bei 16-Zoll-Rädern 8,5 mm (neu 13,5 mm). Beide Scheiben müssen erneuert werden, auch wenn nur eine zu weit abgenutzt ist.

Aus- und Einbau – Mit 16-Zoll-Felgen

Die eingebauten Teile der Scheibenbremse sind in Bild 273 gezeigt. Bildreihe 274 zeigt die Reihenfolge des Ausbaus.

- Fahrzeug hinten auf Böcke setzen und den Sicherungsclip (1) in der linken Ansicht aus dem Handbremsseil herausziehen. Handbremsseil nach oben ziehen und das Ende (2) aus dem Hebel aushängen.
- Den Kabelstecker des Bremsbelagverschleißanzeigers um eine Viertelumdrehung verdrehen und seitlich aus dem Kabelschacht herausziehen. Den Stecker jetzt trennen.
- In der mittleren Ansicht die Haltefeder (1) des Verschleißanzeigers aus dem Bremssattel ausclipsen und die beiden Schrauben oben und unten mit Gabelschlüssel und Ringschlüssel herausdrehen. Den Bremssattel am Schlauch hängend in geeigneter Weise festbinden, ohne dass der Schlauch unter Spannung kommt.
- Die beiden Bremsklötze und die Beruhigungsfedern an den in der rechten Ansicht mit den Pfeilen gezeigten Stellen herausziehen.

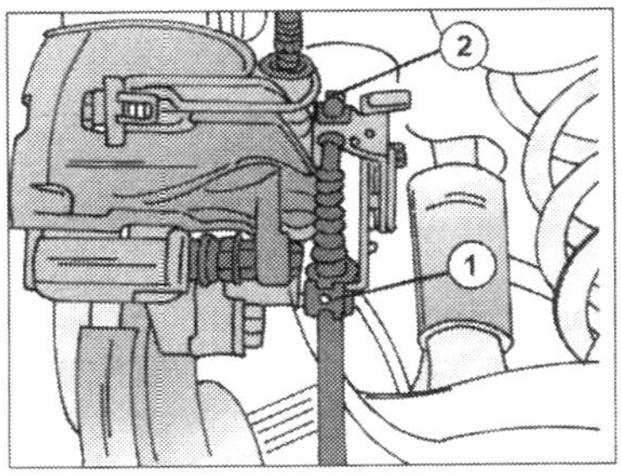

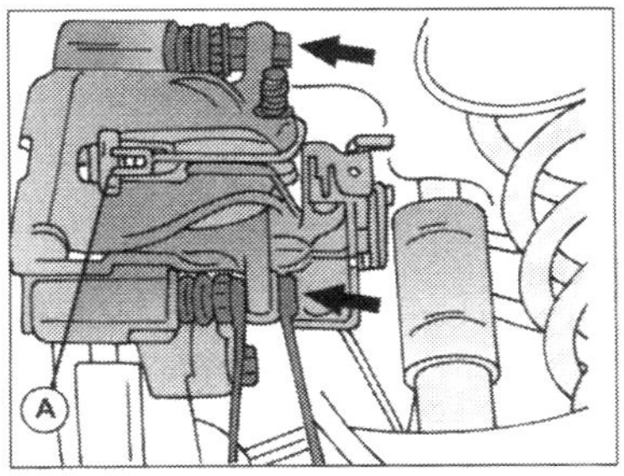

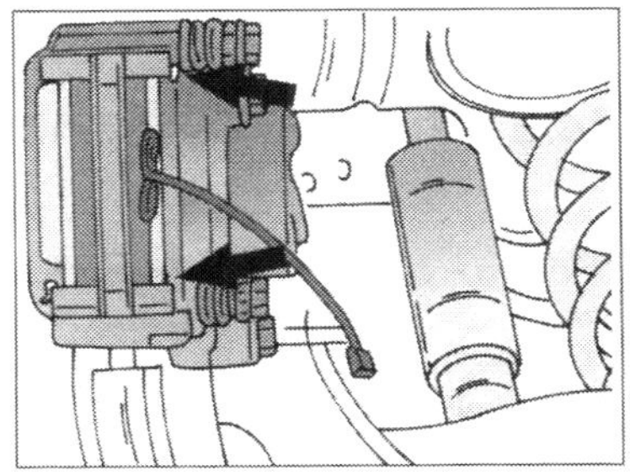

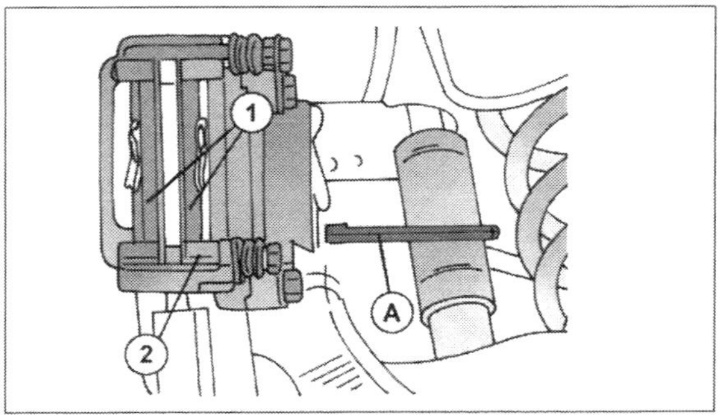

Bild 275
Ausmessen der eingebauten Bremsklötze (siehe Beschreibung).

Alle beim anderen Bremssattel oben gegebenen Anweisungen gelten auch für diese Ausführung. Beim Einbau den Kolben wie bereits beschrieben in die Bohrung einschieben (siehe Bild 272).
Bei diesem Bremssattel ist jedoch eine Messung erforderlich. Dazu die Bremsklötze und die Federn wie auf der rechten Seite von Bild 274 gezeigt einsetzen (Kabel des Verschleißanzeigers ist am mittleren Bremsklotz angeschlossen) und den Spalt zwischen den Bremsklötzen (1) und den Federn (2) mit einer Fühlerlehre (3) ausmessen, wie es Bild 275 zeigt. Falls der Spalt weniger als 0,4 mm beträgt, muss man die Anlageflächen der Federn gut reinigen und die Messung wiederholen.
Die Schrauben des Bremssattels liegen dem Reparatursatz bei und werden mit 35 Nm angezogen.

14.5 Hauptbremszylinder

Bei allen Fahrzeugausführungen ist ein Tandem-Hauptbremszylinder eingebaut, welcher mit einem Doppelvorratsbehälter versehen ist, sodass beide Abschnitte der Zweikreisbremsanlage mit Bremsflüssigkeit versorgt werden können.

14.5.1 Hauptbremszylinder aus- und einbauen

Der Hauptbremszylinder ist an der Stirnfläche des Bremskraftverstärkers angeschraubt und kann von der Motorraumseite her ausgebaut werden. Da der Ausbau des Zylinders jedoch ziemlich umfangreich ist und es kaum erforderlich sein wird den Zylinder zu erneuern, sehen wir von einer Beschreibung ab. Auch der Ausbau und Einbau des Vorratsbehälters wird bereits zu einem gewissen Problem.
Der Hauptbremszylinder der in dieser Ausgabe behandelten Fahrzeuge kann nicht überholt werden.

14.6 Bremsanlage entlüften

Wichtig – Umgang mit Bremsflüssigkeit
Bremsflüssigkeit ist giftig. Nicht mit Mund oder offenen Wunden in Berührung bringen. Sie greift Metall- und Gummiteile zwar nicht an, wirkt jedoch auf Autolack aggressiv. Bremsflüssigkeit, die Sie einmal aus dem System abgelassen haben, dürfen Sie später nicht mehr einfüllen. Verwenden Sie auch keine Bremsflüssigkeit aus einem Behälter, der längere Zeit offen gestanden hat. Gebrauchte Bremsflüssigkeit ist Sondermüll – nicht einfach wegschütten – kann zur Wasserverschmutzung führen.
Gelangt Luft ins Bremssystem, müssen Sie die Anlage entlüften. Das gilt zum Beispiel für alle Arbeiten, bei denen Sie die Bremsschläuche abnehmen oder die Bremsleitungen öffnen. In der Regel genügt es, wenn Sie nur den Bremskreis entlüften, an dem Sie gearbeitet haben. Fürs Entlüften brauchen Sie neue Bremsflüssigkeit (Spezifikation DOT 3 oder DOT 4) und einen durchsichtigen Kunststoffschlauch. Außerdem sollten Sie sich von einem Helfer unterstützen lassen. Das Fahrzeug muss mit allen vier Rädern auf ebenem Boden stehen. **Achtung:** Beobachten Sie während des Entlüftens stets den Stand der Bremsflüssigkeit im Vorratsbehälter. Füllen Sie bei Bedarf Bremsflüssigkeit nach – der Behälter darf nicht leer sein, sonst wird wieder Luft ins System angesaugt.

- Betätigen Sie mehrmals das Bremspedal, damit der Unterdruck im Bremskraftverstärker abgebaut wird.
- Arbeitsreihenfolge: Entlüftungsventil rechts hinten – links hinten; Entlüftungsventil rechts vorne – links vorne.
- Gummikappe vom Entlüftungsventil abziehen, Ventilnippel säubern.
- Kunststoffschlauch auf den Nippel schieben und das freie Schlauchende in einen teilweise mit Bremsflüssigkeit gefüllten Auffangbehälter stecken.
- Entlüftungsschraube maximal eine Umdrehung lösen. Der Helfer tritt das Bremspedal langsam bis zum Boden, damit die Bremsflüssigkeit und die darin eingeschlossene Luft herausgepumpt werden. Achten Sie dabei auf Schlauch und Auffangbehälter – Sie müssen die Luftbläschen sehen können. Das Bremspedal am Boden halten.
- Schließen Sie die Entlüftungsschraube. Erst dann das Pedal zurücknehmen.
- Wiederholen Sie diesen Vorgang so lange, bis Sie keine Luftbläschen mehr sehen können – dann ist die Luft aus der Anlage ausgeschieden. Beobachten Sie ständig den Stand der Bremsflüssigkeit im Ausgleichsbehälter. Warten Sie bis zum nächsten Pumpen jeweils etwa drei Sekunden, damit sich der Hauptbremszylinder wieder füllen kann.
- Nach dem letzten Durchgang muss der Helfer das Bremspedal wieder am Boden halten, bis das Entlüftungsventil endgültig geschlossen ist (Schraube nicht anknallen).
- Die Arbeit an den anderen Entlüftungsventilen wiederholen.
- Abschließend den Flüssigkeitsstand im Behälter nochmals kontrollieren und falls erforderlich mit frischer Flüssigkeit bis zum richtigen Niveau auffüllen.
- Kontrollieren Sie die Funktion der Bremsen bei einer (vorsichtigen) Probefahrt.

14.6.1 Bremsflüssigkeit wechseln

- Bremsflüssigkeit aus dem Vorratsbehälter mit einer Pipette oder einer sauberen Injektionsspritze entfernen.
- Die Arbeitsschritte an den einzelnen Entlüftungsventilen sind die gleichen wie beim Entlüften. Sie müssen

natürlich regelmäßig Bremsflüssigkeit in den Ausgleichsbehälter einfüllen – bei jedem Ventil sind dies vielleicht 500 ccm. Diese Menge brauchen Sie, damit sich die neue Bremsflüssigkeit nicht mit der alten vermischt.

14.7 Bremsleitungen und Bremsschläuche

Bremsleitungen

- Verwenden Sie zum Lösen und Anziehen der Bremsleitungen einen Bremsleitungsschlüssel 10 x 11.
- Überwurfmutter der Bremsleitung losdrehen. Dazu Gegenverschraubung festhalten (an einem Bremsschlauch).
- Ist die Mutter auf der Leitung angerostet (Leitung dreht mit), muss die Leitung in jedem Fall erneuert werden. Die dünnwandigen Rohre knicken schnell ab. Sägen Sie die auszuwechselnde Bremsleitung nahe der Verschraubung ab – Sie können dann die Überwurfmutter mit einer Sechskantnuss losdrehen.
- Eine neue Leitung nur in einem großen Radius zurechtbiegen.
- Bremsleitungen in den Abstandshaltern verlegen, Schutzschläuche nicht vergessen (falls vorhanden).
- Bremsanlage abschließend entlüften.

Bremsschlauch ausbauen

- Zuerst die Überwurfmutter der betreffenden Bremsleitung losdrehen. Dabei darauf achten, dass sich die Leitung nicht verdreht.
- Falls der Bremsschlauch mit einem Federblech befestigt ist, sitzt dieses in der Rille am Sechskantanschluss. Das Blech zuerst etwas losschlagen und dann mit einer Zange herausziehen.
- Manche Bremsschläuche sind mit einem Blechbügel gegen Rutschen an der Karosserie gesichert. Beim Zusammenbau diesen so genannten Schlauchhalter nicht vergessen.
- Beim Einbau den Schlauch immer zuerst an der Stelle festdrehen, an der das Außengewinde sitzt. Dann die andere Verschraubung anziehen.
- Der Bremsschlauch darf nicht in sich verdreht sein. Den richtigen Sitz erkennen Sie am durchgehenden Farbstreifen oder Gummianguss entlang des Schlauches. Das Federblech in dieser Lage in die Rille am Sechskant einschieben und vollkommen einschlagen.
- Bremssystem entlüften.
- Kontrollieren Sie unbedingt, ob der Bremsschlauch bei Federbewegungen an einer Stelle scheuern kann. Dann müssen Sie den Abstandhalter verschieben. Wiederholen Sie diese Kontrolle nach einer längeren Fahrstrecke.

Bremsschlauch vom Bremssattel trennen

Um den Bremsschlauch von der Bremszange abzubauen, sollten Sie ihn zunächst mit einer kleinen Schraubzwinge oder Schlauchklemme abklemmen. Nicht zu stark drehen, damit der Schlauch nicht beschädigt wird. Den Schlauchanschluss an der Bremszange lockern – nur lockern, nicht mehr. Die Bremszange jetzt ausbauen und den Schlauch einfach abschrauben. Verschließen Sie ihn zur Sicherheit mit einem Stopfen, damit keine Bremsflüssigkeit austritt.
Beim Einbau den Schlauch so fest wie möglich an der Bremszange festschrauben und nochmals nachziehen, nachdem die Bremszange montiert ist. Hier heißt es jedoch aufpassen, dass man den Schlauch nicht verdreht, was nicht vorkommen sollte, wenn der Schlauch bereits ziemlich fest angezogen wurde.
Wenn Sie den Bremsschlauch abgeschlossen haben, müssen Sie die Bremsanlage entlüften.

14.8 Handbremse

14.8.1 Wirkung der Handbremse prüfen

- Lassen Sie Ihr Fahrzeug auf einer Straße mit leichtem Gefälle im Leerlauf rollen. Ziehen Sie den Handbremshebel in die erste Raste – die Bremse sollte bereits wirken (Wagen darf nicht schneller werden).
- Ziehen Sie den Hebel weiter nach oben. In der vierten, spätestens der fünften Raste sollten die Hinterräder blockieren.
- Ein längerer Leerweg des Handbremshebels weist auf abgenutzte Bremsbeläge hin. Wenn Sie beim Parken die Handbremse regelmäßig kräftig anziehen, kann ein langer Leerweg des Hebels auch bedeuten, dass die Seilzüge gedehnt sind oder Spiel in den Übertragungsteilen von Handbremse und Nachstellmechanismus entstanden ist.

14.8.2 Handbremse einstellen

Eine Einstellung der Handbremse ist aufgrund der Selbstnachstellung der Scheibenbremsen normalerweise nicht erforderlich. Die Handbremse muss eingestellt werden, falls Handbremsseile, Bremssättel, Bremsklötze oder Bremsscheiben erneuert wurden.
Vorausgesetzt, dass die Fußbremse einwandfrei entlüftet ist und sonst einwandfrei arbeitet, folgendermaßen vorgehen:

- Bremspedal mindestens einmal kräftig durchtreten.
- Die Handbremse lösen (Handbremshebel nach unten).
- Fahrzeug an der Rückseite auf Böcke setzen.
- Den Einsteller am Ausgleichsbügel der Handbremsseile anziehen (Bild 276), bis sich der Hebel am Bremsbacken soeben von seinem Anschlag abhebt (Pfeilstelle, Bild 277). Der entstehende Spalt kann bis zu 1,0 mm betragen.
- Den Handbremshebel anziehen und wieder lösen. Kontrollieren, dass sich die Räder frei durchdrehen lassen. Danach den Handbremshebel erneut anziehen und kontrollieren, dass die Räder feststehen, wenn der Hebel zwischen drei bis sechs Rasten angezogen wird.

Falls der gesamte Handbremsmechanismus lose ist, kann man den angegebenen Anweisungen natürlich schlecht folgen. In diesem Fall folgendermaßen vorgehen:

- Den Einsteller in Bild 277 vollkommen zurückschrauben, bis die Betätigungshebel der Bremssättel gegen die Anschläge anliegen.

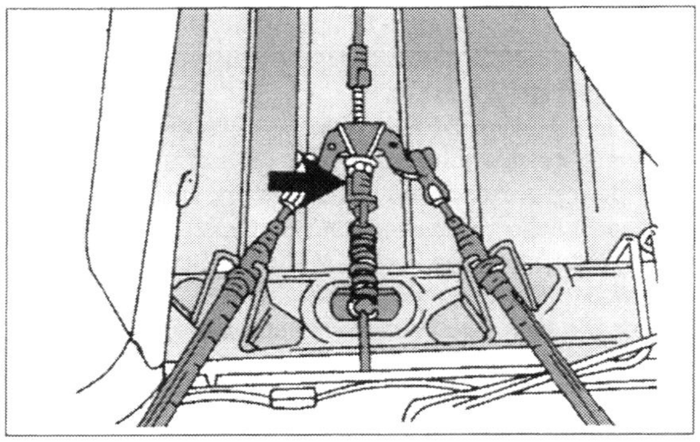

Bild 276
Der Pfeil zeigt, wo der Einsteller der Handbremse am Ausgleichshebel liegt.

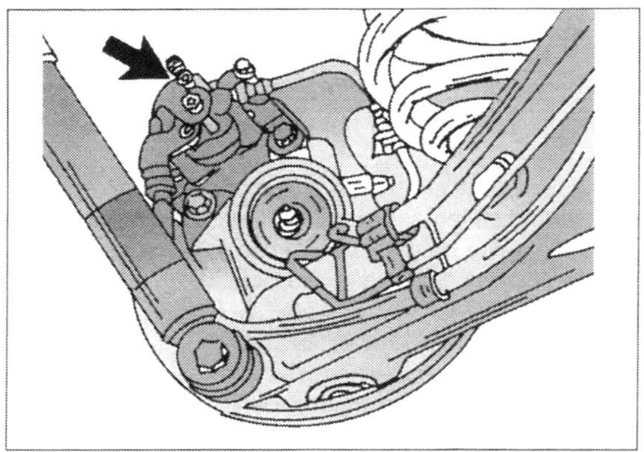

Bild 277
Beim Einstellen der Handbremse ist jeweils die Stellung des Hebels an den Bremssätteln zu beobachten.

- Mit einer Reißnadel an gegenüberliegenden Stellen einen kleinen Strich in den Betätigungshebel und den Bremssattel einzeichnen.
- Den Einsteller langsam anziehen lassen. Dabei beobachtet man die Betätigungshebel, die sich jetzt von der Strichmarkierung abheben werden. Wenn der entstandene Spalt ca. 1,0 mm beträgt, den Handbremshebel anziehen, damit sich die Seilspannung ausgleichen kann.
- Die Hebelstellung erneut auf beiden Seiten kontrollieren. Falls sie stimmt, den Einsteller etwas weiter festziehen, bis die Räder auf der dritten bis sechsten Raste feststehen. Unbedingt kontrollieren, dass sich die Räder bei gelöster Handbremse frei durchdrehen lassen, ohne dass die Bremsklötze gegen die Scheiben schleifen.

14.9 ABS-Anlage

Es ist nicht der Sinn des Buches auf die Arbeitsweise der ABS-Anlage einzugehen. Falls Sie feststellen, dass die Anlage nicht wunschgemäß arbeitet, sind Sie am besten bei einer Überprüfung in einer Werkstatt aufgehoben. Es werden aber immer Arbeit am Fahrzeug vorkommen, die ohne Zweifel d ABS-Anlage beeinflussen. Aus diesem Grund müssen die folgenden Vorschriften bei jeglichen Arbeiten an der Bremsanlage beachtet werden:

- Alle Anschlüsse und deren unmittelbar Umgebung einwandfrei reinigen, ehe sie gelöst werden.
- Ausgebaute Teile auf eine saubere Fläche ablegen und mit Kunststofffolie oder sauberem Papier abdecken. Keine flusenden Lappen dazu verwenden.
- Geöffnete Teile der Anlage gut abdecken oder verschließen, falls die Reparatur nicht so fort durchgeführt werden kann. Dies gilt besonders, wenn man das Fahrzeug im Freien abstellen muss.
- Nur vollkommen saubere Teile einbauen. Auf keinen Fall Teile wieder verwenden, welche längere Zeit gelegen haben.
- Mit dem Vorhandensein von Luftkompressoren, die man anstelle des Zigarrenanzünders einstecken kann, ist es immer verlockend Pressluft zum Reinigen von Teilen zu verwenden. Dies auf keinen Fall durchführen, falls Anschlüsse de Anlage geöffnet sind.
- Nach Einschalten der Zündanlage baut die Hydraulikpumpe innerhalb 60 Sekunden den Betriebsdruck für die Anlage auf. Die ABS-Warnleuchte leuchtet 2 bis 20 Sekunden auf, je nachdem, wie hoch der Druck in der Anlage ist. Das elektronische Steuergerät in der Anlage überprüft jetzt die einzelnen Komponenten. Falls dabei irgendwelche Störungen festgestellt werden, arbeitet die Bremsanlage in diesem Fall wie eine konventionelle Anlage ohne ABS-Anlage. Falls dies vorkommt, d. h. die Warnleuchte bleibt erhellt, muss man sich an eine Werkstatt wenden. Diese ist in der Lage anhand einer Störungsdiagnose den Fehler in der Anlage mit Spezialgeräten herauszufinden, welcher entweder elektrischer oder hydraulischer Natur sein kann.

14.9.1 Fühler für ABS-Anlage erneuern (vorn)

Die Fühler oder Sensoren sind in die Achsschenkel eingesetzt.

- Vorderseite des Fahrzeuges auf Böcke setzen. Um besser an die einzelnen Teile zu kommen, sollte man das Vorderrad abschrauben.
- Kabel des Sensors von den Befestigungsstellen lösen und vom Kabelstrang trennen. Die Befestigungsstellen muss man auffinden.
- Die Befestigungsschraube des Fühlers am Achsschenkel lösen. Den Fühler vorsichtig an der in Bild 278 (links) gezeigten Stelle am Achsschenkel herausziehen.
- Bei eingebauter Bremsklotzverschleißanzeige den Kabelstecker (1) in der mittleren Ansicht trennen, den Kabelstecker der Leitung des Sensors (1) in der rechten Abbildung abziehen und die Leitung aus der Halterung (2) herausziehen.
- Kontrollieren, dass die Aufnahmebohrung für den Sensor und der Sensor selbst sauber sind.

Der Einbau geschieht in umgekehrter Reihenfolge wie der Ausbau. Die Schraube mit 10 Nm anziehen. Nach dem Einbau die Lenkung aus einem Anschlag in den anderen drehen lassen und dabei das Kabel beobachten. Falls es zu stramm ist, muss man die Befestigungsstellen entsprechend nachsetzen. Die Arbeitsweise der ABS-Anlage abschließend kontrollieren.

14.9.2 Sensor der ABS-Anlage erneuern (hinten)

Der Ausbau eines Sensors erfolgt in ähnlicher Weise wie der Ausbau eines vorderen Sensors. In diesem Fall an der Innenseite der Bremsträgerplatte eine Schraube lösen und den Sensor aus der Öffnung ziehen. Dem Kabelstrang des Sensors folgen und von den Befestigungen

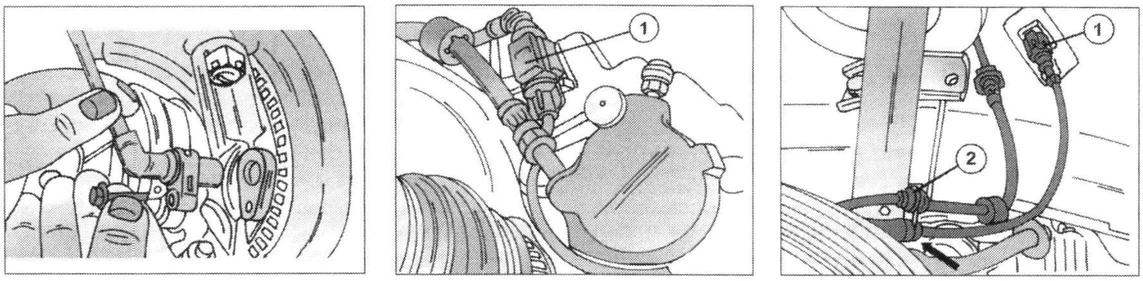

Bild 278

lösen. Bei eingebauter Bremsklotzverschleißanzeige den Kabelstecker des Verbindungskabels trennen (siehe Bild 247, Mitte)
Der Einbau erfolgt in umgekehrter Reihenfolge.

14.10 Die elektronische Differentialsperre EDS mit ABS

Die Elektronische Differentialsperre funktioniert nicht im Achsantrieb durch mechanische Überbrückung des Differentials oder mit Hilfe von Reibflächen, weil diese das Lenken und Kurvenfahren erschweren. Das „E" im Begriff EDS verrät es schon, hier wird die Elektronik zu Hilfe genommen – in Zusammenarbeit mit dem Antiblockiersystem:

- Dreht ein Vorderrad beim Anfahren durch, erkennen die Drehzahlgeber die unterschiedlichen Raddrehzahlen.
- Das kombinierte Steuergerät von ABS und EDS veranlasst nun, dass die Scheibenbremse am durchdrehenden Rad betätigt wird. Dies geschieht über ein zusätzliches Paar Magnetventile in der Hydraulikeinheit des ABS. Es öffnet die Verbindung vom Druckspeicher zum Radzylinder der betreffenden Scheibenbremse so lange, bis das Rad so weit abgebremst ist, dass das andere Vorderrad Kraft übertragen kann.
- Sobald an beiden Vorderrädern gleiche Schlupfverhältnisse herrschen, beendet das Steuergerät den Regelvorgang und schließt die Magnetventile. Der Fahrer braucht nicht einzugreifen, er bemerkt das Einsetzen der Differentialsperre nur durch ein verändertes Geräuschbild.
- Um Fehlfunktionen auszuschließen, wird das EDS von einer Sicherheitsschaltung überwacht. Anhand des Bremsdrucks sowie nach einer festgelegten Maximalzeit wird das EDS abgeschaltet, um eine Überbeanspruchung der Bremsen zu vermeiden; über 40 km/h ist es generell abgeschaltet. Die Schaltungen der Magnetventile sind so ausgelegt, dass die Bremsen vorn nicht unkontrolliert ansprechen können.
- Erkennt das Steuergerät einen Fehler in der EDS, wird diese abgeschaltet; das Antiblockiersystem funktioniert weiterhin. Steckt ein Fehler in der Drehzahlerfassung oder in der Elektronik, werden ABS und EDS gemeinsam abgeschaltet. Das Fahrzeug bleibt aber in allen Fällen jederzeit bremsbereit.

14.11 Unterdruckpumpe (Dieselmotoren)

Die zur Herstellung des Unterdrucks für den Bremskraftverstärker erforderliche Pumpe ist eine Tandempumpe, die ebenfalls den Druck in der Kraftstoffanlage liefert. Die Tandempumpe ausbauen, wie es im Abschnitt „Dieseleinspritzanlage" beschrieben wurde.

15 Die elektrische Anlage

15.1 Allgemeine Begriffe

Batterie, Generator und Anlasser – Die Grundbegriffe der Elektrik

Elektrischer Strom kann nur in einem geschlossenen Stromkreis fließen. Der besteht aus Erzeuger (z. B. Batterie), Verbraucher (z. B. Glühlampe, Anlasser) und den Leitungen (Kabel), mit denen Erzeuger und Verbraucher verbunden sind. Die Grundbegriffe der Elektrik veranschaulicht folgendes Beispiel. Stellen Sie sich eine Wasserleitung vor, durch die unter einem bestimmten Druck eine bestimmte Menge Wasser fließt. Dieses System lässt sich mit einem Stromkreis vergleichen.

Spannung. Sie entspricht dem Druck in der Wasserleitung. Wird in Volt (V) gemessen.
Strom. Entspricht der Wassermenge, die in einer bestimmten Zeit durch die Leitung fließt. Maßeinheit ist Ampère (A).
Leistung. Das Produkt aus Spannung und Strom gibt an, welche elektrische Arbeit ein Stromerzeuger an einen Verbraucher abgibt. Wird in Watt (W) angegeben.
Widerstand. Vergleichbar mit dem Absperrhahn der Wasserleitung. Ist er ganz geöffnet, fließt das Wasser ungehindert (Widerstand 0). Dreht man den Hahn zu, erhöht sich der Widerstand, bis das Wasser nicht mehr fließen kann (Widerstand ∞). Maßeinheit ist Ohm (Ω).
Kabel. Entsprechen der Wasserleitung. Die Dicke der Leitung (Querschnitt) hängt vom Verbraucher ab. Ein Kontrolllämpchen kommt mit einer Kabelstärke von 0,5 mm^2 aus, der Anlasser braucht dagegen eine 16-mm^2-Leitung. Ein zu dünnes Kabel heizt sich auf – die Spannung fällt ab. Dann kommen zum Beispiel am Scheinwerfer nicht 12 Volt, sondern nur 10 oder 9,5 Volt an – das Licht wird trübe.

Spannung, Strom und Widerstand messen

Wenn Sie wissen wollen, ob die verschiedenen elektrischen Systeme Ihres Fahrzeuges in Ordnung sind, brauchen Sie nicht gleich einen Elektriker. Im Handel gibt es eine Reihe von Prüfgeräten, mit denen Sie sich selbst über den Zustand Ihrer elektrischen Anlage informieren können.
Prüflampe (mit Nadelkontakt). Damit testen Sie, ob Spannung in einem Stromkreis anliegt. Je heller die Lampe leuchtet, desto mehr Spannung ist vorhanden. Mit der Nadel der Lampe die Isolierung des zu prüfenden Kabels durchstechen. Die Klemme am Kabel der Lampe wird am blanken Metall angeclipst (Masse). Vorsicht: Die Prüflampe nimmt viel Leistung auf und eignet sich daher nicht für Messungen an elektronischen Bauteilen (z. B. Steuergerät). Hier müssen Sie einen Spannungsprüfer mit Leuchtdioden verwenden.
Spannungsprüfer mit Leuchtdioden. Je nach Ausführung zeigt dieses Gerät Gleich- und Wechselspannungen zwischen sechs und rund 700 Volt an. Die Spannungsanzeige erfolgt optisch über die Leuchtdioden. Einfache Geräte gibt's im Handel bereits sehr preisgünstig.
Multimeter (Vielfachinstrument). Damit lassen sich Spannung, Strom (Gleich-/Wechselstrom) und Widerstand messen. Geeignete Geräte mit digitaler Anzeige gibt's in Zubehörgeschäften zu einem angemessenen Preis. Die Stromversorgung des Multimeters erfolgt in der Regel durch eine Batterie.
Spannung messen. Um mit einem Multimeter zum Beispiel die Ruhespannung der Batterie zu messen, müssen Sie das mit „-" gekennzeichnete Kabel an den Minuspol der Batterie oder Masse anklemmen. Das „+"-Kabel des Messgeräts an den Pluspol der Batterie oder die zu messende Leitung klemmen. Zeigt das Instrument etwa nur 10,4 Volt an, deutet das auf einen Kurzschluss in einer Batteriezelle hin. Prüfen Sie einmal die Spannung der Batterie, während der Anlasser betätigt wird – ein Messergebnis von 5 Volt bedeutet, dass es um den Akku nicht mehr gut steht.
Strom messen. Dazu müssen Sie den Stromkreis auftrennen und das Messgerät dazwischen schalten. Bei einer Reihe von Messungen in Ihrem Fahrzeug genügt es, wenn Sie einen Steckkontakt abziehen und dann das Messgerät zwischen Stecker und Kontaktzunge schalten. Vorsicht: Achten Sie stets auf den Messbereich Ihres Multimeters. In Verbrauchern wie z. B. dem Anlasser fließen sehr hohe Ströme, die Ihr Gerät bei einer Messung beschädigen könnten.
Widerstand messen. Mit dem Multimeter prüfen Sie, ob eine Leitung oder ein Schalter Durchgang hat. Fließt der Strom ungehindert, zeigt das Gerät den Messwert 0. Ist der Stromweg jedoch an einer Stelle unterbrochen, erhalten Sie den Messwert unendlich (∞). Außerdem können Sie feststellen, welchen Innenwiderstand ein bestimmtes Bauteil hat.

15.2 Die Batterie

Die folgenden Arbeiten sind von Zeit zu Zeit durchzuführen, um der Batterie eine lange Lebensdauer zu geben und deren Leistung immer auf dem Höhepunkt zu halten. Die Batterie kann man als wartungsfrei bezeichnen, d. h. unter normalen Betriebsbedingungen sollte es nicht notwendig sein sie nachzufüllen. Manchmal passiert es jedoch, dass der Flüssigkeitsspiegel durch bestimmte Umstände absinkt. Vollkommen wartungsfreie Batterien werden Sie leicht erkennen, da sie keine Einfüllöffnungen an der Oberseite haben. Auch eine Batterie mit Ladezustandsanzeiger kann eingebaut sein, deren Funktion Sie bestimmt auch kennen werden.
Bei den folgenden Hinweisen gelten einige nur für Batterien mit Nachfüllmöglichkeit für destilliertes Wasser und Batterien mit Ladestromanzeiger, jedoch sollte man eine Batterie mit Ladezustandsanzeiger in einer Werkstatt füllen lassen, da eine besondere Füllflasche benutzt wird.

- Batterie und die sie umgebenden Teile immer sauber halten. Die Oberfläche der Batterie muss immer gut trocken sein, da sich sonst zwischen den einzelnen Zellen Kriechströme entwickeln können, wovon sich die Batterie von selbst entladen kann.
- Die Batteriesäure muss jederzeit bis zur Höhe des unteren Striches an der Außenseite des Batteriegehäuses stehen (falls eine Batterie mit durchsichtigem Ge-

häuse eingebaut ist) oder man entfernt die Batterieabdeckung mit der Hand oder einem spachtelähnlichen Werkzeug und kontrolliert, dass die Batteriesäure oberhalb der Trennplatten in der Innenseite der Batterie steht. Zum Nachfüllen destilliertes Wasser verwenden.

- Bei kaltem Wetter die Batterie nicht in ungeladenem Zustand stehen lassen, da sie sonst einfriert. Schwach geladene Batterien frieren eher ein als geladene, d. h. man muss der Batterie die notwendige Pflege geben, um dies zu verhindern.

15.2.1 Prüfen der Batterie

Säurestand: Die Batterie ist mit Schwefelsäure gefüllt, die mit destilliertem Wasser verdünnt wurde. Da die Wasseranteile verdunsten können, muss man gelegentlich den Säurestand überprüfen und ggf. destilliertes Wasser nachfüllen. Die Batteriesäure muss zwischen den Markierungen am Batteriegehäuse oder oberhalb der Trennplatten in der Batterie liegen. Zum Nachfüllen muss die Abdeckung abgenommen werden, um destilliertes Wasser einzufüllen, bis der Säurestand stimmt.

Ladezustand (außer Batterien mit Ladezustandsanzeiger: Zur Kontrolle des Ladezustandes ist ein Säureheber erforderlich. Zur Kontrolle die Stopfen entfernen und die Spitze des Säurehebers in die sichtbare Batteriesäure eintauchen. Mit Hilfe des Gummiballs genügend Säure ansaugen, dass der Schwimmer frei schwimmen kann. Je nach Ladezustand besitzt die Säure ein unterschiedliches spezifisches Gewicht, welches durch das Eintauchen des Schwimmers in die Säure angezeigt wird. Bei einer Anzeige von 1,28 ist die Batterie voll geladen; bei 1,12 ist die Batterie vollkommen entladen. Dazwischen liegende Werte weisen auf die entsprechende Ladestärke hin. Die Anzeigen am Säureheber sind in kg/l gegeben. Bild 279 zeigt, wie ein solcher Säureheber aussieht. Andere Ausführungen können jedoch ebenfalls benutzt werden.

Um die Spannung der Batterie zu kontrollieren, braucht man einen einfachen Voltmesser, den man wie in Bild 280 gezeigt zwischen die beiden Batteriepole anlegt. Diese Prüfung durchführen, nachdem die Batterie mindestens 6 Stunden lang keine Nachladung durch die Drehstromlichtmaschine erhalten hat. Die Anzeige am Voltmesser muss mindestens 12,6 Volt betragen. Eine Anzeige von 12,4 Volt oder weniger weist auf einen schlechten Ladezustand der Batterie hin. Die Messung darf nicht länger als 10 Sekunden in Anspruch nehmen (andernfalls leidet die Batterie darunter).

Aufladen der Batterie. Eine sehr entladene Batterie sollte erst nach dem Aufladen mit destilliertem Wasser aufgefüllt werden. Beim Laden steigt der Säurestand an und eine vorschriftsmäßig gefüllte Batterie könnte aus diesem Grund „überkochen".

Hinweis: Bei bestimmten Batterien werden die Zellenstopfen beim Aufladen der Batterie und Kontrolle der Spannung in der Batterie gelassen. Erkundigen Sie sich vorsichtshalber in der Werkstatt, welche Batterie in Ihrem Fahrzeug eingebaut ist.

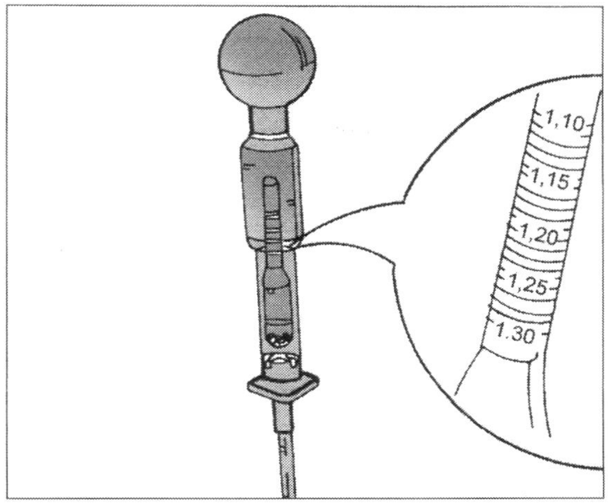

Bild 279
Ansicht eines Prüfers für die Dichte (spez. Gewicht) der Batteriesäure.

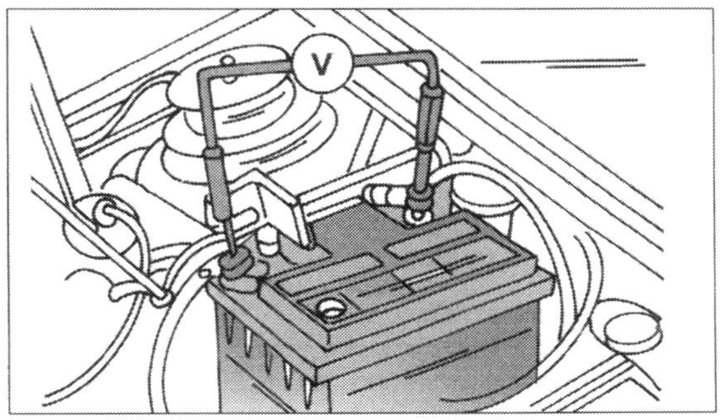

Bild 280
Kontrolle der Batteriespannung (Voltmesser).

Der Ladestrom sollte am Anfang 10% der Batteriekapazität (z. B. 4,3 A) nicht überschreiten. Man muss sich deshalb vergewissern, mit welcher Batterie man es zu tun hat. Je nach Aufbau des verwendeten Batterieladegeräts, wird sich der Ladestrom allmählich automatisch verringern. Die Batterie ist voll geladen, wenn sich die Säuredichte innerhalb zwei aufeinander folgender Stunden nicht verändert.

Der Verschlussdeckel der Batterie sollte abgenommen und lose auf die Einfüllöffnungen gelegt werden. Damit kann das aus Sauerstoff und Wasserstoff entstehende Knallgas entweichen. Da bei lebhafter Aufladung ein Spritzen der Säure unvermeidlich ist, sollte man die Umgebung der Batterie mit Zeitungen oder Ähnlichem schützen. Wird die Aufladung in einem geschlossenen Raum durchgeführt, muss dieser gut belüftet sein. Auf keinen Fall mit nackter Flamme in die Batterieöffnungen leuchten.

Bei Verwendung mit einem Heimladegerät kann die Batterie im Auto verbleiben. Auch die Kabel braucht man nicht abzuschließen. Anders ist es bei der Verwendung eines Schnellladegeräts. Beide Batteriekabel abklemmen, um die Dioden der Drehstromlichtmaschine, die elektronischen Schaltgeräte, Autoradio, usw. nicht zu gefährden.

Abschließen und Anschließen der Batterie. Falls die Batterie nur aus dem Stromkreis genommen werden soll, reicht es aus, wenn man das Massekabel von der Batterie abklemmt. Beim Ausbau der Batterie muss man jedoch ebenfalls das Stromkabel abschließen. Dies ist jedoch bei der eingebauten Batterie mit einigen Nebenarbeiten verbunden.

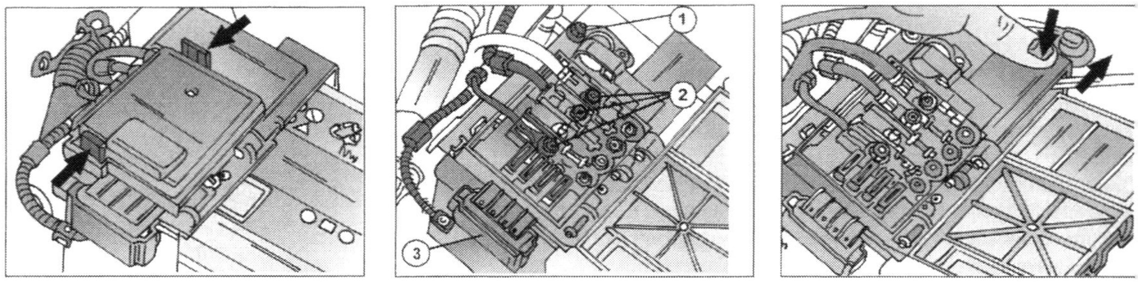

Bild 281

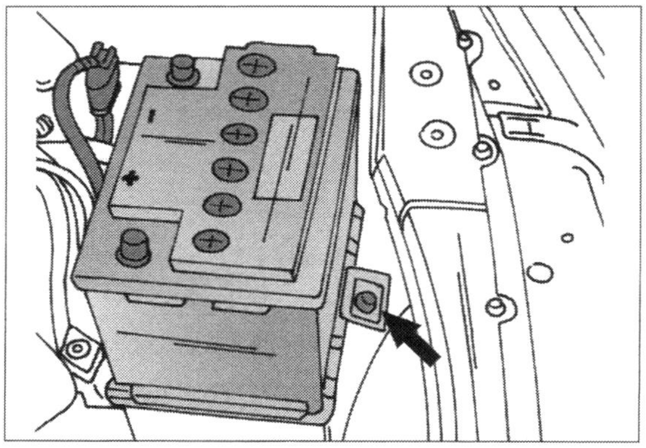

Bild 282
Eine M8-Schraube hält die Batterie mit einem Klemmstück an der Unterseite.

- Zündung ausschalten, alle Stromabnehmer abschalten und den Zündschlüssel abziehen.
- Masseklemme vom Minuspol der Batterie abschrauben und abziehen.
- Um die Plusklemme abzuschließen, muss man vorher den Sicherungshalter an der Batterie ausbauen. Als Erstes die in Bild 281 auf der linken Seite gezeigten Sicherungslaschen zusammendrücken und den dabei frei werdenden Deckel abnehmen. Unter Bezug auf das mittlere Bild die Mutter (1) von der positiven Klemme der Stromleiterplatte entfernen, die Befestigungsmuttern (2) entfernen, die Kabel zu den Sicherung abziehen und den Kabelstecker (3) abziehen.
- Die Spannung der Federsicherung des Sicherungshalters entlasten, indem man diese mit dem Daumen nach unten drückt und die Federsicherung gleichzeitig mit einem Schraubendreher abdrückt, wie es in der rechten Abbildung gezeigt ist.
- Die Klemmschraube der Plusklemme am Batteriepol lockern und die Kabelklemme abziehen.

Beim Anschließen der Batterie in umgekehrter Reihenfolge vorgehen. Die Batterieklemmen nur mit der Hand aufdrücken. Das Pluskabel wird zuerst angeschlossen. Nicht einfetten. Gelöste Muttern mit 6 Nm anziehen. Abschließend den Deckel des Sicherungshalters aufdrücken und einschnappen lassen und die Minusklemme anschrauben (6 Nm).

Aus- und Einbau. Die Batterie sitzt im Motorraum und ist auf einem Träger montiert. Vor dem Ausbau die beiden Batteriekabel von den Polen abschrauben, wie es oben beschrieben wurde. Immer zuerst das Minuskabel abklemmen. Danach die Klemmschraube an der in Bild 282 gezeigten Stelle entfernen und die Batterie herausheben. Bei bestimmten Ausführungen ist eine Wärmeschutzverkleidung an der Seite eingebaut. Diese kann man erst nach Abschrauben und Abziehen der Plusklemme ausbauen.

Beim Einbau der Original-Batterie zuerst die Polköpfe reinigen. Beim Einsetzen der Batterie darauf achten, dass der Ansatz am Fuß der Batterie in den Ausschnitt des Batterieträgers eingreift. Die Schraube am Batterieträger wird mit 22 Nm angezogen. Zuerst das Pluskabel anschließen und festschrauben, wie es oben beschrieben wurde, dann das Minuskabel.

15.2.2 Defekten Verbraucher ermitteln

Liefert die am Vortag intakte Batterie keinen Strom, hat vielleicht ein defekter Verbraucher im Bordnetz den Akku über Nacht leer gesaugt. Das überprüfen Sie zunächst mit einer Strom-Messung. Wenn nötig, ermitteln Sie dann den betreffenden Verbraucher.

- Batterie-Minuskabel abnehmen, Kabel des Multimeters zwischen Minuspol und Batteriekabel anschließen. Zeigt das Gerät einen Stromfluss an, ist ein Verbraucher defekt.
- Massekabel anschließen, Sicherungskasten öffnen und eine Sicherung herausnehmen. An die Kontakte das Multimeter anschließen. Fließt kein Strom, ist der betreffende Stromkreis in Ordnung. Auch ein geringer Stromfluss ist kein Alarmsignal. Geräte wie Bordcomputer, Uhren, Radios und Alarmanlagen nehmen ständig Energie von der Batterie. Der Stromfluss ist freilich viel geringer als bei einem defekten Verbraucher.
- Wiederholen Sie die Messungen, bis das Gerät einen höheren Stromfluss anzeigt. Die Sicherungstabelle zeigt Ihnen, welche Verbraucher zu diesem Stromkreis gehören.
- Die Verbraucher der Reihe nach ausbauen und jeweils den Strom messen. Wenn das Multimeter keinen Strom mehr anzeigt, haben Sie den Übeltäter ermittelt.

15.3 Die Drehstromlichtmaschine

15.3.1 Vorsichtsmaßnahmen bei Arbeiten an der Lichtmaschine

Ehe irgendwelche Arbeiten an der Ladestromanlage durchgeführt werden, müssen die folgenden Vorsichtsmaßnahmen unbedingt eingeprägt werden:

- Niemals die Batterie oder den Spannungsregler abklemmen, während der Motor und damit die Lichtmaschine laufen.
- Niemals die Erregerklemme (Feldklemme) der Lichtmaschine oder das daran befestigte Kabel in Berührung mit Masse kommen lassen.
- Niemals die beiden Leitungen des Spannungsreglers verwechseln.

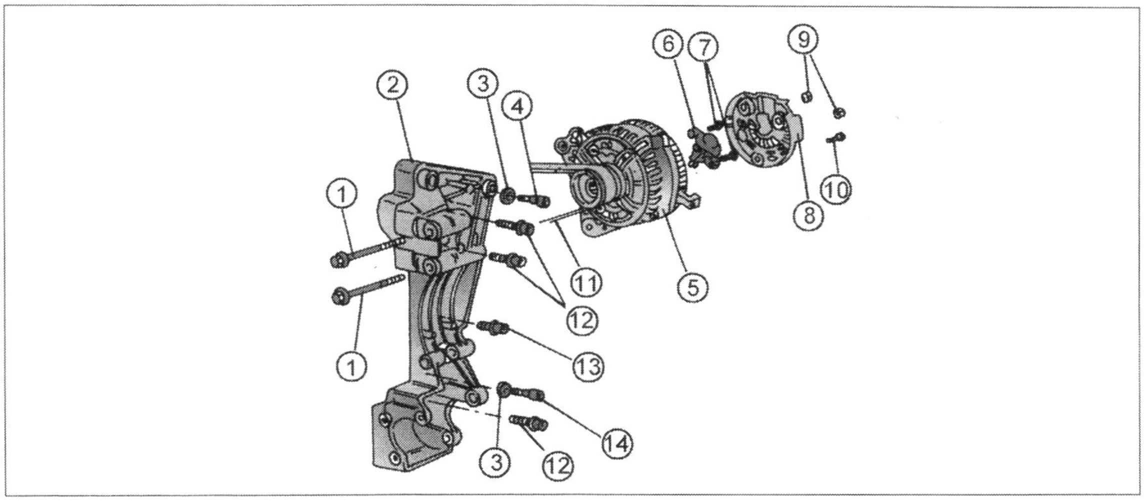

Bild 283
Die Teile der Lichtmaschinenaufhängung beim VR6-Motor.
1 Schraube, M8, 25 Nm
2 Tragkonsole
3 Scheibe
4 Passschraube, M8, 25 Nm
5 Drehstromlichtmaschine
6 Spannungsregler, Ausbau nach Teilen 9, 8 und 7
7 Kreuzkopfschraube
8 Abschlussdeckel
9 Kreuzkopfschrauben
10 Muttern, M8, 15 Nm
11 Keilrippenriemen
12 Kombischraube, M8, 25 Nm
13 Kombischraube, M8, 25 Nm
14 Passschraube, M8, 25 Nm

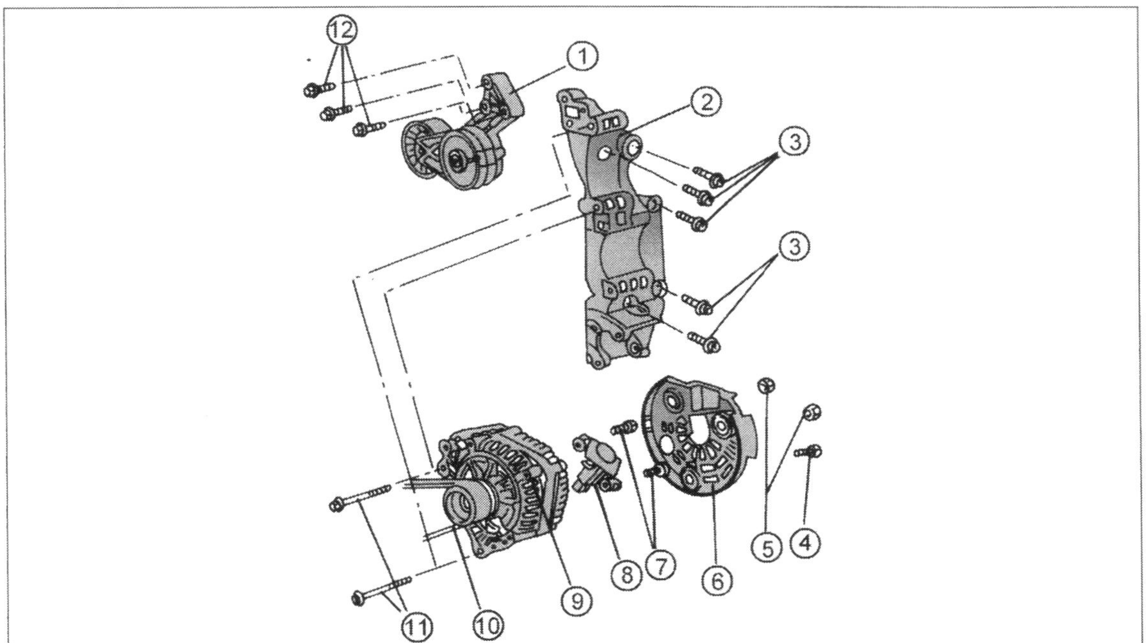

Bild 284
Die Teile der Lichtmaschinenaufhängung beim 1.8-Liter-Motor und Dieselmotor.
1 Spannelement für Rippenriemen
2 Tragkonsole
3 Innensechskantschrauben, M10, 45 Nm
4 Kreuzkopfschraube
5 Mutter, M8, 15 Nm
6 Abschlussdeckel
7 Kreuzkopfschraube
8 Spannungsregler
9 Drehstromlichtmaschine
10 Keilrippenriemen
11 Sechskantschraube, 25 Nm
12 Sechskantschraube, 25 Nm

- Niemals den Spannungsregler in Betrieb bringen, wenn er mit Masse verbunden ist (sofortige Beschädigung von Dioden, usw.).
- Niemals die Lichtmaschine ausbauen, wenn die Batterie nicht vorher aus dem Stromkreis genommen wurde.
- Beim Einbau der Batterie darauf achten, dass die Minusklemme an Masse geschlossen wird.
- Niemals eine Prüflampe verwenden, die direkt an das Hauptstromnetz (110 oder 220 V) angeschlossen ist. Nur eine Prüflampe mit einer Spannungsstärke von 12 V benutzen.
- Falls eine Batterie im eingebauten Zustand mit einem Batterieladegerät aufgeladen wird, müssen die beiden Batteriekabel abgeklemmt werden. Die positive Klemme des Ladegeräts an den positiven Pol der Batterie und die negative Klemme des Geräts an den negativen Pol der Batterie anschließen.
- Falsches Anschließen der Leitungen führt zur Zerstörung der Gleichrichter und des Spannungsreglers.

15.3.2 Eingebaute Drehstromlichtmaschine prüfen

Während normaler Fahrt muss die Ladekontrollleuchte erlöschen. Falls dies nicht der Fall ist, liegt ein Fehler in der Drehstromlichtmaschine oder im Spannungsregler vor. Als Erstes alle Stromverbindungsanschlüsse der Drehstromlichtmaschine prüfen. Kontrollieren, ob der Antriebsriemen einwandfrei auf der Riemenscheibe liegt. Die weiteren Arbeiten sind bei ausgebauter Drehstromlichtmaschine durchzuführen.

15.3.3 Aus- und Einbau der Drehstromlichtmaschine

Der Ausbau der Lichtmaschine ist nicht bei allen eingebauten Motoren gleich. Vor dem Ausbau muss man deshalb wissen, welches Fahrzeug man vor sich hat und danach unter der betreffenden Überschrift nachlesen. Die

Arbeiten sind untenstehend getrennt beschrieben. Da der Ausbau des Antriebsriemens bei verschiedenen Motorengruppen unterschiedlich ist, wird der Riemen getrennt in Kapitel 15.7 beschrieben.
Wie aus Bildern 283 und 284 ersichtlich ist, findet die Aufhängung der Lichtmaschine in unterschiedlicher Weise bei den Vierzylindermotoren (Dieselmotor, 1.8- und 2.0-Liter-Motor) und beim VR6-Motor statt.
Zusätzlich zur folgenden Beschreibung muss man sich deshalb an das betreffende Bild halten.

- Massekabel der Batterie abklemmen und das Kabel gut vom Batteriepol wegdrücken (könnte sonst wieder zurück springen).
- Falls ein Massekabel angeschlossen ist, dieses abschließen.
- Keilrippenriemen ausbauen, wie es nachfolgend für den betreffenden Motor beschrieben ist.
- Von der Rückseite der Drehstromlichtmaschine den Kabelstecker abziehen und die Leitung von der getrennten Klemme abziehen.
- Schrauben der Lichtmaschinenaufhängung lösen, die Lichtmaschine festhalten, die Schrauben herausziehen und die Lichtmaschine abnehmen.
- Der Einbau der Lichtmaschine geschieht in umgekehrter Reihenfolge wie der Ausbau. Den Keilriemen in die Rillen der Riemenscheiben einlegen und den Riemen in die Grundstellung bringen, wie es auf den folgenden Seiten für den betreffenden Motor beschrieben wurde.

15.3.4 Reparatur der Lichtmaschine

Vom Werk wird angegeben, dass man die eingebaute Lichtmaschine nicht mehr repariert, d. h. bei einem Ausfall der Lichtmaschine bezieht man bei Rückgabe des alten Aggregats eine Austausch-Lichtmaschine, welche den gleichen Garantieansprüchen wie eine neue Lichtmaschine unterliegt. In den meisten Fällen wird es jedoch möglich sein, dass man eine defekte Lichtmaschine bei einem Bosch-Dienst oder bei anderen zuständigen Stellen kontrollieren lässt, ehe man eine neue Lichtmaschine einbaut. Diese könnte in der Lage sein das alte Aggregat zu reparieren, falls der Schaden von kleinerem Ausmaß ist.
Die Lichtmaschine kann als wartungsfrei angesehen werden. Nur nach einer sehr hohen Kilometerleistung könnte es vorkommen, dass man die Kohlebürsten eventuell erneuern muss. Von allen anderen Arbeiten an einer Lichtmaschine raten wir Ihnen ab, da das Aggregat vor dem Wiedereinbau auf einem Prüfstand laufen sollte, um Ladewerte, Drehzahl, usw. zu überprüfen.

15.3.5 Schleifkohlen erneuern

- Die Abdeckung an der Rückseite der Lichtmaschine abschrauben. Diese wird durch die drei Schrauben in der Mitte gehalten.
- An der Oberseite der Lichtmaschine den Spannungsregler von der Lichtmaschine abschrauben. Links und rechts je eine Schraube lösen.
- Den Regler erfassen und vorsichtig herausziehen.
- Die aus dem Bürstenträger herausstehenden Schleifkohlen (Bürsten) in der Länge ausmessen. Da neue Schleifkohlen eine Länge von 12 mm haben, kann man am Maß erkennen, wie weit sich die Kohlen abgeschliffen haben. Ein Maß von weniger als 5 mm bedeutet Erneuerung der Bürsten. Neue Schleifkohlen bedeuten eine Erneuerung des gesamten Reglers. Man kann sich jedoch in einer allgemeinen Bosch-Elektro-Werkstatt erkundigen, ob man Ihnen die Kohlen da erneuern kann. Da es Bosch-Teile sind, sollte dies keine Probleme bringen. Die Kohlen sind in den Träger eingelötet.

15.4 Anlasser

Der Anlasser hat einen Einrückmagnetschalter. Je nach Motor sind unterschiedliche Anlasser eingebaut, die auch ab Baujahr 2001 nicht mehr gleich sind. Anlasser im 1.8-Liter-Motor und 2.0-Liter-Motor haben die gleiche Leistung (1,1 kW), Anlasser im V6-Motor und Dieselmotor haben die gleiche Leitung (2,0 kW). Ist eine Getriebeautomatik eingebaut, hat der Anlasser eine größere Leistung. Bei allen Anlassern gilt jedoch: Falls ein Anlasser nicht mehr arbeitet, sollte man einen Austauschanlasser einbauen oder ihn in einer Werkstatt überprüfen lassen. Angaben des Herstellers sehen eine Reparatur des Anlassers nicht vor.

15.4.1 Anlasser prüfen (eingebaut, ohne Prüfstand)

Dreht sich der Anlasser nicht oder zu langsam, sind der Ladezustand der Batterie und die Kabelverbindung Batterie-Anlasser zu prüfen. Bei voll eingeschaltetem Licht ist der Anlasser zu betätigen. Verdunkelt sich das Licht beträchtlich, ist entweder die Batterie entladen oder es liegt sonst ein Batteriedefekt vor. Bleiben die Lampen hell und der Anlasser bewegt sich nicht, ist entweder das Anlasserkabel gebrochen oder der Anlasser defekt. Da der Einrückmagnetschalter vollkommen verkapselt ist und nur als Ganzteil geliefert wird, kann er nur mittels 12-V-Prüflampe auf Durchgang geprüft werden. Eine Prüfspitze an die Klemme für das Anlasserkabel, die andere Prüfspitze an den Anschluss für die Stromverbindungsschiene halten. Jetzt den Anlasser betätigen. Brennt die Prüflampe nicht hell genug, liegt eine Unterbrechung vor und der Einrückmagnetschalter ist auszuwechseln. Bei Störungen braucht die Ursache nicht unbedingt am Anlasser liegen, es kann sich auch um die Batterie, Leitungen, Masseverbindungen oder die Zündanlage handeln. Ein schlecht angeschlossenes Massekabel der Batterie kann manchmal die Ursache für einen schlecht arbeitenden Anlasser sein.

15.4.2 Aus- und Einbau des Anlassers

- Massekabel der Batterie abklemmen (an Radio-Diebstahlcode denken). Falls Sie annehmen, dass die Batterie im Wege ist, kann man sie ausbauen.
- Wagen an der Vorderseite aufbocken und die Geräuschverkapselung (Unterschutzverkleidung) an der Unterseite ausbauen.

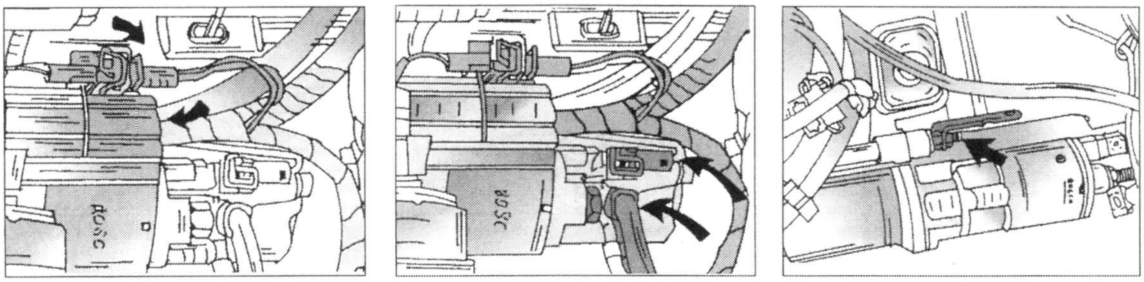

Bild 285

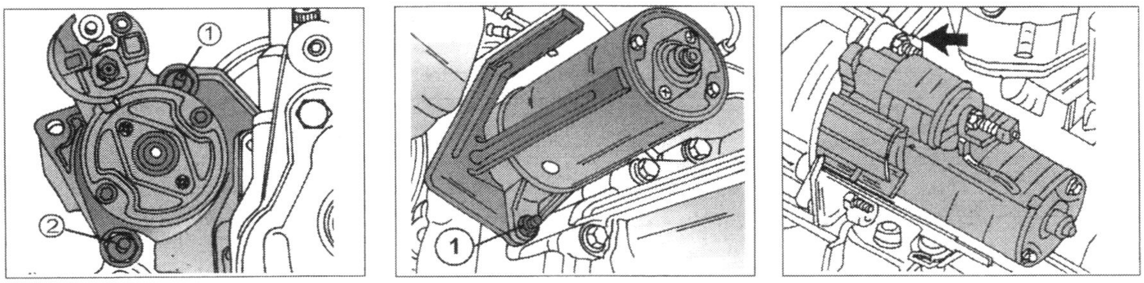

Bild 286

Im Allgemeinen sind die Arbeiten bei den Vierzylindermotoren und beim VR6-Motor fast identisch, jedoch sind die Unterschiede bei eingebauter Getriebeautomatik zu beachten. Beim Ausbau der Bildreihe 285 folgen:

- Ehe die Kabel vom Anlasser abgeklemmt werden, muss man die schwarze Kunststoffkappe und den Steckverbinder vom Einrückmagnetschalter abziehen. Diese Teile sind links gezeigt.
- Einen Steckverbinder (Klemme 50) am Zugmagnetschalter abziehen und eine Mutter von der Anschlussklemme (Klemme 30) abschrauben und die Kabel zur Seite biegen. Diese beiden Anschlüsse sind in der mittleren Ansicht zu sehen. Mutter beim Einbau mit 13 Nm anziehen.
- Die Muttern und die Schrauben der Befestigung lösen. Eine Mutter ist an der in der rechten Ansicht gezeigten Stelle auf eine Stiftschraube geschraubt.
- Den Anlasser herausheben.
- Der Einbau des Anlassers geschieht in umgekehrter Reihenfolge. In diesem Fall der Bildreihe 286 folgen. Bei eingebautem Schaltgetriebe die beiden Schrauben (1) und (2) in der linken Ansicht mit 65 Nm anziehen, die Mutter in der mittleren Ansicht mit 10 Nm anziehen. Auf die richtige Anschlussweise der Kabel achten.
- Bei eingebauter Getriebeautomatik die in der rechten Ansicht gezeigte Mutter auf der Oberseite mit einem Anzugsdrehmoment von 60 Nm anziehen. Das gleiche Anzugsdrehmoment gilt für die Mutter an der Unterseite.
- Nach dem Einbau die Batterie anklemmen und den Radio-Code eingeben. Den Anlasser sofort auf einwandfreie Funktion kontrollieren.

15.4.3 Zerlegung und Zusammenbau des Anlassers

Wie bei der Lichtmaschine ist eine Reparatur des Anlassers in Eigenregie nicht zu empfehlen, da Stromverbrauch, Anlassdrehmoment und Leistungswerte unter Last und ohne Last auf einem Prüfstand zu ermitteln sind, ehe man den Anlasser wieder einbaut. Erfahrungen haben gezeigt, dass die meisten Ausfälle eines Anlassers an den Schleifkohlen liegen. Um auch diese Arbeit fachmännisch durchführen zu lassen, raten wir Ihnen den Anlasser auszubauen und in eine Elektro-Werkstatt zu bringen. Bei dieser Gelegenheit wird man auch feststellen, ob die Störung nur an den Bürsten liegt.

Muss der Anlasser erneuert werden, baut man einen Austausch-Anlasser ein. Durch Eingabe des ursprünglichen Aggregats hat der neue Anlasser die gleiche Garantie wie der Original-Anlasser. Der Einrückmagnetschalter kann jedoch bei ausgebautem Anlasser leicht erneuert werden. Nach Lösen der Kabelverbindung den Schalter vom Anlasser abschrauben und herausziehen.

15.5 Scheibenwischer

15.5.1 Allgemeine Arbeiten

Scheibenwischerarm ausbauen

Wir müssen darauf hinweisen, dass man in der Werkstatt einen Abzieher benutzt, um die Scheibenwischerarme von den Spindeln abzudrücken. Falls man sich diesen oder einen auf dem in Bild 287 (links) gezeigten Prinzip arbeitenden Abzieher besorgen kann, ist der Ausbau eine leichte Angelegenheit.

- Mutter (2) in der mittleren Ansicht um zwei Umdrehungen lösen.
- Den Abzieher (1) wie in der rechten Ansicht gezeigt ansetzen und die Mittelschraube anziehen, bis der Wischerarm von der Spindel herunterkommt. Man kann auch versuchen den Wischerarm (1) in der mittleren Ansicht seitlich hin- und herbewegen, damit er sich vom Konus der Wischerachse löst. Sitzt er fest, auf beiden Seiten Schraubendreher flach ansetzen und Wischerarm auf der Welle lösen. Um den Windgrill nicht zu beschädigen, am besten rechts und links einen großen Lappen unterlegen.
- Die Mutter (2) vollkommen von der Wischerachse abschrauben und abnehmen.
- Den Wischerarm von der Welle abziehen.

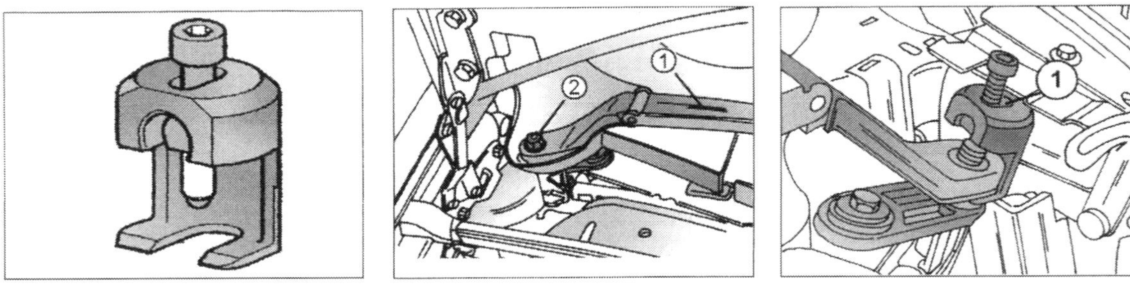

Bild 287

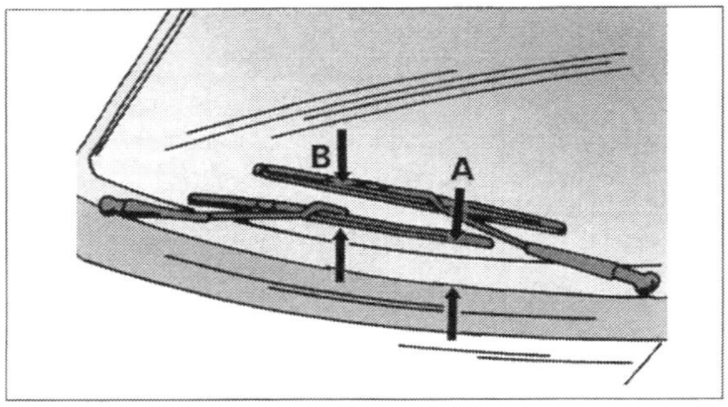

Bild 288
Die richtige Stellung der Scheibenwischerblätter zueinander und zur Kante der Windschutzscheibe.

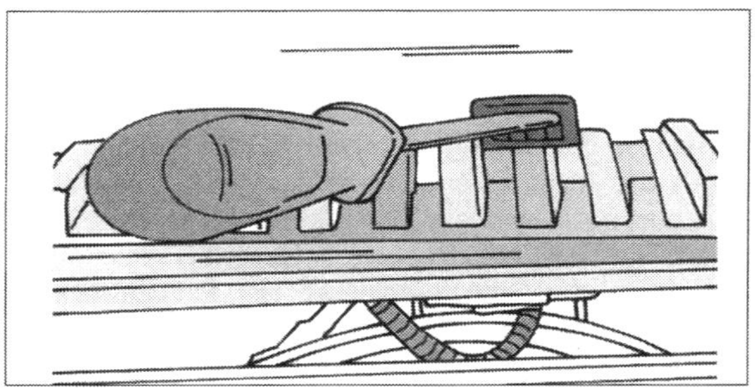

Bild 289
Einstellen der Spritzdüse der Scheibenwaschanlage der Windschutzscheibe.

- Die Wischerarme so montieren, dass sie parallel zur unteren Windschutzscheibendichtung stehen. Genauer gesagt bedeutet dies: Darauf achten, dass die Unterkante des unteren Wischerarms 20 mm von der Kante der Windschutzscheibe wegstehen muss (Maß „A"). Zwischen dem unteren Wischerarm und dem oberen Wischerarm muss ein Abstand von 45 mm vorhanden sein (Maß „B"). Die Maße sind entsprechend Bild 288 herzustellen. Die Mutter mit 20 Nm anziehen.
- Kontrollieren Sie nach der Montage den korrekten Lauf der Wischer.

Wascherdüse einstellen

- Die Düsen sollten für klare Sicht nicht zu tief eingestellt sein. Sonst verschmieren bei höherem Tempo erst die Scheiben, bevor das Wasser die gesamte Fensterfläche bestreicht.
- Die Düsen sind voreingestellt, jedoch können kleine Verstellungen mit einem kleinen Schraubendreher vorgenommen werden, welchen man in der in Bild 289 gezeigten Weise ansetzt. Die Düse kann nach oben oder unten verstellt werden.
- Die Scheibenwaschanlage jetzt betätigen. Aus dem Sprühbild werden Sie leicht feststellen, ob weitere Einstellungen erforderlich sind.

Bei der Scheibenwaschanlage der Heckscheibe ist es etwas einfacher, da der Wasserstrahl in die Mitte der vom Wischerblatt durchfahrenen Fläche auftreffen muss.

Wischergummi wechseln

- Die Wischerarme abklappen.
- Mit einer Zange in der in Bild 290 (links) gezeigten Weise die beiden Stahlstreifen auf der verschlossenen Seite des Gummis zusammendrücken, seitlich aus dem oberen Clip herausschieben und den Gummi komplett mit den Streifen aus dem Wischerblatt herausziehen.
- Den neuen Scheibenwischergummi in die unteren Clips des Wischerblatts einsetzen.
- Beide Stahlstreifen in die erste Rille des Gummis einschieben, sodass die Vertiefungen in den Streifen zum Gummi weisen und in den Gumminasen der Rille einrasten.
- Mit der Zange die beiden Stahlstreifen und den Gummi zusammendrücken und in die oberen Clips einsetzen, sodass die Haken der beiden Clips auf beiden Seiten in den Arretierschlitz des Wischerblattgummis eingreifen. Wo dies stattfindet, kann man in der mittleren Ansicht sehen.

Wascherdüse ausbauen

Da die Wascherdüsen elektrisch vorgeheizt werden, sollte man die Batterie vor Beginn der Arbeiten abklemmen. Zum Ausbau den Schlauch von der Spritzdüse abziehen und, falls erforderlich, den Stecker abziehen. Die beiden Sicherungszungen an der Unterseite zusammendrücken und die Düse einfach herausziehen.
Um an die Düse im Heck zu kommen, müssen Sie zuerst die Verkleidung der Heckklappe ausbauen.

- Den Wischerarm in die Ruhestellung bringen und die Abdeckkappe am Wischerlager zurückklappen.

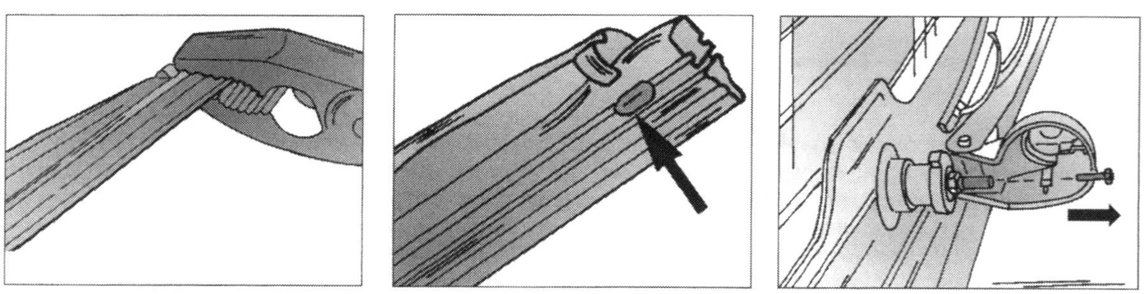

Bild 290

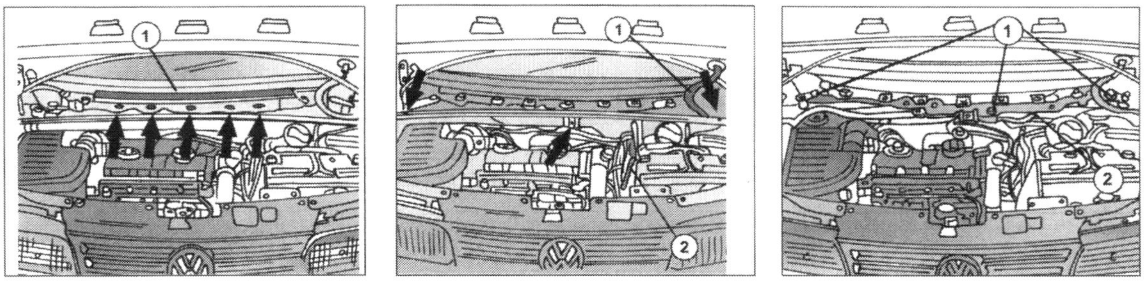

Bild 291

● Unter Bezug auf Bild 290 (rechts) die Spritzdüse mit einer Zange in Pfeilrichtung herausziehen.
● Beim Einbau die Spritzdüse bis zum Anschlag in die Wischerarmwelle hineinschieben. Das Spritzloch muss senkrecht nach oben stehen.

15.5.2 Aus- und Einbau des Scheibenwischermotors mit Gestänge

Auch die Befestigung des Scheibenwischermechanismus wurde innerhalb der Herstellungsjahre der Fahrzeuge abgeändert, d. h. vor Baujahr 2000 hergestellten Fahrzeugen sind in dieser Gegend unterschiedlich konstruiert. Der Ausbau ist nicht einfach.
● Massekabel der Batterie unter Beachtung der Vorsichtsmaßnahmen abschließen.
● Vor Ausbau des Wischerarms den Wischer einschalten und zur Ruhe kommen lassen (wenn er noch funktionsfähig ist.)
● Die Wischerarme abbauen, wie es bereits beschrieben wurde.
● Die Motorhaube öffnen.
● Den Windlaufgrill abbauen. Dieser ist an fünf Stellen mit synthetischen Clips an den in Bild 291 (links) gezeigten Stellen befestigt. Die beiden Teile des Windlaufgrills vorsichtig mit einem geeigneten Schraubendreher nach oben abhebeln. Die synthetischen Clips muss man erneuern, falls sie Schaden erlitten haben.
● Die nächste Arbeit unter Bezug auf die mittlere Ansicht durchführen. Ausgebaut wird die Verkleidung der Luftführung, die an den Pfeilstellen mit 10-mm-Schrauben befestigt ist. Die Verkleidung danach nach vorn abziehen.
● Der Scheibenwischermotor wird zusammen mit dem Scheibenwischergestänge und dem Scheibenwischermotor ausgebaut. Den Kabelstecker (2) vom Scheibenwischermotor abziehen (rechtes Bild) und die 13-mm-Schrauben (1) an den gezeigten Stellen ausschrauben. Den Kabelschacht von der Rückseite von den Wischergestängen lösen, indem man die Sicherungen nach oben biegt, und den Kabelschacht vom Wischerrahmen befreien. Den Scheibenwischerrahmen jetzt als komplettes Teil aus der Öffnung herausnehmen. Alle zum Scheibenwischer gehörenden Teile sind in Bild 292 zu sehen.
Der Einbau findet in umgekehrter Reihenfolge statt.

Hinweis: Die Abdeckung der Batterie muss bei diesen Fahrzeugen entsprechend Bild 293 ausgebaut werden. Die Spritzdüsen der Scheibenwaschanlage sind entsprechend den bereits beschriebenen Anweisungen auszubauen.

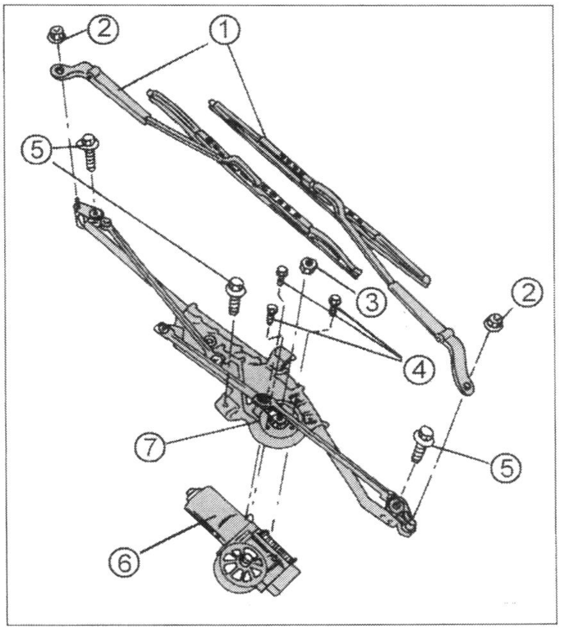

Bild 292
Der Scheibenwischermechanismus.
1 Wischerarm mit Wischerblatt
2 Mutter, S/W 16 mm, 32 Nm
3 Mutter, S/W 13 mm, 22 Nm
4 Schraube, S/W 10 mm, 7 Nm
5 Schraube, Schraube, S/W 13 mm, 10 Nm
6 Scheibenwischermotor
7 Scheibenwischerrahmen mit Gestängen

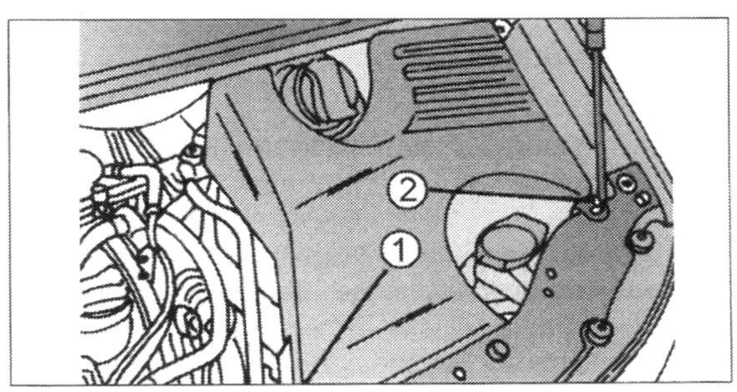

Bild 293
Die beiden Schrauben (1) und (2) entfernen und den Batteriedeckel nach vorn abziehen.

15.5.3 Scheibenwischermotor erneuern

Das Montagebild wird dabei helfen. Um den Scheibenwischermotor zu erneuern, muss man die Wischergestänge an verschiedenen Stellen von den Kugelköpfen abdrücken. Auch hier muss man den gezeigten Abbildungen folgen.
● In Bild 294: Das linke Wischergestänge an der Pfeilstelle in der Mitte abhebeln, das mittlere Gestänge an den Pfeilstellen von den äußeren Kugelköpfen abhebeln.
● In Bild 295: Den Hebel (1) in seiner Montagestellung im Verhältnis zur Platte kennzeichnen, den Hebel in geeigneter Weise gegen Mitdrehen halten und die Mutter (2) mit einem Gabelschlüssel von 13 mm Schlüsselweite entfernen.
● Den Hebel (1) vom Konussitz auf der Welle lösen. Da der Hebel sehr fest sitzen wird, muss man ihn am Ende erfassen und auf- und abbewegen.

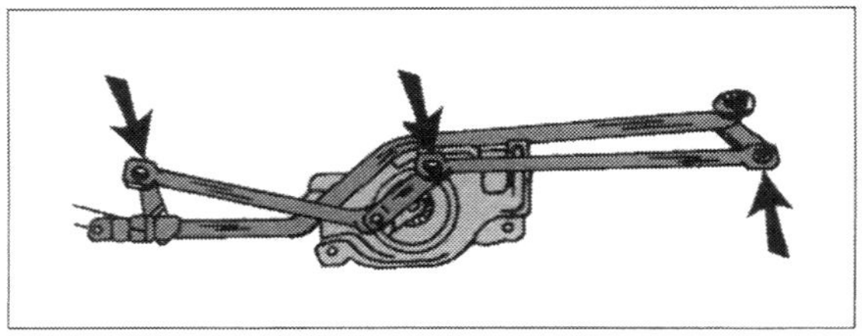

Bild 294
Um die Gestänge vom Scheibenwischermotor und Wischerrahmen zu trennen, muss man sie an den Pfeilstellen mit einem Schraubendreher von den Kugelköpfen abdrücken.

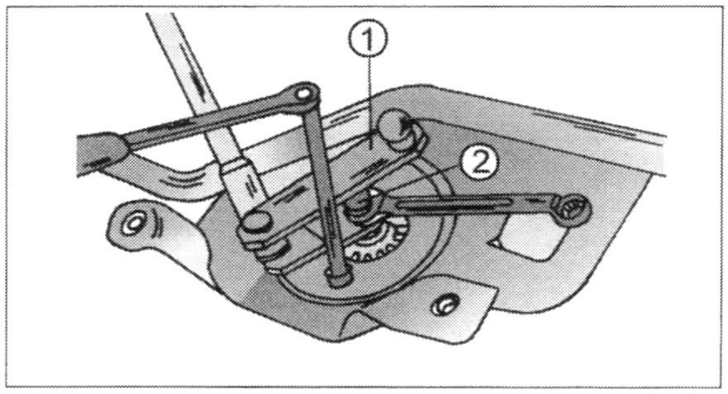

Bild 295
Beim Lösen des Kurbelhebels (1) muss dieser gehalten werden, um die Schraube (2) zu lösen.

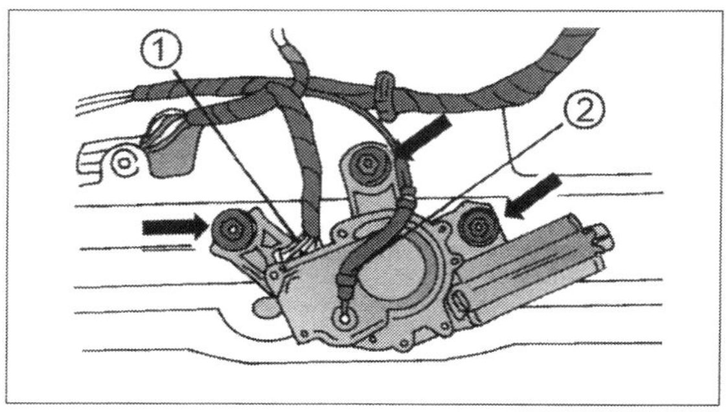

Bild 296
Zum Aus- und Einbau des hinteren Scheibenwischermotors. Auf die Zahlen wird im Text eingegangen.
1 Kabelstecker
2 Schlauch für Waschanlage

- Den Scheibenwischermotor jetzt abschrauben. Ein Gabelschlüssel mit 10 mm Schlüsselweite wird gebraucht.

15.5.4 Motor des Heckscheibenwischers ausbauen

- Abdeckkappe zurückschlagen und die sichtbare Mutter teilweise lösen, ohne sie vollkommen abzuschrauben (Gabelschlüssel, Schlüsselweite 13 mm).
- Massekabel der Batterie abklemmen.
- Den Scheibenwischerarm nach außen schwingen und durch Hin- und Herbewegen vom Konussitz der Spindel lösen.
- Die Mutter vollkommen abschrauben und den Wischerarm herunterziehen.
- Die darunter liegende große Mutter abschrauben, ohne dabei den Lack zu beschädigen (Schlüsselweite 22 mm) und die Abdeckung abnehmen.
- Den Zug der Heckklappe ausbauen. Dazu die Kappen über den Schrauben heraushebeln, die Schrauben herausdrehen und den Türzug abnehmen.
- Die Verkleidung der Heckklappe abschrauben. Diese ist an der Außenkante mit Kreuzschlitzschrauben gehalten. Insgesamt müssen 9 Schrauben gelöst werden, zwei auf jeder Seite und fünf an der Unterkante. Nach Lösen der Schrauben die Verkleidung nach hinten zu herausziehen. Die Abdeckung der beiden Schlussleuchten von der Heckklappenverkleidung abdrücken und je eine jetzt freiliegende Schraube herausdrehen. Die Verkleidung ist unten mit 6 Clips und oben mit 4 Clips gehalten. Verkleidung nach hinten zu abziehen.
- Der Scheibenwischermotor liegt jetzt wie in Bild 296 gezeigt frei. Zuerst den Kabelstecker (1) abziehen und von der Kabelschelle befreien. Danach den Schlauch für die Waschspritzdüsen (2) abziehen.
- Mit einem Gabelschlüssel von 10 mm Schlüsselweite die beiden Sechskantmuttern (Pfeile) abdrehen und den Halter des Wischermotors abnehmen.
- Den Wischermotor nach Lösen der Schrauben vom Halterahmen abnehmen. Wiederum den 10-mm-Schlüssel benutzen.
- Der Einbau des Wischermotors geschieht in umgekehrter Reihenfolge wie der Ausbau. Beim Aufstecken des Wischerarms muss das Wischerblatt mit der Unterkante ca. 15 mm über der Unterkante der Heckscheibe stehen. Den Wischermotor einschalten und kontrollieren, dass er wieder vorschriftsmäßig in die Ruhestellung zurückkehrt.

15.6 Die Beleuchtung

Die wichtigsten Teile eines Scheinwerfers sind Lichtquelle, Reflektor und Streuscheibe. Als Lichtquelle setzen heute alle Autohersteller verschiedene Halogen-Lampen ein, jedoch wurde bei der neuen Generation auch die neue Xenon-Technologie angewandt. Der Reflektor ist als Parabolspiegel ausgeführt, dessen Innenfläche mit einer dünnen Schicht Aluminium präpariert ist. Er reflektiert und bündelt das Licht – bei eingeschaltetem Fernlicht zum Beispiel verstärkt der Reflektor die Lichtstärke der Glühlampe fast um das Tausendfache. Das schwächere Abblendlicht dagegen nutzt nur die obere Hälfte des Reflektors.

Ständige Kontrolle der Beleuchtung
Der Gesetzgeber schreibt vor, dass Sie sich vor Antritt jeder Fahrt vergewissern müssen, ob auch alle Lampen am Auto brennen. So häufig wird wohl kaum jemand die Beleuchtung prüfen, aber einmal in der Woche ist andererseits auch nicht zu viel verlangt. Bei Dunkelheit geht die Kontrolle am einfachsten vor sich. In einer Kolonne reflektieren Vordermänner das Licht beider Abblendscheinwerfer oft durch die Stoßstange oder die Lackierung.

Ersatzglühbirnen sollten mitgeführt werden
Immer sollte ein entsprechend gefüllter Ersatzlampenkasten an Bord sein, damit Sie unterwegs einen Lampendefekt beheben können. Als Ersatzlampen für Ihr Fahrzeug benötigen Sie Halogen-Zweifadenlampen für Fern- und Abblendlicht (55/60 W), Birnen für die Blinkleuchten vorn und hinten (21 W), Rückfahrleuchte (21 W), Nebelschlussleuchte (21 W), Birne für das Standlicht (5 W), die Schluss/Bremsleuchten (21/5 Watt), die Kennzeichenleuchten (5 W), Seitenblinkleuchten (5 W) und andere Birnen, die Sie aber mehr Gründen des Komforts mitführen sollten. Bei neueren Modellen können natürlich die neuen Xenon-Scheinwerfer eingebaut sein.

Die Leuchtweitenregelung
In Deutschland ist für Neuwagen eine Leuchtweitenregelung gesetzlich vorgeschrieben. Sie soll verhindern,

dass der Gegenverkehr bei beladenem Fahrzeug geblendet wird. Die Leuchtweite der Scheinwerfer kann von der Innenseite des Fahrzeuges aus eingestellt werden. Dazu befindet sich an jedem Scheinwerfer ein Schrittmotor, der bei Betätigen des Drehreglers elektrisch durch eine entsprechende Frequenz angesteuert wird. Dieser Motor schwenkt den drehbar gelagerten Reflektor des Scheinwerfers über eine Spindel in die gewünschte Stellung. Die Grundstellung des Scheinwerfers am Schalter ist die Stellung „0" Der maximale Neigungswinkel bei voller Beladung wird in der höchsten Schalterstellung erreicht. Alle 15 000 km oder einmal im Jahr sollten Sie die Funktion der Leuchtweitenregelung überprüfen lassen.

Die neuen Xenon-Scheinwerfer sind außer mit einer Scheinwerferreinigungsanlage ebenfalls mit der Leuchtweitenverstellung versehen, ganz gleich, in welchem Land sie eingebaut sind. Bei diesem System handelt es sich jedoch um ein statisches System, d. h., die Leuchtweite der Scheinwerfer wird beim Einschalten des Fernlichts aufgrund der Fahrzeugbelastung automatisch korrigiert. Dafür sorgen Sensoren an der Vorder- und der Hinterachse, so genannte Hall-Geber sowie Regeleinheiten an den Scheinwerfern (Hauptregler am linken Scheinwerfer, Nebenregler am rechten Scheinwerfer). Die Scheinwerferregelmotoren sind in die Scheinwerfer integriert. Bild 297 zeigt die Teile eines Scheinwerfers.

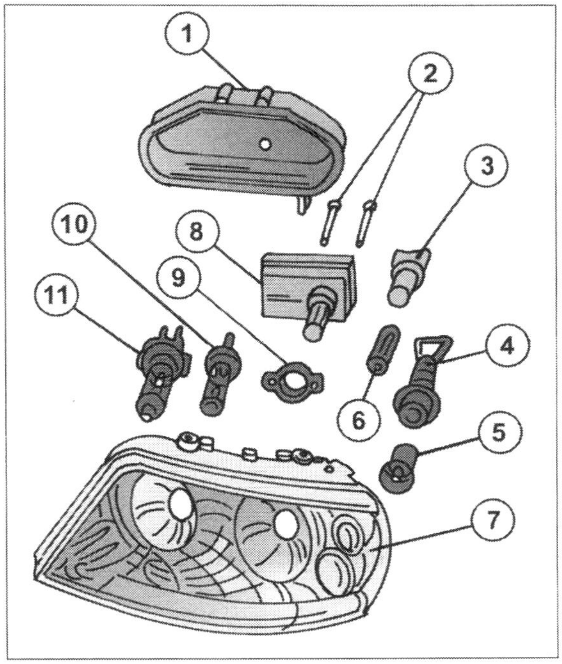

Bild 297
Die Einzelteile eines Scheinwerfers.
1 Abdeckkappe
2 Schrauben, Stellmotor
3 Birnenfassung, Standleuchte
4 Blinkleuchteneinsatz
5 Glühbirne, Blinkleuchte, 21 Watt
6 Glühbirne, Standleuchte, 5 Watt
7 Scheinwerfereinsatz
8 Stellmotor, Leuchtweitenverstellung
9 Befestigungsflansch für 8
10 Glühbirne, Scheinwerferfernlicht, 55 Watt
11 Glühbirne, Scheinwerferabblendlicht, 55 Watt

15.6.1 Aus- und Einbau einer Scheinwerferglühbirne

Birnen werden vom Motorraum aus erneuert. *Die neue Scheinwerferbirne auf keinen Fall mit den bloßen Fingern anfassen.*

Glühbirne für Abblendlicht

- Vom Motorraum aus die Schutzkappe entfernen. Dazu die Federspange in der linken Ansicht von Bild 298 aushaken und die Kappe abnehmen.
- Den Kabelstecker in der mittleren Ansicht von der Rückseite der Scheinwerferbirne abziehen. Die Federspange (1) über die beiden Zungen heben und nach unten hängen lassen.
- Die Scheinwerferbirne herausziehen. Wie bereits erwähnt, die neue Birne nicht mit den bloßen Fingern anfassen. Beim Einbau der Birne müssen die „Nasen" am Birnenring mit den Aussparungen im Reflektor zusammenkommen. Nach dem Auswechseln einer Scheinwerferbirne immer die Einstellung der Scheinwerfer kontrollieren und ggf. einstellen. Wir schlagen vor, dass man die Scheinwerfereinstellung in einer Werkstatt überprüfen lässt.

Glühbirne des Fernlichts

In ähnlicher Weise wie oben beschrieben vorgehen, jedoch den Stecker an der in der rechten Ansicht von Bild 298 gezeigten Stelle abziehen. Aus- und Einbau der Glühbirne wie beim Abblendscheinwerfer.

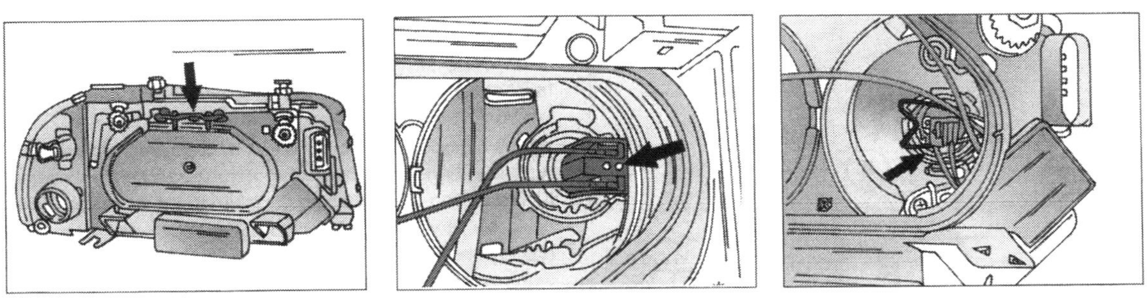

Bild 298

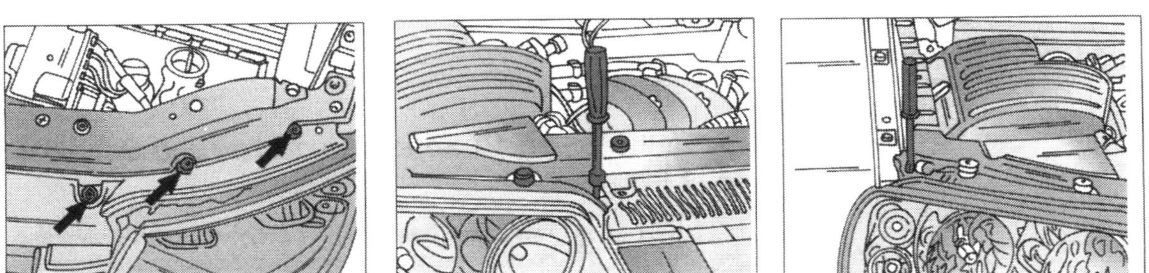

Bild 299

Erneuerung einer Standlichtbirne
Eine Abdeckklappe im Radkasten öffnen, die Fassung der Leuchte ausschrauben und die Glühbirne herausziehen. Der Einbau erfolgt in umgekehrter Reihenfolge. Abdeckklappe wieder schließen.

Scheinwerfer aus- und einbauen
Da Scheinwerfer nach Einbau fachmännisch eingestellt werden müssen, sehen wir von einer detaillierten Beschreibung der Erneuerung der Scheinwerfer ab.
Falls man jedoch die notwendige Erfahrung hat, kann man der Bildreihe 299 folgen. Von links nach rechts sind die Stufen des Ausbaus gezeigt. Die in der Mitte und rechts gezeigten Schrauben nur lockern. Scheinwerfer danach herausziehen und den Mehrfachstecker an der Rückseite abziehen. Der Einbau geschieht in umgekehrter Reihenfolge.

15.7 Rückleuchtengruppe

Die in die Rückleuchtengruppe eingesetzten Glühbirnen für Schlussleuchte, Bremsleuchte und Blinkleuchte sind in Bild 300 gezeigt. Bestimmte Fahrzeuge haben die Schlussleuchten jedoch in der Heckklappe. Falls dies der Fall ist, muss das gesamte Mittelteil ausgebaut werden, um die beiden Schlussleuchten zu erneuern. Die folgende Beschreibung befasst sich nur mit Fahrzeugen mit der Rückleuchtengruppe im Seitenblech.

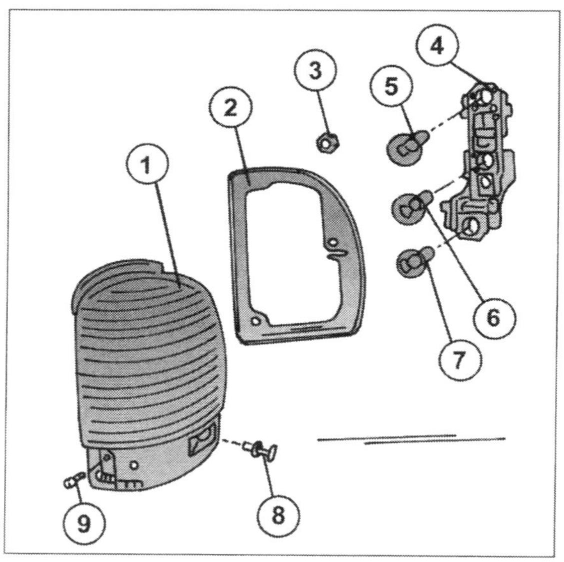

Bild 300
Ansicht der Heckleuchtengruppe im Seitenblech.
1 Leuchtengehäuse
2 Dichtung, bei Beschädigung erneuern
3 M5-Mutter, 3 Stück
4 Birnenfassung
5 Glühbirne, Bremsleuchte, 21 Watt
6 Glühbirne, Blinkleuchte, 21 Watt
7 Glühbirne, Schlussleuchte, 5 Watt
8 Plastikclip
9 Befestigungsschraube

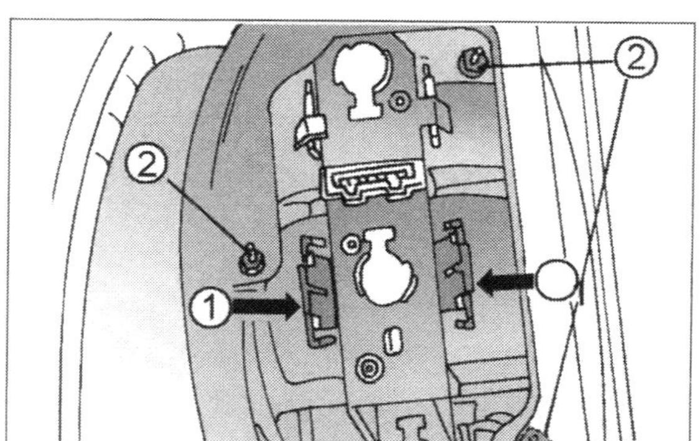

Bild 301
Ansicht der Schlussleuchte.
1 Sicherungszungen
2 Schrauben der Leuchte

Glühbirnen erneuern
- Die Abdeckung über der Rückleuchte im Kofferraum entfernen und die mit den Pfeilen in Bild 301 bezeichneten Sicherungszungen lösen, um die Birnenfassung frei zu machen.
- Birne auswechseln und die neue Glühbirne in umgekehrter Weise einbauen, d. h. einschieben und verdrehen. Dabei das Birnenglas nicht mit bloßen Fingern anfassen (Papiertaschentuch).

Lampengehäuse erneuern
- Falls man das gesamte Lampengehäuse ausbauen will, die drei mit den Pfeilen (2) bezeichneten Muttern in Bild 301 lösen und das Lampengehäuse herausnehmen.

Kennzeichenleuchte
Die Kennzeichenleuchte einfach abschrauben. Nach Abschrauben des Abdeckglases den Stecker abziehen und die Birne auswechseln. Nach Erneuerung der einzelnen Birnen immer die Beleuchtung einschalten und auf Funktion kontrollieren.

15.8 Vordere Blinkleuchtenbirne auswechseln

In der Innenseite des Radkastens wird eine Klappe geöffnet, worauf man eine Schraube der Fassung löst und die Birne auswechselt.

15.9 Instrumente und Geräte

Die meisten Messstellen im Inneren Ihres Fahrzeuges werden durch elektronische Bauteile kontrolliert. Das spart Ihnen jede Menge Arbeit, weil Sie nur noch wenige Anzeigen und Kontrolllämpchen beachten müssen. Die sollten Sie freilich stets im Blick haben und eventuelle Fehlanzeigen in jedem Fall ernst nehmen: Leuchtet während der Fahrt plötzlich eine Kontrollleuchte auf, ist dies grundsätzlich ein Alarmzeichen. Das gilt für die Öldruckleuchte ebenso wie für die Airbag-Kontrolle, die nur beim Einschalten der Zündung für etwa vier Sekunden aufleuchten darf. Dann ist das System in Ordnung – brennt oder blinkt sie dagegen während der Fahrt oder erlischt sie nicht, liegt ein Defekt im Airbag-System vor. In diesem Fall sollten Sie den Airbag umgehend in der Werkstatt überprüfen lassen.

15.10 Sensoren, Kabel und Schalter

Allerdings arbeiten die Kontrollsysteme selbst nicht immer ohne Störungen. Manchmal sind Sensoren oder Kabel beschädigt, bisweilen sorgt ein kaputter Schalter für eine

Fehlinformation. Wenn Sie zum Beispiel feststellen, dass mehrere Anzeigeninstrumente nicht richtig anzeigen, liegt das häufig am Regler der Lichtmaschine, der bei einem Defekt die Werte für die Bordspannung zu hoch oder zu niedrig einstellt. Bevor Sie losfahren, sollten Sie stets einen Blick auf das Armaturenbrett werfen (die Anzeigen hängen ab von der jeweiligen Ausstattung Ihres Fahrzeugs).

- Wenn Sie die Zündung einschalten, müssen Ladekontrolle und Öldruckwarnleuchte aufleuchten. Auch die Warnleuchten für Kühlflüssigkeitstemperatur (falls vorhanden), Airbagsystem und Handbremse (bei angezogenem Hebel) müssen jetzt leuchten.
- Wenn Ihr Fahrzeug entsprechend ausgestattet ist, müssen auch die Kontrollleuchten für folgende Systeme brennen: Benzineinspritzung, Vorglühkontrolle (beim Diesel), ABS und Getriebeautomatik.
- Der Zeiger der Tankuhr sollte langsam über die Skala auf Position wandern.
- Betätigen Sie die Schalter für Warnblinker, heizbare Front- und Heckscheibe, Nebelscheinwerfer und -Nebelschlussleuchte(n) – brennen jeweils die Kontrollleuchten?
- Brennen bei eingeschaltetem Licht die Leuchten für Instrumente und Schalter sowie für Abblendlicht und Fernlicht?
- Betätigen Sie den linken Kombihebel – leuchten die grüne Blinkerkontrolle und die Fernlichtkontrolle?
- Starten Sie den Motor. Die Lade- und Öldruckkontrollleuchte muss verlöschen.
- Prüfen Sie während der Fahrt die Funktion von Tachometer, Kühlmitteltemperaturanzeige und Drehzahlmesser.

15.11 Armaturenbrett und Instrumente

Instrumente zeigen nicht an

Öldruck-Kontrolle leuchtet nicht (nach dem Start). Zündung einschalten, Kabel am Öldruckschalter abziehen und an blankes Metall halten. Brennt das Warnlicht jetzt, ist der Öldruckschalter defekt und muss ausgetauscht werden. Leuchtet die Kontrolle nicht, ist entweder die Zuleitung, die Leiterfolie des Kombiinstruments oder die Warnlampe defekt.

Keine Tankanzeige. Entweder ist das Anzeigeinstrument oder der Tankgeber defekt. Eventuell ist auch die Stromzufuhr unterbrochen. Im elektrischen Teil der Kraftstoff-Vorratsanzeige ist nur eine eingeschränkte Fehlersuche möglich.

Keine Anzeige der Kühlmitteltemperatur. Schuld könnte der Geber für die Temperaturanzeige im Motor haben. Zur Kontrolle das Kabel vom Temperaturgeber abziehen, einen Helfer in den Fahrersitz setzen und das Kabel ganz kurz mit Masse verbinden. Der Helfer kontrolliert, ob die Anzeigenadel ins rote Feld wandert. In diesem Fall ist der Geber defekt. Andernfalls das Fernthermometer kontrollieren lassen (Werkstattarbeit).

Zum Ausbau des Armaturenbretts

Der Ausbau des Armaturenbretts ist eine sehr umfangreiche Arbeit, die wir nicht als empfehlenswert betrachten und man unter keinen Umständen selbst versuchen sollte. Falls irgendeine Anzeige im Armaturenbrett nicht arbeiten sollte, kann man zunächst in der Werkstatt vorfahren, um sich zu erkundigen, welche Arbeiten anfallen, um einen bestimmten Defekt beheben zu lassen. Manchmal sind es jedoch nur lose gewordene Kabel, die die Störung hervorgerufen haben.

15.12 Die Sicherungen

Die Sicherungen in den verschiedenen Fahrzeugen sind natürlich aufgrund der etwas unterschiedlichen Bauweise nicht bei allen Modellen gleich. In Ihrer Betriebsanleitung werden Sie jedoch die Bestückung der Sicherungen für das für Sie in Frage kommende Modell finden, sodass Sie schneller den durch eine bestimmte Sicherung geschützten Stromkreis feststellen können.

- Soll eine Stecksicherung ausgewechselt werden, können Sie sich dazu der kleinen Kunststoffzange bedienen, die am Deckel des Sicherungskastens (an der linken Stirnseite des Armaturenbretts) befestigt ist.
- Brennt die neue Sicherung sofort wieder durch, klären, ob eine zu schwache Sicherung eingesetzt wurde (siehe Sicherungstabelle).
- War das nicht der Fall, anhand der Sicherungstabelle die angeschlossenen Verbraucher ermitteln und einzeln prüfen. Dabei hilft auch der zuständige Stromlaufplan.
- Im Zweifelsfall alle Verbraucher ausstecken und nacheinander wieder anschließen. Der Verbraucher, bei dem die Sicherung durchbrennt, war defekt. Sicherungen sind farbig gezeichnet, um die Stärke anzugeben: grün - 30 A, weiß - 25 A, gelb - 20 A, blau - 15 A, rot - 10 A.

15.13 Die Schaltpläne

Die Schaltpläne in diesem Ratgeber gelten für die elektrische Anlage der am meisten verbreiteten Motor- und Ausstattungsvarianten des Fahrzeuges. Schaltpläne für einige der elektrischen Abschnitte konnten wegen der Vielzahl teilweise nicht berücksichtigt werden. Die Modellpflege bringt auch bei der Elektrik immer wieder kleine Änderungen bei den Schaltungen mit sich. Daher sind in diesen Schaltplänen auch Abweichungen zu Ihrem bestimmten Modell möglich. Auch können wir nicht auf jeden einzelnen Motor in allen Einzelheiten eingehen.

15.14 Antriebsriemen der Lichtmaschine (und anderer Aggregate)

Keilriemenzustand kontrollieren

Für jeden Motortyp gibt es einen speziellen Keilriemen oder einen so genannten Keilrippenriemen. Dieser Keilrippenriemen (Poly-V-Keilriemen) ist an der Laufseite mit mehreren V-förmigen Rippen versehen, die in die Laufrillen der einzelnen Riemenscheiben greifen und so den Riemenschlupf verhindern. Wenn Ihr Fahrzeug mit Klimaanlage ausgestattet ist, braucht er andere Keilriemen als ein Fahrzeug, das ohne diese Option auskommt. Stellen Sie für alle Fälle einmal fest, welchen Riemen Ihr Fahrzeug benötigt.

Die Riemenspannung braucht man nicht in regelmäßigen Zeitabständen kontrollieren, da der Riemen aller in der Anleitung behandelten Fahrzeuge automatisch nachgespannt wird. Obwohl dies nicht bei allen Motoren gleich geschieht, führt das Prinzip sinngemäß zum gleichen Ziel.

Einer Kontrolle des Riemens steht jedoch nichts im Wege. Prüfen Sie den Riemen bei einer Routine-Wartung auf die folgenden Schäden:

- Unregelmäßige Schleifspuren an den Riemenflanken.
- Poröse oder fransige Oberfläche.
- Risse im Riemen.
- Kontrollieren Sie die Oberfläche des Riemens ca. alle 15 000 km.

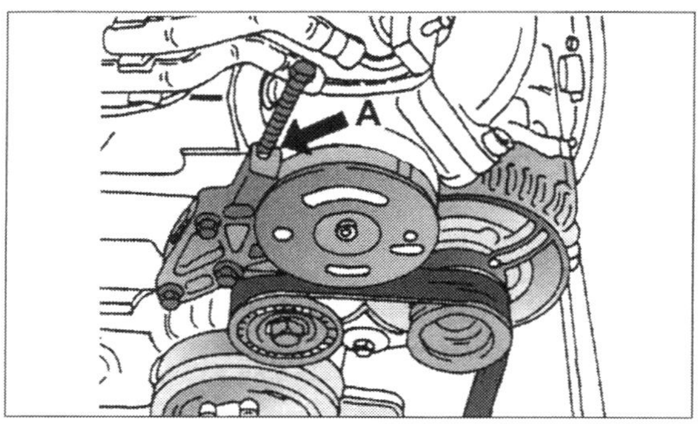

Bild 302
VR6-Motor. Eine M8-Schraube in die Gewindebohrung (A) des Riemenspanners einschrauben, um die Spannung des Rippenriemens zu entlasten.

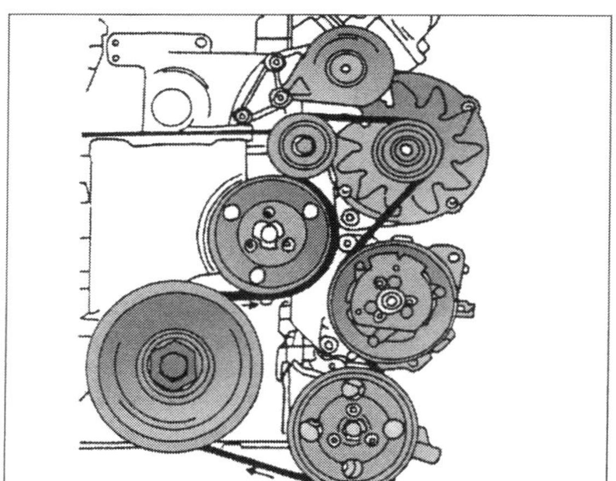

Bild 303
Die Verlegung des Antriebsriemens beim VR6-Motor.

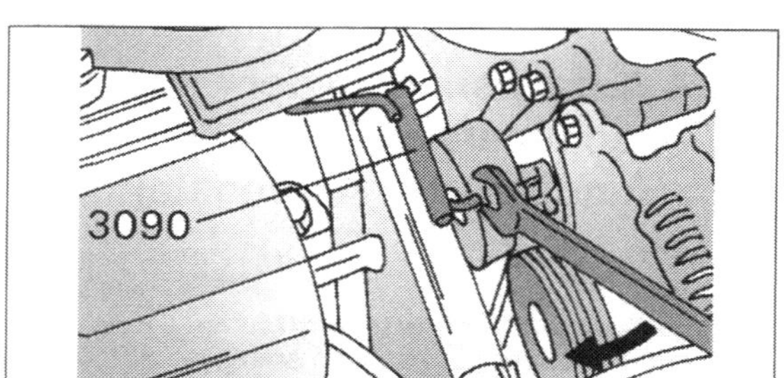

Bild 304
Obwohl im Bild der Spezialdorn von Volkswagen gezeigt ist, kann man zum Blockieren des Riemenspanners einen Stift von 4,5 mm Durchmesser und 55 mm Länge an der gezeigten Stelle einschieben.

- Drehen Sie den Motor einige Male ganz durch. Nur so können Sie wirklich alle Flächen des Keilriemens sehen. Oft hat der Riemen nur einen einzigen, aber tiefen Riss, der bei der Kontrolle möglicherweise genau auf der Riemenscheibe liegt.
- Einen schadhaften Keilriemen umgehend austauschen.

15.14.1 Keilrippenriemen ersetzen

Erneuerung des Antriebsriemens – VR6-Motor

Beim Antriebsriemen handelt es sich um einen einteiligen Riemen für alle Aggregate, die von der Riemenscheibe der Kurbelwelle, oder besser gesagt dem Schwingungsdämpfer, angetrieben werden. Der Riemen ist mit Rippen versehen, hat also eine flache Auflagefläche. Er ist mit einer eigenen Spannvorrichtung versehen, welche den Riemen jederzeit auf der richtigen Spannung hält. Die Spannvorrichtung muss entlastet werden, wenn man die Antriebsriemen ausbauen will. Dazu wird eine M8-Schraube wie in Bild 302 gezeigt in die mit (A) bezeichnete Bohrung eingedreht. Die Spannvorrichtung wird dadurch vom Riemen zurückgedrückt und der Riemen wird locker, um ihn abzunehmen. Die folgenden Vorbereitungsarbeiten sind jedoch durchzuführen:

- Das Oberteil des Luftfilters zusammen mit dem Luftmassenmesser ausbauen.

Der Antriebsriemen ist in der in Bild 303 gezeigten Weise um die Aggregate an der Vorderseite des Motors verlegt. Beim Auflegen den Riemen in der Mitte aller Laufrollen auflegen und die Schraube in Bild 302 langsam herausdrehen. Die Spannvorrichtung legt sich dabei gegen den Riemen an und stellt die vorschriftsmäßige Spannung her.

Nach Einbau des Riemens den Motor anlassen und eine Weile laufen lassen. Kontrollieren, dass der Riemen einwandfrei antreibt.

Bei eingebauter Klimaanlage ist ein Doppelkeilrippenriemen eingebaut, um den Kompressor anzutreiben.

Erneuerung des Antriebsriemens – Alle Vierzylindermotoren

Die Riemenverlegung wurde in Bild 64 gezeigt und gilt für beide Motoren.

Beim Ausbau des Keilrippenriemens folgendermaßen vorgehen:

- Die Laufrichtung des Riemens an der Außenseite mit einem Filzstift anzeichnen. Auflegen eines gebrauchten Riemens in falscher Drehrichtung zerstört den Riemen bald. Beim Einbau auch darauf achten, dass die Rillen gut mit den Riemenscheibenrillen in Eingriff kommen.
- Einen Gabelschlüssel in der bereits in Bild 64 (links) gezeigten Weise ansetzen, den Schlüssel in die gezeigte Richtung drehen, bis der Riemen locker ist und ihn abnehmen. Um den Riemenspanner einstweilen in der entsperrten Stellung zu arretieren, kann man sich an Bild 304 halten.
- Beim Einbau den Riemenspanner wieder in der in 64 gezeigten Weise bewegen und den Riemen auflegen. Alle getriebenen Aggregate müssen fest angeschraubt sein. Darauf achten, dass die Rippen des Riemens einwandfrei eingreifen. Den Riemenspanner zurücklassen. Dabei überwachen, dass die Rillen gut eingreifen.

16 Auspuffanlage und Abgasentgiftung

Alle in dieser Ausgabe behandelten Modelle sind ab Werk mit einer mehrteiligen Auspuffanlage ausgestattet. Das Ersatzteillager Ihrer Werkstatt und auch Auspuffzentren haben die verschieden Teile im Ersatzteillager. Das hat den Vorteil, dass Sie bei einer Reparatur auch einzelne Abschnitte der Auspuffanlage erneuern können.
Damit Sie sich mit den einzelnen Anlagen auseinandersetzen können, wollen wir die verschiedenen Anlagen in groben Zügen etwas näher beschreiben.
Die Auspuffanlage besteht aus dem Auspuffkrümmer, dem vorderen Auspuffrohr mit dem Katalysator, einem mittleren Schalldämpfer und einem Nachschalldämpfer. Je nach Modellausführung besteht die Anlage aus drei oder vier Abschnitten. Die Anlage ist an der Vorderseite am Auspuffkrümmer bzw. am Abgasturbolader verschraubt und in der Mitte und am hinteren Ende mit Gummischlaufen aufgehängt.
Die Benzinmotoren sind alle mit einem geregelten Dreiwege-Katalysator ausgerüstet. Im Auspuffsystem des Dieselmotors ist ein so genannter Oxidationskatalysator (entspricht ungeregeltem Kat) eingebaut. Obwohl die Anlage bei eingebautem Dieselmotor verglichen mit den Benzinmotoren unterschiedlich ist, gelten im Allgemeinen alle für die Benzinmotoren gegebenen Anweisungen.
Zur Auspuffanlage gehören jedoch ebenfalls der Abgasturbolader, der Ladeluftkühler und das Abgasrückführungssystem, ebenfalls als AGR-System bezeichnet, sowie das Sekundärlufteinblassystem beim VR6-Motor und beim 1.8-Liter-Motor.
Wie sich die Auspuffanlage der eingebauten Motoren zusammensetzt, zeigen Ihnen die dazugehörigen Abbildungen bei einigen der behandelten Fahrzeuge. Die Bilder zeigen den vorderen, den mittleren und den hinteren Abschnitt der Auspuffanlage.

16.1 Bei eingebautem VR6-Motor

16.1.1 Sekundärlufteinblassystem

Das System bläst Luft hinter die Auslassventile ein, wenn das Kühlmittel des Motors eine Temperatur zwischen 15° und 35°C hat. Dadurch wird ein mit Sauerstoff angereichertes Abgas hergestellt, welches die Nachverbrennung fördert und die Erwärmung des Katalysators während der Warmlaufphase verringert.
Die Aktivierung des Systems erfolgt durch das Motronic-Steuergerät, über das Sekundärpumpenrelais zum Sekundäreinblasventil und ein Kombiventil.
Nach jedem nachfolgenden Motorstart und bis zu einer Motortemperatur von 85°C schaltet das Sekundärluftsystem nach einer Verzögerung von 20 Sekunden 5 Sekunden lang während dem Leerlauf ein und wird durch das Fehleraufzeichnungssystem überwacht.
Bild 305 zeigt die zum System gehörenden Teile. Die folgenden Erläuterungen werden beim Aus- und Einbau bestimmter Teile helfen. Da der Aus- und Einbau einiger Teile etwas schwieriger ist, werden diese Arbeiten getrennt behandelt.

In der untenstehenden Beschreibung sind bestimmte Teile mit einem Sternchen (*) oder zwei Sternchen (**) gezeichnet. Ein Sternchen bedeutet, dass das Teil von der Selbstdiagnose überwacht wird. Zwei Sternchen bedeuten, dass das Teil in der „Endregeldiagnose" überwacht wird. Falls sich ein Defekt entwickelt hat, wird dieser im Fehlerspeicher aufgespeichert. Durch Abrufen des Fehlerspeichers (Werkstattarbeit), kann die Störung leicht festgestellt und behoben werden.
Bei den einzelnen Positionen gelten noch die folgenden Hinweise:

- In das Oberteil des Ansaugkrümmers (1) wird die Sekundärluft eingespritzt.
- Das Unterdruckstellelement (2) reguliert das Umschaltventil des Ansaugkrümmers.
- Die Verbindung (3) ist mit dem Ansaugkrümmer verbunden, die Verbindung (4) mit dem Kraftstoffdruckregler.
- Der O-Dichtring (5) muss nur erneuert werden, falls er beim Ausbau beschädigt wurde. Das Gleiche trifft für die Dichtringe (12) und (30) zu.
- Das oben genannte Kombiventil (6) hat das gezeigte Aussehen. Es wird mit einer Dichtung (7) abgedichtet (immer erneuern).
- Der Luftkanal (8) ist mit einer Dichtung versehen. Das Anschlussstück (10) für das Kombiventil und einen Kühlmittelschlauch wird mit den Schrauben (9) befestigt. 10 Nm.
- Die Schrauben (11) werden mit 5 Nm angezogen. Halten das Anschlussstück (14). Auf der anderen Seite ist hier der Druckschlauch (13) angeschlossen. Zum Lösen die Vorderseite zusammendrücken.
- Die Schrauben (16) dienen zur Befestigung des Halters (34) für den Motor der Sekundärluftpumpe. Halter ist am Zylinderblock und der Ölwanne montiert. Schrauben mit 10 Nm anziehen.
- Der Zweifachkabelstecker (17) ist auf dem Motor der Sekundärluftpumpe aufgesteckt.

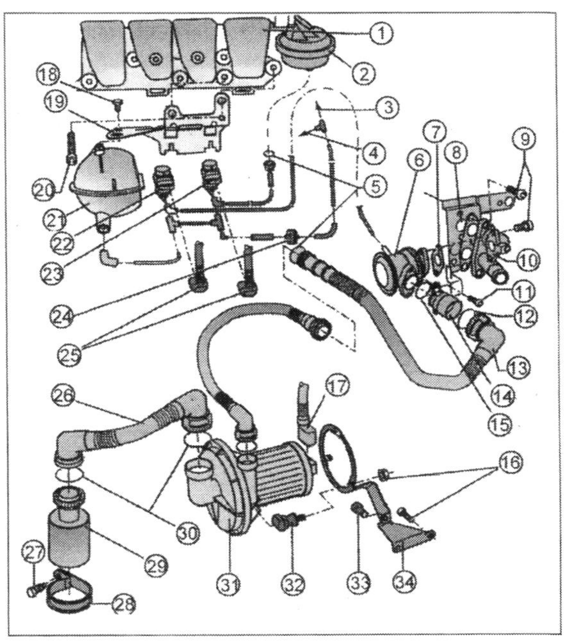

Bild 305
Die zum Sekundärlufteinblassystem gehörenden Teile. Hinweise zu den einzelnen Positionen sind im Text unter der betreffenden Position angeführt.

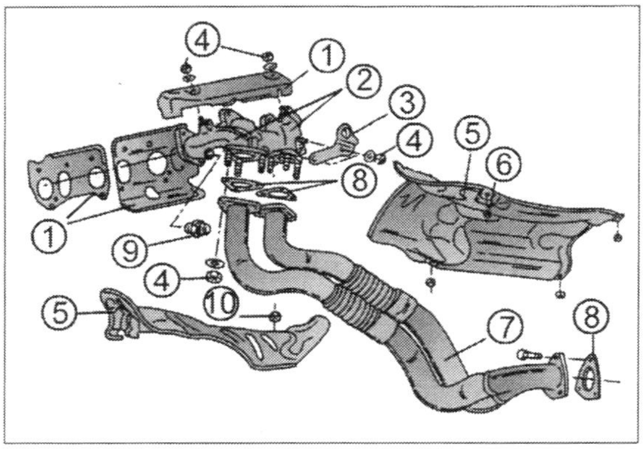

Bild 306
Die Teile des vorderen Abschnitts der Auspuffanlage zusammen mit dem Auspuffkrümmer bei einem VR6-Motor. Das Wärmeschutzblech hat jedoch eine unterschiedliche Form.

1 Wärmeschutzblech
2 Zweiteiliger Krümmer
3 Hebeöse
4 Mutter, 40 Nm
5 Wärmeschutzblech
6 Blechmutter
7 Vorderes Auspuffrohr
8 Dichtung, erneuern
9 Anschluss für EGR-System, 35 Nm
10 Mutter, 10 Nm

- Die Schrauben (18) mit 5 Nm anziehen. Halten den Haltebügel (19) für den Unterdruckbehälter, welcher das Umschaltventil des Ansaugkrümmers und das Einlassventil der Sekundärluftanlage beliefert. Die Schrauben (20) mit 13 Nm anziehen.
- Der Unterdruckbehälter (21) ist in den Halter (19) eingeclipst und wird mit einer Schraube gehalten.
- Das Einlassventil der Sekundärluft (22) */**. Elektrische Bezeichnung N112). Wird vom Motorsteuergerät aus reguliert.
- Das Umschaltventil für den Ansaugkrümmer (23) */**. Elektrische Bezeichnung N156). Wird vom Motorsteuergerät aus reguliert.
- Ein Rückschlagventil (24) kann falsch herum eingebaut werden. Mit der weißen Seite zum Lufteinlassventil weisend einbauen.
- Die beiden Anschlussstecker (25) haben zwei Steckzungen. Falls beide abgezogen werden, darf man sie beim Aufstecken nicht verwechseln.
- Den Luftansaugschlauch (26) zum Ausbau an der Vorderseite zusammendrücken. Muss nach Einbau luftdicht abschließen.
- Die Klemmschraube (27) hält die Klemmschelle (28) zur Befestigung des Luftfilters (29) für die Sekundärluft. Kann gereinigt werden.
- Der Motor für die Sekundärluftpumpe (31), Bezeichnung V101). Kann man in einer Werkstatt kontrollieren lassen. Wird mit Gummibüchsen (32) und den Schrauben (33) sowie dem Halter (34) gehalten.

16.1.2 Aus- und Einbau des Auspuffkrümmers

Der Auspuffkrümmer ist aus zwei Teilen zusammengesetzt. Zwei getrennte Dichtungen werden für den Krümmer benutzt. In den Krümmer ist der Anschluss für die EGR-Anlage eingeschraubt.

Der Krümmer kann nach Abschrauben des Wärmeschutzbleches und Trennen der Verbindung der beiden Auspuffrohre zum Krümmer ausgebaut werden. Beim Einbau die folgenden Punkte beachten:

- Die Krümmerdichtungen immer erneuern. Beim Auflegen der neuen Dichtungen auf die Einbauweise achten, da man sie richtig herum auflegen muss.
- Die Befestigungsmuttern des Krümmers sind selbstsichernd und müssen aus diesem Grund erneuert werden. Mit 40 Nm anziehen.
- Die beiden Dichtungen zwischen den Auspuffrohren und den Krümmerhälften immer erneuern. Die Muttern der beiden Auspuffflansche sind selbstsichernd und müssen immer erneuert werden. Die Muttern mit einem Anzugsdrehmoment von 40 Nm anziehen.

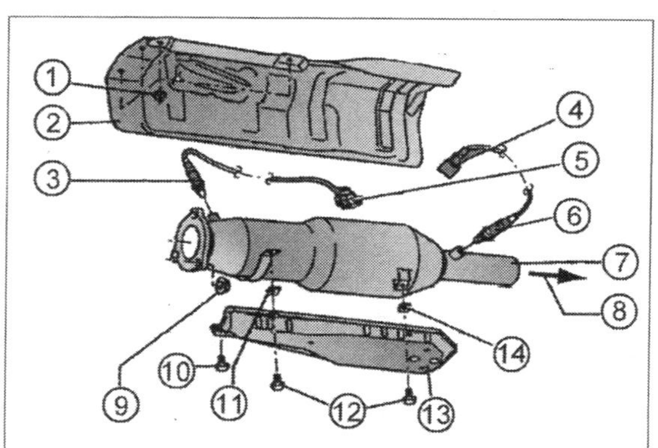

Bild 307
Die Teile des mittleren Abschnitts der Auspuffanlage bei einem VR6-Motor.

1 Blechmutter
2 Wärmeschutzschild
3 Lambda-Sonde 1, vor dem Katalysator (G39), 50 Nm
4 Steckverbinder für Lambda-Sonde 2 hinter Katalysator
5 Steckverbinder für Lambda-Sonde 1 vor dem Katalysator
6 Lambda-Sonde 2, nach dem Katalysator (G130), 50 Nm
7 Katalysator
8 Anschluss zum vorderen Schalldämpfer
9 Mutter, 20 Nm, immer erneuern
10 Mutter, 8 Nm
11 Sicherungsclips
12 Schrauben, 8 Nm
13 Wärmeschutzschild für Katalysator
14 Sicherungsclip

16.1.3 Aus- und Einbau der Auspuffanlage

Bild 306 zeigt den vorderen Abschnitt der Abgasanlage. Bei diesem Motor befindet sich eine Lambda-Sonde im Katalysator und eine zweite im Rohr nach dem Katalysator. Bilder 307 und 308 zeigen den vorderen, den mittleren und den hinteren Abschnitt der Auspuffanlage. Gelegentlich sollte man die Auspuffanlage einmal überprüfen, um bald auftretenden Schäden vorzubeugen:

- Verschraubungen am Auspuffkrümmer und an den Halterungen auf festen Sitz kontrollieren, aber nicht mit Gewalt anziehen, falls man lose Befestigungen feststellen kann.
- Gummilager auf Brüchigkeit, Einrisse oder sonstige Schäden überprüfen und ggf. ersetzen.
- Mit einem Lappen in der Hand bei laufendem Motor das Ende des Auspuffrohres zu halten. Falls der Motor nach kurzer Zeit stehen bleibt, kann man annehmen, dass das Abgas nicht abströmen kann, d. h. der Auspuff ist dicht. Kann man zischende Geräusche hören, ist die Anlage an der Geräuschstelle undicht.
- Tönt der Auspuff ziemlich dumpf, wird es nicht lange dauern, bis man den betreffenden Auspufftopf erneuern muss.
- Der Katalysator ist nach den vorderen Auspuffrohren in die Auspuffanlage eingesetzt. Er sieht wie ein „angeschwollener" Schalldämpfer aus und besteht meistens aus feinen Metall- oder Keramikwaben, welche mit Platin oder ähnlichen Metallen überzogen sind, über welche die Abgase strömen. Das Platin leitet eine chemische Reaktion ein, bei welcher die schädlichen Abgase in harmlose Gase umgewandelt werden. Die in den Katalysator eingesetzte Lambda-Sonde ist in der Lage, jederzeit die Menge der schadhaften CO-Anteile im Abgas zu messen und teilt dies entsprechend dem Steuergerät für die Zündung und die Einspritzanlage mit, um die notwendigen Korrekturen durch die elektronischen Bauteile vorzunehmen, d. h. das Kraftstoff-Luft-Gemisch wird entsprechend verändert. Ebenfalls zur Regelung gehört die im Rohr nach dem Katalysator sitzende zweite Lambda-Sonde.

Der Aus- und Einbau bringt keinerlei Schwierigkeiten mit sich. Die folgenden Punkte sind besonders zu beachten:

- Die Verbindung der Auspuffkrümmerbefestigung lösen, wie es in Kapitel 16.1.1 beschrieben wurde.
- Das Wärmeschutzblech mit den Klemmscheiben befestigen.
- Bereits schlecht aussehende Gummiaufhängungen nicht wieder verwenden.
- Die Dichtung zwischen dem vorderen Doppelrohr und dem Katalysator immer erneuern, falls die Verbindung gelöst wurde.
- Die Rohre gut zusammenschieben, ehe die Klemmschellen festgezogen werden. Die Muttern mit dem im Bild angegebenen Drehmoment anziehen.
- Beim Einschrauben der Lambda-Sonde(n), falls diese ausgeschraubt wurde, die Gewinde der Sonde mit „G5"-Fett einschmieren. Dieses müssen Sie sich bei Ihrer Werkstatt besorgen. Darauf achten, dass kein Fett in das geschlitzte Teil des Sondenkörpers kommen kann, da andernfalls die Sonde nicht einwandfrei arbeitet.

Beim Erneuern von Teilen der Auspuffanlage muss besonders auf die Abstände (a) und (b) in Bild 308 geachtet werden. Sie bedeuten:

- An Stelle (9) muss ein Abstand von mindestens 5 mm zwischen den beiden Aufhängungsbohrungen eingehalten werden. Dies gilt am vorderen Schalldämpfer sowie am Nachschalldämpfer (Stellen „A").
- Die Verbindungsstelle (b) muss mindestens 50 mm betragen, d. h. die Auspuffschelle (2) ist entsprechend auf der Rohranschlussstelle zu verschieben, ehe sie festgezogen wird. Immer eine neue Mutter verwenden (40 Nm).

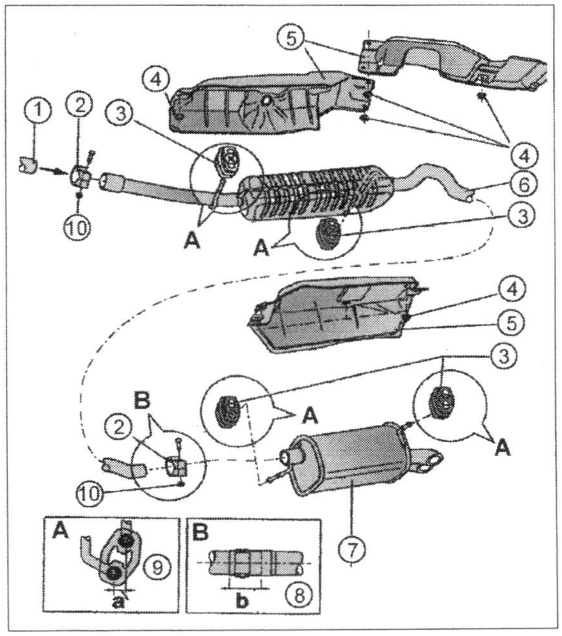

Bild 308
Ansicht des hinteren Abschnitts und der Aufhängung der Abgasanlage beim VR6-Motor. Auf die Buchstaben wird im Text verwiesen.
1 Anschlussseite des Katalysators
2 Abgasrohrklemmschelle
3 Aufhängungsring, Einbauweise beachten
4 Blechmutter, ab- und anschrauben
5 Wärmeschutzblech
6 Vorderer Schalldämpfer
7 Nachschalldämpfer
8 Maß (b), ca. 50 mm
9 Maß (a), ca. 5 mm
10 Mutter, 40 Nm

16.2 Bei eingebautem 1.8-Liter-Motor

Alles was im letzten Kapitel über den Auspuff gesagt wurde, gilt ebenfalls für den 1.8-Liter-Motor. Auch diese Motoren haben ein Sekundäreinblassystem. Der hintere Abschnitt der Auspuffanlage hat eine Ähnlichkeit mit der Anlage des VR6-Motors, mit der Ausnahme der Form des Nachschalldämpfers, und die entsprechenden Einzelheiten können Bild 308 entnommen werden. Dies gilt auch für alle Anweisungen betreffs der zu beachtenden Punkte. Der vordere Teil der Auspuffanlage ist in Bild 309 gezeigt. Folgende Hinweise unter Bezug auf dieses Bild beachten.

- Die Dichtung (1) muss immer erneuert werden.
- Die Muttern (2) und (15) mit 25 Nm anziehen. Immer neue Muttern verwenden.
- Das vordere Auspuffrohr (3) ist zwischen dem Auspuffkrümmer und dem Katalysator eingesetzt.
- Der Katalysator (4) ist zwischen dem vorderen Auspuffrohr und mit dem Rohrstück (5) mit dem vorderen Schalldämpfer verbunden.
- Die Markierungen (6) sind beim Einbau zu beachten. Das Rohrende bis zur Markierung (S) (Schaltgetriebe) oder (A) (Getriebeautomatik) aufschieben, ehe die Schelle festgezogen wird.
- Die Lambda-Sonde (7) ist nach dem Katalysator eingeschraubt. Siehe beim VR6 zwecks Einbauanweisungen.

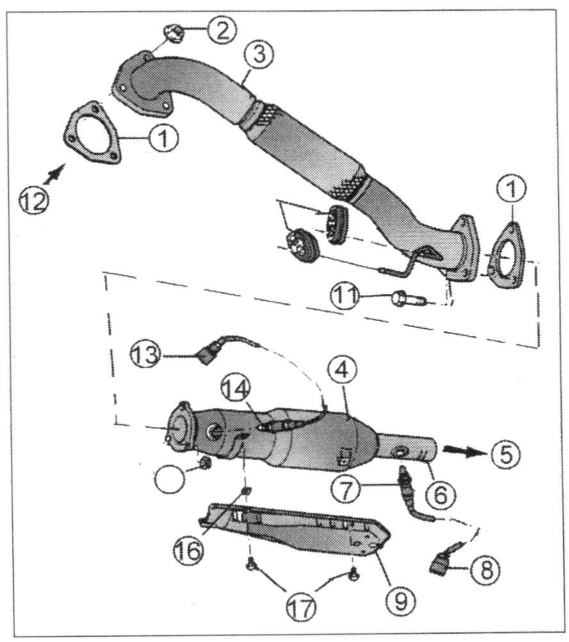

Bild 309
Einzelheiten zum Aus- und Einbau des vorderen Abschnitts der Auspuffanlage eines Fahrzeuges mit 1.8-Liter-Motor. Auf die einzelnen Positionen wird im Text eingegangen.

- Der Stecker (8) wird auf die Lambda-Sonde aufgesteckt.
- Das Wärmeschutzblech (9) wird mit den Schrauben (17) befestigt (10 Nm).
- Die Gummischlaufen (10) müssen erneuert werden, wenn sie nicht mehr einwandfrei aussehen.
- Die Schrauben (11) halten Auspuffrohr und Katalysator zusammen.
- Am Flansch (12) ist der Turbolader angeschlossen.
- Der Kabelstecker (13) ist auf Lambda-Sonde (14) im Katalysator aufgesteckt.
- Die Mutter (15) mit 25 Nm anziehen. Immer erneuern.

Beim Zusammenbau des hinteren Abschnitts der Auspuffanlage gelten die Anweisungen beim VR6-Motor bezüglich der Abstände (a) und (b).

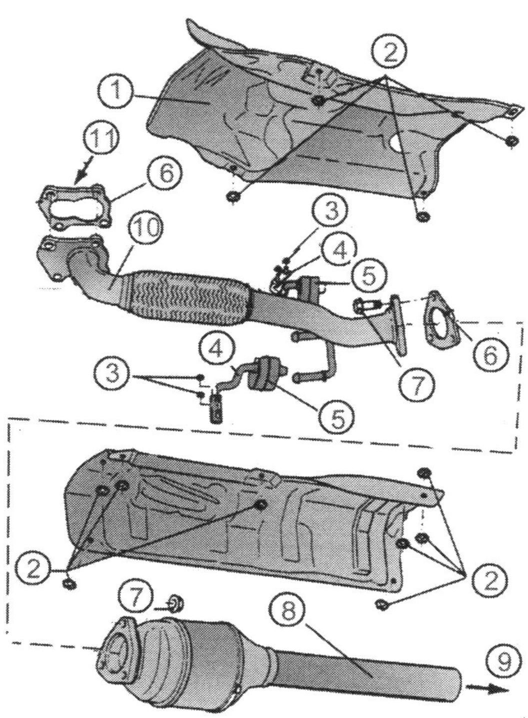

Bild 310
Die Teile des vorderen Abschnitts der Auspuffanlage bei den Dieselmotoren. Auf die einzelnen Positionen wird im Text eingegangen.

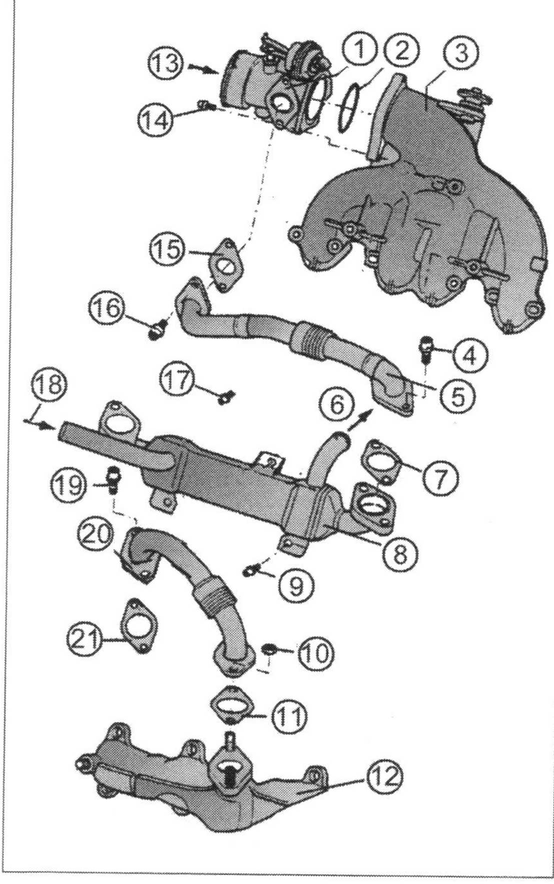

Bild 311
Die Teile der Abgasrückführungsanlage bei eingebautem Dieselmotor mit der Bezeichnung AUY. Auf die Zahlen wird im Text verwiesen.

16.3 Bei eingebautem Dieselmotor

Mit Ausnahme der Endrohre wurde der hintere Abschnitt der Auspuffanlage fast unverändert vom VR6-Motor übernommen und alle in diesem Zusammenhang gegebenen Hinweise gelten auch bei diesem Motor. Anders sieht es beim vorderen Abschnitt aus, welcher in Bild 310 gezeigt ist. Zu beachten sind die folgenden Hinweise:

- Das Wärmeschutzblech (1) wird mit Blechmuttern (2) befestigt.
- Den Halter (4) mit der Schraube (3) befestigen (25 Nm). Der Halter wird in die Gummischlaufe (5) eingeschoben. Schlaufe im Schadensfall erneuern.
- Die Dichtung (6) muss erneuert werden, falls die Verbindung getrennt wurde.
- Die Schraube (7) mit 25 Nm anziehen.
- Der Katalysator (8) ist an der Pfeilstelle (9) mit dem vorderen Schalldämpfer verbunden.
- Das vordere Auspuffrohr (10) ist zwischen dem Turbolader und dem Katalysator eingesetzt.
- Am Flansch (11) ist der Turbolader angeschlossen.

16.4 Katalysator erneuern

Die Erneuerung des Katalysators findet unter Bezug auf die verschiedenen Montagebilder statt:

- Massekabel der Batterie abklemmen (unter Beachtung der betreffenden Vorschriften) und die Vorderseite des Fahrzeuges auf sichere Unterstellböcke setzen.
- Das unter dem Motor angeschraubte Schutzblech abschrauben.
- Drei Muttern an der Verbindung des mittleren Schalldämpfers entfernen und die beiden Flansche trennen.
- Die Gummistegschlaufen aushängen. Eine der Aufhängungen hält den Katalysator, eine zweite ist etwas weiter vorn eingehängt.
- Die Flanschverbindung am Endrohr des Katalysators trennen (3 Muttern und Schrauben) und den Katalysator herausheben. Falls er wieder eingebaut werden soll, muss man ihn mit der größten Vorsicht handhaben, da bei harten Aufschlägen innerliche Schäden verursacht werden können.

Der Einbau findet in umgekehrter Reihenfolge statt. Neue Dichtungen und Muttern verwenden. Gewinde der Schrauben mit einem hitzebeständigen Fett einschmieren. Die Muttern der Flanschverbindungen werden mit 35 Nm angezogen.

16.5 Abgasrückführungsanlage

Diese Anlage, heutzutage oft auch als AGR- oder EGR-Anlage bezeichnet, dient der Verminderung des Stickstoffoxids in den Auspuffgasen (laut Abgasvorschrift EG 96 (94/12). Aus den Abgasen wird durch ein über ein Ventil geregeltes System ein bestimmter Teil abgezweigt und wieder dem Ansaugrohr zurückgeleitet. Da das Ab-

gas in diesem Zustand wenig verbrennbares Gas enthält, bewirkt dies eine Verringerung der Temperaturen im Verbrennungsraum und damit eine Verringerung des Stickstoffoxidanteils.
Auf die genaue Arbeitsweise der Anlage einzugehen, ist nicht der Zweck dieses Leitfadens, vor allem, da die Funktion und Regulierung des Abgasrückführungssystems durch die Selbstdiagnose der eingebauten Einspritzanlage überwacht wird.
Folgend sind einige Angaben für die Dieselmotoren AUY und ASZ gegeben. Unter Bezug auf Bild 311:

- Das Abgasrückführungsventil (1) öffnet und schließt die Verbindung zum Auspuff und ist am Ansaugsammelrohr (3) verschraubt.
- Den Dichtring (2) immer erneuern, falls das Ventil (1) ausgebaut wird.
- Die Schrauben (4) mit 25 Nm anziehen.
- Die Leitung (5) verbindet den Kühler (8) mit dem Abgasrückführungsventil (1).
- Der Anschluss (6) führt zur Nachlaufpumpe für das Kühlmittel.
- Die Dichtung (7) immer erneuern, wenn Teile (5) und (8) getrennt werden.
- Schrauben (9) mit 10 Nm anziehen.
- Muttern (10) mit 25 Nm anziehen.
- Die Dichtung (11) immer erneuern, wenn das Verbindungsrohr (20) zwischen dem Auspuffkrümmer (12) und dem Kühler (8) getrennt wurde.
- An Stelle (13) kommt die Luft vom Ladeluftkühler.
- Die Schrauben (14) mit 10 Nm anziehen.
- Die Dichtung (15) erneuern, wenn die Leitung (5) vom Abgasrückführungsventil (1) abgeschraubt wurde.
- Die Schrauben (16) mit 25 Nm anziehen, die Schrauben (17) mit 10 Nm.
- An Stelle (18) tritt die Luft vom Zylinderkopf ein.
- Die Schrauben (19) mit 25 Nm anziehen. Halten das Verbindungsrohr (20) zwischen dem Auspuffkrümmer (12) und dem Kühler (8). Die Dichtung (21) beim Einbau des Rohres immer erneuern.

16.6 Aktivkohlefiltersystem

Die allgemeine Aufgabe dieses Systems ist es, die durch die Entlüftungsleitung des Kraftstofftanks austretenden Kraftstoffdämpfe nicht ins Freie, sondern in einen Aktivkohlebehälter zu leiten. Dadurch werden die durch diese Leitung austretenden umweltschädlichen Kraftstoffdämpfe, die z. B. durch Erwärmung des Tankinhalts erzeugt werden können, aufgefangen. Bei laufendem Motor werden die Gase unter bestimmten Bedingungen wieder aus dem Aktivkohlebehälter abgesaugt. Ein vom elektronischen Steuergerät bestimmt, wann dies geschieht. Viele Teile des Systems sind bei beiden Motorausführungen gleich. Die Teile sind bei einem VR6-Motor in Bild 312 gezeigt.

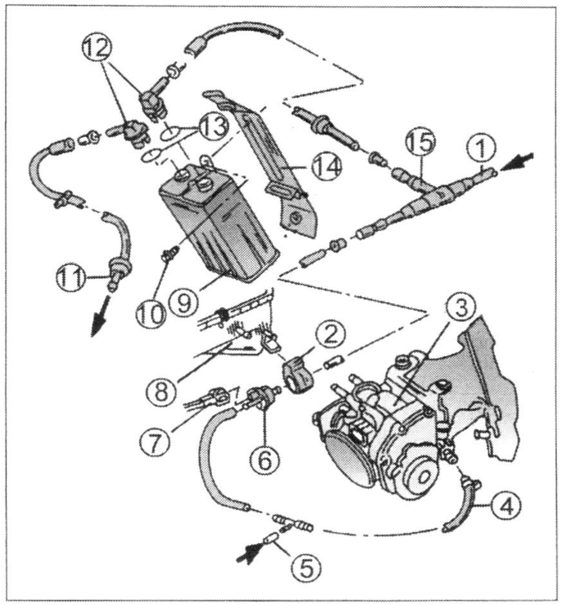

Bild 312
Die Teile der Aktivkohlefilteranlage bei einem VR6-Motor. Die im Text gegebenen Anweisungen sind durchzulesen.
1 Entlüftungsleitung
2 Halteschelle
3 Drosselklappen-Steuerteil
4 Entlüftungsschlauch
5 Unterdruckschlauch
6 Magnetschaltventil
7 Anschlussstecker
8 Unterteil des Luftfilters
9 Aktivkohlebehälter
10 Schraube, 10 Nm
11 Belüftungsleitung
12 Anschlussstücke
13 O-Dichtringe
14 Befestigungsbügel
15 Dreiweg-Anschluss

Die folgenden Anweisungen werden beim Aus- und Einbau von Teilen der Anlage helfen:

- Die Leitung (1) kommt vom Entlüftungsventil des Tanks.
- Die Schelle (2) hält das Magnetschaltventil (6).
- Der Belüftungsschlauch (4) darf nicht in Berührung mit anderen Teilen des Fahrzeugs kommen.
- Der Unterdruckschlauch kommt vom Entlüftungsventil des Kurbelgehäuses.
- Das Magnetschaltventil (6) öffnet bei eingeschalteter Zündung in Richtung des Pfeils. Wenn der Motor warm ist, wird das Ventil vom Steuergerät der Einspritzanlage aktiviert.
- Der Stecker (7) ist ein 2-Pin-Stecker von grüner Farbe.
- Die Anschlüsse (8) sitzen im Unterteil des Luftfilters.
- Der Aktivkohlebehälter sitzt im vorderen, rechten Radkasten. Zum Ausbau muss die Radkastenabdeckung ausgebaut werden.
- Die Belüftungsleitung (11) führt ins Freie und ist an der Karosserie befestigt.
- Die O-Dichtringe (13) müssen immer erneuert werden, wenn die Anschlüsse (12) ausgebaut werden.

In der Werkstatt werden Wartungsarbeiten in drei Kategorien eingeteilt. Beim Sharan oder Alhambra wird die kleine Wartung, ebenfalls als Kleiner Kundendienst bezeichnet, alle 15 000 km oder einmal im Jahr durchgeführt, je nachdem, welcher Zeitpunkt eher eintritt. Nach dem dritten Jahr oder nach ca. 48 000 km ist der Große Kundendienst fällig.

Ständige Kontrollen

- Scheibenwaschwasser auffüllen
- Scheibenwischer und Waschanlage prüfen
- Motorölstand prüfen
- Kühlflüssigkeit prüfen und nachfüllen
- Flüssigkeitsstand der Servolenkung prüfen
- Reifendruck prüfen
- Bremsen prüfen
- Bremsflüssigkeit prüfen
- Standlicht, Abblendlicht, Fernlicht prüfen
- Rücklichter und Nebelschlussleuchten prüfen
- Bremsleuchten und Blinker prüfen
- Warnblinker (Rundumwarnanlage) prüfen
- Hupe prüfen

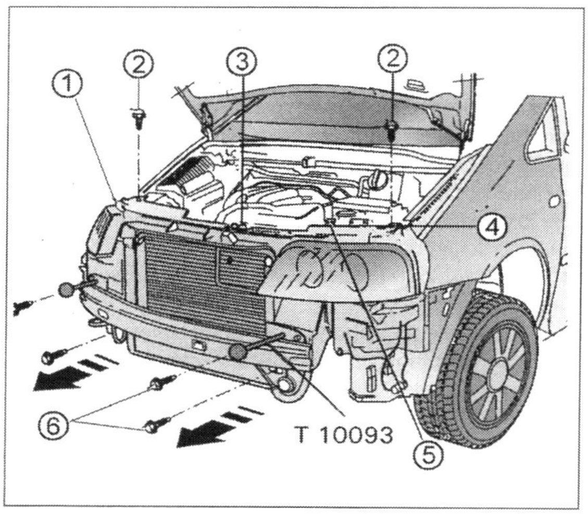

Bild 313
Nach Ausbau des vorderen Stoßfängers wird das vordere Wagenteil nach Lösen der gezeigten Teile nach vorn gezogen, um Teile an der Vorderseite des Motors frei zu legen. Auf die Zahlen wird im Text eingegangen.

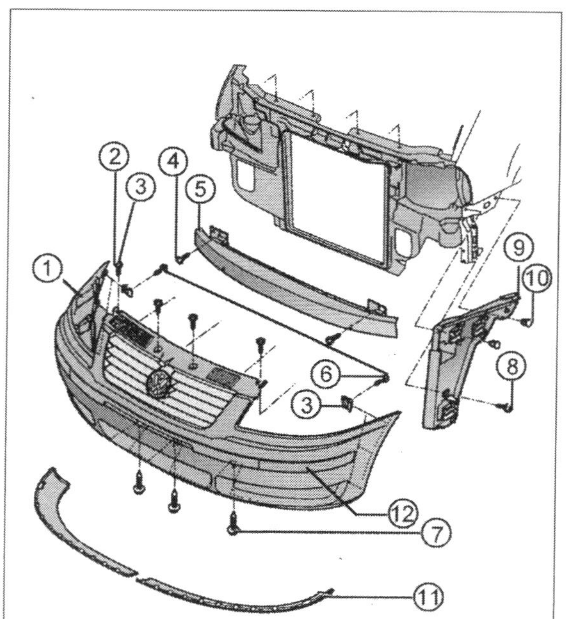

Bild 314
Ausbau des vorderen Stoßfängers. Ausbau Schrauben (2), (7), (6) lösen und Abdeckung von Führungen (9) abziehen. Die Schrauben haben einen Torxkopf.

1 Vorderteil
2 Schraube
3 Schnellfixmutter
4 Schraube, Torxkopf, 15 Nm
5 Stoßfängerträger
6 Schraube
7 Schraube
8 Kreuzkopfschraube
9 Führungen
10 Spreizclip
11 Spoiler
12 Stoßfängereinsatz

Vorderteil des Fahrzeuges in Service-Position bringen (Aus- und Einbau des vorderen Wagenteils)

Wie aus den vorangegangenen Beschreibungen bereits mehrere Male hervorgegangen ist, muss das gesamte vordere Ende des Fahrzeuges ausgebaut werden, um an verschiedene Teile an der Stirnseite des Motors zu gelangen. Man spricht dabei von „das Vorderteil in die Service-Position bringen“. Diese Arbeit ist auch bei einfach aussehenden Arbeiten, wie zum Beispiel beim Auswechseln eines Keilrippenriemens, erforderlich. In der Werkstatt wird diese Arbeit, obwohl trotzdem noch ziemlich umfangreich, durch die Verwendung von zwei Spezialbolzen vereinfacht, da man nicht den gesamten Schlossträger ausbauen muss. In der folgenden Beschreibung wird der Ausbau laut Werkstattangaben gegeben. Falls man die Wartungsarbeiten regelmäßig durchführt, sollte man sich zwei Spezialbolzen unter der Ersatzteilnummer T10093 bestellen, die man in der unten beschriebenen Weise benutzt.
Obwohl ziemlich kompliziert, muss man der Beschreibung folgen.

Bild 313 zeigt, wie das Vorderteil in ausgebautem Zustand aussieht. Um die nachfolgenden Arbeiten jedoch durchzuführen, muss man zuerst den vorderen Stoßfänger entsprechend Bild 314 ausbauen. Danach folgendermaßen vorgehen:

- Den Haubenzug (3) vom Schloss aushängen.
- Den Behälter der Scheibenwaschanlage (4) und den Haltebügel (5) vom Schlossträger (1) abmontieren.
- Eine Schraube (6) aus jedem Seitenträger herausdrehen und die genannten Spezialbolzen wie im Bild gezeigt einschrauben, eine in den linken Seitenträger, die andere in den rechten Seitenträger.
- Die Schrauben (2) herausdrehen und den Schlossträger in Pfeilrichtung vorsichtig nach vorn ziehen, bis er gegen die Kugelköpfe der Spezialbolzen anliegt.
- Der Einbau erfolgt in umgekehrter Reihenfolge.

Dieselmotoren – Allgemeine Daten

Bauart	Vierzylinder-Viertakt-Motor, Zylinder in Reihe angeordnet. Motor quer zur Fahrzeuglinie eingebaut. Mit direkter Einspritzung (TDI), Abgasturbolader und Ladeluftkühler. Einspritzung durch Elektronik gesteuert. Einspritzanlage Pumpe/Düse.
Ventilsteuerung	Obenliegende Nockenwelle, Steuerzahnriemen zum Nockenwellenantrieb. Nockenwelle arbeitet direkt auf umgekehrte, hydraulische Becherstößel.
Motorkennzeichnung:	
– 1.9 Liter (66 kW)	ANU
– 1.9 Liter (85 kW)	AUY
– 1.9 Liter (96 kW)	ASZ
Hubraum	1896 ccm
Zylinderbohrung	79,50 mm
Kolbenhub	95,5 mm
Verdichtungsverhältnis:	
– ANU- und AUY-Motor	18,0 : 1
– ASZ-Motor	19,0 : 1
Leistung:	
– ANU-Motor	66 kW (90 PS) bei 4000/min
– AUY-Motor	85 kW (116 PS) bei 4000/min
– ASZ-Motor	96 kW (130 PS) bei 4000/min
Max. Drehmoment (DIN):	
– ANU-Motor	240 Nm bei 1900/min
– AUY-Motor	310 Nm bei 1900/min
– ASZ-Motor	310 Nm bei 1900/min
Kraftstoffaufbereitung	Pumpen- und Einspritzeinheit in jedem Zylinder. Kraftstoffdruck durch Tandempumpe geliefert.
Einspritzfolge	1 – 3 – 4 – 2
Öldruck:	
– Im Leerlauf	2,0 bar
– Öldruckkontrollleuchte erlöscht bei	0,15 – 0,45 bar
Ventilsteuerzeiten – Alle Motoren:	
– Einlassventil öffnet nach o.T.	14°
– Einlassventil schließt nach o.T.	27°
– Auslassventil öffnet vor u.T.	30°
– Auslassventil schließt vor o.T.	17°
Verdichtungsdrücke:	
– Neu	bis 18 bar
– Verschleißgrenze	16 bar
– Max. Unterschied zwischen Zylindern	5 bar
Leerlauf	Elektronisch reguliert, nicht verstellbar
Katalysator	Oxidationskatalysator
Abgasrückführungssystem	Bei allen Fahrzeugen eingebaut
Ladeluftkühler	Bei allen Fahrzeugen eingebaut
Abgasturbolader	Bei allen Fahrzeugen eingebaut

Dieselmotoren – Mechanisch

Zylinderbohrungen (alle Motoren):	
– Nenndurchmesser	79,51 mm
– 1. Übergröße	79,76 mm
– 2. Übergröße	80,01 mm

Zylinderkopf und Ventile

Ventilführungen:	
– Einbautemperatur	Zylinderkopf kalt
– Innendurchmesser der Führungen	7,013 – 7,035 mm
Sitzwinkel	45°
Breite der Ventilsitze:	
– Einlassventile	1,6 mm
– Auslassventile	2,7 mm
Ventiltellerdurchmesser:	
– Einlassventile	35,95 mm
– Auslassventile	31,45 mm
Ventillänge – Einlassventile	96,85 mm
Ventillänge – Auslassventile	96,85 mm
Ventilschaftdurchmesser:	
– Einlassventile	6,980 mm
– Auslassventile	6,956 mm

Kolben und Pleuelstangen

Nenndurchmesser	79,47 mm
1. Übergröße	79,72 mm
2. Übergröße	79,97 mm
Übergröße-Kolbenringe	Wie Kolben
Kolbenausführung	Festmantelkolben
Messstelle für Kolbendurchmesser	10,0 mm von der Unterkante des Kolbenmantels im 90°-Winkel zur Kolbenbolzenachse
Max. zulässiger Verschleiß am Kolbendurchmesser	0,04 mm vom angegebenen Durchmesser
Laufspiel der Kolben:	
– Normal	0,03 mm
– Verschleißgrenze	0,07 mm
Kolbenringe:	
Anzahl der Ringe	3
Höhenspiel der Ringe in Kolbennuten:	
– Normal – 1. Verdichtungsring	0,06 – 0,09 mm
– Normal – 2. – Verdichtungsring	0,05 – 0,08 mm
– Normal – Ölabstreifring	0,03 – 0,06 mm
– Verschleißgrenze – Verdichtungsringe	0,25 mm
– Verschleißgrenze – Ölabstreifringe	0,15 mm
Stoßspiel:	
– Normal – Verdichtungsringe	0,20 – 0,40 mm
– Normal – Ölabstreifringe	0,25 – 0,50 mm
– Verschleißgrenze – Verdichtungsringe	1,0 mm
– Verschleißgrenze – Ölabstreifringe	1,0 mm
Pleuelstangen:	
– Lageraxialspiel	0,05 – 0,31 mm
– Verschleißgrenze	0,37 mm
– Pleuellager	Siehe unter „Kurbelwelle“
– Laufspiel des Kolbenbolzens	0,01 – 0,02 mm

Kurbelwelle

Anzahl der Hauptlager	5
Kennzeichnung der Hauptlager	1 bis 5, Vorderseite des Motors ausgehend
Aufnahme des Axialdrucks	Durch Anlaufhalbscheiben am mittleren Lager
Haupt/Pleuellagerausführung	Dünnwandige Lagerschalen
Kurbelwellenaxialspiel:	
– Normal	0,07 – 0,17 mm
– Verschleißgrenze	0,37 mm
Hauptlagerlaufspiel:	
– Normal	0,03 – 0,06 mm
– Verschleißgrenze	0,17 mm

Laufspiel der Pleuellager:	
– Normal	0,03 – 0,076 mm
– Verschleißgrenze	0,08 mm
Max. Unrundheit der Lagerzapfen	0,03 mm
Durchmesser der Hauptlagerzapfen:	
– Nenndurchmesser	54,958 – 53,978 mm
– 1. Untergröße	53,708 – 53,728 mm
– 2. Untergröße	53,458 – 53,478 mm
– 3. Untergröße	53,208 – 53,228 mm
Durchmesser der Pleuellagerzapfen:	
– Nenndurchmesser	47,538 – 47,778 mm
– 1. Untergröße	47,508 – 47,528 mm
– 2. Untergröße	47,258 – 47,278 mm
– 3. Untergröße	47,008 – 47,028 mm

Motorschmierung – Dieselmotoren

Druck des Schmierungssystems:	
– Im Leerlauf	1,0 – 2,5 bar
– Bei 3000/min	3,0 – 5,0 bar
Ölfassungsvermögen:	
– Mit Filter – Motoren ASZ und AUY	4,3 Liter
– Mit Filter – Motor ANU	4,5 Liter
– Ohne Filter	0,5 Liter weniger
Ölfilter Wegwerffilter	
Ölpumpe	Siehe Abschnitt 3

1.8-Liter-Motor – Allgemeine Daten

Bauart	Vierzylinder-Viertakt-Motor, Zylinder in Reihe angeordnet. Motor quer zur Fahrzeuglinie eingebaut.
Ventilsteuerung	Zwei obenliegende Nockenwellen (eine für Einlassventile und eine für Auslassventile), Zahnriemenantrieb zu einer Nockenwelle, zweite Nockenwelle durch Kette angetrieben. Nockenwellen arbeiten direkt auf umgekehrte Becherstößel.
Motorkennzeichnung	AWC
Hubraum	1781 ccm
Zylinderbohrung	81,0 mm
Kolbenhub	86,40 mm
Verdichtungsverhältnis	9,5 : 1
Leistung	110 kW bei 5800/min
Max. Drehmoment	210 Nm bei 1800 – 4300/min
Kraftstoffaufbereitung	Bosch Motronic, mit Klopfregulierung, Selbstdiagnose, Lambda-Regulierung, Katalysator. Mit Abgasturbolader.
Zündfolge	1 – 3 – 4 – 2
Öldruck:	
– Im Leerlauf	1,0 – 2,5 bar
– Bei 3000/min	3,0 – 5,0 bar
Verdichtungsdrücke	10 – 13 bar
Min. zulässiger Druck	7 bar
Zulässiger Unterschied zwischen Seiten	3 bar

1.8-Liter-Motor – Mechanisch

Zylinderbohrungen

Nenndurchmesser	81,010 mm
1. Übergröße	81,510 mm

Zylinderkopf und Ventile

Ventilführungen	Können nicht erneuert werden

Ventilsitze:	
Ventilsitzdurchmesser:	
– Einlassventile	26,20 mm
– Auslassventile	29,00 mm
Sitzwinkel	45°
Breite der Ventilsitze:	
– Einlassventile	1,5 – 1,8 mm
– Auslassventile	1,8 mm
Ventiltellerdurchmesser:	
– Einlassventile	26,90 mm
– Auslassventile	29,90 mm
Ventillänge – Einlassventile	104,84 – 105,34 mm
Ventillänge – Auslassventile	103,64 – 104,14 mm
Ventilschaftdurchmesser:	
– Einlassventile	5,963 mm
– Auslassventile	5,943 mm
Ventilkantenstärke	min. 0,5 mm

Kolben und Pleuelstangen

Nenndurchmesser	80,965 mm
1. Übergröße	81,465 mm
Übergröße-Kolbenringe	Wie Kolben
Kolbenausführung	Festmantelkolben
Messstelle für Kolbendurchmesser	10,0 mm von der Unterkante des Kolbenmantels im 90° Winkel zur Kolbenbolzenachse.
Max. zulässiger Verschleiß am Kolbendurchmesser	0,04 mm vom angegebenen Durchmesser
Laufspiel der Kolben:	
– Normal	0,03 mm
– Verschleißgrenze	0,06 mm
Kolbenringe:	
– Anzahl der Ringe	3
Höhenspiel der Ringe in Kolbennuten:	
– Normal – Verdichtungsringe	0,02 – 0,07 mm
– Normal – Ölabstreifringe	0,02 – 0,06 mm
– Verschleißgrenze	0,12 mm
Stoßspiel:	
– Normal – Verdichtungsringe	0,15 – 0,40 mm
– Normal – Ölabstreifringe, zweiteilig	0,25 – 0,50 mm
– Verschleißgrenze – Verdichtungsringe	0,8 mm
– Verschleißgrenze – Ölabstreifring, zweiteilig	1,0 mm
Pleuelstangen:	0,05 – 0,31 mm
– Lageraxialspiel	0,37 mm
– Verschleißgrenze	Siehe unter „Kurbelwelle"
– Pleuellager	0,01 – 0,02 mm

Kurbelwelle

Anzahl der Hauptlager	5
Kennzeichnung der Hauptlager	1 bis 5, Vorderseite des Motors ausgehend
Aufnahme des Axialdrucks	Durch Anlaufhalbscheiben am mittleren Lager
Haupt/Pleuellagerausführung	Dünnwandige Lagerschalen
Kurbelwellenaxialspiel:	
– Normal	0,07 – 0,17 mm
– Verschleißgrenze	0,25 mm
Hauptlagerlaufspiel:	
– Normal	0,01 – 0,04 mm
– Verschleißgrenze	0,15 mm
Laufspiel der Pleuellager:	
– Normal	0,01 – 0,05 mm
– Verschleißgrenze	0,12 mm
Max. Unrundheit der Lagerzapfen	0,03 mm

Durchmesser der Hauptlagerzapfen:	
– Nenndurchmesser	54,00 mm
– 1. Untergröße	53,75 mm
– 2. Untergröße	53,50 mm
– 3. Untergröße	53,25 mm
Durchmesser der Pleuellagerzapfen:	
– Nenndurchmesser	47,80 mm
– 1. Untergröße	47,55 mm
– 2. Untergröße	47,30 mm
– 3. Untergröße	47,05 mm

Motorschmierung – 1.8-Liter-Motor

Druck des Schmierungssystems:	
– Im Leerlauf	1,2 – 1,6 bar
– Bei 2000/min	2,7 – 4,5 bar (max. 7 bar)
Ölfassungsvermögen:	
– Mit Filter	4,5 Liter
– Ohne Filter	4,0 Liter
Ölfilter	Wegwerffilterpatrone
Ölpumpe	Siehe Abschnitt 3

2.0-Liter-Motor – Allgemeine Daten

Bauart	Vierzylinder-Viertakt-Motor, Zylinder in Reihe angeordnet, mit oder ohne Zündverteiler. Verteilerantrieb von Zwischenwelle (falls eingebaut).
Ventilsteuerung	Obenliegende Nockenwelle, Steuerzahnriemen zum Nockenwellenantrieb. Nockenwelle arbeitet direkt auf umgekehrte, hydraulische Becherstößel.
Motorkennzeichnung	ADY (mit Zwischenwelle), oder ATM
Zylinderinhalt	2,0 Liter
Leistung:	
– ADY-Motor	85 kW (115 PS) bei 6000/min.
– ATM-Motor	85 kW (115 PS) bei 5400/min
Max. Drehmoment:	
– ADY-Motor	170 Nm bei 4800/min
– ATM-Motor	172 Nm bei 3500/min
Bohrung82,5 mm	
Kolbenhub	92,80 mm
Verdichtungsverhältnis	10,4 : 1 (10,3 : 1, ATM)
Ventilsteuerung (nur ADY):	
– Einlassventil öffnet	40° nach o.T.
– Einlassventil schließt	44° nach u.T.
– Auslassventil öffnet	37° vor u.T.
– Auslassventil schließt	40° nach o.T.
Kraftstoffaufbereitung	Simos- oder Motronic-Einspritzanlage (ATM) mit elektronisch gesteuerter Zündanlage
Katalysator	Ja
Lambda-Sonde	Ja
Zündfolge	1-3-4-2
Öldruck:	
– Min.	1.0 bar
– Max.	7.0 bar

2.0-Liter-Motor – Mechanisch

Zylinderbohrungen:	
Nenndurchmesser	82,51 mm
Kolbendurchmesser	82,465 mm
Verdichtungsdruck (Kompression):	
– Neu	10 – 13 bar
– Verschleißgrenze	7,5 bar
Zylinderkopf und Ventile	
Ventilführungen:	
Einbautemperatur	Zylinderkopf kalt
Innendurchmesser der Führungen	7,013 – 7,035 mm
Spiel der Ventilschäfte:	
– Einlassventile	1,0 mm (siehe Beschreibung im Text)
– Auslassventile	1,3 mm (siehe Beschreibung im Text)
Ventilsitzdurchmesser:	
– Einlassventile	39,20 mm
– Auslassventile	32,40 mm
Ventilsitzwinkel	45°
Breite der Ventilsitze:	
– Einlassventile	2,0 mm (ATM 1,8 – 2,2 mm)
– Auslassventile	2,4 mm (ATM 2,2 – 2,6 mm)
Äußerer Korrekturwinkel:	
– Einlassventile	30°
– Auslassventile	30°
Ventiltellerdurchmesser:	
– Einlassventile	39,5 mm
– Auslassventile	32,9 mm
Ventillänge:	
– Einlassventile	91,85 mm
– Auslassventile	91,15 mm
Ventilschaftdurchmesser:	
– Einlassventile	6,92 mm
– Auslassventile	6,92 mm
Ventilkantenstärke	min. 0,5 mm
Kolben und Pleuelstangen	
Nenndurchmesser	84,475 mm
Messstelle für Kolbendurchmesser	10,0 mm von der Unterkante des Kolbenmantels im 90°-Winkel zur Kolbenbolzenachse.
Max. zulässiger Verschleiß am Kolbendurchmesser	0,04 mm vom angegebenen Durchmesser
Laufspiel der Kolben:	
– Normal	0,03 mm
– Verschleißgrenze	0,07 mm
Kolbenringe:	
– Anzahl der Ringe	3
Höhenspiel der Ringe in Kolbennuten:	
– Normal – Alle Ringe	0,02 – 0,05 mm
– Verschleißgrenze	0,15 mm
Stoßspiel:	
– Normal – Verdichtungsringe	0,20 – 0,40 mm
– Normal – Ölabstreifring	0,25 – 0,50 mm
– Verschleißgrenze	1,0 mm (ATM 0,8 mm)
Pleuelstangen:	
Lageraxialspiel	0,05 – 0,31 mm
– Verschleißgrenze	0,37 mm
Pleuellager	Siehe unter „Kurbelwelle“
Laufspiel des Kolbenbolzens	0,01 – 0,02 mm

Kurbelwelle

Anzahl der Hauptlager	5
Kennzeichnung der Hauptlager	1 bis 5, Vorderseite des Motors ausgehend
Aufnahme des Axialdrucks	Durch Anlaufhalbscheiben
Haupt/Pleuellagerausführung	Dünnwandige Lagerschalen
Kurbelwellenaxialspiel:	
– Normal	0,07 – 0,17 mm
– Verschleißgrenze	0,25 mm
Hauptlagerlaufspiel:	
– Normal	0,03 – 0,08 mm
– Verschleißgrenze	0,17 mm
Pleuellagerlaufspiel:	
– Normal	0,02 – 0,076 mm
– Verschleißgrenze	0,12 mm
Hauptlagerzapfendurchmesser:	
– Nenndurchmesser	54,00 mm
– 1. Untergröße	53,75 mm
– 2. Untergröße	53,50 mm
– 3. Untergröße	53,25 mm

VR6-Motor – Allgemeines

Bauart	Sechszylinder-Viertakt-Motor (siehe Beschreibung im betreffenden Abschnitt)
Anzahl der Nockenwellen	2, obenliegende Wellen
Anzahl der Ventile	24 Ventile, senkrecht angeordnet, Ventilspiel durch hydraulische Becherstößel reguliert. Ventilsteuerung-Steuerkette von Kurbelwelle zu einem Zwischenrad, Duplex-Kette von einem Kettenrad auf der Zwischenwelle zu den beiden Nockenwellen. Mit hydraulischem Kettenspanner. Verstellung der Motorelektronik durch Versteller an den beiden Nockenwellensteuerrädern.
Motorkennzeichnung	AYL
Zylinderinhalt	2,8 Liter
Leistung	150 kW (204 PS) bei 6200/min.
Max. Drehmoment	265 Nm bei 3400/min
Zylinderbohrung	81,00 mm
Kolbenhub	90,3 mm
Verdichtungsverhältnis	10,75 : 1
Eingebaute Einspritzanlage	Bosch-Motronic-Anlage
Kraftstofferfordernis	Bleifrei, min. 95 Oktan
Zündfolge	1–53–6–2–4
Lambda-Regelung	Ja
Katalysator	Ja
Öldruck:	
– Min.	1.0 kp/cm^2
– Max.	7.0 kp/cm^2

VR6-Motor – Mechanisch

Zylinderbohrungen:	
– Nenndurchmesser	81,01 mm
– 1. Übergröße	81,51 mm
– 2. Übergröße	82,01 mm

Zylinderkopf und Ventile

Ventilführungen:	
Einbautemperatur	Zylinderkopf kalt
Innendurchmesser der Führungen	7,013 – 7,035 mm
Spiel der Ventilschäfte:	
– Einlassventile	1,0 mm (siehe Haupttext zwecks Messung)
– Auslassventile	1,3 mm (siehe Haupttext zwecks Messung)

Ventilsitzwinkel	45°
Ventiltellerdurchmesser:	
– Einlassventile	31,00 mm
– Auslassventile	27,00 mm
Ventillänge:	
– Einlassventile – kurze Ventile	102,20 mm
– Einlassventile – lange Ventile	136,10 mm
– Auslassventile – kurze Ventile	102,50 mm
– Auslassventile – lange Ventile	136,40 mm
Ventilschaftdurchmesser:	
– Einlassventile	5,96 mm
– Auslassventile	5,94 mm
Ventilkantenstärke	min. 0,5 mm

Kolben und Pleuelstangen

Kolbendurchmesser:	
– Nenndurchmesser	80,985 mm
– 1. Übergröße	81,465 mm
– 2. Übergröße	81,965 mm
Messstelle für Kolbendurchmesser	6,0 mm von der Unterkante des Kolbens im 90°-Winkel zur Kolbenbolzenachse.
Max. zulässiger Verschleiß am Kolbendurchmesser	0,04 mm vom angegebenen Durchmesser
Laufspiel der Kolben:	
– Normal	0,03 mm
– Verschleißgrenze	0,08 mm
Kolbenringe:	
Anzahl der Ringe	3
Höhenspiel der Ringe in Kolbennuten:	
– Normal – Verdichtungsringe	0,04 – 0,08 mm
– Normal – Ölabstreifring	0,03 -0,06 mm
– Verschleißgrenze	0,15 mm
Stoßspiel der Kolbenringe:	
– Normal – Verdichtungsringe	0,20 – 0,40 mm
– Normal – Ölabstreifringe	0,25 – 0,50 mm
– Verschleißgrenze	1,0 mm
Pleuelstangen:	
– Lageraxialspiel	0,05 – 0,35 mm
– Verschleißgrenze	0,40 mm
Pleuellager	Siehe unter „Kurbelwelle“
Pleuellagerschalen	Dünnwandige Schalen
Einbaurichtung der Pleuelstangen	Gusszeichen auf Pleuelfuß und Pleuellagerdeckel müssen zur Seite des Schwingungsdämpfers der Kurbelwelle weisen.
Laufspiel des Kolbenbolzens	0,01 – 0,02 mm
Länge der Pleuelstangen zwischen den Lagermittelpunkten	164,0 mm

Kurbelwelle

Anzahl der Hauptlager	7
Bauart	Mit 12 Schwunggewichten und Schwingungsdämpfer
Kennzeichnung der Hauptlager	1 bis 7, Vorderseite des Motors ausgehend (Schwingungsdämpferseite)
Aufnahme des Axialdrucks	Durch Anlaufhalbscheiben
Haupt/Pleuellagerausführung	Dünnwandige Lagerschalen
Kurbelwellenaxialspiel:	
– Normal	0,07 – 0,24 mm
– Verschleißgrenze	0,30 mm
Hauptlagerlaufspiel:	
– Normal	0,02 – 0,06 mm
– Verschleißgrenze	0,10 mm
Pleuellagerlaufspiel:	
– Normal	0,01 – 0,06 mm
– Verschleißgrenze	0,10 mm
Hauptlagerzapfendurchmesser	Nacharbeiten nicht gestattet
– Nenndurchmesser	60,00 mm
Kurbelzapfendurchmesser	Nacharbeiten nicht gestattet
– Nenndurchmesser	54,00 mm

Motorschmierung – VR6-Motor

Druck des Schmierungssystems	1,0 kp/cm^2
Max. Öldruck	7,0 kp/cm^2
Ölfassungsvermögen des Motors:	
– Mit Filterwechsel	5,5 Liter
– Ohne Filterwechsel	5,0 Liter
Ölfilter	Filtereinsatz in Filtergehäuse

Kühlanlage

Bauart	Thermosyphonanlage mit Flügelradwasserpumpe. Thermostatregulierung. Mit getrenntem Dehngefäß. Elektrischer Ventilator (1 oder 2), aus- und eingeschaltet durch Thermoschalter im Kühler. Mit elektrisch betriebener Nachlaufpumpe bei den meisten Motoren.
Füllmenge der Anlage:	
– VR6-Motor mit Schaltgetriebe	9 Liter
– VR6-Motor mit Getriebeautomatik	9,1 Liter
– 1.8-Liter-Motor, ein Wärmeaustauscher	7,0 Liter
– 1.8-Liter-Motor, zwei Wärmeaustauscher	9,0 Liter
– 1.8-Liter-Motor, zwei Wärmeaustauscher	9,6 Liter mit Zusatzheizung
– Dieselmotor, ein Wärmeaustauscher	6,8 Liter
– Dieselmotor, zwei Wärmeaustauscher	8,6 Liter
– Dieselmotor, zwei Wärmeaustauscher	9,2 Liter mit Zusatzheizung
Frostschutzmittel	G12
Thermostatöffnung (Allgemeinwerte)	85°C
Thermostat vollkommen geöffnet bei	105°C

Kupplung

Bauart	Einscheibentrockenkupplung mit Tellerfeder
Betätigung	Durch hydraulische Anlage mit Kupplungsgeberzylinder, durch Kupplungspedal betätigt und Kupplungsnehmerzylinder, in der Innenseite des Getriebes, nicht von außen sichtbar.
Ausrücklager	Kugellager
Durchmesser der Kupplung	Nicht bei allen Motoren gleich
Kupplungspedaleinstellung	Keine Einstellung erforderlich

Schaltgetriebe

Bauart	Sechsganggetriebe
Arbeitsweise	Vollsynchronisiert, Achsantrieb im Getriebegehäuse untergebracht.
Getriebetyp (6-Gang)	02N
Getriebeschmiermittel	ATF-Flüssigkeit, wie in automatischen Getrieben
– Sechsganggetriebe	Getriebeöl/Flüssigkeit (zwecks Ölsorte Werkstatt befragen)
Schmiermittelmenge	2,8 Liter

Lenkung

Bauart	Zahnstangenlenkung mit unveränderlicher Übersetzung und Servounterstützung
Radeinstelldaten:	
Sturz (nicht verstellbar)	-20' ± 45'
– Max. Unterschied zwischen Seiten	1°
Nachlauf (nicht verstellbar)	+ 3° 20' ± 40'
– Max. Unterschied zwischen Seiten	1°
Vorspur	0° 20' ± 20'

Vorderachse

Bauart	Einzelradabfederung mit McPherson-Federbeinen, Schraubenfedern, Gasdruck-Stoßdämpfern. Eingebauter Kurvenstabilisator mit Koppelstangen zu den Federbeinen.
Schraubenfedern und Federbeine	Mit Farbkennzeichnungen versehen. Nur Federn oder Federbeine mit gleicher Kennzeichnung einbauen.
Vorderradeinstellung	Siehe unter „Lenkung"

Hinterradaufhängung

Bauart	Hilfsrahmen (Achskörper) mit Schraubenfedern Gasdruck-Stoßdämpfern. Eingebauter Kurvenstabilisator
Radlagereinstellung:	
– Spureinstellung der Räder	+ 10' ± 25'
Sturzeinstellung der Räder	-20' ± 30'
Max. Unterschied zwischen Seiten	max. 1'
Schraubenfedern	Mit Farbpunkten gezeichnet. Nur Federn mit gleicher Kennzeichnung einbauen.

Bremsanlage

Bauart	Scheibenbremsen vorn und hinten, ABS-Anlage serienmäßig oder auf Sonderwunsch. Auch mit elektronischer Differentialsperre (EDS)
Handbremse	Wirkt auf Hinterräder

Vorderradbremsen (FN3)

Scheibendurchmesser, Baujahr 2001:	
– 1.8 Liter, Diesel, 2.0 Liter, 2.8 Liter	288,0 mm
Bremssatteldurchmesser	57,0 mm
Bremsscheibenstärke	Belüftet, 25,0 mm
Min. Bremsscheibenstärke	23,0 mm (zur Wiederverwendung)
Min. Bremsscheibenstärke	21,0 mm (untauglich)
Bremsklotzstärke	14,5 mm
Min. Bremsklotzbelagstärke	1,0 mm Belag muss verbleiben
Stärke der Bremsklötze mit Metallplatte	7,0 mm
Scheibendurchmesser, ab Baujahr 2002:	
– 1.9 Liter Diesel, 2.0 Liter	300,0 mm
Bremssatteldurchmesser	57,0 mm
Bremsscheibenstärke	Belüftet, 26,0 mm
Min. Bremsscheibenstärke	24,0 mm (zur Wiederverwendung)
Min. Bremsscheibenstärke	22,0 mm (untauglich)
Bremsklotzstärke	14,5 mm
Min. Bremsklotzbelagstärke	1,0 mm Belag muss verbleiben
Stärke der Bremsklötze mit Metallplatte	7,0 mm

Vorderradbremsen (FNR)

Scheibendurchmesser, Baujahr 2001:	
2.8 Liter	313,0 mm
Bremssatteldurchmesser	57,0 mm
Bremsscheibenstärke	Belüftet, 26,0 mm
Min. Bremsscheibenstärke	24,0 mm (zur Wiederverwendung)
Min. Bremsscheibenstärke	22,0 mm (untauglich)
Bremsklotzstärke	14,0 mm
Min. Bremsklotzbelagstärke	1,0 mm Belag muss verbleiben
Stärke der Bremsklötze mit Metallplatte	7,0 mm

Scheibendurchmesser, ab Baujahr 2002:	
1.8 Liter, 85 kW-Diesel, mit 4-Radantrieb, 2.8 Liter	313,0 mm
Bremssatteldurchmesser	57,0 mm
Bremsscheibenstärke	Belüftet, 26,0 mm
Min. Bremsscheibenstärke	24,0 mm (zur Wiederverwendung)
Min. Bremsscheibenstärke	22,0 mm (untauglich)
Bremsklotzstärke	14,0 mm
Min. Bremsklotzbelagstärke	1,0 mm Belag muss verbleiben
Stärke der Bremsklötze mit Metallplatte	7,0 mm

Hinterradbremsen

Mit 15-Zoll-Felgen, Baujahr 2001, 1.8 Liter, 1.9 Liter 66, 81 und 85 kW:

Bremsscheibendurchmesser	268,0 mm
Bremssattelkolbendurchmesser	38,0 mm
Bremsscheibenstärke	10,0 mm
Min. zulässige Scheibenstärke	8,00 mm
Bremsklotzstärke	12,0 mm
Min. zulässige Belagstärke	1,0 mm
Stärke der Bremsklötze mit Metallplatte	7,0 mm

Mit 15-Zoll-Felgen, ab Baujahr 2002, 66, 85 kW mit Vorderradantrieb:

Bremsscheibendurchmesser	268,0 mm
Bremssattelkolbendurchmesser	38,0 mm
Bremsscheibenstärke	10,0 mm
Min. zulässige Scheibenstärke	8,00 mm
Bremsklotzstärke	12,0 mm
Min. zulässige Belagstärke	1,0 mm
Stärke der Bremsklötze mit Metallplatte	7,0 mm

Mit 16-Zoll-Felgen, Baujahr 2001, 2.8 Liter-Motor:

Bremsscheibendurchmesser	294,0 mm
Bremssattelkolbendurchmesser	38,0 mm
Bremsscheibenstärke	13,5 mm
Min. zulässige Scheibenstärke	11,50 mm
Bremsklotzstärke	11,25 mm
Min. zulässige Belagstärke	1,0 mm
Stärke der Bremsklötze mit Metallplatte	7,0 mm

Mit 16-Zoll-Felgen, ab Baujahr 2002, 1.8 Liter, 85 kW-Diesel, 2.8 Liter-Motor:

Bremsscheibendurchmesser	294,0 mm
Andere Angaben wir oben	

Hauptbremszylinder	
Durchmesser	25,40 mm

Elektrische Anlage

Batterie	
Spannung	12 V, negative Masse
Kapazität	Unterschiedlich, je nach Motor. Immer eine Batterie der eingebauten Ausführung bei Erneuerung einbauen.
Ladezustand:	
– Vollkommen entladen	Spez. Gewicht 1,12, 16° Baumé
– Voll geladen	Spez. Gewicht 1,28, 32° Baumé
Drehstromlichtmaschine	
Hersteller	Bosch
Ausführung	Den Ersatzteillisten entsprechend
Anlasser	
Hersteller	Bosch
Ausführung	Den Ersatzteillisten entsprechend
Glühbirnen	
Abblendlicht/Fernlicht	Halogen-Zweifadenlampe, 60/55 Watt
Nebelscheinwerfer	Halogen-Einfadenlampe, 55 Watt
Blinkleuchten vorn und hinten	Kugellampe, Renkverschluss, 21 Watt
Rückfahrleuchten	Kugellampe, Renkverschluss, 21 Watt
Nebelschlussleuchte	Kugellampe, Renkverschluss, 21 Watt
Bremsleuchten	Kugellampe, Renkverschluss, 21 Watt
Standlicht, seitliche Blinkleuchten, Kennzeichenleuchte	Glassockellampe, 5 Watt
Innenleuchten	Soffitte, 10 Watt
Leseleuchten	Glassockellampe, 10 Watt

Dieselmotoren

Zylinderkopfschrauben:	
– Erster Durchgang	40 Nm
– Zweiter Durchgang	60 Nm
– Dritter Durchgang	Um weitere $^1/_4$ Umdrehung nachziehen
– Vierter Durchgang	Um weitere $^1/_4$ Umdrehung nachziehen
Glühkerzen	15 Nm
Turboladeransaugrohr an Ansaugsammelrohr	10 Nm
Ansaugkrümmer an Zylinderkopf	25 Nm
AGR-Ventil an Ansaugsammelrohr	25 Nm
AGR-Leitung	25 Nm
Unterdruck/Kraftstoffpumpe an Block	25 Nm
Unterdruck/Kraftstoffpumpe, oben	20 Nm
Unterdruck/Kraftstoffpumpe, unten	10 Nm
Riemenschutzdeckel, unten	10 Nm
Riemenschutzdeckel, innen	25 Nm
Riemenschutzdeckel, Mitte	10 Nm
Zahnriemenspanner	15 Nm
Zahnriemenspannrolle	30 Nm
Kurbelwellensteuerrad	120 Nm + 90°
Laufrolle des Zahnriemens	20 Nm
Klemmstück, Pumpe/Düse an Zylinderkopf	12 + 270°
Zylinderkopfhaube	10 Nm

VR6-Motor

Zylinderkopfschrauben, Motor kalt:	
– Erste Stufe	30 Nm
– Zweite Stufe	50 Nm
– Dritte Stufe	Winkelanzug, 90°
– Vierte Stufe	Winkelanzug, 90°
Pleuellagerdeckelschrauben	30 Nm, danach um weitere 90° im Winkelanzug nachziehen
Hauptlagerdeckel	30 Nm, danach um weitere 180° festziehen
Schwungradschrauben	60 Nm, danach um weitere 90° festziehen
Kupplung	25 Nm
Wasserpumpe an Motor	20 Nm
Wasserpumpenriemenscheibe an Wasserpumpe	20 Nm
Teile des Kühlers und der Verbindungen	Siehe entsprechende Bilder
Teile der Steuerung:	
– Kettenspanner unten an Zylinderblock	10 Nm
– Zwischenwellenflansch an Motor	10 Nm
– Nockenwellenkettenräder an Nockenwellen	60 Nm + 90°
– Drehbolzen	25 Nm
– Kettenspanner für Duplexkette in Zylinderkopf	40 Nm
– Kettenführungsschiene, unten, an Zylinderblock	25 Nm
– Kettenführungsschiene, oben, an Zylinderblock	20 Nm
– Nockenwellenlagerdeckel	5 Nm + 45°
Wärmeschutzblech an Auspuffkrümmer	25 Nm
Antriebsriemenspanner an Zylinderblock	25 Nm
Kraftstoffverteilerrohr an Ansaugkrümmer	10 Nm
Ansaugkrümmeroberteil an -unterteil	25 Nm
Ansaugkrümmerstütze	25 Nm
Zylinderkopfhaube an Zylinderkopf	10 Nm
Ölablassstopfen	50 Nm
Klopf-Sensor für Zündzeitpunktkorrektur an Zylinderblock	25 Nm
Ablassschraube an Ölfilter, unten	20 Nm
Ölkühlerdeckel	25 Nm
Öltemperaturgeber	10 Nm
Öldruckschalter	25 Nm
Deckel für Ölpumpenantrieb	10 Nm
Schraube des Schwingungsdämpfers	100 Nm + 90°
Ölfiltersockel	25 Nm
Thermostatgehäuse an Zylinderblock	10 Nm
Thermostatgehäusedeckel an Thermostatgehäuse	10 Nm
Ablassstopfen in Kühlmittelrohr	10 Nm
Ölpumpe an Motor	25 Nm
Ölsaugrohr an Kurbelgehäuse	10 Nm
Ölansaugrohr an Pumpendeckel	10 Nm
Pumpendeckel an Pumpengehäuse:	
– von oben eingesetzte Schraube	10 Nm
– von unten eingesetzte Schraube	25 Nm
Stopfen des Ölüberdruckventils in Pumpe	40 Nm
Ölwanne an Block	20 Nm
Vorderer Dichtringflansch an Zylinderblock	10 Nm
Zündkerzen	30 Nm
Drehzahlfühler an Zylinderblock	10 Nm
Zahnkranz für Drehzahlfühler an Kurbelwelle	10 Nm, danach um weitere 90° anziehen
Hinterer Dichtringflansch an Zylinderblock:	
– waagerecht eingesetzte Schrauben	10 Nm
– von unten eingesetzte Schrauben	25 Nm
Auspuffkrümmer an Zylinderkopf	25 Nm
Auspuffrohr an Krümmer	40 Nm
Katalysator an vorderes Auspuffrohr	25 Nm
Auspuffverbindungsschellen	25 Nm
Lambda-Sonde in Katalysator	50 Nm
Doppelrohrschelle, Katalysatorverbindung zu vorderem Schalldämpfer	40 Nm
Motoraufhängungen	Siehe betreffende Bilder

1.8-Liter-Motor

Zylinderkopfschrauben:	
– Erster Durchgang	60 Nm
– Zweiter Durchgang	Ohne Drehmomentschlüssel in Anzugsreihenfolge um eine weitere $^1/_2$ Umdrehung nachziehen (oder 2 x eine Viertelumdrehung)
Hauptlagerdeckel	40 Nm, dann 90° Winkelanzug
Pleuellagerdeckel:	
– Erster Durchgang	30 Nm
– Zweiter Durchgang	Um weitere 90° anziehen
Schwungradschrauben	60 Nm, dann eine weitere halbe Umdrehung
Geberzahnrad an Kurbelwelle	10 Nm, dann eine Viertelumdrehung
Kupplung an Schwungrad	25 Nm
Ölpumpe an Zylinderblock	15 Nm
Vorderer Dichtflansch an Zylinderblock	15 Nm
Hallgeber an Zylinderkopf	10 Nm
Pendelaufhängung an Getriebe	Siehe Haupttext
Pendelaufhängung an Nebenrahmen	Siehe Haupttext
Vorderes Auspuffrohr an Auspuffkrümmer	40 Nm
Kompressor an Konsole	45 Nm
Getriebe an Motor, M12-Gewinde	65 Nm
Getriebe an Motor, M10-Gewinde	45 Nm
Schraube des Spannelements (Rippenriemen)	25 Nm
Schrauben, Drehstromlichtmaschine	25 Nm
Schrauben, Montagekonsole vorn unten	25 Nm
Schrauben, Montagekonsole vorn oben	45 Nm

Schrauben, Riemenscheiben	25 Nm
Hohlschraube, Druckleitung der Lenkhilfspumpe	30 Nm
Schraube des Nockenwellenrads	100 Nm
Schraube des Zahnriemenspanners	45 Nm
Wasserpumpenschraube	15 Nm
Antriebsscheibe (Automatik)	60 Nm, dann Viertelumdrehung

Teile am Zylinderblock:	
Ansaugkrümmer mit Unterteil an Kopf	10 Nm
Ansaugkrümmer mit Oberteil an Stütze/Kopf	25 Nm
Schrauben der Nockenwellenlagerdeckel	10 Nm
Schraube für Hallgeber-Gehäuse	10 Nm
Schraube für Hallgeber-Rotor	25 Nm
Schraube des Kurbelwellensteuerrades	90 Nm + 90°
Bundschraube des Kettenspanners	25 Nm
Ölwallungsblech an Zylinderblock	15 Nm
Ölsaugrohr an Pumpe	15 Nm
Ölwannenschrauben	15 Nm
Ölablassstopfen	30 Nm
Öldruckschalter, 1,4 bar	25 Nm
Ölkühler an Filtersockel	25 Nm
Ölfiltersockel an Zylinderblock	15 Nm + 90°
Zylinderkopfhaube	10 Nm
Wasserpumpe an Motor	20 Nm
Abdeckplatte (Unterseite Motor)	10 Nm
Zündkerzen	30 Nm
Thermostatgehäuse	10 Nm
Wasseranschlussstutzen an Motor	10 Nm
Thermostatgehäuse an Zylinderblock	10 Nm
Andere Drehmomente	im Text angegeben

2.0-Liter-Motoren

Zylinderkopfschrauben:	
– Erste Stufe	40 Nm
– Zweite Stufe (nur ADY-Motor)	60 Nm
– Dritte Stufe	90° Winkelanzug
– Vierte Stufe	90° Winkelanzug
Pleuellagerdeckel (Muttern/Schrauben)	30 Nm + 90°
Hauptlagerdeckel	65 Nm (ATM-Motor + 90°)
Schwungradschrauben	60 Nm + 90°
Antriebsscheibe (Automatik)	Wie Schwungrad
Wasserpumpe an Motor	20 Nm
Teile der Steuerung	Siehe entsprechende Bilder
Ölpumpe an Motor – ADY-Motor):	
– Kurze Schrauben	10 Nm
– Lange Schrauben	20 Nm
Ölpumpe an Motor – ATM-Motor	Siehe unter 1.8-Liter-Motor
Ölwanne an Block	20 Nm
Ölsaugrohr an Ölpumpendeckel (ADY)	10 Nm
Pumpenkettenrad an Welle (ATM)	20 Nm
Schraube des Kurbelwellensteuerrades	90 Nm + 90°
Schraube, Steuerrad der Zwischenwelle	80 Nm (nur ADY)
Inneres Steuerriemenschutzblech	30 Nm
Schraube des Steuerrades der Nockenwelle	80 Nm (ADY), 100 Nm (ATM)
Mutter des Riemenspanners	45 Nm (ADY), 20 Nm (ATM)
Ölfiltersockel	20 Nm
Ölkühler an Filtersockel	25 Nm
Ölablassstopfen	30 Nm
Auspuffkrümmer an Kopf	25 Nm
Auspuffrohr an Krümmer	40 Nm
Nockenwellenlagerdeckel	20 Nm
Zylinderkopfhaube	8 Nm
Öldruckschalter	10 Nm
Zündkerzen	25 Nm
Auspuffkrümmer und Auspuffanlage	Siehe Montagebilder
Motor an Getriebe	60 Nm
Motor- und Getriebeaufhängungen	Siehe betreffendes Kapitel

Schaltgetriebe

Motor an Getriebe:	
– M10-Schrauben	60 Nm
– M12-Schrauben	80 Nm
Anlasserschrauben	45 Nm
Kabelhalter an Anlasser	17 Nm
Öleinfüllstopfen und -ablassstopfen	35 Nm
Mittleres Lager der Antriebswelle an Zylinderblock	47 Nm
Radbolzen	170 Nm

Lenkung

Klemmschrauben für Lenkwellenverbindung	25 Nm
Schrauben, Lenkungsbefestigung	30 Nm + 90°
Überwurfmutter, Druckleitung (Stahl)	32 Nm
Überwurfmutter, Druckleitung (Aluminium)	10 Nm
Überwurfmutter, Druckleitung, Dieselmotor	41 Nm
Kontermutter, Spurstangenköpfe	55 Nm
Mutter, Spurstangen an Achsschenkel	30 Nm +90°
Radbolzen	170 Nm
Riemenscheibe, Lenkhilfspumpe	23 Nm
Schraube der Laufrolle des Antriebsriemens	25 Nm
Lenkradmutter	40 Nm

Vorderradaufhängung

Spurstangen an Achsschenkel	30 Nm + 90°
Pendelaufhängung an Querträger	90 Nm + 90°
Pendelaufhängung an Getriebe	60° Nm + 90°
Querlenker an Querträger:	
– waagerechte Schraube	90 Nm + 90°
– senkrechte Schraube	150 Nm + 90°
Muttern der Koppelstangen, oben und unten	100 Nm
Stabilisator-Montageschellen	55 Nm
Nebenrahmen an Wagenboden	150 Nm + 90°
Kugelgelenkplatte an Achsschenkel	55 Nm
Mutter des Tragkugelgelenks	30 Nm + 90°
Klemmschraube, Federbein an Achsschenkel	110 Nm
Bremssattelmontagerahmen	200 Nm
Bremssattel an Montagerahmen	28 Nm
Schraube, Drehzahl-Sensor	10 Nm
Antriebswellenschraube	150 Nm + 90°
Federbein an Karosserie	60 Nm
Mutter der Kolbenstangenmutter (Federbein)	60 Nm
Spritzblech an Achsschenkel	10 Nm
Antriebswellen an Getriebe	Siehe unten
Oberes Federbeinlager an Kolbenstange	60 Nm
Bremsscheiben-Schraube	10 Nm
Radbolzen	Siehe unter „Lenkung“

Antriebswellen

Schraube der Antriebswellen	150 Nm + 90°
Antriebswellen an der Innenseite	Siehe Montagebilder

Hinterradaufhängung

Mutter, Längslenker, innen	170 Nm
Schraube, Ausleger des Hilfsrahmens	260 Nm
Aufhängungslager des Auslegers	65 Nm
Anschlaggummi	40 Nm
Stoßdämpferbefestigung, unten	130 Nm
Stoßdämpferbefestigung, oben	110 Nm
Montageschellen, Kurvenstabilisator	30 Nm
Achsenträger an Wagenboden	110 Nm
Mittlere Schraube des Achsenträgers	170 Nm
Radbolzen	170 Nm
Mutter der Radnaben/Radlagerbefestigung	200 Nm
Bremssattelmontagerahmen, hinten	110 Nm
Bremssattel an Montagerahmen	35 Nm
Drehzahl-Sensor, ABS	10 Nm
Spritzblech an Radlagergehäuse	10 Nm
Überwurfmuttern, Bremsleitungen	13 Nm

Bremsanlage

Vorderer Bremssattelträger an Achsschenkel	Siehe Montagebilder
Bremssattelzylinder an Bremssattelträger	35 Nm
Bremsscheiben an Radnabe	10 Nm
Radbolzen	170 Nm
Bremssattelträger, hinten an Achse	110 Nm
Hinterer Bremssattel an Träger	35 Nm
Mutter der Hinterradnabe	200 Nm
Handbremshebel an Wagenboden	25 Nm
Muttern, Hauptbremszylinder	25 Nm
Muttern, Bremskraftverstärker	27 Nm
Überwurfmuttern, Bremsleitungen	13 Nm
Spritzbleche, Bremsscheiben	10 Nm
Überwurfmuttern, Leitungen an ABS-Gerät	13 Nm
Hauptbremszylinder mit ABS	25 Nm
Mutter der Handbremsseilverstellung	Einstellen
Entlüftungsschrauben der Bremssättel	8 Nm
Hintere Bremsscheiben an Radnaben	10 Nm
Bremsschlauch an Bremssattel	25 Nm
Schellen der Kabel (ABS)	Mit Gefühl anziehen

Schaltpläne

Auf den folgenden Seiten sind die Schaltpläne für die Grundausrüstung der behandelten Fahrzeuge ab ca. Mai 2001 gedruckt. Bei vor Mai 2001 hergestellten Fahrzeugen könnten einige Unterschiede auftreten. Alle einen spezifischen Motor betreffenden Stromkreisläufe sind nicht gegeben, da in den meisten Fällen Spezialinstrumente und Ausrüstungen, wie z. B. Diagnosegeräte erforderlich sind, um irgendwelche elektrischen Probleme herauszufinden.
Die unter den Schaltplänen angegebene Nummernreihe hat keine weitere Bedeutung, da sie nur auf die fortlaufende Nummerierung hinweist.
Kabelfarben sind mit Buchstaben angegeben. Der erste Buchstabe weist immer auf die Hauptfarbe hin, der zweite Buchstabe auf den Farbstreifen des Kabels.

Schaltplanverzeichnis

Kabelfarbenerklärung

ws	= weiß
sw	= schwarz
ro	= rot
br	= braun
gn	= grün
bl	= blau
gr	= grau
li	= violett
ge	= gelb

Verzeichnis der Sicherungen

30A	= grün
25A	= weiß
20A	= gelb
15A	= blau
10A	= rot

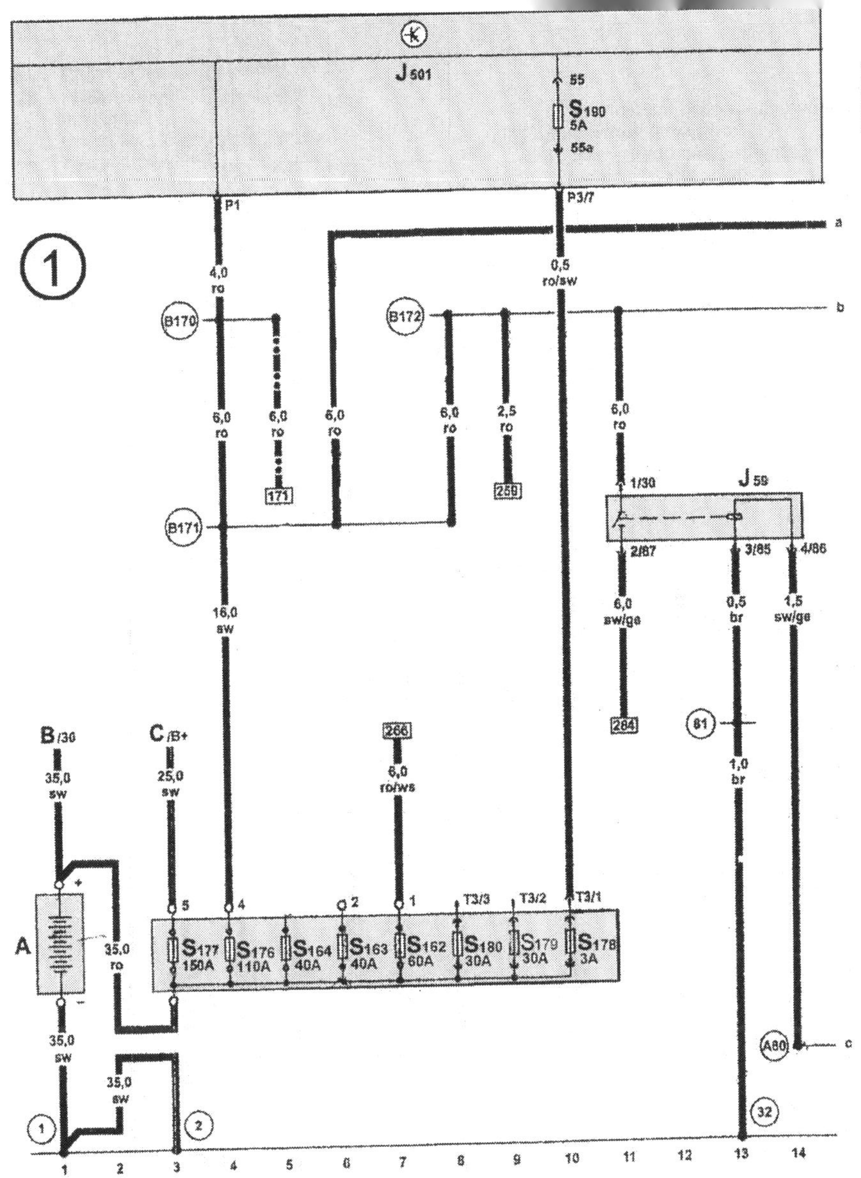

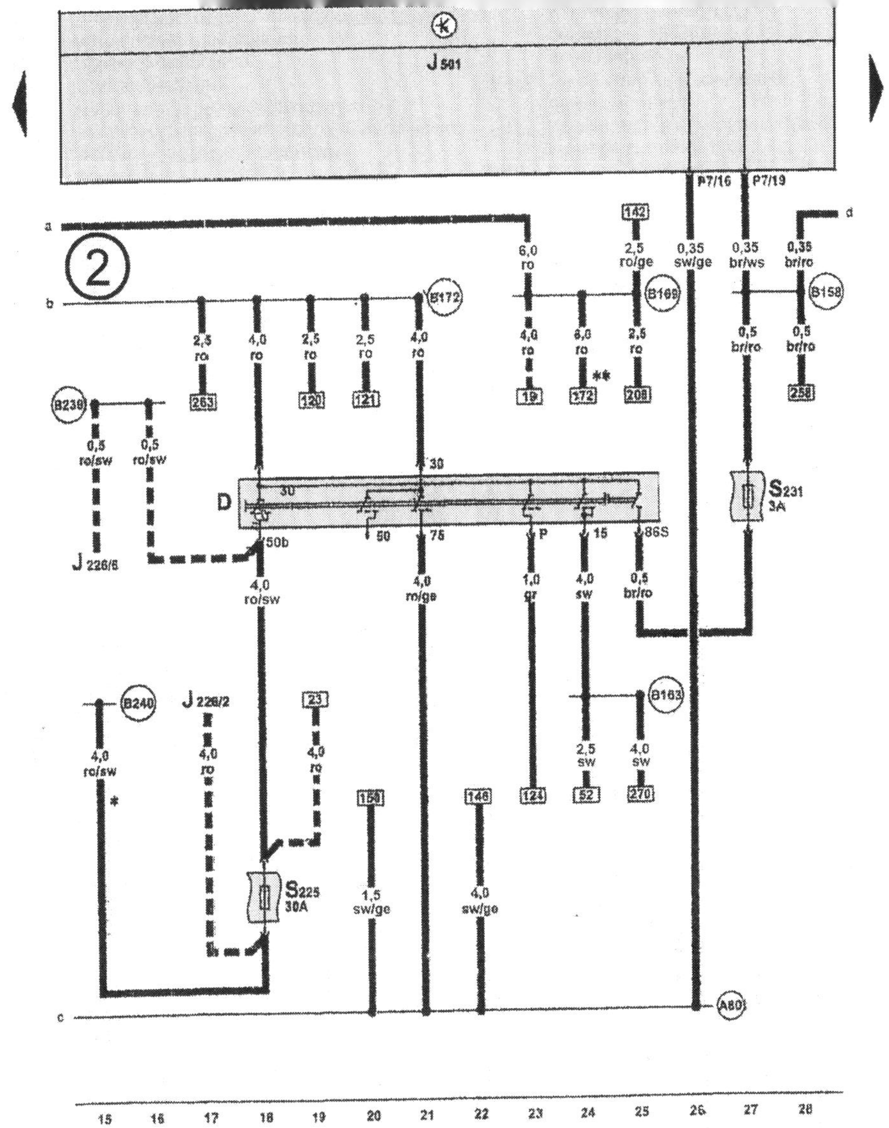

A Batterie
B Anlasser
C Drehstromlichtmaschine
J59 Entlastungsrelais für X-Kontakt
J501 Steuergerät für Multifunktions-Display
S162 Sicherung 1 (30) in Sicherungsdose
S163 Sicherung 2 (30) in Sicherungsdose
S164 Sicherung 3 (30) in Sicherungsdose
S176 Sicherung 4 (30) in Sicherungsdose
S177 Sicherung 5 (30) in Sicherungsdose
S178 Sicherung 6 (30) in Sicherungsdose
S179 Sicherung 7 (30) in Sicherungsdose
S180 Sicherung 8 (30) in Sicherungsdose
S190 Klemme 30, Sicherung für Spannungszufuhr
T3 Dreifachstecker

Im Kreis:
1 Masseband, Batterie zu Karosserie
2 Masseband, Getriebe zu Karosserie
32 Massestelle, links hinter Armaturenbrett
81 Masseverbindung 1, im Kabelstrang des Armaturenbretts
A80 Verbindung 1 (X), im Kabelstrang des Armaturenbretts
B170 Positive (+) Verbindung 2 (30), im Kabelstrang des Innenraums
B171 Positive (+) Verbindung 3 (30), im Kabelstrang des Innenraums
B172 Positive (+) Verbindung 4 (30), im Kabelstrang des Innenraums
-..- Nur Fahrzeuge mit Dieselmotor

D Zünd/Anlassschalter
J226 Relais, Anlasssperrschalter und Rückfahrleuchte
S102 Sicherung Nr. 13 in Sicherungsdose
J501 Steuergerät für Multifunktions-Display
S229 Sicherung in Sicherungsdose
S231 Sicherung Nr. 25 in Sicherungsdose
Im Kreis:
A80 Verbindung 1 (X), im Kabelstrang des Armaturenbretts
B158 Verbindung (S), im Kabelstrang des Innenraums
B163 Positive (+) Verbindung 1 (15), im Kabelstrang des Innenraums
B169 Positive (+) Verbindung 1 (30), im Kabelstrang des Innenraums
B172 Positive (+) Verbindung 4 (30), im Kabelstrang des Innenraums
B239 Verbindung 2 (50), im Kabelstrang des Innenraums
- - - nur mit Getriebeautomatik
* nur mit Schaltgetriebe
** nur mit Benzinmotor

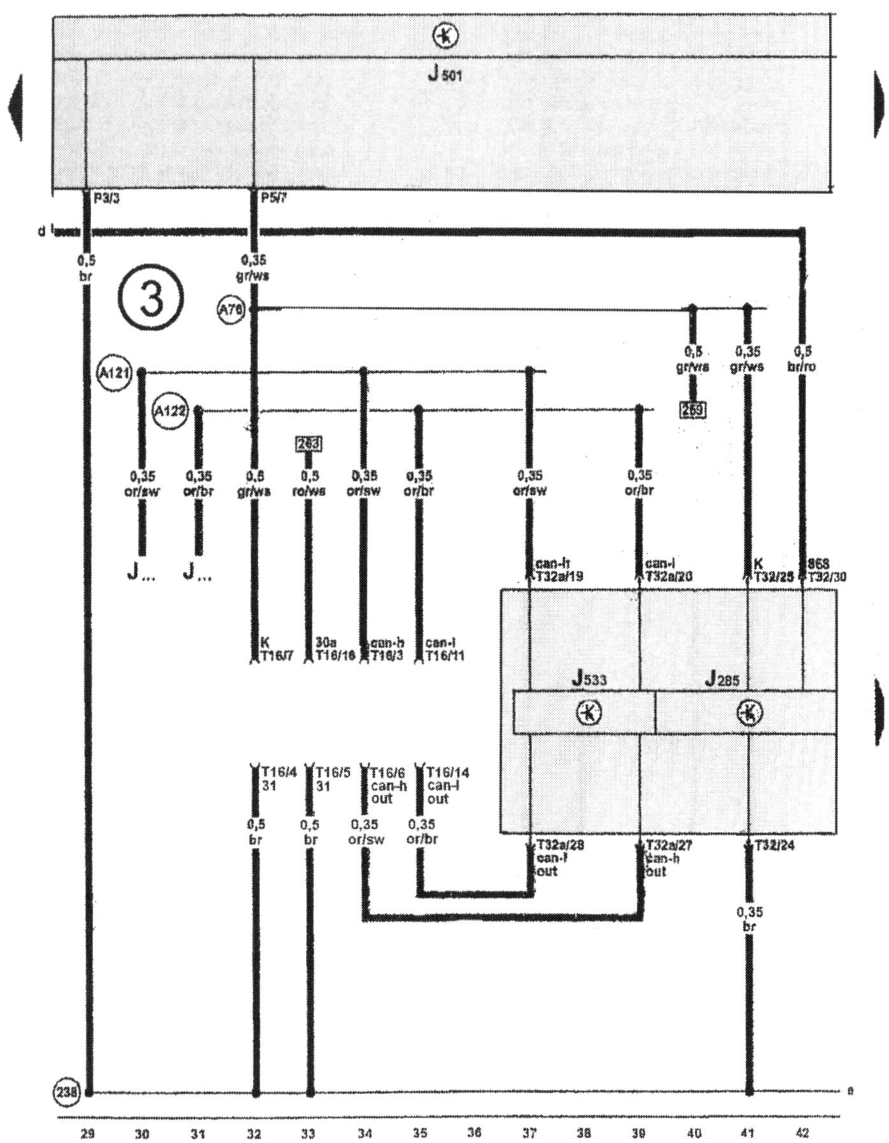

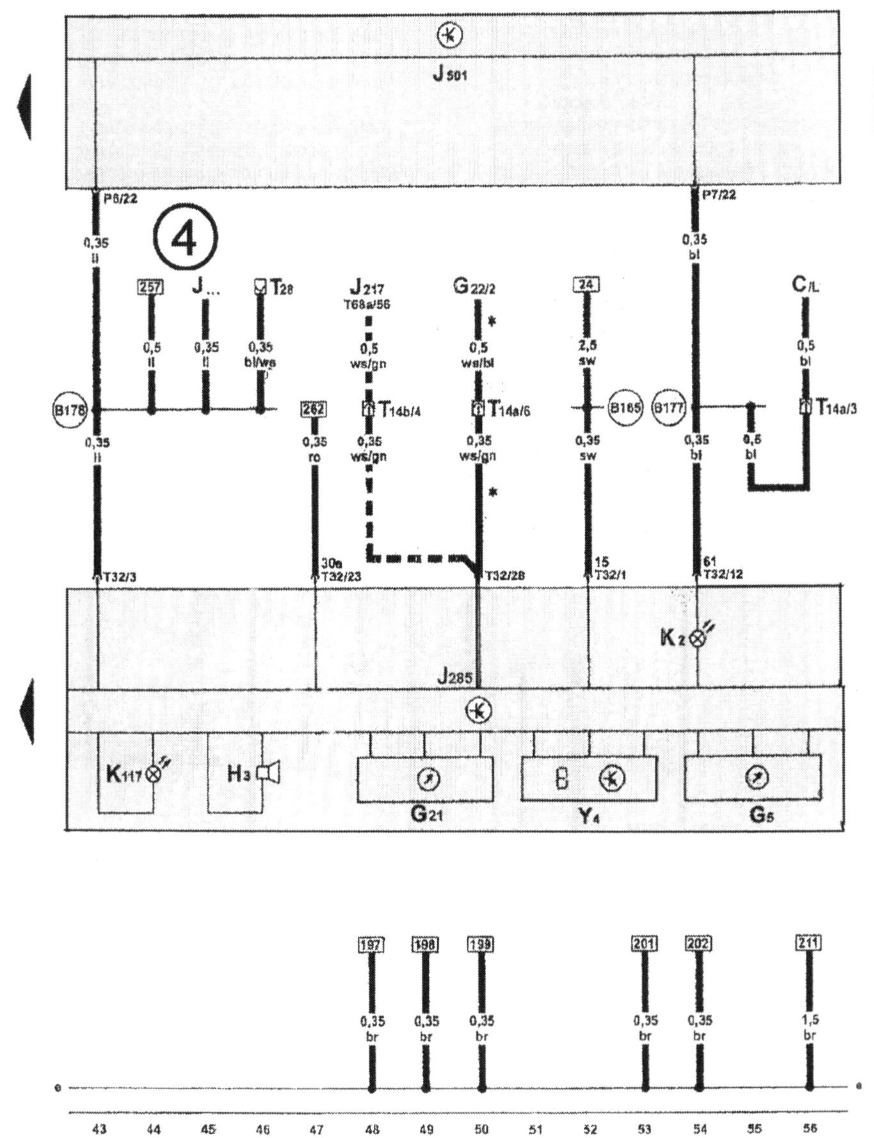

J285 Steuergerät mit Display im Instrumenteneinsatz
J501 Steuergerät für Multifunktions-Display
J533 Daten-Bus Diagnoseverbindung, im Instrumenteneinsatz
J.... Motorsteuergerät
T16 Steckverbindung, 16-fach, links unter Armaturenbrett, Selbstdiagnose anschluss
T32 Steckverbinder, 32-fach, blau
T32a Steckverbinder, 32-fach, grün

Im Kreis:
238 Masseverbindung 1, im Kabelstrang des Innenraums
A76 Verbindung (Diagnosedraht K), im Kabelstrang des Armaturenbretts
A121 Verbindung (High Bus), im Kabelstrang des Armaturenbretts
A122 Verbindung (Low Bus), im Kabelstrang des Armaturenbretts

C Drehstromlichtmaschine
G5 Drehzahlmesser
G21 Tachometer
G22 Geber für Tachometer (Hallgeber am Getriebe)
H3 Warnsummer
J217 Steuergerät, Getriebeautomatik
J285 Steuergerät mit Display, im Instrumenteneinsatz
J501 Steuergerät für Multifunktions-Display
J..... Motorsteuergerät
K2 Ladekontrollleuchten
K117 Warnleuchte, Wegfahrsperre
T32 Kabelstecker, 32-fach, blau
T68a Kabelstecker, 68-fach, nur mit Fünfgang-Automatik (AG5)
Y4 Tageskilometeranzeige

Im Kreis:
B165 Positive (+) Verbindung 2 (15), im Kabelstrang des Innenraums
B177 Verbindung (61), im Kabelstrang des Innenraums
B178 Verbindung im Kabelstrang des Innenraums
* nur mit Schaltgetriebe oder

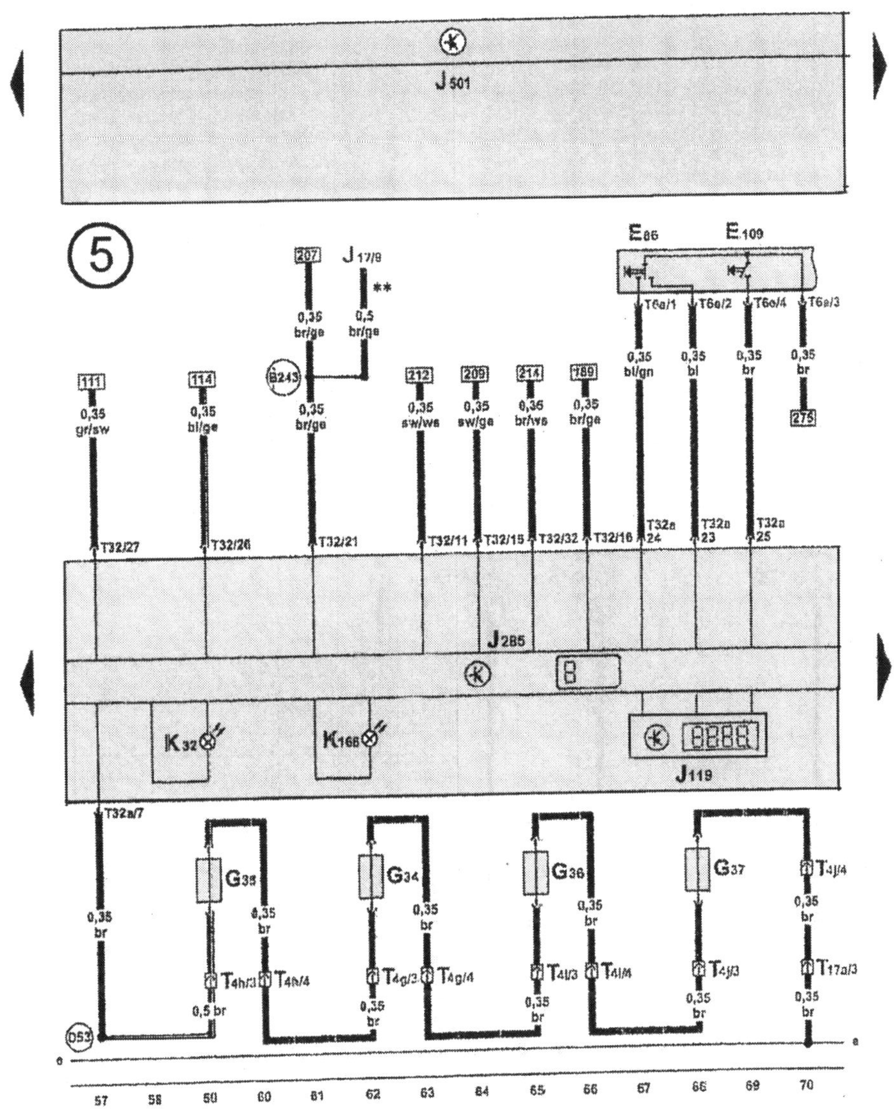

E86	Abrufknopf für Multifunktions-Display	T4j	Vierfachstecker, Nähe Kraftstofftank
E109	Speicherschalter für Multifunktions-Display	T6e	Sechsfachstecker
G34	Bremsklotzverschleißanzeige, vorn links	T17a	Kabelstecker, 17-fach, hinter Armaturenbrett, links
G35	Bremsklotzverschleißanzeige, vorn rechts*	T32	Kabelstecker, 32-fach, blau
G36	Bremsklotzverschleißanzeige, hinten links*	T32a	Kabelstecker, 32-fach, grün
G37	Bremsklotzverschleißanzeige, hinten rechts	Im Kreis:	
J17	Relais der Kraftstoffpumpe	B243	Verbindung 4 (DC), im Kabelstrang des Innenraums
J285	Steuergerät mit Display im Instrumentensatz	D53	Verbindung (Bremsverschleißanzeiger, rechts), im Kabelstrang des Motorraums
J501	Steuergerät für Multifunktions-Display	*	Nur Fahrzeuge mit 16-Zoll-Rädern
K32	Warnleuchte, Bremsklotzverschleiß	**	Nur Fahrzeuge mit Benzinmotor
T4g	Vierfachstecker, im Radkasten, vorn links		
T4h	Vierfachstecker, im Radkasten, vorn rechts		
T4i	Vierfachstecker, Nähe Kraftstoffuhr		

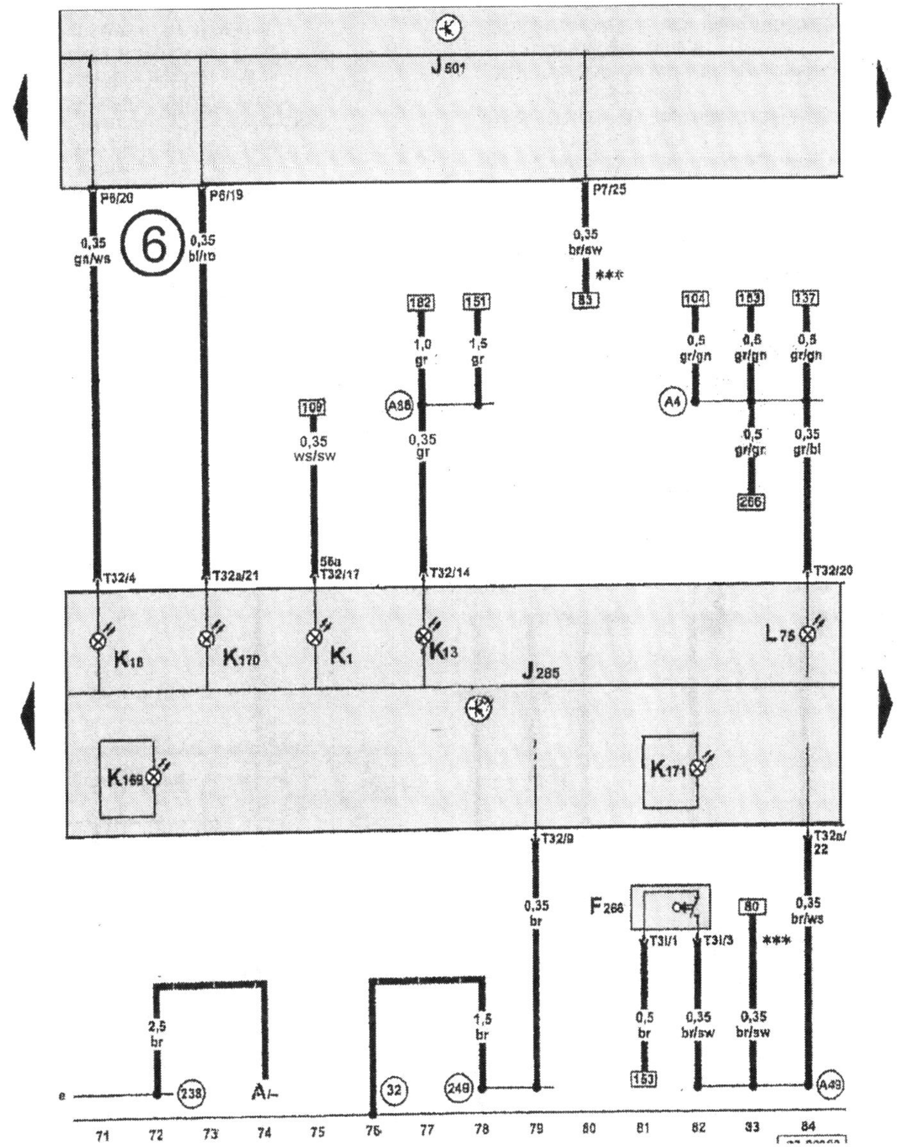

A	Batterie	T32a	Kabelstecker, 32-fach, grün
J266	Kontaktschalter, Motorhaube	Im Kreis:	
J285	Steuergerät mit Display, im Instrumenteinsatz	32	Massestelle, hinter Armaturenbrett, links
J501	Steuergerät für Multifunktions-Display	238	Masseverbindung 1, im Kabelstrang des Innenraums
K1	Fernlichtkontrollleuchten	249	Masseverbindung 2, Im Kabelstrang des Innenraums
K13	Warnleuchte, Nebelschlussleuchte	A4	Positive (+) Verbindung (58b), im Kabelstrang des Armaturenbretts
K18	Warnleuchter, Anhängerbetrieb	A49	Verbindung 1, im Kabelstrang des Armaturenbretts
K169	Warnleuchte, Schalthebelsperre	A86	Verbindung, im Kabelstrang des Armaturenbretts
K170	Warnleuchte, Glühbirnenausfall	***	nur Fahrzeuge mit Diebstahlwarnanlage
K171	Warnleuchte, Motorhaube geöffnet		
L75	Beleuchtung, Digital-Display		
T3l	Dreifachstecker		
T32	Kabelstecker, 32-fach, blau		

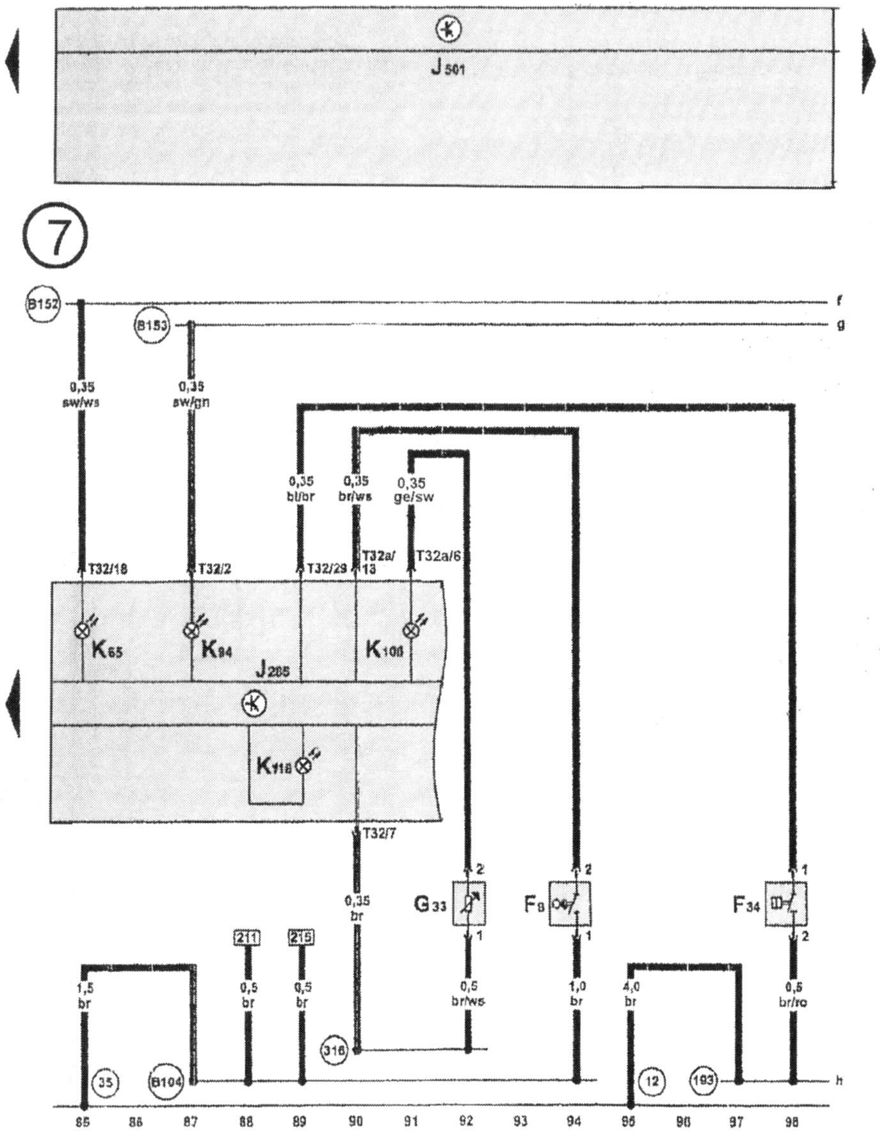

F9 Warnschalter, am Handbremshebel
F34 Warnkontakt, Bremsflüssigkeitsstand
G33 Geber, Wasserstand, Scheibenwaschanlage
J285 Steuergerät mit Display, im Instrumenteinsatz
J501 Steuergerät für Multifunktions-Display
K65 Blinkkontrollleuchten, links
K94 Blinkkontrollleuchten, rechts
K106 Warnleuchte, Behälter der Scheibenwaschanlage
K118 Warnleuchte, Bremsanlage
T32 Kabelstecker, 32-fach, blau
T32a Kabelstecker, 32-fach, grün

Im Kreis:
12 Massestelle, im Motorraum links, unter Batterie
35 Massestelle, unter vordere, Beifahrersitz
193 Masseverbindung 1, im Kabelstrang des Kühlungslüfters
316 Masseverbindung (Gebermasse 2), im Kabelstrang des Motors
B104 Masseverbindung (hinten rechts), im Kabelstrang des Innenraums
B152 Verbindung im Kabelstrang des Innenraums
B153 Verbindung im Kabelstrang des Innenraums

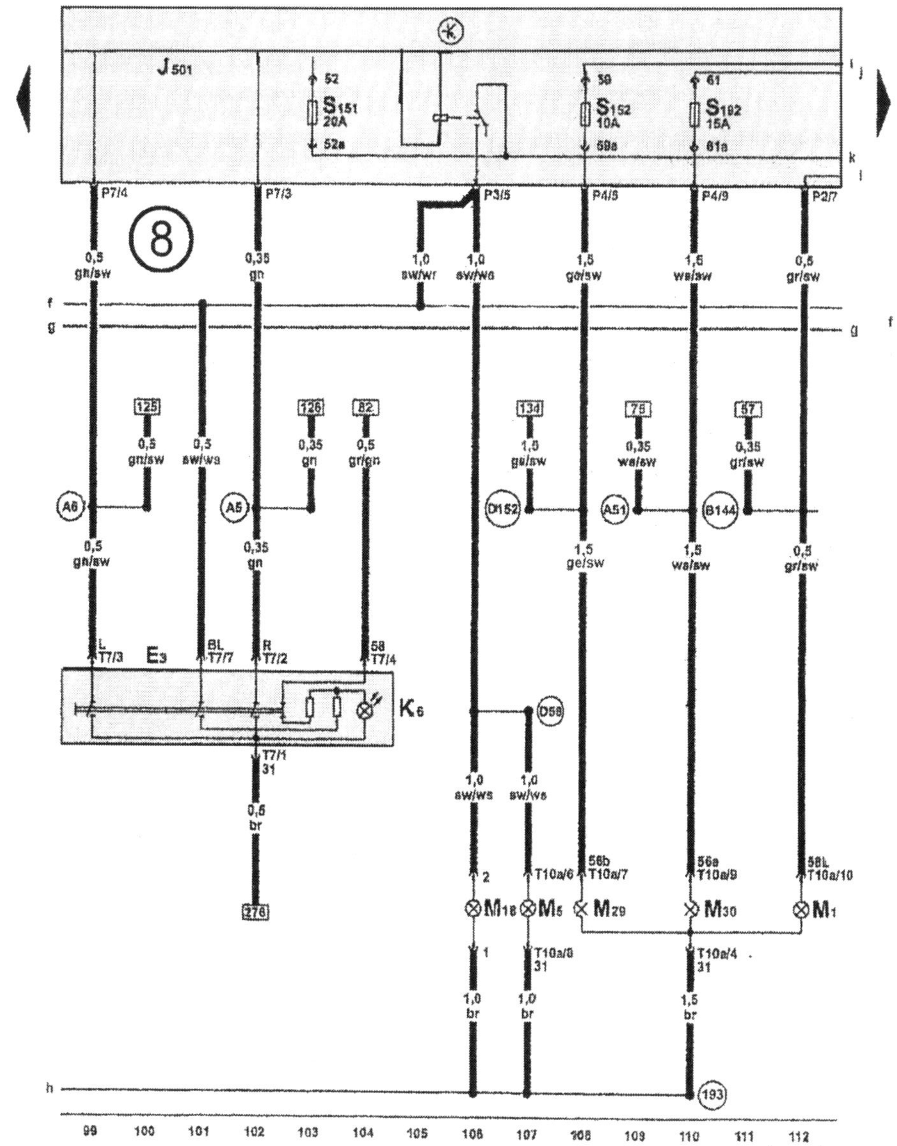

E3 Schalter, Rundumwarnblinkanlage
J501 Steuergerät, Multifunktions-Display
K6 Warnleuchte, Rundumblinkanlage
M1 Glühbirne, vordere, linke Standleuchte
M5 Glühbirne, vordere linke Blinkleuchte
M18 Glühbirne, Seitenblinkleuchte, links
M29 Glühbirne, Abblendlicht, links
M30 Glühbirne, Fernlicht, links
S151 Sicherung, Blinkleuchten
S152 Sicherung, linkes Abblendlicht
S192 Sicherung, linkes Fernlicht
T7 Mehrfachstecker, 7-fach
T10a Mehrfachstecker, 10-fach, am linken Scheinwerfer

Im Kreis:
193 Masseverbindung 1, im Kabelstrang des Kühlungslüfters
A5 Positive (+) Verbindung (rechte Blinkleuchte), im Kabelstrang des Armaturenbretts
A6 Positive (+) Verbindung (linke Blinkleuchte), im Kabelstrang des Armaturenbretts
A51 Verbindung (56), im Kabelstrang des Armaturenbretts
B144 Positive (+) Verbindung (58L), im Kabelstrang des Innenraums
D58 Verbindung (linke Blinkleuchte), im Kabelstrang des Motorraums

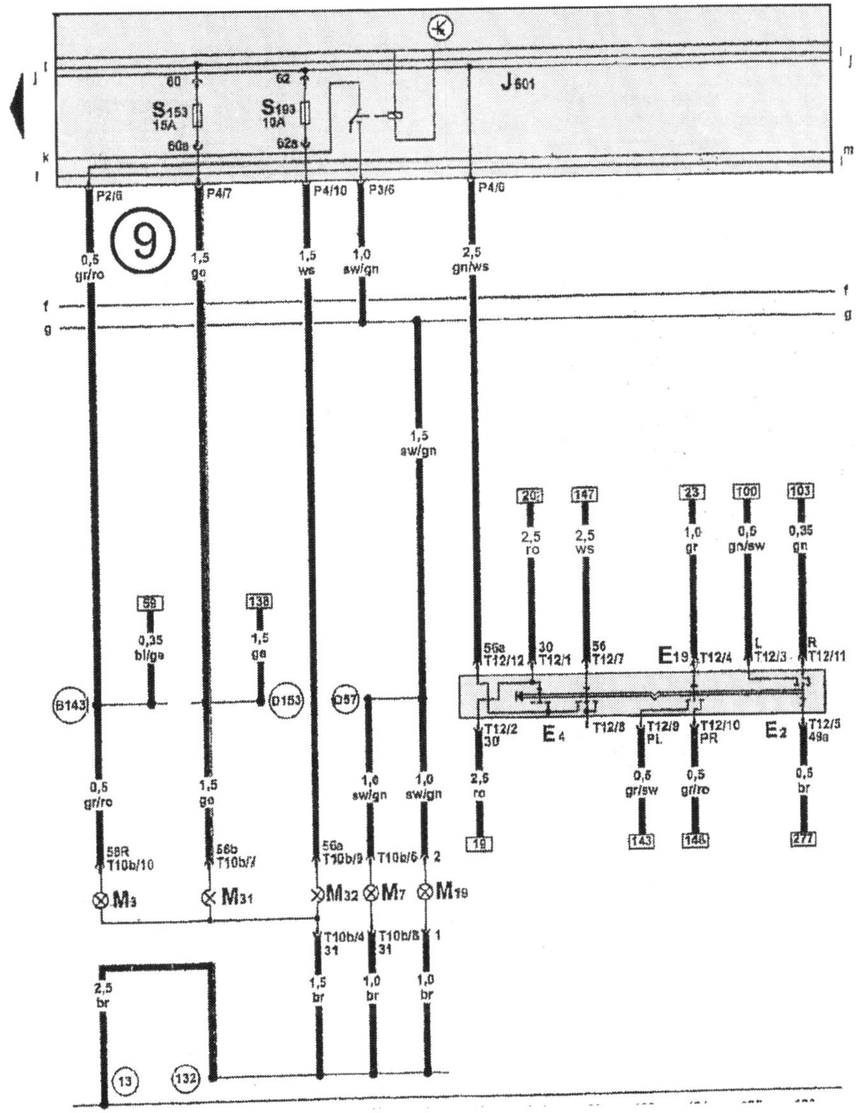

E2 Blinkerschalter
E4 Scheinwerferschalter, Fernlicht/Abblendlicht
E19 Standlichtschalter
J501 Steuergerät. Multifunktions-Display
M3 Glühbirne, rechtes Standlicht
M7 Glühbirne, vordere, rechte Blinkleuchte
M19 Glühbirne, rechtes Standlicht
M31 Glühbirne, rechtes Abblendlicht
M32 Glühbirne, rechtes Fernlicht
S153 Sicherung, rechtes Abblendlicht
S193 Sicherung, rechtes Fernlicht
T10b Mehrfachstecker, 10-fach, am rechten Scheinwerfer
T12 Mehrfachstecker, 12-fach

Im Kreis:
13 Massestelle, im Motorraum, rechts
132 Masseverbindung 3, im Kabelstrang des Motorraums
B143 Positive (+) Verbindung (58R), im Kabelstrang des Innenraums
D57 Verbindung (rechte Blinkleuchte), im Kabelstrang des Motorraums
D153 Positive Verbindung (+), -2- (56b), im Kabelstrang des Motorraums

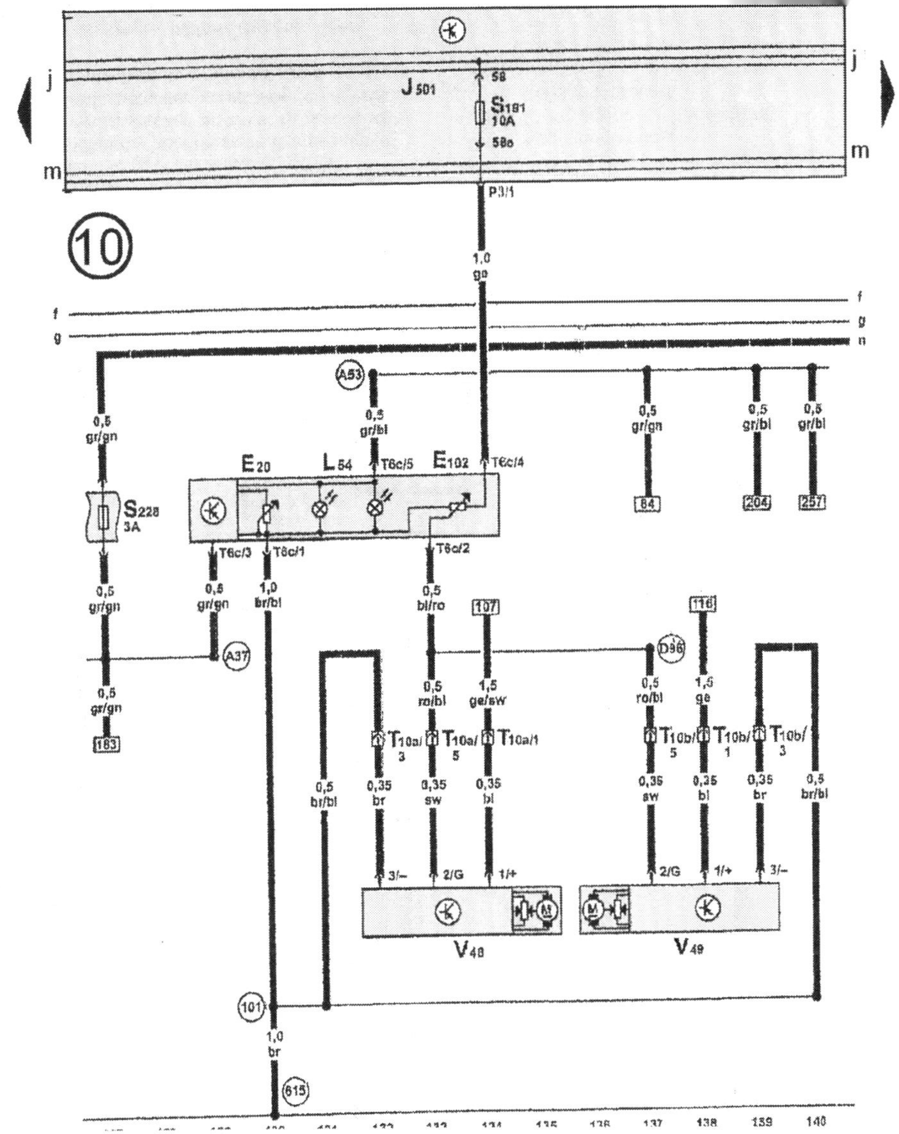

E20 Leuchtstärkenregulierung, Schalter und Instrumente
E102 Versteller, Leuchtweitenregulierung
J501 Steuergerät, Multifunktions-Display
L54 Glühbirne, Versteller der Leuchtweitenregulierung
S191 Sicherung, Leuchtweitenregulierung
S228 Sicherung im Sicherungsdose
T6c Sechsfachstecker,
T10a Mehrfachstecker, 10-fach, am linken Scheinwerfer
T10b Mehrfachstecker, 10-fach, am rechten Scheinwerfer
V48 Stellmotor, Leuchtweitenregulierung, links
V49 Stellmotor, Leuchtweitenregulierung, rechts

Im Kreis:
101 Masseverbindung, im Kabelstrang der Leuchtweitenregulierung
615 Massestelle, am linken Federbein
A37 Verbindung (58a), im Kabelstrang des Armaturenbretts
A53 Positive (+) Verbindung (58b) im Kabel strang des Armaturenbretts
D96 Verbindung (Leuchtweitenregulierung), im Kabelstrang des Motorraums

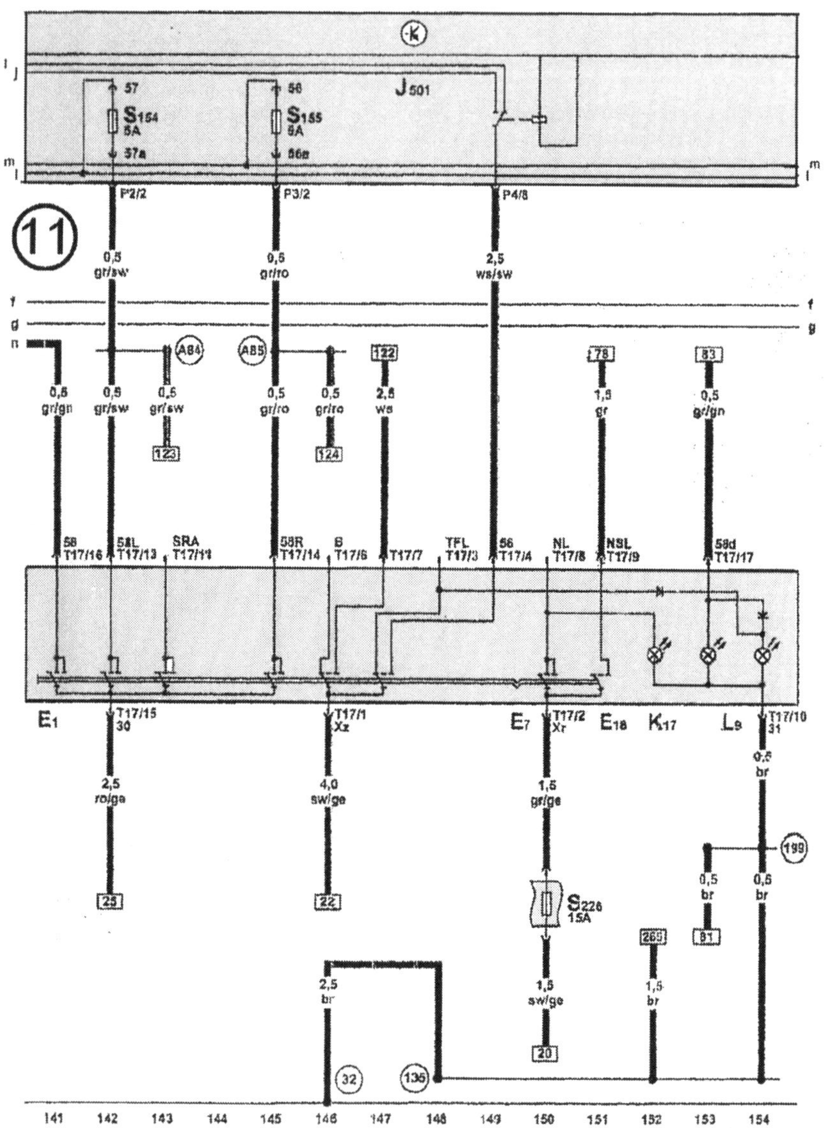

E1	Lichtschalter	Im Kreis:	
E7	Schalter, Nebelleuchten	32	Massestelle, hinter Armaturenbrett, links
E18	Schalter, Nebelschlussleuchte	135	Masseverbindung 2, im Kabelstrang des Armaturenbretts
J501	Steuergerät, Multifunktions-Display	199	Masseverbindung 3, im Kabelstrang des Armaturenbretts
K17	Warnleuchte, Nebelleuchten	A84	Verbindung (58L), im Kabelstrang des Armaturenbretts
L9	Glühbirne, Lichtschalterbeleuchtung	A85	Verbindung (58R), im Kabelstrang des Armaturenbretts
S154	Sicherung, linkes Standlicht		
S155	Sicherung, rechtes Standlicht		
S226	Sicherung in Sicherungsdose		
T17	Mehrfachstecker, 17-fach		

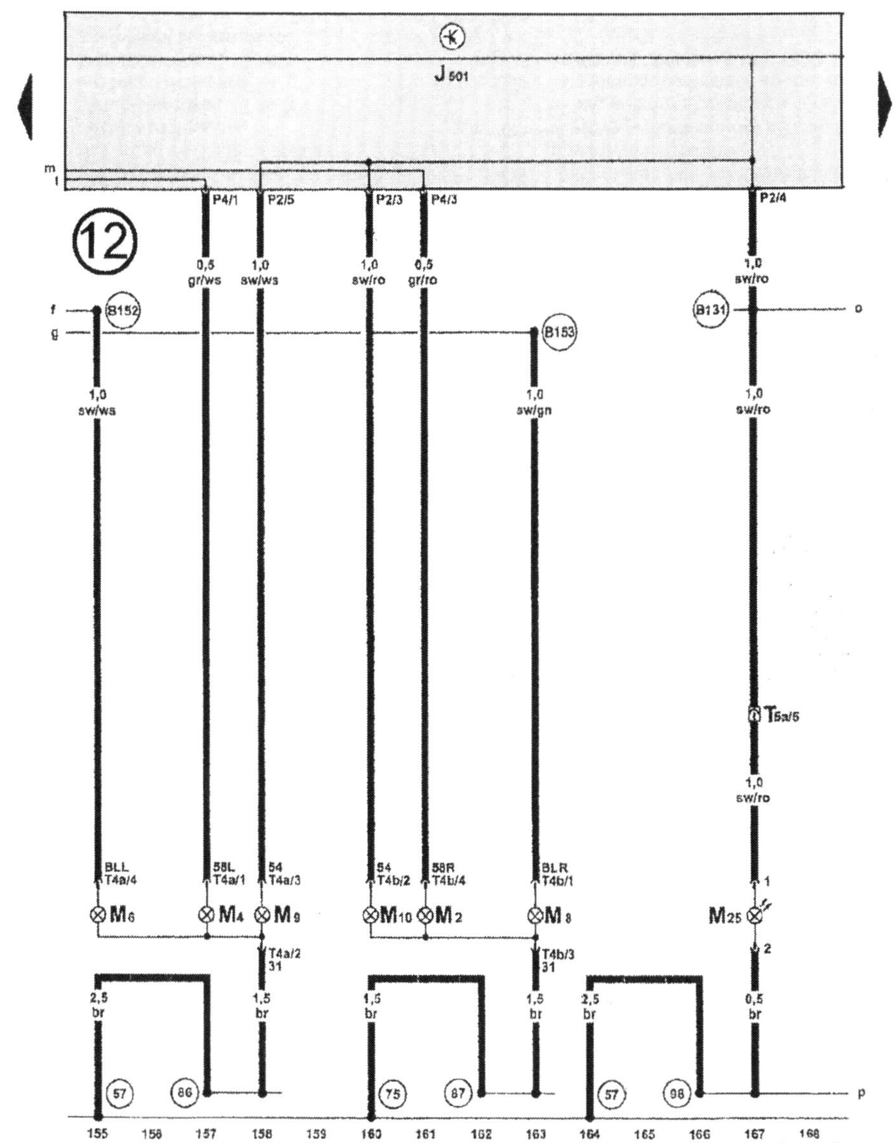

J501	Steuergerät, Multifunktions-Display	86	Masseverbindung 1, im hinteren Kabelstrang
M2	Glühbirne, Schlussleuchte, rechts	87	Masseverbindung 2, im hinteren Kabelstrang
M4	Glühbirne, Schlussleuchte, links	98	Masseverbindung, im Kabelstrang der Heckklappe
M6	Glühbirne, Blinkleuchte, hinten links	B131	Verbindung (54), im Kabelstrang des Innenraums
M8	Glühbirne, Blinkleuchte, hinten rechts	B152	Verbindung, im Kabelstrang des Innenraums
M9	Glühbirne, Bremsleuchte, links	B153	Verbindung, im Kabelstrang des Innenraums
M10	Glühbirne, Bremsleuchte, rechts		
M25	Glühbirne, hochgestellte Bremsleuchte		
T4a	Vierfachstecker, an linker Schlussleuchte		
T4b	Vierfachstecker, an rechter Schlussleuchte		
T5a	Fünffachstecker, schwarz, an D-Türsäule		
Im Kreis:			

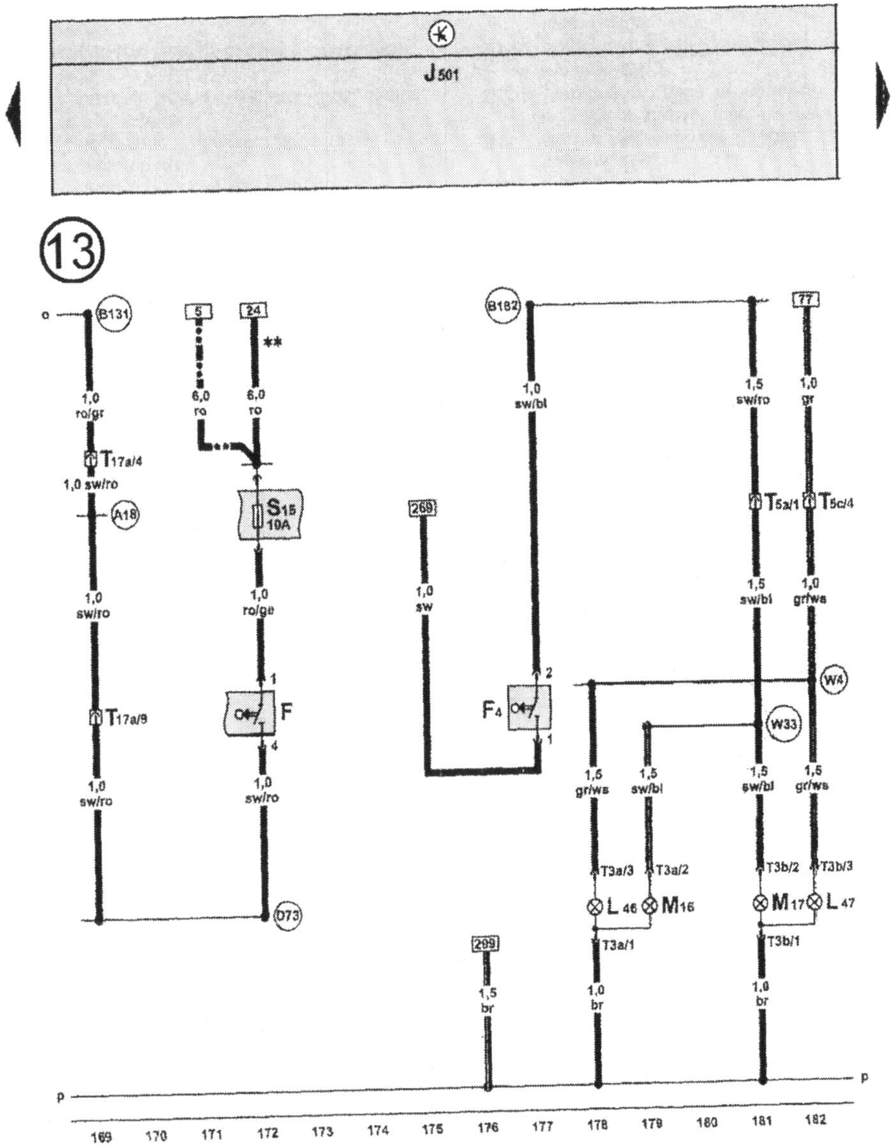

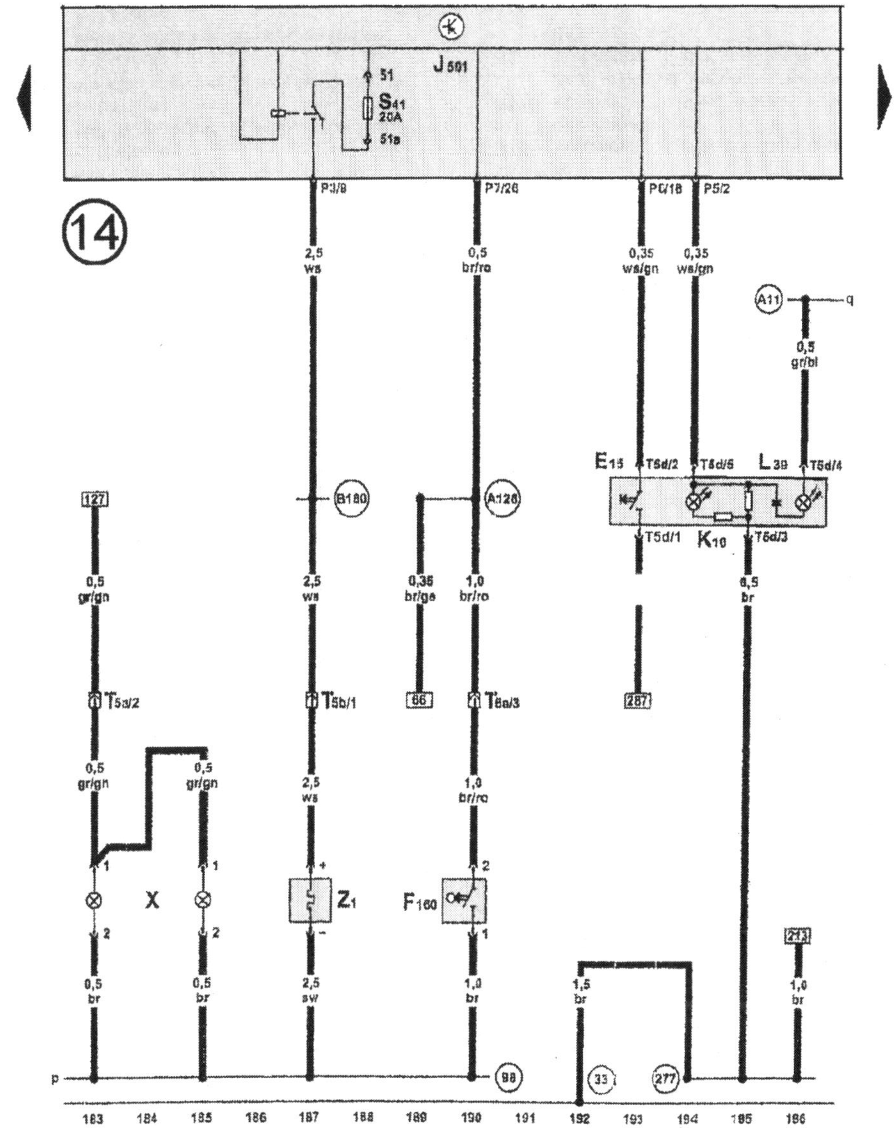

F Bremslichtschalter
F4 Schalter, Rückfahrleuchte
J501 Steuergerät, Multifunktions-Display
L46 Glühbirne, Nebelschlussleuchte, links
L47 Glühbirne, Nebelschlussleuchte, rechts
M16 Glühbirne, Rückfahrleuchte, links
M17 Glühbirne, Rückfahrleuchte, rechts
S15 Sicherung im Sicherungskasten
T3a Dreifachstecker
T3ba Dreifachstecker
T5a Fünffachstecker, schwarz, linker D-Türpfosten
T5ca Fünffachstecker, braun, linker D-Türpfosten
T17a Mehrfachstecker, 17-fach, hinter Armaturenbrett, links

Im Kreis:
A18 Verbindung (54), im Kabelstrang des Armaturenbretts
B131 Verbindung (54), im Kabelstrang des Innenraums
B182 Verbindung, im Kabelstrang des Innenraums
D73 Positive (+) Verbindung (54), im Kabelstrang des Motorraums
W4 Verbindung 1 (Nebelschlussleuchten), im hinteren Kabelstrang
W33 Verbindung (Rückfahrleuchte), im Kabelstrang der Hecklappe
** nur Fahrzeuge mit Benzinmotor
-**- nur Fahrzeuge mit Dieselmotor

E15 Schalter, beheizte Heckscheibe
F160 Türkontaktschalter, hinten (Heckklappe)
J501 Steuergerät, Multifunktions-Display
K10 Warnleuchte für beheizte Heckscheibe
L39 Glühbirne, Schalter für Heckscheibe
S41 Sicherung, beheizte Heckscheibe
T5a Fünffachstecker, schwarz, linke D-Türsäule
T5b Fünffachstecker, lila, linke D-Türsäule
T5d Fünffachstecker
X Kennzeichenleuchte
Y1 Beheizte Heckscheibe

Im Kreis:
33 Massestelle, hinter Armaturenbrett rechts
98 Masseverbindung, im Kabelstrang der Heckklappe
277 Masseverbindung 3, im Kabelstrang des Innenraums
A11 Positive (+) Verbindung (58b), im Kabelstrang der Instrumente
A126 Verbindung (Kontaktschalter der Heckklappe), im Kabelstrang des Armaturenbretts
B180 Verbindung (beheizte Heckscheibe), im Kabelstrang des Innenraums

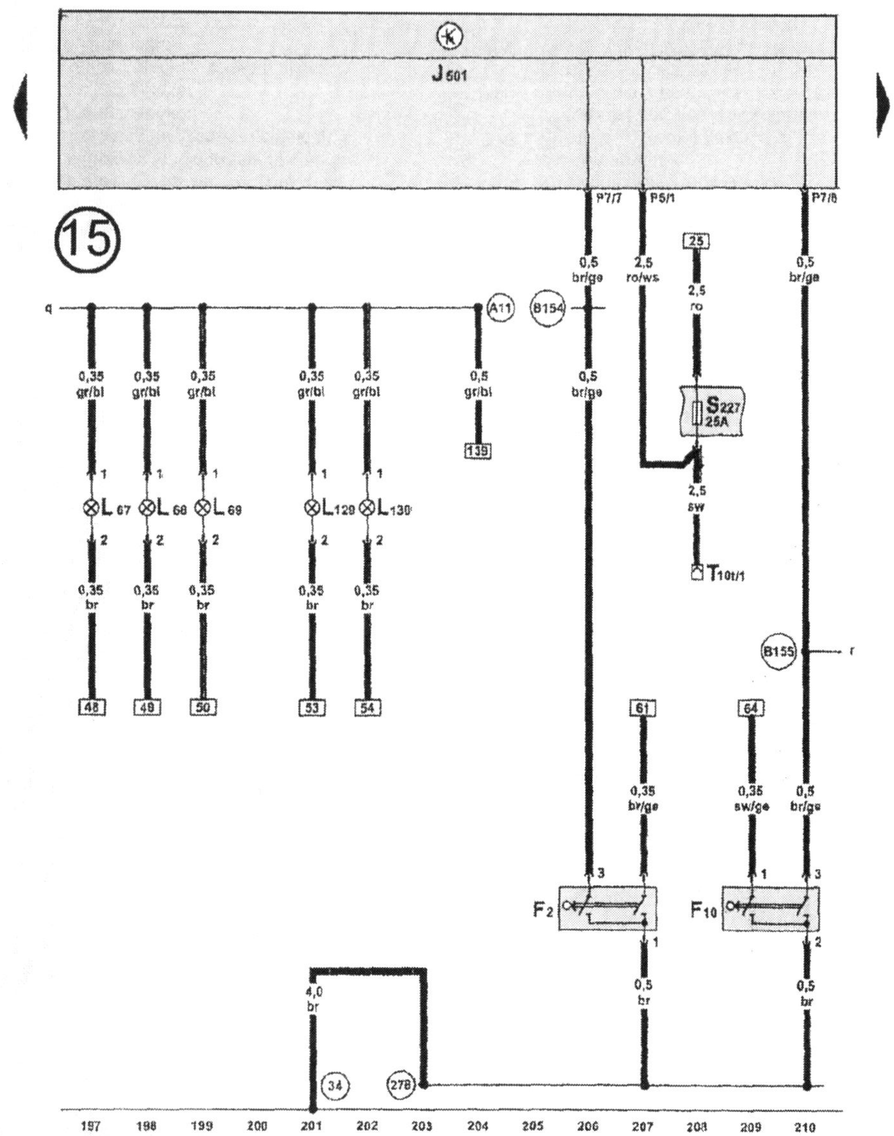

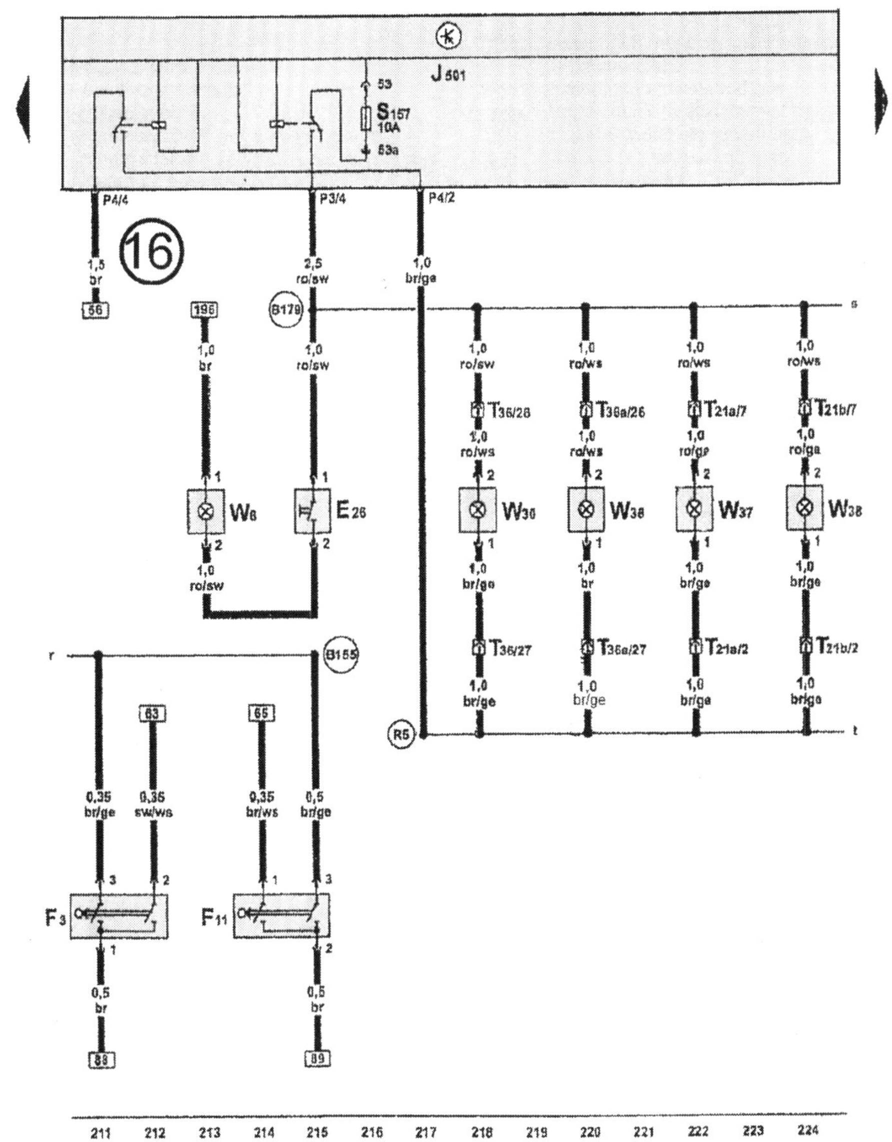

F2 Türkontaktschalter, Fahrerseite
F10 Türkontaktschalter, linke Hintertür
J501 Steuergerät, Multifunktions-Display
L67 Beleuchtung, Luftdüse, links im Armaturenbrett
L68 Beleuchtung, Luftdüse, Mitte im Armaturenbrett
L69 Beleuchtung, Luftdüse, rechts im Armaturenbrett
L129 Glühbirne, Beleuchtung des Drinkhalters, links
L130 Glühbirne, Beleuchtung des Drinkhalters, rechts
S227 Sicherung in Sicherungsdose
T10t Mehrfachstecker, 10-fach, hinter Verkleidung der Türsäule links

Im Kreis:

34 Massestelle, unter Fahrersitz
278 Masseverbindung 4, im Kabelstrang des Innenraums
A11 Positive (+) Verbindung (58b), im Kabelstrang der Instrumente
B154 Verbindung 1 (DC), im Kabelstrang des Innenraums
B155 Verbindung 2 (DC), im Kabelstrang des Innenraums

E26 Schalter der Handschuhkastenleuchte
F3 Türkontaktschalter, Beifahrerseite, vorn
F11 Türkontaktschalter, rechte Hintertür
J501 Steuergerät, Multifunktions-Display
S157 Sicherung, Verbraucherschalter
T21a Mehrfachstecker, 21-fach, an linker B-Türsäule
T21b Mehrfachstecker, 21-fach, an rechter B-Türsäule
T36 Mehrfachstecker, 36-fach, an linker A-Türsäule
T36a Mehrfachstecker, 36-fach, an rechter A-Türsäule
W6 Handschuhkastenleuchte
W30 Türwarnleuchte, Fahrerseite
W36 Türwarnleuchte, vordere Beifahrertür
W37 Türwarnleuchte, linke Hintertür
W38 Türwarnleuchte, rechte Hintertür

Im Kreis:

B155 Verbindung 2 (DC), im Kabelstrang des Innenraums
B179 Positive Verbindung (Verbraucherschalter, aus), im Kabelstrang des Innenraums
R5 Verbindung 2, im Kabelstrang des Innenraums

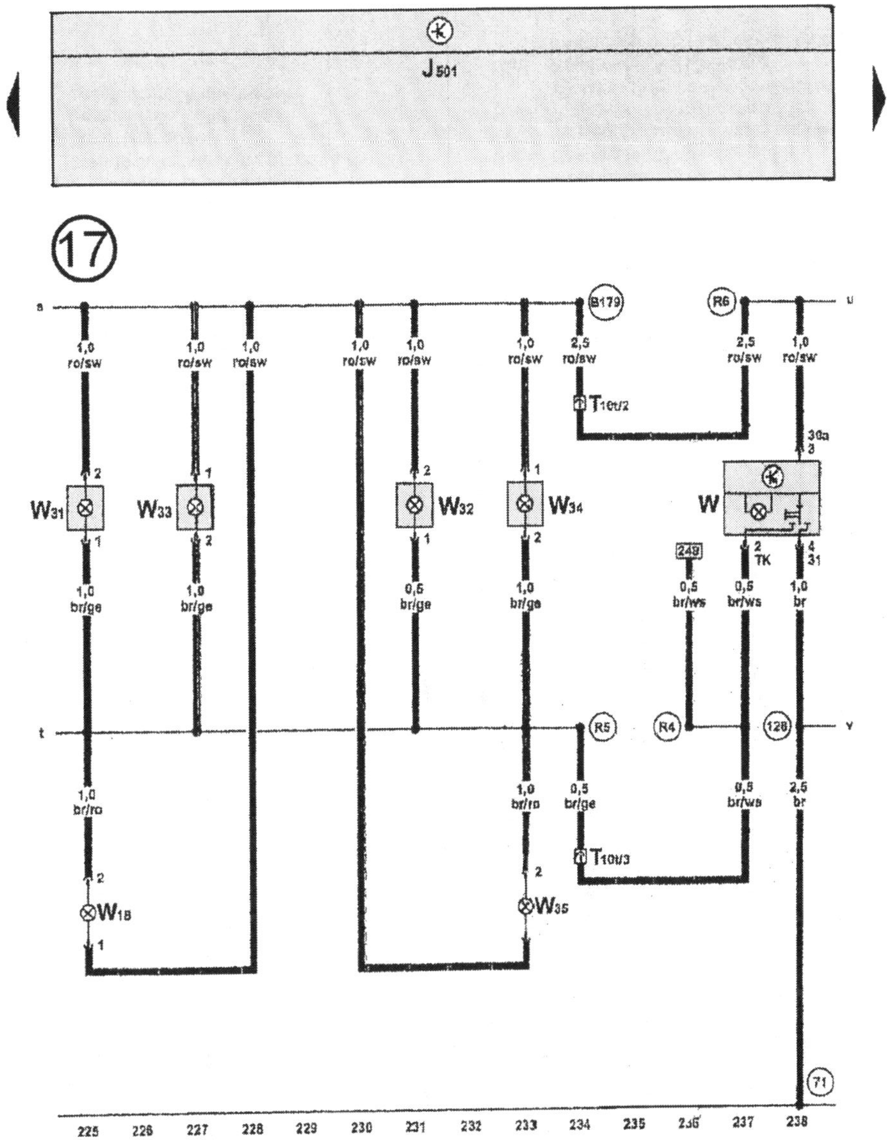

J501 Steuergerät, Multifunktions-Display
T10c Mehrfachstecker, 10-fach, hinter Verkleidung der linken A-Türsäule
W Innenleuchte, vorn
W18 Kofferraumleuchte, links
W31 Einstiegleuchte, vorn links
W32 Einstiegleuchte, vorn rechts
W33 Einstiegleuchte, hinten links
W34 Einstiegleuchte, hinten rechts
W35 Kofferraumleuchte, rechts

Im Kreis:
71 Massestelle, vordere Dachschiene
128 Masseverbindung 1, im Kabelstrang der Innenbeleuchtung
B179 Positive Verbindung (Verbraucherschalter, aus), im Kabelstrang des Innenraums
R4 Verbindung 1, im Kabelstrang der Innenbeleuchtung
R5 Verbindung 2, im Kabelstrang der Innenbeleuchtung
R6 Positive (+) Verbindung 1, im Kabelstrang der Innenbeleuchtung

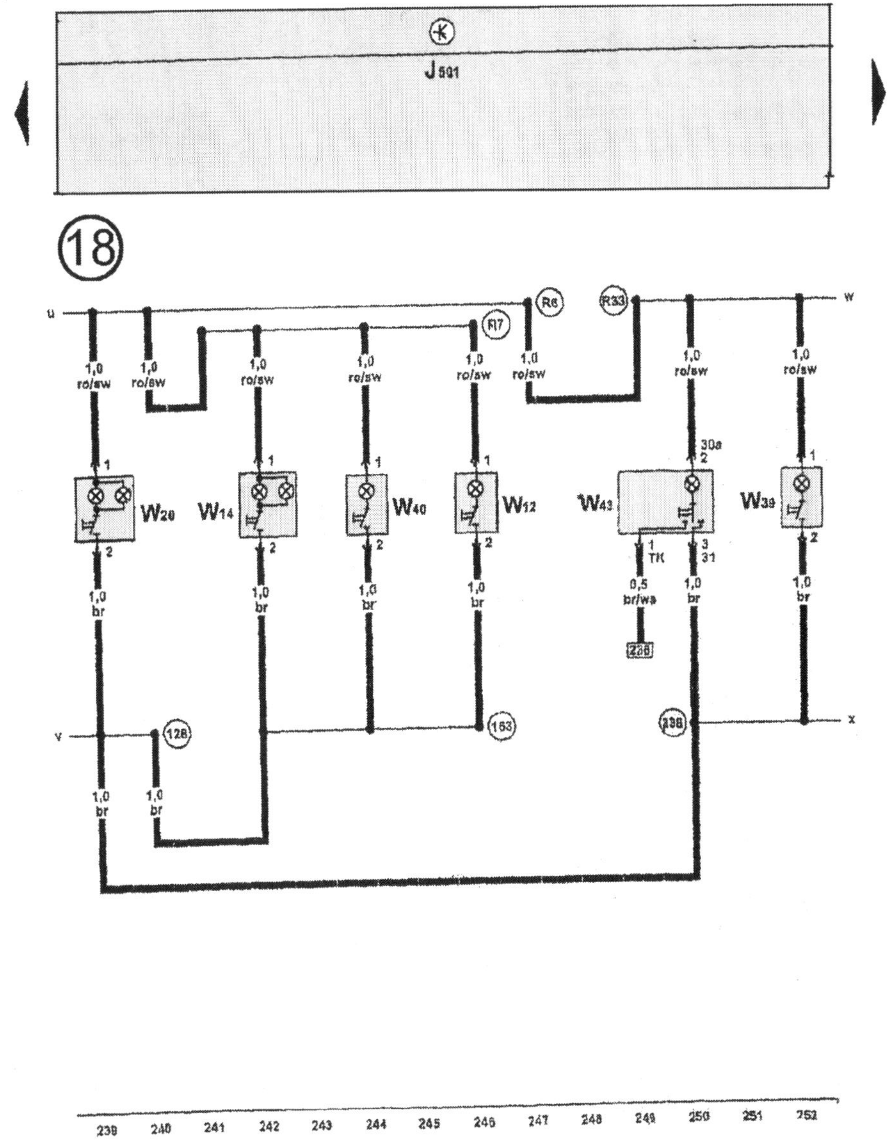

J501 Steuergerät, Multifunktions-Display
W12 Leseleuchte, hinten rechts
W14 Beleuchteter Schminkspiegel, Beifahrerseite, vorn
W20 Beleuchteter Schminkspiegel, Fahrerseite
W39 Linke, mittlere Leseleuchte
W40 Rechte, mittlere Leseleuchte
W43 Hintere Innenleuchte

Im Kreis:
128 Masseverbindung 1, im Kabelstrang der Innenleuchten
163 Masseverbindung 2, im Kabelstrang der Innenleuchten
338 Masseverbindung 3, im Kabelstrang der Innenleuchten
R6 Positive (+) Verbindung 1, im Kabelstrang der Innenbeleuchtung
R7 Positive (+) Verbindung 2, im Kabelstrang der Innenbeleuchtung
R33 Positive (+) Verbindung 3, im Kabelstrang der Innenbeleuchtung

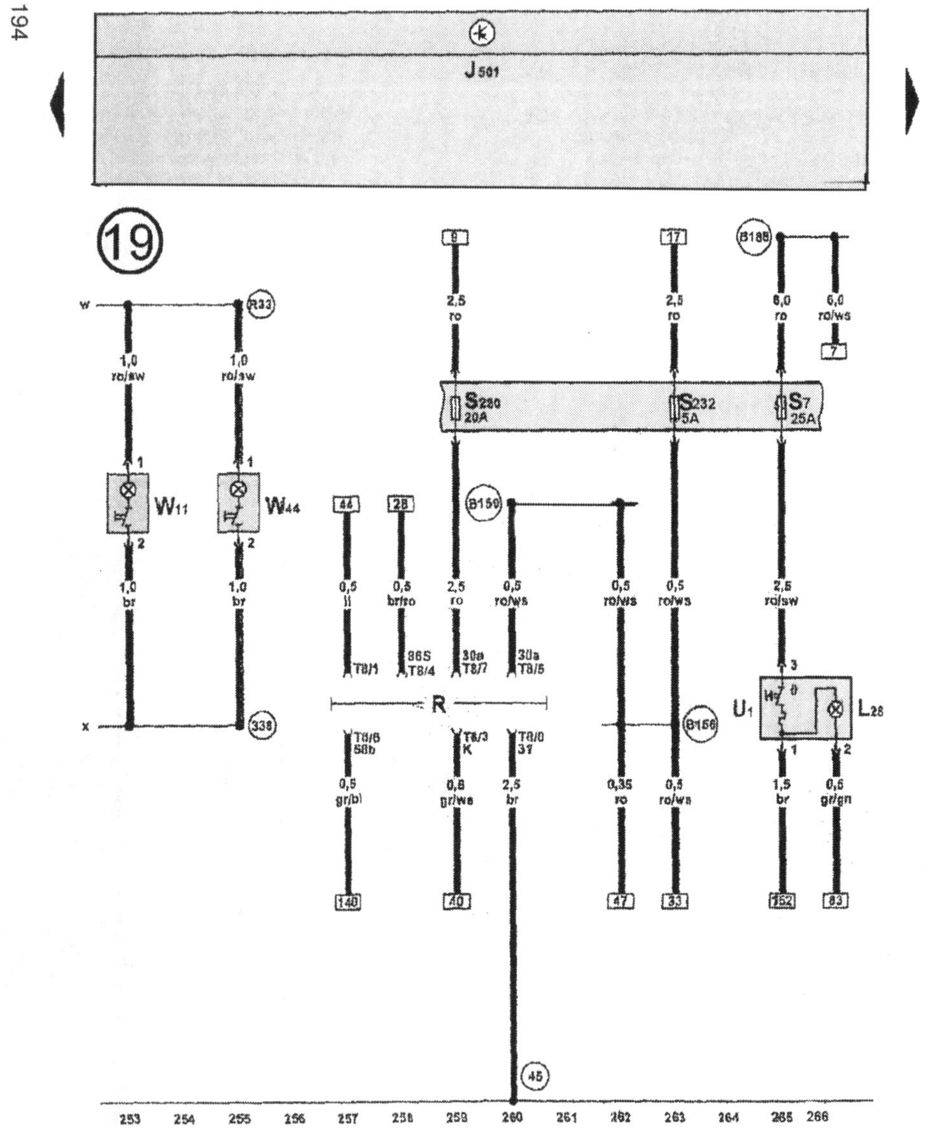

J501 Steuergerät, Multifunktions-Display
L28 Glühbirne, Aschenbecherbeleuchtung
R Radio
S7 Sicherung in Sicherungsdose
S230 Sicherung in Sicherungsdose
S232 Sicherung in Sicherungsdose
T8 Mehrfachstecker, 8-fach, am Radio
U1 Zigarrenanzünder
W11 Leseleuchte, hinten links
W44 Leseleuchte, Mitte, hinten

Im Kreis:
45 Massestelle, hinter Armaturenbrett, Mitte
338 Masseverbindung 3, im Kabelstrang der Innenleuchten
B150 Positive (+) Verbindung 2 (30a), im Kabelstrang der Innenleuchten
B156 Positive (+) Verbindung (30a), im Kabelstrang der Innenleuchten
B188 Positive (+) Verbindung 5 (30), im Kabelstrang der Innenleuchten
R33 Positive (+) Verbindung 3, im Kabelstrang der Innenleuchten

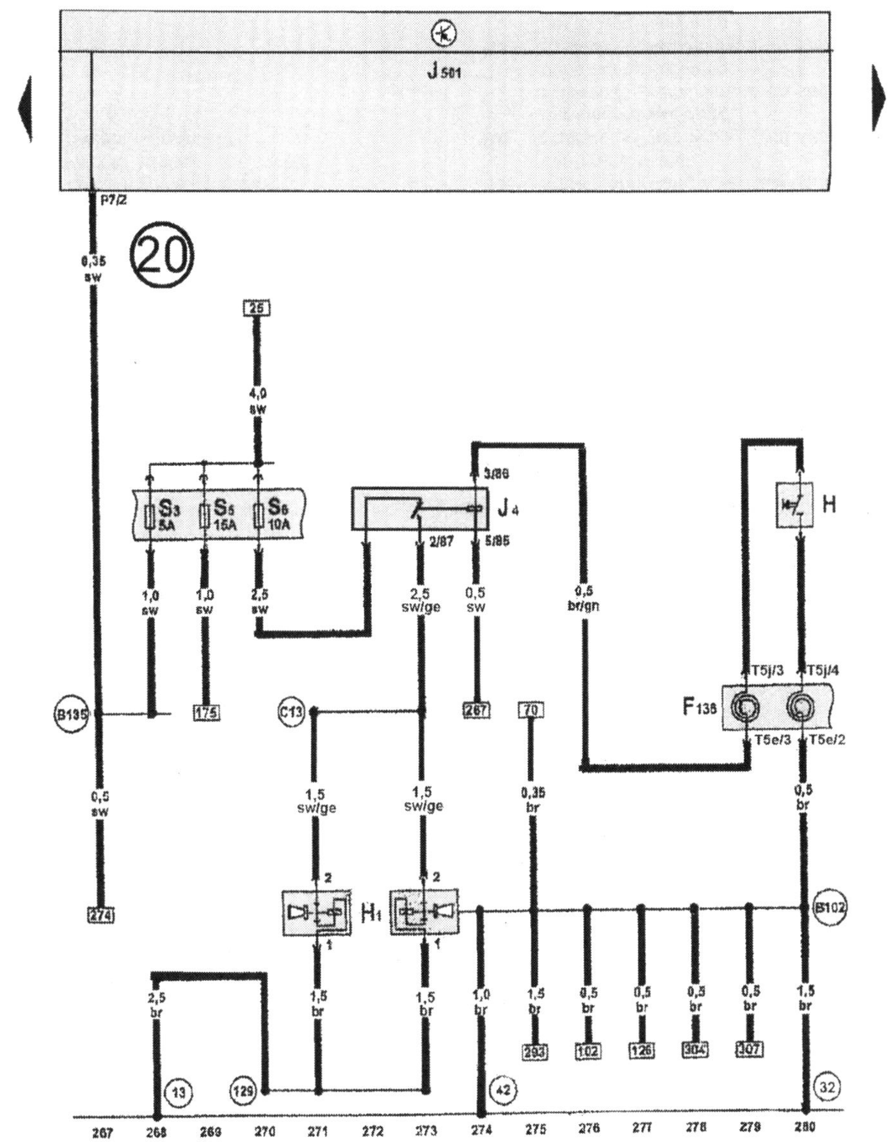

F138 Airbagwicklungsverbinder
H Signalhupe
J4 Relais, Doppeltonhupe
J501 Steuergerät, Multifunktions-Display
S3 Sicherung in Sicherungsdose
S5 Sicherung in Sicherungsdose
S6 Sicherung in Sicherungsdose
T5e Fünffachstecker
T5j Fünffachstecker

Im Kreis:
13 Massestelle, im Motorraum, rechts
32 Massestelle, hinter Armaturenbrett, links
42 Massestelle, an der Lenksäule
129 Masseverbindung, im Kabelstrang der Doppeltonhupe
B102 Masseverbindung, im vorderen, linken Kabelstrang
B135 Verbindung 1 (15a), im Kabelstrang des Innenraums
C13 Positive (+) Verbindung, im Kabelstrang der Doppeltonhupe

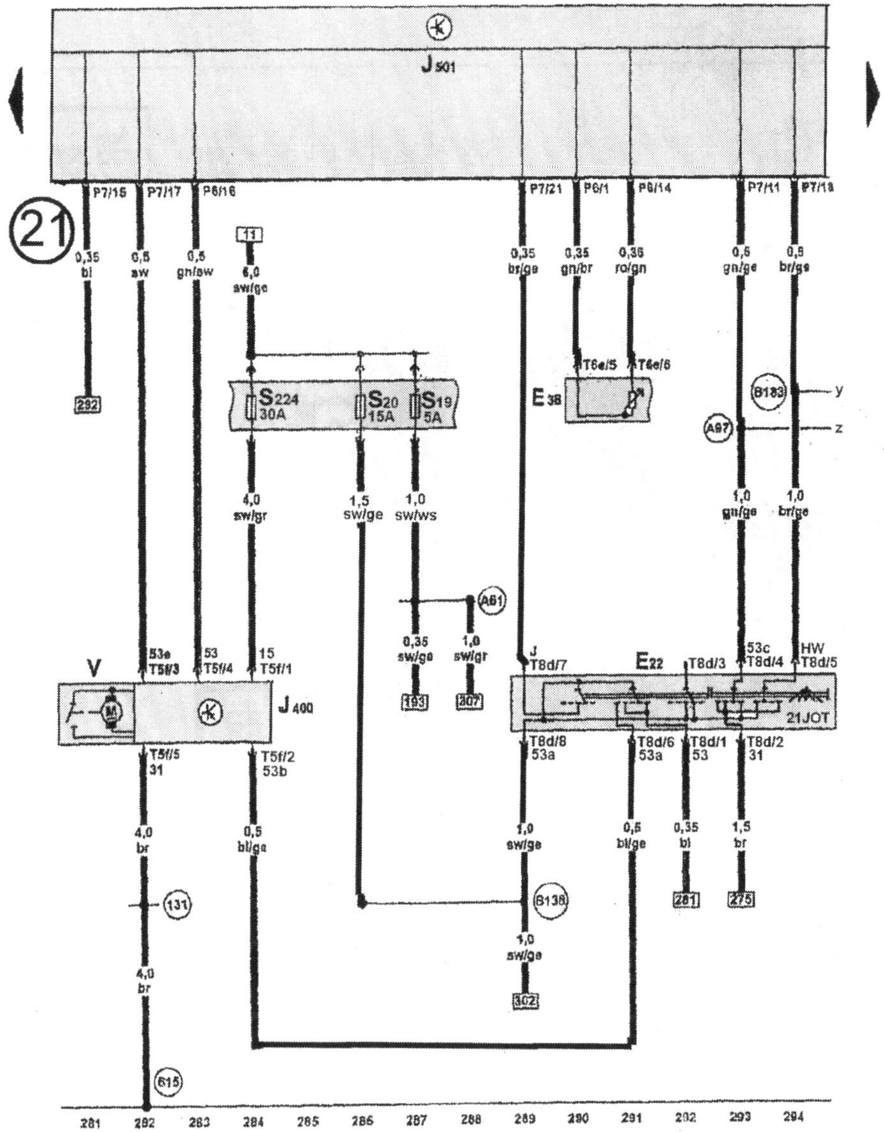

E22 Intervall-Scheibenwischerschalter
E38 Intervall-Scheibenwischerschaltung
J400 Steuergerät für Wischermotor
J501 Steuergerät, Multifunktions-Display
S19 Sicherung in Sicherungsdose
S20 Sicherung in Sicherungsdose
S224 Sicherung in Sicherungsdose
T5f Fünffachstecker
T6e Sechsfachstecker
T8d Achtfachstecker
V Scheibenwischermotor, vorn

Im Kreis:
131 Masseverbindung 2, im Kabelstrang des Motorraums
615 Massestelle, am linken Federbein
A61 Positive (+) Verbindung, im Kabelstrang der Instrumente
A97 Verbindung (53a), im Kabelstrang des Armaturenbretts
B138 Positive (+) Verbindung (X), im Kabelstrang des Innenraums
B183 Verbindung 1 (Scheibenwascherpumpe), im Kabelstrang des Innenraums

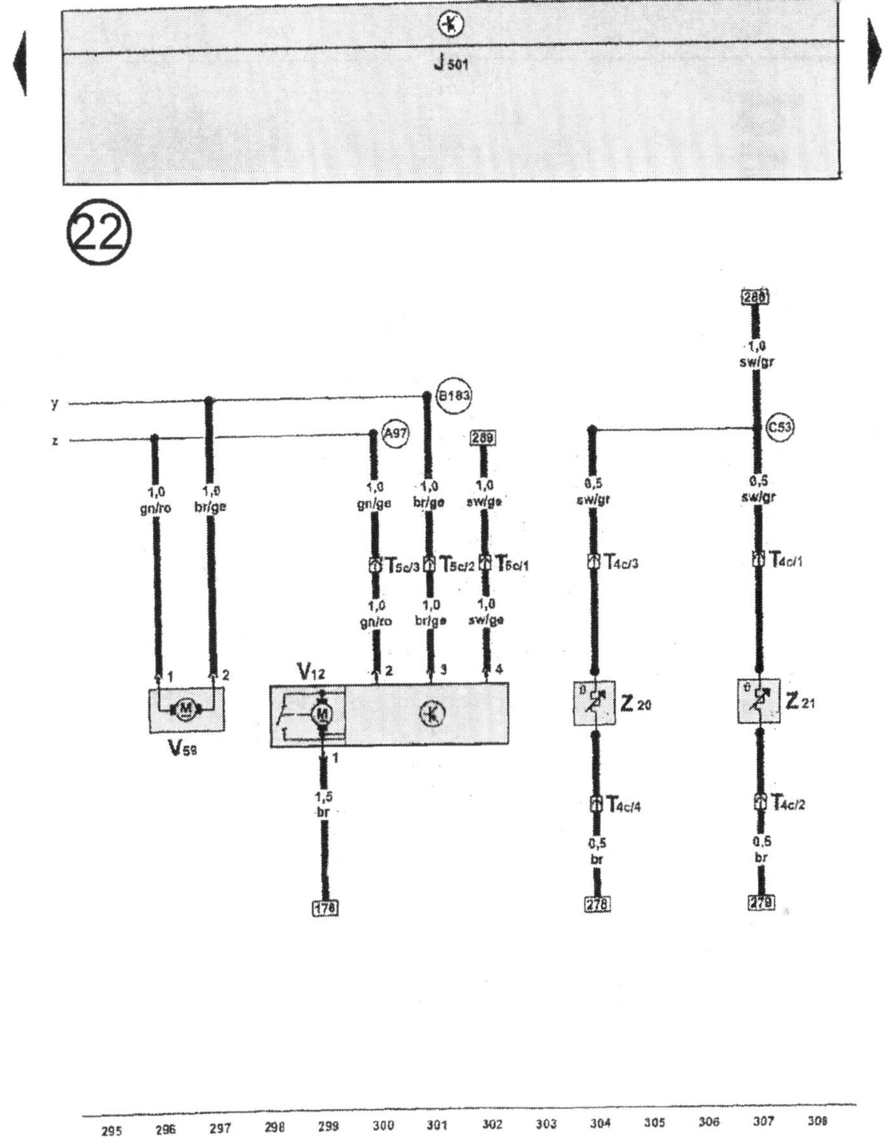

J501 Steuergerät, Multifunktions-Display
T4c Vierfachstecker, im Wasserkasten, links
T5c Fünffachstecker, braun, linke D-Türsäule
V12 Scheibenwischermotor, hinten
V59 Pumpe, Scheibenwaschanlage vorn und hinten
Z20 Heizelement, linke Scheibenwascher-spritzdüse
Z21 Heizelement, rechte Scheibenwascher-spritzdüse

Im Kreis:
A97 Verbindung (53a), im Kabelstrang des Armaturenbretts
B183 Verbindung 1 (Scheibenwascherpumpe), im Kabelstrang des Innenraums
C53 Positive (+) Verbindung (X), im Kabelstrang der beheizten Spritzdüsen

DIE AUTO-WELT IM BUCH

Halwart Schrader nimmt seine Leser mit auf eine Zeitreise in die Schnauferl-Ära. Dabei widmet er sich nicht nur den Anfängen vertrauter Marken wie Daimler, Benz und Opel, sondern erinnert auch an fast vergessene wie Brennabor, Dürkopp, Adler & Co.

480 Seiten, 800 Abbildungen, Format 230 x 265 mm
ISBN 978-3-613-04313-8
€ 49,90 / € (A) 51,30

Mit seinem unnachahmlichen Stil und seiner unübertroffenen Sachkenntnis erzählt der legendäre Autochronist Werner Oswald in diesem Band die Geschichte der Automobilindustrie von Beginn der goldenen 1920er Jahre bis zum Ende des 2. Weltkriegs.

592 Seiten, 1.204 Abbildungen, Format 230 x 265 mm
ISBN 978-3-613-04142-4
€ 49,90 / € (A) 51,30

Im dritten Teil der Reihe erzählen Werner Oswald und Eberhard Kittler die Geschichte der deutschen Automobilindustrie ab Mitte der 70er bis zur Jahrtausendwende. Dabei listen sie auf, welche Autos die Werkshallen verließen und schaffen Klarheit bis zum letzten Nischenmodell.

512 Seiten, 1.000 Abbildungen, Format 230 x 265 mm
ISBN 978-3-613-04162-2
€ 49,90 / € (A) 51,30

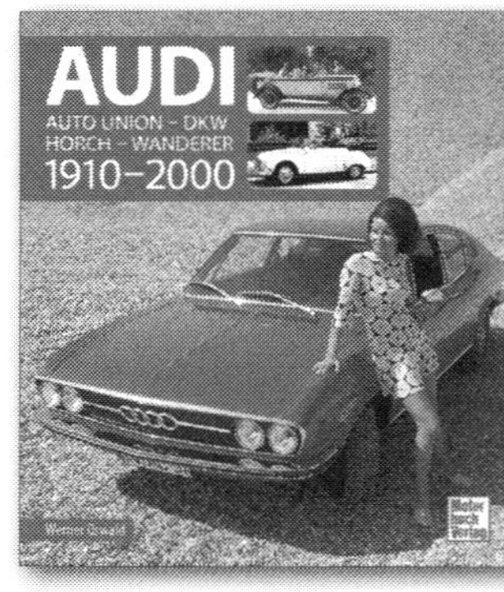

Die Audi AG blickt auf eine bewegte Geschichte zurück, deren Tradition bis ins 19. Jahrhundert zurückreicht. Heute gehört Audi neben Mercedes Benz und BMW zu den großen deutschen Premiummarken. Die Geschichte dieses Aufstiegs vollzieht Werner Oswald hier lückenlos nach.

304 Seiten, 400 Abbildungen, Format 230 x 265 mm
ISBN 978-3-613-04314-5
€ 29,90 / € (A) 30,80

Dieser Leitfaden für die Aus- und Weiterbildung im Karosserie-Handwerk informiert umfassend und kompetent über Werkzeuge und Geräte, Arbeitsweisen und Richtverfahren, über Schweiß-, Lackier- und Instandsetzungsarbeiten sowie über den Bereich der Kunststoffverarbeitung.

376 Seiten, Format 170 x 230 mm
ISBN 978-3-613-04085-4
€ 49,90 / € (A) 51,30

Dieser Klassiker macht wie kaum ein anderes Buch Motoren verständlich – und zwar auf den Grundlagen der Naturgesetze und der historischen Entwicklung. Darüber hinaus werden eine Reihe von Motoren vorgestellt, vom Antrieb eines Herzschrittmachers bis hin zu dem einer Mondrakete.

488 Seiten, 600 Abbildungen, Format 170 x 240 mm
ISBN 978-3-613-02893-7
€ 49,90 / € (A) 51,30

Lange vergriffen, doch jetzt wieder lieferbar: Dieser Klassiker der Motor-Literatur erklärt umfassend und ausführlich die Funktionsweise des Zweitaktmotors. Für Einsteiger und Fachleute gleichermaßen, werden hier die technischen Grundlagen detailliert gezeigt.

211 Seiten, 167 Abbildungen, Format 170 x 240 mm
ISBN 978-3-613-03940-7
€ 39,90 / € (A) 41,10

Anschaulich bebildert und leicht nachvollziehbar, schildert Wolfgang Weber bis ins Detail, wie man effektive Veränderungen an seinem Fahrzeug vornehmen, sich ein ordentliches Setup erarbeiten und dadurch das Fahrverhalten seines Autos wirklich verbessern kann.

376 Seiten, 346 Abbildungen, Format 170 x 240 mm
ISBN 978-3-613-04067-0
€ 29,90 / € (A) 30,80

Änderungen in Preis
und Lieferfähigkeit vorbehalten.

Überall, wo es Bücher gibt, oder unter
WWW.MOTORBUCH-VERSAND.DE
Service-Hotline: 0711/78 99 21 51

Motor buch Verlag

FSC
www.fsc.org
MIX
Papier | Fördert gute Waldnutzung
FSC® C083411

Kolibri 360 GmbH
Ferdinand-Jühlke-Straße 7
99095 Erfurt, Deutschland
produktsicherheit@kolibri360.de

Druck:
CPI Druckdienstleistungen GmbH
im Auftrag der
Kolibri 360 GmbH
Ferdinand-Jühlke-Str. 7
99095 Erfurt

VW/Seat

Sharan/Alhambra ab Baujahr 2001

mit folgenden Motoren:

- **1.8 Liter, 20V, 110 kW, 150 PS**
- **1.9 Liter-Dieselmotor, 66/85/96 kW, 90/116/130 PS, Einspritzung Pumpe/Düse**
- **2.0 Liter, 8V, 85 kW, 115 PS**
- **2.8 Liter V6, 24V, 150 kW, 204 PS**

Viele Explosionszeichnungen und detailgetreue Abbildungen vermitteln leicht verständlich die wesentlichen Bauelemente der Fahrzeugtechnik.

Die Handbuchreihe bietet Ihnen:

- Logische Arbeitsbeschreibungen
- Übersichtliche Zeichnungen
- Präzise Bilderklärungen
- Praktische Erfahrungen des Autorenteams (Motor, Getriebe, Antrieb, Fahrwerk, Bremsen usw.)

Im blauen Anhang:

- Die wichtigsten Daten
- Die wichtigsten Anzugsdrehmomente
- Die wichtigsten Einstellwerte
- Viele Schaltpläne

Reparaturanleitung

bucheli verlag

ISBN 3-7168-2049-0

9 783716 820490

Reparaturanleitung

Technik-Sonderband 6007

Motorrad-
Schrauberbuch
von und für Frauen

bucheli verlag